普通高等院校环境科学与工程类系列规划教材

环境微生物学

主　编　徐　威
副主编　赵　鑫　田晓燕

中国建材工业出版社

图书在版编目(CIP)数据

环境微生物学/徐威主编．—北京：中国建材工业出版社，2017.2（2021.1重印）

普通高等院校环境科学与工程类系列规划教材

ISBN 978-7-5160-1705-0

Ⅰ.①环… Ⅱ.①徐… Ⅲ.①环境微生物学—高等学校—教材 Ⅳ.①X172

中国版本图书馆CIP数据核字（2016）第257344号

内 容 简 介

全书共3篇15章，系统地阐述了环境微生物学的基本原理和方法。第一篇环境微生物学基础，主要包括环境污染与生物治理过程中涉及的主要微生物类型及群体特征、微生物的营养与代谢规律、微生物的生长繁殖规律与有害微生物的控制方法、微生物的遗传与变异现象与规律等；第二篇微生物与环境污染治理，深入探讨了微生物在环境保护中的地位与作用：包括微生物生态学基本概念、研究方法与研究意义、微生物与环境之间的相互作用与关系、微生物在自然界物质循环中的重要作用、微生物对污染物的降解与转化、污水处理的微生物学原理与方法、水体富营养化现象与氮磷的去除方法、污染环境的生物修复技术、固体废物和大气的微生物处理技术与方法等；第三篇微生物学技术在环境中的应用，介绍了与环境相关的新理论和新技术与应用，包括环境微生物检测技术、微生物学新技术在环境治理中的应用等。

本书可作为普通高等院校环境科学与工程类专业的基础课程教材，也可作为相关专业科研、管理人员的参考用书。本书配有教学电子课件，可登录我社官网免费下载。

环境微生物学

主　编　徐　威

出版发行：中国建材工业出版社

地　　址：北京市海淀区三里河路1号

邮　　编：100044

经　　销：全国各地新华书店

印　　刷：北京雁林吉兆印刷有限公司

开　　本：787mm×1092mm　1/16

印　　张：21.5

字　　数：530千字

版　　次：2017年2月第1版

印　　次：2021年1月第2次

定　　价：59.80元

本社网址：www.jccbs.com　微信公众号：zgjcgycbs

本书如出现印装质量问题，由我社市场营销部负责调换。联系电话：（010）88386906

本书编委会

主　编：徐　威

副主编：赵　鑫　田晓燕

参　编（按姓氏笔画排序）：

王占华　吉林建筑大学

田晓燕　吉林建筑大学

陈　羽　沈阳药科大学

赵　鑫　东北大学

徐　威　沈阳药科大学

蔡苏兰　沈阳药科大学

编辑部 010-88385207

出版咨询 010-68343948

市场销售 010-68001605

门市销售 010-88386906

邮箱：jccbs-zbs@163.com　　网址：www.jccbs.com

前　言

环境微生物学（Environmental Microbiology）是重点研究污染环境中的微生物学，是环境科学中的一个重要分支，是20世纪60年代末兴起的一门交叉学科。环境微生物学主要以微生物学理论与技术为基础，研究有关环境现象、环境质量监测及环境污染治理等问题。

环境微生物学既包括微生物学理论和方法的研究，又包括微生物学方法和技术在环境科学中的应用。

全书共3篇15章，系统地阐述了环境微生物学的基本原理和方法。第一篇环境微生物学基础，主要包括环境污染与生物治理过程中涉及的主要微生物类型：原核细胞型微生物（包括细菌、放线菌、蓝细菌、鞘细菌和古细菌等）、真核细胞型微生物（包括真菌、藻类、原生动物和微型后生动物等）和非细胞型微生物（主要是病毒）的个体形态及群体特征、微生物的营养与代谢规律、微生物的生长繁殖规律和有害微生物的控制方法、微生物的遗传与变异现象和规律等。第二篇微生物与环境污染治理，深入探讨了微生物在环境保护中的地位与作用：包括微生物生态学基本概念、研究方法与研究意义，微生物与环境之间的相互作用与关系、微生物在自然界物质循环中的重要作用、微生物对污染物的降解与转化、污水处理的微生物学原理与方法、水体富营养化现象与氮磷的去除方法、环境污染的生物修复技术、固体废物和废气的微生物处理技术与方法等。第三篇微生物学技术在环境中的应用，介绍了与环境相关的新理论和新技术与应用，包括环境微生物检测技术、微生物学新技术在环境治理中的应用等。

本教材的主要特点有：

(1) 在深入调研基础上，总结和汲取相关教材的编写经验和成果，在体现科学性的基础之上，考虑代表性和通用性；

(2) 融合学科发展的最近成果，更新了相应的知识点，特别是增加了环境微生物学新理论和新技术；

(3) 为方便教学，每章正文前面有学习提示，文中部分章节有知识链接，正文后附有重点小结和习题与思考，以增加教材的直观性、形象性、可读性和启发性。

本书由沈阳药科大学徐威负责编写绪论、第1章（1.2、1.3、1.4、1.5）、第2章（2.1）、第4章及附录部分；沈阳药科大学蔡苏兰负责编写第1章（1.1）、第6章、第7章、第14章；沈阳药科大学陈羽负责编写第2章（2.2、2.3）、第3章、第15章；东北大学赵鑫负责编写第10章、第11章；吉林建筑大学田晓燕负责编写第5章、第8章；吉林建筑大学王占华负责编写第9章、第12章、第13章。

本教材适用于高等院校环境类各专业本科生使用，同时也可作为环境各专业研究生、教师、科研人员的一本有益读物。

在教材编写过程中，尽管各位编者根据学科发展及教学实践做了极大的努力，但由于受知识水平的限制及时间仓促，本书仍不可避免存在某些缺点和不足，我们殷切希望同行、专家及使用本书的广大学生、教师和研究人员提出宝贵意见，以便我们再版时进一步提高、完善。

编者

2017年1月

目　录

第三篇　微生物学技术在环境中的应用 …… 300

绪　　论

学　习　提　示

重点与难点：

掌握：微生物的概念；微生物的特点；微生物的命名与分类。

熟悉：环境中微生物的主要类群及分类；环境微生物学发展过程中的重大事件。

了解：环境微生物学的研究对象和任务；微生物对人类生存环境的影响；环境监测中的微生物技术与方法。

难点：环境微生物学的研究内容及微生物在生态系统中的地位和作用。

采取的学习方法：课堂讲授结合学生自主学习

学时：2 学时完成

0.1　微生物与环境概述

0.1.1　微生物的概念与特点

1. 微生物的概念

在自然界中，除了常见的动物和植物外，还存在着一个十分庞杂的、个体微小的生物类群即微生物。**微生物（microorganism，microble）是一群个体微小、结构简单、肉眼不能直接观察到，须借助显微镜放大几百倍、乃至数万倍才能看到的微小生物的统称**。这类微生物包括非细胞型微生物病毒、原核细胞结构的真细菌、古细菌以及具有真核细胞结构的真菌（酵母、霉菌、蕈菌）、原生动物和单细胞藻类等。

2. 微生物的特点

（1）个体微小，结构简单

微生物具有微小的个体和简单的结构，多数微生物大小在 μm 级，需用光学显微镜放大数百倍或千倍才能看到，如细菌和真菌；有些微生物的大小在 nm 级，需用电子显微镜放大几万倍才能观察到，如病毒。

（2）新陈代谢能力强、生长繁殖速度快

微生物个体微小，又常以单细胞形式独立存在，有极大的比面积（单位体积所占有的面积：面积/体积），因此微生物有一个巨大的营养物吸收面和代谢废物的排泄面，这使得它们能迅速与外界环境之间交换营养物质和废物。有的细菌在 1h 内可分解其自重 100～1000 倍的糖。

微生物新陈代谢能力强，必然导致生长繁殖速度快。大肠埃希菌（*Escherichia coli*）在合适的生长条件下，约 20min 分裂一次，由一个细胞分裂成两个细胞，每昼夜可产生 272 个细菌，如此继续下去，理论上，48h 可产生 2.2×10^{43} 个细菌（约相当于 4000 个地球的质量）。事实上，因为种种客观条件限制，这种情况并不存在，细菌群体的生长有一定的规律。

（3）易变异

微生物多以独立生活的单细胞形式存在，整个细胞直接与外界环境接触，易受环境条件影响，引起遗传物质 DNA 的改变而发生变异。如外界条件发生剧烈的变化，大多数微生物细胞个体死亡而被淘汰，发生了变异的个体如能适应新环境条件则生存了下来。由于微生物细胞代谢能力强、繁殖速度快，在短时间内可积累大量的变异后代，从而产生具有各种不同性状的微生物细胞。我们可利用微生物易变异的特点，对微生物菌种进行改造，从而获得优良菌种。

（4）种类多、分布广、数量大

微生物种类繁多，包括细菌、蓝细菌、鞘细菌、放线菌、立克次体、衣原体、支原体、螺旋体、古细菌、病毒、真菌、藻类、原生动物、后生动物等，且每种微生物都有许多种，各大类微生物各自又有几千种或几万种，如真菌已发现的有 10 万多种。微生物在自然界中的分布极为广泛，空气、土壤、江河、湖泊、海洋等都有数量不等、种类不一的微生物存在。在人类、动物和植物的体表及其与外界相通的腔道中也有多种微生物存在。微生物在土壤中的数量最大、类型最多，它们对自然界各种物质的转化和循环起着非常重要的作用。

0.1.2 微生物的分类和细菌命名法

1. 微生物的分类

微生物在自然界分布较广，种类繁多，依其细胞结构、分化程度和化学组成不同，可将微生物分为三大类，见表 0-1。

表 0-1 微生物的种类与主要特性

种类			大小（μm）	形态与结构特点	培养特性
非细胞型	病毒		0.02～0.30	非细胞型，如球状、砖状、弹状、丝状或蝌蚪状，仅含一种核酸和蛋白质	敏感的活细胞中增殖
原核细胞型	古细菌		0.2～0.8	原核细胞型，球形、杆形或直角几何形。细胞壁含蛋白质或假肽聚糖	生活在极端环境中
	真细菌	细菌	0.5～1.0	原核细胞型，单细胞，球状、杆状或弧状，有细胞壁（主要成分为肽聚糖），原始的核	可人工培养
		蓝细菌	1.0－10.0	原核细胞型，有单细胞（呈杆状或球状）、群体和丝状体，有细胞壁（主要成分肽聚糖），原始的核	可人工培养
		鞘细菌	1.0～10.0 或 10～100	原核细胞型，呈丝状体（多个细胞在一个壳中），原始的核	可人工培养
		立克次体	0.3～0.6	大小介于细菌与病毒之间，结构近似细菌，呈球杆状，有细胞壁与细胞膜	活细胞中生长繁殖
		衣原体	0.3～0.5	大小介于细菌与病毒之间，球状，有类似细胞壁的结构	活细胞中生长繁殖

续表

种类			大小（μm）	形态与结构特点	培养特性
原核细胞型	真细菌	支原体	0.2～0.3	形态近似细菌，但没有细胞壁，故呈高度多形性，呈球状和丝状等不规则形状	可人工培养
		螺旋体	5.0～20.0	大小介于细菌与原虫之间，单细胞，细长螺旋状，有细胞壁、细胞膜及轴丝	少数能人工培养
		放线菌	0.5～1.0	原核细胞型，单细胞，分枝菌丝状，无典型的细胞核结构	可人工培养
真核细胞型	真菌		5.0～30.0	真核细胞型，单细胞或多细胞，有细胞壁及细胞核，有菌丝与孢子	可人工培养
	藻类		1.0～1.5	真核细胞型，单细胞或细胞群体，有细胞壁（个别无细胞壁）	可人工培养
	原生动物		30.0～300.0	真核细胞型，单细胞，多数单个核	可人工培养
	微型后生动物		长：0.04～2mm	真核细胞型，原始的多细胞动物	可人工培养

（1）非细胞型微生物（acellular microbe）

是一类最小的微生物，能通过细菌过滤器，没有典型的细胞结构，多数由一种核酸（DNA 或 RNA）和蛋白质组成，必须在活细胞内通过核酸复制的方式进行增殖，如病毒和亚病毒等。

（2）原核细胞型微生物（prokaryotic microbe）

细胞内有原始的核，没有核膜和核仁等结构。除核糖体外，无其他细胞器，含有 DNA 和 RNA 两种核酸。主要包括真细菌和古细菌，其中真细菌包括：细菌、蓝细菌、鞘细菌、放线菌、支原体、衣原体、立克次体和螺旋体等。

（3）真核细胞型微生物（eukaryotic microbe）

细胞核分化程度高，有核膜与核仁等结构，含有 DNA 和 RNA 两种核酸。胞质内有完整的细胞器（如内质网、高尔基体和线粒体等）。主要包括真菌、藻类、原生动物和微型后生动物等。

2. 微生物的命名

微生物命名法采用国际通用的“拉丁双名法”，每个菌种的学名由属名和种名构成，均采用拉丁文斜体表示。前面为属名，是拉丁字的名词，用以描述微生物的主要特征，首字母要大写；后面是种名，通常种名是一个拉丁字的形容词，用以描述微生物的次要特征，要小写。有时为了避免混乱和误解，常常在种名之后附上命名者的姓，如 *Staphylococcus aureus* Rosenbach，指的是由罗森巴赫（Rosenbach）所命名的金黄色葡萄球菌。

亚种是进一步细分种时所用的单元，指除某一明显而稳定的特征外，其余鉴定特征都与模式种相同的种。其命名是在学名的后面加“subsp.”和表示其差异特征的亚种名。如蜡状芽胞杆菌的蕈状亚种可命名为：*Bacillus cereus* subsp. *mycoides*。

有时只泛指某一属的微生物，而不特指某一具体的种（或未定种名）时，可在属名后加 sp.（单数）或 spp.（复数）表示，如 *Streptomyces* sp. 表示一种链霉菌，*Bacillus* spp. 表示一些芽胞杆菌等。

菌株表示任何由一个独立分离的单细胞繁殖而形成的纯遗传型群体及其一切后代，其命名通常在学名后面用数字、字母、人名、地名等表示。例如，*Bacillus subtilis* AS 1.398 表示可生产蛋白酶的枯草杆菌，在环境微生物学研究工作中，有时虽然是相同的种，但由于所采用的菌株不同，其结果往往不完全一样，所以，我们在写研究报告或实验报告时，不仅要写上种名，同时还需注明所用的菌株编号。

标准菌株是指具有典型特征的菌株。其学名后常标有国家菌种保藏中心的名称和编号，例如 ATCC 为美国模式培养物保藏中心（American Type Culture Collection），其菌株命名如 S. aureus ATCC25923；CMCC（B）为中国医学菌种保藏中心（细菌），其菌株命名如 *Bacillus subtilis* CMCC（B）63501。

除采用学名命名外，还可以采用通俗名称命名某些常用菌，如结核杆菌是结核分枝杆菌的俗名。

0.2 环境微生物学的研究对象与任务

0.2.1 环境微生物学的研究对象和微生物作用

环境微生物学是研究人类生存环境与微生物之间相互关系及作用规律的一门课程，主要讲述环境中的微生物的主要类群与形态结构；微生物的营养、代谢、生长与控制、遗传和变异；微生物在环境中的分布及与环境的关系；微生物在环境物质循环中的作用；微生物对环境的污染与危害；微生物对污染物质的降解和转化；环境微生物检测；环境微生物治理的一般技术和原理及微生物学新技术在环境科学中的应用等。

绝大多数环境微生物对人类和动、植物的生存是有益而必需的。

首先，自然界中氮、碳等多种元素循环靠微生物的代谢活动来进行。在氮素循环方面：空气中的大量氮气只有依靠微生物的作用才能被植物吸收，土壤中的微生物能将动、植物蛋白质转化为无机含氮化合物，以供植物生长的需要，而植物又为人类和动物所利用，因此，没有微生物，植物就不能新陈代谢，而人类和动物也将无法生存；在碳素循环方面：绿色植物经光合作用，将 CO_2 和水合成含碳有机物并贮存能量，在地球上生物活动的范围内，90%以上的 CO_2 都是微生物生命活动的产物。可以说如果没有微生物的存在，CO_2 的来源将非常有限，自然界的碳循环则不能进行；同时，如果没有微生物的分解作用，地球上的有机物会越来越多，而植物所需的营养物质会越来越少，这样很多生物将无法生存。

其次，微生物在工业、农业、医药卫生等领域也在发挥越来越重要的作用：在工业方面，微生物可应用于食品、酿造、制革、化工、石油部门及工业废物的处理等；微生物还能净化人类生存的场所；在农业方面，人类广泛利用微生物的特性，开辟了以菌造肥、以菌催长、以菌防病、以菌治病等农业增产新途径；在医药工业领域，多数抗生素、维生素是微生物的代谢产物，此外还可以利用微生物合成某些辅酶、核苷酸、有机酸、酶、特异性酶抑制剂、免疫调节剂等。因此，开发和利用自然界的微生物资源，越来越受到人们的重视。

近年来，由于分子遗传学和基因重组技术的发展，不少药物和精细生物制品已经能通过现代生物技术的手段进行生产。如胰岛素、干扰素、肿瘤坏死因子等均可在大肠埃希菌中获得高效表达并已经应用于临床治疗。

即使是许多寄生在人类和动物腔道中的微生物即正常菌群，在正常情况下也是无害的，而且有的还具有拮抗外来菌的侵袭和定居，以及提供机体必需的营养物质（如多种维生素和氨基酸等）的作用。

微生物在环境保护、环境治理、保持生态平衡等方面起着举足轻重的作用。随着现代工业生产的发展，含有各种新污染物的工业废水源源不断地排入水体、土壤等，环境中多种因素的长期诱导，使微生物发生变异，使微生物的种群和群落变得更加多样性，进而产生能分解新有机污染物的变异菌株，使微生物资源更加丰富多彩。今天，绝大多数城市生活污水、医院污水、生产废水（如：制药、食品、乳品、印染、化肥、造纸、采矿、石油化工等）等都在采用微生物处理法，甚至有毒废水、城市有机固体废物等都可采用微生物法处理。

当然，微生物中也有一部分能引起人或动、植物病害，这些具有致病性的微生物称为病原微生物（pathogenic microbes），如人类的多种传染病（伤寒、痢疾、结核、麻疹、病毒性肝炎、艾滋病、非典型肺炎、禽流感等）是由病原微生物引起的；正常微生物群中的一部分微生物在某些条件下也具有致病性，即条件致病菌。此外微生物的危害性还表现在引起工农业原料、农副产品、药品、食品和生活用品等的霉烂变质等。

0.2.2 环境微生物学及其研究任务

1. 环境微生物学

环境微生物学（Environmental Microbiology）是重点研究污染环境中的微生物的学科，是环境科学中的一个重要分支，是20世纪60年代末兴起的一门交叉学科。环境微生物学主要以微生物学理论与技术为基础，研究有关环境现象、环境质量及环境问题。微生物学与其他学科如土壤微生物学，水及污水处理微生物学，环境化学，环境地学，环境工程学等学科互相影响、互相渗透、互为补充。

在当今环境污染日益严重的情况下，环境微生物学主要深入研究并阐明微生物、污染物与环境三者间的相互关系与作用规律，为保护环境、造福人类服务。

2. 环境微生物学的研究任务

环境微生物学的主要研究任务是：研究自然环境中的微生物群落、结构、功能与动态；研究微生物对不同环境中的物质转化以及能量变迁的作用与机理，进而考察其对环境质量的影响；充分利用有益的微生物资源造福人类，抑制、消除有害微生物的活动。

（1）污水的生物处理

高浓度有机废水的处理是水污染治理的重点难题，目前广泛使用生物处理法。生物处理技术自问世以来，已获得了极大的发展，各种生物处理新技术层出不穷。生物法处理废水工艺主要是利用微生物的新陈代谢作用，降解水中的污染物，将其转化为无毒或低毒以实现无害化的目的。生物法与物理化学方法相比，具有经济、高效的优点，更重要的是可以实现无害化、无二次污染并且处理量大。生物法处理废水工艺包括活性污泥法、生物流化床、氧化塘法及生物脱氮法、生物除磷法等。

活性污泥法是当前使用最广泛的一种生物处理法。该法优于其他生物方法，因为它有较高的处理效率同时又易于操作。将空气连续鼓入曝气池的污水中，经过一段时间，水中即形成大量好氧性微生物的絮凝体。活性污泥能够吸附水中的污染物质，生活在活性污泥上的微生物以污染物质为食料，进行新陈代谢获得能量并不断生长繁殖，污染物质被去除且废水得以净化。为提高常规活性污泥法的处理效率，改良工艺的应用是近年来生物处理技术发展的一个重要方向之一。

生物流化床处理污水的研究和应用始于 20 世纪 70 年代的美国，国内对生物流化床的研究始于 20 世纪 70 年代末。生物流化床是以砂、焦炭、活性炭这类颗粒材料为载体，水流自下向上流动，使被吸附和吸收的有机物在氧气的作用下进行氧化分解，使载体处于流化状态。整个过程是一个复杂的物理化学、生物化学的综合过程。

好氧塘由好氧微生物活动进行净化废水，厌氧塘是由厌氧微生物进行净化废水；兼性塘兼有好气和厌气氧化两种作用，塘的上层为好气氧化，底层为厌气氧化。好氧塘为保持好氧条件，池应较浅，生化需氧量（BOD）负荷较低。厌氧塘由于不需供氧，可加大塘深，BOD 负荷较高。

近年来污水的生物治理还包括运用现代生物技术的废水处理方法，如固定化酶和固定化细胞技术等。

（2）固体废物的微生物降解

随着城市化的发展，固体废弃物的数量有逐年急剧增长的趋势，同时对环境尤其是地下水的污染也越来越严重。其中危害最大的是垃圾渗滤液，它含有重金属离子、可生物降解的有机物、难生物降解的有机物（多数可能为致癌物质）、氨氮和大量微生物等。尤其结合了重金属的有机物毒性往往高于重金属本身几千倍。

生物反应堆是通过强化微生物转化和降解有机废物的能力对固体废物进行处理的一种方法。固体废物的微生物降解主要包括好氧生物处理、厌氧生物处理、准好氧处理和混合生物处理四种类型。

① 好氧生物处理：是利用好氧微生物在有氧条件下的代谢作用，将固体废弃物中复杂的有机物分解成二氧化碳（W_2）和水，其重要条件是保证充足的氧气供应、恒定的温度和水。实际工程中就是在填埋场中注入氧气或空气，使微生物处于好氧代谢状态。

② 厌氧生物处理：是利用在厌氧条件下生长的厌氧或兼性厌氧微生物的代谢作用处理固体废弃物，其主要降解产物是甲烷（CH_4）和 CO_2 等，一般需要保证温度、无氧或低溶解氧浓度。

③ 准好氧处理：使渗滤液集水沟水位低于渗滤液集水干管管底高程，使大气通过集水干管上部空间和排气通道，使填埋场具有一定好氧条件。准好氧处理依靠垃圾分解产生的发酵热造成内外温差使空气流自然通过填埋体，促进垃圾的分解。

④ 混合生物处理：是既有好氧又有厌氧的生物处理方法，是在填埋下一层垃圾之前好氧处理 30～60d，其目的就是让垃圾尽快通过产酸阶段为进入厌氧产甲烷阶段作好准备，这种固体废物的降解速度较快。

（3）大气污染的微生物处理

煤炭在我国能源结构中约占 3/4 份额，其中，约有 80%的煤炭作为燃料。我国全硫大于 2%的高硫煤储量占煤炭总储量的 1/3，每年燃煤所排放的二氧化硫（SO_2）占全国总排放量的 90%。大气污染的主要污染物是 SO_2 烟尘、总悬浮颗粒物（TSP）、氮氧化物（NO_x），其中以 SO_2 对环境的污染最为严重。因此，发展洁净煤技术、降低煤炭使用过程对环境的污染迫在眉睫。随着国家环保力度的加大，燃煤脱硫技术受到了广泛的重视。

燃烧前脱硫方法包括物理法、化学法、生物法。生物法是利用微生物对有机、无机硫的氧化而脱除硫的方法，能脱除结构复杂、粒度很细的无机硫及部分有机硫，是一种极受欢迎的脱硫法。我国研究微生物脱硫起步较晚，开始于 20 世纪 90 年代，研究表明，氧化亚铁硫杆菌和红假单胞菌对浮选脱硫影响最为显著，是很有发展前途的菌种。

努力将煤的微生物预处理浮选脱硫技术引入工业化生产，同时引进其他学科的新理论、新技术来深入研究该技术，是今后的主要工作任务。煤的微生物脱硫技术的研究成功，将推动我国洁净煤技术的发展，为我国高硫煤的绿色环保利用提供技术支持，解决因煤炭燃烧而造成的环境污染问题。

（4）土壤污染的生物修复

土壤污染修复是指通过物理的、化学的和生物的方法，吸收、降解、转移和转化土壤中的污染物，使污染物浓度降低到可以接受的水平，或将有毒有害的污染物转化为无害物质的过程。

在污染土壤修复技术中，生物修复技术因其安全、无二次污染及修复成本低等优点而受到越来越多的关注。有机污染物污染土壤生物修复技术可分为植物修复技术、动物修复技术、微生物修复技术及其联合修复技术，其中，污染土壤微生物修复技术是土壤污染生物修复的重要技术之一。

微生物能以有机污染物为唯一碳源和能源或与其他有机物进行共代谢，从而将其彻底或部分降解。在此基础上，便出现了污染土壤的微生物修复理论及技术。**微生物修复是指利用天然存在的或所培养的功能微生物，在适宜的条件下，促进微生物代谢功能，达到将有毒污染物降解成无毒物质或降低有毒污染物活性，从而修复受污染环境的技术**。

微生物处理土壤污染的研究主要集中在以下几方面：

① 高效降解菌株的筛选和基因工程菌的研发：土著微生物虽然在土壤中广泛存在，但由于其生长缓慢，代谢能力不高，或者由于高浓度污染物的存在造成土著微生物的数量下降，致使其降解污染物的能力降低，因此往往需要在污染土壤中接种降解污染物的高效菌，从而缩短修复时间；

② 降解菌定殖的强化技术：土壤中的氮、磷等是微生物生长的重要营养元素，因此，适当添加营养物是促进降解菌尽快定殖，并将污染物完全降解的主要措施。

微生物修复有机污染物研究目前已进入基因水平，可以利用体外基因重组技术、构建基因工程菌来提高微生物降解有机污染物的能力。

（5）构建微生物新菌株，有效降解环境污染物

由于微生物生理生化功能多样，代谢类型多、代谢能力强，易适应新环境，遗传物质易于操作，能彻底降解环境污染物，不会造成二次污染，同时处理污染物过程设备简单，通常在常温、常压下进行，在处理污染物过程中还会产生某些有用的产物，所以利用相关的微生物或微生物混合群体净化环境污染物是环境微生物学的一个重要任务。现今，随着生物技术、基因工程技术、基因组学及蛋白组学的不断发展，使得构建新的、能够降解多种污染物的微生物菌株成为可能，为更有效地净化日趋严重的环境污染指明了方向。

（6）探寻污染物的微生物降解途径和开展降解机理研究

许多环境污染物或微生物转化为某些污染物，产生的一些中间产物对人体和生态平衡危害极大，有些污染物或它们的代谢中间产物甚至可以导致细胞癌变，因此，探寻污染物的微生物降解途径、开展降解机理的研究，具有重要意义，可以给环境医学和环境保护等提供理论依据。

（7）控制或消除有害微生物及其代谢产物

自然界有些微生物是人、动物和植物的病原菌，有些微生物在自然界生长和代谢过程中，产生一些毒素或改变局部的自然条件，进而影响其他生物的生长和生存，对此，我们应当设法控制这些微生物及其代谢产物。

（8）加强环境微生物生态学的研究

微生物包括细菌、古细菌、真菌、原生动物等，是生态系统的重要组成部分，几乎存在于所有已知的环境中，在生态系统中扮演着越来越重要的作用，如直接参与碳、氮、磷、硫的元素循环，维持生态系统功能，加快污染环境修复进程等。在过去的十多年中，微生物的研究方法得到了快速发展，特别是高通量测序、宏组学和单细胞水平研究方法等新技术手段的运用，使微生物在生态系统中的作用被更好地挖掘出来，如研究环境微生物的多样性分析、研究环境微生物的功能性质和基因表达分析等，这些技术的应用使人们对环境中微生物群落组成、微生物之间的相互作用的认识以及对生态系统的功能的理解在不断深入，也为提出环境修复、自然生态系统的可持续发展奠定了坚实的基础。

（9）加强污染物排放管理和污染预防

随着人们生产生活的不断发展，排放到自然环境中的人工合成化合物越来越多，随着人类物质文明的发展，对环境的要求越来越高，这些人工合成化合物在自然界的停留时间应引起人们的高度重视。在许多发达国家，每一种人工合成化合物排放到自然界之前，都经过微生物可降解试验的研究，以便判断该化合物将对环境产生的影响。我国也应当加强这方面的管理。

0.3　微生物学的发展与环境微生物学研究现状

0.3.1　微生物学的发展历史

微生物学的发展历史可分为五个时期，现简述如下：

1. 微生物学发展的史前期

史前期是指人类还未见到微生物个体尤其是细胞前的一段漫长的历史时期。古代人类虽未观察到微生物，但早已将微生物学知识用于工农业生产和疾病防治中。我国是最早应用微生物的少数国家之一。据考古学推测，我国在8000年以前就出现曲蘖酿酒了，4000多年前，民间酿酒已十分普遍。北魏贾思勰的《齐民要术》中详细记载了制曲、酿酒、制酱和酿醋等工艺。长期以来，民间常用的盐腌、糖渍、烟熏、风干等保存食物的方法，实际上正是通过抑制微生物的生长而防止食物的腐烂变质。

关于传染病的发生与流行，意大利法兰卡斯特罗（Fracastoro）认为传染病的传播有直接、间接和通过空气等几种途径。奥地利Plenciz认为传染病的病因是活的物体，每种传染病由独特的活物体所引起。

2. 微生物学发展的初创期

首先观察并描述微生物的是荷兰商人安东尼·列文虎克（Antony van Leeuwenhoek，图0-1），他在1676年用自制的显微镜（放大倍数50～300倍），观察了牙垢、粪便和各种污水，发现其中都有肉眼看不见的微小生物，为微生物的存在提供了有力证据，亦为微生物形态学的建立奠定了基础。

3. 微生物学发展的奠基期

19世纪中期，以法国的巴斯德（Louis Paster）和德国的科赫（Robert Koch）为代表的科学家将微生物的研究从形态描述推进到生理学的研究阶段。

1861 年，巴斯德（图 0-2）根据曲颈瓶试验证实了有机物质的发酵与腐败都是由微生物引起的，酒类变质是由于污染了杂菌的结果，从而推翻了当时盛行的自然发生说，如图 0-3 所示；为防止酒类及牛乳变质，巴斯德发明了巴氏消毒法（pasteurization）；此外，巴斯德还证明鸡霍乱、炭疽病、蚕病、狂犬病等都是由相应的微生物引起。巴斯德的研究开创了微生物的生理学时代。人们认识到不同微生物间不仅有形态学上的差异，在生理学特性上亦有所不同，进一步肯定了微生物在自然界中所起的重要作用。自此，微生物开始成为一门独立学科。

图 0-1 安东尼·列文虎克（Antony van Leeuwenhoek 1632～1732）

图 0-2 巴斯德（Pastuer L 1822～1895）

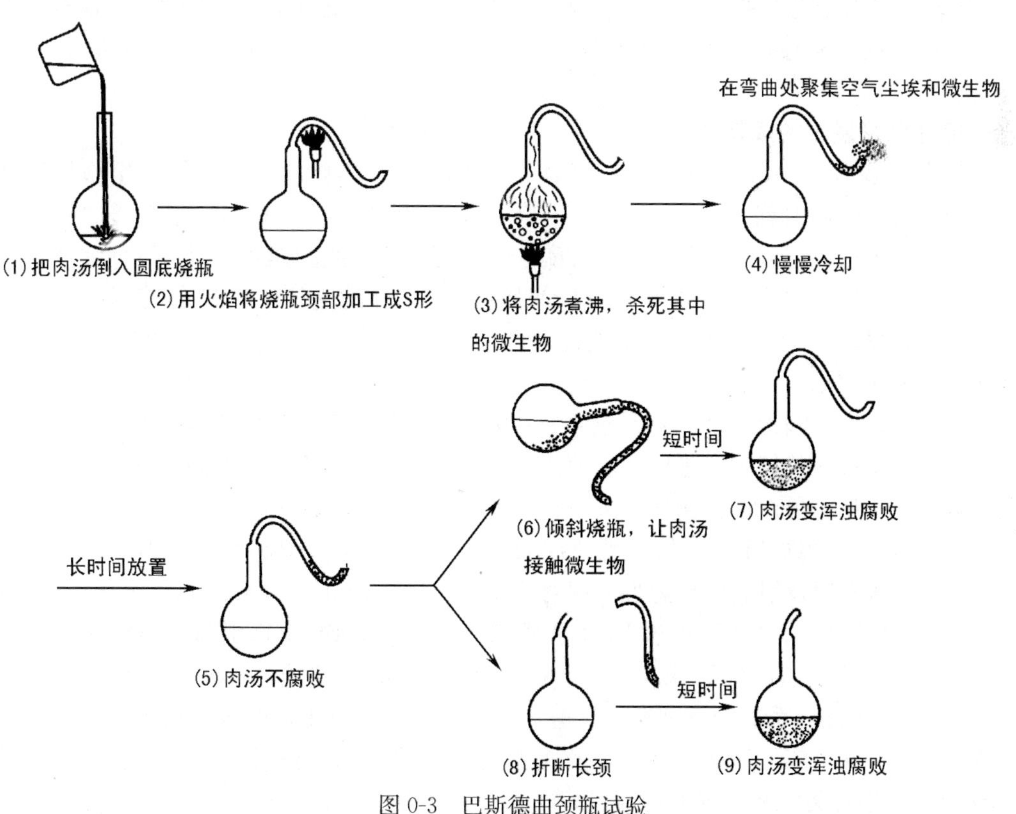

图 0-3 巴斯德曲颈瓶试验

微生物学的另一奠基人是德国学者科赫（Robert Koch）（图 0-4）。他建立了用固体培养基分离纯化微生物的技术，并从病人的排泄物中分离出多种病原菌，如结核分枝杆菌、炭疽杆菌和霍乱弧菌等，便于对各种细菌分别研究；同时又创用了细菌染色法和实验动物感染法，并提出了确定病原菌的郭氏法则，为发现各种传染病的病原体提供了有利条件。在 19 世纪的最后 20 年中，大多数细菌性传染病的病原体由科赫和在他带动下的一大批学者发现并分离培养成功。

图 0-4　科赫（Robert Koch 1843～1910）

4. 微生物学发展的发展期

1897 年，德国人曼德华・比希纳（E. Buchner）用无细胞酵母菌压榨汁中的“酒化酶“对葡萄糖进行酒精发酵成功，从而开创了微生物生化研究的新时代。此后，微生物生理、代谢研究蓬勃展开。

1910 年，德国人殴立希（Ehrlich）合成了治疗梅毒的化学疗剂砷凡纳明，后来又合成新砷凡纳明，从而开创了微生物性疾病的化学治疗途径。1935 年，德国医生杜马克（Domagk）发现了百浪多息（prontosil）可治疗链球菌感染，并证明其效果是在体内转化为磺胺所致，因此，又有一系列磺胺类药物相继问世。1929 年，英国弗莱明（Fleming）发现了青霉菌的培养物中含有能有效抑制金黄色葡萄球菌生长的物质，并将其定名为青霉素（penicillin）。1940 年，澳大利亚人弗洛里（Florey）等将青霉菌培养液提纯，制成青霉素结晶纯品并用于治疗感染性疾病，取得了惊人的效果。随后，链霉素、氯霉素、金霉素、土霉素、四环素、红霉素等抗生素不断被发现并广泛应用于临床，从而开创了抗生素的治疗时代。

5. 微生物学发展的成熟期

1953 年沃森（Watson）和克里克（Crick）提出 DNA 双螺旋结构，标志生物科学进入分子生物学研究的新时代；20 世纪 60 年代美国尼伦伯格（Nirenberg）等人通过研究大肠埃希菌无细胞蛋白质合成体系及多聚尿苷酶，发现了苯丙氨酸的遗传密码，继而完成了全部密码的破译，为人类从分子水平上研究生命现象开辟了新的途径；1977 年美国生物化学家（Sanger）首次对ϕX174 噬菌体 DNA 进行了全序列分析；1997 年第一个真核生物（啤酒酵母）基因组测序完成。

与此同时，许多病毒的全部基因或部分基因经过克隆、序列分析及编码蛋白的表达，使人们获得了有关病毒的复制和蛋白功能的信息。由于新技术的应用，人们相继发现了一些新的病原微生物，如肠出血型大肠埃希菌 O157、军团菌、引起艾滋病（acquired immunodeficiency syndrome，简称 AIDS）的人类免疫缺陷病毒（HIV），引起肝炎的丙型、丁型、戊型、庚型肝炎病毒以及引起严重急性呼吸综合症（severe acute respiratory syndrome，简称 SARS）的冠状病毒等。1982 年美国学者布鲁希纳（Prusiner）发现引起羊瘙痒病的病原为一分子量 27kD 的蛋白，称朊病毒（prion，即传染性蛋白粒子，proteinaceous infectious particle），主要引起一系列中枢神经系统退化性疾病，表现为亚急性海绵状脑病，包括动物常见的疾病——疯牛病、瘙痒病及人类的库鲁病、克-雅氏病、格斯综合症和致死性家族性失眠等。1983 年有关国际会议上将这些病原因子统称为亚病毒（subvirus）。

0.3.2 环境微生物学的发展及研究热点

20世纪50年代后，随着各种工业的迅速发展，世界各国面临严重的环境污染问题，环境质量急剧恶化。美国洛杉矶的光化学烟雾、日本四日市的哮喘病、英国伦敦的烟雾、日本神通川的骨痛病等，均给人类造成了极大伤害。我国一些地区，如苏州河、上海黄浦江、昆明滇池、松花江等都有不同程度的污染，甚至污染日渐严重。20世纪80年代后，全球性污染范围更加扩大，酸雨、臭氧层耗损、生物多样性减少、土地荒漠化、全球变暖、海洋污染、大气污染物越境转移等环境问题，引起了人们极大的关注。

早在20世纪50年代，一些发达国家就开始治理环境。人们发现排放到自然环境中的污染物对土壤和水中的微生物生命和代谢有很大的影响，并发现许多微生物能降解各种人工合成的和天然的污染物。如在海洋中石油污染物的降解研究开始于20世纪60年代后期，经过近20年的治理，有些河流已经初见成效，如泰晤士河水变清，鱼儿在里面欢快生长。

我国于20世纪60年代末开始逐渐认识到环境污染的危害性，并在一些大城市，如北京、上海、天津等地开始处理工业废水，继而也广泛开展环境保护和环境治理工作。20世纪70年代由于氮肥的短缺促使人们研究共生固氮微生物和非共生固氮微生物。能源的危机使人们试图利用一些废物，经过微生物的转化作用生产有用的燃料。

近几十年来，我国人口迅速增长，特别改革开放后乡镇企业突飞猛进的发展，在给中国人民带来经济繁荣的同时，也给我国的环境造成了严重威胁，许多江河、土壤和农田受到了严重污染，新的污染源和污染物种类不断出现。如，人们发现，由于农民大量使用合成洗涤剂、各种农药和化肥，导致农村的水体受到了严重污染并引起许多水体出现富营养化的问题。人们还发现许多污染物，如双对氯苯基三氯乙烷（DDT）、多氯联苯俗称滴滴涕（PCBs）和汞化合物能在食物链中引起生物放大作用（Biomagnification）。这些问题引起许多科学家对环境微生物学的浓厚兴趣，人们开始广泛利用微生物去除环境污染物，并使它得到了迅速发展。

20世纪90年代后，为了解决日趋严重的环境污染问题，我国政府和有关企业投入了大量的人力和财力开展了污染环境的治理工作。由于利用微生物处理污染物有许多优点，人们十分重视利用微生物处理各种污水和废气，并广泛开展了各种污染环境的微生物种类和分布的调查，发现了许多对污染物具有强降解能力的微生物，并对各种苯环污染物、石油、洗涤剂、农药、染料的降解途径和降解程度，各种重金属的微生物转化和吸附，废水中氮和磷的微生物去除，各种污水处理系统中微生物生态学进行了比较全面的研究，建立各种处理效果显著的污水处理工艺，包括活性污泥法、各种生物膜反应器、固定化细胞等。

近年来，由于现代分析手段和技术方法的不断改进，分子生物学技术的迅速发展，人们对环境污染问题的高度重视，对环境微生物学的研究和发展起着非常大的促进作用。科学家在环境微生物学研究前沿领域开展了许多有益的研究工作，如在环境微生物与节能减排、环境微生物与气候变化、环境微生物资源发掘与应用、环境保护工程、污染环境生物修复、蓝藻水华衍生污染物与生态风险等诸多领域，阐述了环境微生物学的最新研究进展并展开了深入的研讨。这些年环境微生物学的热点问题主要包括：有毒污染物微生物降解、废弃物微生物资源化、环境微生物多样性及其生态功能、极端环境的微生物及其性能、现代微生物研究技术等。

重 点 小 结

微生物是一群个体微小、结构简单、肉眼不能直接观察到，须借助显微镜放大几百倍、乃至数万倍才能看到的微小生物的统称。

根据微生物细胞的结构、分化程度和化学组成不同，可将微生物分为三大类：非细胞型微生物（病毒）、原核细胞型微生物（真细菌、古细菌）和真核细胞型微生物（真菌、原生动物和藻类等）。

微生物的主要特点是：个体微小，结构简单；新陈代谢能力强，生长繁殖速度快；易变异；种类多、分布广、数量大。

微生物命名法采用国际通用的“拉丁双名法”，每个菌种的学名由属名和种名构成，均采用拉丁文斜体表示。

环境微生物学是重点研究污染环境中的微生物学，是环境科学中的一个重要分支，环境微生物学是研究人类生存环境与微生物之间相互关系及作用规律的一门课程。

环境微生物学的主要研究任务：研究自然环境中的微生物群落，结构，功能与动态；研究微生物对不同环境中的物质转化以及能量变迁的作用与机理，进而考察其对环境质量的影响；充分利用有益的微生物资源造福人类，抑制、消除有害微生物的活动。

绝大多数环境微生物对人类和动、植物的生存是有益而必需的；少数一部分微生物能引起人或动、植物病害，这些具有致病性的微生物称为病原微生物。

微生物学的发展历史可分为五个时期：微生物学发展的史前期、微生物学发展的初创期、微生物学发展的奠基期、微生物学发展的发展期和微生物学发展的成熟期。

环境微生物学的热点问题主要包括：有毒污染物微生物降解、废弃物微生物资源化、环境微生物多样性及其生态功能、极端环境的微生物及其性能、现代微生物研究技术等。

习题与思考

1. 什么是微生物？微生物包括哪些主要类群？
2. 微生物有哪些特点？如何理解这些特点并加以应用？
3. 微生物是如何分类的？
4. 举例说明微生物是如何命名的？
5. 为什么说巴斯德和科赫是微生物学的奠基人？
6. 简述微生物在环境科学发展中的地位和作用。
7. 用具体事例说明微生物与环境的关系。
8. 环境微生物学的主要研究任务是什么？

（本章编者：徐威）

第一篇　环境微生物学基础

第1章　原核细胞型微生物

学　习　提　示

重点与难点：

掌握：细菌的大小、形态、结构与繁殖方式；放线菌的概念与生物学特性。

熟悉：细菌细胞的各种结构与生理功能；与环境密切相关的放线菌代表菌属的特点。

了解：环境及污染物中常见的细菌以及细菌在废水处理中的作用；蓝细菌、鞘细菌、古细菌的形态特征。

采取的学习方法：课堂讲授为主，部分内容学生自主学习

学时：6学时完成

原核细胞型微生物（Prokaryomicrobe）是一大类细胞微小、细胞核无核膜包裹的原始单细胞生物，包括细菌域与古生菌域。细菌域种类繁多，包括细菌（真细菌）、衣原体、立克次氏体、支原体、放线菌、蓝细菌、鞘细菌等。古生菌域则是发现较晚的一个微生物类群，大多生活在极端环境中，包括极端厌氧的产甲烷菌、极端嗜盐菌和在高温和高酸度环境中生活的嗜热嗜酸菌。本章主要介绍在环境污染物处理中常见与常用的原核细胞型微生物。

1.1　细　　菌

细菌（Bacteria）是一类具有细胞壁的单细胞原核细胞型微生物，多以无性二分裂法进行繁殖。细菌广泛分布于土壤、水体以及空气当中，并通过气流、水流等分散到世界的各个角落。

细菌对环境非常重要，它们能转化各种有机或无机化合物甚至有毒有害的污染物为无害的化学物质，在废水处理系统中使用细菌就是为达到这一目的。

然而细菌并非对人类都有益。某些细菌是病原体，能引起相关疾病感染。因此，人类既需要

保护自身免受环境中这些病原体的危害，同时又可利用细菌来清除水体以及土壤中的污染物。

1.1.1 细菌的个体形态与大小

1. 细菌的形态

细菌的基本形态主要指细菌在适宜的环境条件下培养 8～18h 所呈现的形态。细菌的基本形态有：球形、杆形和螺旋形，如图 1-1 所示。分别被称为球菌、杆菌、螺形菌。

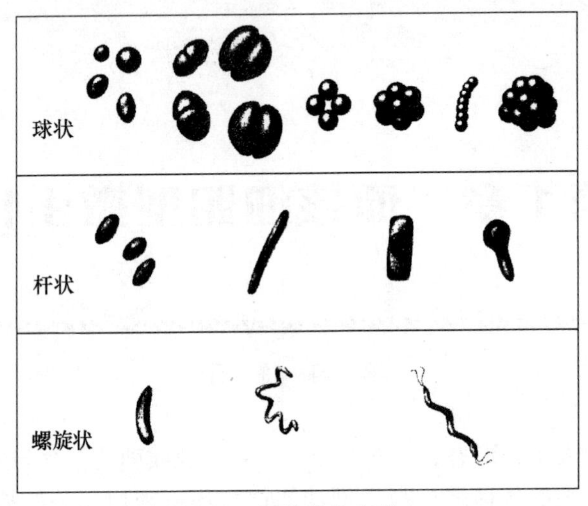

图 1-1　细菌的基本形态

(1) 球菌（coccus）

球菌细胞呈球形或椭圆形。球菌中的许多种，在分裂后产生的新细胞常保持一定的空间排列方式，在分类鉴定上具有重要意义，如图 1-1 所示。

① 单球菌：细胞单个，分散。

② 双球菌：细胞沿一个平面分裂，新个体成对排列，如肺炎双球菌。

③ 链球菌：细胞沿一个平面分裂，新个体不但可保持成对的样子，并可连成链状，如溶血链球菌。

④ 四联球菌：细胞分裂沿两个互相垂直的平面进行，分裂后四个细胞特征性地连在一起，呈田字形，如四联微球菌。

⑤ 八叠球菌：细胞沿三个互相垂直的平面进行分裂，分裂后每八个细胞特征性地叠在一起呈一立方体，如藤黄八叠球菌。

⑥ 葡萄球菌：细胞无定向分裂，多个新个体形成一个不规则的群集，犹如一串葡萄，如金黄色葡萄球菌。

(2) 杆菌（bacillus）

杆菌细胞呈杆状或圆柱形。杆菌在细菌中种类最多。各种杆菌的长度与直径比例差异很大，有的粗短，有的细长。短杆菌近似球状，长的杆菌近似丝状。通常，同一种杆菌其直径比较稳定，而长度则常常因培养时间、培养条件不同变化较大。有的杆菌很直，有的稍弯曲。有的两端截平，如炭疽芽孢杆菌；有的略尖，如鼠疫巴斯德氏菌；有的半圆。杆菌细胞常沿一个平面分裂，大多数菌体分散存在，但因生长阶段或培养条件等原因会造成杆菌呈长短不同的链状，或有的一个紧挨一个呈栅栏状或八字形等。因此，对大多数杆菌来说，其细胞排列方式在分类鉴定中作用不大。

（3）螺形菌（spira bacterium）

螺形菌是指细胞呈弯曲的细菌。螺形菌又根据菌体的弯曲程度分为弧菌、螺旋菌和螺旋体菌。弧菌只有一个弯曲，其弯曲程度不足一圈，犹如“C”字，或似逗号，如霍乱弧菌；螺旋菌有 2～6 个弯曲，鞭毛二端生，细胞壁坚韧，菌体较硬；螺旋体菌的菌体弯曲圈数超过 6 个弯曲，菌体柔软，用于运动的类似鞭毛的轴丝位于细胞外鞘内。

（4）特殊形状菌

除上述三种基本形态外，细菌还有其他形状。如，柄杆菌属（*Caulobacter*），细胞呈杆状或梭状，并具有一根特征性的细柄，可附着在基质上；球衣菌属（*Sphacrotilus*）能形成衣鞘，杆状的细菌在衣鞘内呈链状排列而形成丝状。

另外，细菌形态可随环境条件的改变而发生变化，细菌的形态受温度、pH 值、培养基成分及培养时间等因素的影响。细菌在不适宜的环境中生长或培养时间过长时，其基本形态往往发生变化，常出现梨形、气球形和分枝形等不规则形态，称之为多形性（polymorphism）。当将细菌转移到新鲜培养基或重新获得适宜条件后，又能恢复原来的正常形态。因此，观察细菌的大小与形态，最好选择适宜生长条件下处于对数生长期的菌体为宜。

2. 细菌的大小

表示细菌大小的单位一般用微米（μm）。球菌的大小通常以菌体直径来表示，杆菌和螺形菌则以其宽度×长度来表示。注意螺形菌所表示的长度并不是真正的长度，而是两端间的直线距离。一般球菌直径为 0.5～1.0μm，杆菌直径为 0.4～1.0μm。细菌大小常常受各种因素影响而有所改变，如菌龄、环境渗透压、pH 以及制片技术与过程等。通常，处于幼龄阶段或生长条件适宜时，细菌比成熟或老龄的细菌要大，培养基渗透压的增加会导致细菌变小，经干燥固定的菌体比活菌体要缩短 1/3～1/4，采用负染色法观察到的菌体比普通染色法的大，甚至可能比活菌体还要大。

1.1.2　细菌的结构

细菌的结构可分为两部分：一是**几乎所有细菌共有的结构称为不变部分或基本结构**，如细胞壁、细胞膜、细胞质和核质；二是**不为所有细菌所共有的结构，称为可变部分或特殊结构**，如鞭毛、菌毛、荚膜、芽孢等，这些结构只在部分细菌中发现，可能具有某些特定功能，如图 1-2 所示。

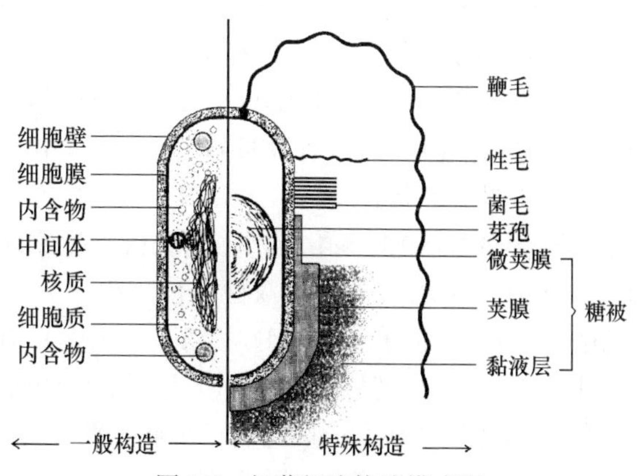

图 1-2　细菌细胞构造模式图

1. 细胞壁（cell wall）

细胞壁是位于细胞表面，内侧紧贴细胞膜的一层较为坚韧、略具弹性的细胞结构，占细胞干重的10%～25%。细菌细胞壁的主要功能有：① 维持细菌的基本形态；② 保护细胞，使其免受因渗透压的变化而引起的细胞破裂；③ 为细胞的生长、分裂和鞭毛运动所必需；④ 细胞壁是多孔性的，水和直径小于1nm的物质可以自由通过，故有一定的通透性和机械阻挡作用；⑤ 细菌的细胞壁还与细菌的致病性、抗原性和对某些药物及噬菌体的敏感性有关。

细菌细胞壁的主要化学成分是肽聚糖。1884年丹麦人克里斯汀·革兰（Christian Gram）发明了一套染色程序，称为革兰染色法（gram staining）。

染色要点：首先用结晶紫染液染色，再加媒染剂——碘液处理，使菌体着色，然后用乙醇脱色，最后用复染液（沙黄或番红）复染。显微镜下菌体呈红色者为革兰染色阴性细菌（常以G^-表示），呈深紫色者为革兰染色阳性反应细菌（常以G^+表示）。G^+菌与G^-菌细胞壁的化学组成、结构具有明显差异，见表1-1。

表1-1 革兰阳性细菌与革兰阴性细菌细胞壁的主要差别

性质		G^+	G^-	
			内壁层	外壁层
结构	厚度	20～80nm	2～3nm	8nm
	层次	单层	多层	
	肽聚糖结构	多层，75%亚单位交联，网格紧密坚固	单层，30%亚单位交联，网格较疏松	
	与细胞膜的关系	不紧密	紧密	
组成	肽聚糖	占细胞壁干重的40%～90%	5%～10%	无
	磷壁酸	有或无	无	无
	多糖	有	无	无
	蛋白质	有或无	无	有
	脂多糖	无	无	11%～22%
	脂蛋白	无	有或无	有
对青霉素		敏感	不够敏感	
对溶菌酶		敏感	不够敏感	

（1）革兰阳性细菌（Gram-positive bacteria）细胞壁

革兰阳性细菌细胞壁厚约20～80nm。其化学成分以肽聚糖（peptidoglycan）为主，可占细胞壁物质总量的90%（质量分数）。另含有少量磷壁酸（teichoic acid），约占细胞壁物质总量的10%（质量分数）。如图1-3所示。

① 肽聚糖是一个大分子复合物，如图1-4所示，是原核微生物除古细菌外细胞壁的共有成分。每一个肽聚糖单体含有3个组成部分：双糖单位，由一分子N-乙酰葡萄胺（简写为NAG）和一分子N-乙酰胞壁酸（简写为NAM）以β-1,4葡萄糖苷键连接形成；四肽侧链，由4个氨基酸分子按L型或D型交替连接在NAM上而形成的短J肽；肽“桥”，把前一肽聚糖单体肽“尾”中的第四个氨基酸D-Ala与后一个肽聚糖单体肽“尾”中的第三个氨基酸L-Lys通过肽键连接起来的短肽，如图1-5所示。

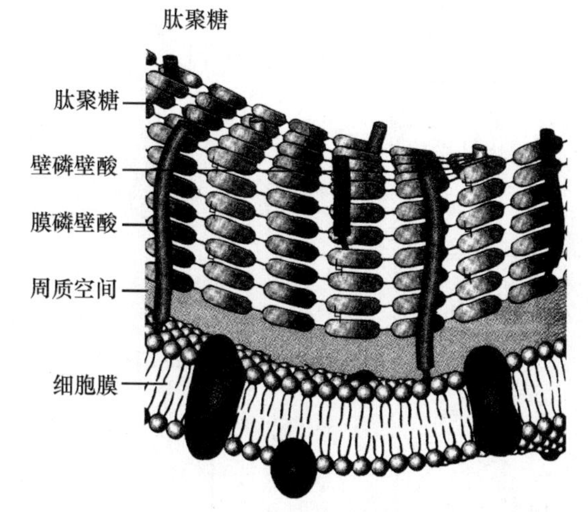

图 1-3 革兰阳性细菌细胞壁结构示意图

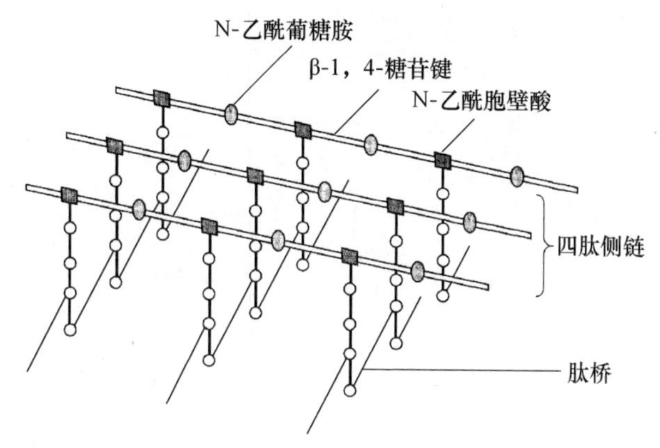

图 1-4 革兰阳性菌肽聚糖结构示意图

② 磷壁酸又名垣酸，是大多数革兰阳性细菌细胞壁所特有的化学成分。是由多个核糖醇（核糖醇型）或甘油（甘油型）以磷酸二酯键连接而成的一种酸性多糖。磷壁酸主要有两类：壁磷壁酸和膜磷壁酸。前者与细胞壁中肽聚糖分子间发生共价结合，其含量与培养基的成分有关，可用稀酸碱提取；后者与细胞膜上的磷酯共价结合，可用45%热酚水提取。磷壁酸有多种生理功能，磷壁酸的存在，使细胞壁形成了一个负电荷环境，大大加强了细胞膜对二价离子的吸附，如 Mg^{2+}，对于保持膜的硬度、提高细胞壁合成酶的活性极为重要；另外，磷壁酸在细胞表面构成了有利于噬菌体吸附的受体位点，同时也是细胞壁深层的一种抗原物质。

(2) 革兰阴性细菌（Gram-negtive bacteria）细胞壁

革兰阴性细菌细胞壁的组成和结构比革兰阳性细菌更复杂，其结构层次明显，分为内壁层和外壁层，如图1-6所示。内壁层紧贴细胞膜，厚约2～3nm，是一单分子层或双分子层，占细胞壁干重5%～10%，由肽聚糖组成。肽聚糖双糖链结构与革兰阳性细菌相同，但肽链中的L-赖氨酸往往被其他氨基酸取代，如 *E coli* 中的肽聚糖中二氨基庚二酸替代了L-Lys，并与相邻四肽侧链上的D-Ala直接连接。由于它们只有30%的肽聚糖单体彼此交织联结，故其网状结构显得比较疏松。外壁层覆盖于肽聚糖层的外部，表面不规则，切面呈波浪形。外壁层可再分为内、中、外三层。最外层为脂多糖层，中间为磷脂层，内层为脂蛋白层。脂多糖是革兰阴性细菌细胞外壁层的主要成分。

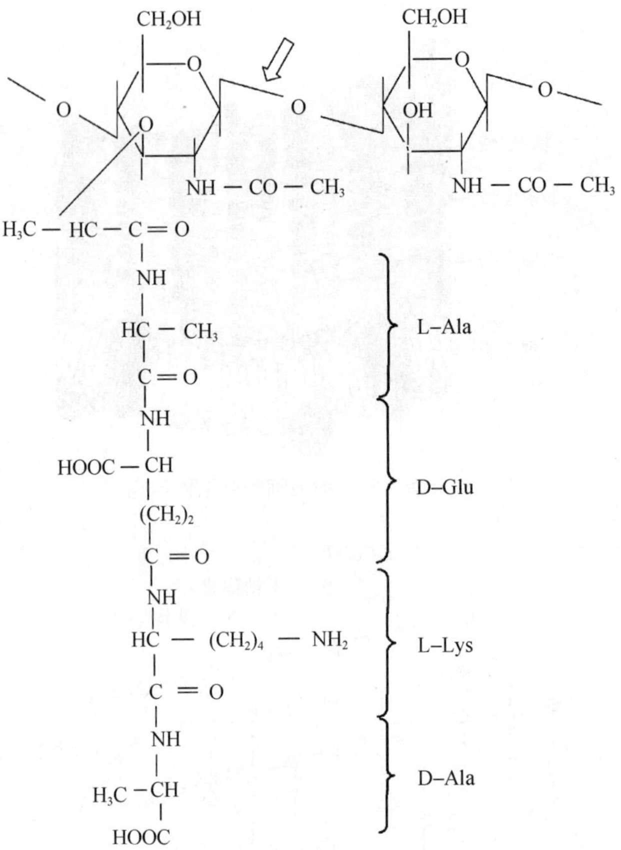

CH2OH
O
O
O
CH2OH
O
OH
O
NH — CO — CH3
NH — CO — CH3
H3C — HC — C = O
NH
HC — CH3
C = O
NH
HOOC — CH
(CH2)2
C = O
NH
HC — (CH2)4 — NH2
C = O
NH
H3C — CH
HOOC
L–Ala
D–Glu
L–Lys
D–Ala

图 1-5　革兰阳性菌肽聚糖分子单体结构示意图

孔蛋白
O-特异侧链
脂多糖
磷脂
脂蛋白
肽聚糖
磷脂
整合蛋白
外膜
周质空间与肽聚糖
细胞膜

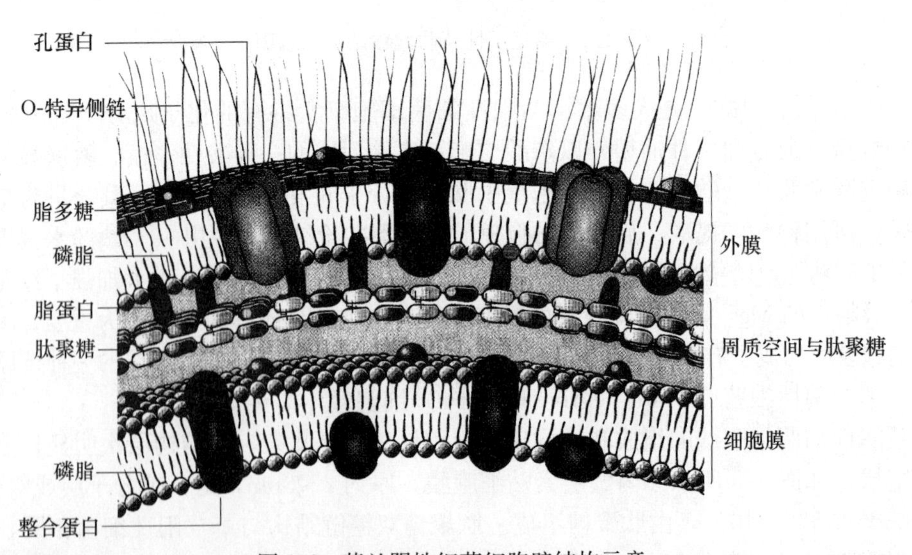

图 1-6　革兰阴性细菌细胞壁结构示意

脂多糖有多种生物学功能：是一些致病菌内毒素的物质基础；与磷壁酸相似，可与环境中的 Mg^{2+} 等阳离子结合，提高这些离子在细胞表面的浓度；是许多噬菌体的吸附位点；具有控制某些物质进出的部分选择性功能，对细胞起保护作用；决定了 G^{-} 细菌表面抗原的多样性。

脂多糖（LRS）是革兰阴性细菌细胞壁中独有的成分，其化学组成因种而有一定差别。脂多糖由三个部分组成，即核心多糖、O-特异侧链和类脂A，如图1-7所示。类脂A为一种糖磷脂，其基本骨架由β-1，6糖苷键相连的D-氨基葡糖双糖组成，双糖骨架的游离羟基和氨基可携带多种长链脂肪酸和磷酸基团。不同种属细菌的骨架基本一致，其主要差别在于所携带的脂肪酸种类及磷酸基团的取代不完全相同。类脂A是内毒素发挥毒性和生物学活性的主要组成部分，无种属特异性，故不同细菌产生的内毒素，其毒性作用基本相似。核心多糖位于类脂A的外层，由己糖（葡萄糖、半乳糖等）、庚糖、2-酮基-3-脱氧辛酸（2-keto-3-deoxyoctanoic acid，KDO）、磷酸乙醇胺等组成，经KDO与类脂A共价相连。核心多糖有属特异性，同一属细菌的核心多糖相同。O-特异侧链位于LPS的最外层，是由数个到数十个低聚糖（3～5个单糖）重复单位所构成的多糖链。不同类型革兰阴性菌的LPS中，O-特异侧链中所含单糖的种类、数目、排列及空间构型各不相同，表现为种属特异性，被称为革兰阴性菌的菌体抗原（O抗原）。特异性多糖的缺失，可导致细菌菌落从光滑型（smooth，S型）转变成粗糙型（rough，R型）。

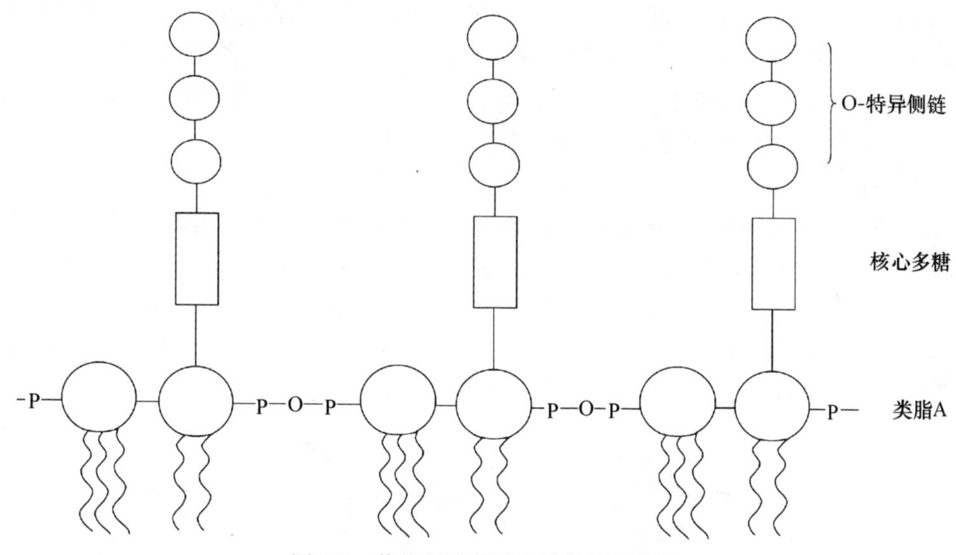

图1-7　革兰阴性菌脂多糖结构示意图

在G^-细菌的脂多糖和磷脂层外膜上还嵌合有多种蛋白，称外膜蛋白。多数外膜蛋白的功能还不清楚，其中研究得较为清楚的是膜孔蛋白。每个膜孔蛋白分子是由3个相对分子质量相同的蛋白质亚基组成的一种三聚体跨膜蛋白，中间有一直径约1nm的孔道，通过孔的开闭，可阻止某些物质进入细胞。

（3）**周质空间（periplasmic space）**

革兰阴性菌的外膜与细胞膜之间存在着约占细胞体积20%～40%的狭窄空间，称为周质空间。周质空间内含有多种蛋白酶、核酸酶、解毒酶或特殊结合蛋白，在细菌获取营养、解除有害物质毒性等方面都发挥着重要作用。在革兰阳性细菌的细胞膜与细胞壁之间也可以观察到类似的周质空间。

（4）细胞壁缺陷型细菌

用溶菌酶处理细胞或在培养基中加入青霉素等因子，则可破坏或抑制细胞壁的形成，成为细胞壁缺陷细菌。这类细菌通常包括原生质体、球状体和 L 型细菌。用溶菌酶除去革兰阴性菌细胞壁时，若先用乙二胺四乙酸（EDTA）处理一下外壁，则效果更好些。

① **原生质体（protoplast）：在革兰阳性细菌培养物中加溶菌酶或在含青霉素等的培养基里培养阳性细菌，便可破坏或抑制细菌细胞壁的合成**。**细菌除去细胞壁后所剩下的部分叫做原生质体**。原生质体由于没有坚韧的细胞壁，故任何形态的菌体均呈球形。原生质体对环境条件很敏感，而且特别脆弱，渗透压、振荡、离心以至通气等因素都易引起原生质体破裂。有的原生质体还保留着鞭毛，但不能运动，也不能被相应的噬菌体感染。原生质体在适宜条件下可生长繁殖，形成菌落，如，用即将形成芽孢的营养体获得的原生质体还可形成芽孢。

② **球状体（spheroplast）：是在人为条件下，用溶菌酶和乙二胺四乙酸（EDTA）部分水解革兰阴性菌细胞壁所获得的仍带有部分细胞壁的圆球状结构**。该类菌细胞壁虽被溶菌酶除去，但外壁层中脂多糖、脂蛋白仍然全部保留，所以，球状体较之原生质体对外界环境具一定抗性，并能在普通培养基上生长。

③ **L 型细菌（bacterial L-form）：是专指那些在实验室或宿主体内通过自发突变而形成的遗传性稳定的细胞壁缺陷菌株**。它最先被英国 Lister 医学研究院发现，故命名为细菌 L-型。大肠埃希菌、变形杆菌、葡萄球菌、链球菌、分枝杆菌和霍乱弧菌等 20 多种细菌中均有发现。L 型细菌没有完整而坚韧的细胞壁，细胞呈多形态，有的能通过滤器，故又称“滤过型菌”。L 型细菌能在低渗条件下缓慢生长，在固体培养基上形成一种直径约 0.1mm 的微小菌落，中心部分深埋于培养基内，呈典型的“油煎蛋”状。

2. 细胞膜

细胞质膜（cytoplasmic membrane）是紧贴于细胞壁内侧的一层柔软而富有弹性的半透性薄膜，又称细胞膜（cell membrane）、质膜（plasma membrane）或内膜（inner membrane）。厚度一般为 7～8nm，重量占菌体的 10%。经质壁分离后，细菌细胞膜可被中性或碱性染料染色而被观察到，细胞膜为镶嵌蛋白质的液态磷脂双分子层，其化学组成主要是磷脂（30%～40%）和蛋白质（60%～70%），细胞膜结构如图 1-8 所示。

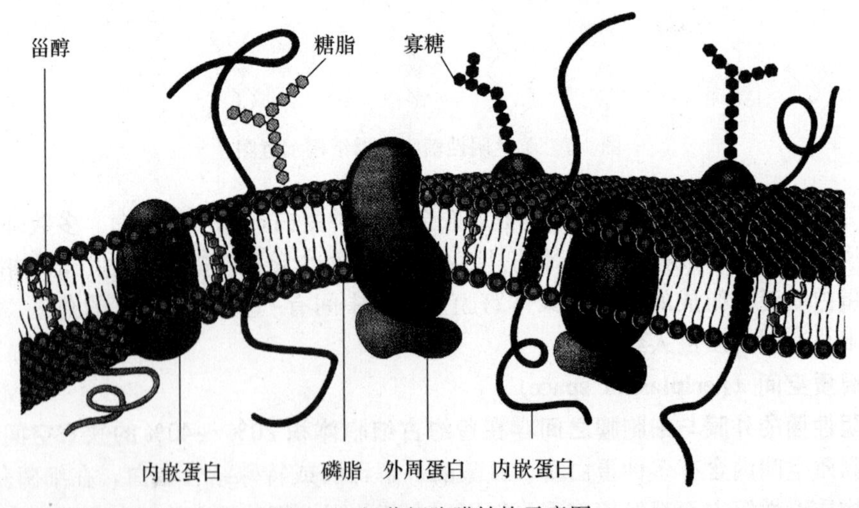

图 1-8　细菌细胞膜结构示意图

磷脂分子由磷酸、甘油、脂肪酸和含氮碱基组成，常见的含氮碱基有乙醇胺、胆碱、丝氨酸及肌醇等。长链脂肪酸构成其疏水性的非极性尾，而磷酸甘油连接的含氮碱基部分则构成其亲水性的极性头。在水相中亲水性的极性头朝外排列，疏水性的非极性尾朝内排列，这样就形成了高度定向性的双层磷脂分子，蛋白质则不同程度地贯穿或镶嵌在双层磷脂分子之间，并可以在磷脂双层中侧向运动，由此组成具有一定流动性的膜结构，这就是 Singer 等人 1972 年提出的细胞膜液态镶嵌结构模型。

细菌与真核微生物不同，其细胞内没有行使独立功能的细胞器，因此，其细胞膜具有十分重要的生理功能：

① 维持渗透压的梯度和溶质的转移。细胞质膜是半渗透膜，具有选择性的渗透作用，能阻止高分子通过，并选择性地逆浓度梯度吸收某些低分子进入细胞；由于膜有极性，膜上有各种与渗透有关的酶，还可使两种结构相类似的糖进入细胞的比例不同，吸收某些分子，排出某些分子；

② 细胞质膜上有合成细胞壁和形成横膈膜组分的酶，故在膜的外表面合成细胞壁；

③ 膜内陷形成的中间体含有细胞色素，参与呼吸作用；中间体与染色体的分离和细胞分裂有关，还为 DNA 提供附着点；

④ 细胞质膜上有琥珀酸脱氢酶、NADH 脱氢酶、细胞色素氧化酶、电子传递系统、氧化磷酸化酶及腺苷三磷酸酶（ATPase）。在细胞质膜上进行物质代谢和能量代谢；

⑤ 是鞭毛基体的着生部位，并为鞭毛旋转运动提供能量。

3. 细胞质及其内含物

细胞质（cytoplasm）又称为原生质（protoplasm），是细胞质膜包围的除核区外的溶胶状物。其主要成分有水（约占 80%）、蛋白质、核酸和脂类，并含有少量的糖和无机盐。细胞质内核糖核酸的含量较高，可占菌体固形物的 15%～20%，生长旺盛的幼龄菌含量更高，因此细菌细胞都是嗜碱性的。细胞质是细菌的内环境，含有丰富的酶类，是细菌合成和分解代谢的主要场所；细胞质内还含有多种重要结构。

通常情况下，细胞质为无色透明黏液，有时也会形成有形内含物。不同微生物含有的内含物不同，常见内含物有：

（1）核糖体（ribosome）

细菌的核糖体是分散在细胞质中的亚微颗粒。它由核糖核酸（RNA）和蛋白质组成，其中 RNA 占 60%，蛋白质占 40%。每个细菌细胞内核糖体数可达上万个。核糖体的沉降常数为 70S（由 50S 大亚基和 30S 小亚基组成），直径为 20nm。在一定浓度的 Mg^{2+} 存在时聚合成完整、有活性的 70S 核糖体，与正在转录的 mRNA 相连呈“串珠”状，称多聚核糖体，是合成蛋白质的场所。

（2）内含颗粒（inclusome granule）

细菌主长到成熟阶段，因营养过剩会形成一些贮藏颗粒，如：异染粒、聚-β-羟基丁酸（PHB）、硫粒、淀粉粒、肝糖粒、气泡等。

① 异染颗粒（metachromatic granule）：又称迂回体（volutin granule），最早在迂回螺菌（spirillum volutans）中被发现，可用亚甲蓝或甲苯胺蓝等染料染成红紫色。颗粒大小为 0.5～1.0μm，是无机偏磷酸的聚合物。白喉棒状杆菌（*C. diphtheriae*）、鼠疫杆菌（*Yersinia pestis*）和结核分枝杆菌（*Mycobacterium tuberculosis*）细胞中有比较典型的异染颗粒，在菌种鉴定中有一定意义。

② 聚-β-羟基丁酸（poly-β-hydroxybutyrate，简称 PHB）：是存在于许多细菌细胞质内的属于类脂性质的碳源类贮藏物，不溶于水，易被脂溶性染料如尼罗蓝或苏丹黑着色。由于

其无毒、可塑、易降解，因此是生产医用塑料和生物降解塑料的良好原料。

③ 硫粒（sulfur gmulle）：硫细菌如贝氏硫细菌（*Beggiatoa*）、丝硫细菌（*Thiothrix*）等利用硫化氢（H_2S）作为能源，将 H_2S 氧化为硫粒积累在菌体内，在环境缺乏营养时又将硫粒氧化为 SO_4^{2-}，从而获得能量。硫粒具有很强的折光性，故可在光学显微镜下观察到。

④ 肝糖（glucogen）和淀粉粒：两者均能用碘液染色，前者染成红褐色，后者染成深蓝色，肝糖和淀粉粒可用作碳源和能源。

⑤ 气泡（gas vacuole）：紫色光合细菌和蓝绿细菌含有气泡，借以调节浮力。专性好氧的盐杆菌属体内含气泡量多，在含盐量高的水中嗜盐细菌借助气泡浮到水表面吸收氧气。

上述的各种内含物颗粒并不同时出现在一个菌体中，通常一个菌体内含一种或两种。当环境中缺氮源，而碳源和能源过剩时，细胞会积累大量内含颗粒，有时可达到细胞干重的 50%。

4. 核质（nuclear material）

核质指原核生物所特有的原始细胞核，没有核膜、核仁，是由一条环状双链 DNA 分子高度折叠卷曲而成的一团高度凝胶化的物质，也称细菌染色质。

核质是细菌的主要遗传物质，携带着细菌的主要遗传信息，决定细菌的主要遗传性状。如果细菌的核质 DNA 发生损伤或突变，细菌的遗传性状就会发生变异甚至死亡。用富尔根（Feulgen）染色法染色后，可以在显微镜下观察到呈现多形态的核质体。其实质为一条双链 DNA 分子，经过高度折叠、盘绕，形成闭合环状的超螺旋形式。

细菌质粒是细菌核质之外携带遗传信息的小环状 DNA，质粒能自我复制并能稳定地遗传。此部分内容详见第 7 章。

5. 荚膜（capsule）、粘液层和菌胶团

（1）荚膜

荚膜是某些细菌在其细胞表面分泌的一层黏液性物质，当黏液达到一定的强度和形状时，就称为荚膜，如图 1-9 所示。荚膜能相对稳定地附着在细胞壁表面，使细菌与外界环境有明显的边缘。在碳氮比高和强的通气条件的培养基中有利于好氧细菌荚膜形成。细菌荚膜一般很厚，有的细菌荚膜很薄，在 200nm 以下，称微荚膜。

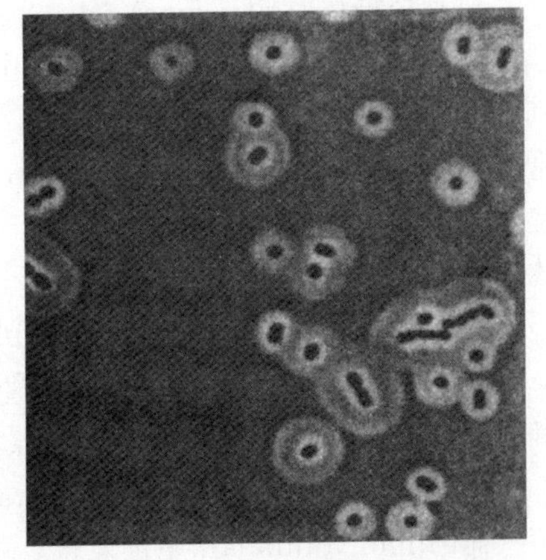

图 1-9　肺炎球菌的荚膜

荚膜中含水量极高，常在 90%以上，故在光学显微镜下因透明而不易被观察到。如使用负染色法，在暗色背景与折光性很强的菌体之间所观察到的透明带，即是荚膜。荚膜的主要成分因菌种而异，主要成分为多糖，有的也含多肽或蛋白质。产荚膜的细菌菌落通常光滑透明，称为光滑型（S 型）菌落；不产荚膜的细菌菌落表面粗糙，称粗糙型（R 型）菌落。S 型菌落可因失去荚膜而转化为 R 型菌落。

荚膜的主要功能有：① 保护作用，它可保护细菌免受干旱损伤，对于致病菌来说，还可保护它们免受宿主吞噬细胞的吞噬作用，增强某些病原菌的致病能力；② 贮藏养料，营养缺乏时可作为碳（或氮）源和能源被利用；③ 吸附作用，其多糖、多肽或蛋白质具有较强的吸附能力。

产生荚膜是微生物的一种遗传特性，因此，荚膜的有无是细菌分类鉴定的依据之一。但形成荚膜是细菌在特定环境条件中的表现，换言之，形成荚膜的细菌并非在整个生活期内或在任何环境中都有荚膜，其没有荚膜的变异菌株也能正常生长。

（2）黏液层

某些细菌不产荚膜，其**细胞表面仍可分泌黏性多糖，疏松地附着在细菌细胞壁表面上，与外界没有明显的边缘，这叫黏液层**。黏液层在废水生物处理过程中具有生物吸附作用。在曝气池中因曝气搅动和水的冲击力等因素容易把细菌黏液冲刷到水中，致使水中有机物增加。黏液层可被其他微生物利用。

（3）菌胶团

细菌的荚膜物质可以互相融合，组成胶状团块，这些**包含着多个菌体的胶状团块，称为菌胶团**。菌胶团具有较强的吸附和氧化分解能力，能大量吸附废水中的有机物、无机固体物、胶体物，迅速氧化分解有机污染物；菌胶团具有良好的沉降性能，稍加静置即可与处理后的水分离。这些性能对废水生物处理非常重要。

6. 芽孢（spore）

芽孢是某些细菌在其生长发育后期，在菌体内部形成一个圆形或椭圆形的厚壁对不良环境有极强抗性的休眠体。当条件适宜时，芽孢又可萌发成营养细胞。由于一个芽孢只能萌发成一个营养细胞，故它无繁殖功能。芽孢是分类鉴定的依据之一。

芽孢着生的位置依细菌菌种的不同而不同，如枯草芽孢杆菌的芽孢位于细胞的中间，其大小接近其菌体的直径。梭状芽孢杆菌的芽孢位于菌体中间，其直径大于菌体，使菌体成梭状。破伤风梭菌的芽孢位于菌体的一端，使菌体成鼓槌状等。产芽孢的细菌主要为好氧芽孢杆菌属（*Bacillus*）和厌氧的梭状芽孢杆菌属（*Clostridium*）的所有细菌。其他如球菌中的芽孢八叠球菌属（*Sporosarcina*）和弧菌中的芽孢弧菌属（*Sporovibrio*）也能产芽孢。

芽孢结构如图 1-10 所示。芽孢具有厚而致密的壁，不易着色，在相差显微镜下呈现折光性很强的小体；用芽孢染色法染色后，普通光学显微镜下也可看见。

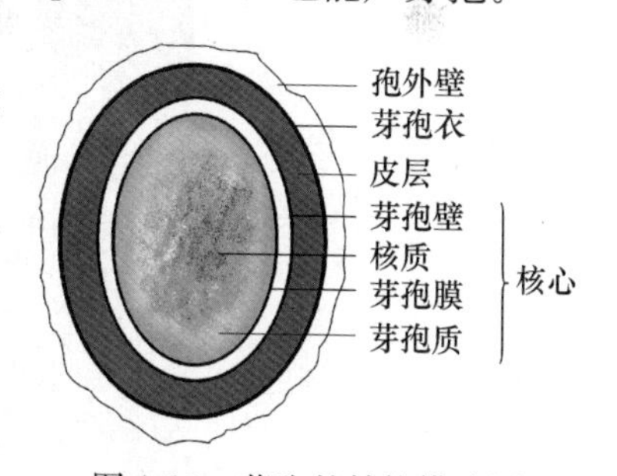

图 1-10　芽孢的结构模式图

芽孢对不良环境如：高温、低温、干燥、光线和化学药物有很强的抵抗力，其主要原因是：

① 芽孢核心的含水率低；

② 芽孢壁厚而致密，分三层：外层是芽孢衣，为蛋白质性质；中层为皮层，由芽孢肽聚糖构成，含大量 2,6-吡啶二羧酸；内层为芽孢壁，由肽聚糖构成，包围芽孢细胞质和核质；

③ 芽孢中的 2,6-吡啶二羧酸（dipicolinic acid，简称 DPA）含量高，为芽孢干重的 5%～15%。吡啶二羧酸以钙盐形式存在，钙含量高。在营养细胞和不产芽孢的细菌体内未发现 2,6-吡啶二羧酸。芽孢形成过程中，2,6-吡啶二羧酸随即合成，芽孢就具有耐热性，芽孢萌发形成营养细胞时，2,6-吡啶二羧酸就消失，耐热性就丧失；

④ 含有耐热性酶。

芽孢在自然界中可存活几年甚至几十年，能耐煮沸数小时，能在 5%苯酚溶液中存活数日，所以，临床上以杀灭细菌的芽孢作为灭绝的标准。普通的芽孢在 121℃下可耐受 12min

左右，因此目前杀死芽孢最可靠的方法是高压蒸汽灭菌法（121℃下维持15～20min）。

伴孢晶体：芽孢杆菌属中有些种，如苏云金芽孢杆菌（*Bacillus thuringiensis*）等，**在芽孢旁形成一个菱形或双锥形的碱溶性蛋白晶体，称为伴孢晶体（parasporal crystal）**。一个细菌一般只产生一个伴孢晶体，呈菱形、方形或不规则形，常因菌种不同或营养条件的变化而异。当培养基中含丰富的动物性蛋白质或其分解产物时，伴孢晶体就大而典型。伴孢晶体由蛋白质组成，是一种毒性晶体，0.58μg就足以使蚕的幼虫麻痹。该晶体对100种以上的鳞翅目昆虫有毒性。对胰蛋白酶、糜蛋白酶、链霉蛋白酶等蛋白酶类均不敏感；不溶于水，易溶于碱性溶液中。由于鳞翅目幼虫中肠的pH可达9.0～10.5，因此易受感染。当晶体毒素到达肠道时，立即溶解并吸附于上皮细胞上，引起渗透性的丧失，肠道穿孔，肠中的强碱性液体随之进入血液，使血液pH从6.8左右升至8以上，导致昆虫全身麻痹死亡。此外，毒素还影响昆虫的神经传导，也可能引起全身麻痹。这种毒素对人畜毒性很低，故国内外均以工业化方式大量生产菌粉，以杀死某些农业害虫。

7. 鞭毛（flagella）

由细胞质膜上的鞭毛基粒长出穿过细胞壁伸向体外的一条纤细的波浪状的丝状物叫鞭毛。它是细菌的“运动器官”。鞭毛的直径为10～20nm，长度不等，在2～50μm之间，因此，只有用电子显微镜才能真正观察到细菌的鞭毛，如图1-11所示。但经特殊染色法使染料沉积到鞭毛表面后，这种加粗的鞭毛也能在光学显微镜下观察；另外在暗视野显微镜下，可以借助观察细菌运动方式，判断细菌是否具有鞭毛；通过琼脂平板培养基上的菌落形态或在半固体培养基采用穿刺法，观察穿刺线上群体扩散的情况，也能判断菌体是否有鞭毛。

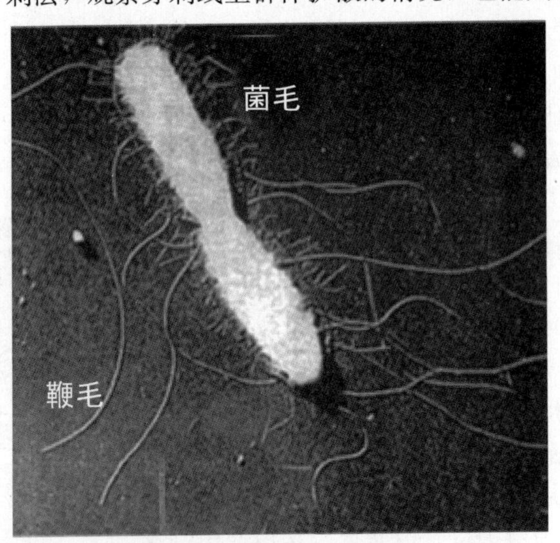

图1-11　细菌的鞭毛与菌毛

鞭毛着生的位置和数目是种的特征，具有分类鉴定的意义。例如革兰阴性杆菌中的假单胞菌属具端生鞭毛，而埃希菌属的鞭毛着生在菌体周围。根据鞭毛的数目和着生情况，可将具鞭毛的细菌分为以下几种类型：

① 偏端单生鞭毛菌：在菌体的一端只生一根鞭毛，如霍乱弧菌、荧光假单胞菌。

② 两端单生鞭毛菌：在菌体两端各具一根鞭毛，如鼠咒咬热螺旋体。

③ 偏端丛生鞭毛菌：菌体一端生一束鞭毛，如铜绿假单胞菌、产碱杆菌。

④ 周生鞭毛菌：周身都生有鞭毛，如大肠杆菌、枯草杆菌等。

鞭毛的化学成分是蛋白质，具较强的免疫原性，鞭毛抗原（H 抗原）可以用来鉴别细菌。鞭毛自细胞膜长出，游离于细胞外，由基础小体（basal body）、钩状体（hook）和丝状体（filament）三部分组成，鞭毛虽是细菌的“运动器官”，但并非生命活动所必需（图 1-12）。

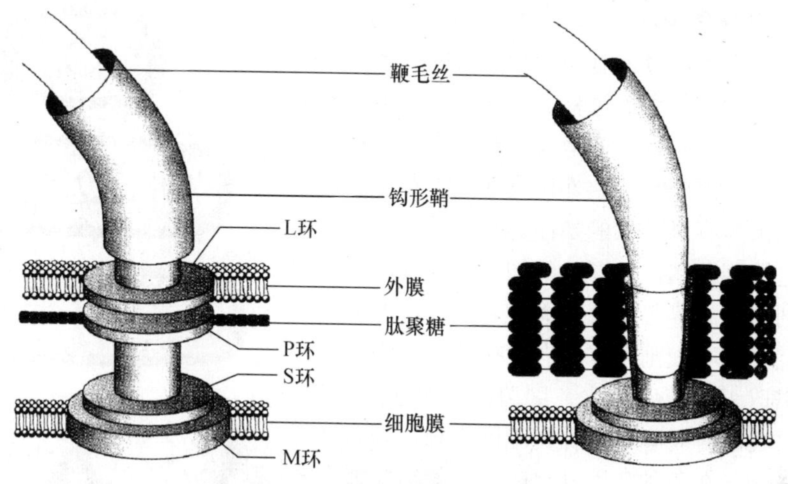

图 1-12 鞭毛的结构模式图

8. 菌毛（pilus）

某些细菌细胞表面着生的纤细、中空、短直且数量较多的丝状物，称之为菌毛，其化学成分为蛋白质。菌毛蛋白具有抗原性，编码该蛋白的基因有的位于染色体，有的位于质粒。依据功能可将菌毛分为普通菌毛和性菌毛两种。

（1）普通菌毛（common pilus）

普通菌毛数量较多，可达数百根，直径 3～10nm，长 0.2～2.0μm，仅在电子显微镜下才能看见。普通菌毛遍布于菌体表面，具有粘附能力，能与宿主呼吸道、消化道和泌尿生殖道等处黏膜上皮细胞表面的特异性受体结合，这是感染的第一步。如大肠埃希菌的普通菌毛能粘附于肠道和下尿道黏膜上皮细胞表面，引发肠炎或尿道炎。

（2）性菌毛（sex pili）

是在性质粒（F 因子）控制下形成的，故又称 F-菌毛（F-pili）。性菌毛比普通菌毛粗而长，直径 9～10nm，长 6～13.5μm，数目较少，一般 1～4 根，是细菌接合的“工具”，如图 1-11 所示。细胞内有 F 因子的细菌为雄性菌株，可写成 F^+，无 F 因子的为雌性菌株，可写成 F^-。F^+ 菌株可借助于细胞表面的性菌毛与 F^- 菌株进行接合传递遗传物质。由质粒基因控制的细菌抗药性、毒素等性状都可通过接合方式传递。此外，性菌毛也是一些噬菌体的吸附受体。

1.1.3 细菌的培养与繁殖

1. 细菌的培养

细菌的培养是一种用人工方法使细菌生长繁殖的技术。细菌在自然界中分布广，数量大，种类多，绝大多数细菌可用人工方法培养，即将其接种于培养基上，使其生长繁殖。

培养细菌时应根据细菌的种类和目的等的不同选择不同的培养基、培养方法和培养条件（如温度、pH 值、时间，对氧的需求与否等）。一般细菌可在有氧条件下，37℃中培养 24～48h。厌氧菌则需在无氧环境中培养 2～3d。个别细菌如结核分枝杆菌要培养 1

个月之久。

2. 细菌的繁殖

细菌一般以无性二分裂的方式进行繁殖。一个细菌生长到一定时间，在细胞中间形成横隔，将一个细胞分裂为两个相等的子细胞，如图 1-13 所示。细菌分裂大致经过细胞核和细胞质的分裂、横隔壁的形成以及子细胞分离等过程。少数种类细菌如柄细菌分裂后会产生一个有柄、不运动的和一个无柄有鞭毛的子细胞，称为异形分裂。此外还有通过出芽方式进行繁殖的芽生细菌，有呈球状的如浮霉状菌属，呈卵状或梨状的如生丝单胞菌属，呈杆状的如芽生杆菌属，呈螺杆状的如谢利别菌属等。细菌除无性繁殖外，电镜观察和遗传学研究已证明细菌存在着有性接合，但细菌有性接合较少，仍以无性繁殖为主。细菌的繁殖速度很快，繁殖一代所需要的时间随细菌种类不同而异，同时又受环境条件的影响。在各种条件满足时，一般细菌如大肠埃希菌繁殖一代用时 20～30min；个别细菌如结核分枝杆菌分裂较慢，繁殖一代用时为 18～20h。

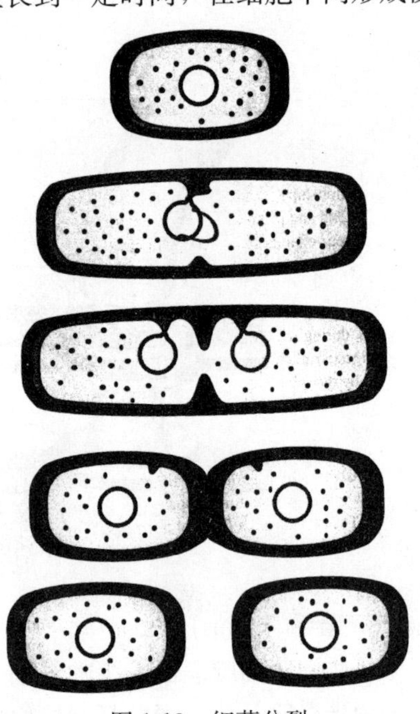

图 1-13　细菌分裂

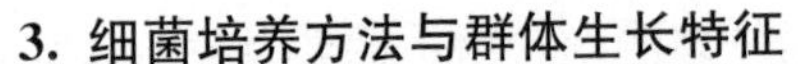

3. 细菌培养方法与群体生长特征

（1）固体培养法

这是实验室常用的细菌培养方法。**细菌在固体培养基上生长繁殖，几天内即可由一个或几个细菌分裂繁殖成千上万个细胞，聚集在一起形成肉眼可见的群体，称为菌落（colony）**。**如果一个菌落是由一个细菌菌体生长、繁殖而成，则称为纯培养**。因此，可以通过单菌落计数的方法来计数细菌的数量。在微生物的纯种分离中也可以挑取单个菌落划线接种于琼脂斜面上，由于划线密集重叠，长出的细菌会融合成片，称为菌苔（lawn），常用于菌种的保藏。各种细菌在一定培养条件下形成的菌落具有一定的特征，包括菌落的大小、形状、光泽、颜色、硬度、透明度、边缘状态等，如图 1-14 所示。菌落的特征对菌种识别、鉴定有一定意义。

图 1-14　常见细菌菌落特征

细菌的菌落一般较小，常堆积在培养基表面，与培养基的结合力较弱，很容易挑起。菌落一般可分为三种类型：① 光滑型菌落（smooth colony，S 型）：表面湿润、光滑、边缘整齐，多数细菌新分离的菌株均为 S 型；② 粗糙型菌落（rough colony，R 型）：表面干燥、粗糙、呈皱纹状、边缘不整齐；R 型细菌多由 S 型细菌失去菌体表面多糖或蛋白质后形成，其毒力、抗吞噬能力等都比 S 型细菌弱，但也有少数细菌新分离的毒力株就是 R 型，如炭疽芽胞杆菌等；③ 黏液型菌落（mucoid colony，M 型）：表面黏稠、有光泽、似水珠状，多见于有厚荚膜或丰富黏液层的细菌，如肺炎克雷伯菌等。

（2）液体培养法

常在容器中进行培养。因菌种及需氧性等表现出不同的特征。当菌体大量增殖时，有的形成均匀一致的混浊液；有的形成沉淀；有的形成菌膜漂浮在液体表面，如图 1-15 所示。有些细菌在生长时还可同时产生气泡、酸、碱和色素等。

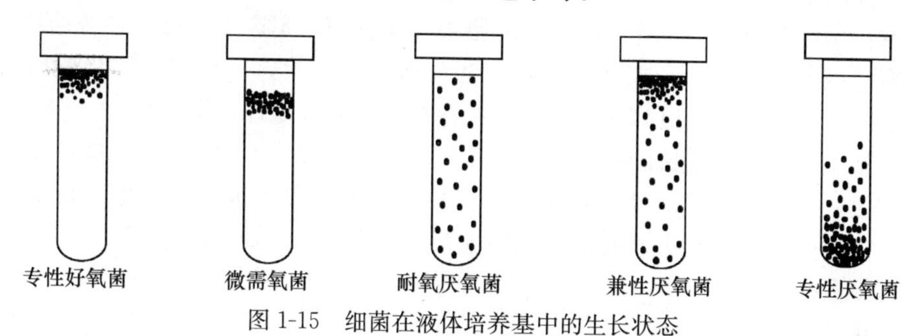

图 1-15　细菌在液体培养基中的生长状态

液体培养法主要用于收集细菌、获得发酵产物及菌种的鉴定等。培养方式有静置培养和震荡培养两种形式。

① **静置培养（stationary culture）：是指在培养过程中，培养物始终保持静置状态的培养方法**。细菌在澄清的培养基中，在适宜的温度下经过一定时间的培养后，培养液可变为混浊，出现沉淀或在液面形成菌膜等现象。

② 震荡培养（shake culture）：是指在培养过程中，采用一些措施使培养物始终保持以一定速率震荡的培养方法。由于多数细菌都属于需氧菌，震荡培养可以提高细菌对培养液中溶解氧的吸收和利用，促进细菌生长。

（3）半固体培养法

常用于观察细菌的运动性、测定某些生化反应及菌种的保藏等。将细菌穿刺接种到半固体培养基中，经培养后，如是无动力的细菌，则可见到细菌仅沿穿刺线呈明显的线状生长，周围培养基透明澄清；如是有动力的细菌，沿穿刺线呈羽毛状或云雾状混浊生长，从而可通过细菌在半固体培养基上的生长现象来判断该菌是否有动力，即有无鞭毛。

1.1.4　环境中常见的细菌

细菌形态简单，但种类繁多。下面介绍一些环境中常见的细菌菌属。

1. 球菌类

（1）微球菌属（*Micrococcus*）

细胞呈球形，直径 0.5～2.0μm，单生、成对、四联或成簇出现，但不成链；革兰阳性；不运动，不生芽孢；严格好氧，能氧化葡萄糖等有机物为酸或不产酸，其生长需要维生素；最适温度 25～37℃；DNA 中 G+C 摩尔分数为 64%～75%。微球菌属最初出现在脊椎动物皮肤和土壤中，但从食品和空气中也常常能分离到。

（2）链球菌属（*Streptococcus*）

球形或卵圆形，直径 0.6～1.0μm，多数呈链状排列，链的长短与菌种及生长环境有关，在液体培养基中形成链状排列比在固体培养基中形成的链长；无芽孢，无鞭毛，有菌毛样结构，含 M 蛋白，革兰阳性，需氧或兼性厌氧，有些为厌氧菌；营养要求较高，普通培养基中需加入血液、血清和葡萄糖等才能生长，通常溶血；最适温度 37℃，最适 pH7.4～7.6；DNA 中 G+C 摩尔分数为 36%～46%。链球菌属广泛存在于自然界、人及动物粪便和健康人鼻咽部，大多数不致病。

(3) 葡萄球菌属（*Staphylococcus*）

圆形或卵圆形，菌体直径 0.5～1.5μm，常单个、成对或堆积成葡萄状，不运动；产胡萝卜类色素，菌落颜色不一；革兰阳性，无鞭毛，无荚膜，不产生芽孢，在普通培养基上生长良好；需氧或兼性厌氧，少数专性厌氧。葡萄球菌在自然界中分布很广，健康禽类的皮肤、羽毛、眼睑、黏膜、肠道等都有葡萄球菌存在，同时该菌还是家禽孵化、饲养、加工环境中的常在微生物。最适生长温度 35～40℃，pH 为 7～7.5。不同种的菌株产生不同的色素，如金黄色、白色、柠檬色等，色素为脂溶性。葡萄球菌在血琼脂平板上形成的菌落较大，有的菌株菌落周围形成明显的全透明溶血环（β 溶血），也有不发生溶血者。凡溶血性菌株大多具有致病性。

(4) 明串球菌属（*Leuconostoc*）

细胞呈球形或卵圆形，在成对或链状时，长大于宽，一般为（0.5～0.7）μm×（0.7～1.2）μm；革兰阳性，不运动，不产生芽孢；生长缓慢，在蔗糖培养基上，可形成黏的小菌落；兼性厌氧，化能异养，需要营养丰富的培养基；最适温度 20～30℃；葡萄糖发酵产酸、产气，主要发酵产物是 D-乳酸盐和乙醇，发酵主要局限于单和双糖类；接触酶阴性，精氨酸不水解。吲哚阴性，不溶血，硝酸盐不还原。明串球菌属广泛分布于植物、乳制品和其他食品中。DNA 的 G+C 摩尔分数为 38%～44%。

2. 杆菌类

(1) 假单胞菌属（*Pseudomonas*）

专性需氧的革兰阴性无芽孢杆菌，呈杆状或略弯，菌体大小（0.5～1）μm×（1.5～4）μm。具端生鞭毛，能运动。有些株产生荧光色素或（和）红、蓝、黄、绿等水溶性色素，不发酵糖类。大多数菌的最适温度为 30℃。DNA 中的 G+C 摩尔分数为 58%～70%。假单胞菌属存在于土壤、淡水、海水中，多为化能异养菌，利用多种有机含碳化合物甚至一些比较复杂的不易为其他微生物利用的化合物作为碳源和能源，许多种能累积β-羟丁酸，但少数是化能自养菌，利用 H_2 和 CO_2 为能源，专性好氧或兼性厌氧。

(2) 动胶菌属（*Zoogloea*）

细胞呈杆状，菌体大小（0.5～1）μm×（1.5～3）μm，无芽孢，端单生鞭毛，在自然条件下，菌体群集于共有的菌胶团中，特别是碳氮比相对高时更是如此。革兰阴性，专性好氧，化能异养，能利用某些糖及氨基酸，不能利用淀粉、肝糖原、纤维素、蛋白质等，不产生色素，需要维生素 B_{12} 以供生长，是废水生物处理中的重要细菌。

(3) 埃希菌属（*Escherichia*）

细胞呈短杆状，菌体大小（1.1～1.5）μm×（2.0～6.0）μm，单个或成对；许多菌株有荚膜和微荚膜；革兰阴性；以周生鞭毛运动或不运动；兼性厌氧，具有呼吸和发酵两种能量代谢类型；最适生长温度 37℃；化能有机营养型；发酵乳糖产气，有的菌株不产气；氧化酶阴性，产生吲哚、甲基红反应（+），乙酰甲基甲醇（VP）反应（-），不利用柠檬酸盐。在伊红美蓝琼脂培养基上菌落呈深蓝黑色，有金属光泽；在营养琼脂上的菌落可能是光滑

(S)，也可能是粗糙（R）；DNA 的 G+C 摩尔分数为 48%～52%；模式种：大肠埃希菌（*Escherichia coli*），是重要的粪便污染指示菌，广泛存在于自然界及人与动物的肠道内，少数菌株具有条件致病性。

（4）产碱杆菌属（*Alcaligenes*）

细胞为杆状、球杆状，菌体大小（0.5～1.2）μm×（0.5～2.6）μm，通常单个出现；革兰阴性，无芽孢。以 1～8 根（偶尔可达 12 根）周生鞭毛运动；专性好氧，利用有氧呼吸进行能量代谢，有些菌株在存在硝酸盐或亚硝酸盐时进行厌氧呼吸；适宜生长温度为 20～37℃；氧化酶、接触酶阳性；不产生吲哚；通常不水解纤维素、七叶灵、明胶及 DNA；化能有机营养型，利用不同的有机酸和氨基酸为碳源，通常不利用糖类，有些菌株可利用 D-葡萄糖、D-木糖为碳源产酸。产碱杆菌属存在于水和土壤中，有些是脊椎动物肠道中常见的寄生菌。许多菌株已从临床标本的血、尿、粪便、脑脊液、化脓性耳脓汁和伤口中分离出，常引起人的条件感染。模式种：粪产碱菌（*Alcaligenes faecalis*）。

（5）不动杆菌属（*Acinetobacter*）

短杆状、近似球形，革兰阴性，无芽孢；绝对需氧；腐生型。不动杆菌属广泛分布于外界环境中，主要在水体和土壤中，易在潮湿环境中生存，如浴盆、肥皂盒等处。

（6）节杆菌属（*Arthrobacter*）

幼龄培养物的细胞呈不规则的杆状，菌体大小（0.8～1.2）μm×（1.8～8.0）μm，常呈 V 形排列，但没有丝状体；生长过程中，杆状断裂成小球状，直径 0.6～1.0μm；单个、成对排列，呈不规则的堆状；有明显的杆、球周期变化，稳定期的培养物几乎全部是球状；革兰阳性，但很易褪色；好氧，化能异养菌，接触酶阳性；最适生长温度 20～30℃。节杆菌属广泛分布于环境中，主要是土壤中。

（7）色杆菌属（*Chromobacterium*）

杆状，菌体大小为（0.6～0.9）μm×（1.5～3.5）μm，两端钝圆，有时略呈细长弯曲；单个，偶尔成对，或伸展成短链状；无荚膜；革兰阴性，常含有条纹或两端着色的脂类内含物；通常以单极毛和 1～4 根亚极毛或侧毛运动；兼性厌氧；最适、最高和最低温度因种而不同，最适 pH7.8，在 pH4.5 以下不生长；化能有机营养，以发酵代谢为主；从葡萄糖、果糖、海藻糖和甘露糖产酸，不产气；接触酶阳性；吲哚阴性；VP 反应阴性；还原硝酸盐，能液化明胶。色杆菌属存在于土壤和水中。紫色色杆菌可偶尔引起哺乳动物包括人类的严重化脓感染或败血症。

（8）气单胞菌属（*Aeromonas*）

革兰阴性短杆菌，菌体大小为（0.1～1）μm×（1～4）μm，菌体两端钝圆，单端鞭毛，运动极为活泼（除杀鲑气单胞菌外）；无芽孢，有窄的荚膜；需氧或兼性厌氧；最适生长温度 30℃，但在 0～45℃皆可生长；pH5.5～9 的水中常见，是鲑、鱼和人的致病菌，可引起人腹泻和菌血症。

（9）变形杆菌属（*Proteus*）

直杆菌，菌体大小为（0.4～0.6）μm×（1～3）μm；革兰阴性，有鞭毛。变形杆菌为兼性厌氧菌，但在缺氧环境下发育不良，广泛分布在自然界中，如土壤、水、垃圾、腐败有机物及人或动物的肠道内。在普通固体培养基上菌落呈迁徙生长。它们是条件致病菌，在特殊情况下对人致病，如食物中毒、尿路感染、夏季腹泻或其他混合感染。变形杆菌在 20～40℃之间繁殖旺盛，发酵葡萄糖，不发酵乳糖，DNA 的 G+C 摩尔分数为 38%～41%。

(10) 芽孢杆菌属(*Bacillus*)

细胞呈直杆状，菌体大小为(0.5～2.5)μm×(1.2～10)μm，常以成对或链状排列，具圆端或方端；细胞染色大多数在幼龄培养时呈现革兰阳性，以周生鞭毛运动；芽孢呈椭圆、卵圆、柱状、圆形，能抗许多不良环境；每个细胞产一个芽孢，生孢不被氧所抑制；好氧或兼性厌氧，化能异养菌，具发酵和呼吸代谢类型；通常接触酶阳性；发现于不同的生境，少数种对脊椎动物和非脊椎动物致病；DNA 中的 G+C 摩尔分数为 32%～62%。

(11) 梭状芽孢杆菌属(*Clostridium*)

革兰阳性，芽孢呈圆形或卵圆形，直径大于菌体，位于菌体中央，极端或次极端，使菌体膨大呈梭状，故得名。DNA 的 G+C 摩尔分数为 22%～54%。本菌属细菌在自然界分布广泛，常存在于土壤、人和动物肠道以及腐败物中。多为腐物寄生菌，少数为致病菌，能分泌外毒素和侵袭性酶类，引起人和动物致病。临床上有致病性的梭状芽孢杆菌主要是某些厌氧芽孢杆菌，如破伤风梭菌(*C. tetani*)、产气荚膜梭菌(*C. perfringens*)、肉毒梭菌(*C. botulinum*)和艰难梭菌(*C. difficile*)等，分别引起破伤风、气性坏疽、食物中毒和伪膜性结肠炎等人类疾病。

(12) 克雷伯菌属(*Klebsiella*)

直杆菌，直径 0.3～1.0μm，长 0.6～6.0μm；单个、成对或短链状排列；有荚膜；革兰阴性；不运动；兼性厌氧，利用呼吸和发酵两种形式进行能量代谢；氧化酶阴性；大多数菌株能利用柠檬酸盐和葡萄糖作为唯一碳源，发酵葡萄糖产酸产气(产生 CO_2 多于 H_2)，但也有不产气的菌株，大多数菌株产生 2,3-丁二醇作为葡萄糖发酵的主要末端产物；乙酰甲基甲醇试验通常呈阳性；有些菌株固氮。克雷伯菌属见于肠道内容物、临床样品、土壤、水、谷物等，DNA 中 G+C 摩尔分数为 53%～58%。

(13) 固氮菌属(*Azotobacter*)

是无芽孢，产荚膜，形成厚壁孢囊，好氧和能自生固氮的革兰阴性杆菌。细胞直径大于 2.0μm，长短不一，呈类球状或卵圆状，细胞单个、成对或呈不规则堆团状，罕见 4 个以上的链状；以周生鞭毛运动或不运动；有些菌株可产生在紫外光下呈绿色的水溶性荧光色素；碳源广泛，能以硝酸盐、氨和氨基酸作氮源；过氧化氢酶阳性。固氮菌属广泛分布于土壤中，G+C 摩尔分数为 63%～68%。

(14) 根瘤菌(*Rhizobium*)

是与豆科植物共生，形成根瘤并固定空气中的氮气供植物营养的一类杆状细菌，是能促使植物异常增生的一类革兰阴性需氧杆菌。此类菌体在根瘤内不生长繁殖，却能与豆科植物共生固氮，对豆科植物生长有良好作用。

3. 螺旋菌类

(1) 螺菌属(*Spirillum*)

菌体刚硬，进行有氧呼吸；直径 0.2～1.7μm；一极或两极单鞭毛或丛鞭毛，能有特征性地螺旋状运动，迅速地直线前进或后退；革兰阴性，氧化酶阳性，为化能有机营养菌，乙酰甲基甲醇试验阳性，能将硝酸盐还原为亚硝酸。螺旋菌属常见于淡水或海水中。

(2) 弧菌属(*Vibrio*)

形状短小，约 0.5μm×(1～5)μm，因弯曲如弧而得名。分散排列，偶尔互相连接成 S 状或螺旋状；革兰阴性，菌体一端有单鞭毛，运动活泼；无芽孢，无荚膜；需氧或兼性厌氧，分解葡萄糖产酸不产气，氧化酶阳性，赖氨酸脱羧酶阳性，精氨酸水解酶阴性，嗜碱，耐盐，不耐酸；DNA中的G+C摩尔分数为40%～50%。弧菌属常见于淡水或海水中。引起人类疾病的主要有霍乱弧菌的古典生物型和埃尔托生物型、副溶血性弧菌。不凝集弧菌可引起霍乱样疾病或轻度腹泻。还有一些弧菌能引起动物的疾病，如梅氏弧菌能引起鸡霍乱样病。

（3）蛭弧菌属（*Bdellovibrio*）

单细胞，呈弧形或逗点状，有时呈螺旋状；大小为（0.3～0.6）μm×（0.8～1.2）μm，仅为杆菌长度的1/3～1/4；端生鞭毛很少多于一根，有的在另一端生有一束纤毛。水生蛭弧菌的鞭毛还具鞘膜，它是细胞壁的延伸物，并包围着鞭毛丝状体，所以比其他细菌的鞭毛粗3～4倍，这是一个很显著的特点。蛭弧菌运动活跃，革兰阴性。细胞中蛋白质含量较高，有的占干重的60%～70%；DNA含量为5%；G+C摩尔分数为42%～51%。蛭弧菌属广泛存在于自然界的土壤、河水、近海洋水域及下水道污水中，在环境的净化和动植物细菌性病害防治等方面具有一定的应用价值。

1.2　放　线　菌

放线菌（Actinomycetes）是一类呈分枝状生长，主要以孢子繁殖，革兰染色多为阳性的单细胞原核细胞型微生物，是细菌中的一种特殊类型。Cohn（1875年）自人泪腺感染病灶中分离到一株丝状病原菌，即链丝菌（*Streptothrix*），其菌落中的菌丝常从一个中心向四周辐射状生长，因此而得名。1877年，Harz从牛颚肿病病灶中分离得到类似的病原菌，并命名为牛型放线菌（*Actinomyces bovis*），该种类型病原菌属于专性寄生的厌氧型微生物。后来又相继发现了许多需氧型的腐生型放线菌。

放线菌在自然界分布广泛，主要以孢子或菌丝状态存在于土壤、空气和水中，特别以含水量低、有机质丰富、中性偏碱性的土壤中数量最多，每克土壤中孢子数高达10^7个。泥土所特有的“泥腥味”主要由放线菌产生的代谢产物土腥味素（geosmin）所引起。

放线菌丰富多样的资源及重要的次级代谢产物使其与人类的生产和生活关系密切。在迄今发现的22000余种微生物来源活性化合物中，约45%产生于放线菌，尤其是链霉菌属。目前广泛应用的抗生素约70%是由各种放线菌所产生。一些种类的放线菌还能产生各种酶制剂、酶抑制剂、免疫抑制剂、维生素（B12）和有机酸等。放线菌的代谢产物具有生物学功能多样性和化学机构多样性，从功能上可分为抑菌、杀虫、抗肿瘤活性、植物生长调节剂及其他多种生物活性类型；从结构上可分为含氮杂环类、大环内酯类、黄酮类、肽类、氨基糖苷类、烯萜类、醚类、酯类、醌类及结构新颖的化合物，如含有缩肽骨架、内酰胺环、环肽结构的化合物等。此外，弗兰克菌属（Frankia）为非豆科木本植物根瘤菌中有固氮能力的内共生菌，部分放线菌还可用于甾体转化、烃类发酵、石油脱蜡、污水处理等方面。放线菌有着如此重要的生物学功能和次级代谢产物，特别是一些特殊生境中的放线菌是发现新颖化合物的重要途径，很值得人们不断地探索研究。

寄生型放线菌能引起动物、人类的各种疾病，如分枝杆菌引起肺结核、麻风病，厌氧放线菌及诺卡氏菌等能引起各种传染病，有的链霉菌致使马铃薯和甜菜生疮痂病等。因此，放线菌与人类关系密切，在医药工业上有重要意义。

1.2.1 放线菌的形态与结构

放线菌的种类很多，多数放线菌具有发育良好的分枝状菌丝体，少数为原始丝状的简单形态。这里以与人类关系最密切、分布最广、形态特征最典型的链霉菌属为例阐述其形态构造。

链霉菌菌丝体主要由菌丝（mycelium）和孢子（spore）两部分组成。

1. 菌丝

链霉菌的细胞呈丝状分枝，不同发育阶段的菌丝分化程度不同，根据菌丝的着生部位、形态和功能可分为基内菌丝、气生菌丝和孢子丝，如图 1-16所示。

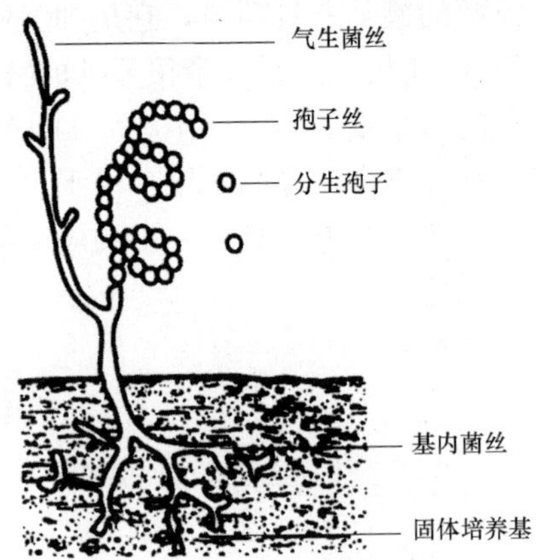

图 1-16　链霉菌的形态结构模式图

（1）基内菌丝

链霉菌的孢子落在适宜的固体基质表面，在适宜条件下吸收水分，孢子肿胀，萌发出芽，进一步向培养基内部伸展，形成基内菌丝（substrate mycelium），是最早发育成熟的菌丝，其主要生理功能是吸收营养，又称初级菌丝（primary mycelium）或营养菌丝（vegetative mycelium）。基内菌丝较细，直径 0.5～0.8μm，多分枝，颜色较浅。有的基内菌丝能产生白、黄、橙、红、绿、紫、蓝、褐、黑等不同颜色的水溶性和脂溶性色素。若是脂溶性色素，则使其菌落或菌苔的背面呈现相应色素的颜色。基内菌丝的颜色及是否产生水溶性色素在放线菌的分类鉴定上是定种的重要依据。

（2）气生菌丝

气生菌丝（aerial mycelium）是基内菌丝发育到一定阶段，向空气中长出的菌丝体，又称二级菌丝（secondary mycelium）。在显微镜下观察，气生菌丝直径较基内菌丝粗，直径为 1.0～1.5μm，颜色较深，长度相差悬殊，呈直形或弯曲形。

不同种类放线菌的气生菌丝发育程度不同，有的发育良好；有的发育不良，气生菌丝生长不明显；还有的基本不形成气生菌丝。气生菌丝同样可产生色素，多为脂溶性色素。

（3）孢子丝

孢子丝（sporebearing filament）是气生菌丝生长发育到一定阶段，在其顶端分化出可形成孢子的菌丝，又称繁殖菌丝或产孢菌丝。孢子成熟后，可从孢子丝中逸出飞散。

孢子丝的形状及着生方式随菌种而异，孢子丝形状有直形、波曲形、螺旋形。螺旋形的孢子丝较为常见，其螺旋的松紧、大小、螺数和螺旋方向因菌种而异。孢子丝着生方式有互生、轮生或丛生等，这些特征是放线菌分类鉴别的重要依据，如图 1-17 所示。

2. 孢子

孢子丝生长到一定阶段即可分化形成孢子（spore），形成无性孢子是放线菌的主要繁殖方式。

（1）孢子的形态特征

在光学显微镜下，孢子呈圆形、椭圆形、杆形、梭形等。应指出的是，由于从同一孢子丝上分化出来的孢子，形状和大小可能也有差异，因此孢子的形状和大小不能笼统地作为分类鉴定的依据。

放线菌的孢子成熟后一般能分泌脂溶性色素，使带有孢子堆的菌落表面呈现一定的颜

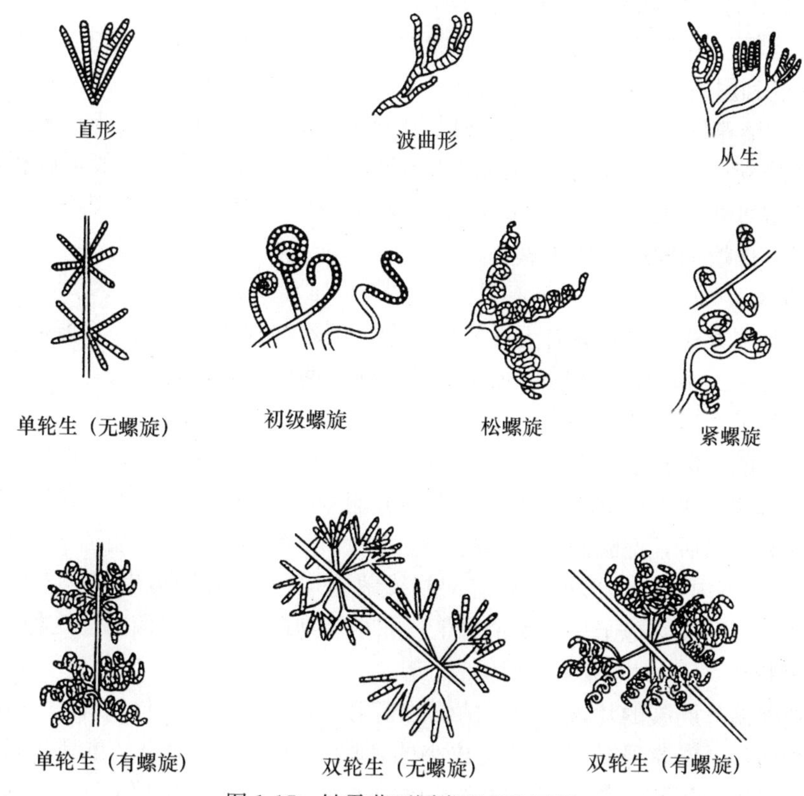

图 1-17　链霉菌不同类型的孢子丝

色。孢子的颜色与其表面结构也有一定的关系，白色、黄色、淡绿、灰黄、淡紫色的孢子表面一般都是光滑型的；粉红色孢子只有极少数带刺或疣状突起；黑色孢子绝大部分都带刺或疣状突起。

孢子的颜色和其表面结构特征在一定条件下比较稳定，故可以作为菌种鉴定的依据之一。

（2）孢子的萌发

孢子成熟后散落在周围环境中，遇到合适的条件萌发，孢子长出芽管，芽管进一步延长，长出分枝，最后发育为成熟的菌丝体。

放线菌也可借菌丝断裂的片段形成新的菌体，起到繁殖作用，液体发酵一般都是由菌丝断裂繁殖的。

3. 放线菌细胞的基本结构

放线菌细胞的结构与细菌相似，都具备细胞壁、细胞膜、细胞质、核物质等基本结构。个别种类的放线菌也具有细菌鞭毛样的丝状体，但一般不形成荚膜、菌毛等特殊结构。放线菌的孢子在某些方面与细菌的芽胞有相似之处，都属于内源性孢子，但细菌的芽孢仅是休眠体，不具有繁殖作用，而放线菌孢子则是一种无性繁殖方式。

1.2.2　放线菌的生长与繁殖

放线菌适应环境能力强，能在相对短的时间内生长繁殖、延续后代。

1. 放线菌的培养与生长

除致病类型放线菌外，放线菌多为需氧菌，生长最适温度为 28～30℃，最适 pH7.0～

7.6。自然环境中的放线菌多属于化能异养型微生物，营养要求不高，能利用的碳源为葡萄糖、麦芽糖、淀粉和糊精，由于多数放线菌分解淀粉能力较强，故培养基中大多加有一定量的淀粉。放线菌能利用的氮源以鱼粉、蛋白胨、玉米浆和一些氨基酸为宜。由于放线菌对无机盐要求较高，一般培养基中需要加入多种无机盐及微量元素如钾、钠、硫、磷、镁、铁和锰等。

放线菌的培养可采用固体培养和液体培养两种方式。固体培养一般可以积累大量的孢子；液体培养常可获得大量的菌丝体。在抗生素生产中，一般采用液体培养，并在发酵罐中通入无菌空气，以增加发酵液的溶氧。

2. 繁殖方式

放线菌的繁殖方式简单，只有无性繁殖，即由菌丝细胞自身完成，主要通过形成无性孢子（asexual spores）和菌丝断裂（mycelium break）两种方式进行。

（1）无性孢子

放线菌产生的无性孢子类型主要有三种：① 由气生菌丝特化的孢子丝发育形成，也称为分生孢子，多数放线菌如链霉菌属的微生物普遍采用这种方式；② 由高度特化的孢囊发育形成：当孢囊成熟后，孢囊破裂并释放大量的孢子，孢子囊可在气生菌丝上形成（如链孢囊菌属），也可在基内菌丝上形成（如游动放线菌属），或两者均可生成；③ 由基内菌丝特化的孢子囊梗发育形成：孢子一般单个着生，如小单孢菌属的放线菌采用这种方式。

（2）菌丝断裂

菌丝断裂即菌丝断裂的片段形成新菌体的繁殖方式，常见于液体培养中，由于震荡、机械搅拌等因素作用，常常导致菌丝断裂成小的片段，每个菌丝片段又重新生长为新的菌丝体。如在实验室进行摇瓶培养和工厂的发酵罐中进行深层液体搅拌培养时，主要以此方式大量繁殖。

3. 放线菌的生活史

放线菌为原核生物，其生活史比真核生物简单得多，只有无性世代。简单来说就是孢子→菌丝→孢子的循环过程，以链霉菌属为例，其生活史如图 1-18 所示。

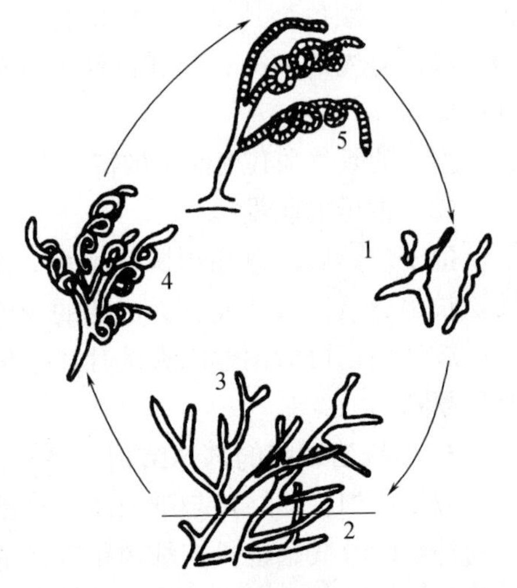

图 1-18　链霉菌的生活史

1—孢子萌发；2—基内菌丝；3—气生菌丝；4—孢子丝；5—孢子丝分化为孢子

1.2.3　放线菌的培养特征

由于放线菌菌丝较细且生长缓慢等，因此，一般需要 3～7d 才能形成菌落。多数菌落为圆形，略大于或接近普通细菌菌落。由于不同种类放线菌的气生菌丝发育程度不同，产孢子的能力不同，其菌落特征也有较大差异，放线菌菌落可分为两种类型。

1. 气生菌丝型

链霉菌属的放线菌菌落为该类型的典型代表，菌落呈圆形，大小似细菌，不扩散，有时呈同心环状。基内菌丝深入培养基内，与培养基结合紧密，不易被接种针挑起。幼龄菌落由于气生菌丝初生，表面光滑，很像细菌菌落，干燥、有皱褶，致密而坚实。当孢子丝成熟时，形成大量孢子布满菌落表面，使菌落呈现颗粒状、粉状或绒状。产生色素是该类菌落的突出特征，在没有形成孢子之前颜色较浅，为气生菌丝的颜色，当孢子大量成熟时，为孢子堆的颜色，菌丝体和孢子分泌的色素常不同，故菌落正面与背面常呈现不同色泽。

2. 基内菌丝型

主要指气生菌丝不发达或无气生菌丝的菌落类型，诺卡菌属的放线菌菌落为该类型的典型代表。基内菌丝紧贴培养基表面，在生长一定时间后基内菌丝很快断裂为杆状，因此，该类型菌落较小，与培养基结合不紧密，呈粉状，用接种针挑取易粉碎。

1.2.4　放线菌代表属及在环境中的作用

1. 链霉菌属（*Streptomyces*）

链霉菌有发育良好的分枝状菌丝体，菌丝直径 0.5～1μm。菌丝无横隔，分化为营养菌丝、气生菌丝、孢子丝，孢子丝再分化成孢子。链霉菌孢子对热的抵抗力比细菌芽孢弱，但强于营养体细胞。已知的链霉菌属微生物有 1000 多种，链霉菌的次级代谢产物种类丰富，最重要的是产生抗生素。在微生物产生的抗生素中，由链霉菌产生的抗生素有近千种，应用于临床的有近百种。链霉菌属有一些种类还能产生维生素、酶及酶抑制剂等。

链霉菌属的微生物在生态系统物质循环中起重要作用，可分解纤维素、石蜡，降解木质素、角质素、芳香族化合物等。

2. 小单孢菌属（*Micromonospora*）

多数种类在固体培养基上只形成基内菌丝，深入培养基内，不形成气生菌丝。基内菌丝纤细，直径 0.3～0.6μm，菌丝有分枝、无横隔，不断裂，在基内菌丝上长出短孢子梗，顶端着生一个球形或椭圆形孢子，由于孢子是单个着生的，故称为小单孢菌，如图 1-19 所示。

小单孢菌分布广泛，从陆地到海洋、从热带丛林到寒冷的南极均有分布。在沼泽、河泥、湖底泥、堆肥、水生植物根际等温和、肥沃并且有着适当湿度的条件下，小单孢菌含量较高。目前从该属发现的抗生素达 450 种以上，典型的是绛红小单孢菌（*M. purpurea*）和棘孢小单孢菌（*M. echinospora*）产生的庆大霉素。此属有的微生物还积累维生素 B_{12}，腐生型的小单孢菌还具有较强的分解纤维素、几丁质和毒物的能力，具有一定的开发价值。

3. 诺卡菌属（*Nocardia*）

又称原放线菌属（*Proactinomyces*）。该属典型的特征是只有基内菌丝，气生菌丝发育不好，有的甚至不能形成气生菌丝，仅少数菌产生一薄层气生菌丝。基内菌丝纤细，直径为 0.3～1.2μm，培养 15h 至 4d，产生横隔膜，断裂成长短不一的杆状或带有部分分叉的杆状体，如图 1-20 所示。

图 1-19　小单孢菌模式图

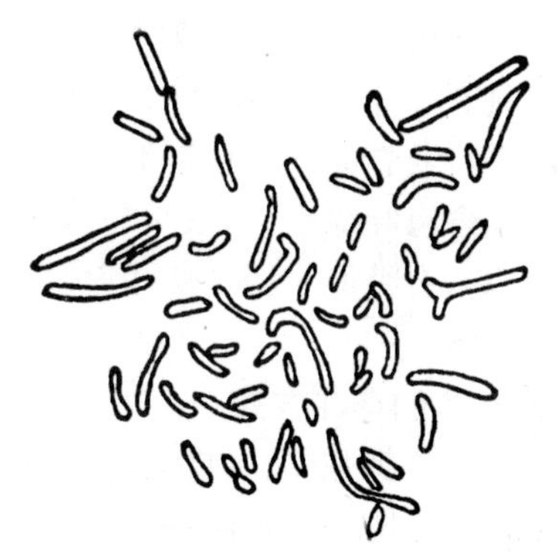

图 1-20　诺卡菌模式图

本属微生物可产生约30多种抗生素，如地中海诺卡菌（*N. mediterranei*）产生抗结核分枝杆菌（*Mycobacterium tuberculosis*）的利福霉素。此外，该菌属的一些种类分解能力强，在石油脱蜡、烃类发酵纤维素分解以及污水处理等方面发挥着重要作用。

4. 游动放线菌属（*Actinoplanes*）

一般不形成气生菌丝，基内菌丝纤细，直径为0.2～2.0μm，不断裂。该菌属能形成孢囊，孢囊从基内菌丝长出，呈瓶状、球形或不规则形状，孢囊内产生孢囊孢子并可借助孢囊壁上的小孔或孢囊壁的破裂将孢子释放到周围环境中。

游动放线菌属生活在土壤、垃圾堆、小溪和河流中，它们能分解动植物残体。

1.3 蓝 细 菌

蓝细菌（*Cyanobacteria*）又称蓝藻（blue algae），是在绝大多数情况下进行产氧光合作用的原核微生物。

蓝细菌广泛存在于淡水、海水、潮湿的土壤、树皮中。蓝细菌耐高温和干燥，在沙漠的岩石缝隙里也能找到。蓝细菌在污水处理、水体自净过程中起积极作用。在氮、磷丰富的水体中生长旺盛，可作为水体富营养化的指示生物。某些种属在富营养化的海湾和湖泊中引起海湾赤潮和湖泊的水华，严重者引起水生动物大量死亡。

1.3.1 蓝细菌的特点

1. 蓝细菌的大小和形态

蓝细菌的细胞一般比细菌大，通常直径为0.5～1μm，最大的可达60μm，如巨颤蓝细菌（*Oscillatori princeps*）。蓝细菌的形态多样，根据细胞形态差异，蓝细菌可分为单细胞和丝状体两大类。单细胞蓝细胞多呈球状、杆状，单生或团聚体，如黏杆蓝细菌（*Gloeothece*）和果皮蓝细菌（*Dermocarpa*）等属；丝状体蓝细菌是由许多细胞排列而成的群体，包括：有异形胞的丝状蓝细菌，如鱼腥蓝细菌属（*Anabaena*）；分支的丝状蓝细菌，如费氏蓝细菌属（*Fichchrella*）；无异形胞的蓝细菌，如颤蓝细菌属。

2. 蓝细菌的细胞结构

蓝细菌的细胞构造与革兰阴性细菌相似。细胞壁分内外两层，外层为脂多糖层，内层为肽聚糖层。许多种蓝细菌能不断地向细胞壁外分泌胶质，以果胶质为主，或有少量纤维素形成胶质衣壳。蓝细菌细胞膜为单层，很少有间体。大多数蓝细菌无鞭毛，但可以“滑行”。蓝细菌不具有叶绿体、线粒体、内质网等细胞器，能进行光合作用的部位称为类囊体，数量很多，以平行或卷曲方式贴近地分布在细胞膜附近。

蓝细菌含有叶绿素a，无叶绿素b，含有数种叶黄素和胡萝卜素，还含有藻胆素。蓝细菌的细胞内含有糖原、聚磷酸盐以及蓝细菌肽等贮藏物以及能固定的羧酶体，少数水生性种类中还有气泡。

3. 蓝细菌的存在方式

蓝细菌有单细胞体、群体和丝状体。最简单的是单细胞体。有些单细胞体由于细胞分裂后子细胞包埋在胶化的母细胞壁内而成为群体，如反复分裂，群体中的细胞数量很大，较大的群体可以破裂成数个较小的群体。丝状体是由于细胞分裂时按同一个分裂面反复分裂，子细胞相接而形成。

4. 蓝细菌的繁殖

蓝细菌的繁殖方式有两种：一种为营养繁殖，包括细胞直接分裂、群体破裂和丝状体产生等；另外一种繁殖方式为少数类群藻类可产生内生孢子或外生孢子等，以进行无性繁殖，目前尚未发现蓝藻能进行有性繁殖。

1.3.2 蓝细菌的主要类群

蓝细菌的常见属包括以下 4 种，图 1-21 中列出了主要 3 种。

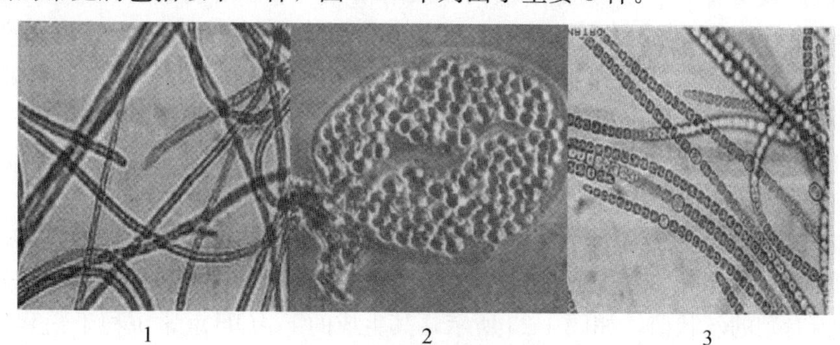

1 2 3

图 1-21 蓝细菌的常见属

1—颤藻；2—微囊藻；3—鱼腥藻

1. 微囊藻属（*Microvystis*）

该类是池塘湖泊中常见的种类。细胞较小，一般为球形，许多细胞密集存在一个共同的菌胶团中，常常自由漂浮于水中，或附着于水中的各种基质上。多数生活于各种淡水中，罕生于海水或盐水中，在某些种大量繁殖时，往往在水面形成一种绿色的粉末状团块，称作水华。该属中有一些种，例如铜锈微囊藻的毒株，含有微囊藻毒，致死的最低剂量是每 1kg 体重 0.5mg，少部分动物吞食后中毒。

2. 颤藻属（*Oscillatoria*）

个体为多细胞圆柱状的丝状体，呈直形或弯曲形，不分枝，没有异形胞。常常由一串细胞形成丝状体，外表没有胶鞘，丝状体能沿其长轴作滚转或匍匐的运动，称为滑溜运动。颤藻属微生物一般生长于污水或潮湿土地上，我国常见种类为泥生颤藻、巨颤藻等。

3. 鱼腥藻属（*Anabaena*）

个体为多细胞丝状体，单独或成胶团的群体。丝状体为直形或弯曲状，外有胶鞘。细胞呈圆形或腰鼓形，有异形胞和静止孢子。本属中的一些种如螺旋鱼腥藻、水华鱼腥藻和卷曲鱼腥藻等，在池塘、湖泊中往往形成水华，是水体富营养化的一个标志。

4. 念珠藻属（*Nostoc*）

菌丝常不规则地弯曲在坚固的胶鞘中，形成胶块。细胞形态和鱼腥藻相似，有不少种类有固氮作用。

1.4 鞘 细 菌

鞘细菌（*Sheathed bacteria*）为单细胞连成的丝状体细菌。丝状体外面包围一层由有机物或无机物组成的鞘套，故称鞘细菌。丝状体不分枝或假分枝。不同种类的鞘细菌菌丝直径差别较大，从一微米到几十微米，其长度可达数十微米到数百微米。鞘细菌的繁殖靠游动孢子或不能游动的分生孢子，可生存在淡水或海水中。

常见鞘细菌代表属如下。

1. 球衣菌属（*Sphaerotilus*）

球衣菌的形态呈典型的丝状体结构，不分枝或者有假分枝，丝状体外包围一层鞘，其组分是蛋白质、多糖和脂类等复杂的有机物质，有时细胞游离出后可形成空鞘，如图 1-22 所示。球衣菌能形成具有端生鞭毛的游动孢子，属于化能有机营养型。

球衣菌严格好氧，能利用多种简单的有机化合物如醇、有机酸和糖类等作为碳源和能源，对有机氮源的吸收比无机氮源好，生长的最适温度为 20～30℃、pH 值 6.5～7.6，同时具有氧化铁的能力，能将可溶性 Fe^{2+} 氧化为不溶性 Fe^{3+}，并沉积在鞘外。球衣菌常常存在于流动的有机物污染的淡水中，为活性污泥曝气池中常见菌种，但其数量过多时会引起污泥膨胀。

2. 铁细菌属（*Crenothrix*）

铁细菌一般生活在含有高浓度二价铁离子的池塘、湖泊、温泉等水域中，能将二价铁盐氧化成三价铁化合物，并能利用氧化过程中产生的能量来同化二氧化碳，满足细胞生长的要求。铁细菌为有鞘的丝状菌，如图 1-23 所示，其生成的 $Fe(OH)_3$ 常沉积于鞘套中，使菌丝体呈黄褐色。这类菌广泛存在于自然界，在铁素循环中占有重要地位。这类菌也能在给水管道、工厂循环冷却装置、地下水泵内生长繁殖，形成锈层或锈瘤，不仅污染水质，而且增加水流的阻力，堵塞管道，导致管子局部穿孔，造成经济上的损失。

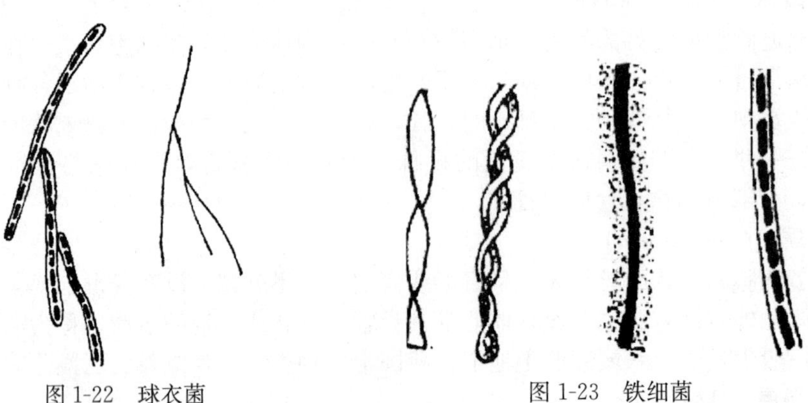

图 1-22　球衣菌　　　　图 1-23　铁细菌

1.5　古　细　菌

古细菌是一类特殊的细菌，常存在于海底热溢口、高盐、强酸或强碱性水域等极端环境中。古细菌虽然具有原核生物的基本特征，但在某些细胞结构的化学组成以及许多生化特性上均不同于真细菌。

1.5.1　古细菌的特点

（1）古细菌细胞形态多样，有的呈扁平直角几何形状；

（2）古细菌有独特的辅酶，如产甲烷细菌含有 F420、F430 和 COM 及 B 因子；

（3）存在于严格厌氧等极端环境中；

（4）古细菌比真细菌生长缓慢；

（5）细胞壁成分独特；

（6）细胞膜类脂特殊；

（7）核糖体 16SRNA 上的核苷酸序列独特；

（8）对抗生素的敏感性与真核生物类似；

（9）蛋白质合成起始密码子为甲硫氨酸，其他细菌类原核生物的起始密码子为甲酰甲硫氨酸。

1.5.2 古细菌的细胞结构

1. 古细菌的细胞壁

除少数外，绝大多数古细菌都有细胞壁，但其化学组成与真细菌不同，古细菌细胞壁中没有肽聚糖、D 型氨基酸。根据化学组成可将古细菌的细胞壁分成两大类：一类是由假肽聚糖或酸性杂多糖组成；另一类是由蛋白质或糖蛋白的亚单位组成，有些古细菌的细胞壁则兼有假肽聚糖和蛋白质外层。

2. 古细菌的细胞膜

古细菌的细胞膜中含有特殊的脂类，如磷脂和糖脂。其中一种主要的磷脂是磷脂甘油磷酸的结构类似物，称为二醚磷脂酰甘油磷酸；糖脂是二醚糖脂，它们都是极性脂类。除了极性脂类外，古细菌中还有非极性或中性脂类。在非极性脂类中，聚异戊二烯和氢化的聚戊二烯碳氢化合物占 95%以上，这些是古细菌的主要特征。

古细菌的细胞膜中也含有脂醌类化合物，这些化合物作为传递脂质和电子的载体。

1.5.3 古细菌的主要类型

按照古菌的生活习性和生理特征，古细菌可分为三大类型：产甲烷菌（*Methanogens*）、嗜热嗜酸菌（*Thermoacidophiles*）和极端嗜盐菌（*Halopoles*）。

1. 产甲烷菌（*Methanogens*）

产甲烷菌是一群极端厌氧，化能自养或化能异养的微生物。在自然界中产甲烷菌可以与水解菌和产酸菌等协同作用，使有机物甲烷化，因其代谢产物包括甲烷，由此得名。甲烷是一种有经济价值的清洁生物能源物质。

产甲烷菌主要分布于有机质厌氧分解的环境中，如沼泽、底泥、污水和垃圾处理场、动物的胃和消化道等，包括革兰阳性和革兰阴性菌，自养或异养，形状有从球状、杆状到螺旋状各种类型。产甲烷菌的代表属包括：甲烷杆菌属（*Methanobacterium*）、产甲烷螺菌属（*Methanospirillum*）和产甲烷八叠球菌属（*Methanosarcina*）等。产甲烷细菌在沼气发酵和解决能源需求方面有重要的应用前景。

产甲烷菌是专性厌氧菌，其分离和培养等的操作均需要在厌氧条件下进行。一般要求不高的可采用在液面加石蜡或液体石蜡的液体深层培养法、抽真空培养法、在封闭培养管中放入焦性没食子酸和碳酸钾除去氧气的培养方法，Berker、Hungate 的厌氧滚管法、Hungate 的厌氧液体培养法以及厌氧手套箱法等。

2. 极端嗜热嗜酸菌（*Thermoacidophiles*）

嗜热嗜酸菌是依赖于硫，能耐高温（80～105℃）和高酸度（pH1～3），进行自养或异养生长的细菌。嗜热嗜酸菌主要包括古生硫酸还原菌（*Archaeobacterial sulfate reducers*）和极端嗜热古菌（*Hyperthermophilic archaea*）。

极端嗜热嗜酸菌在形态和生理特点上有较大的变异。这类菌主要生活在温泉、火山口及燃烧后的煤矿等自然环境中。主要特点是专性嗜热、好氧、兼性厌氧或严格厌氧，革兰染色阴性，呈杆状、丝状或球状，最适温度在70～105℃，多数能够进行硫的代谢。极端嗜热嗜酸菌主要典型代表是：金属球菌（*Metallosphaera*）、高温浸矿菌（*Sulfolobus*）。极端嗜热古菌包括：热棒菌属（*Pyrobaculum*）、热变形菌属（*Thermoproteus*）、热丝菌属（*Thermofilum*）等。

3. 极端嗜盐菌（*Halopoles*）

极端嗜盐菌和细菌不同，它们对氯化纳（NaCl）有特殊的适应性和需要性。一般生活在高盐环境如死海、盐湖、晒盐场或高盐腌制食物（如鱼类和肉类）中。通常极端嗜盐菌的需盐下限为1.5mol/L（约9%的NaCl），大多数极端嗜盐菌所需要的NaCl为2～4mol/L（约12%～23%的NaCl）。

极端嗜盐菌细胞呈链状、杆状或球状，革兰染色阴性或阳性，好氧或兼性厌氧，化能有机营养型。极端嗜盐菌均含类胡萝卜素，以保护菌体不受强光的损伤。此外，菌体还含有菌红素，使菌体呈红、紫橘红和黄色。其生长温度在30～55℃，生长pH为5.5～8.0。主要代表属有嗜盐杆菌属（*Halobacterium*）和嗜盐球菌属（*Halococcus*）。

重 点 小 结

原核细胞型微生物是一大类细胞微小、细胞核无核膜包裹的原始单细胞生物，包括细菌域与古生菌域。

细菌是一类具有细胞壁的单细胞原核细胞型微生物，以微米表示其大小，基本形态有球形、杆形和螺旋形。细菌的基本结构包括细胞壁、细胞膜、细胞质和核质，部分种类的细胞壁外还具有鞭毛、菌毛、荚膜（粘液层和菌胶团）等特殊构造，少数细菌在细胞内可形成芽孢抵御不良环境条件。通过革兰染色可将细菌分成革兰阳性菌和革兰阴性菌两类。

绝大多数细菌可采用固体培养法、半固体培养法及液体培养法进行人工培养，细菌通常以无性二分裂的方式进行繁殖。

环境中常见的细菌菌属有微球菌属、链球菌属、葡萄球菌属、明串球菌属、假单胞菌属、动胶菌属、埃希菌属、产碱杆菌属、不动杆菌属、节杆菌属、色杆菌属、气单胞菌属、变形杆菌、芽孢杆菌属、梭状芽孢杆菌属、克雷伯菌属、固氮菌属、根瘤菌、螺菌属、弧菌属和蛭弧菌属等。

放线菌是一类呈分枝状生长，主要以孢子繁殖，革兰染色多为阳性的单细胞原核细胞型微生物，主要以孢子或菌丝状态存在于土壤、空气和水中。具有细胞壁、细胞膜、细胞质、核物质等基本结构。

链霉菌菌丝体主要由菌丝和孢子两部分组成。菌丝可分为基内菌丝、气生菌丝和孢子丝，繁殖可通过形成无性孢子和菌丝断裂两种方式进行。代表属包括链霉菌属、小单孢菌属、诺卡菌属和游动放线菌属等。

蓝细菌是在绝大多数情况下营产氧光合作用的原核微生物，比细菌大，细胞构造与革兰阴性细菌相似，以单细胞体、群体和丝状体状态存在，繁殖方式包括营养繁殖和产生内生孢子或外生孢子等进行无性繁殖，代表菌属包括微囊藻属、颤藻属、鱼腥藻属、念珠藻属。

鞘细菌为单细胞连成的丝状体细菌。丝状体外面包围一层由有机物或无机物组成的鞘套。繁殖靠游动孢子或不能游动的分生孢子。常见鞘细菌代表属为球衣菌属和铁细菌属。

古细菌是一类存在于极端环境中的特殊的细菌，具有原核生物的基本特征，但某些细胞结构的化学组成以及许多生化特性上不同于真细菌，分为产甲烷菌、嗜热嗜酸菌和极端嗜盐菌三大类型。

习题与思考

1. 细菌的基本形态有哪些？
2. 请比较革兰阳性菌与革兰阴性菌细胞壁的异同点。
3. 简述细菌的特殊结构及其功能。
4. 什么是缺壁细菌？请简述各类缺壁细菌的形成与特点。
5. 简述细菌的培养方法及不同细菌在液体培养基中的生长状态。
6. 如何看放线菌的分类地位？
7. 简述放线菌的主要代表属的生物学特征。
8. 什么是蓝细菌？蓝细菌和水体富营养化有何关系？
9. 什么是古细菌？古细菌和真细菌有何区别？

（本章编者：蔡苏兰　徐威）

第2章 真核细胞型微生物

学 习 提 示

重点与难点:

掌握: 酵母菌、霉菌等大小、形态、结构与繁殖方式。

熟悉: 真菌等微生物的培养特征；典型真菌在废水处理中的作用。

了解: 藻类、原生动物、微型后生动物的一般特征和主要类群。

采取的学习方法: 课堂讲授结合学生自主学习

学时: 4学时完成

真核细胞型微生物个体一般比原核微生物大，有真正的细胞核，细胞质中有线粒体或叶绿体等细胞器，并能进行有丝分裂。真核细胞型微生物包括真菌（fungi）、单细胞藻类（algae)、原生动物（protozoa）和微型后生动物（metazoans)，其中真菌又分为霉菌（mould)、酵母菌（yeast）和大型真菌（macrofungi）等3类。

真菌分布广泛，类群庞大，形态差异极大，约有10万种。单细胞藻类含有光合色素，能营自养生活。原生动物与微型后生动物无坚韧的细胞壁，个体柔软，多以微小生物为食。

2.1 真　　菌

真菌是一类较低等的真核生物。与原核细胞型微生物相比，真菌的主要特征是：

① 细胞核分化程度高，有核膜、核仁和核孔，有时一个细胞内可以有多个核；

② 细胞质中含有一些已分化的细胞器，如线粒体、内质网、高尔基体等，不含有叶绿素，不能进行光合作用；

③ 细胞分裂方式为有丝分裂，在分裂过程中出现染色体和纺锤丝；

④ 少数类型为单细胞，多数为多细胞；

⑤ 在形态上出现不同程度的分化，既有单细胞球形的酵母菌，也有多细胞高度分化的霉菌菌丝体及大型真菌的子实体（sporocarp or fruit body)；

⑥ 大多数真菌有无性繁殖和有性繁殖两个阶段，由此构成其独特的生活史。

⑦ 真菌一般营化能异养生活，多数腐生，少数寄生或共生。

真菌种类繁多，约有10万余种，在自然界分布广泛，多数真菌对人体有益，如有的真菌能产生抗生素、有机酸、维生素等，被广泛应用于制药工业、酿造、食品、化工和农业生产等；有的真菌能产生有益的胞外酶，广泛应用于蛋白水解、淀粉糖化及生物转化等方面。少数真菌（约有300余种）能感染人、动物及植物，导致疾病的发生，这些真菌被称为病原性真菌。有一些真菌可以引起食品、衣物、药材、药物制剂及一些工农业产品腐败变质。

真菌中的主要类型有酵母菌、霉菌和大型真菌。这些名称都不属于系统进化的分类单元，只是一个无分类学意义的普通名称。本章主要介绍真菌的形态、结构、生长繁殖方式及其应用。

2.1.1　酵母菌

酵母菌（yeast）是一类单细胞、呈球形或卵圆形的真菌。该菌在自然界分布广泛，主要分布在含糖质较高的偏酸性环境中，如果品、蔬菜、花蜜和植物叶子表面，特别是果园和葡萄园的土壤中最为常见，空气中也有少量存在。因多数酵母菌能发酵糖类，故又称为糖真菌（*Saccharomyces*）。少数酵母菌可以利用烃类物质，故在油田附近的土壤中也可找到这类利用烃类的酵母菌。

酵母菌是人类文明史中被应用得最早的微生物，目前已知有 1000 多种。酵母菌在酿造、食品、医药等工业上占有重要的地位。酵母菌的维生素、蛋白质含量高，可作食用、药用和饲料用。酵母蛋白是单细胞蛋白（single cell protein，简称 SCP），可达细胞干重的 50%左右，并含有人和动物生长所必须的一些氨基酸，与动物蛋白和植物蛋白相比，它的营养价值较高，更容易被消化利用并且容易生产。

少数种类的酵母菌也能给人类带来危害。自然环境中分布的一些腐生型酵母菌能引起食物、纺织品及其他原料腐败变质；少数耐高渗透压酵母可导致蜂蜜、果酱等变质；一些寄生类型的酵母菌还能感染人、动物和植物等，例如，白假丝酵母可引起皮肤、黏膜、呼吸道、消化道以及泌尿系统等多种疾病，危及人类健康。

1. 形态和结构

（1）大小与形态

酵母菌的细胞体积比细菌大得多，其细胞直径是细菌的十几倍甚至几十倍。多数酵母菌的大小为（1～5）μm×（5～30）μm，显微镜高倍镜下即可看清楚。

酵母菌是单细胞，细胞的形态一般为呈圆形、卵圆形或圆柱形。有些酵母菌细胞也可形成假菌丝，如白假丝酵母菌。

不同种类的酵母菌大小、形态差异都很大，最典型的酵母菌是酿酒酵母菌。

（2）细胞结构

酵母菌的细胞结构与其他真核生物基本相同，主要包括细胞壁、细胞膜、细胞质及细胞核等基本构造，细胞质中可见各种细胞器和若干个液泡，如图 2-1 所示。

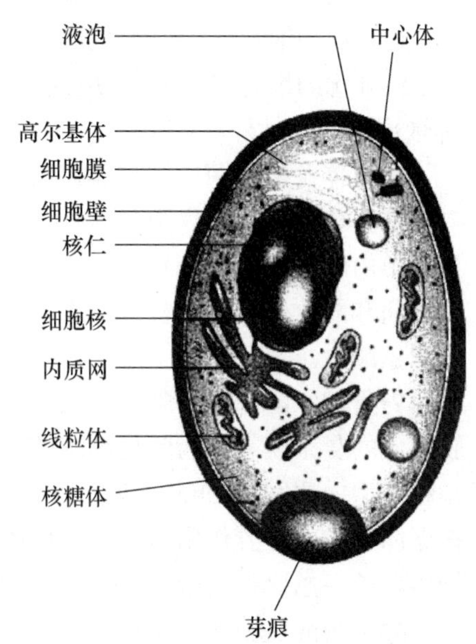

图 2-1　酵母菌的细胞结构

① 细胞壁

酵母菌的细胞壁厚度为 25～70nm，重量约占细胞干重的 18%～25%。主要成分为葡聚糖（glucan）、甘露聚糖（mannan）、蛋白质及几丁质（chitin）等，由此组成的细胞壁结构既不同于细菌的细胞壁，也不同于植物细胞的细胞壁。

细胞壁的结构呈“三明治”状排列，如图 2-2 所示。最外层为甘露聚糖，它是借助 α-1,6 和 α-1,2 或 α-1,3 糖苷键连接而成的具有复杂分支的网状聚合分子；内层为葡聚糖，主要是由β-1,6 和 β-1,3 糖苷键连接而成的分支型网状分子，是赋予酵母菌细胞壁机械强度的主要物质基础；在内、外层之间夹有一层蛋白质分子。此外，酵母菌的细胞壁中还含有少量类脂和以环状形式分布在芽痕周围的几丁质。

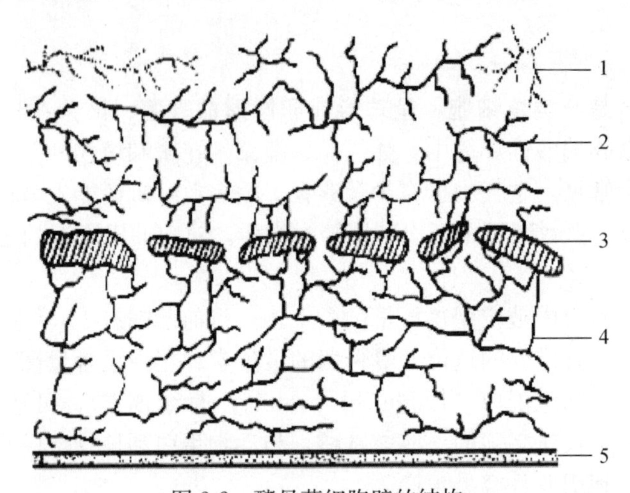

图 2-2　酵母菌细胞壁的结构

1—磷酸甘露聚糖；2—甘露聚糖；3—蛋白质；4—葡聚糖；5—细胞膜

酵母菌去壁后同样可以成为原生质体。常用蜗牛消化酶（内含甘露聚糖酶、葡糖酸酶、纤维素酶、几丁质酶等）水解酵母菌细胞壁，制备酵母原生质体。

② 细胞膜

酵母菌的细胞膜与其他生物的细胞膜结构相似，都是由双层磷脂分子和蛋白质构成。一些酵母菌的细胞膜中含有麦角甾醇（又称麦角固醇）和酵母甾醇，这两种成分在其他真核细胞膜中很少见。细胞膜中含有甾醇的性质是真核生物与原核生物的重要区别之一。麦角固醇是维生素 D 的前体，经紫外线照射后能转化成维生素 D_2，因此，可作为维生素 D 的来源。

③ 细胞质和内含物

酵母菌的细胞质主要是由蛋白质、核酸、糖类、脂类及盐类组成的胶状溶液，其中悬浮着一些已经分化的细胞器，重要的细胞器有线粒体（mitochondria）、内质网（endoplasmic reticulum，简称 ER）等。此外，还有液泡（vacuole）和由细胞膜内陷形成的微体（microbody）等结构。

线粒体　酵母菌的线粒体比动物细胞线粒体小，一般为 $(0.3\sim0.5)\mu m \times (2\sim3)\mu m$，与其他真核生物相比，数量也很少。在有氧状态时，线粒体数量增多且结构分化得更为明显，由内膜形成的嵴特别发达。线粒体的主要功能是进行能量代谢，内含丰富的酶，参与电子传递和氧化磷酸化过程。在无氧状态时，酵母菌以发酵方式产生能量，细胞内的线粒体数量明显减少。

内质网　酵母菌细胞的内质网一般在生长初期比较发达，它是由三维结构的管状及层状膜组成的复杂膜系，内侧与细胞核的核膜相通，外侧与细胞质膜相连。内质网分两类，一种是粗面型内质网（rough ER），另一种是滑面型内质网（smooth ER）。粗面型内质网上带有核糖体颗粒，主要作用是参与核糖体的翻译和蛋白质的合成及修饰；滑面型内质网上没有核糖体颗粒，主要参与脂类的合成及运输等。

酵母菌的核糖体与原核细胞的核糖体有一定的差异，但与其他真核细胞的细胞质核糖体相同。酵母菌的核糖体由 40S 和 60S 两个亚基组成，在合成蛋白质时两个亚基组合形成 80S

的起始复合物，然后在 mRNA 的指导下完成蛋白质的翻译。

液泡　酵母菌细胞中存在 1 个或多个大小不等的液泡，液泡的体积随细胞生长由小变大，随着芽菌龄的成熟，小液泡汇集成大液泡。液泡内含盐类、糖类、氨基酸等，也含有核糖核酸酶、蛋白酶、酯酶等水解酶。液泡的生物学功能是储存营养物质和一些水解酶，积累细胞内的一些代谢产物和离子，同时还有调节渗透压的作用。

除上述主要结构物质外，在酵母菌的细胞质中还含有大量的贮藏颗粒。常见的有脂肪颗粒、异染颗粒、糖原颗粒等，可通过染色的方法来观察这些颗粒的存在。

④ 细胞核

酵母菌具有真核，是由多孔核膜包裹起来的有一定形状的细胞核。利用姬姆萨染色或碱性品红染色都可以观察到细胞核。在电子显微镜下可清楚地看到由双层单位膜组成的核被膜（nuclear lamina），在膜上大量分布着用于核内外信息传递和物质交流的孔道。

正常情况下，酵母菌细胞只含有 1 个核，当细胞处于分裂间期时，是以染色质状态存在，核物质的主要成分是 DNA、组蛋白及非组蛋白，由此构成染色质的基本单位——核小体（nucleosomes），它是串珠状的丝状结构。当细胞进行分裂时，染色质丝折叠、盘绕、浓缩形成光学显微镜下可见的染色体（chromosome）。啤酒酵母共有 17 条染色体，它们既能以单倍体形式存在，也能以二倍体形式存在，其单倍体 DNA 的总分子量约为 1×10^{10} Da。

细胞核的主要功能是携带遗传物质，控制细胞内遗传物质的转录和信息的传递。

2. 繁殖方式及生活史

（1）繁殖方式

酵母菌的繁殖方式比较复杂，与原核细胞相比，除能进行无性繁殖外，还能进行有性繁殖。

① 无性繁殖

酵母菌以无性繁殖为主，主要包括芽殖和裂殖。

芽殖（budding）又称出芽繁殖，是酵母菌最常见的一种繁殖方式。在生长旺盛的酵母菌中，可发现大量的正在出芽的菌体细胞，有的细胞上可长有多个芽体，形成的群体称为母子细胞群，如图 2-3 所示。

有些酵母菌的芽体成熟后并不脱离母体细胞，在成熟的芽体上还可进一步出芽，形成藕节状的细胞连接体，期间以狭小的面积相连，称之为假菌丝（pseudohyphae），如图 2-4 所示。能形成假菌丝结构的酵母被称为假丝酵母（Candida）。

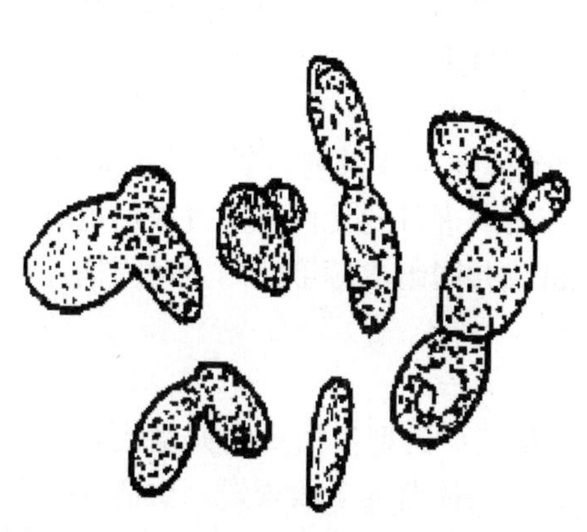
图 2-3　酵母菌的芽殖情况（示母子细胞群）

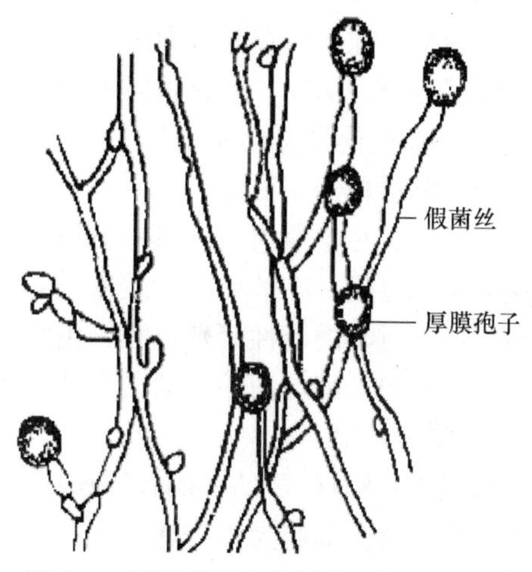

图 2-4　假丝酵母中的假菌丝和厚膜孢子

出芽的基本过程为：

母细胞出芽部位的细胞壁经水解酶作用变薄、突起并形成小的芽体；

大量新合成的细胞物质包括核酸、蛋白质及细胞质中的一些细胞器等涌入芽体并在芽体起始部位堆积，使芽体逐渐长大；

芽体成熟时，芽体与母体细胞的连接部位开始缢缩并出现横隔壁；

横隔壁处断裂，芽体脱离母细胞，并在母细胞上留下一个芽痕（bud scar），而在子细胞上也相应地留下一个蒂痕（birth scar）。

裂殖（fission） 该方式与细菌的无性二分裂法相似。在酵母菌中，仅有少数种类能以这种方式繁殖，它们被称为裂殖酵母（*Schizosaccharomyces*）。

裂殖的基本过程是细胞伸长，核分裂为两份，然后细胞中间出现横隔将两个子细胞分开，新形成的两个子细胞长大成熟后又重复此过程。在快速生长时期，有时核虽分裂但没有形成横隔，也有的虽已出现横隔但子细胞暂时还不分离，形成类似菌丝的结构。

无性孢子 有些种类的酵母菌能产生一些特殊类型的无性孢子，如掷孢酵母属（*Sporobolomyces*）可在卵圆形营养细胞上长出小梗，在其上产生肾型的掷孢子（ballistospore）。此外，假丝酵母菌属中的白假丝酵母（*Candida albicans*）在假菌丝顶端及菌丝中间都能形成具有较厚壁的厚壁孢子（chlamydospore），又称厚膜孢子（图 2-5），该孢子对不良环境有一定的抗性，既是一种无性孢子，又是一种休眠体。

② 有性繁殖

所谓有性繁殖是指通过不同类型的“异性配子”或“异性细胞”的直接接触而完成的生殖方式。真菌的有性繁殖都是借助形成的各种类型有性孢子完成的。

酵母菌以形成子囊（ascus）和子囊孢子（ascospore）的方式进行有性繁殖。不同种类的酵母菌形成的子囊结构并不完全相同，有些甚至在形态上差异较大。子囊内产生子囊孢子。子囊孢子的数目随菌种而异，有的为 4 个，有的为 8 个。

子囊孢子的形成过程是：

两个不同遗传型的细胞相互接触、细胞壁融合，称为质配（plasmogamy）；

两个细胞的核进行融合，称为核配（karyogamy）；

二倍体的核进行减数分裂（meiosis），形成 4 个或 8 个子核，然后它们各自与周围的原生质结合在一起，再在其表面形成一层孢子壁，从而形成成熟的子囊孢子。与此同时，营养细胞外壁分化、加厚，形成特定结构的子囊。子囊孢子成熟后，借助一定的方式释放到周围环境中，每个子囊孢子都可萌发、独立生长发育成新的酵母细胞。

（2）酵母菌的生活史

生活史又称生命周期（life cycle），指上一代生物个体经过一系列生长、发育而产生下一代的全部过程。在酵母菌的生命周期中，既有以出芽方式进行的无性繁殖过程，也有以子囊孢子形式进行的有性繁殖过程。由无性世代和有性世代共同组成酵母菌的生命周期，称为世代交替现象，酵母菌的生活史有 3 种类型。

① 单倍体型

八孢裂殖酵母（*Schizosaccharomyces octosporus*）是这一类型生活史的典型代表。在其生活史中，营养细胞为单倍体，无性繁殖方式为裂殖，二倍体营养阶段很短，生活周期中的绝大部分时间都是以单倍体形式存在的。

② 双倍体型

路德酵母（*Saccharomycodes ludwigii*）是这一类型生活史的典型代表。在其生活史中，营养细胞为二倍体，无性繁殖方式为芽殖，二倍体细胞可不断进行芽殖，此营养阶段较长，单倍体阶段仅以子囊孢子的形式存在，存在时间短且不能进行独立生活。生命周期中的大部分时间都是以二倍体形式存在的。

③ 单、双倍体型

啤酒酵母是这一类型生活史的典型代表。在其生活史中，一般以营养体状态进行出芽繁殖，营养细胞既可以单倍体（n）形式存在，也可以二倍体（2n）形式存在。单倍体营养阶段和二倍体营养阶段的存在时间大体相当。在特定条件下进行有性生殖。因此，在其生活周期中，无性世代和有性世代共存，世代交替现象十分明显。

由于酿酒酵母（*S. cerevisiae*）二倍体细胞发酵能力强并且比较稳定，故常广泛应用于发酵工业、科学研究或遗传工程实践中。如在生产啤酒中，一般利用二倍体的啤酒酵母进行酒精发酵。

酵母菌的生活史，如图 2-5 所示。

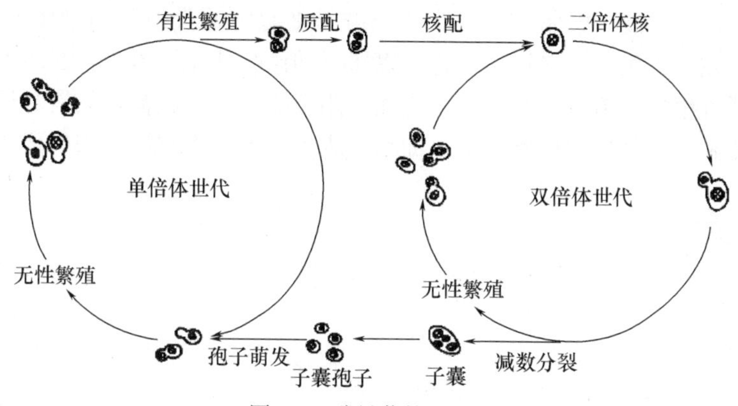

图 2-5 酵母菌的生活史

（3）培养特征

① 固体培养

将酵母菌接种至固体培养基表面，28℃经 24～48h 培养后就可观察到长出的菌落。多数菌落表面湿润、光滑，一般较黏稠，易被挑起。菌落的形状一般为圆形，呈乳白色或乳黄色，个别呈红色。若培养时间过长，菌落表面会出现皱缩。

② 液体培养

在液体培养基中进行培养，一般出现明显的沉淀；个别能在培养基中均匀生长或在培养基表面生长并形成菌醭。

3. 常见酵母菌

（1）啤酒酵母

啤酒酵母是酵母菌中的代表，广泛分布在各种水果的表皮、发酵的果汁、含糖量较高的土壤和酒曲中，能发酵葡萄糖、麦芽糖、半乳糖和蔗糖，不能发酵乳糖和蜜二糖。发酵产物主要有乙醇及一些有机酸，并能产生 CO_2 气体。由于麦芽汁中含有丰富的麦芽糖，因此它是培养啤酒酵母的天然培养基。

除酿造啤酒、酒精及其他饮料酒外，还可用于发酵制作面包。菌体内维生素、蛋白质含量高，可作食用、药用和饲料酵母。通过大量培养，可提取细胞内的核酸、谷胱甘肽、细胞色素 C、凝血质、辅酶 A 和三磷酸腺苷等，具有重要的药用价值。

(2) 异常汉逊酵母

异常汉逊酵母（*Hansenula anomala*）细胞为圆形、卵圆形或腊肠形，能发酵产生乙酸乙酯，故常在调节食品风味中起到一定作用。该菌能利用葡萄糖产生磷酸甘露聚糖，成为荚膜的主要成分，为此，通过大量培养可提取荚膜中的多糖成分，应用于纺织及食品工业。此外，该菌氧化烃类的能力很强，也有一定的降解和利用能力。

由于异常汉逊酵母利用的碳源类型广泛，生长能力强，而且带有荚膜，因此它是食品发酵工业中的一种常见污染菌。它们能在饮料表面生长并形成干而皱的菌醭，有的利用酒精作为碳源，给酒精发酵工业带来严重危害。

(3) 产朊假丝酵母

产朊假丝酵母（*Candida utilis*）又被称为食用圆拟酵母或食用球拟酵母，细胞呈圆形、卵圆形或圆柱形。

产朊假丝酵母能发酵葡萄糖、蔗糖、棉子糖，不能发酵麦芽糖、乳糖、半乳糖及蜜二糖；能同化硝酸盐，不能分解脂肪。产朊假丝酵母细胞中的蛋白质和维生素 B 含量均比啤酒酵母高，故常被用于生产蛋白饲料。它能以尿素和硝酸盐作为氮源，在培养基中不需加入任何生长因子即可生长。值得提及的是，它能利用五碳糖和六碳糖，既能利用造纸工业的亚硫酸废液，也能利用食品厂的糖蜜、土豆淀粉等废料和木材水解液等来生产人、畜可食用的蛋白质。

(4) 热带假丝酵母

热带假丝酵母（*Candida tropicalis*）细胞呈卵形或球形。该菌能发酵葡萄糖、麦芽糖、半乳糖、蔗糖，不能发酵乳糖、蜜二糖、棉子糖；不能同化硝酸盐，不能分解脂肪。

热带假丝酵母氧化利用烃类的能力强，可用于石油脱蜡。在含有石油馏分的培养基中培养 22h 后，可获得相当于烃类重量 92%的菌体细胞，因此它是生产石油蛋白质的重要菌种。也可用农副产品或工业废料来大量培养热带假丝酵母，以作为饲料。如用生产味精的废液培养热带假丝酵母作饲料，既扩大了饲料来源，又减少了工业废水对环境的污染。此外，热带假丝酵母也能导致机体感染，具有一定的致病性。

2.1.2 霉菌

霉菌是丝状真菌的统称。霉菌在自然界的分布极广，土壤、水体、空气及动植物体中都有它们的踪迹，它们往往易在潮湿的条件下大量生长繁殖，多数都能发育成肉眼可见的丝状、绒状或蛛网状的菌丝体（mycelium）。

霉菌与人类关系密切，广泛应用于以发酵为主的食品加工、工业生产、药品制造及生物转化等各个方面。环境中的腐生型霉菌对自然界物质循环也具有非常重要的作用，尤其是数量极大的纤维素、半纤维素及木质素的分解和利用主要是通过霉菌完成的。

与此同时，霉菌污染对工农业所造成的损失也很大，食品、纺织品、皮革、纸张、木器、光学仪器、电工器材甚至药品等都能被霉菌污染，发生霉变。霉菌还能引起动植物的病害，严重威胁人类的健康。据统计，85%以上的植物传染性病害是由霉菌感染引起的。一些寄生型霉菌也能感染人和动物，导致临床症状，如皮肤癣菌引起的各种癣症。特别是有的种类能产生毒素，目前已发现的真菌毒素有百种以上，如毒性很强的黄曲霉毒素，不但能引起中毒症状，还是强的致癌物质。

1. 形态和结构

霉菌是具有分枝菌丝体的、不能进行光合作用的异养型真核微生物，其基本组成单位是菌丝细胞。菌丝（hypha）为一种管状结构，直径一般为 3～10μm，比普通细菌和放线菌大几倍到几十倍，由坚韧的含几丁质的细胞壁包被。菌丝能借助顶端生长进行延伸，并通过多次重复分枝而形成微细的网络结构，称之为菌丝体。

（1）菌丝组成与结构

霉菌的菌丝在固体培养基内和表面都能生长，向培养基内生长的菌丝主要功能是吸收营养，称为基内菌丝或营养菌丝；在培养基表面生长的菌丝为气生菌丝，如图 2-6 所示，气生菌丝成熟时往往特化形成具有一定结构的用于繁殖的菌丝，称之为繁殖菌丝。繁殖菌丝能够产生各种类型的孢子。

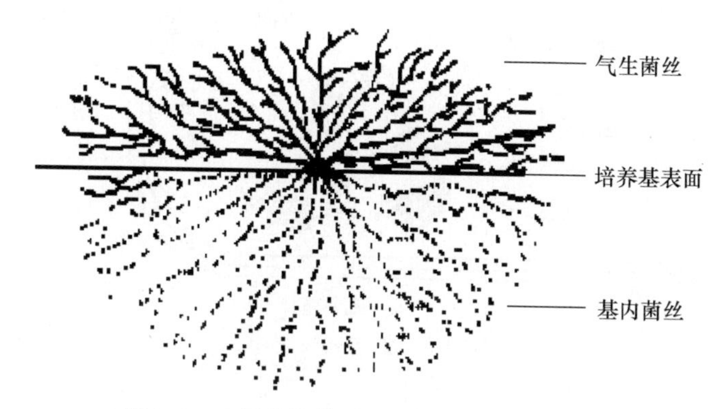

图 2-6　在固体培养基上生长的霉菌的菌丝体

在显微镜下观察到的霉菌菌丝有两种类型，一种是菌丝管腔中无横隔膜，称为无隔菌丝；另一种是有横隔膜，称为有隔菌丝，如图 2-7 所示。

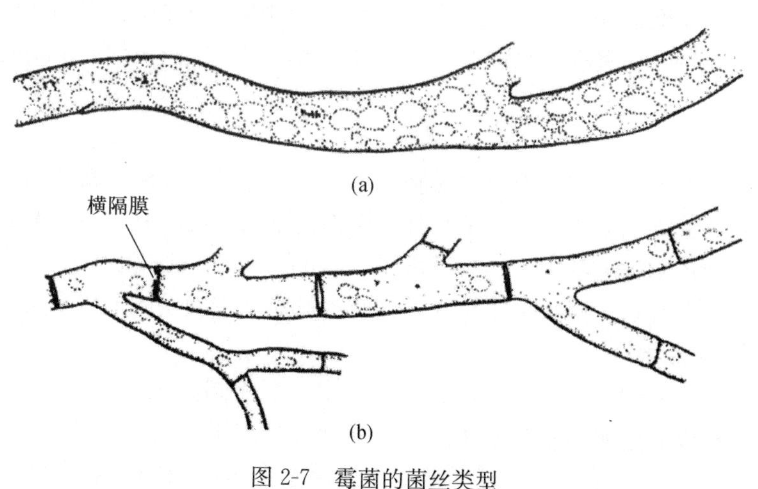

图 2-7　霉菌的菌丝类型

（a）无隔菌丝；（b）有隔菌丝

无隔菌丝的整个菌丝为长管状的单细胞，细胞内含有多个核，生长时只表现为菌丝延长、细胞核裂殖增多和细胞质量的均匀增加，霉菌中的低等种类如根霉、毛霉、梨头霉等都属于这种类型。在无隔菌丝中一般看不到横隔膜，只有在菌丝体形成繁殖结构时才出现横隔膜，而且这种横隔膜是完全无孔的。

有隔菌丝为典型的多细胞结构，两横隔膜之间组成一个细胞。子囊菌、担子菌等许多高等种类真菌均属于这种类型。

（2）细胞结构

霉菌菌丝细胞的最外层是坚韧的细胞壁，紧贴细胞壁的是其原生质膜，在原生质膜包被的细胞质中，含有细胞核、线粒体、核糖体、高尔基体及液泡等结构。其亚显微结构主要由微管和内质网等单位膜结构支持和组成，如图 2-8 所示。

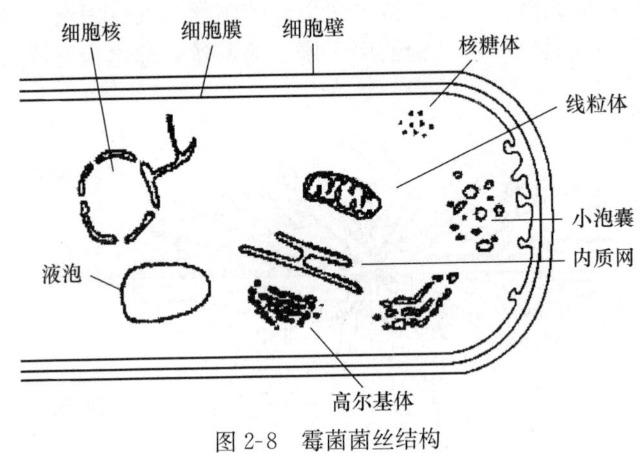

图 2-8　霉菌菌丝结构

① 细胞壁

多数霉菌细胞壁的主要成分为几丁质。它是 N-乙酰葡萄糖胺借助 β-1，4 糖苷键连接成的链状聚合分子，该结构与组成植物细胞壁的纤维素相似，不同的是葡萄糖环上的第二碳原子连接的是乙酰氨基，而不是羟基。一些低等水生类型的霉菌，如水霉菌，其细胞壁成分为纤维素。几丁质和纤维素分别构成了高等及低等霉菌细胞壁的多层、半晶体网状结构——微原纤维（microfibril），它镶嵌在无定形的 β-葡聚糖基质中形成坚韧的外层结构，有的还含有少量蛋白质。

② 细胞膜

与原核细胞的细胞膜相似，霉菌的细胞膜也是半渗透性膜屏障。霉菌的细胞膜也含有甾醇，这种扁平的分子能增强膜的硬度。与其他生物膜结构不同的是：在霉菌的细胞壁和细胞膜之间能形成一种特殊的膜结构，称为膜边体（lomasome）。这种由单位膜包围形成的膜边体形状变化很大，有管状、囊状及颗粒状，该结构可能与细胞壁的形成有关。

③ 细胞质和内含物

霉菌菌丝细胞中的细胞质组成与其他真核生物基本相同。主要是由水、蛋白质、核酸、糖类及无机盐等构成的透明的胶状液体。霉菌细胞质分布不均匀，在菌丝的不同生长阶段，各成分含量也有一定的差异。幼龄时，细胞质充满整个菌丝细胞，老龄时往往出现大的液泡，作为营养物和废物的贮藏场所，其中含有多种物质，常见的有糖原、脂肪滴及异染颗粒等，特别是液泡的高含水量保持了细胞内的高膨胀压。

在细胞质中悬浮着一些细胞器，如线粒体、内质网、核糖体及高尔基体等，这些细胞器在能量产生、蛋白质合成等代谢活动中起着重要作用。

④ 细胞核

霉菌的细胞核分化程度高，包括核仁、核膜及核孔。不同种类霉菌的细胞核中含有的染色体数目不同，一般都在一条以上。染色体的结构、组成及功能与高等动、植物的基本相同，不同的是霉菌染色体是以单倍体形式存在的。在细胞有丝分裂时，染色体要进行复制并随之进行分离。电镜观察结果表明，在两个核形成期间核膜一般不消失，呈哑铃状，这种分裂称为核分离；当减数分裂发生时，随着核分离，核膜完全消失，直至形成两个新的核膜。

2. 繁殖方式及生活史

(1) 霉菌的人工培养

① 营养要求及培养条件

霉菌的营养要求不高，在自然界的许多环境中都能看到霉菌的生长。人工培养霉菌也很容易，糖类中的单糖、双糖、淀粉和糊精等都能作为碳源，氮源中的无机氮源和有机氮源一般都能被利用。霉菌在生长过程中需要少量无机盐，个别种类需要一些微量元素及生长因子才能很好的生长。微量元素主要是 K、P、Mg、S、Fe、Zn、Mn、Co 等，生长因子多为维生素 B_1、生物素和胸腺嘧啶等。

培养霉菌的培养基有很多种，实验室常用的有沙氏和查氏培养基。多数霉菌在 pH2～9 的范围内均可生长，最适 pH 为 4～6，最适生长温度为 25～30℃，培养时需要有较高的湿度和良好的通气状况。霉菌的繁殖能力很强，但生长速度较慢，一般需要培养 4d 以上才能见到明显的菌落。

② 菌落特征

由于组成霉菌菌落的单位是分枝状菌丝体，因此霉菌菌落又称丝状菌落。在菌落形成初期，因菌丝稀少且不带有颜色，在培养基表面似雪花状，很难发现。随着菌丝体的不断生长、成熟，菌落变大并能扩散生长，个别种类的菌落扩散生长后能铺满整个培养皿。在细菌、放线菌、酵母菌和霉菌所形成的菌落中，霉菌是最大的。因霉菌的菌丝较粗大，故形成的菌落疏松，呈毯状、绒状、絮状或蛛网状，成熟后颜色加深并能产生大量的孢子，孢子堆积在菌丝表面，使菌落表面带有一层粉末状的结构。霉菌菌落能分泌多种色素，有的能产生水溶性色素使培养基带有一定的颜色，孢子一般产生脂溶性色素，颜色各异。由于扩散生长，处于菌落中心的菌丝成熟较早，颜色深；边缘的一般为刚长出的菌丝，颜色浅，多为白色；孢子堆一般位于菌落的中心，常具有特定的颜色。

(2) 霉菌的繁殖方式及生活史

霉菌的繁殖能力很强，繁殖方式较复杂，多数霉菌既可进行无性繁殖，也能进行有性繁殖。在多数情况下，霉菌以无性繁殖为主，主要以产生大量无性孢子的形式完成；在液体培养时能够以菌丝断裂方式进行繁殖。在一定的生长阶段，当条件适宜时，多数霉菌可通过产生有性孢子的方式进行有性繁殖。

① 无性孢子繁殖

无性孢子是指不经"异性"菌丝细胞配合，由菌丝自身分化或分裂形成的孢子，通过产生无性孢子进行的繁殖称为无性孢子繁殖。霉菌的种类丰富，产生的无性孢子类型最为复杂，如图 2-9 所示。

厚壁孢子（akinete）　该种类型孢子具有较厚的壁，又名**厚壁孢子**。**其形成过程是：在菌丝的顶端或中间由原生质浓缩、变圆、类脂物质密集，周围的菌丝壁增生并加厚，形成圆形、卵圆形或圆柱形的孢子**。厚壁孢子的形成过程与细菌芽孢形成有类似之处，并且对不

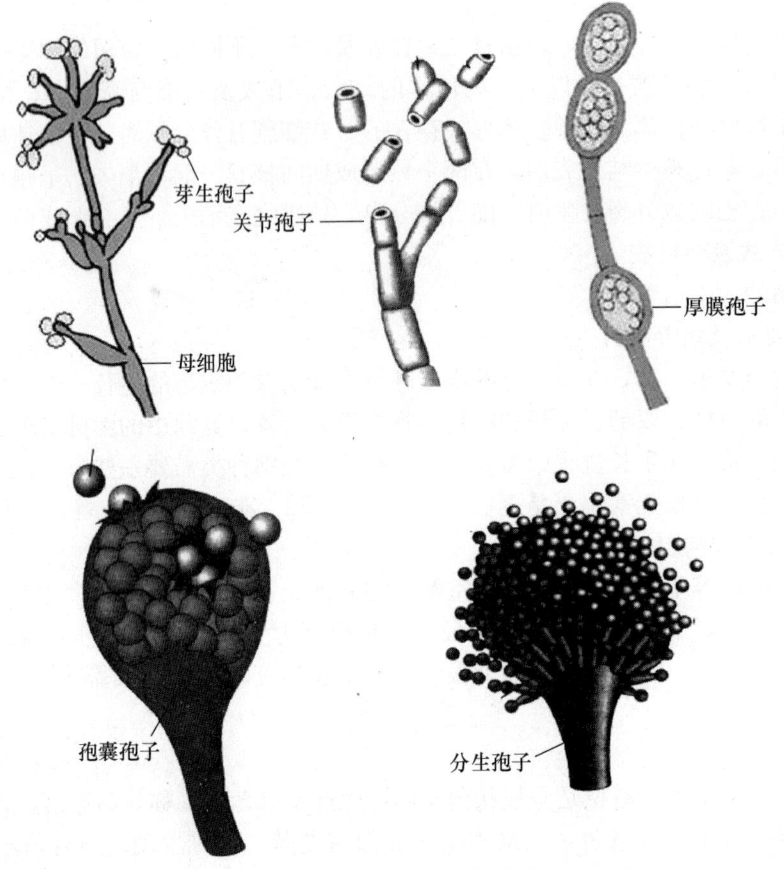

图 2-9　霉菌的各种无性孢子

良环境也有较强的抗性，因此它既是霉菌的一种无性繁殖形式，也是霉菌的休眠体。当环境条件适宜时，厚壁孢子萌发，发育成新的菌丝体。接合菌门中的一些种类如总状毛霉（*Mucor racemosus*）往往能借助这种方式进行繁殖。

芽生孢子（budding spore）　这种类型孢子的形成过程与酵母菌出芽类似，故名芽生孢子，简称芽孢子。出芽时，菌丝细胞壁变薄并突起形成芽体，细胞核及细胞质进入芽体后原生质浓集，细胞壁收缩，导致芽体与菌丝细胞分离。当出芽速度过快时，芽孢子不脱离母体细胞，可连接成链状，形成假菌丝样结构。

关节孢子（arthrospore）　是由菌丝体断裂形成的，一般呈圆柱形。关节孢子形成与释放过程与放线菌的孢子丝有些相似，由菌丝顶端向基部逐渐形成、成熟。先出现许多横隔膜，然后从隔膜处断裂，形成串状排列的多个孢子。如白地霉的无性繁殖形成的就是关节孢子。

孢囊孢子（sporangiospores）　一些霉菌的菌丝发育成熟进入繁殖期后，菌丝的功能出现分化，一部分菌丝发育成孢子囊梗，梗的顶端细胞能特化形成一个圆球形、卵球形或梨形的囊状结构，称为孢子囊，囊内发育形成的孢子就是孢囊孢子。成熟的孢子囊主要由囊体、囊轴及孢子囊梗组成。孢囊孢子是一种内生孢子，其形成过程是：孢子囊内大量积聚细胞质和细胞核；包围了大量细胞核的原生质被分割成许多小块，每小块原生质中至少含有一个细胞核；原生质小块最后发育成孢囊孢子。当孢囊孢子完全成熟后，一般通过囊体破裂将大量的孢子释放至周围环境中。个别种类霉菌形成的孢子囊不破裂，孢子可从孢子囊上的小孔或管口溢出。

孢囊孢子有两种类型：一类是有鞭毛能运动的孢子，称为游动孢子（zoospore），水生霉菌产生的孢子多为游动孢子；另一类是无鞭毛不能运动的孢子，称为不动孢子（aplanospore）或静孢子，陆生霉菌产生的孢子多为这种类型，该孢子主要借助空气传播。

分生孢子（conidium）　与孢囊孢子相比，分生孢子是裸露的，无囊包围，属于外生孢子，它是霉菌的主要无性孢子。产生分生孢子的菌丝往往能特化形成一定的结构，霉菌的种类不同，特化的结构也不同。有的比较简单，如红曲霉和交链孢霉可直接由分枝菌丝的顶端细胞分化，形成单个或成簇的孢子；有的较复杂，产孢菌丝往往能特化形成具有一定结构的分生孢子器，通过分生孢子器分泌孢子，如青霉和曲霉都可分化形成分生孢子器，两者的分生孢子器结构虽有所差异，但功能是一致的，都能在其顶端产生分生孢子。

分生孢子多为圆形或卵圆形，着生方式有单生、成链或成簇排列，其特点是产生的孢子量大，这也是决定霉菌繁殖力强的一个重要因素。

值得注意的是在同一种霉菌菌丝上不一定都产生一种类型的无性孢子，如在许多霉菌特别是接合菌门中，同一菌丝体上常发现孢囊孢子和厚壁孢子共存的现象。

② 有性孢子繁殖

霉菌的有性繁殖都是借助各种类型的有性孢子完成的。由于霉菌的有性繁殖不如无性繁殖那么普遍和经常，一般只发生在特定的环境条件下，因此，人工培养时很难观察到有性繁殖过程和有性孢子。与酵母菌的有性繁殖过程相似，霉菌有性繁殖的基本过程包括质配、核配和减数分裂三个阶段。

质配阶段　是两个遗传型不同的“性细胞”结合的过程，质配时两者的细胞质融合在一起，但两者的核各自独立，共存于同一细胞中，称为双核细胞。此时每个核的染色体数目都是单倍的（即 n+n）。

不同类型霉菌进行质配时所采用的方式有所不同，大体分为五种类型：

a. 配子结合（gametogamy）：有些霉菌进行有性繁殖的“性细胞”已出现分化，发育成“雌”、“雄”配子，由两个遗传型不同的配子结合形成合子。如果两个配子的大小、形态相似，称为同配生殖；若两者的差异较大，则称为异配生殖；

b. 配子囊接触（gametangial contact）：两个配子囊相互接触时，雄性的核通过在配子囊壁的接触点溶解成的小孔进入雌配子囊，或是借助两个配子囊之间形成的受精管进入雌配子囊。雌、雄配子囊可以是同形的，也可以是异形的；

c. 配子囊配合（gametangial copulation）：这是以两个相互接触的配子囊的全部内容物的融合为特征的质配方式，其中又可分为两种形式：一种是雄配子囊的内容物通过配子囊壁上的接触点小孔转移到雌配子囊中；另一种是两个配子囊细胞直接融合为一，两个配子囊壁接触部位融化而成为一个公共细胞；

d. “受精作用”（spermatization）：此过程与植物的受精过程有些类似，多发生于子囊菌和担子菌。两种“性细胞”各自分化成“雄性”配子和“雌性”配子囊，“雄性”配子借助风、水及昆虫等媒体与“雌性”配子囊接触完成质配过程；

e. 体细胞结合（somatogamy）：一些高等的子囊菌和担子菌可直接利用菌丝细胞作为配子囊进行接合完成质配过程。如果接合发生在相同类型的菌丝细胞之间，称为同宗接合；如果接合发生在不同类型的菌丝细胞之间，称为异宗接合。在担子菌中，常通过两种不同类型的菌丝细胞接合，形成双核菌丝，该现象称为菌丝联结（anastomosis）。

核配阶段 质配完成后，双核细胞中的两个核进行融合，形成二倍体的合子，此时核的染色体数是双倍的（即 2n）。在低等霉菌中，质配后紧接着进行的就是核配，而高等霉菌中，质配后不一定马上进行核配，经常以双核形式存在一段时间，在此期间双核细胞也可分裂产生双核子细胞。霉菌染色体的基因重组一般发生在核配阶段。

减数分裂 由于霉菌的核是以单倍体形式存在，故二倍体的核还需进行减数分裂才能使子代的染色体数与亲代保持一致，即恢复到原来的单倍体状态。多数霉菌在核配后立刻进行减数分裂，形成各种类型的单倍体有性孢子，但也有少数种类霉菌像酵母菌一样能以二倍体的合子形式存在一段时间，此现象常见于接合菌门中的霉菌。

经过上述三个阶段，霉菌最终以有性孢子完成繁殖全过程。霉菌有性孢子的形成是一个相当复杂的过程，有性孢子的类型也随霉菌的种类各异，常见的有性孢子有卵孢子（oospore）、接合孢子（zygospore）和子囊孢子（ascospore）三种类型，如图 2-10 所示。

③ 霉菌的生活史

霉菌的生活史都是从孢子开始，经过发芽、生长成为菌丝体，再由菌丝体经过无性和有性繁殖最终又产生孢子为止，即孢子→菌丝体→孢子的循环过程。

在绝大多数霉菌的生活史中都有无性阶段和有性阶段，它们分别组成无性世代和有性世代，因此霉菌中的世代交替现象十分明显。典型的生活史如下：霉菌的菌丝体发育成熟后可通过各种方式产生并释放出无性孢子，无性孢子萌发形成新的菌丝体。这样的繁殖方式可循环多次，构成霉菌的无性世代。当无性繁殖进行一段时间后，一般在霉菌生长发育的后期并且是在特定的环境条件下，才进入有性繁殖阶段，即在菌丝体上分化出特殊的“性细胞”或配子，经质配、核配和减数分裂等环节，最后产生各种类型的有性孢子，有性孢子萌发再发育成新的菌丝体，上述过程构成霉菌的有性世代，如图 2-11 所示。

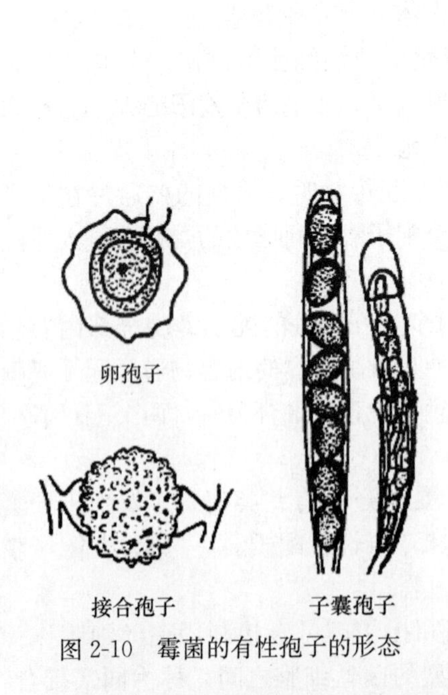

图 2-10 霉菌的有性孢子的形态

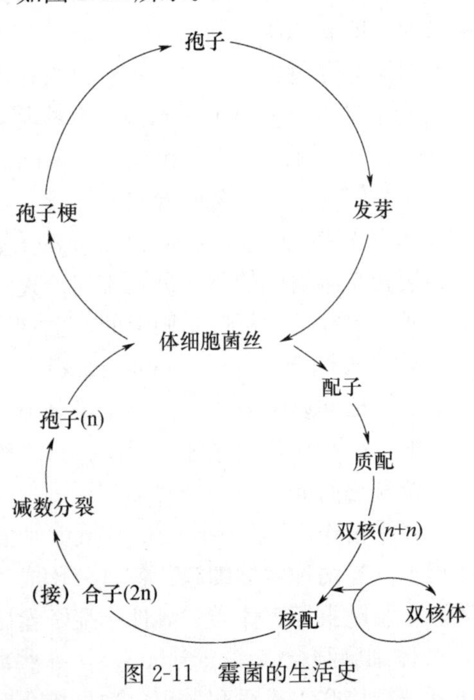

图 2-11 霉菌的生活史

有丝孢真菌主要是以无性孢子繁殖方式完成其生活史，还没有发现有性繁殖阶段。由于它们的生活史中只发现了无性世代，又称其为半知菌。

3. 霉菌的代表属

霉菌的种类繁多，不同种类的霉菌之间差异较大，下面仅介绍一些与人类关系较为密切的几类重要霉菌。

（1）毛霉属

毛霉（*Mucor*）在自然界分布很广，空气、土壤等环境中都有毛霉的孢子。毛霉的菌丝体是由管状分枝的无隔菌丝组成，为单细胞霉菌。毛霉的镜下形态主要有菌丝、孢子囊梗和孢子囊。孢子囊梗嵌入孢子囊内的部分称为囊轴，在孢子囊内发育形成大量的孢囊孢子，如图 2-12 所示。

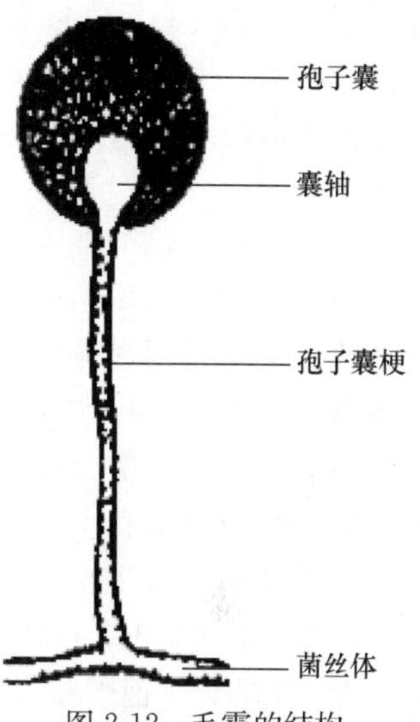

图 2-12　毛霉的结构

毛霉的生活史完整，包括无性繁殖和有性繁殖两个阶段，无性繁殖方式为孢囊孢子，有性繁殖方式为接合孢子。

毛霉的应用广泛，有的种类能产生淀粉酶，有的能产生蛋白酶，因此可用于工业上的糖化过程和豆豉、豆腐乳等蛋白类食品的发酵。此外，毛霉还经常被用来生产乙醇、乳酸及延胡索酸等，在甾体化合物的生物转化方面也具有重要作用。

另一方面，毛霉的害处也较大，它是一种主要的微生物污染源，经常引起蔬菜、果品、衣物和药材等发霉变质，有的毛霉对一些纺织品及皮革等也有一定的破坏作用。

（2）根霉属

根霉（*Rhizopus*）与毛霉两者的形态、结构有相似之处。根霉的菌丝无横隔，主要由匍匐菌丝、假根、孢子囊梗和孢子囊组成，如图 2-13 所示。假根和匍匐菌丝有别于毛霉，是根霉、梨头霉（*Absidia*）等少数霉菌特有的结构。根霉的菌丝粗大，在显微镜的低倍镜下很容易观察。菌丝在固体培养基上生长迅速，若培养时间延长可充满整个培养皿内的空间，因此很难形成固定的菌落。

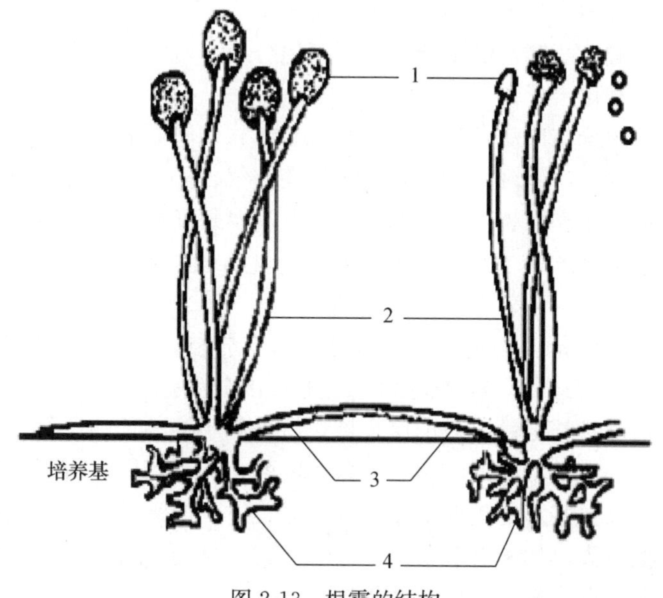

图 2-13　根霉的结构

1—孢子囊；2—孢子囊梗；3—匍匐菌丝；4—假根

根霉具有典型的世代交替现象，无性繁殖方式是孢囊孢子，有性繁殖方式为接合孢子。根霉的孢子囊梗一般是在假根的相对位置上生出，顶端膨大发育成孢子囊，囊轴为半圆形，囊轴与孢囊梗之间有横隔。孢囊孢子多数为球形，成熟时分泌黑色色素。

根霉的营养要求不高且易于在含淀粉等多糖的环境中生长，因此含有淀粉的食品如果保存不当，特别容易污染根霉。根霉对其他物品的腐蚀能力也很强，可广泛引起包括皮革在内的多种物品发生霉变。另一方面，产生淀粉酶这一特性使根霉成为工业上重要的糖化菌种。此外，根霉还经常被用于生产乙醇、乳酸等，它在甾体化合物的生物转化方面也有重要作用。

(3) 青霉属

青霉（*Penicillium*）是多细胞，菌丝有分隔，呈丛状着生并有明显分枝，无足细胞。气生菌丝发育成熟时特化成分生孢子梗，顶端不膨大，无顶囊，梗的顶端可出现多次分枝，在分枝末端生长出一轮或几轮对称的梗基和小梗，在最外层小梗的顶端可产生串状排列的分生孢子，分生孢子可产生青、灰绿、黄褐等不同颜色。这样的产孢结构称为分生孢子器，青霉菌的分生孢子器在显微镜下呈扫帚状，故名帚状枝或青霉穗，如图 2-14 所示。帚状枝的形态、结构，梗基的生长轮数等都可作为青霉菌分类鉴定的依据。

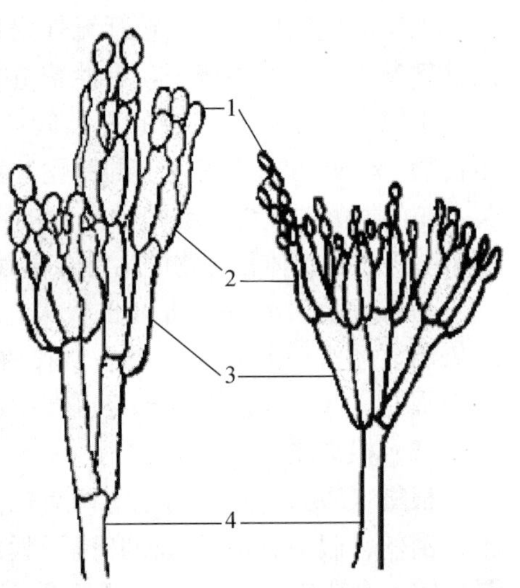

图 2-14　青霉菌的分生孢子器结构
1—分生孢子；2—小梗；
3—梗基；4—分生孢子梗

青霉菌无性繁殖即产生大量分生孢子，有性繁殖产生子囊孢子。

青霉菌是抗生素的重要生产菌，其中的产黄青霉（*Penicillium chrysogenum*）是青霉素的产生菌，灰黄青霉菌是灰黄霉素的产生菌。除产生抗生素外，青霉菌也常用于有机酸、酶制剂的生产。由于其他分解有机物的能力强，被广泛用于一些特殊有机化合物的生物转化。

青霉菌在自然界的分布广泛，种类很多，几乎在一切潮湿的物品上均能生长。如桔青霉常生长在腐烂的柑橘皮上，呈现青绿色污染斑。在空气、土壤等环境中也有大量的青霉菌的孢子，青霉菌可使工农业产品、生物制剂、药物制品腐败变质。岛青霉（*Penicillium islandicum Sopp*）在世界各地产米区均可发现，可以产生毒素，使米发生霉变。

(4) 曲霉属

曲霉（*Aspergillus*）是多细胞，菌丝有分隔，有分枝，当发育成熟时在气生菌丝上往往特化形成“足细胞”的结构，在“足细胞”上长出分生孢子梗，在其顶端膨大发育成顶囊，在顶囊表面以辐射状长出一层或两层小梗，最外侧小梗的顶端长有一串分生孢子。该菌属各菌株的菌丝和孢子常呈不同的颜色，故菌落的颜色各不相同，有黑、棕、黄、绿、红等颜色，且较稳定，是分类鉴定的主要依据。在显微镜下，曲霉特有的分生孢子器呈放射状的圆球体，称为分生孢子头，如图 2-15 所示。分生孢子头和顶囊的形状、大小、小梗的构成、分生孢子梗的长度等特点也是菌种鉴定的依据。

曲霉菌无性繁殖即产生大量分生孢子，有性繁殖产生子囊孢子。

曲霉菌在固体培养基上可形成圆形、毯状的大菌落，成熟后表面有孢子堆覆盖，呈现各种颜色。

曲霉菌分解有机物质能力极强，是工业发酵和食品酿造上的重要菌种，我国自古以来就有应用曲霉菌的糖化作用和分解蛋白质的能力制曲、酿酒、造酱的记载。现代发酵工业中可以利用曲霉生产葡萄糖酸等有机酸、酶制剂及抗生素等。曲霉菌也是引起粮食、食品和药材等霉变的常见污染菌。有些种类还能分泌毒素，如黄曲霉（*Aspergillus flavus*）能产生具有强烈致癌作用的黄曲霉毒素，严重危害人类健康。

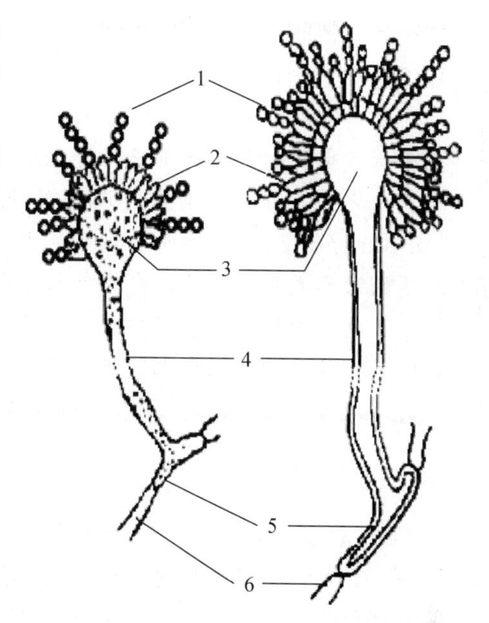

图 2-15　曲霉菌的分生孢子器的结构

1—分生孢子；2—小梗与梗基；3—顶囊；4—分生孢子梗；5—足细胞；6—基内菌丝

（5）镰刀霉属

镰刀霉（*Fusarium*）因产生的分生孢子稍弯曲像镰刀而得名（图 2-16）。分生孢子有大型与小型两种，大型分生孢子是多细胞的，长柱形或镰刀形，每个分生孢子内有 3～9 个平行隔膜。小型分生孢子一般为单细胞的，呈卵圆形、梨形或纺锤形。多数镰刀霉进行无性繁殖，少数进行有性繁殖。

在环境治理中，镰刀霉对氰化物的分解能力强，可用于处理含氰废水。有的镰刀霉可利用石油生产蛋白酶，少数镰刀霉可用于害虫的生物防治。

（6）白地霉属

白地霉形态如图 2-17 所示，其繁殖方式为在营养菌丝的顶端长节孢子，节孢子呈单个或连接成链，菌体蛋白营养价值高，可以食用或做饲料，可提取核酸，还可用于合成脂肪、酿酒、制造淀粉、豆制品等。白地霉也可用于处理废水。

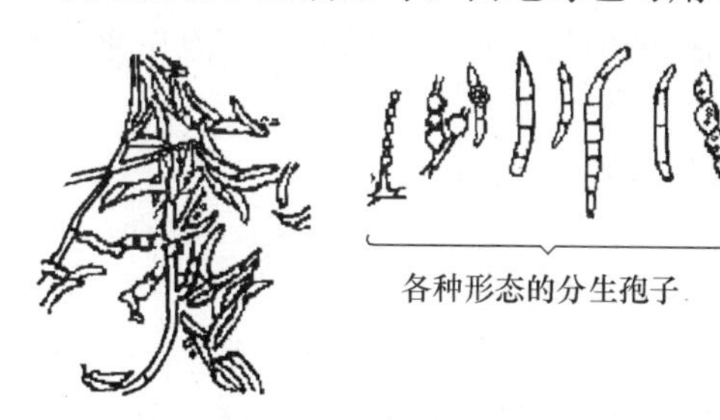

图 2-16　镰刀霉的形态

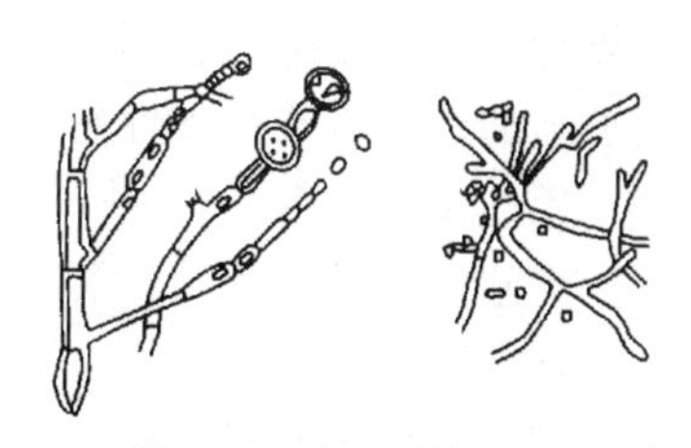

图 2-17　白地霉的形态

（7）木霉属

木霉属（*Trichoderma*）的分生孢子梗从菌丝的侧枝长出，分生孢子梗上再长出对生或互生的分枝，分枝角近似于直角，最顶端的分枝为小梗，小梗顶端长出成簇的圆形或卵圆形的孢子。木霉分解纤维素或木质素的能力较强，能产生柠檬酸，合成维生素 B2，可进行类固醇的生物转化等。

在环境治理中，木霉可用于含氮有机物的生物转化（氰化物、乙腈、丙腈、丙烯腈等腈类化合物和硝基化合物），敌敌畏、多菌灵、甲胺磷的生物降解等。

知识链接

木霉可被广泛用于生物防治。大量的实验证明木霉对土传病菌有良好抑菌效果，并已制成生物制剂投放市场。近几年还发现绿色木霉的菌丝对有毒金属，如Cu和Cd具有向化性。目前，国内有人将丝状真菌巨大曲霉中分泌的一个抗真菌蛋白AFP（antifungprotein）基因整合到绿色木霉的基因组中，获得了具有抗真菌活性的AFP表达的绿色木霉转化子，为绿色木霉中分泌表达具有重要应用价值的异源真核蛋白质打下了良好的基础。木霉在对有机污染的生物修复中也具有一定的作用，如，Smith WH的试验证明，绿色木霉能够降解有机氯。

2.1.3 大型真菌

大型真菌就是指能产生肉眼即可看清的大型子实体的真菌。近年来，国内外十分重视大型真菌资源的研究与利用。我国大型真菌生物种类多、分布广、资源丰富。常见的大型真菌包括药用菌和食用菌，如灵芝、香菇、草菇、金针菇、双孢蘑菇、木耳、银耳、竹荪、羊肚菌等。

大型真菌和我们人类的关系十分密切，多数大型真菌本身具有一定的食用及药用价值。一些大型真菌如灵芝、猴头、茯苓等除含有蛋白质、氨基酸、维生素、多糖、微量元素等营养物质外，还具有抗癌、抗衰老、增强机体免疫力等药理活性，已经引起了人们的广泛关注。其中也有少数的大型真菌能产生毒素，引起食物中毒，因此在食用时要特别注意。

1. 形态和结构

普通的大型真菌菌丝发育良好，具有分隔。菌体大小为(3～18)cm×(5～20)cm，个别的体积更大。大型真菌的形态各异，有头状、笔状、树枝状、花朵状、舌状和伞状等，其基本构成为子实体和菌丝体。菌丝体由许多分枝菌丝组成，分布于土壤、腐木等基质内。

2. 繁殖方式及生活史

大型真菌在分类位置上多数属于子囊菌门和担子菌门，均为丝状真菌。其中伞状真菌的种类和数量最多，是担子菌门中的代表类型。

担子菌的繁殖方式有无性繁殖和有性繁殖两种方式。

(1) 无性繁殖

无性繁殖主要采取芽殖、裂殖和产生分生孢子等来完成。

(2) 有性繁殖

担子菌的有性繁殖是产生担子和担孢子，担子是担子菌产生孢子的构造，是完成了核配和减数分裂的细胞。

3. 常见大型真菌

以大型真菌为主的真菌药物在药用范围、研究方法等方面在日益扩大，备受世界关注。越来越多的研究表明这类大型真菌在防病治病中有独特功效。

药用大型真菌是具有保健和治疗疾病作用的一类真菌。我国药用真菌资源丰富，其中大型药用真菌约有300多种，目前已开发了的大型药用真菌只有20～30种。随着科学研究的不断深入，药用大型真菌将在医学领域发挥越来越大的作用，具有很大的开发潜能。

如对灵芝、紫芝、密纹灵芝、密环菌、猪苓、茯苓、冬虫夏草、亚香棒虫草等多种大型真菌进行人工培养、菌丝体发酵、临床治疗和抗癌研究，取得了显著成绩。药用真菌将作为重要的药物筛选对象，受到医药界的高度重视。

我国药用真菌按分类简单地分成子囊菌类、银耳和木耳类、多孔菌类、伞菌（蘑菇）类、腹菌（马勃）类。其中多孔菌、伞菌和腹菌的种类最多，筛选新的药用真菌的价值较大。

2.2　藻类和原生动物

2.2.1　藻类的一般特征

藻类是含有叶绿素的光合自养型真核微生物。根据藻类光合色素的种类、个体形态、细胞结构、生殖方式、生活史等，将藻类划分为十门，即蓝藻门、裸藻门、绿藻门、轮藻门、金藻门、黄藻门、硅藻门、甲藻门、红藻门和褐藻门。

藻类作为主要的水生生物，广泛分布于淡水和海水中。藻类与给排水工程有着密切的关系。在给水工程中有一定的危害性，常使自来水产生异味、颜色，造成滤池堵塞。当水体富营养化（含过量的氮和磷），常产生“水华”或“赤潮”。“水华”或“赤潮”常改变水体的 pH 值，使水体带有臭味，并使水含有剧毒。另一方面在排水工程中，可以利用藻类进行废水处理。最典型的例子就是氧化塘处理系统，利用菌藻互生的原理进行废水处理。藻类在水体复杂的自净过程中也起着重要的作用，在污染物的生物监测中，藻类常作为指示生物，及时反映出水体的污染程度。

1. 藻类的形态结构

藻类包括单细胞个体和高度分化的多细胞个体。单细胞藻类浮游于水中，也称为浮游植物。最小的藻类大小与细菌类似，如小单胞藻（*Micromonas*）的大小为 $1.0\mu m \times 1.5\mu m$，大的藻类以米（m）为计量单位，如褐藻（海带）长达 60～70m。单细胞个体呈圆球状、长杆状、弯曲状、星状和梭状等，它们可以生成各种形态的菌落。丝状与管状体为细胞连续分裂的结果，有分枝或无分枝。

藻类细胞有细胞壁，其组分主要为纤维素或多糖（木聚糖或甘露聚糖等）。藻类叶绿体形态呈盘状、带状、螺旋状、星状、裂片状或分枝状等。藻类细胞除了含有叶绿素外，还含有胡萝卜素、叶黄素和藻胆蛋白载色体等，这些使藻体呈绿、红、黄、褐等颜色。藻类的储存物主要为淀粉、多糖和脂类。藻类细胞还含有完整的膜系统，含有一个或多个细胞核。

2. 藻类的生活条件

影响藻类生长分布的条件主要有温度、光照和 pH 值等。

（1）温度

藻类能够生活的温度范围不同，可分为两种，即广温型藻类和狭温型藻类。广温型藻类，如硅藻，适合生长的温度范围在－11℃～30℃，生长温度变化幅度达 41℃，而狭温型藻类适合的生长温度幅度仅为 10℃左右。

随着温度的改变，河流中的优势藻类种群发生着演替性的变化，如 20℃时硅藻占优势，30℃时绿藻占优势，35～40℃时蓝藻占优势。

(2) 光照

在水表面，光照不会成为藻类生长的限制性因素。但如果水体遭到污染，水体中悬浮物质过多时，光照不足就会成为藻类生长的限制性因素，严重时就会导致整个水生态系统遭到破坏。

(3) pH 值

藻类生长的最适 pH 值 6～8，生长的 pH 值范围在 4～10。

除了上述影响因子外，影响藻类生长分布的条件还有水的运动、溶解盐类、溶解气体、其他生物等。

3. 藻类的营养特征

藻类是光能自养型微生物，能进行光合作用，可以利用二氧化碳合成细胞物质，同时放出氧气。在夜间无光照时，还可以利用光合产物进行呼吸作用，消耗氧气，放出二氧化碳。在藻类丰富的池塘中，白天水中的溶解氧很高，甚至过饱和；夜间溶解氧急剧下降，往往会造成水体缺氧。少数藻类是腐生型的，极少数营共生生活。

4. 藻类的繁殖与生活史

(1) 藻类的繁殖

藻类的繁殖方式主要有营养繁殖、无性繁殖和有性繁殖三大类。

许多单细胞藻类的营养繁殖是通过细胞分裂进行的，而丝状类型的藻类藻丝可以断裂，每一个片断均能够发育为一条新的藻丝。

无性繁殖是通过孢子囊，产生不同类型的孢子（游动孢子和不动孢子）进行的。

有性生殖的生殖细胞叫配子（gamete），产生于配子囊（gametangium）。一般情况下，配子必须两两结合成为合子（zygone），由合子萌发长成新个体，或合子产生孢子长成新个体。在极少数情况下，一个配子不经过结合也能长成一个个单体，这叫做单性生殖。

(2) 藻类的生活史

藻类的生活史是藻类在一生中所经历的发育和繁殖阶段的全部过程，主要有四种类型：① 营养繁殖型；② 生活史中仅有一个单倍体的植物体，行无性和有性生殖，或只行一种生殖方式；③ 生活史中仅有一个双倍体的植物体，只行有性生殖，减数分裂在配子囊中配子产生之前；④ 生活史中有世代交替的现象，即无性与有性两个世代相互交替出现的现象。不同种类的藻类生活史差异很大。

2.2.2 原生动物

原生动物是指一类无细胞壁、能自由活动的单细胞真核微生物。原生动物在自然界，特别是池水、湖水、河水、海水及雨后地上的积水中大量存在，在土壤、动物粪便和其他生物体内也有分布。在处理生活污水的活性污泥中存在着大量的原生动物，在处理工业废水的活性污泥中，原生动物的种类和数量往往少得多，有些工业废水处理系统中甚至看不到这些生物。

污泥中的原生动物，有的代谢方式与细菌类似，可以通过体表吸收溶解性有机物，然后使之氧化分解。另一些可吞噬废水中细小的有机物颗粒或游离细菌，起到净化废水的作用。

1. 原生动物的一般特征

原生动物是动物中最原始、最低等、结构最简单的单细胞生物。在动物学中被列为原生动物门（protozoa）。原生动物形体微小，一般在 10～300μm 之间，在光学显微镜下才可观察到，因此微生物学把它归入微生物范畴。

原生动物为单细胞，没有细胞壁，有细胞质膜、细胞质，有分化的细胞器，其细胞核具有核膜（较高级类型有两个核），故属于真核微生物。虽然原生动物只有一个细胞，但在生理上却是一个独立的有机体，具有完善的系统，能和多细胞动物一样具有营养、呼吸、摄食、排泄、生长、繁殖、运动及对刺激的反应等机能。

2. 原生动物的营养类型

（1）全动性营养

全动性营养（holozoic nutrition）是指以细菌、放线菌、酵母菌、霉菌、藻类、比自身小的原生动物及有机颗粒等为食的原生动物。绝大多数原生动物均为全动性营养。

（2）植物性营养

植物性营养（holophytic）是指有光合色素的原生动物（如绿眼虫、衣滴虫），与植物一样，在有光照的条件下，吸收 CO_2 和无机盐进行光合作用，合成有机物供自身营养。

（3）腐生性营养

腐生性营养（saprophytic）是指一些寄生生活的原生动物，借助体表的原生质膜吸收环境和寄主中的可溶性有机物作为营养。

3. 原生动物的繁殖

原生动物的繁殖分为无性繁殖（asexual reproduction）和有性繁殖（sexual reproduction）两种方式。

（1）无性繁殖

无性繁殖存在于所有的原生动物中。有一些种类，如锥虫，无性繁殖是其唯一的生殖方式。无性繁殖有以下几种形式：

① 二分裂

二分裂（binary fission）是原生动物最普遍的一种无性生殖，一般是有丝分裂。分裂时细胞核先由 1 个分为 2 个，染色体均等地分布于 2 个子核中。随后细胞质分别包围 2 个细胞核，形成 2 个大小、形状相等的子体。二分裂可以是纵裂，如眼虫（*Euglena*）；也可以是横裂，如草履虫（*Paramecium*）；或者是斜分裂，如角藻（*Ceratium*）。

② 出芽生殖

出芽生殖（budding reproduction）实际也是一种二分裂，只是形成的两个子体大小不等，大的子细胞称为母体，小的子细胞称为芽体，如吸管虫（*Suctorian*）。

③ 多分裂

多分裂（multiple fission），也称裂殖分裂（schizogony），分裂时细胞核先分裂多次，形成许多核之后，细胞质再分裂，最后形成许多单核的子体，多见于孢子虫纲。

④ 质裂

质裂（plasmotomy）是一些多核的原生动物，如多核变形虫（*Pelomyxa*）、蛙片虫（*Opalina*）所进行的一种无性生殖，即核先不分裂，而是由细胞质在分裂时直接包围部分细胞核形成几个多核的子体，子体再恢复成多核的新虫体。

（2）有性繁殖

有性繁殖有两种方式：

① 配子生殖

绝大多数原生动物的有性生殖行配子生殖（gamogenesis），即经过两个配子的融合或受精形成一个新的个体。如果融合的两个配子在大小、形状上相似，仅在生理功能上不同，则称为同形配子（isogamete），同形配子的生殖称为同配生殖（isogamy）。如果融合的两个配子在大小、形状及功能上均不相同，则称为异形配子（heterogamete）。根据其大小不同，分别称为大配子（macrogamete）及小配子（microgamete），大、小配子分别分化为形态与功能完全不同的精子（sperm）和卵（ovum）。卵受精后形成受精卵，亦称合子（zygote）。异形配子所进行的生殖称为异配生殖（heterogamy）。

② 接合生殖

接合生殖（conjugation）是纤毛虫类（ciliate）所独有的一种有性生殖方式。交配时两个二倍体虫体腹面相贴，每个虫体的小核减数分裂，形成4个单倍体的配子核，其中3个退化，留下的1个发生有丝分裂形成2个单倍体核。两个虫体互换1个小核，交换后的单倍体小核与对方的单倍体小核融合，形成1个新的二倍体结合核。然后两个虫体分开，各自再进行有丝分裂，形成数个二倍体的新个体。

4. 原生动物的分类及各纲简介

动物学把原生动物划分为四个纲，即鞭毛纲（Mastigophora）、肉足纲（Sarcodina）、纤毛纲（Ciliata）和孢子纲（Sporazoa）。鞭毛纲、肉足纲、纤毛纲三纲存在于水体中，在废水的生物处理中起重要作用。孢子纲中的孢子虫营寄生生活，寄生在人体和动物体内，可随粪便排到污水中，故需要消灭。

（1）鞭毛纲

鞭毛纲中的原生动物称为鞭毛虫。它们具有一根或多根鞭毛，如眼虫（*Euglena*）、屋滴虫（*Oikomonas*）、杆囊虫（*Peinhardtii frichophorum*）等具有一根鞭毛，粗袋鞭虫（*Peranema*）、衣滴虫（*Reinhardtii*）、波豆虫（*Bodo edax*）和内管虫（*Entosiphon*）等具有两根鞭毛，如图2-18所示。多数鞭毛虫是个体自由生活的，也有群体的，如聚屋滴虫。

鞭毛纲的营养类型兼有全动性营养、植物性营养和腐生性营养三种类型。营植物性营养的鞭毛虫，如绿眼虫在有机物浓度增加和环境条件改变，或失去色素体时，改营腐生性营养。若环境条件恢复，则仍为植物性营养。肉管虫属和波豆虫用鞭毛摄食，为全动性营养。部分不具有色素体的鞭毛虫专营腐生性营养。鞭毛虫的大小从几微米至几十微米，在显微镜下可依据形态和运动方式进行辨认。

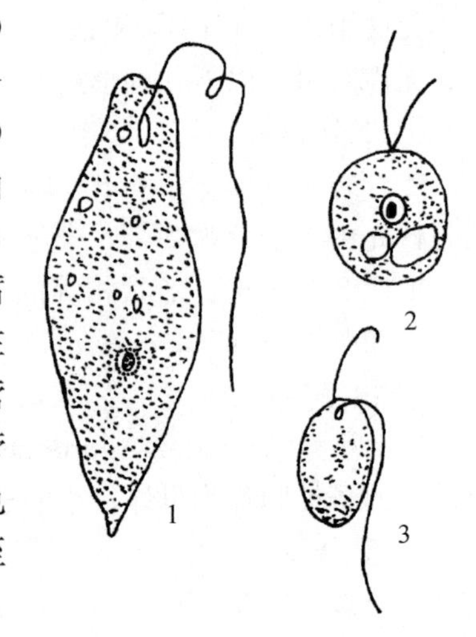

图2-18 几种鞭毛纲原生动物

1—眼虫；2—滴虫；3—波豆虫

① 眼虫

眼虫形体小，一般呈纺锤形，前端钝圆，后端尖。虫体前端凹陷伸入体内的叫胞咽，胞咽末端膨大呈储蓄泡，鞭毛由此通过胞咽伸向体外。靠近胞咽处有一个环状的红色眼点，其中含有血红素，能感受光线，是原始的感光细胞器，可以调节眼虫的向光运动。在储蓄泡一侧的伸缩泡有排泄、调节渗透压的机能。绿眼虫（*Euglena viridis*）体内充满放射状排列的绿色素体，有的眼虫体内有黄色素体和褐色素体，它们营植物性营养。不含色素的眼虫营腐生性营养。眼虫是靠一根鞭毛快速摆动并作颤抖式前进。

② 粗袋鞭虫

粗袋鞭虫机体柔软，沿纵向伸缩，后端比较宽阔，呈钝圆或截断状，自后向前变细。它们具有两根鞭毛，一根相当粗壮，长度与体长相当，运动时笔直指向前方，尖端部分呈波浪式颤动，带动虫体向前运动。另一根鞭毛细而短，向前端伸出后即向后弯转而附着在身体表面，不易看出。粗袋鞭虫营全动性营养，也有营腐生性营养的类型。

在自然水体中，鞭毛虫喜在多污带和 α-中污带中生活。在污水生物处理系统中，活性污泥培养初期或在处理效果差时鞭毛虫大量出现，可作为污水处理效果差时的指示生物。

（2）肉足纲

肉足纲的原生动物称为肉足虫。机体表面仅有细胞质形成的一层薄膜，没有胞口和胞咽等结构。它们的形体小、无色透明，大多数没有固定形态，由体内细胞质不定方向的流动而成千姿百态，并形成伪足作为摄食和运动的细胞器，为全动性营养。少数种类呈球形，也有伪足。

肉足纲分为两个亚纲，即根足亚纲（Rhizopoda）和辐足亚纲（Actinopoda）。根足亚纲的肉足虫可改变形态，故叫做变形虫（*Amoeba*），或称为根足变形虫。常见的变形虫有大变形虫（*Amoeba proteus*）、辐射变形虫（*Amoeba radiosa*）及蜗足变形虫（*Amoeba limax*）等。辐足亚纲的肉足虫的伪足呈针状，虫体不变而固定为球形，有太阳虫（*Actinophrys*）和辐球虫（*Actinosphaerium*）等，如图 2-19 所示。

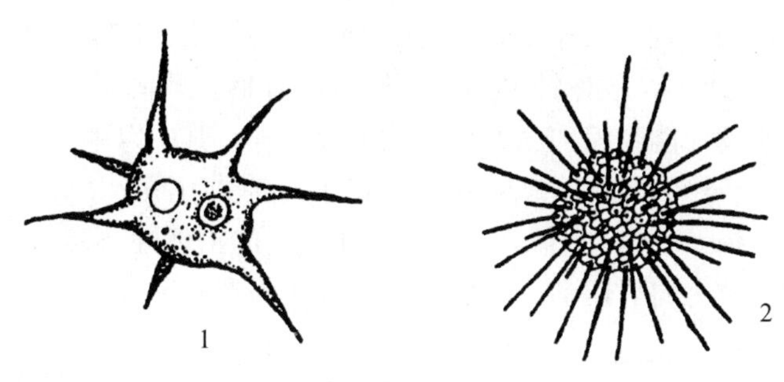

图 2-19　几种肉足纲原生动物

1—辐射变形虫；2—太阳虫

肉足纲大多数为自由生活，分布于海水、淡水、积水、淤泥、池底或土壤中，也有寄生，如痢疾阿米巴（*Amebicdysentery*）。肉足纲以无性繁殖为主，也有多分裂和出芽生殖。

变形虫喜在 α-中污带或 β-中污带的自然水体中生活。在污水生物处理系统中，则在活性污泥培养中期出现。

（3）纤毛纲

纤毛纲的原生动物叫做纤毛虫，它们以纤毛作为摄食和运动的细胞器。纤毛虫分为游泳型和固着型两种类型，是原生动物中最高级的一类，有固定的、结构细致的摄食细胞器。固着型纤毛虫大多数有肌原纤维，细胞核有大核（营养核）和小核（生殖核）。草履虫有肛门点。纤毛虫的营养为全动性营养，生殖方式为分裂生殖和结合生殖。

① 游泳型纤毛虫

游泳型纤毛虫属全毛目（Holotricha），有喇叭虫属（*Stentor*）、四膜虫属（*Tetrahymena*）、斜管虫属（*Chilodonella*）、豆形虫属（*Colpidium*）、肾形虫属（*Colpoda*）、草履虫属（*Paramecium*）、漫游虫属（*Litonotus*）、裂口虫属（*Amphileptus*）、膜袋虫属（*Cyclidium*）、楯纤虫属（*Aspidisca*）、棘尾虫属（*Stylonychia*）等，如图 2-20 所示。

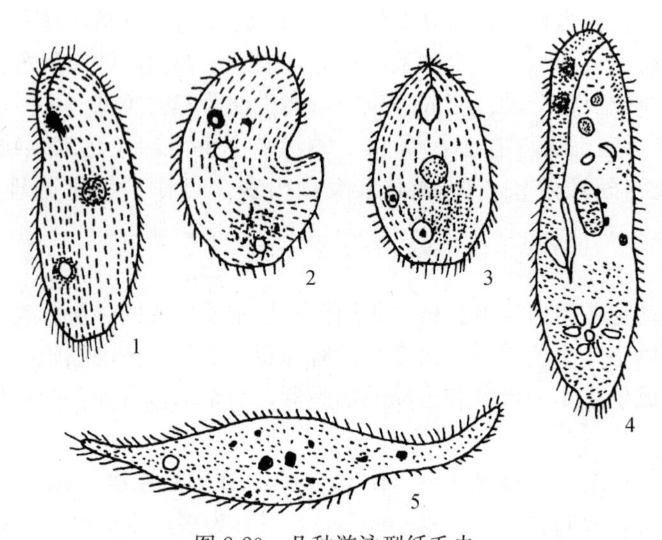

图 2-20　几种游泳型纤毛虫

1—豆形虫；2—肾形虫；3—梨形四膜虫；4—草履虫；5—漫游虫

② 固着型纤毛虫

固着型纤毛虫属缘毛目（Peritricha），虫体前端口缘有纤毛带（由两圈能波动的纤毛组成），虫体呈典型的钟罩形，故称钟虫类。它们多数有柄，营固着生活，在钟罩的基部和柄内由肌原纤维组成肌丝，能收缩。固着型纤毛虫有多种，其中以单个个体固着生活，尾柄内有肌丝的是钟虫属（*Vorticella*），常见的种类有小口钟虫（*Vorticella microstoma*）和沟钟虫（*Vorticella convallaria*），如图 2-21 所示。钟虫类的虫体在不良环境中发生变态，运动前进方向由向前运动改为向后运动。钟虫的生殖方式为裂殖和有性生殖。

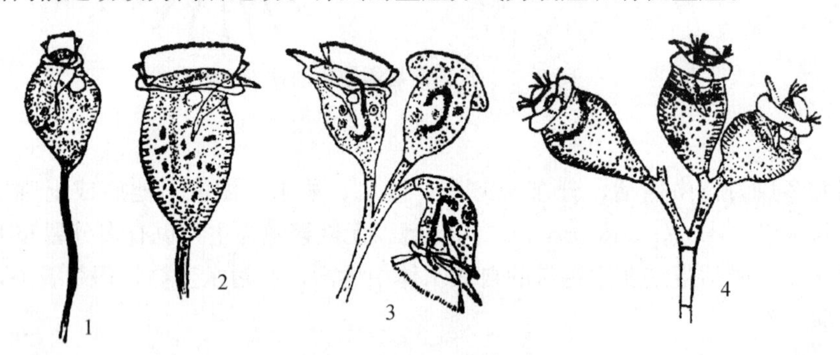

图 2-21　几种固着型纤毛虫

1—小口钟虫；2—沟钟虫；3—独缩虫；4—累枝虫

群体生活种类有独缩虫属（*Carchesium*）、聚缩虫属（*Zoothamnium*）、累枝虫属（*Epistylis*）、盖纤虫属（*Opercularia*）等。这些群体很相像，但它们的虫体和尾柄还有各自的特征。独缩虫和聚缩虫的虫体相像，每个虫体的尾柄内都有肌丝，独缩虫的尾柄相连，但肌丝不相连，因此一个虫体收缩时不牵动其他虫体，故名独缩虫。聚缩虫不同，其尾柄相连，肌丝也相连，所以，当一个虫体收缩时牵动其他虫体一起收缩，故叫聚缩虫。

累枝虫和盖纤虫的相同之处是尾柄都呈分枝状，尾柄内没有肌丝，不能收缩。但在虫体的基部有肌原纤维，当虫体受到刺激时，其基部收缩，前端胞口封闭。不同之处是：累枝虫的虫体口缘有由两圈纤毛环形成的似波动膜，与钟虫相似，其柄等分枝或不等分枝。盖纤虫的口缘有由两圈纤毛形成的盖形物，或有小柄托住盖形物，能运动，因有盖而得名。

③ 吸管虫

吸管虫（*Suctoria*）幼体有纤毛，成虫纤毛消失，长出长短不一的吸管，靠一根柄固着生活。虫体呈倒圆锥形、球形或三角形等，没有胞口，以吸管为捕食细胞器，营全动性营养。以原生动物和轮虫为食料，这些微小动物一旦碰上吸管虫的吸管，立即被粘住，被吸管分泌的毒素麻醉，接下来细胞膜被溶化，体液被允吸干而死亡。吸管虫的生殖方式为有性生殖和出芽生殖。

纤毛纲中的游泳型纤毛虫多数是在α-中污带和β-中污带，少数在寡污带中生活。在污水生物处理中，在活性污泥培养中期或在处理效果较差时出现。扭头虫（*Metopus*）、草履虫等在缺氧或厌氧环境中生活，它们耐污力极强，而漫游虫（*Lionotus*）则喜在较清洁水中生活。固着型的纤毛虫，尤其是钟虫，喜在寡污带中生活。钟虫类在β-中污带中也能生活，如累枝虫耐污力较强，它们是水体自净程度高、污水生物处理好的指示生物。吸管虫多数在β-中污带，有的也能耐α-中污带和多污带，在污水生物处理时一般也会出现。

（4）孢子纲

孢子纲的原生动物严格寄生，通过从寄主细胞渗透吸收的方式获取营养，通过滑动的方式运动，疟原虫（*Plasmodium*）即属于此类。

2.3 微型后生动物

除原生动物之外的多细胞动物叫做后生动物。其中，**有些后生动物形体微小，必须借助放大镜或显微镜才能看清楚，所以被称为微型后生动物**，如轮虫、线虫、寡毛虫（飘体虫、颤蚓、水丝蚓等）、浮游甲壳动物、苔藓动物、水螅等。上述微型动物在潮湿土壤、天然水体、水体底泥和污水生物处理构筑物中均有存在。一些微型后生动物常见于污水生物处理系统中，可以作为生物处理好坏的指示生物。

2.3.1 轮虫

轮虫（rotifer）是担轮动物门（Trochelminthes）轮虫纲（Rotifera）的微小动物。因其有初生体腔，新的分类把它归入原腔动物门（Aschelminthes）。目前已观察到的轮虫有252种，分别隶属于15科、79属。常见的轮虫有猪吻轮属（*Dicranophorus*）、旋轮属（*Philodina*）、腔轮属（*Lecane*）和水轮属（*Epiphanes*）等。

轮虫形体微小，长度约为4～4000μm，绝大多数在500μm左右，需要在显微镜下进行观察。轮虫身体为长形，分为头部、躯干和尾部。头部有一个由1～2圈纤毛组成的能转动的轮盘，形如车轮，故叫轮虫，如图2-22所示。

轮盘为轮虫摄食和运动的器官，咽内有一个几丁质的咀嚼器。躯干呈圆筒形，背腹扁宽，具刺或棘，外面有透明的角质甲膜。尾部末端有分叉的趾，内有腺体分泌的黏液，借以固着在其他物体上。轮虫雌雄异体，雄体比雌体小得多，并退化，有性生殖少，多为孤雌生殖（parthenogenesis）。轮虫有的以个体形式存在，如猪吻轮属、旋轮虫属、腔轮属和水轮

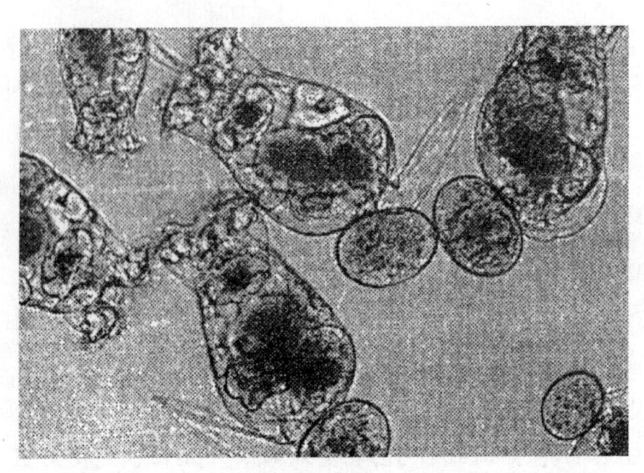

图 2-22　轮虫

属。有的以群体形式存在，如群栖巨冠轮虫、金鱼藻沼轮虫和长柄巨冠轮虫等。

大多数轮虫以细菌、霉菌、藻类、原生动物及有机颗粒为食，因此在废水的生物处理中具有一定的净化作用。

轮虫在自然环境中分布广泛，以底栖的种类居多，栖息在沼泽、池塘、浅水湖泊和深水湖的沿岸带，大多数的属和种生长在苔藓植物上。适应 pH 范围广，中性、偏酸性和偏碱性的种均有，然而喜在 pH 值为 6.8 左右生活的种类较多。

在一般的淡水水体中出现的轮虫有轮虫属（*Rotifer*）、旋轮虫属（*Philodina*）和间盘轮虫属（*Dissotrocha*），轮虫要求较高的溶解氧量，并且对污染物浓度及毒性相对敏感，是水体寡污带和污水生物处理效果好的指示生物。由于它们吞食游离细菌，可以起到提高污水处理效果的作用。但在污水生物处理过程中，有时候会出现猪吻轮虫大量生长繁殖的现象，一旦它们大量繁殖就会将活性污泥蚕食光，造成污水处理失败。为了避免上述现象的发生，当镜检到猪吻轮虫有大量繁殖的趋势时，为了保持正常运行，可暂时停止曝气，制造厌氧环境抑制猪吻轮虫的生长。

2.3.2　线虫

线虫（nematode）属于线形动物门（Nemathelminthes）的线虫纲（Nematoda）。线虫为长形，形体微小，长度多在 1mm 以下，在显微镜下清晰可见，如图 2-23 所示。线虫前端口上有感觉器官，体内有神经系统，消化道为直管，食道由辐射肌组成。

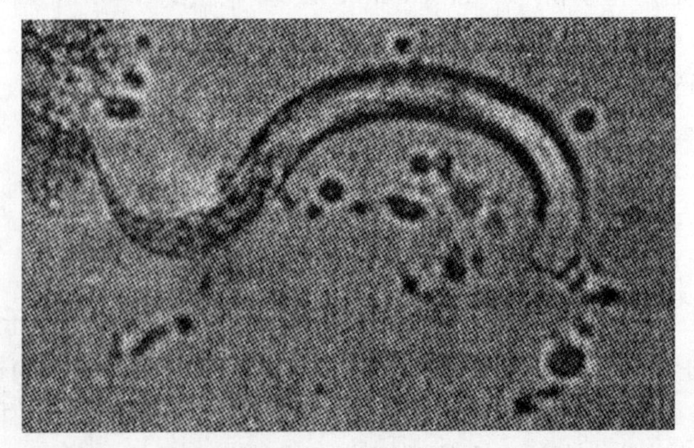

图 2-23　线虫

线虫的营养类型有三种：植食性（以绿藻和蓝细菌为食）、腐食性（以动植物残体及细菌为食）和肉食性（以轮虫和其他线虫为食）。

线虫有寄生的和自由生活的，污水处理过程中出现的线虫多是自由生活的。自由生活的线虫体两侧的纵肌交替收缩，做蛇形状的拱曲运动。

线虫的生殖为雌雄异体，卵生。

线虫有好氧和兼性厌氧的。兼性厌氧的线虫在缺氧时大量繁殖，是水净化程度差的指示生物。

重 点 小 结

真核细胞型微生物包括真菌、单细胞藻类、原生动物和微型后生动物等，是一类有真正细胞核的微小生物的总称，能进行有丝分裂，细胞质中有各种细胞器。

真菌细胞壁的主要成分是几丁质和（或）纤维素。真菌大多数生长在阴暗潮湿的环境中。

酵母菌是一类以芽殖或裂殖方式进行无性繁殖的单细胞真菌。霉菌是以无性孢子繁殖为主的丝状真菌，有单细胞的也有多细胞的。

在自然界中真菌扮演着分解者的角色，能促进自然界物质和能量的循环利用。

真菌常见的无性孢子有孢囊孢子、分生孢子、芽生孢子、厚膜孢子等；真菌常见的有性孢子包括接合孢子、卵孢子、子囊孢子和担孢子等。

真菌中既包括具有工业价值、实用价值、药用价值的有益真菌，也包括能引起动、植物或人体真菌疾病的病原性真菌，与人类生活关系密切。

藻类是含有叶绿素的光合自养型真核微生物。影响藻类生长分布的条件主要有温度、光照和 pH 值等。藻类的繁殖方式主要有营养繁殖、无性繁殖和有性繁殖三大类。

原生动物是指一类无细胞壁、能自由活动的单细胞真核微生物。原生动物的营养类型主要有全动性营养、植物性营养和腐生性营养。原生动物的生殖分为无性生殖和有性生殖两种方式。鞭毛纲、肉足纲和纤毛纲原生动物在废水的生物处理中起重要的作用。

除原生动物之外的多细胞动物叫做后生动物。其中，有些后生动物形体微小，必须借助放大镜或显微镜才能看清楚，被称为微型后生动物，主要包括轮虫和线虫。

习题与思考

1. 什么是真核微生物？包括哪些类群？
2. 真核微生物有哪些主要特点？
3. 什么是真菌丝？什么是假菌丝？
4. 有四个分别接种细菌、放线菌、霉菌和酵母菌的无标签的平板培养物，请自行设计实验，用最简便的方法确定四株菌的类型。
5. 酵母菌通过何种方式产生后代？
6. 青霉菌和曲霉菌的分生孢子器结构有何差异？
7. 影响藻类生长的因素有哪些？
8. 原生动物的营养方式有哪些？
9. 微型后生动物包括哪些种类？

（本章编者：徐威　陈羽）

第3章　非细胞型微生物

学　习　提　示

重点与难点：

掌握：病毒的概念；病毒的结构与化学组成；病毒的复制周期。

熟悉：病毒的特点；病毒的培养与检测。

了解：病毒的分类；病毒的大小与形态；亚病毒的种类与特点。

采取的学习方法：课堂讲授为主，部分内容学生自主学习

学时：4学时完成

非细胞型微生物包括病毒（virus）、亚病毒（subvirus）等。病毒在自然界分布非常广泛，人、动物、植物、昆虫、真菌和细菌中都有病毒寄生。在人类感染性疾病中，大约有75%是由病毒引起的。其中有些病毒传染性强，流行广泛，目前尚无有效的治疗药物，对人类健康的威胁很大。此外，家畜、家禽、农作物等也存在病毒性疾病，对国民经济也有较大影响。

病毒学（virology）是专门研究病毒的生物学特性、病毒与宿主相互关系和规律的一门生物科学。病毒学研究极大地丰富了微生物学乃至现代生物学理论与技术。同时，病毒学研究对于有效控制和消灭人及有益生物的病毒病害，利用病毒对有害生物、特别是害虫进行生物防治，保护人类的健康和经济活动以及人类赖以生存的环境，发展以基因工程为中心的生物高新技术产业，具有特别重要的意义。

3.1　病　　毒

3.1.1　病毒的概念与分类

1. 病毒的概念

病毒（virus）是一类体积微小、结构简单、仅有一种类型核酸，严格活细胞内寄生，以复制方式增殖，对抗生素不敏感，对干扰素敏感，必须用电子显微镜才可以观察到的非细胞型微生物。

2. 病毒的分类

对病毒进行分类的目的是为了更系统地了解不同病毒间的异同及亲缘关系，以便更好地掌握和利用病毒。病毒有自己单独的分类系统，其分类依据主要有核酸的类型与结构（如DNA或RNA、单链或双链、分子量、基因数等）、病毒的形状和大小、衣壳对称性和壳粒数目、有无包膜、对理化因素的敏感性、抗原性、生物学特性（如宿主范围、繁殖方式、传

播途径、致病性）等。

根据以上原则，脊椎动物的病毒多按核酸类型进行分类。其中DNA病毒包括：乳多空病毒科（*papovaviridae*）；微小DNA病毒科（*parvoviridae*）；腺病毒科（*adenoviridae*）；疱疹病毒科（*herpetoviridae*）；痘病毒科（*poxviridae*）；虹彩病毒科（*iridoviridae*）；嗜肝DNA病毒科（*hepadnaviridae*）等。RNA病毒包括：沙粒病毒科（*arenaviridae*）；小核糖核酸病毒科（*piconaviridae*）；弧肠病毒科（*reoviridae*）；披膜病毒科（*togaviridae*）；冠状病毒科（*coronaviridae*）；反转录病毒科（*retroviridae*）；布尼雅病毒科（*bunyaviridae*）；正黏病毒科（*orthomyxoviridae*）；副黏病毒科（*paramyxoviridae*）；弹状病毒科（*rhabdoviridae*）；嵌杯样病毒科（*caliciviridae*）；线状病毒科（*filoviridae*）等。

根据病毒专性宿主的不同，可以把病毒分为动物病毒、植物病毒、细菌病毒（噬菌体）、放线菌病毒（噬放线菌体）、藻类病毒（噬藻体）、真菌病毒（噬真菌体）等。

动物病毒寄生在人体和动物体内引起人和动物疾病，如水痘病毒、流行性感冒病毒、麻疹病毒、腮腺炎病毒、脊髓灰质炎病毒、乙型脑炎病毒、乙型肝炎病毒、天花病毒等。

植物病毒寄生于植物体内引起植物疾病，如烟草花叶病毒、黄瓜叶病毒、马铃薯Y病毒、番茄丛矮病毒等。

噬菌体是寄生于细菌体内引起细菌疾病的病毒。1917年，加拿大医学细菌学家德赫雷尔（D. Herelle）在人的粪便中发现了噬菌体。大肠埃希菌噬菌体广泛分布在废水和被粪便污染的水体中，由于它们比其他病毒较易分离，测定花费少，有人建议用噬菌体作为细菌和病毒污染的指示生物。环境病毒学目前已使用噬菌体作为模式病毒。噬菌体与动物病毒之间存在相似性和相关性，故已被用于评价水和废水的处理效率。蓝细菌病毒广泛存在于自然水体中，已在世界各地的河流与鱼塘中分离出来。由于蓝细菌可以引起周期性水华，产生的毒素可以造成水体中的鱼类大量死亡，因而有人提出将蓝细菌的病毒用于生物防治，从而控制蓝细菌的分布和种群动态。

1971年之后，国际病毒分类委员会（International Committee on the Taxonomy of Viruses，简称ICTV）建立了统一的病毒分类系统。在2004年7月发表的ICTV的病毒分类第八次报告中将病毒分为3个目，73个科，11个亚科，289个属，1950个种。

随着病毒学研究的不断深入，尤其是病毒基因和基因组研究的推进，病毒的分类方法也将不断地向前发展。

3.1.2　病毒的特点

病毒种类繁多，但作为一类独特的生物，有其共同的特点。

1. 体积微小

病毒比细菌还小，其直径为10～30nm，一般可以通过细菌滤器，通常用普通光学显微镜无法看到，必须在电子显微镜下才可以观察到病毒的存在。

2. 非细胞结构

病毒没有细胞结构，其基本结构仅为一个由蛋白质将核酸包裹起来的颗粒，故单个病毒又被称为病毒粒子。

3. 化学组成简单

病毒的基本成分是核酸和蛋白质。一种病毒粒子只含有一种核酸，即只含有DNA或RNA中的一种，至今尚未在一个病毒中发现两种核酸。

4. 严格活细胞内寄生

病毒不具有完整的酶系统和能量合成系统，只含有必须的极少的酶，只能利用宿主细胞内现成的原料、酶、核糖体及细胞器等合成自身的核酸与蛋白质组分。

病毒有细胞内和细胞外两种存在形式。在活的宿主细胞内，病毒为专性寄生，能自我复制。在细胞外，病毒呈现出无代谢的颗粒状态，没有丝毫生命特征。

5. 以复制方式繁殖

病毒的繁殖方式独特，只能在活细胞内利用宿主细胞的代谢系统通过自身核酸的复制进行繁殖。

6. 特殊的抵抗力

与其他微生物相比，病毒具有特殊的抵抗力，病毒对干扰素敏感，对绝大多数抗生素不敏感。

3.1.3 病毒的大小与形态

1. 病毒的大小

结构完整、具有侵染性的病毒颗粒称为病毒体（virion），它是病毒的细胞外结构形式，病毒体与其他微生物的大小比较如图 3-1 所示。

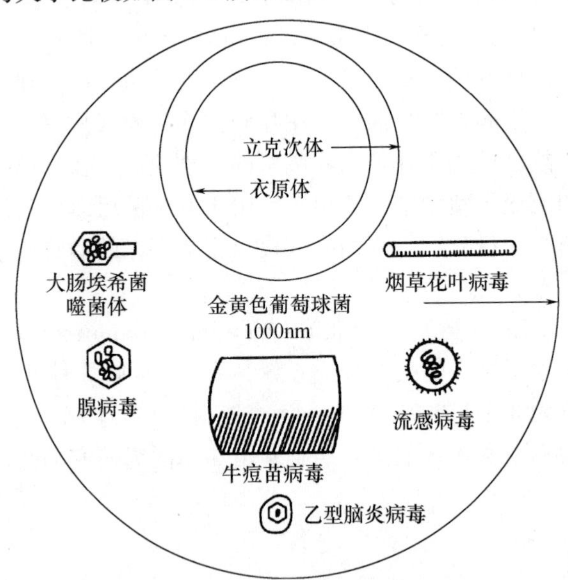

图 3-1 病毒体与其他微生物的大小比较

病毒的大小，是指病毒体的大小。病毒体积微小，常用的测量单位是纳米（nanometer，简称 nm）。各种病毒体的大小差别很大，一般介于 50～200nm，大多数病毒体在 100nm 左右，即把 10 万个病毒体连接起来才可能用肉眼观察到。

最大的病毒是牛痘苗病毒，大小为 330nm×230nm×100nm，经适当染色后可以在普通光学显微镜下观察。最小的病毒是菜豆畸矮病毒，其直径仅有 10nm，远远超过普通光学显微镜的分辨能力，故观察病毒形态必须采用电子显微镜将其放大数千倍至数万倍才能看到。测量病毒体大小可以采用电子显微镜技术、X 射线晶体衍射分析、超速离心和分级超过滤技术等。

2. 病毒的形态

病毒的形态多样，有子弹状、砖状、球状、杆状、丝状和卵圆状等。其中，最主要的形态为杆状、球状（或近似球状）和蝌蚪状。多数动物病毒呈球状（或近似球状），如流感病毒、脊髓灰质炎病毒、腺病毒等。多数植物病毒为杆状，如烟草花叶病毒。大多数细菌噬菌体则具有头和尾的结构，呈蝌蚪状，如大肠埃希菌噬菌体。

病毒的形态、大小与结构如图 3-2 所示。

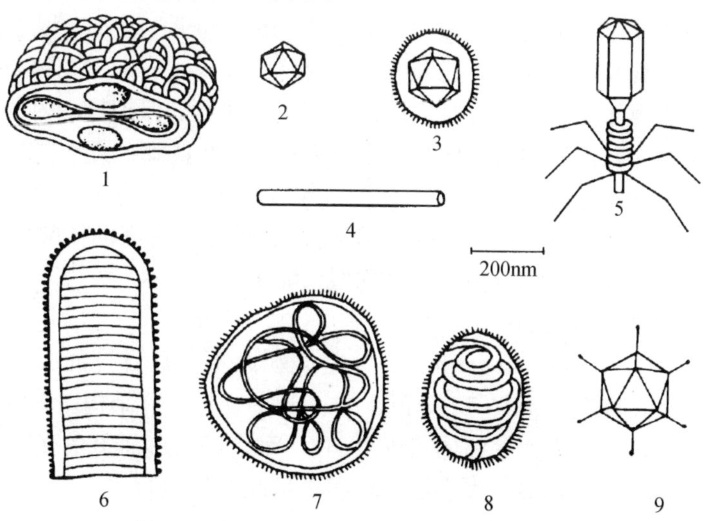

图 3-2　各类病毒形态、大小、结构示意图

1—痘病毒；2—小 RNA 病毒；3—包膜病毒；4—烟草花叶病毒；5—噬菌体；6—弹状病毒；7—副黏病毒；8—正黏病毒；9—腺病毒

3.1.4　病毒的结构与化学组成

1. 病毒的结构

病毒体的结构简单，主要由核心（core）和衣壳（capsid）构成核衣壳（nucleocapsid）。有些病毒体的核衣壳外还有包膜（envelope）包裹。**无包膜的病毒体称为裸露病毒（naked virus），带有包膜的病毒体称为包膜病毒（enveloped virus）**，如图 3-3 所示。

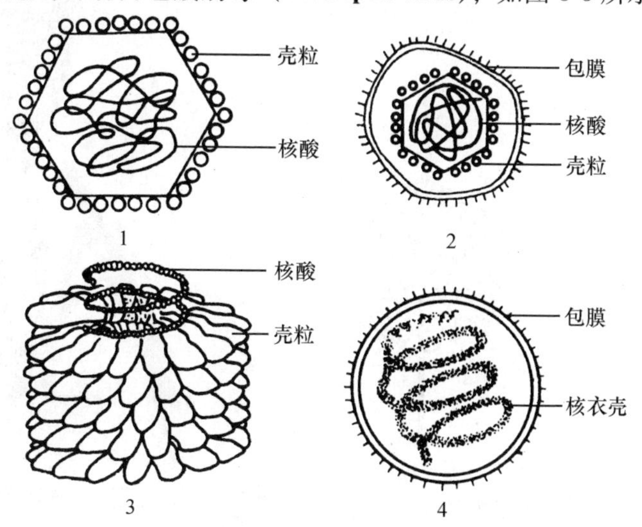

图 3-3　两种不同对称型的病毒颗粒

1—裸露二十面体对称；2—有包膜二十面体对称；3—裸露螺旋对称；4—有包膜螺旋对称

(1) 核心

核心位于病毒体的中心，主要成分为核酸，构成病毒的基因组，为病毒的生命活动提供遗传信息。此外，核心还存在少量非结构、功能性的蛋白，如病毒编码的酶类。

(2) 衣壳

衣壳位于核酸的外层，是由一定数量的壳粒（capsomere）组成，每个壳粒又由一条或多条多肽组成。衣壳具有抗原性，是病毒体的主要抗原成分。病毒体壳粒与壳粒之间由非共价键连接，并按一定规律排列，形成对称性结构，主要功能是保护核心内的核酸免受体内外核酸酶的破坏。病毒壳粒排列的对称性结构主要有以下三种类型。

① 螺旋对称型

螺旋对称型（helical symmetry）是壳粒围绕着呈螺旋形的病毒核酸排列，形成对称结构。大多数杆状、丝状或弹状病毒为这种对称型，如图 3-4 所示。

② 二十面体对称型

二十面体对称型（icosahedral symmetry）是壳粒以不同数目排列成 20 个等边三角形，再连接起来形成一个具有 20 个面、12 个顶、30 条边的立体对称结构。多数病毒体的顶角壳粒由 5 个相同的壳粒包绕，称为五邻体（penton），而在三角形面上的壳粒，由 6 个相同的壳粒包绕，称为六邻体（hexon）。大多数球状病毒呈此对称型。

③ 复合对称型

除上述两种主要的衣壳对称类型之外，还存在少数复合对称型（complex symmetry）的衣壳构型。复合对称型是壳粒排列既有立体对称又有螺旋对称的形式，其典型代表为有尾噬菌体。这类噬菌体都无包膜，衣壳由头部和尾部组成，为蝌蚪形。头部通常呈二十面体对称，尾部呈螺旋对称。如 T-偶数噬菌体的头部长约 110nm，直径约 60nm，为一变形的二十面体结构。头部含有结合着多胺、几种内部蛋白和小肽的双链 DNA。尾部结构复杂，由颈部（collar）、尾管（tail tube）、尾鞘（tail sheath）、基板（base plate）、尾刺和尾丝（tail fiber）6 个部件组成，如图 3-5 所示。

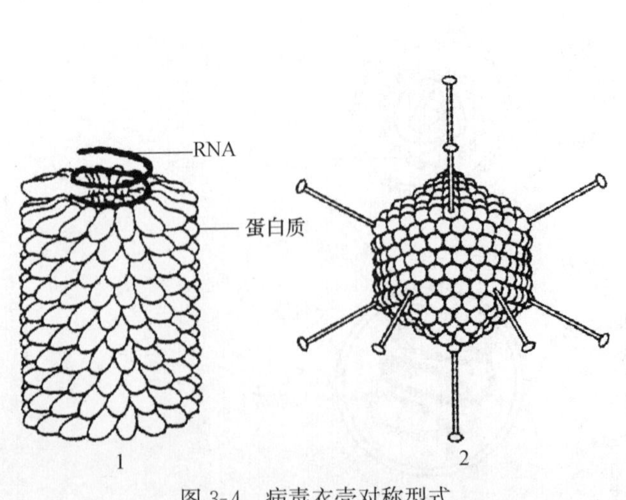

图 3-4　病毒衣壳对称型式

1—螺旋对称型；2—二十面体对称型

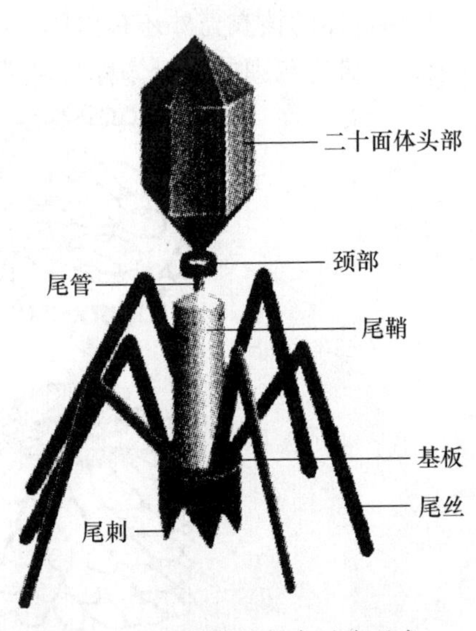

图 3-5　噬菌体的复合对称型式

（3）包膜

包膜是核衣壳外的结构，是由病毒在宿主细胞内复制成熟后，以出芽的方式释放时获得的宿主细胞膜或核膜，如图3-6所示。包膜表面具有由病毒基因编码的蛋白质构成的钉状突起，称为刺突（spike），如图3-7所示。人和动物病毒多数具有包膜。包膜构成病毒的表面抗原，与致病性和免疫性有关，是病毒分型鉴定的依据之一。脂溶剂可除去包膜，使病毒失去感染性。

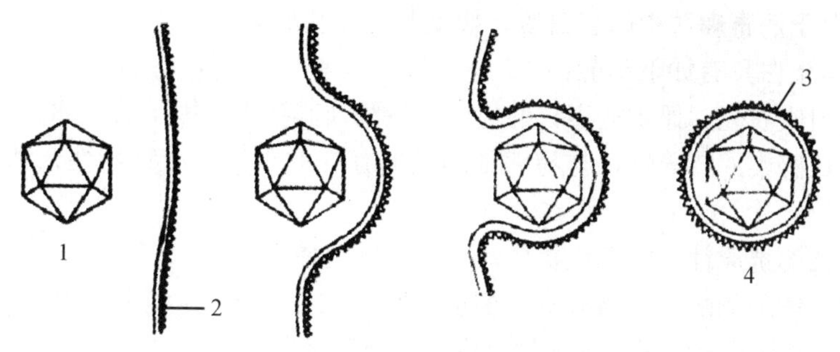

图3-6　病毒包膜的形成过程

1—核衣壳；2—细胞膜；3—包膜；4—成熟有包膜的病毒颗粒

有些包膜病毒在核衣壳外层和包膜内层之间有基质蛋白，其主要功能是把内部的核衣壳与包膜联系起来，此区域称为被膜。不同种病毒被膜的厚度有差异。

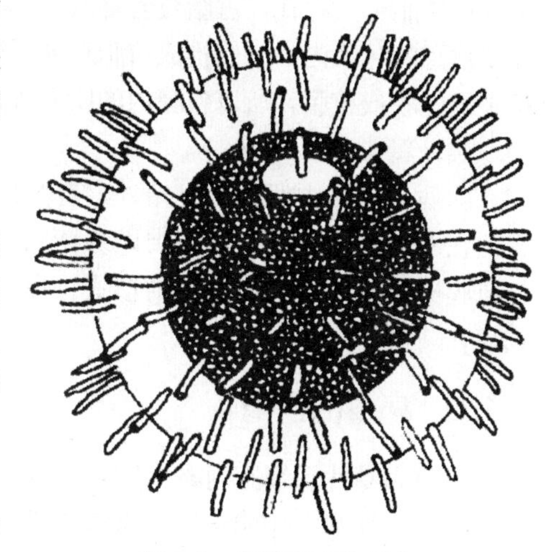

图3-7　流感病毒的刺突

2. 病毒的化学组成

病毒的基本化学组成是核酸和蛋白质。有包膜的病毒和某些无包膜的病毒除核酸和蛋白质外，还含有脂类和多糖（常以糖脂、糖蛋白方式存在）。有的病毒还含有聚胺类化合物和无机阳离子等组分。

（1）核酸

核酸是病毒的遗传物质，是病毒感染宿主的物质基础。病毒的核酸含量因种而异，从1%～2%至35%～45%。每个病毒只含有一种类型的核酸，即DNA或RNA。核酸的长度也是一定的，一般由100～250000个核苷酸组成。

根据病毒核酸的类型，可以将病毒分为DNA病毒和RNA病毒两大类。病毒的核酸具有多样性，有线性的或环状的，有单链的或双链的等多种形式。RNA病毒还可以依据RNA是否与mRNA同极性，分为单正链RNA病毒（+RNA）和单负链RNA病毒（−RNA）。所谓同极性是指病毒复制时可以直接以病毒RNA作为mRNA进行生物合成；不同极性是指病毒复制时需要转录互补的mRNA。

有些病毒核酸在失去衣壳后仍可进入宿主细胞，并能在宿主细胞内增殖，有感染性，称为感染性核酸（infectious nucleic acid）。感染性核酸不受衣壳和宿主细胞表面受体的限制，细胞感染范围较广。另一方面，由于没有衣壳的保护，此种核酸易被体液中的核酸酶破坏，因此感染性比完整的病毒体低。

（2）蛋白质

蛋白质是病毒的主要组成成分，约占病毒质量的70%，由病毒的基因组编码产生，具有病毒特异性。由于病毒核酸含的核苷酸数目少，病毒的基因数目不多，所以病毒蛋白的种类也就少。构成病毒的蛋白质可分为结构蛋白（structural protein）和非结构蛋白（non-structural protein）。**结构蛋白是指构成一个完整的、形态成熟的病毒颗粒所必须的蛋白质，包括衣壳蛋白、包膜蛋白和存在于病毒体中的酶等。非结构蛋白是指由病毒基因组所编码的，但并不结合于病毒颗粒中的蛋白质，如复制酶和装配酶等。**

病毒的结构蛋白具有如下功能：

① 构成蛋白质衣壳，保护病毒核酸免受核酸酶及其他理化因子的破坏。

② 决定病毒感染的特异性，与易感细胞表面存在的受体具有特异性亲和力，促使病毒粒子的吸附和入侵。

③ 决定病毒的抗原性，能刺激机体产生相应的抗体。

④ 构成病毒体中的酶，参与病毒对宿主细胞的入侵（如T4噬菌体的溶菌酶等），或参与病毒复制过程中所需要病毒大分子的合成（如逆转录酶等）。

（3）脂质

许多病毒体内存在有脂类化合物，其脂质成分有磷脂、脂肪酸、三酰甘油和胆固醇等，但主要以磷脂形式存在，占脂质含量的50%～60%。不同病毒的脂质含量差异很大。脂质主要存在于病毒的包膜内，它们构成磷脂双分子层而成为病毒包膜的骨架。包膜的脂质成分均来源于宿主细胞膜或核膜，所以包膜内的脂质含量与种类都与宿主细胞膜相同，即具有宿主特异性。

（4）糖类

除病毒核酸中所含的戊糖外，有些病毒还含有少量的糖类，其中绝大多数是有包膜的病毒。在有包膜的病毒中，糖类以寡糖侧链的形式与蛋白质结合形成包膜糖蛋白，也存在糖类与包膜中的脂质结合成糖脂的形式。在裸露病毒中有少数病毒也含有糖类，且以糖蛋白的形式存在。

3.1.5 病毒的增殖

病毒为专性活细胞内寄生物，结构简单，不具有细胞器，缺乏代谢必须的酶系统，必须在活的宿主细胞内才能增殖。**当病毒进入宿主细胞后，以病毒核酸为模板，利用寄主细胞提供的原料、能量、酶和生物合成场所，合成病毒的核酸（DNA或RNA）与蛋白质等组分，然后在宿主细胞的细胞质或细胞核内装配出成熟的、具有感染性的病毒粒子，再以出芽或裂解的方式释放至细胞外，完成其增殖过程。这种增殖方式称为复制（replication）。**

1. 病毒的复制周期

从病毒进入宿主细胞到子代病毒生成并释放这一过程称为一个复制周期（replicative cycle）。动物病毒、植物病毒及微生物病毒的繁殖过程虽不完全相同，但基本相似。复制周期大致分为吸附（adsorption）、侵入（penetration）、脱壳（uncoating）、生物合成（bio-synthesis）、装配（assembly）与释放（release）五个连续步骤。dsDNA病毒增殖过程如图3-8所示。研究病毒的复制周期，有助于了解病毒的生物学特性和致病机制，从而采取有效的措施，阻断其正常的复制过程，达到防治病毒的目的。

（1）吸附

吸附是病毒结合到宿主细胞表面的过程。吸附可以分为两个阶段：

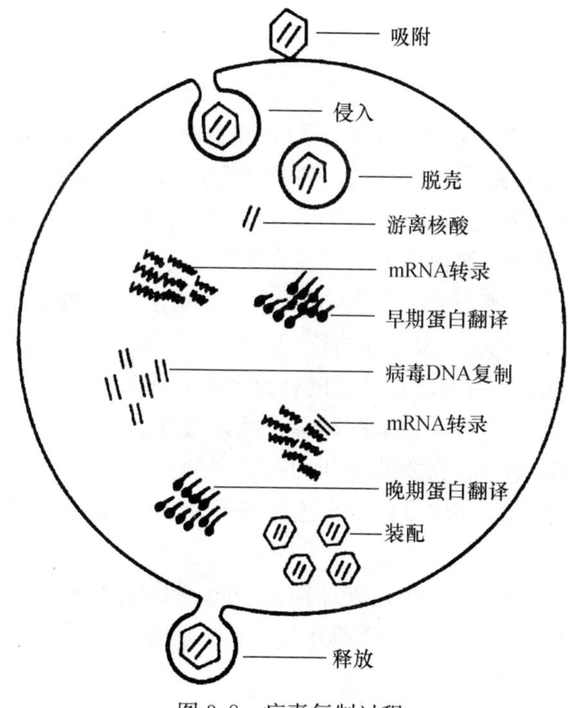

图 3-8　病毒复制过程

① 非特异性吸附：因随机碰撞或静电引力使病毒与宿主细胞结合。

② 特异性吸附：病毒表面的病毒吸附蛋白（viral attachment protein，简称 VAP）与宿主细胞表面的受体结合，这种结合就决定了病毒对宿主细胞的亲嗜性。如脊髓灰质炎病毒主要侵犯的靶细胞是神经细胞，因脊髓灰质炎病毒的衣壳蛋白可与灵长类动物神经细胞表面的蛋白受体结合。HIV 选择性侵犯 CD_4^+ T 淋巴细胞，是因为细胞表面的 CD_4 分子是 HIV 的 $VAPgp^{120}$ 主要受体。VAP 与受体是组织亲嗜性的主要决定因素，却并不是唯一的决定因素。如流感病毒受体存在于许多组织中，但病毒却不能感染所有的细胞类型。

包膜病毒通过包膜上的刺突糖蛋白作为 VAP 吸附于受体，这些特异性的糖蛋白可有一个或多个附着位点。无包膜病毒通过衣壳蛋白或突起作为 VAP 吸附于受体。吸附过程可在几分钟到几十分钟内完成。

（2）侵入

侵入是病毒核酸或核衣壳进入宿主细胞内的过程。不同病毒侵入宿主细胞内的方式不同。噬菌体通过注射的方式将核酸注入细胞内，而外壳则留于细胞外。植物病毒没有直接侵入细胞壁的能力，大多通过机械损伤所造成的伤口侵入或靠昆虫刺吸传染。动物病毒以类似吞噬作用的胞饮方式，由宿主细胞将整个病毒带入细胞内或者通过病毒包膜与宿主细胞膜的融合进入细胞。特别小的动物病毒也可以直接进入细胞内。

（3）脱壳

脱壳是指病毒进入宿主细胞脱去蛋白质衣壳的过程。病毒核酸只有从衣壳中游离出来，才能发挥作用。大多数病毒在侵入时，即在细胞溶酶体释放的溶菌酶的作用下，衣壳蛋白全部或部分水解，从而使病毒核酸释放出来。有些病毒脱壳过程较为特殊，如流感病毒无需脱壳，其 RNA 仍包裹在蛋白衣壳中即可进行转录。痘病毒进入细胞后需经两次脱壳，才能将核酸释放出来。

（4）生物合成

生物合成是指病毒核酸的复制和蛋白质的合成。**病毒在脱壳释放出核酸后，完整的病毒颗粒已不存在，这一阶段在宿主细胞内找不到完整的病毒，故称为隐蔽期（eclipse phase）。**因此，病毒的生物合成是在隐蔽期进行的。各种病毒的隐蔽期长短不一，如脊髓灰质炎病毒为3～4h，披膜病毒为5～7h，正黏病毒为7～8h，副黏病毒为11～12h，腺病毒长达16～17h。

病毒进入宿主细胞后，引起宿主细胞代谢发生改变。细胞的生物合成不再由细胞本身支配，而是受病毒核酸携带的遗传信息所控制，并利用宿主细胞的合成机制和机构（如核糖体、tRNA、酶、ATP等），复制出病毒的核酸并转录、翻译出大量病毒的蛋白质结构（如衣壳等）。病毒基因组的复制和病毒基因组的转录及翻译是密不可分的，两者过程也有交叉。在病毒核酸复制之前所进行的转录为早期转录，翻译出的蛋白质为早期蛋白。早期蛋白是功能性蛋白质，主要是病毒复制所需要的酶和抑制宿主细胞正常代谢的调节蛋白。以子代病毒核酸为模板所进行的转录为晚期转录，翻译出来晚期蛋白。晚期蛋白是结构蛋白，主要构成病毒的衣壳。

病毒的基因组类型不同，其生物合成过程也不同。根据核酸类型的不同，将病毒分为六类：双链DNA病毒、单链DNA病毒、单正链RNA病毒、单负链RNA病毒、双链RNA病毒和反转录病毒。

① 双链DNA病毒

人和动物DNA病毒多数为双链DNA病毒。大多数都在细胞核内合成病毒DNA，在细胞质内合成病毒蛋白。其生物合成过程如下：病毒首先利用细胞核内的RNA多聚酶转录出早期mRNA，之后在细胞质的核糖体上翻译成早期的非结构蛋白，为病毒核酸复制提供DNA多聚酶和调节蛋白；亲代DNA在早期蛋白的作用下，以半保留复制方式复制出子代DNA；以子代DNA为模板，转录晚期mRNA，翻译出晚期结构蛋白。

② 单链DNA病毒

病毒以单链DNA作为基因组，如细小病毒。复制时，首先以亲代DNA作为模板，在DNA聚合酶的作用下，合成互补链。其次，互补链与亲代DNA链形成双链DNA作为复制中间型。之后解链，由新合成互补链作为模板，复制出子代单链DNA，最后转录mRNA并翻译合成病毒蛋白质。

③ 单正链RNA病毒

病毒以单正链RNA作为基因组，如脊髓灰质炎病毒、披膜病毒和冠状病毒等。这类病毒本身具有mRNA的功能，直接附着于宿主细胞的核糖体上翻译出早期蛋白。同时，病毒在RNA聚合酶的作用下，合成与亲代正链RNA互补的负链RNA，形成双链RNA复制中间型，正链RNA起mRNA作用翻译晚期蛋白，负链RNA起模板作用，复制子代病毒RNA。

④ 单负链RNA病毒

病毒以单负链RNA作为基因组，如正黏病毒、副黏病毒和弹状病毒等。这类病毒RNA首先在依赖RNA的RNA聚合酶作用下，转录出互补正链RNA。之后，形成双链RNA复制中间型。最后以正链RNA为模板转录出与其互补的子代负链RNA，同时翻译出病毒结构蛋白。

⑤ 双链RNA病毒

病毒以双链RNA作为基因组，如呼肠病毒、旋转病毒等。双链RNA病毒由负链RNA

复制出正链 RNA，再由正链 RNA 复制出新负链 RNA，形成子代双链 RNA 病毒。正链 RNA 直接附着于宿主细胞的核糖体上翻译出病毒的结构蛋白和非结构蛋白。

⑥ 反转录病毒

这是一类很独特的 RNA 病毒，其基因组由两条相同的正链 RNA 组成，但都不具有 mRNA 的功能。在病毒体内反转录酶的作用下，以病毒 RNA 为模板，首先合成互补的 DNA，形成 DNA-RNA 中间体。之后，中间体中的 RNA 由 RNA 酶水解，负链 DNA 在 DNA 聚合酶的作用下形成双链。双链 DNA 整合至宿主细胞染色体 DNA 上，成为前病毒（provirus）。前病毒在细胞核内转录出子代 RNA 和 mRNA。mRNA 最后在细胞质的核糖体上翻译出子代病毒的蛋白质。

（5）装配与释放

新合成的子代病毒的核酸和蛋白质在宿主细胞内的一定部位组装为成熟的病毒颗粒的过程称为装配。病毒的种类不同，其装配的部位也不同。大多数 DNA 病毒在细胞核内装配（如腺病毒），RNA 病毒在细胞质内装配（如脊髓灰质炎病毒）。

成熟病毒从宿主细胞内游离出来的过程称为释放。病毒释放的方式有两类。一是病毒在细胞内复制的过程中，引起宿主细胞损伤，最终导致细胞溶解，子代病毒一次性全部释出，如腺病毒、脊髓灰质炎病毒。裸露病毒多数以这种方式释放。二是病毒在细胞内复制时不引起细胞破坏，子代病毒以出芽的方式带上细胞膜或核膜释出细胞外，如疱疹病毒、流感病毒。包膜病毒多数以这种方式释放。有些病毒（如流感病毒）在宿主细胞内复制过程中，可在受染细胞膜表面出现病毒基因编码的特异性蛋白质（流感病毒的血凝素和神经氨酸酶），当其以出芽方式通过细胞膜时，就带上了具有特异性蛋白质的包膜。

经释放后的病毒颗粒重新成为具有侵染能力的病毒粒子。

2. 烈性噬菌体和温和噬菌体

噬菌体与宿主细胞的关系可分为两类，即烈性噬菌体（virulent phage）和温和噬菌体（temperate phage）。

（1）烈性噬菌体

烈性噬菌体是指侵入宿主细胞后，随即引起宿主细胞裂解的噬菌体。烈性噬菌体被看成是正常表现的噬菌体，目前人们对 T 系列噬菌体的研究非常清楚，其增殖过程一般分为五个阶段：吸附、侵入、生物合成、装配与释放。

① 吸附

吸附是噬菌体感染宿主菌的第一步。噬菌体对宿主的吸附具有高度的特异性，是不可逆的过程，一般以尾丝（蝌蚪形噬菌体）或顶角上的衣壳粒（无尾噬菌体）附着在敏感菌表面的特定受体上。这些受体是细胞表面的化学成分，如蛋白质、脂蛋白、脂多糖、糖蛋白等。还有的受体在鞭毛或菌毛上，如 M13 噬菌体吸附在大肠埃希菌的性菌毛上。

② 侵入

噬菌体侵入宿主细胞的方式较为复杂。大肠埃希菌 T 系噬菌体以其尾部吸附到敏感菌的表面后，将尾丝展开，通过尾部的刺突固定在细胞上，然后用尾部释放的酶水解细胞壁的肽聚糖，其作用相似于溶菌酶，使细胞壁产生小孔。接着尾鞘收缩，将尾髓压入细胞，通过尾髓将头部的 DNA 注入宿主细胞内，而蛋白质外壳保留在细胞外，如图 3-9 所示。在正常病毒繁殖的过程中，小孔很快就被细菌修复。从吸附到侵入的时间间隔很短，只有几秒到几分钟。

如果大量噬菌体吸附同一细胞，将使细胞壁产生许多小孔，在尚未进行噬菌体增殖时，

就能引起细胞立即裂解，这种现象称为自外裂解（lysis from without）。

③ 生物合成

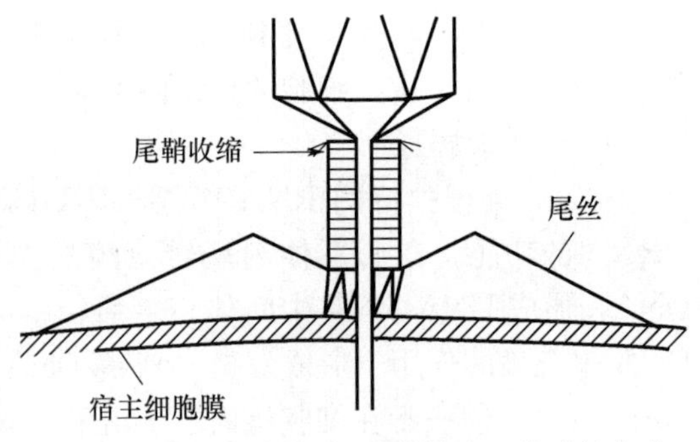

图 3-9　大肠埃希菌 T4 噬菌体注入核酸的方式

噬菌体核酸进入宿主细胞后，操纵宿主细胞的代谢机构，大量复制噬菌体核酸，并合成噬菌体所需要的各种蛋白质。

烈性噬菌体的核酸类型不同，其生物合成的方式也不同，这里以大肠埃希菌 T4 噬菌体（dsDNA）为例。其生物合成是按照早期、次早期和晚期基因的顺序进行转录、翻译和复制的。它的复制循环仅需 20～30min，但与其他病毒比较，除早期转录、晚期转录外，还增加了次早期转录阶段。

早期转录噬菌体双链 DNA 注入宿主细胞后，利用宿主细胞原有的 RNA 聚合酶，以噬菌体 DNA 为模板合成噬菌体早期 mRNA，进而早期 mRNA 翻译合成早期蛋白质。早期蛋白质中最重要的一种是只能转录噬菌体 DNA 的次早期 RNA 聚合酶（如 T7 噬菌体）或更改蛋白质（如 T4 噬菌体），它本身无 RNA 聚合酶的活性，但能与宿主细胞原有的 RNA 聚合酶结合，更改其性质，使它只能转录噬菌体 DNA。

次早期转录利用噬菌体 RNA 聚合酶或更改后的宿主 RNA 聚合酶转录噬菌体的 DNA 形成次早期 mRNA，并进一步翻译形成次早期蛋白质，次早期蛋白质主要是分解宿主细胞的 DNA 分解酶、复制噬菌体 DNA 的 DNA 聚合酶和供晚期基因转录用的晚期 mRNA 聚合酶。

晚期转录在新的噬菌体 DNA 复制完成后，对噬菌体基因进行转录形成晚期 mRNA，再经翻译形成晚期蛋白质，包括头部蛋白、尾部蛋白、各种装配蛋白和溶菌酶等。

④ 装配

T4 噬菌体在生物合成时，分别合成噬菌体 DNA、头部蛋白质亚单位、尾鞘、尾板和尾丝等部件。通过 DNA 收缩聚集，衣壳包裹 DNA 形成二十面体的头部结构，随之尾部也逐步装配起来组装成完整的噬菌体，如图 3-10 所示。

⑤ 释放

当宿主细胞中大量噬菌体装配结束后，由于产生的水解细菌细胞壁的溶菌酶等的作用，促进了细菌的裂解，结果大多数噬菌体因宿主细胞裂解而一次性释放出来。有的噬菌体（如丝状噬菌体）成熟后不破坏宿主细胞壁，而是从宿主细胞中“钻”出来。噬菌体的一个复制周期为 15～25min，每个被感染的宿主菌可释放 100～250 个子代噬菌体。

（2）温和噬菌体

温和噬菌体侵入宿主细胞后，不立即裂解细菌细胞，而是将其核酸整合到宿主染色体上，与宿主染色体进行同步复制，随细胞分裂传递给子代。整合到染色体上的噬菌体 DNA 叫原噬菌体（prophage）。含有原噬菌体的细菌称作溶原性细菌（lysogenic bacterium）。

处于溶原性细菌中的噬菌体 DNA 在一定条件下亦可启动裂解循环，产生成熟的病毒颗粒。**在自然情况下的溶原性细菌的裂解称为自发裂解（spontaneous lysis）**，但裂解量较少。**若经紫外线、氮芥、环氧化物等理化因子处理，可以产生大量的裂解，此称为诱发裂解（inductive lysis）**。所以，温和噬菌体既有溶原周期，又有溶菌周期，而烈性噬菌体只有溶菌周期。

温和噬菌体与宿主菌的关系如图 3-11 所示。

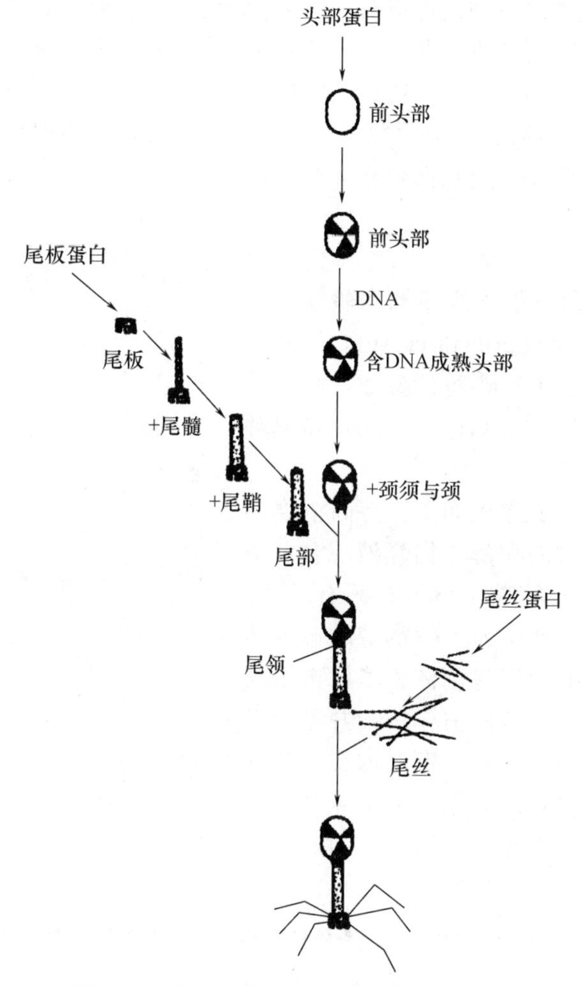

图 3-10 大肠埃希菌 T4 噬菌体的装配过程

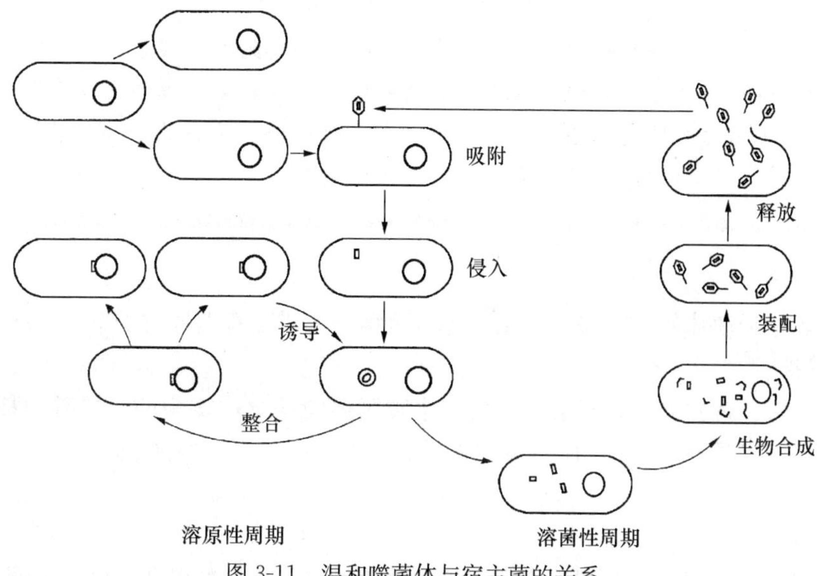

图 3-11 温和噬菌体与宿主菌的关系

溶原性细菌具有抵抗同种或近缘噬菌体复感染的能力，这种特性称为免疫性。而某些原噬菌体可导致细菌基因型和性状发生改变，这称为溶原性转换（lysogenic conversion）。如β棒状杆菌噬菌体感染无毒的白喉杆菌后，可使其发生溶原性转换，形成产生外毒素的白喉杆菌。

自然界中的细菌大多数属于溶原性细菌，如大肠埃希菌、芽孢杆菌、沙门菌和链霉菌等。常见的大肠埃希菌 K12 便是携带有 λ 噬菌体的溶原性菌株。

3. 一步生长曲线

定量描述烈性噬菌体生长规律的实验曲线称为一步生长曲线（one-step growth curve），该曲线反映出每种噬菌体的三个重要特征参数，即潜伏期（latent phase）、裂解期（rise phase）和裂解量（burst size）。

一步生长曲线的测定过程如下：将高浓度的敏感宿主菌悬液与适量的噬菌体稀释液混合，保证每个宿主细胞所吸附的噬菌体最多只有一个。经数分钟吸附后，混合液中加入一定量的抗噬菌体血清，以消除过量的游离噬菌体。然后再用培养液进行高倍稀释，终止抗血清作用，并避免发生二次吸附和感染。经培养后，定时取样，接种含宿主菌的平板，测定噬菌斑数，以培养时间为横坐标，以噬菌斑数为纵坐标作图，绘制的曲线即噬菌体的一步生长曲线，如图 3-12 所示。

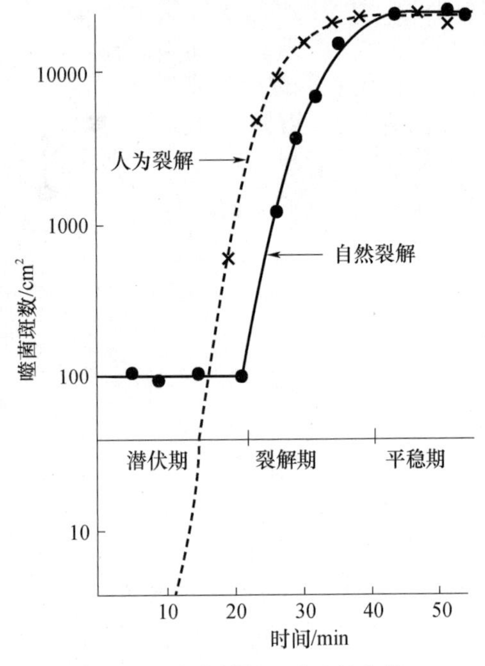

图 3-12　噬菌体的一步生长曲线

知识链接

噬菌斑

噬菌斑（plaque）是指在涂布有敏感宿主细胞的固体培养基表面，接种相应噬菌体的稀释液，其中每一个噬菌体就会先感染和裂解一个细胞，然后以此为中心，再反复感染和裂解周围大量的细胞，形成不长菌的空斑。不同噬菌体的噬菌斑形态和大小各不相同，可以作为鉴定噬菌体的依据之一。一般一个噬菌斑就是一个噬菌体裂解细菌的结果，所以噬菌斑的数目可以代表噬菌体的数目。

① 潜伏期

潜伏期是指噬菌体的核酸侵入宿主细胞后至第一个成熟噬菌体粒子释放前的一段时期。

② 裂解期

潜伏期之后，宿主细胞迅速裂解，溶液中噬菌体粒子急剧增多的一段时间称为裂解期。理论上裂解期应当是瞬间出现的，但因为宿主群体中各个细胞的裂解并非是同步的，所以裂解期还是较长的。

③ 平稳期

宿主细胞已经全部裂解，溶液中噬菌体的数量达到最高点的时期称为平稳期。其中，每

个敏感宿主细胞所释放的噬菌体的平均数称为裂解量，可以用公式表示：

$$裂解量=\frac{释放的噬菌体总数}{起始感染的细菌数}$$

4. 病毒的异常增殖与干扰现象

（1）病毒的异常增殖

病毒进入细胞后，可由于病毒和宿主细胞两方面原因，导致病毒的增殖出现异常，不能进行完整的复制。

① 缺陷干扰颗粒

病毒因基因组不完整或发生改变，某些病毒感染宿主细胞后不能复制出完整的有感染性的病毒体，这类病毒称为缺陷病毒（defective virus）。缺陷病毒虽不能单独复制，但却能干扰同种成熟病毒体进入细胞，故又称为缺陷干扰颗粒（defective interfering particle，简称 DIP）。**当缺陷病毒与其他病毒共同感染细胞时，若其他病毒能弥补缺陷病毒的不足，使之增殖出完整的病毒颗粒，这种具有辅助作用的病毒称为辅助病毒（helper virus）**。如腺病毒相关（卫星）病毒（adenoassociated virus）是小的单链 DNA 病毒，必须有腺病毒辅助方可增殖。

② 顿挫感染

病毒进入宿主细胞后，如果细胞缺乏病毒复制所需的酶或能量等必须条件，病毒则不能在其中合成自身的成分，或虽合成病毒的核酸和蛋白质，但却不能组装成完整的病毒颗粒，这类感染称为顿挫感染（abortive infection）。不能为病毒复制提供必要条件的细胞称为该病毒的非容纳细胞（non-permissive cell）。某病毒的非容纳细胞对另一病毒而言，可能是容纳细胞（permissive cell）。在容纳细胞内病毒可以存在，但不能完成正常增殖周期。如果条件改变，病毒能经非容纳细胞介导进入容纳细胞后，在体内可出现完整病毒的增殖。例如，人腺病毒感染人胚肾细胞能正常增殖，若感染猴肾细胞则发生顿挫感染。猴肾细胞对人腺病毒而言，被称为非容纳细胞，但对脊髓灰质炎病毒则是容纳细胞。

（2）干扰现象

早在 1957 年，英国病毒生物学家艾力克·伊萨克斯（Alick Isaacs）和瑞士研究人员 Jean Lindenmann 在利用鸡胚绒毛尿囊膜研究流感病毒时就发现，**两种病毒感染同一个细胞时，可发生一种病毒抑制另一种病毒增殖的现象，称为病毒的干扰现象（interference）**。病毒的干扰现象没有特异性，不仅可以发生在异种病毒之间，也可以发生在同种异型病毒株之间，甚至同一种病毒的无毒株和有毒株之间、灭活病毒与活病毒之间也可以发生干扰现象。干扰现象不仅可以发生在动物机体水平，在组织培养细胞上也同样可以发生。但并不是说任何病毒之间都有干扰现象。

病毒干扰现象的原因，概括起来包括如下几方面：**病毒诱导细胞产生了抑制病毒复制的糖蛋白，称为干扰素（interferon，简称 IFN）**。除抗病毒外，干扰素也是一类调节细胞功能的激素类蛋白质，使之具有抗肿瘤和免疫调节等多种生物学活性。干扰素的活性具有如下几个特点：① 具有广谱抗病毒活性，但只具有抑制病毒作用而无杀灭病毒的能力；② 抗病毒作用有相对的种属特异性，一般在同种细胞中的活性最高；③ 具有调节免疫功能和抑制肿瘤细胞生长的作用。干扰素不能直接杀伤病毒，是通过与宿主细胞膜受体结合，继而触发宿主细胞的信号传递，发生一系列的生化反应，诱导基因转录并翻译出抗病毒蛋白（antiviral proteins，简称 AVP），发挥抗病毒效应。

除干扰素外，可能还有其他因素干扰病毒的增殖，如第一种病毒占据或破坏了宿主细胞的表面受体或者改变了宿主细胞的代谢途径，因而阻止另一种病毒的吸附或侵入；也可能是阻止第二种病毒 mRNA 的转译，如脊髓灰质炎病毒干扰水疱性口炎病毒；还有可能是在复制过程中产生了缺陷性干扰颗粒（defective interfering particle，简称 DIP），干扰同种的正常病毒在细胞内复制，如流感病毒在鸡胚尿囊腔中连续传代，则 DIP 逐渐增加而发生自身干扰。

3.1.6 病毒的培养与检测

1. 病毒的培养

病毒只能在活细胞内才能增殖，因而病毒的培养必须提供活细胞。提供活细胞的方式有三种，即动物接种、鸡胚培养和细胞培养。其中，实验室培养病毒最常用的方法是细胞培养（包括器官培养、组织培养和细胞培养）。在实验室进行病毒的培养，必须具备一定的实验条件（如洁净工作台和二氧化碳培养箱等）和一定的技术条件（如无菌操作技术）。病毒的人工培养不仅为研究病毒的生长繁殖提供了方便，还为病毒性疾病的诊断等提供了重要的实验依据。

（1）动物接种

动物接种是最原始的病毒培养方法，常用的动物有小鼠、豚鼠、家兔和猴等。接种的途径有鼻腔、皮内、皮下、腹腔内、脑内、静脉内等。动物接种培养病毒应根据病毒的种类选择易感动物和适宜的接种途径。动物接种后，应逐日观察动物的发病情况。当动物濒临死亡时，应及时剖杀动物并取病变组织进行传代和鉴定。由于动物接种培养病毒的影响因素太多，目前已较少采用。但是，目前尚有少数病毒（如乙型肝炎病毒）不能用其他方式进行人工培养，故仍需采用动物接种来培养该病毒。

（2）鸡胚培养

发育中的鸡胚可用于接种和繁殖病毒使用，具有价廉、无毒、易于操作等优点。常用的接种病毒的鸡胚部位有绒毛尿囊膜接种、尿囊腔接种、羊膜腔接种、卵黄囊接种等，具体应根据病毒的种类选用合适的鸡胚部位进行接种，如图 3-13 所示。

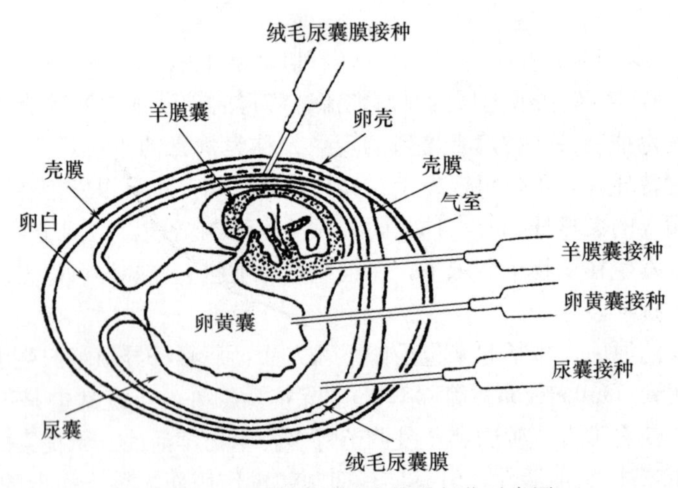

图 3-13 鸡胚构造和病毒接种部位示意图

（3）细胞培养

细胞培养是将离体的活组织，用机械法或胰蛋白酶消化法分散成单个细胞，然后经洗涤和计数，并用细胞培养液配制成一定浓度的细胞悬液，分装入细胞培养瓶或培养管内，此时细胞贴附于瓶壁或管壁上。这种贴壁细胞在合适的条件下就开始增殖，数天后培养瓶就被一层细胞所覆盖。

常用的培养细胞的培养液有RPMI-1640、DMEM、Eagle等，可根据所培养细胞的特性选择使用。通常在上述培养液中还需要添加适量的小牛血清，细胞才能正常生长。为了防止细菌污染，培养液内还需要加入一定浓度的抗生素，常用的抗生素有青霉素和链霉素。细胞培养中常用的标准原代细胞系有胚胎肺中的人成纤维细胞、新生瘤细胞系和初级猴肾细胞。除此之外，人胚二倍体细胞及各种传代细胞系也常应用。

不同种类的病毒在不同的培养细胞中增殖后，可出现不同的表现形式，具体包括以下几种形式。

① 细胞病变效应

细胞病变效应（cytopathogenic effect，简称CPE）是指病毒在细胞内增殖而引起的细胞病理改变。常见的细胞形态学变化为细胞变圆、溶解、坏死和脱落等，如图3-14所示。这些病变通常开始于细胞核结构发生变化，即染色体靠边、核浓缩，之后细胞膜发生变化，失去相互粘附的作用，细胞圆缩，有的细胞彼此融合形成多核巨细胞，有的细胞堆积呈葡萄状，有的则坏死溶解或从培养瓶脱落。病毒的致细胞病变效应随病毒的种类和细胞浆型不同而异。

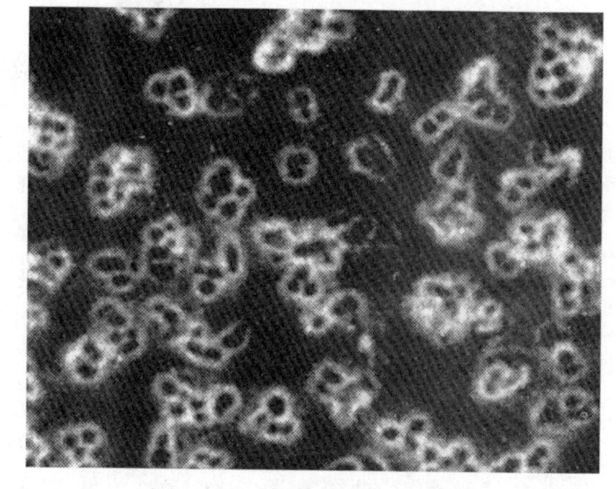

图3-14　病毒所致细胞病变

② 红细胞吸附

红细胞吸附是指某些病毒（如正黏病毒、副黏病毒等）感染培养的宿主细胞后，宿主细胞表面可表达病毒特异性抗原成分血凝素，导致感染细胞能吸附动物红细胞的现象。红细胞吸附现象可作为病毒在细胞内增殖的指标或病毒的初步鉴定。病毒感染细胞后的红细胞吸附现象如图3-15所示。

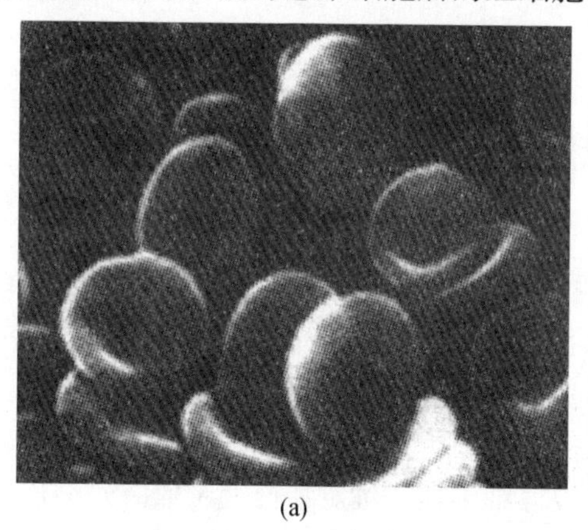

(a)

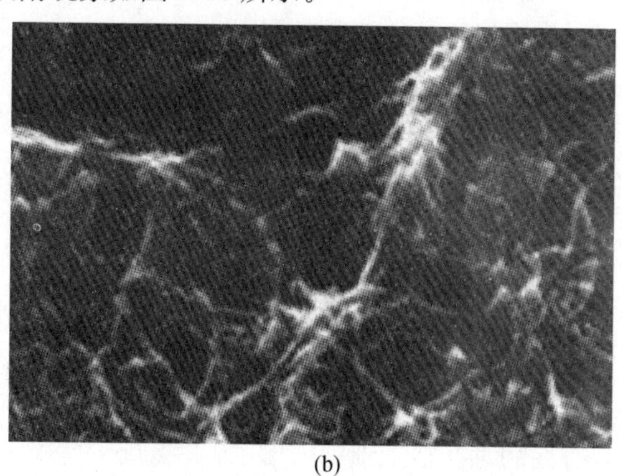

(b)

图3-15　病毒感染细胞后的红细胞吸附现象

（a）正常红细胞；（b）血凝

③ 包含体的形成

某些病毒侵染细胞后，在细胞内存留的痕迹经特殊染色后，能用普通光学显微镜观察到的小体称为包含体（inclusion body）。如麻疹病毒引起的包含体位于感染细胞的细胞核和细胞质内，嗜酸性。腺病毒引起的包含体，位于细胞核内，嗜碱性。包含体的形态、大小、在细胞内的位置及染色性等均有助于对病毒的鉴定。病毒感染宿主细胞后形成的包含体如图 3-16 所示。

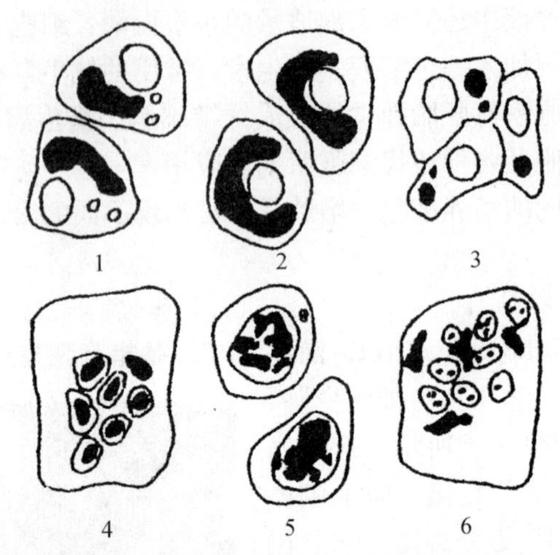

图 3-16 病毒感染细胞后形成的各种包含体

1—牛痘苗病毒感染后在细胞浆内形成的嗜酸性包含体；2—呼肠病毒感染后在核周细胞质内形成的嗜酸性包含体；3—狂犬病病毒感染后在细胞质内形成的嗜酸性包含体；4—疱疹病毒感染后在核内形成的嗜酸性包含体；5—腺病毒感染后在核内形成的嗜碱性包含体；6—麻疹病毒在核内和细胞质内形成的嗜酸性包含体

④ 干扰现象

干扰现象是指有些病毒感染细胞后，不一定能引起细胞形态的改变，表面上看不出有病毒感染的迹象，但却能干扰随后进入病毒的增殖的现象。利用病毒间存在的干扰现象可以对那些不引起 CPE 的病毒的存在与否作出判断。

⑤ 细胞代谢改变

病毒感染细胞后可抑制宿主的细胞代谢，使培养液的性质（如 pH 值）发生改变，这些也可以作为病毒增殖的参考依据。

2. 病毒的检测

病毒的检测主要分为形态学检查、血清学检测和分子生物学检测三种。

（1）形态学检查

① 电镜和免疫电镜检查

对于含有高浓度病毒颗粒（$\geqslant 10^7$ 颗粒/mL）的样品，可以直接应用电镜技术进行观察。对于含低浓度病毒的样品，可以采用免疫电镜技术进行观察。先将标本与特异抗血清混合，使病毒颗粒凝聚，这样可便于在电镜下进行观察，提高病毒的检出率和特异性。

② 光学显微镜检查

有些病毒在宿主细胞内增殖，在细胞的一定部位（细胞核、细胞质或两者兼有）会出现嗜酸性或嗜碱性包含体，可在光学显微镜下直接观察到，对病毒感染的诊断具有一定价值。如取可疑病犬的大脑海马制成染色标本，发现细胞质内有内基小体便可确诊为狂犬，被咬者则需接种狂犬疫苗。

（2）血清学检测

① 免疫学标记技术

目前主要采用酶免疫测定（enzyme immunoassay，简称 EIA）和荧光免疫测定（fluoroimmunoassay，简称 FIA)，较少采用有放射性污染的放射免疫测定（radioimmunoassay，简称 RIA)，取而代之的是非放射性标记物（如地高辛等）技术。这些技术操作简单、特异性强、敏感性高。特别是用标记质量高的单克隆抗体可检测到 ng（10^{-9}g）至 pg（10^{-12}g）水平的抗原或半抗原。采用免疫学标记技术可以直接检测标本中的病毒抗原进行早期诊断。

② 血凝抑制试验（hemagglutination inhibition test）

具有血凝素的病毒能凝集鸡、豚鼠、人等的红细胞，称为血凝现象。这种现象能被相应抗体抑制，称为血凝抑制试验。其原理是相应抗体与病毒结合后，抑制了病毒表面的血凝素与红细胞的结合。本试验简易、经济、特异性高，常用于病毒的辅助诊断，也可用于病毒型与亚型的鉴定。

③ 凝胶免疫扩散试验（gel immunodiffusion test）

该试验常用半固体琼脂糖进行抗原、抗体的沉淀反应，方法简便、特异性与敏感性均较高，而且衍生出对流免疫电泳和火箭电泳等更为敏感的检测技术。此法可用于多种病毒的鉴定。

(3) 分子生物学检测

① 核酸扩增技术（nucleic acid amplification technique）

选择病毒特异保守区的核酸片段作为扩增的靶基因，用特异引物序列扩增病毒特异序列，以诊断病毒性感染。也可以选择病毒变异区的片段作为靶基因，结合限制性片段长度多态性分析（RFLP)、测序等分子生物学技术对病毒进行分型和突变的研究。目前聚合酶链式扩增反应（PCR）技术（包括逆转录 PCR 即 RT-PCR）已发展到既能定性又能定量的水平，应用较多的是定量实时荧光 PCR（real-time PCR）技术。

② 核酸杂交技术（nucleic acid hybridization technique）

常用于病毒检测的核酸杂交技术有斑点杂交（dot blot hybridization)、原位杂交（in situ hybridization)、DNA 印迹杂交（southern blot)、RNA 印迹杂交（northern blot)。

③ 基因芯片技术（gene chip technique）

该技术在病毒诊断上有着广阔的应用前景。

④ 基因测序

因目前对已发现的病原性病毒的全基因测序已基本完成，故可将所检测的病毒特征性基因序列与这些基因库的病毒标准序列进行比较，以达到诊断病毒感染的目的。

需要说明的是，病毒核酸检测阳性，并不代表标本中一定有活病毒，对未知基因序列的病毒及新病毒不能采用这些方法。

3.2 亚　病　毒

亚病毒（subvirus）是自然界中存在的一类比病毒更小、只含有核酸或蛋白质的病毒。目前已知的亚病毒主要包括类病毒（viroid)、拟病毒（virusoid）和朊病毒（prion)。

3.2.1 类病毒

类病毒是一类能够感染某些植物并致病的单链闭合环状裸露 RNA 分子。类病毒由200～

400个核苷酸分子组成，相对分子质量为1.0×10^5，约为病毒相对分子质量的十分之一。类病毒分子内碱基可广泛配对形成双链核小环相同的二级结构。在细胞核内增殖，利用宿主细胞的RNA多聚酶II进行复制。对核酸酶敏感，对热、有机溶剂有抵抗力。

类病毒最早是在1970年由美国学者T. O. Diener在马铃薯纺锤形块茎病（potato spindle tuber disease，简称PSTD）中被发现的，PSTD类病毒（PSTV）呈棒形，相对分子质量为1.2×10^5，是一裸露闭合环状ssRNA分子。整个环由两个互补的半体组成，其中一个含179个核苷酸，另一个含180个核苷酸，两者间有70%的碱基以氢键方式结合，共形成122个碱基对，整个结构中形成27个内环，如图3-17所示。

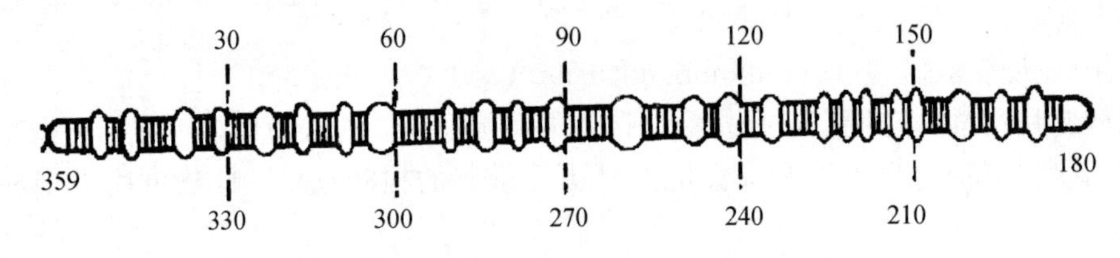

图3-17　PSTV的模式结构

所有的类病毒均可通过机械损伤处加以传播，但有些类病毒也可通过种子或花粉进行传播。目前发现的类病毒至少有10种，主要引起植物致病，如马铃薯、柑橘、番茄、椰子等经济作物发生缩叶病、矮化病等。

3.2.2　拟病毒

拟病毒是一类只含有不具单独侵染性的RNA组分，包被于植物病毒粒子中的类病毒。拟病毒极其微小，一般仅由裸露的RNA组成。被拟病毒寄生的病毒又被称为辅助病毒（helper virus），拟病毒则形成了它的“卫星”。拟病毒的复制必须依赖辅助病毒的协助。同时，拟病毒也可干扰辅助病毒的复制和减轻其对宿主的伤害。

拟病毒最早是在绒毛烟（*Nicotiana velutina*）的斑驳病毒（velve tobacco mottle virus，简称VTMoV）中分离得到（1981年）。VTMoV病毒基因组除了含有大分子线状ssRNA（RNA_1）外，还含有类似于类病毒的环状ssRNA（RNA_2）。单独接种RNA_1和RNA_2都不具有感染性，只有RNA_1和RNA_2联合感染才能产生烟斑驳病。这种环状ssRNA分子类似于类病毒的RNA分子，称为拟病毒。

目前已经在许多植物病毒中发现了拟病毒，如苜蓿暂时性条斑病毒、莨菪斑驳病毒和地下三叶草斑驳病毒等。

3.2.3　朊病毒

朊病毒是一种由正常宿主细胞基因编码的、构象异常的朊蛋白（prion protein，简称PrP）。至今尚未在朊病毒中检出任何核酸成分，它是一类能引起哺乳动物亚急性海绵样脑病的病原因子，其引起的疾病包括人的库鲁病（Kuru）、克-雅病（Creutzfeldt-Jakob disease，简称CJD）、格-史综合征（Gerstmann-Straussler syndrome，简称GSS）和动物的羊瘙痒症（scrapie）、牛海绵脑病（bovine spongiform encephalopathy，简称BSE）、鹿慢性消瘦病（chronic wasting disease of deer，简称CWD）等。

朊病毒首先是由美国学者布鲁希纳（Prusiner）于1982年以羊瘙痒病病原体为模型提

出的，他也正因为在朊病毒研究中的杰出贡献而荣获 1997 年诺贝尔医学和生理学奖。

朊蛋白是由正常宿主细胞基因编码产生的。在正常情况下，PrP 基因编码产生细胞朊蛋白（cellular prion protein，PrP^c）。PrP^c的分子构型以 α 螺旋为主，对蛋白酶 K 敏感，在多种组织尤其是神经元细胞中普遍表达，具有一定的生理功能，没有致病性。PrP^c构型发生异常变化时便会形成具有致病作用的朊病毒，也称为羊瘙痒病朊蛋白（scrapie prion protein，PrP^{sc}），PrP^{sc}的分子构型转变为以 β 折叠为主，对蛋白酶 K 具有抗性，仅存在于感染的人和动物组织中，具有致病性与传染性，如图 3-18 所示。由此可见，PrP^{sc}与 PrP^c由同一染色体基因编码，其氨基酸序列完全一致，根本的差别在于它们空间构象上的差异。

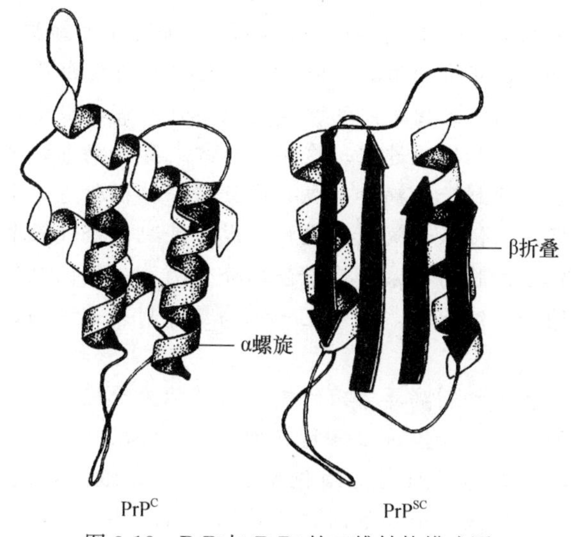

图 3-18　PrP^c与 PrP^{sc}的三维结构模式图

PrP^c向 PrP^{sc}转变过程的确切机制目前仍不清楚，主要存在“模板学说”和“核聚集学说”两种不同的理论。

“模板学说”认为 PrP^{sc}可以结合 PrP^c分子形成异源二聚体复合物，然后在“X 蛋白”等伴侣蛋白的辅助作用下，自动催化以 α 螺旋为主的 PrP^c转变成以 β 折叠为主的 PrP^{sc}，形成 PrP^{sc}同源二聚体。随后同源二聚体解离，产生的 PrP^{sc}单体重新参与循环，以指数方式增殖。PrP^{sc}是不溶性的，一旦形成则不可逆转，最终使 PrP^{sc}大量聚集并沉积于神经元中，引起神经细胞空泡变性等病变造成海绵状脑病。

“核聚集学说”认为朊蛋白是以 PrP^{sc}的多聚体形式存在，PrP^c可以自发地转变为 PrP^{sc}分子，然后加入到多聚体结构当中，或在聚集时直接由 PrP^{sc}多聚体催化 PrP^c转变为 PrP^{sc}。已形成的 PrP^{sc}多聚体可作为种子，通过粘附其他单体分子，形成更大的聚集物。这些聚集物破裂后形成的碎片又可作为新的种子，重复蛋白的聚集过程，从而产生更多的 PrP^{sc}聚集物，并在局部形成淀粉样蛋白沉积。

朊病毒对理化因素具有很强的抵抗力，能抵抗蛋白酶 K 的消化作用。对热有很强的抗性，标准的高压蒸汽灭菌（121℃，20min）不能破坏朊病毒。对辐射、紫外线及常用的消毒剂也有很强的抗性。PrP^c在土壤中可存活 20 年。目前灭活朊病毒的方法是：室温 20℃、用 1mol/L NaOH 或者 2.5%NaClO 溶液处理 1h 以后，再 134℃高压蒸汽灭菌 2h。

重点小结

病毒是一类体积微小、结构简单、仅有一种类型核酸，严格活细胞内寄生，以复制方式增殖，对抗生素不敏感，对干扰素敏感，必须用电子显微镜才可以观察到的非细胞型微生物。

病毒个体微小，常用的测量单位是纳米。

病毒结构简单，基本化学组成是核酸和蛋白质。

由核心和衣壳构成的病毒称为裸露病毒。由核心、衣壳和包膜构成的病毒称为包膜病毒。

当病毒进入宿主细胞后，以病毒核酸为模板，利用寄主细胞提供的原料、能量、酶和生物合成场所，合成病毒的核酸（DNA 或 RNA）与蛋白质等组分，然后在宿主细胞的细胞质或细胞核内装配出成熟的、具有感染性的病毒粒子，再以出芽或裂解的方式释放至细胞外，完成其增殖过程。这种增殖方式称为病毒的复制。

从病毒进入宿主细胞到子代病毒生成并释放这一过程称为一个复制周期。病毒的复制周期大致分为吸附、侵入、脱壳、生物合成、装配与释放五个连续步骤。

根据噬菌体与宿主细胞的关系可将噬菌体分为两类：烈性噬菌体和温和噬菌体。

两种病毒感染同一个细胞时，可发生一种病毒抑制另一种病毒增殖的现象，称为病毒的干扰现象。

病毒诱导细胞产生了抑制病毒增殖的糖蛋白，称为干扰素。

干扰素具有广谱抗病毒活性，但只具有抑制病毒作用而无杀灭病毒的能力；干扰素不能直接杀伤病毒，是通过与宿主细胞膜受体结合，继而触发宿主细胞的信号传递，发生一系列的生化反应，诱导基因转录并翻译出抗病毒蛋白，发挥抗病毒效应。

病毒只能在活细胞内才能增殖。病毒的检测主要分为形态学检查、血清学检测和分子生物学检测三种。

亚病毒是一类比病毒更简单的只由核酸和蛋白质构成的病毒。目前已知的亚病毒主要包括类病毒、拟病毒和阮病毒。

习题与思考

1. 病毒的概念是什么？病毒和其他微生物相比，有哪些特点？
2. 病毒具有怎样的化学组成？
3. 病毒的核酸有哪些类型？
4. 病毒的增殖过程分为哪些阶段？简述各阶段的特点。
5. 什么叫温和噬菌体？它和烈性噬菌体相比有哪些异同点？
6. 什么叫溶原性细菌？什么叫原噬菌体？
7. 如何在实验室培养病毒？
8. 检测病毒的常用方法有哪些？
9. 什么是类病毒、拟病毒和朊病毒？它们的发现有何生物学意义？
10. 朊病毒为什么受到大家的广泛关注？

（本章编者：陈羽）

第 4 章　微生物的营养

学　习　提　示

重点与难点：

掌握： 微生物的 6 大营养要素、营养类型，培养基概念，主动运输和基团转位。

熟悉： 微生物营养物质的主要功能，营养物质的运输方式。

了解： 培养基的种类与应用。

采取的学习方法： 课堂讲授为主，部分内容学生自主学习

学时： 3 学时完成

营养（nutrition）是指微生物从外部环境中摄取和利用营养物质，以满足正常生长和繁殖需要的一种基本生理过程。营养是微生物生命活动的起点，为微生物的生命活动提供了必需的物质基础。**营养物质（nutrient）指能够满足微生物生长、繁殖及完成各种生理活动所需要的物质的统称**。与其他生物一样，当微生物处于适宜的环境条件时，能够以其独特的方式不断地从外界吸收所需要的各种营养物质。有些微生物利用的营养物质非常广泛，连塑料等高分子化合物和一些对其他生物有毒的物质也可以利用。有些微生物对营养要求较严格，需要给以补充，才能很好的生长。营养物质是微生物生命活动的物质基础，也是其生长繁殖的前提条件。

4.1　微生物的营养与营养物质

微生物营养物质的确定，主要依据组成微生物细胞的化学成分以及所需要的代谢产物的化学组成等，分析微生物细胞的化学组成，是了解微生物营养物质的基础。

4.1.1　微生物细胞的化学组成

微生物细胞的化学组成与其他生物细胞的化学组成基本相同，最基本的组成单位是各种化学元素，由各种元素构成细胞内的各类生理活性物质并能进一步形成相应的一些结构。

1. 组成元素

微生物细胞中组成元素（chemical elements）的种类和各自所占的比例是相对稳定的。按微生物生长时对各类化学元素需要量的大小，可将微生物细胞的组成元素分为主要元素（macro element）和微量元素（trace element）。

（1）主要元素

碳、氢、氧、氮、磷、硫、钾、镁、钙和铁等是微生物细胞的主要组成元素，其中碳、

氢、氧、氮、磷和硫这6种主要元素可占细胞干重的90%～97%。

（2）微量元素

微量元素是指那些含量极低且在不同类型微生物细胞中含量差异较大的一些元素，主要包括锌、锰、钠、氯、铜、硒、钨、钼、钴、镍和硼等。

微生物细胞内各化学元素的比例不是固定不变的，常因微生物种类的不同、所处的环境条件、菌龄的不同而不同。

2. 组成物质及生理功能

微生物细胞中的各类化学元素绝大多数是以化合物的形式存在的。重要的组成物质（chemical components）有水、有机物和无机物。水构成细胞的液体成分；简单无机物、有机物和以这些物质为基础合成的蛋白质、核酸、糖类及脂类等复杂生物大分子组成细胞的固形成分。

（1）水

水是细胞维持正常生命活动必不可少的一种重要物质。微生物细胞的含水量较高，细菌含水量可占细胞鲜重的75%～85%，酵母菌为70%～85%，丝状真菌为85%～90%。细胞内的水主要是以两种形式存在的：一种是结合水；另一种是自由水。结合水与其他化合物紧密结合，而不能为微生物细胞所利用；自由水通常以游离态存在，为细胞代谢提供一个液体内环境。

细胞中水的主要生理功能有：① 作为细胞的组成成分；② 提供细胞代谢活动的介质；③ 参与营养物质的吸收和代谢产物的排出；④ 直接参与部分生化反应；⑤ 良好的热导体，调节细胞内的温度；⑥ 维持细胞内蛋白质、核酸等生物大分子天然构象的稳定。

（2）固形成分

① 蛋白质

蛋白质是微生物细胞中主要的固形成分，约占细胞固形成分的40%～80%。蛋白质的存在方式有两种，一是简单蛋白，如鞭毛蛋白、球蛋白和一些水解酶蛋白；二是复合蛋白，如核蛋白、糖蛋白、脂蛋白和酶蛋白等。蛋白质在微生物细胞中发挥着各种各样的生物学作用：微生物细胞的重要结构物质，如参与染色体、核糖体和细胞膜的组成；本身作为酶或辅酶，催化细胞内进行的各种生化反应；参与营养物质的运输；与细胞的生长繁殖及遗传变异有关。

② 核酸

核酸是生物遗传变异的物质基础。微生物细胞内的核酸有脱氧核糖核酸（DNA）和核糖核酸（RNA），约占细胞固形成分的10%～15%。DNA主要存在于细胞核（或核物质）、质粒和某些细胞器中。不同种类的微生物，其细胞内DNA的存在状态不同，其中真菌的DNA与蛋白结合形成与高等生物类似的染色体；细菌和放线菌的DNA基本是以原核、游离形式存在的。RNA一般存在于细胞质中，除少量以游离状态存在外，多数都与蛋白质结合，形成核蛋白体。对于细胞型微生物，DNA上携带全部的遗传基因，通过DNA的复制和细胞分裂将基因传递给子代，RNA主要参与控制蛋白质的生物合成。

③ 糖类

糖量占固形成分的10%～30%。糖类在细胞中的存在方式较复杂，既有以复杂组成成分存在的类型，如脂多糖、肽聚糖、荚膜多糖、真菌多糖等，也有以游离形式存在的类型，如糖原、淀粉等。前者主要组成微生物细胞的结构物质，后者主要是细胞内的贮藏性碳源和能源，能被微生物分解利用。

④ 脂类

脂类含量占固形成分的 1%～7%，极个别类型偏高，如结核分枝杆菌体内的脂类含量高达 40%。主要的脂类有脂肪、磷脂、糖脂、甾醇和多聚-β-羟基丁酸等。脂肪是微生物的贮藏物质；磷脂是构成微生物细胞内各种膜的主要成分；脂蛋白、糖脂及固醇是微生物细胞壁的重要组分；甾醇是真核和个别原核生物（支原体）细胞膜的组分。多聚-β-羟基丁酸是低级脂肪酸聚合物，是多种细菌的碳源性贮藏物质。

除上述固形成分外，微生物细胞中还有无机盐、维生素及一些特殊成分，这些成分的含量虽然很低，但对微生物细胞生长是必不可少的。无机盐可以调节细胞的渗透压、维持酶活性；维生素，主要是 B 族维生素，常作为细胞中多种代谢酶类的辅酶或辅基，在微生物代谢过程中起重要作用。

4.1.2　营养要素及主要作用

与其他生物一样，微生物必须不断地从外界吸收其生长繁殖所需的各类营养物质。按照营养物质中所含主要元素成分及在微生物生长繁殖中的生理功能不同，可将其分为碳源、氮源、能源、无机盐、生长因子和水等六种营养要素。

1. 碳源

碳源（carbon source）是为微生物生长繁殖提供碳元素或碳架来源的营养物质的统称，是含碳元素的各种化合物。碳源不仅用于合成微生物的含碳物质及合成细胞骨架，还可为微生物生长繁殖提供能量，因为绝大部分碳源物质在细胞内生化反应过程中能为机体提供维持生命活动所需的能源，因此碳源物质通常也是能源物质。

（1）碳源谱

微生物可利用的碳源范围被称作碳源谱（spectrum of carbon source）。微生物的碳源谱极其广泛，主要包括无机碳源和有机碳源。无机碳源主要是 CO_2 及碳酸盐（CO_3^{2-} 或 HCO_3^-）；有机碳源的种类非常丰富，常见类型有糖类及其衍生物、脂类、醇类、有机酸和烃类等，其中最容易被细菌吸收利用的是糖类物质。糖类包括单糖、双糖和多糖。单糖主要是葡萄糖和果糖；双糖有蔗糖、麦芽糖和乳糖；多糖主要指淀粉、纤维素及糊精等。糖类中最简单的是葡萄糖，它是微生物最容易吸收和利用的一种碳源。当一些简单碳源和复杂碳源共存时，微生物一般是先利用简单碳源，只有在简单碳源完全耗尽后，才能开始利用复杂碳源。

（2）微生物对碳源的利用能力

微生物种类不同，利用碳源的能力也不同。能利用无机碳源的微生物种类较少，多数微生物吸收和利用有机碳源。有些微生物能利用的碳源种类较多，适应环境的能力强，如假单胞菌属中的某些细菌可以利用 90 种以上的不同类型碳源；有些微生物仅能利用少数的几种类型碳源，如有些酵母菌仅能利用少数的几种糖类作为碳源；而甲烷菌只能利用甲烷作为它的碳源进行生长繁殖。还有些特殊种类微生物由于其细胞内独特的酶使它们具有特异的分解和利用某些特殊碳源的能力，如有些微生物可以在石蜡或人工塑料上生长，有些类型甚至能分解和利用有毒的含碳化合物、氰化物和酚类，这些微生物已经广泛应用于垃圾及污水处理等环保领域。因此，可以依据微生物利用碳源的类型和能力的差异来对其进行分类鉴定。

微生物发酵工业中要消耗大量碳源，常用的碳源有糖类、脂肪酸及一些有机酸。在特定情况下，蛋白质的降解产物也能作为碳源被利用。由于大量的碳源最初都来源于粮食，为了节省粮食，可以利用一些粗粮或代用品作为碳源，如玉米粉、山芋粉、野生植物淀粉、麦糠、麸皮及工业废糖蜜等。目前，正在开展以纤维素、石油、CO_2 等为碳源和能源的微生物发酵研究工作。

2. 氮源

氮源（nitrogen source）是为微生物生长提供氮素来源的营养物质的统称，是指那些含氮元素的各种化合物或简单分子。氮源主要为微生物细胞合成生命大分子物质如蛋白质、核酸等提供氮素。氮源一般不作为能源，只有个别种类的细菌能利用氨基酸、铵盐或硝酸盐同时作为氮源和能源。

（1）氮源谱

微生物可利用的氮源范围称作氮源谱（spectrum of nitrogen source）。微生物的氮源谱也十分广泛。氮源可分为无机氮源和有机氮源两大类。无机氮源是一些无机含氮化合物，主要有铵盐、硝酸盐、NH_3 及 N_2 等；有机氮源主要是动物或植物蛋白及其不同程度的降解产物，也称为蛋白质类氮源，如鱼粉、黄豆饼粉、花生饼粉、牛肉膏、蛋白胨、玉米浆等。对于大多数微生物来说，无机氮源和有机氮源都可以作为生长的氮源。细菌可以利用铵盐、硝酸盐作为氮源，放线菌、霉菌可利用硝酸盐作为氮源，而牛肉膏、蛋白胨等有机氮源中由于含有多种营养因子，故可作为多数微生物的氮源物质。

（2）速效氮源和迟效氮源

由于**一些无机氮源的分子量小、结构简单，很容易被微生物吸收和利用，在较短时间内就可满足菌体生长需要，故称之为速效氮源**。如硫酸铵就是一种速效氮源，该分子中的氮是以还原态形式存在的，可直接被微生物细胞吸收利用。相反，**大多数有机氮源的分子量大且存在形式较复杂，在被微生物利用之前还需经进一步的降解，因此微生物吸收和利用这样的氮源需要一段时间，称之为迟效氮源**。如黄豆饼粉、花生饼粉中所含的氮主要是以蛋白质形式存在，这种类型氮源不能直接被微生物利用，属于典型的迟效氮源。在微生物的发酵生产中，必须在培养基中添加一定比例的速效氮源和迟效氮源。一般来说速效氮源有利于菌体的快速生长，但由于维持时间短，表现为发酵持续能力差；而迟效氮源由于是被微生物缓慢吸收和利用的，故在培养基中存留的时间长，有利于菌体合成代谢产物。在实际生产中，可以通过控制速效氮源和迟效氮源的加入量及加入时间来调整微生物的生长期和代谢产物合成期，达到提高发酵单位的目的。

除上述类型氮源外，个别种类的微生物能够吸收并利用环境中的游离氮气作为氮源，这些微生物被称为固氮微生物。它们能通过体内特有的固氮酶将分子态的氮转化为氨和其他氮化物，这一复杂生理过程称为生物固氮作用。具备固氮能力的微生物既有细菌，也有放线菌和真菌，统称为固氮菌。根据固氮菌与高等生物和其他生物的关系，可将其分为自生固氮菌和共生固氮菌，两者行使的固氮方式分别叫做自生固氮和共生固氮。自生固氮是菌体细胞本身借助其固氮酶独立完成的；共生固氮则是固氮菌与其他生物形成共生体，借助共生体来完成固氮过程。如土壤中的根瘤菌可以借助根毛侵入豆科植物的根部，通过生长刺激形成共生体——根瘤（root nodule）。根瘤内的菌体形态呈多形性，称为类菌体，类菌体内的固氮酶能固定分子态氮气，使之转变为氨，最后被植物吸收利用。

3. 能源

能源（energy source）是指能为微生物生命活动提供最初能量来源的营养物质和辐射

能。微生物的能源谱常分两类：光能和化学能。少数微生物可利用光能，绝大多数微生物需要利用物质氧化释放的化学能。

在能源中，有些营养要素只有一种功能，有些营养要素则具有多种功能。如光能仅提供能量，称为单功能营养物质；NH_4^+ 是硝酸细菌的氮源和能源物质，称为双功能营养物质；蛋白质、氨基酸等同时具有碳源、氮源和能源的功能，称为三功能营养物质。

4. 无机盐

无机盐（inorganic salt）为微生物生长提供必需的矿质元素，是微生物生命活动中必不可少的一类营养物质。无机盐主要是指含有磷、硫、镁、钾、钠、钙、铁等矿物质元素的各种无机化合物，一般以盐酸盐、硫酸盐、磷酸盐、碳酸盐及硝酸盐形式存在。它们为细胞生长提供必需的各种矿质元素，同时也为微生物细胞提供一些微量元素，以满足细胞各种生理活动的需要。与碳源和氮源相比，微生物细胞对无机盐的需求量很低，对一些微量元素的需要量更少，当培养基中微量元素过量时，往往会抑制微生物的生长。

无机盐对微生物细胞的生物功能是多方面的，主要作用包括：① 维持生物大分子和细胞结构的稳定性；② 作为酶或辅酶的组成部分；③ 作为酶的激活剂，参与调节酶的活性；④ 调节并维持细胞内的渗透压、控制细胞的氧化还原电位；⑤ 可以作为一些特殊类型微生物的能源（如 Fe^{2+}、S 等）。

微生物生长所需的一些矿质元素、相应存在形式的无机盐及其生理功能见表 4-1。

表 4-1　微生物生长所需的矿质元素、存在形式及其生理功能

矿质元素		主要存在形式	重要生理功能
主要元素	磷	$H_2PO_4^-$、HPO_4^{2-}、PO_4^{3-}	构成核酸、磷脂、辅酶，参与磷酸化，调节 pH
	硫	H_2S、S、$S_2O_3^{2-}$、SO_4^{2-}	构成氨基酸、酶活性基、维生素，提供能源
	镁	$MgSO_4$、$MgCl_2$	组成酶活性部位，酶激活剂，维持膜活性
	钾	KH_2PO_4、K_2HPO_4、KNO_3	作为酶激活剂，维持渗透压，与物质运输有关
	钠	NaCl、NaH_2PO_4	与物质运输有关，维持渗透压，维持酶稳定性
	钙	$CaCl_2$、$CaCO_3$、$Ca(NO_3)_2$	降低膜透性，调节 pH，酶辅因子，芽孢抗热
	铁	$FeSO_4$	构成细胞色素、酶活性基，提供能源
微量元素	钴	$CoCl_2$	构成维生素 B_{12}、酶辅基
	锰	$MnSO_4$	多种酶激活剂，参与羧化反应
	铜	$CuSO_4$、$CuCl_2$	多元酚氧化酶活性基，与孢子色素形成有关
	锌	$ZnSO_4$	酶的活性基，酶的激活剂
	钼	$MoSO_4$	参与酶组成，促进固氮作用

5. 生长因子

生长因子（growth factor）是指那些微生物生长所必需的、细胞本身不能合成或合成量不足、必须借助外源加入的微量有机营养因子。常见生长因子主要有维生素、氨基酸及各类碱基（嘌呤及嘧啶）、卟啉及其衍生物等。生长因子不提供能量，也不参与细胞结构组成，多为酶的组成成分，与微生物的代谢密切相关。

（1）微生物与生长因子的关系

不同类型微生物对生长因子的需要程度不同。有些微生物如一些天然野生型微生物，细胞中含有合成各种维生素的酶，能利用所吸收的营养物质合成自身需要的各种维生素，在培养这些类型微生物时，不需外源供给维生素。也有些微生物因缺少合成某种或多种维生素的酶，从而丧失了合成维生素的能力，在培养这些类型微生物时，必须外源加入相应的维生素。对微生物生长起重要作用的维生素主要是B族维生素，这些维生素是微生物细胞中各种酶的组成成分，缺少它们，酶的活性就会丧失，细胞内的各种代谢就会停止，表现为微生物不能生长。

微生物对氨基酸、碱基等生长因子的需要也与微生物细胞本身的特性有关。有些微生物在生长过程中可以通过吸收利用一些简单的碳源和氮源来合成这些生长因子；还有些微生物由于自身遗传基因的改变、环境条件的影响等导致细胞不能合成这些生长因子，必须在培养基中补充相应的氨基酸、碱基或含有这些生长因子的营养物质。氨基酸是合成蛋白质的前体，碱基则是合成核酸的原料，它们都是微生物生长所必需的。

(2) 营养缺陷型微生物

凡是自身不能合成某种生长因子的微生物统称为营养缺陷型（auxotroph）微生物。少数天然的营养缺陷型微生物在自然界中就存在，而多数营养缺陷型微生物是在实验室通过人工诱变等方法获得的。营养缺陷型微生物的应用很广，常用于研究微生物的代谢途径和与代谢过程有关的基因控制。在工业生产中，为了提高发酵单位，也大量采用与主产物代谢途径相关的一些副产物营养缺陷型微生物。

值得提出的是，生长因子虽然对微生物生长极为重要，但需要量极低，过高反而会对微生物的生长产生抑制影响。在培养营养缺陷型微生物时，一定要控制好生长因子的浓度。

常见的生长因子、生理功能及参考使用浓度见表4-2。

表4-2　一些微生物生长所需的生长因子、生理功能及参考使用浓度

生长因子	生理功能	参考使用浓度（μg/mL）
硫胺素（维生素 B_1）	脱羧酶、转酮酶辅基，参与氧化脱羧、酮基转移	0.0005（金黄色葡萄球菌）
核黄素（维生素 B_2）	FMN和FAD的前体，黄素蛋白的辅基，参与能量代谢	0.0012（乳酸菌、丙酸菌）
烟酸	NAD和NADP的前体，脱氢酶的辅基，与能量代谢有关	3（弱氧化醋酸杆菌）
对氨基苯甲酸	叶酸的前体，转移一碳单位	0～0.01（弱氧化醋酸杆菌）
吡哆醛（B_6）	转胺酶、脱羧酶辅基，参与氨基酸的消旋、脱羧及转氨	0.025（肠膜明串珠菌）
泛酸	辅酶A前体，乙酰载体辅基，参与酰基转移	0.02（阿拉伯糖乳杆菌）
叶酸	组成四氢叶酸，参与一碳代谢、甲基转移	200（粪链球菌、乳酸菌）
生物素（维生素H）	羧化酶辅基，参与 CO_2 固定及脂肪酸合成	0.001（干酪乳杆菌）
胆碱	构成磷脂的极性部分	6（第Ⅲ型肺炎链球菌）
尿嘧啶	核酸（RNA）的合成原料	0～4（破伤风梭菌）
β-丙氨酸	辅酶的组分，合成氨基酸原料	1.5（白喉棒状杆菌）
精氨酸	蛋白质合成原料，与酶活性部位有关	50（粪链球菌）
甲硫氨酸	蛋白质合成原料，维持酶的天然构象	10（阿拉伯聚糖乳杆菌）
色氨酸	蛋白质合成原料	8（戴氏乳杆菌）

4.1.3　微生物的营养类型

微生物种类繁多，营养类型多而复杂，微生物的营养类型实质为利用营养物质的特定方式。微生物界中分化出了各种各样的营养类型，见表4-3。

表 4-3　微生物营养类型的分类

分类标准	营养类型
按碳源分	自养型（autotroph）
	异养型（heterotroph）
按能源分	光能营养型（phototroph）
	化能营养型（chemotrpoh）
以供氢体分	无机营养型（lithotroph）
	有机营养型（organotroph）
按合成氨基酸能力分	氨基酸自养型（amino acid autotroph）
	氨基酸异养型（amino acid heterotroph）
按微生物吸收营养物质的方式分	渗透营养型（osmotroh）
	吞噬营养型（phagotroph）
按合成某些生长因子的能力分	原养型（prototroph）或野生型（wild type）
	营养缺陷型（auxotroph）
按利用的有机物有无生命能力分	腐生型（metatrophy）
	寄生型（paratropgy）

虽然微生物营养类型划分方法很多，但目前更多的是根据碳源、能源及供氢体性质的差异划分微生物的营养类型，主要可分为光能无机自养型、光能有机异养型、化能无机自养型和化能有机异养型等四种基本营养类型，见表 4-4。

表 4-4　微生物的基本营养类型

营养类型	主要或唯一碳源	能源	供氢体	代表性微生物
光能自养型（光能无机自养型）	CO_2	光能	H_2S、S、H_2 或 H_2O 等无机物	着色细菌、蓝细菌、藻类
光能异养型（光能有机异养型）	CO_2 及简单有机物	光能	有机物	红螺细菌
化能自养型（化能无机自养型）	CO_2 或碳酸盐	化学能（无机物）	H_2S、H_2、Fe^{2+}、NH_4^+ 或 NO_2^- 等无机物	硝化细菌、铁细菌、氢细菌
化能异养型（化能有机异养型）	有机物	化学能（有机物）	有机物	绝大多数细菌和全部真核微生物

1. 光能自养型

又称**光能无机自养型（photoautotroph），这种类型微生物能利用光作为能源，能并以 CO_2 作为主要或唯一的碳源**，红硫细菌、绿硫细菌就属于该种营养类型，它们能以 H_2S 为供氢体，还原 CO_2 为细胞物质。光能无机自养型微生物一般都含有一种或几种光合色素，主要包括叶绿素、类胡萝卜素和藻胆素 3 大类，其中叶绿素为主要的光合色素。

2. 光能异养型

又称**光能有机异养型（photoheterotroph），这种类型微生物能利用光能作为能源，利用有机物作为碳源及供氢体，但不能以 CO_2 作为主要或唯一的碳源**。人工培养光能异养型微生物生长时，通常需要供应外源的生长因子。红螺细菌属（*Rhodospirillum*）微生物属于这种营养类型，它能利用异丙醇作为供氢体，将 CO_2 还原为细胞物质，并同时在细胞内积累丙酮。

光能无机自养型和光能有机异养型微生物都可以利用光能生长，在地球早期生态环境的演化过程中起重要的作用。

3. 化能自养型

又称**化能无机自养型（chemoautotroph），这类微生物生长所需的能量来自于无机物氧化过程中放出的化学能，它们能够以 CO_2 或碳酸盐作为主要或唯一的碳源来合成细胞结构物质**，而供氢体是 H_2S、H_2、Fe^{2+}、NH_4^+ 或 NO_2^- 等无机物。

这类微生物广泛分布于土壤及水环境中，甚至可以在完全无机及无光的环境中生长。由于受无机物氧化产生能量不足的制约，这类微生物一般生长迟缓。按照被氧化的无机物种类，可将该类微生物分为四个类型：硫细菌、硝化细菌、铁细菌和氢细菌。

由于氧化会导致某些无机物中元素的化合价发生变化，从而使这些元素的存在形式发生改变，因此该类微生物在自然界中的一些重要元素的循环、物质转换中起着十分关键的作用。如土壤中的硝化细菌能以亚硝酸作为能源，通过氧化 NO_2^- 使之成为 NO_3^-，从中获取ATP，再以 CO_2 或碳酸盐为碳源来合成细胞物质。

4. 化能异养型

又称**化能有机异养型（chemoheterotroph）**。**生长所需要的能量来自有机物氧化过程中释放的化学能，生长所需要的碳源主要是一些有机化合物**，如淀粉、糖类、有机酸、纤维素等，其合成代谢中的供氢体也是一些有机物的中间代谢产物。有机物对于这种类型微生物来说既是碳源也是能源，属于双重营养物。大多数细菌、放线菌、全部的真菌和原生动物均属于化能有机异养型微生物。

根据利用的有机物性质不同，还可以将化能有机异养型微生物分为腐生型（metatrophy）和寄生型（paratrophy）两类。前者可利用无生命的有机物（如动植物尸体和残体）作为碳源和能源；后者则主要借助寄生方式生活在活体细胞或组织间隙中，从宿主体内获得有生命的有机物质作为碳源和能源，离开寄主就不能生存。寄生型的微生物绝大多数都是致病性的微生物，寄生的结果会导致宿主发生病变。

这里需要指出的是，微生物营养类型的划分不是绝对的，不同营养类型之间的界限并非绝对，在特定环境条件下，有些自养型微生物可以利用有机物进行生长，一些异养型微生物也可以利用 CO_2 或碳酸盐作为碳源生长。有些微生物在不同生长条件下生长时，其营养类型也会发生改变。微生物营养类型的可变性无疑有利于提高其对环境条件变化的适应能力。

4.2 培 养 基

人们要认识微生物、研究微生物或者想要大量得到微生物代谢产物的前提就是首先要对微生物进行人工培养，即在适宜的条件下，利用培养基来培养微生物。多数微生物都可以在人工培养基上生长，但由于受到现有培养技术的限制，也存在部分不可培养微生物。

4.2.1 培养基的概念

培养基（medium，culture medium）是人工配制的满足微生物生长繁殖或积累代谢产物

的营养基质。任何培养基都应具备微生物生长所需要的六大营养要素：碳源、氮源、无机盐、生长因子、水及能源等。

4.2.2 配制培养基的原则

掌握培养基的配制原则、了解培养基的种类和应用是微生物学研究和微生物发酵生产的基础。配制培养基必须根据微生物的种类、培养的目的进行全面考虑。在具体配制时主要注意以下四点原则。

1. 选择适宜的营养物质

不同营养类型微生物对营养物质的需求不一样，因此，根据不同微生物的营养需求选择适宜的营养物质非常重要。

自养型微生物能利用简单的无机物合成细胞生长所需要的糖、脂类、蛋白质、核酸、维生素等复杂的有机物，故其培养基的组成主要是由无机物构成；异养型微生物不能利用简单无机物合成有机物，在进行人工培养时需加入一些有机营养物质；对于一些营养要求特殊的微生物，培养时还需添加一些生长因子以满足其独特的营养要求。如为了使肠膜明串珠菌很好的生长，需要在合成培养基中添加 30 多种生长因子；而对于链球菌、淋病双球菌等病原菌，必须在含有血液或血清的有机培养基中才能生长。因此，在对一些营养要求尚不了解的微生物进行大量培养之前，需要详细考察其营养要求。

2. 营养物质浓度及配比合适

培养基中营养物质的浓度在一定范围内影响微生物的生长速度。营养物质浓度合适时微生物生长良好；营养物质浓度过低时不能满足微生物正常生长所需；营养物质浓度过高时则可能对微生物生长起抑制作用，例如高浓度糖类物质、无机盐、重金属离子等不仅不能维持和促进微生物的生长，反而起到抑制或杀菌作用。因此，培养基中营养物质的浓度并非越高越好，过高的浓度不但造成浪费，还会给微生物的生长带来危害。

此外，培养基中各营养物质之间的浓度配比也直接影响微生物的生长繁殖和（或）代谢产物的形成和积累，其中碳氮比（C/N）的影响较大。碳氮比严格是指培养基中所含碳源的碳原子摩尔数与氮源中氮原子摩尔数之比。氮源不足时，菌体生长速度慢；氮源过剩时，菌体生长过于旺盛，但不利于代谢产物的积累。

不同微生物需求的 C/N 比不同，细菌和酵母菌培养基中的 C/N 比约为 5∶1；霉菌培养基中的 C/N 比约为 10∶1。发酵工业中常用的种子培养基的 C/N 比要求较低。在微生物发酵生产中，培养基的 C/N 比直接影响发酵质量。例如，在利用微生物发酵生产谷氨酸的过程中，培养基碳氮比为 4∶1 时，菌体大量繁殖，谷氨酸积累少；当培养基碳氮比为 3∶1 时，菌体繁殖受到抑制，谷氨酸产量则大量增加。再如，在抗生素发酵生产过程中，可以通过控制培养基中速效氮（或速效碳）源与迟效氮（或迟效碳）源之间的比例来控制菌体生长与抗生素的合成。

3. 调节培养基的物理、化学条件

（1）pH

培养基的 pH 对微生物生长的影响也较大。每种微生物生长都有其适宜的 pH 范围。培养基的 pH 必须控制在一定的范围内，以满足不同类型微生物的生长繁殖或产生代谢产物。不同微生物生长繁殖的最适 pH 条件一般不同。细菌生长的最适 pH 范围在 7.0～7.6 之间，放线菌生长的最适 pH 为 7.5～8.0，真菌为 4.5～6.0。所以配制培养基时，应根据所培养微生物的种类调节 pH。值得注意的是微生物生长的最适 pH 和积累代谢产物的最适 pH 经常不一致，所以在发酵生产中要根据发酵的不同阶段来适当调节培养液的 pH。此外，在发酵后期，由于产生一些酸性的代谢产物，往往使培养液的 pH 下降，如不及时调节也会对微生物的生长及有用代谢产物的积累带来不利影响。

值得注意的是，在微生物生长繁殖和代谢过程中，由于营养物质被分解利用和代谢产物的形成与积累，培养基的初始 pH 值会发生改变，为了维持培养基 pH 值的相对恒定，通常采用下列两种方式进行调节。

① 内源调节：在培养基里加一些缓冲剂或不溶性的碳酸盐。常用缓冲剂是 K_2HPO_4 和 KH_2PO_4 的混合物。该混合物中两者的浓度比例，可以使培养基的 pH 维持在 6.4～7.6。对于大量产酸的微生物可以在相应培养基中加入 $CaCO_3$。$CaCO_3$ 难溶于水，不会使培养基的 pH 过度升高，但它可以不断中和微生物产生的酸，同时释放出 CO_2，故可控制培养基的 pH 在一定范围内。此外，培养基中还存在一些天然的缓冲系统：如氨基酸、肽、蛋白质等都属于两性电解质，也可起到缓冲剂的作用。

② 外源调节：有时微生物的代谢活动产生大量的酸碱，内源调节不足以解决问题，则需要采用外源调节。外源调节一般指在培养过程中，按实际需要不断或间断向液体培养基中流加酸液或碱液，以此调节培养液的 pH。

(2) 水活度

水活度（a_w）表示环境中微生物可实际利用的自由水或游离水的含量。a_w 的确切定义为：在同温同压下，某溶液的蒸汽压（P）与纯水蒸汽压（P_0）之比。不同微生物生长繁殖的 a_w 范围不同，一般细菌 a_w 为 0.90～0.98，霉菌 a_w 为 0.80～0.87，酵母菌 a_w 为 0.87～0.91，嗜盐菌 a_w 为 0.75，高渗酵母菌 a_w 为 0.61～0.65。

(3) 氧化还原电位

氧化还原电位（Eh）是度量氧化还原系统中还原剂释放电子或氧化剂接受电子趋势的一种指标，单位为伏（V）或毫伏（mV）。不同类型微生物对培养基中氧化还原电位要求不同。好氧微生物生长的 Eh 为 0.3～0.4V。

对于好氧和兼性厌氧微生物而言，培养基的氧化还原电位对微生物生长影响不大。但对专性厌氧微生物而言，培养基的氧化还原电位影响较大。在培养厌氧微生物时，要在培养基中加入还原剂，降低培养基的氧化还原电位。常用的还原剂为抗坏血酸、半胱氨酸、谷胱甘肽、二硫苏糖醇、氧化高铁血红素和疱肉等。

4. 灭菌处理并维持无菌状态

由于培养基中的各营养物质并非是无菌的原料，且在培养基的配制过程中也会带来一定的污染，因此，新配制好的培养基必须马上进行灭菌处理，使之达到无菌状态。

培养基灭菌一般采用高压蒸汽灭菌法，一般培养基在 0.1013MPa、121.3℃下 15～30min 可达到灭菌目的。培养基在高温高压条件下，其中某些营养成分可发生降解或某些成分之间可能发生化学反应，蒸汽压力越大或灭菌时间越长，培养基的营养成分破坏得越多。如糖类在高温下易被破坏，培养基中的还原糖与氨基酸、肽类或蛋白质等有机氮在高温下易发生反应形成 5-羟基糠醛和棕色的类黑精。此外糖类还能与磷酸盐发生络合反应，形成棕色色素。这些色素轻者引起微生物代谢途径的改变，重者影响菌体的生长繁殖。因此含糖培养基常在 55.21kPa、112.6℃下 15～30min 进行灭菌，对于某些对糖要求较高的培养基，可将糖与其他成分分别灭菌，然后再混合，从而保证培养基的灭菌质量。

在高压蒸汽灭菌过程中，培养基中的无机盐之间也可能发生化学反应。如磷酸盐、碳酸盐与某些钙、镁、铁等阳离子结合形成难溶性复合物而产生沉淀，因此，常需要在配制培养基时加入少量螯合剂，常用的螯合剂为乙二胺四乙酸（EDTA）。也可以将含钙、镁、铁等离子成分的磷酸盐、碳酸盐分别进行灭菌，然后再混合，避免形成沉淀。

除上述原则外，在培养基的配制过程中还要考虑到培养基的渗透压及培养基的制作成本等方面的因素。当所设计的是大规模发酵用的培养基时，应重视培养基中各成分的来源和价格，应选择来源广泛、价格低廉的原料，提倡“以粗代精”、“以废代好”、“以野代家”、“以烃代粮”、“以国产代进口”等。

4.2.3 培养基的类型与应用

培养基的类型很多，据估计目前约有数千种不同的培养基，这些培养基可根据培养基成分的来源、物理状态以及功能等而分成若干类型。

1. 按培养基的成分的来源划分

按培养基成分的来源可以将其分为天然培养基、合成培养基和半合成培养基。

（1）天然培养基

天然培养基（又称复合培养基，complex medium）是用天然原料或一些经过人工降解的天然有机营养物质（如牛肉膏、蛋白胨、麦芽汁、酵母膏、玉米粉、牛奶、马铃薯、花生饼粉和血清等）配制的，又称非化学限定培养基（chemically undefined medium）。这类培养基的化学成分常不恒定，也难以确定，但营养丰富，如培养细菌用的牛肉膏蛋白胨培养基、培养酵母菌用的麦芽汁培养基。天然培养基更适宜于一般实验室中菌种的培养和在生产上用来大规模地培养微生物和生产微生物产品。

（2）合成培养基

合成培养基（synthetic medium）是由化学成分完全了解的物质配制而成的，也称化学限定培养基（chemically defined medium）。如培养放线菌的高氏一号合成培养基、培养真菌的察氏（Czapek）合成培养基等。这种培养基的化学成分清楚，组成精确，重现性强，但价格相对较贵，微生物生长较慢。合成培养基一般适于在实验室范围内进行有关微生物的营养需要、代谢、生理生化、遗传特性分析、菌种分类鉴定等要求较高的精细科学研究工作。

（3）半合成培养基

半合成培养基（semi-synthetic medium）是在天然有机物的基础上适当加入已知成分的无机盐类，或者在合成培养基的基础上添加某些天然成分，如培养霉菌用的马铃薯蔗糖琼脂培养基。这类培养基能更有效地满足微生物对营养物质的需要，是实验室常用的培养基。

2. 按培养基的物理状态划分

按制备后培养基外观的物理状态可分为固体培养基、液体培养基和半固体培养基三类。

（1）液体培养基

液体培养基（liquid medium）指呈液体状态的培养基，溶剂是水，不添加任何凝固剂。这种培养基的成分均匀，微生物能充分接触和利用培养基中的营养成分，常用于大规模的工业生产以及在实验室进行微生物生理代谢活动研究。此外，液体培养基可根据培养后的浊度判断微生物的生长程度。

（2）固体培养基

固体培养基（solid medium）指用天然固体营养基质制成的培养基，或在液体培养基中加入一定量凝固剂而呈固体状态的培养基。常用的凝固剂主要有琼脂（agar）、明胶（gelatin）及硅胶（silica gel）。固体培养基中琼脂和明胶的添加量分别为1.5%～2.0%和5%～10%。作为理想的凝固剂应具备的条件有：① 不能被微生物分解、利用、液化；② 有适当的熔点和凝固点，在微生物的生长温度内保持固态；③ 透明度好、粘着力强；④ 不因高温灭菌而被破坏；⑤ 对微生物无毒害作用。根据这些条件，琼脂是最常用的凝固剂。天然固体培养基指由天然固态物质直接制成的培养基，如麸皮、大豆、马铃薯片剂、胡萝卜条等天然材料都属于天然固体培养基。

固体培养基常用于微生物分离、纯化、鉴定、计数和菌种保存等方面的研究。可依据使用目的不同而制成斜面、平板等形式。

知识链接

琼　脂

琼脂，英文名（agar），又名洋菜。

琼脂是由海藻中提取的多糖体，属天然植物性提取物。具有凝固性、稳定性，能与一些物质形成络合物等物理化学性质，可用作增稠剂、凝固剂、悬浮剂、乳化剂、保鲜剂和稳定剂。广泛用于制造粒粒橙及各种饮料、果冻、冰淇淋、糕点、软糖、罐头、肉制品、八宝粥、银耳燕窝、羹类食品、凉拌食品等。琼脂在化学工业、医学科研中可作培养基、药膏基及其他用途。

（3）半固体培养基

指在液体培养基中加入少量凝固剂（如0.2%～0.8%的琼脂）而制成的半固体状态的培养基。

半固体培养基可用来观察微生物的运动特征、测定噬菌体的效价、进行厌氧菌的培养、菌种鉴定或保藏菌种等。

3. 按培养基的功能划分

按培养基的功能可将培养基分为以下五种常用类型。

（1）基础培养基

基础培养基（minimum medium）是含有一般微生物生长繁殖所需的基本营养物质的培养基，如牛肉膏蛋白胨培养基。其组成为牛肉膏、蛋白胨、氯化钠和水。另外基础培养基也可作为一些特殊培养基的基础成分，再根据某种微生物的特殊营养要求，在基础培养基中添加所需营养物质即可。

（2）加富培养基

加富培养基（enrichment medium）也叫营养培养基，是在基础培养基中加入一些特殊的营养物质，以满足营养要求比较苛刻的某些异养微生物的生长，或用以富集（数量上占优势）和分离某种微生物。常见的特殊营养物质有血液、血清、动植物组织提取液、生长因子等。如肺炎球菌和溶血性链球菌必须在血琼脂培养基上才能很好的生长。

（3）鉴别培养基

鉴别培养基（differential medium）指在基础培养基中加入某种试剂或化学药品，使微生物培养后会发生某种变化，从而区别不同类型的微生物或对菌株进行分类鉴定。如伊红美蓝乳糖培养基（**Eosin Methylene Blue**），即 **EMB** 培养基，它在饮用水、牛奶的大肠菌群数等细菌学检查和在 *E. coli* 的遗传学研究工作中有着重要的用途。

EMB 培养基中的伊红和美蓝两种染料可抑制 G^+ 细菌和一些难培养的 G^- 细菌。在低酸性条件下，这两种染料结合并形成沉淀，起着产酸指示剂的作用。因此，试样中多种肠道细菌会在 EMB 培养基平板上产生易于用肉眼观察的多种特征性菌落。大肠埃希菌分解乳糖能力强而产生大量混合酸，菌体表面带 H^+，可被酸性染料伊红染色，伊红与美蓝结合，故使菌落呈深紫色，并有金属闪光，而其他几种产酸力弱的肠道菌的菌落则呈相应的棕色。

（4）选择培养基

选择培养基（selective medium）是一类根据某微生物的特殊营养要求或其对某些物理、化学因素的抗性而设计的培养基。利用这种培养基可以将某种或某类微生物从混杂的微生物群体中分离出来，广泛用于菌种的筛选工作。

选择性培养的方法主要有两种。一是利用待分离的微生物对某种营养物的特殊需求而设计的，如：以纤维素为唯一碳源的培养基可用于分离纤维素分解菌；利用蛋白质为唯一氮源或缺乏氮源的培养基可分离出能分解蛋白质或具有固氮能力的微生物。另一种选择性培养是利用待分离的微生物对某些物理和化学因素具有抗性而设计的，如在培养基中加入胆酸盐，可选择性地抑制革兰阳性菌生长，有利于革兰阴性肠道杆菌的分离；如在培养基中加入 7.5%NaCl，则可抑制大多数细菌，但不抑制葡萄球菌，从而选择培养葡萄球菌；在分离放线菌的高氏一号合成培养基中加入 10%的酚，能抑制细菌和霉菌的生长。

（5）厌氧培养基

厌氧培养基（anaerobic medium）是专门用于培养厌氧微生物的培养基。要求培养基中营养物质的 *Eh* 不能高，*Eh* 值一般控制在－150～－420mV 之间比较合适。通常是在培养基中加入还原剂以降低环境中的氧化还原电位，如液体培养基中可加入巯基乙酸钠、谷胱甘肽等。

除培养基外，微生物生长的环境也十分重要，要求环境中不能有氧。厌氧措施主要有：① 以惰性气体来替代空气，排除环境中的游离氧；② 接种微生物后，必须采取隔离空气的措施，如在培养基上面用凡士林或石蜡封闭，以隔绝外界的空气进入。目前已有专门用于培养厌氧菌的装置，如厌氧培养箱。

4. 常用的培养基

（1）细菌培养基

细菌的营养要求一般较高，因此培养细菌的培养基组成成分中常含有营养物质较丰富的复杂有机物，如牛肉膏、蛋白胨等。实验室中常用的细菌培养基就是牛肉膏、蛋白胨培养基，又称营养肉汤（nutrient broth）。

牛肉膏、蛋白胨培养基的组成：牛肉膏 3g、蛋白胨 10g、NaCl 5g、水 1000mL，调 pH 至 7.4～7.6，121℃湿热灭菌 20～30min。

在上述液体培养基中加入 1.3%～1.5%的琼脂即为营养琼脂（nutrient agar）培养基，它是常用的培养细菌的固体培养基。

（2）放线菌培养基

放线菌多数为腐生型需氧菌，常以糖类特别是淀粉、糊精等多糖作为碳源，并需要各种无机盐和一些微量元素，以满足其生长及合成抗生素的需要。实验室中常用的放线菌培养基为高氏一号培养基。

高氏一号培养基的组成：可溶性淀粉20g、$K_2HPO_4 \cdot 3H_2O$ 0.5g、KNO_3 1g、$MgSO_4 \cdot 7H_2O$ 0.5g、$FeSO_4 \cdot 7H_2O$ 0.01g、NaCl 0.5g、琼脂20g、水1000mL，调pH至7.4～7.6，121℃湿热灭菌20～30min。配制时注意，可溶性淀粉要先用冷水调匀后再加入到以上培养基中。

(3) 真菌培养基

与细菌和放线菌相比，真菌的营养要求不高，也比较容易培养。一般来说，单糖、双糖、糊精和淀粉等都可作为碳源。实验室中常用马丁（Martin）培养基从土壤中分离真菌，用察氏培养基培养霉菌，用麦芽汁培养基培养酵母菌，用马铃薯培养基（PDA）可以培养霉菌或酵母菌。

① 马丁培养基

其基本组成为：K_2HPO_4 1g、$MgSO_4 \cdot 7H_2O$ 0.5g、蛋白胨5g、葡萄糖10g、1/3000孟加拉红水溶液100mL、水900mL，自然pH，121℃湿热灭菌30min。待培养基融化后冷却55～60℃时加入链霉素（链霉素含量为30μg/mL）。

② 察氏培养基

其基本组成为：蔗糖30g、$NaNO_3$ 3g、$MgSO_4 \cdot 7H_2O$ 0.5g、$FeSO_4$ 0.01g、K_2HPO_4 1g、KCl 0.5g、水1000mL，pH自然，121℃湿热灭菌20～30min。

③ 麦芽汁培养基

麦芽汁培养基是由单一麦芽汁组成的天然培养基，糖度一般为8～10巴林度，调pH至6.0～6.5，115℃湿热灭菌15～20min。

麦芽汁的制作方法：将干麦芽粉加四倍水，在55～65℃下保温糖化3～4h，用碘液检查至完全糖化为止。新制备的麦芽汁糖度较高，故在使用前需加水稀释。

④ 马铃薯培养基

其基本组成为：马铃薯（去皮）200g、蔗糖（或葡萄糖）20g、水1000mL。

马铃薯培养基的配制方法：将马铃薯去皮，切成约2cm×2cm的小块，放入1500mL的烧杯中煮沸30min，注意用玻棒搅拌以防糊底，然后用双层纱布过滤，取其滤液加糖，再补足至1000mL，自然pH，115℃湿热灭菌20～30min。培养霉菌用蔗糖，培养酵母菌用葡萄糖。

以上仅为几种培养普通微生物的常用培养基，如果要培养一些营养要求特殊的微生物，还需采用特殊的培养基或对原有的培养基组成进行调整，以满足微生物生长的需要。

4.3 微生物对营养物质的吸收及利用

环境中的各种营养物质只有被吸收到细胞内，才能被微生物逐步利用。微生物细胞没有专门的摄食器官或相关结构，绝大多数是以渗透方式吸收营养物质。各种营养物质的进入及代谢产物的排出都是借助其细胞壁和细胞膜的结构和功能完成的。细胞壁和细胞膜组成了微生物细胞的屏障结构，该结构对各种营养物质具有自由或选择性的透过作用。

细胞壁是营养物质进入细胞的第一屏障。细胞壁的网格状结构允许相对分子量低于800Da的小分子物质自由通过，但能阻挡大分子物质进入。复杂的大分子化合物如蛋白质、纤维素、多糖和果胶等在进入细胞前必须先经过微生物的胞外酶的初步分解后才能进入细胞。常见的胞外酶有蛋白酶、纤维素酶、淀粉酶和果胶酶等。

细胞膜是控制营养物质进入和代谢产物排出的主要屏障。它对营养物质具有选择性的通透作用。细胞膜的基本结构是脂质双层，因此，物质的脂溶性越高，越易通过细胞膜。细胞膜带有极性，膜上有微孔，特别是在膜上有一些与营养物质运输有关的转运蛋白（transport proteins），作为营养物质的载体，这些蛋白能通过多种方式完成营养物质的跨膜转运过程。

除微生物细胞自身的结构外，营养物质本身的性质，如分子的大小、极性、所带电荷及细胞所处的环境条件，如 pH、介质的离子强度及温度等也会在一定程度上影响物质的运输方式和运输效率。根据微生物细胞吸收营养物质的特点，一般可将运输方式分为简单扩散、促进扩散、主动运输和基团转位四种主要类型。

1. 简单扩散

简单扩散（simple diffusion）是在无载体蛋白参与下，营养物质顺浓度梯度以物理扩散作用进入细胞的一种物质运送方式。这种运输方式的主要特点是：① 扩散方向是从高浓度向低浓度；② 不消耗能量；③ 不需要膜上的载体蛋白（carrier protein）参与；④ 扩散的速率随浓度梯度的降低而减小，当细胞内外浓度相等时达到动态平衡，如图 4-1 所示。由于进入细胞的营养物质不断被消耗，使细胞内的营养物质始终保持较低的浓度，故胞外营养物质能源源不断地通过简单扩散进入细胞，使得平衡永远达不到，因此，简单扩散是微生物细胞始终进行的一种扩散。

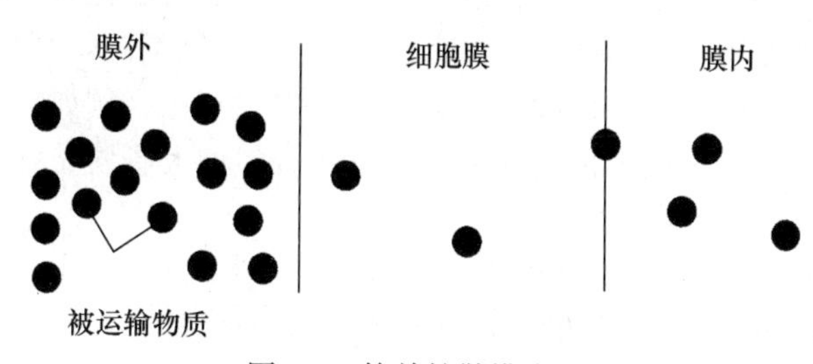

图 4-1 简单扩散模式图

影响简单扩散的因素主要有被运输营养物质的浓度差、分子大小、溶解性、极性、膜外 pH、温度和离子强度等。一般相对分子质量小、脂溶性强、极性小、温度高时营养物质容易吸收，反之则不易吸收。pH 和离子强度是通过营养物质的电离程度而起作用的。

能够借助简单扩散方式进入细胞的营养物质种类并不多，主要是水、脂肪酸、乙醇、甘油、苯、某些氨基酸分子及一些气体分子（O_2、CO_2）等。简单扩散过程没有特异性和选择性，扩散速度很慢，因此不是细胞获取营养物质的主要方式。

2. 促进扩散

促进扩散（facilitated diffusion）又称协助扩散，指营养物质借助存在于细胞膜上的特异性载体蛋白，顺浓度梯度运送营养物质的方式。其运输过程基本与简单扩散一样，与简单扩散的不同之处在于促进扩散中还需要载体蛋白参加。载体蛋白也称作渗透酶（permease）、移位酶（translocase）或移位蛋白（translocator protein），是一种位于细胞膜上的蛋白质，一般为诱导酶。在促进扩散过程中，被运输的营养物质与膜上的特异性载体蛋白发生可逆性结合，载体蛋白像“渡船”一样把营养物质从细胞膜的一侧运送到另一侧，运输前后载体本身不发生变化，如图 4-2 所示，载体蛋白的存在只是加快运输过程。

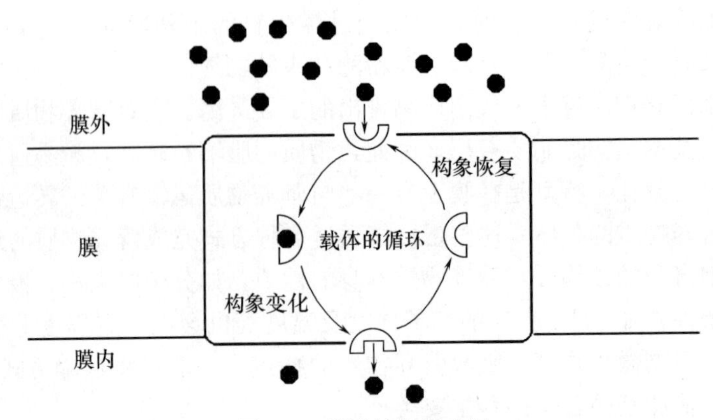

图 4-2　促进扩散模式图

载体蛋白对被运输的物质有高度的专一性。某些载体蛋白只转运一种分子，如葡萄糖载体蛋白只转运葡萄糖；大多数载体蛋白只转运一类分子，如转运芳香族氨基酸的载体蛋白不转运其他氨基酸。也有的微生物对同一种物质的运输由几种载体蛋白完成，如酿酒酵母有三种不同的载体蛋白运输葡萄糖。另外，某些载体蛋白可同时运输几种物质，如大肠埃希菌可通过一种载体蛋白运输亮氨酸、异亮氨酸和缬氨酸。

通常在微生物处于高浓度营养物质的情况下，并且微生物细胞需要吸收某些营养物时，促进扩散才能发生。与简单扩散一样，促进扩散的驱动力也是细胞膜内外某营养物质的浓度梯度，因此，促进扩散过程不需要消耗能量。在一定浓度范围内，载体蛋白可提高运输速率，但不能改变最终平衡点。促进扩散主要在真核生物中存在，例如，厌氧生活的酿酒酵母对葡萄糖的转运。原核微生物很少采用这种运输方式，但如大肠埃希菌、沙门菌等肠道细菌对甘油的运输就采用促进扩散。

3. 主动运输

主动运输（active transport）是指通过细胞膜上特异性载体蛋白构型变化，消耗能量，可以逆浓度梯度运输营养物质，且被运输的物质在运输前后并不发生任何化学变化的一种物质运输方式。

主动运输的主要特点是：① 需要载体蛋白参加；② 消耗能量；③ 运输方向可以从低浓度向高浓度；④ 主动运输可以改变运输的平衡点。

由于这种运送方式也需要载体蛋白参与，因而对被运输的物质有高度的选择性，在膜的外表面转运蛋白对营养物显示了高的亲和力，使得营养物能与转运蛋白特异性结合；当营养物被运输穿过膜时，转运蛋白的构象发生改变，产生了对营养物具有低亲和力的结构，导致营养物在细胞内释放，如图 4-3 所示。与促进扩散不同的是，在主动运送过程中载体蛋白构象的变化需要消耗能量。有研究表明，新陈代谢抑制剂可以阻止细胞产生能量而抑制主动运输，但短时间内对促进扩散没有影响。

已经分离到的一些载体转运蛋白的分子量为 9000～40000Da。按运输营养物质的特点不同可以将载体转运蛋白分为三类：① 单向转运蛋白（uniporters），是指只能沿一个方向运输一种类型化合物的蛋白；② 同向转运蛋白（symporters），是指能沿单一方向同时运输两种类型化合物的蛋白；③ 反向转运蛋白（antiporters），是指能同时转运两种类型的化合物但运输方向相反的蛋白。多数的微生物往往只能借助单向转运蛋白来运输相应的营养物质，少数微生物可以利用同向及反向转运蛋白来运输不同的营养物质。

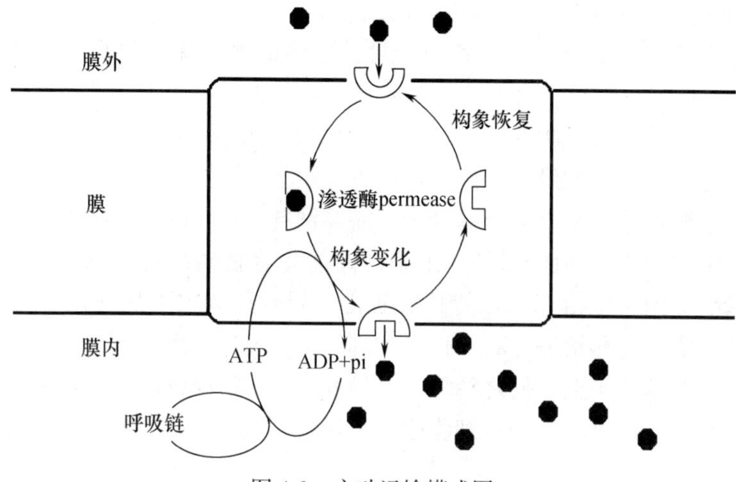

图 4-3　主动运输模式图

转运蛋白对被运输的营养物质具有高度的选择性，某种营养物质经主动运输后，其胞内浓度要远远高于胞外浓度。因此，主动运输可以改变运输的平衡点，对于很多生存于低浓度营养环境中的微生物来说，主动运输是影响其生存的重要营养吸收方式。

主动运输可以逆浓度差将营养物质运送入细胞内，因此，需要消耗能量。微生物主动运输的能量来源有两种方式。一种是质子动力（proton motive force，简称 PMF）型，质子动力是一种来自膜内外两侧质子浓度差（膜外质子浓度＞膜内质子浓度）的高能量级的势能，是质子化学梯度与膜电位梯度的总和。质子动力可在电子传递时产生，也可在 ATP 水解时产生。

能量来源的另一种方式为 ATP 动力型，即钠钾泵。它能在细胞膜上高效率向细胞外排出 Na^+，同时向细胞内吸收 K^+。

主动运输是广泛存在于微生物细胞中的一种主要的物质运输方式。大多数氨基酸、有机酸、糖类和一些离子（K^+、Na^+、HPO_4^{2-}、HSO_4^-）等都是通过主动运输透过细胞膜进入到微生物细胞内的。

4. 基团转位

基团转位（group translocation）是指需要载体蛋白参加、消耗能量的物质运输方式，且被运输物质在运输前后发生分子结构修饰。因此，基团转位不同于主动运输，是一种特殊形式的主动运输。如葡萄糖经过这种方式被运输到细胞内后，经过修饰在其分子上增加了一个磷酸基团，变为 6-磷酸葡萄糖。除了营养物质在运输过程中发生了化学修饰这一特点外，该过程的其他特点都与主动运输方式相同。以基团转位方式运输的营养物质主要是各种糖类（葡萄糖、果糖、麦芽糖、甘露糖和 N-乙酰葡萄糖胺等）、脂肪酸、核苷酸、碱基、丁酸等。

基团转位主要存在于厌氧和兼性厌氧型细菌中，好氧型细菌及真核细胞型微生物中尚未发现这种运输方式。基团转位一般是由细胞内的复杂的运输系统完成，这些运输系统常常由多种酶和特殊蛋白构成。不同类型的营养物，其运输系统不完全相同。研究比较清楚的基团转位系统是细菌细胞内的磷酸烯醇式丙酮酸-己糖磷酸糖转移酶系统，简称磷酸转移酶系统（phosphate transporting system，简称 PTS）。PTS 系统中主要由五种不同的蛋白质组成，包括酶Ⅰ、酶Ⅱ（含有 a、b、c 三个亚基）和一种热稳定蛋白（heat stable carrier protein，简称 HPr）。

HPr是一种低分子质量的可溶性蛋白，结合在细胞膜上，起着高能磷酸载体的作用。酶Ⅰ是一种可溶性细胞质蛋白。HPr和酶Ⅰ对被运输的物质无特异性。酶Ⅱ常由三个亚基组成，其中酶Ⅱa（也称酶III）为可溶性细胞质蛋白，酶Ⅱb为具有亲水性蛋白，酶Ⅱc是位于细胞膜上的疏水性蛋白，酶Ⅱb常与酶Ⅱc相结合。酶Ⅱ只专一性运输某一种营养物质，它们对底物具有特异性，一般经诱导而产生，种类很多。

磷酸转移酶系统每输入1个葡萄糖分子，需要消耗1个ATP的能量。PTS系统运输糖的基本过程是：① 热稳定蛋白的激活：细胞内高能化合物磷酸烯醇式丙酮酸（PEP）在酶Ⅰ催化下将其磷酸基团转位给HPr，使其磷酸化，同时释放出丙酮酸；② 带有磷酸基团的HPr-p将磷酸基团依次转移给酶Ⅱa、酶Ⅱb和酶Ⅱc，同时游离出HPr；③ 酶Ⅱc-p将其磷酸基团转位到相应的糖分子上，使之磷酸化，酶Ⅱc又重新释放出来，再参与下一个糖分子的磷酸化过程。经过上述过程，糖从细胞膜外被运输到膜内，并且糖分子上多了一个磷酸基团，如图4-4所示。

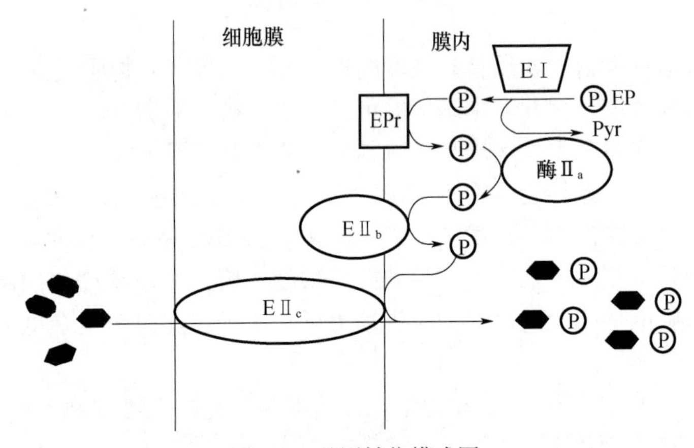

图4-4　基团转位模式图

由于细胞膜对大多数极性的磷酸化合物有高度的不渗透性，所以，磷酸化后的糖一旦生成，就不易再流出细胞，因而细胞内的糖浓度远远高于细胞外。

四种运输方式的比较见表4-5。

表4-5　四种营养物质运输方式比较

比较项目	简单扩散	促进扩散	主动运输	基团转位
物质运输方向	由浓至稀（顺向）	由浓至稀（顺向）	由稀至浓（逆向）	由稀至浓（逆向）
特异性载体蛋白	无	有	有	有
运输速度	慢	快	快	快
运输的分子	无特异性	有特异性	有特异性	有特异性
平衡终点	内外相等	内外相等	内部浓度高	内部浓度高
特异性	无	有	有	有
能量消耗	不耗能	不耗能	耗能	耗能
载体饱和效应	无	有	有	有
运输抑制物	无	有	有	有
运输前后分子结构	不变	不变	不变	修饰

重　点　小　结

营养是微生物生命活动的起点，为微生物的生命活动提供了必需的物质基础。微生物的营养要素有6类，即碳源、氮源、能源、无机盐、生长因子和水，其中不同类型微生物对生长因子的需要程度不同。

根据碳源、能源及供氢体性质的差异划分微生物的营养类型，主要可分为光能无机自养型、光能有机异养型、化能无机自养型和化能有机异养型等四种基本营养类型，其中种类最多的是化能异养型微生物。

培养基是人工配制的满足微生物生长繁殖或积累代谢产物的营养基质，按制备后培养基外观的物理状态来分可分为固体培养基、液体培养基和半固体培养基三类。应特别注意掌握培养基的配制原则。

根据微生物细胞吸收营养物质的特点，一般可将运输方式分为简单扩散、促进扩散、主动运输和基团转位四种主要类型。由于主动运输和基团转位可以从外界稀溶液中不断吸收微生物所需要的营养物质，因此对微生物生命活动更为重要。

习题与思考

1. 什么是营养和营养物质？各种营养物质有何生理功能？
2. 举例说明微生物对营养物质的四类运输方式。
3. 什么是生长因子？生长因子主要包括哪几类化合物？是否任何微生物生长都需要生长因子？
4. 琼脂的哪些理化性质使得它成为理想的固体培养基凝固剂？
5. 在微生物的生长过程中，引起培养基pH改变的原因有哪些？在实际操作中如何维持微生物生长的pH条件的相对稳定？
6. 在培养基的配制过程中，需要遵循哪些原则？
7. 什么是碳源？什么是氮源？实验室和工业生产中常用的碳源和氮源物质有哪些？
8. 什么是培养基的碳氮比？请从工业生产角度说明培养基碳氮比的重要性。

（本章编者：徐威）

第5章　微生物代谢

学　习　提　示

重点与难点：

掌握： 微生物分解代谢的类型与特点。

熟悉： 微生物合成代谢的类型与特点。

了解： 微生物酶的组成、结构、作用原理和催化特性。

采取的学习方法： 课堂讲授为主，部分内容学生自主学习

学时： 4学时完成

新陈代谢是生命活动的基础，是生命活动最重要的特征。而构成新陈代谢的许多复杂、有规律的物质变化和能量变化，都是在酶的催化下完成的。本章主要介绍微生物酶的组成、结构、作用原理、催化特性及微生物的分解代谢与合成代谢等相关内容。

5.1　概　　述

微生物酶是指起着催化生物体系中特定反应、由微生物活细胞产生的蛋白质。作为催化剂的微生物酶，它可以加速三种反应：水解反应、氧化反应和合成反应。微生物酶可以在活细胞内进行催化作用，也可以透过细胞，作用细胞外的物质；前者称内酶，后者称外酶。酶的催化过程是一个两步反应：

$$\underset{\text{酶}}{E}+\underset{\text{基质}}{S}\longrightarrow\underset{\text{复合物}}{ES}\longrightarrow\underset{\text{酶}}{E}+\underset{\text{产物}}{P}$$

酶的活性受环境条件的影响十分显著，主要的物理环境条件有：温度、需氧量和pH值，这些条件是废水生物处理过程中的最重要因素。

5.1.1　酶及产生方式

按化学组成，酶可分为单纯酶和结合酶两种。单纯酶完全由蛋白质组成，酶蛋白本身就具有催化活性。这类酶大多可以分泌到细胞外，作为胞外酶，催化水解作用，如水解酶等。结合酶由酶蛋白和非蛋白两部分构成，非蛋白部分又称为酶的辅因子，酶蛋白必须与酶的辅因子结合才具有催化活性。

全酶（结合酶）＝酶蛋白＋辅因子（辅酶或辅基）

辅因子通常是对热稳定的金属离子或有机小分子（如维生素）。与酶蛋白结合较疏松，可用透析等方法去除而使酶活性丧失的辅助因子称为辅酶（coenzyme）；结合较紧密，不易用透析等方法去除的辅助因子称为辅基（agon）。

结合酶的组成形式有三种，分别为酶蛋白＋非蛋白质小分子有机物、酶蛋白＋非蛋白质小分子有机物＋金属离子、酶蛋白＋金属离子。

结合酶分子中，除了多肽链组成的蛋白质，还有非蛋白成分，如金属离子、铁卟啉或含B族维生素的小分子有机物。结合酶的蛋白质部分称为酶蛋白，非蛋白质部分统称为辅助因子，两者一起组成全酶。只有全酶才有催化活性，如果两者分开则酶活力消失。

5.1.2 几种重要的辅基和辅酶

1. 辅酶Ⅰ（NAD^+）和辅酶Ⅱ（$NADP^+$）

NAD^+（烟酰胺腺嘌呤二核苷酸）和 $NADP^+$（烟酰胺腺嘌呤二核苷酸磷酸）是生化反应中重要的电子和氢传递体，因此它们参与的是氧化还原反应。NAD^+ 和 $NADP^+$ 是各种不需氧脱氢酶的辅酶，可以接受底物分子上提供的氢负离子（H^- ：）而还原为 NADH 和 NADPH。底物分子脱氢时，一次脱下一对氢（$2H^+ + 2e$），NAD^+ 或 $NADP^+$ 接受 1 个 H^+ 和 2 个 e，另一个 H^+ 游离存在于溶液中。NADH 在细胞内有两条去路，二是通过呼吸链最终将氢传递给氧生成水，释放能量用于 ATP 的合成；一是作为还原剂为加氢反应（还原反应）提供氢。NADPH 一般不将氢传递给氧，通常只作为还原剂为加氢反应提供氢。NADPH 是细胞内重要的还原剂。辅酶Ⅰ和辅酶Ⅱ是以维生素 PP（烟酸、烟酰胺）、核糖、磷酸、腺嘌呤为原料合成的。

2. 黄素辅基（FMN、FAD）

FMN（黄素单核苷酸）和 FAD（黄素腺嘌呤二核苷酸）是另一类氢和电子的传递体，参与氧化还原反应。FMN、FAD 是黄酶（氧化还原酶）的辅基，参与体内多种氧化还原反应，它可以接受 2 个氢而还原为 $FMNH_2$ 或 $FADH_2$。其中 FMN 是呼吸链的重要氢和电子传递体，FAD 主要参与有机物如脂肪酸等的氧化脱氢。$FADH_2$ 可将氢通过呼吸链传递至氧生成水，释放能量用于 ATP 的合成；在某些情况下，也可将氢直接传递给氧而生成过氧化氢（H_2O_2），H_2O_2 可被过氧化氢酶催化分解成水和氧气。黄素辅基是由维生素 B_2（核黄素）转化形成的。

3. 辅酶 A（CoA-SH）

辅酶 A 是体内传递酰基的载体，为酰基移换酶之辅酶。辅酶 A 由 3-磷酸-ADP、泛酸、巯基乙胺三部分构成，其中泛酸为维生素，因此辅酶 A 主要是以维生素泛酸为原料转化合成的。巯基-SH 是辅酶 A 的活性基团，因此辅酶 A 常写作 CoA-SH。当携带乙酰基时形成 CH_3CO-SCoA，称为乙酰辅酶 A。当交出乙酰基时又恢复为 CoA-SH。辅酶 A 在糖代谢、脂质分解代谢、氨基酸代谢及体内一些重要物质如乙酰胆碱、胆固醇的合成中均起重要作用。

4. 氨基酸分解代谢的重要辅酶——磷酸吡哆醛与磷酸吡哆胺

磷酸吡哆醛与磷酸吡哆胺是氨基酸代谢中多种酶的辅酶，可以催化多种反应，常见的有 α-氨基酸与 α-酮酸的转氨基作用和 α-氨基酸的脱羧基作用。磷酸吡哆醛与磷酸吡哆胺是由维生素 B_6 磷酸化形成的。

5. 羧化酶辅基——生物素

生物素（维生素 H，维生素 B_7）是各种羧化酶的辅基，在 ATP 作用下可与 CO_2 结合形成 N-羧基生物素，N-羧基生物素可将羧基转移给有机分子而发生羧化。生物素是 B 族维生素中唯一不需变化就可直接作为酶蛋白辅基的维生素。

6. 脱羧酶辅酶——焦磷酸硫胺素 TPP^+

焦磷酸硫胺素 TPP^+ 是涉及糖代谢中羰基碳（醛、酮）合成与裂解反应的辅酶，特别是 α-酮酸的脱羧基作用，焦磷酸硫胺素通过 N ═C 活性部位的碳原子与 α-碳原子（羰基碳原子）结合而促使羧基裂解释放二氧化碳。焦磷酸硫胺素是由维生素 B_1（硫胺素）磷酸化形成。

7. 一碳单位转移酶辅酶——四氢叶酸 FH_4

FH_4 由叶酸经二氢叶酸还原酶两次还原形成，叶酸是 B 族维生素，由于广泛存在于绿叶中而得名。

5.1.3 酶蛋白的结构

随着 DNA 重组技术及聚合酶链反应（PCR）技术的广泛应用，使酶结构与功能的研究进入新阶段。现已鉴定出 4000 多种酶，数百种酶已得到结晶，而且每年都有新酶被发现。酶蛋白是由 20 种氨基酸组成，这 20 种氨基酸按一定的排列顺序由肽键（—CO—NH—）连接成多肽链，两条多肽链之间或一条多肽链卷曲后相邻的基团之间以氢键、盐键、酯键、疏水键、范德华引力及金属键等相连接而成。酶蛋白的结构分一级、二级和三级结构，少数酶具有四级结构。

一般酶蛋白只有三级结构，只有少数酶蛋白才具有四级结构。一级结构是指多肽链本身的结构。它们以特定的多肽顺序（氨基酸顺序）形成蛋白质的一级结构，酶的大多数特性与一级结构有关，表现为功能的多样性、种族的特异性等。目前已有少数种类的单成分酶的一级结构被研究清楚，其中最清楚的是核糖核酸酶，它由 124 个氨基酸组成。二级结构是由多肽链形成的初级空间结构，由氢键维持其稳定性。氢键受到破坏时，其紧密的空间结构变得松散，多肽链展开，酶蛋白即变性。三级结构在二级结构的基础上，多肽链进一步弯曲盘绕形成更复杂的构型。由氢键、盐键及疏水键等维持三级结构的稳定性。酶蛋白的四级结构是由几个或几十个亚基形成的。亚基是由一条或几条多肽链在三级结构的基础上形成的小单位。亚基之间也以氢键、盐键、疏水键及范德华引力等相连。

5.1.4 酶的活性中心

酶的活性中心是指酶的活性部位，是酶蛋白分子中直接参与和底物结合，并与酶发生催化作用的部位。它是酶行使催化功能的结构基础。酶为什么会具有催化作用的特异性呢？这是由酶的结构特性所决定的，具体说，就是酶活性中心决定了酶的催化作用的特性。所谓酶的活性中心是指酶蛋白分子中，由必需基团所组成的、具有一定空间结构的活性区域。在酶的活性中心内，必需基团有两种：结合基团和催化基团。这两个基团构成两个功能部分：结合基团部位与底物起结合作用，特定的底物靠此部位结合到酶分子上；催化基团部位则催化化学反应，底物的某种化学键在此部位上被打断或在此部位上形成新的化学键，从而发生一定的化学变化。此外，还有活性中心以外的必需基团，这种基团起着维持活性中心构型的作用。酶活性中心是酶催化作用的关键部位，当酶的活性中心被非底物物质占据或空间构型被破坏，酶也就失去了催化活性。

酶的催化作用发生在酶的活性中心部位，所以，酶催化作用的特异性就必然与活性中心结构有关。活性中心的结合基团是行使识别底物，并且与底物进行特异性结合功能的结构；然而，催化基团的催化作用必须在结合基团完成了它的结合功能，并判明是否为催化底物后才有可能发生。由此不难看出，酶催化作用的特异性实质上是结合基团和催化基团的特异性。

5.1.5 酶作用的基本原理

1. 酶的催化作用与分子活化能

与所有催化剂相同，酶能够降低底物分子反应的能阈。在某一个反应中，如 S（反应物）→P（产物），中间需经过一个生成过渡状态分子 B 的阶段。

$$S \rightleftharpoons [B] \longrightarrow P$$

过渡状态分子是能量超过一定值（能阈）的活化分子，这种活跃的分子极易放出能量，转变为产物 P，因此，反应速度与过渡状态分子 B 的生成量成一定比例。使反应物分子变为过渡状态分子的能量称为活化能。只有活化能大于能阈的分子才有可能发生反应。在同一反应中，有催化剂参与能降低生成过渡状态分子的能阈，从而所需的活化能比无催化剂参与的要少，所以很容易生成过渡状态分子。酶的作用就在于降低反应活化能阈，使反应沿着活化能阈降低的途径迅速进行。

2. 中间产物学说

酶能降低化学反应的活化能阈，最适宜的解释是中间产物学说。

$$\underset{\text{底物}}{S} \longrightarrow \underset{\text{产物}}{P}$$

中间产物学说认为，酶在催化每一反应时，首先是酶（E）与底物（S）结合成一个不稳定的中间产物（ES），也称中间络合物，然后 ES 再分解成产物（P），并释放出原来的酶（E）。此过程可用下列方程式表示

$$E+S \rightleftharpoons ES \longrightarrow E+P$$

由于中间产物（ES）的形成，可使反应的活化能阈大为降低，所以，只需较低的活化能，反应就能迅速进行。

3. 诱导契合学说

过去有人认为，酶与底物结合时，酶的活性中心结构与底物结构必须互相吻合，就像锁和钥匙那样结合成中间产物，进而促进底物转变为产物，此即所谓酶作用的锁钥学说。此学说的缺点在于认为酶的结构是固定不变的。

近年来发现，酶的活性中心结构与底物原本并非恰巧吻合，只有当底物分子与酶分子相接触时，才能诱导酶的活性中心结构发生构象改变，从而与底物结构吻合，然后才结合成中间产物，进而引起底物发生相应的化学反应，此即所谓酶作用的诱导契合学说。

5.1.6　酶的命名与分类

迄今为止已发现约 4000 多种酶，在生物体中的酶远远大于这个数量。随着生物化学、分子生物学等生命科学的发展，会发现更多的新酶。为了研究和使用的方便，需要对已知的酶加以分类，并给以科学名称。1961 年国际生物化学学会酶学委员会推荐了一套新的系统命名方案及分类方法，已被国际生物化学学会接受，决定每一种酶应有一个系统名称和一个习惯名称。

1. 酶的分类

国际生物化学学会酶学委员会根据酶所催化反应的类型，将酶分为六大类，分别用 1、2、3、4、5、6 的编号来表示。

（1）氧化还原酶类

氧化还原酶类（oxido-reductases）能引起底物的脱氢或受氢作用，发生氧化还原反应。这类酶负有生物氧化功能，是一类获得能量反应的酶。应当指出，在生化反应中只有两种氧化还原形式：氢的得失——失氢为氧化，得氢为还原；电子得失——失电子为氧化，得电子为还原。催化氧化还原反应的酶数量很大，大致可分为氧化酶和脱氢酶两种。一般情况下，氧化酶催化的反应都有氧分子直接参与，脱氢酶所催化的反应总伴随氢原子的转移。

① 脱氢酶

脱氢酶能活化底物上的氢并使反应通式为它转移到另一物质上，使底物因脱氢而氧化。不同的底物将由不同的脱氢酶进行脱氢作用。

$$A-2H+B \rightleftharpoons A+B-2H$$

② 氧化酶

氧化酶能将分子氧（空气中的氧）活化，从而作为氢的受体而形成水；或催化底物脱氢，并氧化成过氧化氢。反应通式为

$$A-2H+O_2 \longrightarrow A+H_2O$$

$$A-2H+O_2 \longrightarrow A+H_2O_2$$

（2）转移酶类

转移酶类（transferases）能催化一种化合物分子的基团转移到另一种化合物分子上。反应通式为

$$A-X+B \rightleftharpoons A+B-X$$

（3）水解酶类

水解酶类（hydrolases）能催化底物的水解作用及其逆反应。反应通式为

$$A-B+H-OH \rightleftharpoons AOH+BH$$

（4）裂解酶类

裂解酶类（lyases）也称裂合酶类，能催化有机物碳链的断裂，产生碳链较短的产物。反应通式为

$$A-B \longrightarrow A+B$$

（5）异构酶类

异构酶类（isomerases）能催化同分异构化合物之间的互相转化，即分子内部基团的重新排列。反应通式为

$$A \rightleftharpoons A'$$

（6）合成酶类

合成酶类（ligases）也称连接酶，能催化有三磷酸泉苷（ATP）参加的合成反应。这类酶关系着许多重要生命物质的合成。反应通式为

$$A-B+ATP \rightleftharpoons A-B+ADP+PI$$

每一大类酶可分为几个亚类，每一亚类又分为几个亚亚类，然后再把属于这一亚亚类的酶按顺序排列，便可将已知的酶分门别类地排成一个表，称酶表。由此可将每种酶用四个数字的编号来表示。例如，乳酸脱氢酶的编号为 EC1. 1. 1. 27。

2. 酶的命名

根据酶学委员会的建议，每一种酶都给以两个名称，一个是系统名，一个是惯用名。

系统名可确切地表明底物的化学本质及酶的催化性质，因此，它包括两部分，底物名称和反应类型，并用“：”分开表示。如 L-乳酸：NAD 氧化还原酶（EC1. 1. 1. 27）。

惯用名比较简短，亦常以酶所作用的底物及反应类型命名，但不够严格。如乳酸脱氢酶是催化乳酸生成丙酮酸的反应，但事实上它包括两种酶：L-乳酸：NAD 氧化还原酶（EC1. 1. 1. 27）和 D-乳酸：NAD 氧化还原酶（EC1. 1. 1. 28）。催化水解作用的酶的惯用名常省去反应类型，如水解蛋白质的叫蛋白酶，水解淀粉的叫淀粉酶。

此外，尚有以下两种分类常被人们所采用：

① 大多数酶存在于细胞内，在细胞内起催化作用，这类酶称为胞内酶（endoenzyme）。存在于细胞外的酶称为胞外酶（ectoenzyme）。胞外酶能透过细胞膜，作用于细胞外面的物质，主要催化复杂的有机大分子水解为简单的小分子，从而易于被微生物吸收利用。这类酶为水解酶类。

② 大多数微生物的酶的产生与底物存在与否无关。这类在微生物体内始终都存在着的相当数量的酶，称为固有酶。在某些情况下，例如，受到了某种持续的物理、化学因素影响或某种生物存在，微生物会在体内产生出适应新环境的酶，这种酶称为诱导酶（induced enzyme）。诱导酶的合成机制信息贮存于细胞 DNA 中，但其合成将受操纵子调控。诱导酶产生在废水生物处理中具有重要意义。

5.1.7　酶的催化特性

1. 酶与一般催化剂的相同点

酶既是一种催化剂，就必然和一般催化剂有共性，即可以加快反应速度，而本身在反应前后没有结构和性质上的改变，只能催化热力学上允许进行的化学反应，而不能实现那些热力学上不能进行的反应；只能缩短反应达到平衡所需的时间，而不改变反应的平衡点。酶积极参与生物化学反应，加快反应速率，缩短反应到达平衡所需的时间，但不改变平衡点，并且酶在参与反应的前后，没有性质和数量的改变。

2. 酶与一般催化剂的区别

（1）高效性

酶具有很高的催化效率，一般为无机化学催化剂的 10^6～10^{10} 倍。以 $2H_2O_2 \longrightarrow 2H_2O + O_2$ 为例，1mol 过氧化氢酶在一定条件下催化 5×10^6 mol 过氧化氢分解为水和氧，同样条件下，每摩尔离子铁只能催化 6×10^4 mol 过氧化氢。酶的高效性不仅表现为使催化反应的速度非常快，而且还表现为极微量的酶就有催化作用。例如，将唾液淀粉酶稀释到百万分之一时，仍能使淀粉水解。

（2）专一性（特异性）

被酶作用的物质称为底物、作用物或基质。一种酶只作用一种物质或一类物质或催化一种或一类化学反应，产生相应的产物。我们把酶所能够催化的物质叫做该酶的底物。所以说，酶对所作用的底物有严格的选择性。例如淀粉酶催化淀粉水解为葡萄糖，蛋白酶、肽酶催化蛋白质水解为胨、肽或氨基酸等。

酶作用的特异性是酶最重要的特性。生物体内复杂的代谢过程包含着许多步骤的化学反应，每一步都需要一种酶来完成，所以，必须有许多不同的酶参与作用。如果没有许多特异性的酶组成一系列的催化体系，生物体内物质不可能有规律地新陈代谢。由于酶的高度的特异性，当代谢途径中某一环节的酶遭到破坏或缺失，则这一代谢过程就会停止。

5.2　微生物的分解代谢

分解代谢是指复杂的有机物分子通过分解代谢酶系的催化，产生简单分子、腺苷三磷酸（ATP）形式的能量和还原力的作用。微生物可利用的有机物营养种类很多，不同有机物的分解途径各异，这也是微生物能有效降解污染物的原因。

分解代谢途径是由一系列连续的酶促反应构成的，前一步反应的产物是后续反应的底物。细胞通过各种方式有效地调节相关的酶促反应，来保证整个代谢途径的协调性与完整性，从而使细胞的生命活动得以正常进行。

5.2.1 生物氧化概述

分解代谢实际上是物质在生物体内经过一系列连续的氧化还原反应，逐步分解并释放能量的过程，这个过程也称为生物氧化，是发生在活细胞内的一系列产能性反应的总称。生物氧化的形式包括某物质和氧结合、脱氢或失去电子；生物氧化的过程可分为脱氢（或电子）、递氢（或电子）和受氢（或电子）三个阶段；生物氧化的功能则有产能、产还原力和产小分子中间代谢物三种。不同类型微生物进行生物氧化所利用的物质是不同的，异养微生物利用有机物，自养微生物则利用无机物。在生物氧化过程中释放的能量可被微生物直接利用，也可通过能量转换贮存在高能化合物（如 ATP）中，以便逐步被利用，还有部分能量以热的形式被释放到环境中。

5.2.2 异养型微生物的产能代谢

对于异养微生物来讲，能量的生成和释放都是通过生物氧化过程实现的。根据生物氧化反应中电子受体的不同，可将微生物氧化分成发酵和呼吸两种类型，而呼吸又可分为有氧呼吸和无氧呼吸两种方式。微生物的产能代谢是通过上述两类氧化方式来实现的，微生物从中获得生命活动所需要的能量，见表 5-1。

表 5-1 微生物的三种产能方式

产能方式	最终电子受体最终产物	举例
发酵	氧化过程的中间产物，是简单有机物醇、有机酸、甲烷、CO_2、能量	酵母菌、乳酸杆菌
有氧呼吸	O_2、CO_2、H_2O、能量	霉菌、放线菌、枯草杆菌
无氧呼吸	NO_3^-、SO_4^{2-}、CO_3^{2-}、CO_2、CH_4、H_2O、H_2S、N_2、NH_3、能量	反硝化细菌、硫杆菌、产甲烷菌

微生物呼吸类型的比较见表 5-2。

表 5-2 微生物呼吸类型的比较

呼吸类型	最终电子受体	参与反应的酶及电子传递体系	最终产物	释放总能量
有氧呼吸	O_2	脱氢酶、脱羧酶、细胞色素氧化酶、NAD、FAD、辅酶 Q	NO_3^-、CO_2、H_2O、SO_4^{2-}、CO_3^{2-}、ATP、S、Fe^{3+}	2876kJ
乙醇发酵	中间代谢物	脱氢酶、脱羧酶、乙醛还原酶、NAD	低分子有机物、ATP、CO_2	238.3kJ
无氧呼吸	NO_3^-、SO_4^{2-}、CO_3^{2-}、CO_2、延胡索酸	脱氢酶、脱羧酶、硝酸盐还原酶、硫酸盐还原酶、NAD	NH_4^+、CO_2、H_2O、ATP、H_2S、CH_4、琥珀酸	反硝化：1756kJ 反硫化：1126kJ

1. 发酵

微生物细胞将有机物氧化释放的电子直接交给底物未完全氧化的某种中间产物，同时释放能量，并产生各种不同的代谢产物的呼吸类型叫发酵。在发酵条件下，有机化合物只是部分的被氧化，只释放出一小部分的能量。发酵的过程是与有机物的还原偶联在一起的，被还原的物质来自初始发酵的分解代谢，不需要外界提供电子受体。

发酵的种类很多，可发酵的底物有糖类、有机酸、氨基酸等，其中以微生物发酵葡萄糖最为重要。生物体内葡萄糖被降解成丙酮酸的过程称为糖酵解，主要分为四种途径：EMP途径、HMP途径、ED途径、磷酸解酮酶途径。

（1）EMP途径

EMP途径又称为糖酵解或己糖二磷酸途径，如图5-1所示，是在无氧条件下，细胞将葡萄糖转化为丙酮酸，同时释放出少量ATP的代谢过程，总反应为：

$$C_6H_{12}O_6+2NAD^++2Pi+2ADP \longrightarrow 2CH_3COCOOH\text{（丙酮酸）}+2NADH+2H^++2ATP+2H_2O$$

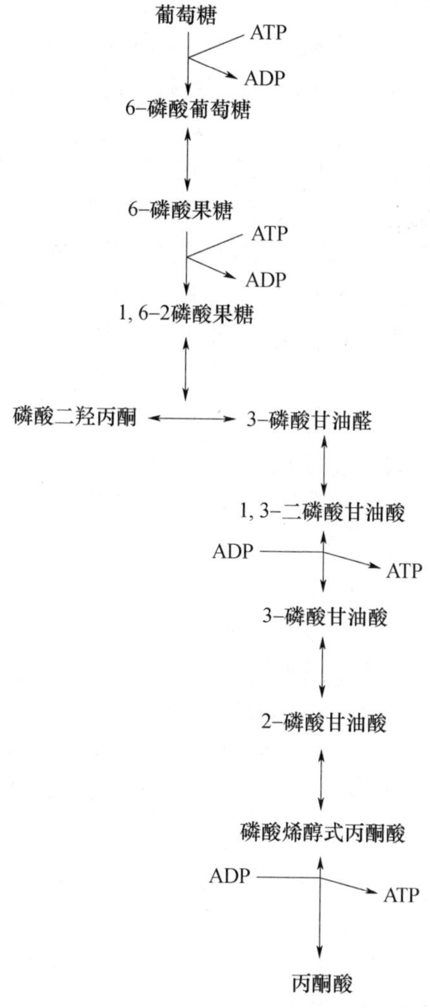

图5-1　EMP分解途径

大致可分为两个阶段。

第一阶段不涉及氧化还原反应及能量释放，生成两分子的中间代谢产物：3-磷酸甘油醛。

第二阶段发生氧化还原反应，释放能量合成ATP，同时形成两分子丙酮酸。

通过EMP途径，每氧化一分子的葡萄糖净得两分子ATP。在形成1,3-二磷酸甘油酸的过程中，2 分子 NAD^+ 被还原为 NADH。细胞中的 NAD^+ 供应是有限的，假如所有的 NAD^+ 都转化为 NADH，葡萄糖的氧化就得停止，因为 3-磷酸甘油醛的氧化反应只有在 NAD^+ 存在时才能进行。NAD^+ 的再生可以通过将丙酮酸还原，使 NADH 氧化重新成为 NAD^+。例如在酵母细胞中丙酮酸被还原为乙醇，并伴有 CO_2 的释放。而在乳酸菌细胞中，丙酮酸被还原成乳酸。EMP 途径可为微生物的生理活动提供 ATP 和 NADH，其中间产物又可为微生物的合成代谢提供碳骨架。

（2）HMP 途径

HMP 途径是从葡萄糖-6-磷酸开始的，HMP 途径的一个循环的最终结果是 1 分子 6-磷酸葡萄糖转变成 1 分子 3-磷酸甘油醛、3 分子 CO_2 和 6 分子 NADPH。一般以为 HMP 途径合成不是产能途径，而是为生物合成提供大量的还原力 NADPH 和中间代谢产物。如核酮糖-5-磷酸是合成核酸、某些辅酶及组氨酸的原料，还可以转化为核酮糖-1,5-二磷酸，在羧化酶作用下固定 CO_2，对光能自养菌、化能自养菌具有重要意义。

（3）ED 途径

ED 途径是在研究嗜糖假单胞菌时发现的。在 ED 途径中，6-磷酸葡萄糖首先脱氢产生 6-磷酸葡萄糖酸，接着在脱水酶进入 EMP 和醛缩酶的作用下，产生 1 分子 3-磷酸甘油醛和 1 分子丙酮酸，然后 3-磷酸甘油醛进入 EMP 途径转变成丙酮酸。1 分子葡萄糖经 ED 途径最后生成 2 分子丙酮酸、1 分子 ATP、1 分子 NADPH 和 NADH。ED 途径可不依赖于 EMP 和 HMP 途径而单独存在，但对于靠底物水平磷酸化获得 ATP 的厌氧菌而言，ED 途径不如 EMP 途径。

（4）磷酸解酮酶途径

磷酸解酮酶途径是明串珠菌在进行异型乳酸发酵过程中分解已糖和戊糖的途径。该途径的特征性酶是磷酸解酮酶，根据解酮酶的不同，把具有磷酸戊糖解酮酶的称为 PK 途径，把具有磷酸已糖解酮酶的称为 HK 途径。

葡萄糖经 EMP 途径降解为 2 分子丙酮酸，然后丙酮酸脱羧生成乙醛，乙醛作为氢受体时 NAD^+ 再生，发酵终产物为乙醇，这种发酵类型称为酵母的一型发酵。但当环境中存在亚硫酸氢钠时，它可以与乙醛反应生成难溶的磺化羟基乙醛，由于乙醛和亚硫酸盐结合而不能作为 NADH 的受氢体，所以不能形成乙醇，迫使磷酸二羟丙醇代替乙醛作为受氢体，生成 α-磷酸甘油，α-磷酸甘油进一步水解脱磷酸而生成甘油，称为酵母的二型发酵。在弱碱性条件下（pH 值 7.6），乙醛因得不到足够的氢而积累，两个乙醛分子间会发生歧化反应，一个作为氧化剂被还原成乙醇，另一个则作为还原剂被氧化为乙酸，氢受体则由磷酸二羟丙酮担任。发酵终产物为甘油、乙醇和乙酸，称为酵母的三型发酵。

2. 有氧呼吸

在分子氧存在的条件下，有机物脱氢后，经完整呼吸链递氢，最终以分子氧作为受氢体产生水，释放 ATP 形式的能量的过程叫有氧呼吸。

（1）有氧呼吸阶段

葡萄糖的有氧氧化是指葡萄糖生成丙酮酸后，在有氧条件下，进一步氧化生成乙酰辅酶 A，再经三羧酸循环彻底氧化成二氧化碳、水及能量的过程，是生物机体获得能量的主要途径。葡萄糖的有氧呼吸可分为三个阶段。

第一阶段，葡萄糖经 EMP 途径分解形成中间产物丙酮酸，同时产生 ATP、$NADH+H^+$。与糖酵解反应过程所不同的是，3-磷酸甘油醛脱氢生成的 $NADH^+$ 进入线粒体氧化，即有氧条件下，微生物会将 $NADH+H^+$ 的氢经呼吸链传递给 O_2，产生 3 个 ATP，此阶段产物中的 2 分子 $NADH+H^+$ 进入呼吸链共产生 6 个 ATP，再加上反应中净得的 2 个 ATP，共有 8 个 ATP。

第二阶段，丙酮酸在丙酮酸脱氢酶系的作用下生成乙酰 CoA，并释放 CO_2 和 $NADH+H^+$。丙酮酸氧化脱羧反应是连接糖酵解和三羧酸循环的中间环节。

第三阶段，乙酰 CoA 进入三羧酸循环，产生大量的 ATP、CO_2、$NADH+H^+$ 和 $FADH_2$。

(2) 三羧酸循环

三羧酸循环亦称柠檬酸循环，指丙酮酸氧化脱羧生成的乙酰辅酶 A 彻底进行氧化，产生大量的 ATP、CO_2、$NADH+H^+$ 和 $FADH_2$ 的过程，如图 5-2 所示。

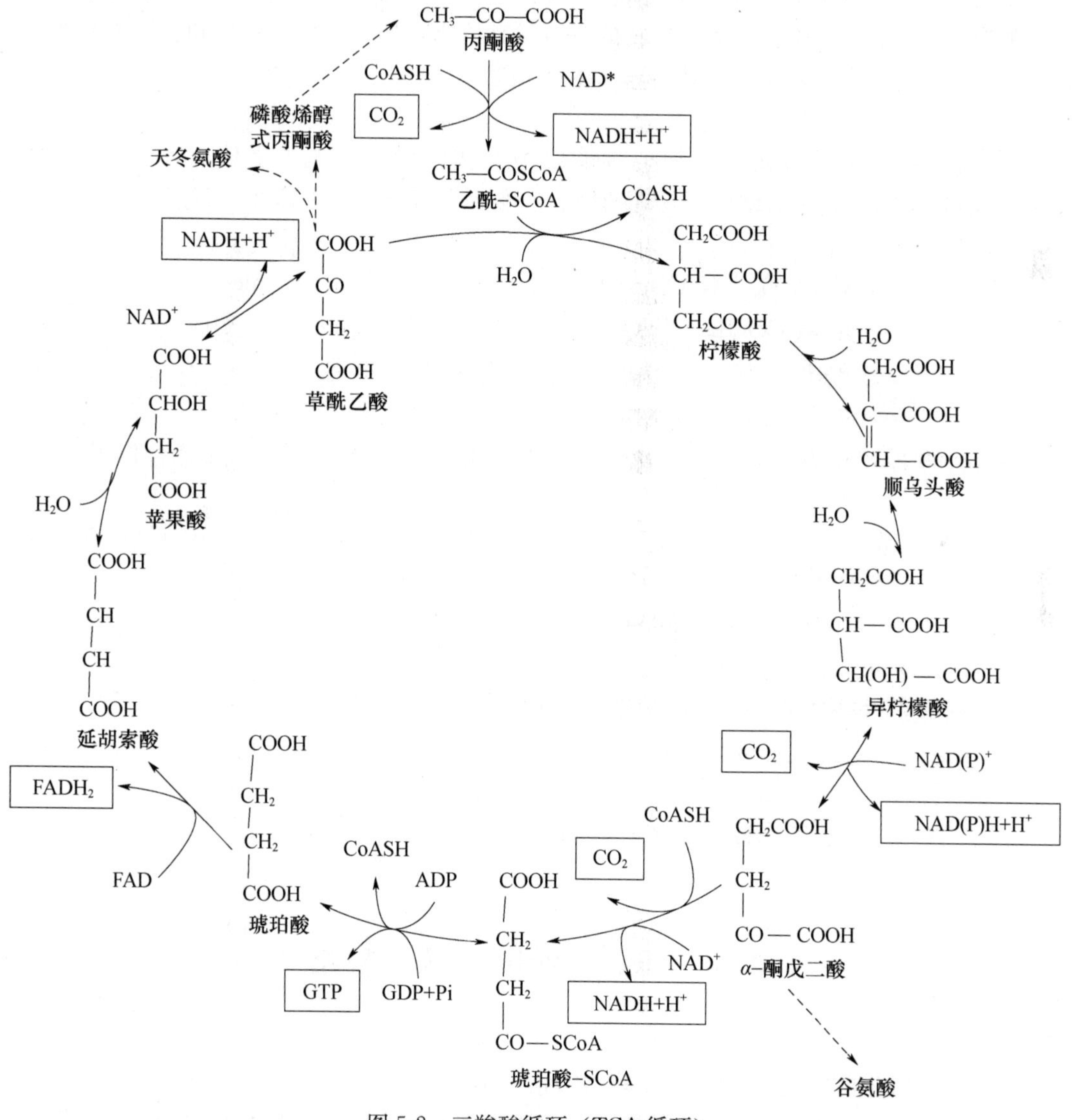

图 5-2　三羧酸循环（TCA 循环）

1 分子的丙酮酸经三羧酸循环完全氧化为 3 分子的 CO_2，同时生成 4 分子的 NADH 和 1 分子的 $FADH_2$。NADH 和 $FADH_2$ 可经电子传递系统重新被氧化。由此，每氧化 1 分子的 NADH 可生成 3 分子的 ATP，每氧化 1 分子 $FADH_2$ 可生成 2 分子 ATP。另外，琥珀酸辅酶 A 在氧化成延胡索酸时，包含着底物水平磷酸化作用，由此产生 1 分子 GTP，随后 GTP 可转化成 ATP。1 分子的丙酮酸每经一次三羧酸循环可生成 15 分子 ATP。此外，在糖酵解过程中产生的 2 分子 NADH 可经电子传递系统重新被氧化产生 6 分子 ATP。在葡萄糖转化为 2 分子丙酮酸时还可借底物水平磷酸化生成 2 分子的 ATP。因此，需氧微生物在完全氧化葡萄糖的过程中总共可得到 38 分子 ATP。

3. 无氧呼吸

某些厌氧和兼性厌氧微生物在无氧条件下可进行无氧呼吸。这是一类在无氧条件下进行的产能效率较低的特殊呼吸。无氧呼吸的特点是底物脱氢后，经呼吸链传递氢，最终由氧化态的无机物受氢，其最终氢受体不是氧，而是 NO_3^-、NO_2^-、SO_4^{2-}、$S_2O_3^{2-}$、CO_3^{2-} 和 CO_2 等外源受体。无氧呼吸中作为氧化底物的一般是有机物，如葡萄糖、乙酸和乳酸等，通过无氧呼吸被彻底氧化成二氧化碳，并伴随产生 ATP。

（1）以 NO_3^- 为最终电子受体

假单胞菌属和某些芽孢杆菌属的种能以硝酸盐作为最终电子受体，将 NO_3^- 还原为 NO_2^-、N_2O 和 N_2。其供氢体可以是葡萄糖、乙酸等有机物，也可以是 NH_3 和 H_2。它们的反应式如下：

$$C_6H_{12}O_6+4NO_3^- \longrightarrow 2N_2\uparrow+6CO_2+6H_2O+1756kJ$$

$$5CH_3COOH+8NO_3^- \longrightarrow 10CO_2+4N_2\uparrow+6H_2O+8OH^-$$

$$2NH_3+NO_3^- \longrightarrow 1.5N_2\uparrow+3H_2O$$

$$6H_2+2NO_3^- \longrightarrow N_2\uparrow+6H_2O$$

硝酸盐的 NO_3^- 在接受电子后变成 NO_2^-、N_2 的过程，叫脱氮作用或反硝化作用。

（2）以 SO_4^{2-} 为最终电子受体

普通脱硫弧菌能以硫酸盐作为最终电子受体，将 SO_4^{2-} 还原为 H_2S。该菌氧化有机物不彻底，如氧化乳酸时产物为乙酸。

$$2CH_3CHOHCOOH+H_2SO_4 \longrightarrow 2CH_3COOH+2CO_2+H_2S+2H_2O$$

（3）以 CO_2 和 CO 为最终电子受体

产甲烷菌能利用甲醇、乙醇、乙酸、氢等物质作为供氢体，将 CO_2 或 CO 还原为 CH_4。

$$2CH_3CH_2OH+CO_2 \longrightarrow CH_4+2CH_3COOH$$

$$4H_2+CO_2 \longrightarrow CH_4+2H_2O$$

$$3H_2+CO \longrightarrow CH_4+H_2O$$

5.3 微生物的合成代谢

微生物利用能量代谢所产生的能量、中间产物以及从外界吸收的小分子，合成复杂的细胞物质的过程称合成代谢。对于化能异养微生物而言，产生能量的分解代谢同时也提供了碳源，它们以中间产物的形式存在，并参与各种细胞物质的构成，所以说，合成代谢是在能量代谢的基础上进行的。对于化能自养微生物和光能自养微生物而言，能量代谢并没有解决碳源问题，微生物还必须从外界吸收能作为碳源的物质，自养型微生物以 CO_2 为碳源，以无机物为电子供体，异养型微生物则以有机物为碳源和电子供体。

5.3.1　产甲烷菌的合成代谢

1. 分离产甲烷细菌应具备的条件

严格的厌氧条件是分离产甲烷细菌的决定性因素。产甲烷细菌遇氧后会受到抑制，失去活性，因而要求的氧化还原电位很低，只有在－330mV 以下才能生长。

为了消除培养基里的溶解氧，需要往培养基里添加还原剂，如 Na_2S、半胱氨酸（eysteine）来消除培养基中的氧。此外，密封的培养容器气相中亦要求无氧，因而，常需用纯氮、纯氢、纯 CO_2 等气体去除培养容器气相中的空气，代之以无氧气体充满培养容器。H_2 和 CO_2 是甲烷细菌可利用的合成甲烷的底物，可促进产甲烷细菌生长，所以，向容器里充这两种气体最合适。向容器里充 H_2 和 CO_2 的比例应为 H_2 ∶ CO_2＝70 ∶ 30 为宜。

2. 分离产甲烷细菌的基本要点

（1）在完全无氧的条件下制备培养基

在无氧条件下制备培养基的目的，就是要消除培养基中的溶解氧，这是分离产甲烷细菌的必要条件，否则会导致分离的失败。分离产甲烷细菌的基础培养基成分（质量分数）一般为：

NH_4CL	0.1	酵母汁	0.2	$MgCL_2$	0.01
K_2HPO_4	0.04	KH_2PO_4	0.02	半光氨酸	0.05
胰酶解酪蛋白	0.2	牛瘤胃液	30mL	pH	7 左右

115℃高压蒸汽灭菌 30min。使用前，每 5mL 培养基加入 1% Na_2S 和 5% $NaHCO_3$ 各 0.1mL。

（2）往培养基里加还原剂——树脂天青

树脂天青（resazurin）也称刃天青，既是还原剂又是指示剂，它可以把培养基里残留的溶解氧去除。树脂天青在有氧存在时呈现紫色或粉红色，无氧时呈无色（培养基的颜色），它是一种较为理想的氧化还原电位指示剂，是培养专性厌氧细菌不可缺少的。

（3）在无氧条件下分装试管

培养基分装试管也要在无氧条件下进行，可用 CO_2、N_2、H_2 来驱逐空气的办法达到无氧要求。

（4）滚管（roll tube）

采用无菌注射器接种后，让试管滚动，目的是让培养基凝固在试管壁上，增加产甲烷细菌的生长表面积，使产甲烷细菌能充分与 H_2 和 CO_2 接触。

以上条件都具备了，才有可能把产甲烷细菌分离成功。

美国著名微生物学家亨盖特（Hungate）专门研究瘤胃微生物，是世界上第一个分纯产甲烷细菌的人，在 1950 年首次把产甲烷细菌分纯成功。

3. 产甲烷细菌的形态特征

尽管产甲烷细菌种类较少，但它们在形态上仍有明显的差异，可分为杆状、球状、螺旋状和八叠球状四类。产甲烷细菌均不形成芽孢，革兰氏染色不定，有的具有鞭毛。球形菌呈正圆形或椭圆形，直径一般为 0.3～5μm，有的成对或成链状排列。杆菌有的为短杆状，两端钝圆。八叠球菌革兰氏染色呈阳性，这种细菌在反应器中大量存在。

4. 产甲烷细菌的合成代谢

不同的产甲烷细菌生长过程中所需营养物质是不一样的。美国人 Smith 指出，在纯培养条件下，几乎所有的产甲烷细菌都能利用 H_2 和 CO_2 生产甲烷。在厌氧生物处理中，绝大多数产甲烷细菌都能利用甲醇、甲胺、乙酸，所以在厌氧生物处理反应设备中最为常见。产甲烷细菌不能直接利用除乙酸外的二碳以上的有机物质。

一般常将产甲烷细菌分为三个种群：氧化氢产甲烷菌（HOM），氧化氢利用乙酸产甲烷菌（HOAM）和非氧化氢利用乙酸产甲烷菌（NHOAM）。尽管这一分类并不严格，但在厌氧反应器中，以上种群常分别能出现在不同的生境中，构成优势种，对实际工程的运行具有重要意义。所有的产甲烷细菌都能利用 NH_4^+，有的产甲烷细菌需酪蛋白的胰消化物（trypticdigests），它可刺激产甲烷细菌生长，所以，分离产甲烷细菌时，培养基中要加入胰酶解酪蛋白（tryptilase）。产甲烷细菌在生活中需要某些维生素，尤其是 B 族维生素。酵母汁含 B 族维生素，也能刺激产甲烷细菌生长。另外，瘤胃液也能刺激产甲烷细菌的生长，它可提供辅酶 M（SH-CoM）等多种生长因子。产甲烷细菌在生活中还需要某些微量元素，如镍、钴、钼等，所需要量一般为 $Ni<0.1\mu mol/L$、$Co<0.01\mu mol/L$、$Mo<0.01\mu mol/L$。

5.3.2 化能自养型微生物的合成代谢

化能自养菌还原 CO_2 所需要的 ATP 和［H］是通过氧化无机底物，如 NH_4^+、NO_2^-、H_2S、H_2 和 Fe^{2+} 等而获得的。其产能的途径主要也是借助于经过电子传递体系的氧化磷酸化反应，因此，化能自养菌一般都是好氧菌。化能自养菌能从无机物的氧化中得到能量。能被化能自养菌氧化并产生能量的无机物主要有氢、氨、亚硝酸、硫化氢、硫代硫酸盐等，氧化这些无机物的细菌分别称为氢细菌、硝化细菌、硫细菌和铁细菌。

1. 氢细菌

氢细菌（*Hydrogen bacteria*），如嗜糖假单细胞菌（*Pseudomonas saccharophila*），能从氢的氧化中获得能量（ATP），这是通过电子传递而得到的。氢细菌的细胞膜上具有电子传递体系，并且具有氢化酶，这些电子传递体系的传递体在电子传递中由于存在电位差，因此在有些步骤产生 ATP。$2H^+/H_2$ 的氧化还原电位（$-0.42V$）与 $NAD^+/NADH+H^+$ 的氧化还原电位（$-0.32V$）比较接近，所以，产生的 ATP 数量基本上相同，也就是说可以产生 3 个 ATP。

氢细菌是兼性自养菌，也就是说，不仅能从氢的氧化中获得能量，还能利用有机物得到碳源和能源。

2. 硝化细菌

自然界的硝化作用（nitrification）是硝化细菌（Nitrifying bacteria）活动的结果，仅在有氧条件下进行。所谓硝化作用就是氨氧化为亚硝酸，亚硝酸氧化为硝酸的过程。硝化细菌有两类，一类是将氨氧化为亚硝酸，常称做亚硝化细菌，如亚硝化单胞菌属；另一类则称硝化细菌，如硝酸杆菌属（*Nitrobacter*）。硝化细菌有很强的专一性，也就是说，没有一种细菌既能将氨氧化为亚硝酸，又能将亚硝酸氧化为硝酸。NO^{2-} 氧化为 NO^{3-} 时失去 2 个电子而被氧化，所产生的 2 个电子经细胞色素 a_1→细胞色素 a_3→O_2 电子传递链进行电子传递，经磷酸化作用产生 1 个 ATP。

生物合成需要还原为 $NADH_2$ 或 $NADPH_2$，但大多数化能自养菌，如硝化细菌及后面将要介绍的硫化细菌等，由于它们所利用的无机底物的氧化还原电位都比 NADH 或 NAD^+ 高，因此这些无机底物的氧化，不能直接与 NAD^+ 的还原相偶联而产生 NADH。在这些细菌中，为了使 NAD^+ 还原，就必须在消耗 ATP 提供能量的情况下，进行反向电子传递，即电子从氧化还原电位高的载体流向氧化还原电位低（负）的 $NADH/NAD^+$，使 NAD^+ 还原成 NADH。

由于 NO^{2-}/NO^{3-} 的氧化还原电位很高，为+0.42mV，而 $NADH/NAD^{+}$ 为－0.32mV，在一般情况下，电子不可能从 NO^{2-} 流向 NAD^{+}。因此为了使电子反向传递，硝化细菌就必须大量消耗在亚硝酸氧化过程中通过氧化磷酸化作用所产生的 ATP。从以上电子传递过程可以看出，产生 1 分子 NADH 需要消耗 3 分子 ATP。这也就是为什么硝化细菌生长时需要消耗大量底物（如，硝酸），而生长却非常缓慢、细胞得率很低的原因。

硝化细菌为专性好氧菌，大部分种群为专性化能自养型，但也有少部分为兼性化能异养型。硝化细菌均为革兰氏染色阴性，无芽孢的球状或杆状，适宜中性或碱性环境，对毒性物质敏感。在废水好氧生物处理中，活性污泥和生物膜中常存在硝化细菌，但由于废水中的硝化细菌大多为兼性化能异养型，因而，当废水中有机营养越多时，这类细菌为获得较多的能量，常采取有机营养型（化能异养型），这也就是为什么只有当废水中有机底物越少时才进行硝化作用的原因。

3. 硫细菌

硫细菌（或称硫氧化细菌）可以通过对硫化氢、硫以及硫代硫酸盐的氧化而得到能量，这些物质最后都被氧化为硫酸。这些硫细菌称为无色硫细菌（*colourless sulphur baceria*），以区别于那些含有叶绿素的绿硫细菌和紫硫细菌。主要的硫细菌有氧化亚铁硫杆菌（*thiobacillus ferrooxidans*）。

硫化氢先氧化为硫，硫再氧化为亚硫酸。硫代硫盐酸先分解为硫和亚硫酸，然后再分别被氧化。亚硫酸可以通过以下两个途径产生：一是通过电子传递并产能；另一是先与 AMP 作用产生腺苷酰磷酸（APS），在这一过程中有 2 个电子放出，电子通过传递而产生能量，接着 APS 与无机磷酸盐作用，产生 ADP 和 SO_4^{2-}，而 2 个 ADP 可以产生一个 ATP 和一个 AMP，所以也产能。

总反应为：

$$2S_2O_3^{2-}+AMP+O_2+2Pi+4H^{+}\longrightarrow 2S+2SO_4^{2-}+ATP+H_2O$$

硫细菌存在于含硫、硫化氢、硫代硫酸盐丰富的环境中。在氧化硫化氢时可形成元素硫，元素硫可形成硫粒作为体内贮藏物质；当外界缺乏硫时，可将硫氧化为硫酸盐获取能量。

另外，光能自养型微生物产生 ATP 的方式是利用光能转换，这类生物利用光合色素吸收光能，通过光合磷酸化作用，生成生物可利用的能量。光合磷酸化作用是一个将光能转变为化学能（ATP）的过程，根据电子传递方式的不同，可分为环式光合磷酸化作用（如光合细菌）和非环式光合磷酸化作用（如绿色植物和蓝细菌）两种形式。前者的特点是产生能量，但不产生 NADH（NADPH），也无分子氧释放。

重　点　小　结

微生物酶是由微生物活细胞产生的蛋白质。

微生物的代谢分为合成代谢和分解代谢，它们是一个整体过程，保证生命活动得以正常进行。

分解代谢是指复杂的有机物分子通过微生物分解代谢酶系的催化，产生简单分子、腺苷三磷酸形式的能量和还原力的作用。微生物可利用的有机物营养种类很多，不同有机物的分解途径各异。

合成代谢是微生物利用能量代谢所产生的能量、中间产物以及从外界吸收的小分子，合成复杂的细胞物质的过程。对于化能异养微生物，产生能量的分解代谢同时也提供了碳源，它们以中间产物的形式存在，并参与各种细胞物质的构成。对于化能自养微生物和光能自养微生物，还必须从外界吸收碳源物质，自养型微生物以CO_2为碳源、以无机物为电子供体，异养型微生物则以有机物为碳源和电子供体。

习题与思考

1. 简述有氧呼吸在环境工程中的应用？
2. 简述无氧呼吸在环境工程中的应用？
3. 简述发酵在环境工程中的应用？
4. 什么是生物氧化？它的类型有哪些？
5. 微生物呼吸作用的本质是什么？它可分为几种类型？各呼吸类型有什么特点？

（本章编者：田晓燕；徐威、蔡苏兰修改）

第6章　微生物的生长繁殖与控制

学　习　提　示

重点与难点：

掌握：分批培养、连续培养与同步培养的概念，生长曲线的概念与特点。

熟悉：同步培养的方法，纯培养的方法，微生物群体生长的测定方法，微生物的控制方法。

了解：分批培养、连续培养在环境污水处理中的应用，环境因素对微生物生长的影响。

采取的学习方法：课堂讲授为主，部分内容学生自主学习

学时：4学时完成

生长与繁殖是自然界中存在的自然现象，生长是生物体或其一部分的体积、干物重或细胞数目增长的过程。繁殖是生物体产生新个体的过程。在高等生物里，这两个过程可以明显分开，但在低等特别是在单细胞的生物里，由于其个体微小，生长与繁殖这两个过程是紧密联系在一起的。在讨论微生物生长时，往往将这两个过程放在一起讨论，因此**微生物的生长可以定义为在一定时间和条件下细胞数量的增加，即微生物群体生长的定义**。

6.1　微生物的培养方法

环境条件不同，微生物的生长速率差异很大，如在加富培养基上，细菌的倍增时间（细胞质量每增加一倍所需的时间）可短至10min；而在某些自然条件下，细菌的倍增时间可长至100年。根据培养基的投加方式不同，微生物的培养方法可分为分批培养和连续培养两种，这两种方法既可用于微生物纯种的培养也可用于混合菌种的培养。在污水生物处理中这两种方法均有应用。

6.1.1　分批培养

在一个相对独立密闭的系统中，一次性投入培养基对微生物进行接种培养的方式一般称为分批培养（batch culture）。由于它的培养系统的相对密闭性，故分批培养也被称为密闭培养（closed culture）。如在微生物研究中，用锥形瓶作为培养容器进行的微生物培养一般是分批培养。采用这种分批培养方式，一方面由于系统的相对密闭性，另一方面由于随培养时间的延长，被微生物消耗的营养物得不到及时地补充，代谢产物未能及时排出培养系统，其他对微生物生长有抑制作用的环境条件得不到及时改善等原因，会使微生物细胞生长繁殖所

需的营养条件与外部环境逐步恶化，从而使微生物群体生长表现出从细胞对新环境的适应到逐步进入快速生长，而后较快转入稳定期，最后走向衰亡的阶段分明的群体生长过程（有关内容详见 6.3 节）。分批培养因生长的重要阶段难以延长，故有批次明显、周期短等特点。又由于分批培养相对简单与操作方便，在微生物学研究与发酵工业中仍被广泛采用。

6.1.2 连续培养

连续培养（continuous culture of microorganisms）是在微生物的整个培养期间，通过一定方式使微生物能以恒定的比生长速率生长并能持续生长下去的一种培养方法。与分批培养不同，在微生物连续培养过程中常采用开放系统，通过不断补充营养物质和以同样的速率移出培养物等来实现对微生物的连续培养。连续培养有恒浊连续培养和恒化连续培养两种。

1. 恒浊连续培养

恒浊连续培养（turbidostat）是一种使培养液中细菌的浓度恒定，以浊度为控制指标的培养方式。按试验目的，首先确定培养液的浊度并保持在某一恒定值上。通过调节进水（含一定浓度的培养基）的流速，使浊度达到恒定。当浊度较大时，可加大进水流速，以降低浊度；浊度较小时，则降低进水流速以提高浊度。发酵工业采用此法可获得大量的菌体和有经济价值的代谢产物。

2. 恒化连续培养

恒化连续培养（chemostat）是维持进水中的某种营养成分恒定（其中对细菌生长有限制作用的成分要保持在低浓度水平），以恒定流速进水，并以相同流速流出代谢产物，使细菌处于最高生长速率状态的培养方式，如图 6-1 所示。培养基中的某种营养物质通常是作为细菌比生长速率的控制因子，如氨基酸、氨和铵盐等氮源，或是葡萄糖、麦芽糖等碳源或是无机盐、生长因子等物质。

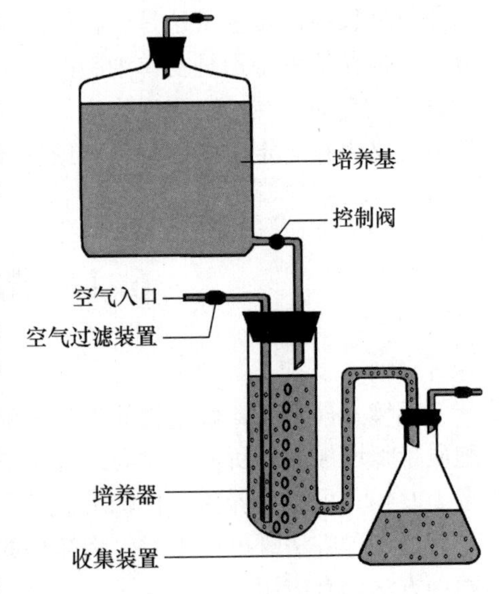

图 6-1 恒化连续培养系统

在连续培养中，微生物的生长状态和规律与分批培养中的不同。它们往往是处于分批培养中生长曲线的某一个生长阶段。恒化连续培养法尤其适用于污（废）水生物处理。除了序批式间歇曝气器（SBR）法外，其余的污水生物处理法均采用恒化连续培养。

6.1.3 同步培养

微生物个体生长是微生物群体生长的基础。但在微生物群体中并不是每个个体都处于相同的生长阶段，因而它们的生长、生理及代谢活性等特性并不一致，会出现生长与分裂不同步的现象。**同步培养（synchronous culture）就是使微生物群体中不同步生长的细胞转变成能同时进行生长或分裂的细胞。这种以同步培养方法使群体细胞处于同一生长阶段，并能同时进行分裂的生长方式称为同步生长。通过同步培养方法获得的细胞被称为同步细胞或同步培养物**。同步培养物常被用来研究在单个细胞上难以研究的生理与遗传特性，或被用作工业发酵的种子，它是一种非常理想的材料。

用常规培养方法获得的细胞往往是不完全同步生长的细胞，即便是采用同步培养方法获得的同步细胞经过几次传代后，也可能出现不同步的现象。同步培养中要研究的主要内容就是如何使不同步生长的细胞转变为同步生长的细胞，以及如何能使同步生长的细胞长时间保持同步生长。同步培养方法主要分为机械法与环境条件控制法两类。

1. 机械法

对于不同生长阶段的微生物细胞，它们的体积与质量或它们与某种材料结合的能力等方面可能会有所不同。机械法就是基于这一微生物特点设计出了不同的微生物细胞同步培养方法。

（1）离心法

离心法主要是依据微生物细胞在不同生长阶段的细胞质量不同而进行细胞的同步培养。其操作方法如图 6-2 所示：将不同步生长的细胞培养物悬浮在不被这种微生物细胞利用的糖或葡聚糖等的不同密度梯度溶液中，对细胞培养物悬浮液进行密度梯度离心得到由不同质量的细胞分布构成的不同的细胞带，分别取出每一细胞带的细胞进行培养，即可获得同步细胞。

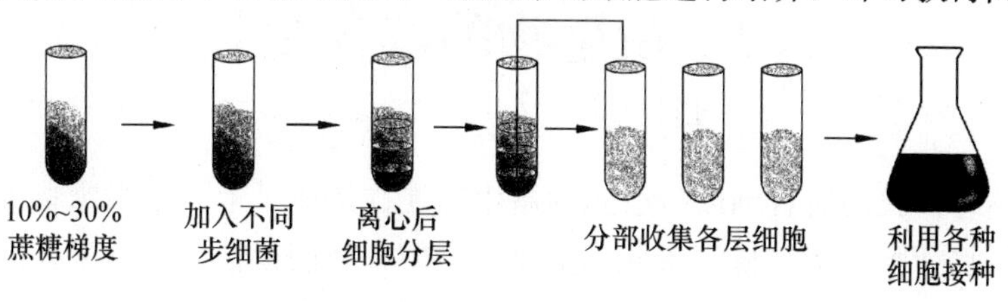

图 6-2 离心法进行同步培养

（2）过滤分离法

该方法依据微生物细胞在不同生长阶段的细胞大小不同，将不同步生长的细胞培养物通过孔径大小不同的微孔滤器，从而将大小不同的细胞分开，分别将滤液中的细胞取出进行培养，即可获得同步细胞。

（3）硝酸纤维素滤膜法

如图 6-3 所示为硝酸纤维素滤膜法获得同步细胞的大致流程。该方法是依据微生物细胞能紧紧结合到硝酸纤维素滤膜上的特点设计的。将细菌悬液通过垫有硝酸纤维素滤膜的过滤器；然后取出滤膜颠倒过来重新放置到过滤器上，并用培养基洗去未结合的细菌；将滤器于适宜条件培养一段时间；最后用培养基冲洗过滤器，将新分裂产生的细菌洗下、收集并培养获得同步细胞。

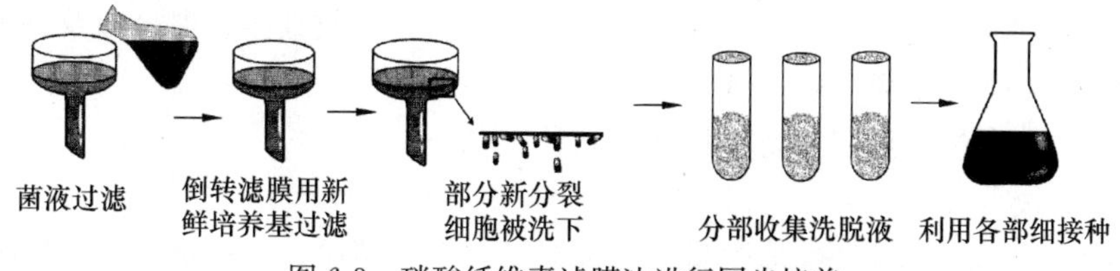

图 6-3 硝酸纤维素滤膜法进行同步培养

2. 环境条件控制法

微生物的生长与分裂对环境因子的要求是不同的，依据此特点设计出了几种获得同步细胞的方法。

（1）温度

最适生长温度有利于微生物的生长与分裂，而不适宜温度如低温则不利于细菌生长与分裂。经适宜与不适宜温度交替处理后，经过培养获得同步细胞。

（2）培养基成分控制

将不同步的细菌在碳源、氮源或生长因子等营养不足的条件下培养一段时间，使微生物细胞处于生长缓慢甚至不生长状态，然后将其转移到营养丰富的培养基里培养即能获得同步细胞。也可将不同步的细胞转接到含一定量具有抑制微生物生长活性物质的培养基中培养一段时间后，然后再转接到完全培养基里培养也能获得同步细胞。

（3）其他

对于光合微生物细胞可以采用有光照和黑暗交替培养方法获得同步细胞；对于产芽孢杆菌可先培养使其产生芽孢，然后通过加热等手段杀死营养细胞，最后将处理后的产芽孢杆菌转接到新的培养基里培养以获得同步细胞。

6.2 微生物的群体生长

除某些真菌外，我们所看到或接触到的微生物往往是成千上万个微生物细胞组成的群体而不是单个微生物细胞，即在科学研究或工业生产中，我们往往是以微生物的群体作为研究对象或应用对象的。

6.2.1 纯培养的分离

微生物种类繁多，在自然界中分布广，而且多是混杂地生活在一起。要想研究或利用某一微生物，必须把它从混杂的微生物类群中分离出来，以得到只含一种微生物的纯培养。**在实验室条件下由一个细胞或一种细胞群繁殖得到的后代称为微生物的纯培养（pure culture）**。纯培养分离技术有很多，下面介绍几种在环境微生物学中常用的纯培养分离技术。

1. 平板分离法获得纯培养

平板是指熔化的固体培养基倒入无菌平皿经冷却凝固后，所得的盛有固体培养基的平皿。**单个微生物细胞在适宜的固体培养基表面或内部生长、繁殖到一定程度可以形成肉眼可见的、有一定形态结构的子细胞生长群体，称为菌落（colony）**。而每个孤立的菌落很可能就是由单个微生物活细胞生长繁殖形成的纯培养结果。大多数细菌、酵母菌及许多真菌和单细胞藻类都能通过平板分离法获得纯培养。

实验室常用的平板分离法主要包括如下几种：

（1）平板划线分离法（streak plate method）

以无菌操作技术用接种环蘸取少量待分离样品，在无菌平板表面进行分区划线或连续划线，如图 6-4 所示。这样微生物细胞数量随划线次数的增加而减少，并被逐步分散开，经适当培养后，可在平板表面得到单菌落。

（2）涂布平板法（spread plate method）

将经过适当稀释的一定体积的菌液加到无菌平板上，然后用无菌涂布棒，将其涂布均匀，若稀释度适宜，经培养后，可在平板表面得到单菌落，从而达到分离纯化的目的，如图 6-5（a）所示。

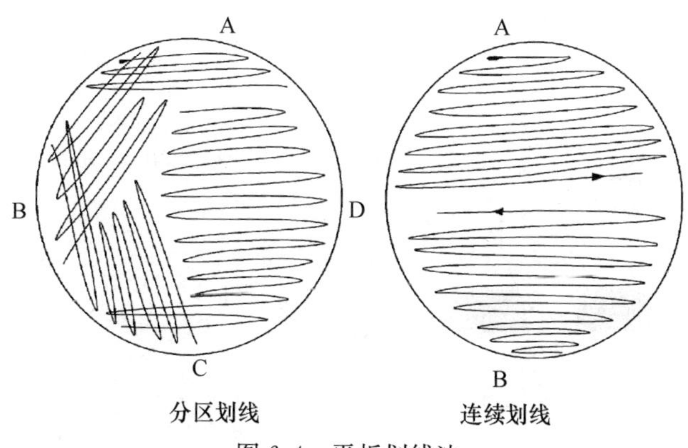

图 6-4　平板划线法

（3）倾注平板法（pour plate method）

将待分离培养的样品经过适当稀释后，取合适稀释度的少量菌液与融化并冷却至 50℃左右的培养基混合均匀后加到无菌平皿中，待凝固，然后在适宜的温度下培养一段时间，如果稀释得当，经过培养后可以从平板表面或内部长出单菌落，从而达到分离纯化的目的，如图 6-5（b）所示。

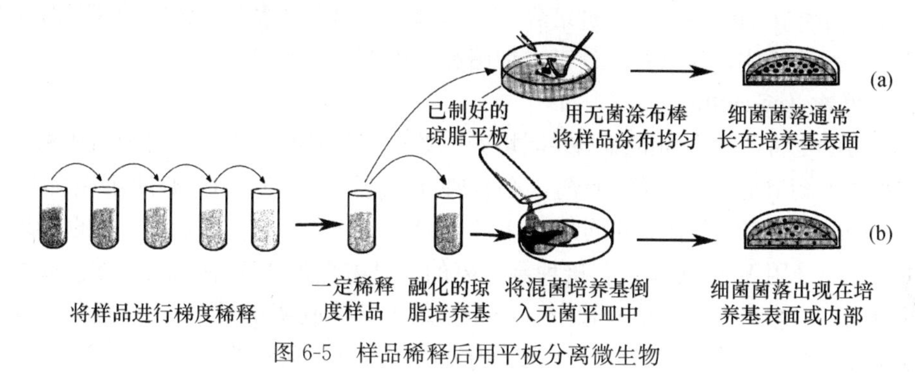

图 6-5　样品稀释后用平板分离微生物

2. 富集培养（enrichment culture）

有些微生物在自然界中生存着，但分离和获得这些微生物的纯培养物十分困难，甚至有些微生物至今仍无法分离出来。对于这些微生物，常采取富集培养的方法，来作为纯培养的前处理，或直接以富集培养物作为研究材料。富集培养能使原本在自然环境中占少数的微生物的数量大大提高，然后再通过涂布法或平板划线法等操作得到纯培养物。如图 6-6 所示，描述了采用富集方法从土壤中分离能降解苯酚的微生物的实验过程：配制以苯酚为唯一碳源的液体培养基并分装于锥形瓶中并灭菌，接种少量的土壤样品的稀释上清夜后于一定条件下培养一定时间，若原来透明的培养液变浑浊，说明已有微生物生长；取少量上述培养液转移至新鲜的以苯酚为唯一碳源的液体培养基中重新培养，该过程经数次重复后（必要时可适当提高培养基中苯酚的浓度）能利用苯酚的微生物比例在培养物中大大提高；采用涂布法在以苯酚为唯一碳源的固体培养基平板上分离培养物中的微生物，得到的微生物菌落中的大部分都是能降解苯酚的；挑取一部分单菌落分别接种到含有及缺乏苯酚的液体培养基中进行培养，其中大部分在含有苯酚的培养基中生长，而在没有苯酚的培养基中表现为不生长，说明通过该富集程序的确得到了欲分离的目标微生物。

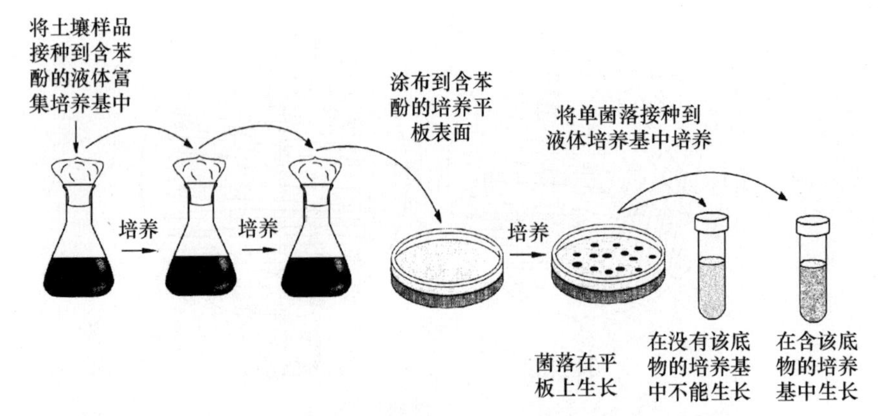

图 6-6　利用富集培养技术从土壤中分离降解苯酚的微生物

3. 二元培养（dual cultures）

二元培养是纯培养的一种特殊形式。有些寄生微生物只能在寄主微生物体内寄生，必需将寄生微生物和寄主微生物培养在一起，同时排除其他杂菌。例如噬菌体只能在特定的寄主微生物体内繁殖。首先在平板培养基中繁殖寄主微生物的纯培养（称为细菌坪），再将含噬菌体的稀释液接种在细菌坪上，经过培养，在细菌坪上出现许多独立的噬菌斑，反复纯化即可得到纯的二元培养体，即只有一种寄主细菌和一种噬菌体的“纯培养”。

4. 共培养物（co-culture）

共培养物就是将两种不同的细胞共同培养。如在沼气发酵过程中，对分解丙酸、丁酸和长链脂肪酸的产氢产乙酸细菌的分离，必须在厌氧条件下和利用 H_2 的细菌如脱硫弧菌（*Desulfovibrio*）或产甲烷细菌共同培养下才能获得二元培养物。采用严格的厌氧培养技术，沼气发酵液采用 10 倍稀释法，接种到无氧的、已融化的含丁酸（或丙酸，或某一长链脂肪酸）的适宜固体培养基的培养管中（培养管用丁基橡胶塞密封），立即摇匀，在冰水浴中均匀地旋转培养管，使琼脂培养基在试管内壁凝固成一均匀透明的琼脂薄层（此法称滚管法）。然后在 30～35℃培养，经过 15d 后可见单个菌落。挑取单个菌落并稀释，再行滚管培养，直至培养管中只有一种形态的单菌落出现，该单菌落中就是由一种分解丁酸（或丙酸，或某一长链脂肪酸）的产氢产乙酸细菌和一种利用 H_2 的细菌组成，最终获得共培养物。

5. 单细胞（孢子）分离法

单细胞（孢子）分离法是采取显微分离法从混杂群体中直接分离单个细胞或单个个体进行培养以获得纯培养，称为单细胞（单孢子）分离法。单细胞分离法的难度与细胞或个体的大小成反比，较大的微生物如藻类、原生动物较容易，个体较小的细菌则较难。在显微镜下使用单孢子分离器进行机械操作，挑取单孢子或单细胞进行培养。也可以采用特制的毛细管在载玻片的琼脂涂层上选取单孢子并切割下来，然后移到合适的培养基中进行培养。单细胞分离法对操作技术有比较高的要求，多限于高度专业化的科学研究中采用。

6.2.2　微生物群体生长的测定方法

微生物体积很小，单个个体的生长极难测定，所以在微生物的实验和应用研究中，只有群体的生长才有实际意义，故常以细胞群体总质量增加或细胞数量增加作为生长的指标。群体生长量的测定方法大致有两类，即细胞数目的测定和生物量的测定。

1. 细胞数目的测定

细胞数目测定方法包括总数测定法和活菌测定法。

(1) 总数测定法

实验室常用的总数测定法可以分为以下几类：

① 涂片染色法：该方法首先是将已知体积（0.01mL）的待测样品，均匀地涂布在载玻片的已知面积内（$1cm^2$），经干燥、固定、染色后，在显微镜下选择若干个视野计算细胞的数量。每个视野的直径和面积、对应的微生物体积用目镜测微尺测出，结合视野中的微生物数量从而推算出 0.01mL 样品的微生物数量。

② 计数器测定法：即利用血球计数板在显微镜下直接计数。该方法适用于各种单细胞悬浮液。血球计数板是一块特制的厚载玻片，载玻片上有由四条槽构成的 3 个平台。中间的平台较宽，其中间又被一短横槽分隔成两部分，每个半边平台上面各有一个计数室，如图 6-7 所示。计数室的刻度有两种：一种是计数室分为 16 个中方格，如图 6-8 所示，每个中方格又分成 25 个小方格，如图 6-9 所示；另一种是一个计数室分成 25 个中方格，每个中方格又分成 16 个小方格。不管是哪一种计数室，计数室都由 400 个小方格组成。计数板中央为计数室，每一个计数室大方格的面积为 $1mm^2$，盖上盖玻片后，载玻片与盖玻片之间的距离为 0.1mm，所以每个计数室的体积为 $0.1mm^3$。将样品滴在计数板上，盖上盖玻片，然后在显微镜下计数 4～5 中格的细菌数，并求出每小格所含的细胞数，按下列公式计算出每毫升所含的细胞数子浓度或原细胞悬液的细胞浓度。

样品中细胞数（个/mL）＝每小格的平均数×400×稀释倍数×10000

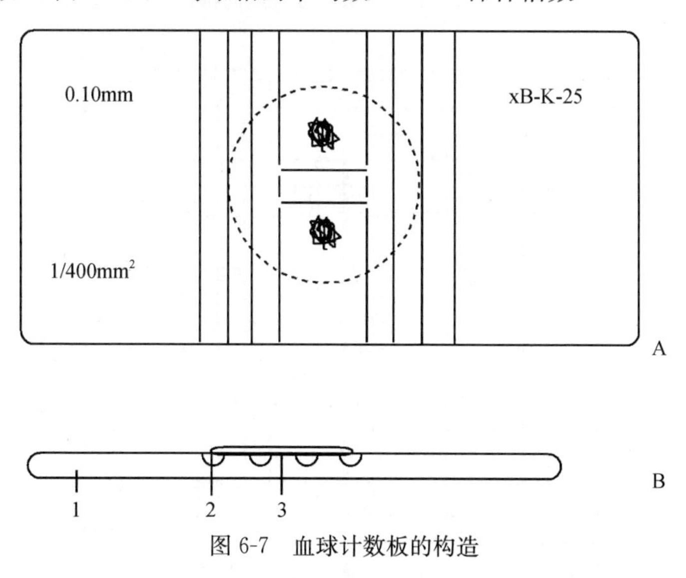

图 6-7　血球计数板的构造

③ 比例计数法：该方法是将待测样品溶液与等体积的血液混合，然后涂片，在显微镜下测定细菌与红血球数的比例，因血液中的红血球数已知（男性 400～500 万个/mL，女性 350～450 万个/mL），由此来推测出细菌数量。

④ 比浊计数法：比浊计数法是测定悬浮细胞量的快速方法。其原理为：细菌细胞是不完全透光的，当光束通过悬浮液时会引起光的散射或吸收而降低透光度，在一定范围内透光度与溶液的混浊度即细胞浓度成正比，藉此来测定细菌浓度。为了得到实际的细胞绝对含量，通常须将已知细胞浓度的样品按上述测定程序制成标准曲线，然后再根据透光度或光密

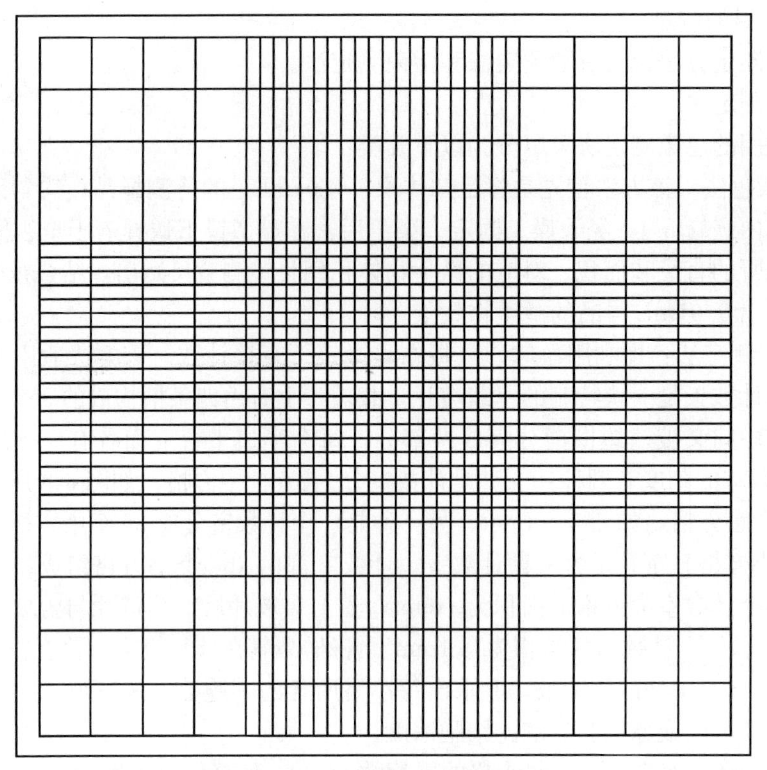

图 6-8　血球计数板放大后的构造

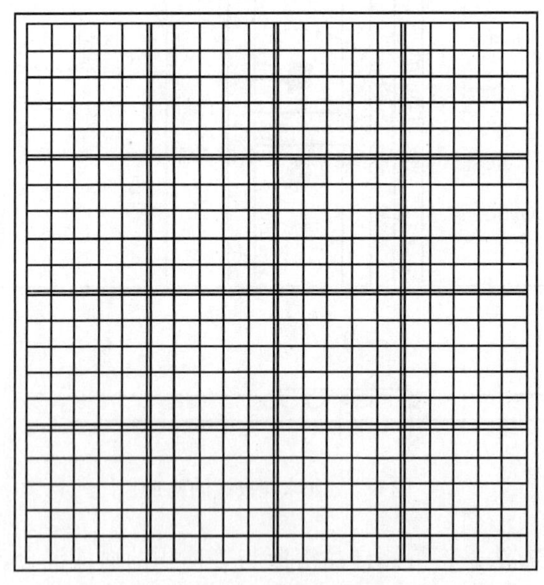

图 6-9　放大后血球计数室

度值从标准曲线中直接查得细菌含量。

（2）活菌测定法

① 平板计数法：该方法原理与涂布平板法及倾注平板法进行微生物细胞的分离相同，其操作步骤为：将待测细菌样品作 10 倍梯度稀释；取相应稀释度的样品涂布于固体平板培

养基上，或与未经融化的固体培养基混合、摇匀，培养一定时间后观察并计数生长的菌数；最终根据细菌数和取样量计算出细菌浓度。一般计数平板的细菌生长菌落数以 30～300 个为宜。平板计数法是采用最广的一种活菌计数法，但不适于测定样品中丝状体微生物。例如放线菌或丝状真菌或丝状蓝细菌等的营养体等。另外平板计数法可因操作不熟练造成污染，或因培养基温度过高损伤细胞等原因造成结果不稳定，如图 6-10 所示。

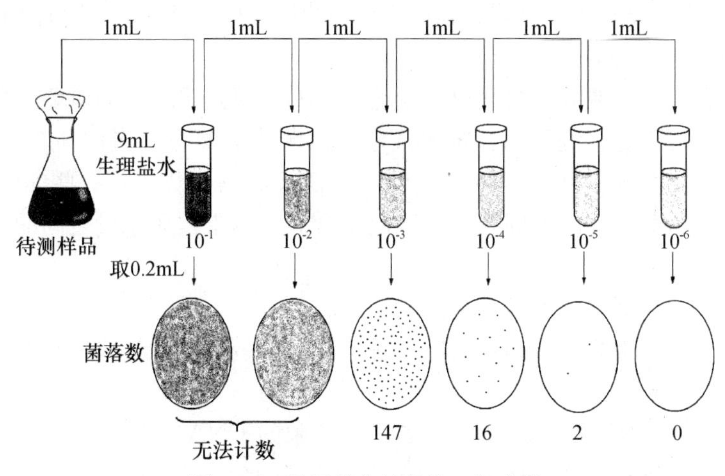

图 6-10　平板菌落计数的一般步骤

② 液体计数法（MPN 法）：这是一种根据统计学原理设计的方法。先将待测菌液作 10 倍梯度稀释，然后取相应稀释度的样品分别接种到 3 管或 5 管一组液体培养基中，培养一定时间后，观察各管及各组中细菌是否生长，记录结果，再查与之匹配的统计表，即最可能数表（MPN）（见本书附录）计算出细菌的最终含量。因此，这种方法又叫最可能数法（most probable number 或 MPN 法）。

③ 薄膜过滤计数法：对于某些细菌含量较低的样品（空气或饮用水），可采用薄膜计数法。将待测样品通过带有许多小孔但又不让细菌透过的微孔滤膜，借助膜的作用将细菌浓缩，然后再将滤膜放于固体培养基表面培养，最后采用类似于平板菌落计数那样的方法计算结果。这种计数法要求样品中不得含有过多的悬浮性固体或小颗粒，如图 6-11 所示。

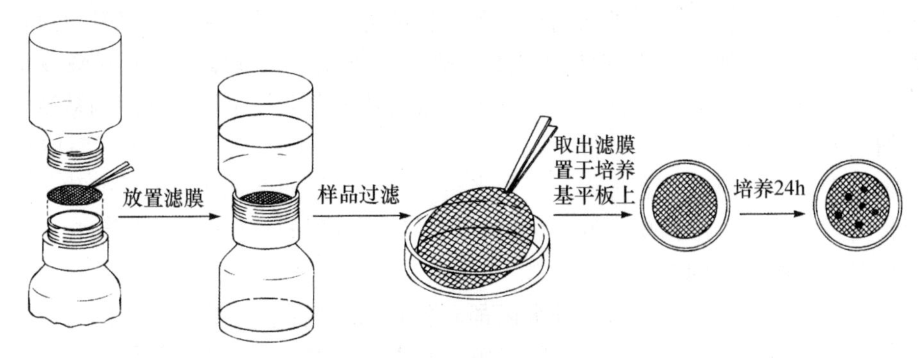

图 6-11　薄膜过滤计数法的一般步骤

2. 微生物生物量的测定

微生物细胞尽管很微小，但是仍然具有一定的体积和重量，在微生物生长过程中，测定单位体积液体中微生物群体重量变化可直接表示微生物生长数量的方法称为重量法。

（1）测定细胞干重法

测定干重时，需先将细胞分离，再烘干称量。细胞分离可采用离心法或过滤法。取已经培养一段时间的待测样品，用离心机收集生长后的细胞，或用滤纸、滤膜过滤截取生长后的微生物细胞，然后在105～110℃下进行干燥，称取干燥后的重量，以此代表细菌生长量的多少。水处理工程设施中的细菌生长量通常采用这种细胞干重测定法。这种方法实际上测得的是水中悬浮物重量，如果水中非细菌类的悬浮物很多的话，势必会严重干扰细菌计数的结果。

（2）测定细胞含N量法

蛋白质是细胞的主要成分，含量也比较稳定，其中氮是蛋白质的重要组成元素。从一定体积的样品中分离出细胞，洗涤后，按凯氏定氮法测出总氮量。蛋白质含氮量为16%，细菌中蛋白质含量占细菌固形物的50%～80%，一般以65%为代表，有些细菌则只占13%～14%，这与菌龄和培养条件的不同有关。因此总含氮量与蛋白质总量之间的关系可按下列公式计算：

蛋白质总量＝含氮量×6.25

细胞总量＝蛋白质总量÷65%≈蛋白质总量×1.54

（3）测定DNA含量法

核酸DNA是微生物的重要遗传物质，每个细菌的DNA含量相当恒定，平均为8.4×10^{-5}ng。因此从一定体积的样品所含的细菌中提取DNA，然后求得DNA含量，再经计算可计算出这一定体积的细菌悬液中所含的细菌总数。

（4）其他生理指标测定法

这是一种间接方法。微生物在新陈代谢过程中要消耗或产生一定量的物质，导致生理指标如耗氧量、呼吸强度、生物热、发酵糖产酸等发生变化，可利用特定的仪器测定相应的指标。该方法主要用于科学研究，如分析微生物生理活性等。

6.3 细菌群体生长的规律——生长曲线

以细菌纯种培养为例，**将少量细菌接种到一种新鲜的、定量的液体培养基中进行分批培养，然后定时取样（例如，每2h取样1次）计数。以细菌个数或细菌数的对数或细菌的干重为纵坐标，以培养时间为横坐标，可以作出一条反映细菌在整个培养期间菌数变化规律的曲线，即细菌的生长曲线**，如图6-12所示。生长曲线代表细菌在一个新的适宜的环境中生长繁殖以至衰老死亡的全部动态过程。一般来讲，细菌质量的变化比个数的变化更能在本质上反映生长的过程，因为细菌个数的变化只反映了细菌分裂的数目，质量则包括细菌个数的增加和每个菌体细胞物质的增长。

不同细菌的生长速率不一，每一种细菌都有各自的生长曲线，但曲线的形状基本相同。其他微生物也有形状类似的生长曲线。污（废）水生物处理中混合生长的活性污泥微生物也有类似的生长曲线。

6.3.1 细菌生长曲线的特点

分析细菌的生长曲线大致分为迟缓期（适应期）、对数期、稳定期及衰亡期四个阶段。

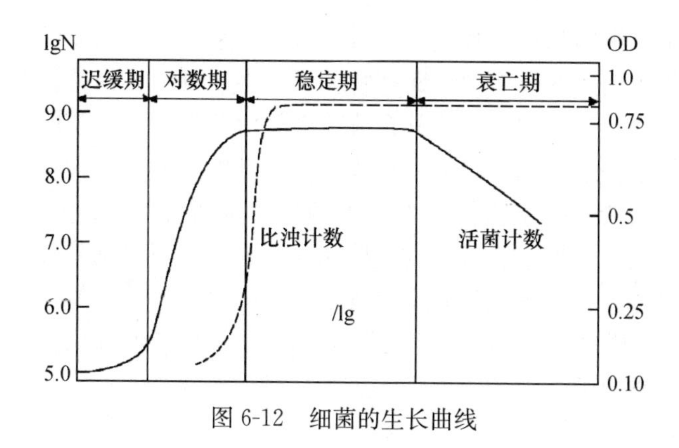

图 6-12 细菌的生长曲线

现将各阶段特点分述如下。

1. 迟缓期（lag phase）

迟缓期亦称延迟期或适应期。当将少量细菌接种到某一种培养基中，细菌不立即生长繁殖，而是经一段适应期才能在新的培养基中生长繁殖。

不同种细菌的迟缓期长短不同，同种细菌受各种因素的影响其迟缓期长短也可能不同。产生迟缓期的主要原因可能是：当微生物接种到一个新的环境；暂时缺乏足够的能量和必需的生长因子；“种子”老化（即处于非对数生长期）或未充分活化等。因此在工业发酵和科研中迟缓期会增加生产周期而产生不利的影响。研究发现：加大接种量，可适当缩短迟缓期；将处于对数期的细菌接种到新鲜的、成分相同的培养基中，则不出现迟缓期，而以相同速率继续其指数生长；如果将处于对数期的细菌接种到另一种培养基中，则其迟缓期可明显缩短，而处于稳定期或衰亡期的细菌即使接种到与原来成分相同的培养基中，其迟缓期也比接种处于对数期细菌的迟缓期长，这是因为，处于静止期和衰亡期的细菌常常耗尽了各种必要的辅酶或细胞成分，需要时间合成新的细胞物质，或它们因代谢产物过多积累而中毒，需要时间修补损伤；当一个群体从丰富培养基中转接到贫乏培养基中也出现迟缓期，因为细菌在丰富的培养基中可直接利用其中各种成分，而在贫乏培养基中，细菌需产生新的酶类以便合成所缺少的营养成分。综上所述，如果接种量适中、群体菌龄小（处于对数期）以及营养和环境条件适宜，迟缓期就短。另外世代时间短的细菌，其迟缓期也短。

处于迟缓期的细菌细胞特征如下：在迟缓期初期，一部分细菌适应环境，而另一部分则死亡，细菌总数下降；到迟缓期末期，存活细菌的细胞物质增加，菌体体积增大，其长轴的增长速度特别快，例如处于停滞期末期的巨大芽孢杆菌细胞的平均长度为刚接种时的 6 倍；处于这一时期的细胞代谢活力强，细胞中 RNA 含量高、嗜碱性强，对不良环境条件较敏感，其呼吸速度、核酸及蛋白质的合成速度接近对数期细胞，并开始细胞分裂。

2. 对数期（log phase）

对数期又叫指数期，继迟缓期的末期，细菌的生长速度增至最大，细菌数量以几何级数增加。当细菌总数与时间的关系在坐标系中成直线关系时，细菌即进入对数期。对数期的细胞个数按几何级数增加，即 1→2→4→8→16……（2^0→2^1→2^2→2^3→2^4……2^n 等，指数 n 为细菌分裂的次数）。

处于对数期的细菌得到丰富的营养，细胞代谢活力最强，合成新细胞物质的速度最快，细菌生长旺盛。这时的细胞数量不但以几何级数增加，而且细胞每分裂一次的时间间隔最短。在一定时间内菌体细胞分裂次数越多，世代时间越小，分裂速度就越快。由于营养物质足以供给合成细胞物质用，而有毒的代谢产物积累不多，对生长繁殖影响极小，所以细菌很少死亡或不死亡。此时，细菌细胞物质的合成速度与活菌数的增长速度一致，细菌总数的增加率和活菌数的增加率一致，细菌对不良环境因素的抵抗力强。如果将处于对数期的细菌接种到新鲜的、成分相同的培养基中，则细菌不经过迟缓期就可进入对数生长期，并大量繁殖。如果要保持对数生长，需要定时、定量地加入营养物，同时排除代谢产物，或改用连续培养的方法，这样就可以在最短的时间内得到最多的细菌量。对数期的细菌不但代谢活力强、生长速率快，而且群体中细胞的化学组分及形态、生理特性都比较一致。所以，对数期的细胞是理论研究和发酵工业生产中理想的实验材料。

3. 稳定期（stationary phase）

由于处于对数期的细菌生长繁殖迅速，消耗了大量的营养物质，致使一定容积的培养基浓度降低。同时，代谢产物大量积累对菌体本身产生毒害，其他条件如 pH、氧化还原电位等均有所改变，溶解氧亦供应不足。这些因素对细菌生长不利，使细菌的生长速率逐渐下降甚至到零，死亡速率渐增，进入稳定期。稳定期的细菌总数达到最大值，并恒定一段时间，新生的细菌数和死亡的细菌数相当。生产菌种的发酵厂一般在稳定期的初期就要及时收获菌体。

导致细菌进入稳定期的主要原因是营养物质浓度降低，营养物质成了生长限制因子。处于稳定期的细菌开始积累贮存物质，如异染粒、聚 β-羟基丁酸（PHB）、肝糖、淀粉粒、脂肪粒等；芽孢杆菌形成芽孢。如果及时采取补充营养物质或取走代谢产物或改善培养条件等措施，如对好氧菌进行通气、搅拌或振荡等可以延长稳定生长期，获得更多的菌体物质或代谢产物。

4. 衰亡期（decline 或 death phase）

继稳定期之后，由于营养物被耗尽，细菌因缺乏营养而利用贮存物质进行内源呼吸，即自身溶解。细菌在代谢过程中产生的有毒代谢产物会抑制细菌生长繁殖。死亡率增加，活菌数减少，甚至死菌数大于新生菌数。此时，细菌群体进入衰亡期。衰亡期的细菌很少繁殖或不繁殖或自溶。活菌数在一个阶段以几何级数下降，此时称为对数衰亡期。衰亡期的细菌常出现多形态、畸形或衰退型，有的细菌产生芽孢。

6.3.2 生长曲线对废水生物处理的指导意义

尽管污水生物处理系统中的活性污泥微生物种类繁多，不仅包括细菌，还包括原生动物和后生动物，生长情况复杂，但其生长规律以及生长曲线形态和细菌一次培养是基本相似的。**活性污泥的生长曲线是以活性污泥干重为纵坐标，以接触时间为横坐标绘制的**。一般可以划分为迟缓期、对数生长期、减速增长期和内源呼吸期四个生长时期，如图 6-13 所示。

1. 迟缓期

是活性污泥培养的最初阶段，由于微生物刚接入新鲜培养基中，对新的环境还处在适应阶段，所以在此时期微生物的数量基本不增加，生长速度接近于零。

这一时期主要出现在处理水质突然发生变化后或活性污泥的培养驯化阶段，能适应的微生物能够生存，而不能适应的微生物则被淘汰，此时微生物的数量可能会减少。

2. 对数生长期

当微生物经历了适应期后，已适应了新的环境，在营养物质较丰富的条件下，其生长繁殖不再受底物的限制，开始大量生长繁殖，菌量以几何级数增加，菌体数量的对数值与培养

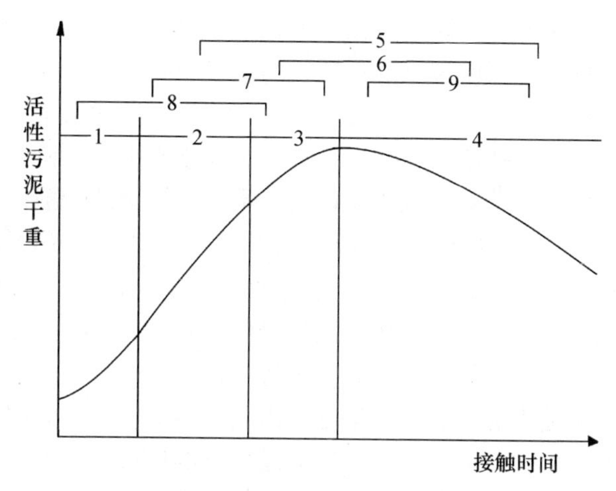

图 6-13　活性污泥生长曲线

1～4—活性污泥生长曲线四个时期；5—常规活性污泥法；6—生物吸附法；7—高负荷活性污泥法；8—分散曝气法；9—延时曝气法

时间呈直线关系，因此，对数期也被称作指数增长期或等速生长期。微生物增长速度的大小取决于其本身的世代时间及其对底物的利用能力。在这一时期微生物繁殖快、活性大、对底物分解速率快。如果要维持微生物在对数期生长，必须提供充分的食料，使微生物处于食料过剩的环境中。在这种情况下，微生物体内能量高，絮凝和沉降性能较差，导致活性污泥处理系统出水中的有机物浓度过高。也就是说，如果控制微生物处于对数生长期，虽然反应速率快，但想获得稳定的出水是比较困难的。

3. 减速增长期（稳定期）

微生物经过对数生长期后，由于环境中的营养物质不足，进而成为微生物生长的限制因素，再加上代谢产物的积累，使环境条件不利于微生物的生长繁殖，致使微生物的增长速度逐渐减慢，而死亡速度逐渐加快，微生物数量趋于稳定。

在减速增长期，微生物的活动能力降低，菌胶团细菌之间易于互相粘附，特别是此时菌胶团细菌的分泌物增多，活性污泥絮凝体开始形成。因此，减速增长期的活性污泥不但具有一定的氧化分解有机物的能力，而且具有良好的沉降性能。

4. 内源呼吸期（衰亡期）

活性污泥生长的内源呼吸期相当于细菌群体生长的衰亡期，此时环境中的营养物质几乎消耗殆尽，微生物只能利用体内贮存的物质或以死亡的菌体作为养料，进行内源呼吸，维持生命活动，活性污泥量减少。在此时期，由于微生物能量水平低，絮凝体形成速率增加，吸附有机物的能力显著，但污泥活性降低。

必须指出，上面所述的生长曲线只是反映了微生物的生长与底物浓度之间的依赖关系，并且曲线的形状还受供氧情况、温度、pH、毒物浓度等环境条件的影响。不同的废水生物活性污泥处理法中，其活性污泥中微生物的生长状态不同，或处于减速增长期，或处于对数生长期，或处于衰亡期等。在废水生物处理设计时，按废水的水质情况（主要是有机物浓度），可利用不同生长阶段的微生物处理废水。如，常规活性污泥法利用生长下降阶段的微生物，包括对数期的末期以及稳定期的微生物；生物吸附法中则利用生长下降阶段即稳定期的微生物；高负荷活性污泥法是利用生长上升阶段（对数期）和生长下降阶段（减速期）的微生物；而对于有机物含量低、BOD_5与COD的比值小于0.3、可生化性差的废水，可用延时曝气法处理，即利用内源呼吸阶段（衰亡期）的微生物处理。

常规活性污泥法不利用对数生长期的微生物而利用静止期的微生物，这是由于虽然对数生长期的微生物生长繁殖快，代谢活力强，能大量去除废水中的有机物，但因要求进水有机物浓度高，因而出水有机物的绝对值也相应提高，不易达到排放标准。又因为对数期的微生物生长繁殖旺盛，细胞表面的黏液层和荚膜尚未形成，运动很活跃，不易自行凝聚成菌胶团，沉淀性能差，致使出水水质差。而处于稳定期的微生物代谢活力虽然比对数生长期的差，但仍有相当的代谢活力，去除有机物的效果仍然较好。其最大特点是体内积累了大量贮存物，如异染粒、聚β-羟基丁酸、黏液层和荚膜等，强化了微生物的生物吸附能力，自我絮凝、聚合能力强，在二沉池中泥水分离效果好，出水水质好。用延时曝气法处理低浓度有机废水时，不用稳定期的微生物，而利用衰亡期的微生物的原因是：低浓度有机物满足不了稳定期微生物的营养要求，处理效果不会好，若采用延时曝气法，通常延长曝气时间在8h以上，甚至达24h，延长水力停留时间，以增大进水量，提高有机负荷，满足微生物的营养要求，从而取得较好的处理效果。

6.4　环境因素对微生物生长的影响

微生物除了需要营养外，还需要合适的环境生存因子，如温度、pH、氧气、渗透压、氧化还原电位、阳光等。如果环境条件不正常，会影响微生物的生命活动，甚至会导致微生物发生变异或死亡。

6.4.1　温度

温度是微生物的重要生存因子。在适宜的温度范围内，温度每升高10℃，酶促反应速度将提高1～2倍，微生物的代谢速率和生长速率均可相应提高。适宜的培养温度使微生物以最快的生长速率生长。过高或过低的温度均会降低代谢速率及生长速率。

在适宜的温度范围内微生物能大量生长繁殖。根据一般微生物对温度的最适生长需求，可将微生物分为低温型、中温型和高温型三大类，见表6-1。

表6-1　微生物对温度的适应范围

微生物类型	生长温度		
	最低（℃）	最适（℃）	最高（℃）
低温型	－5～10	10～20	25～30
中温型	10～20	18～35 35～40	40～45
高温型	25～45	50～60	70～85

从总体上看，微生物生长的温度范围较广，已知的微生物在－12～100℃均有生长，当温度超过微生物生长的最高温度时会对微生物产生杀灭作用。当温度低于微生物生长的最低温度时会对微生物产生抑制作用，微生物处于休眠状态，但仍能维持生命。

1. 影响微生物对热抵抗力的因素

(1) 菌种。不同微生物由于细胞结构和生物学特性不同，对热的抵抗力也不同。一般的规律是嗜热菌的抗热力大于嗜温菌和嗜冷菌，芽孢菌大于非芽孢菌，革兰阳性菌大于革兰阴性菌，霉菌大于酵母菌，霉菌和酵母的孢子大于其菌丝体等。

(2) 菌龄。同样的条件下，对数生长期的菌体抗热力较差，而老龄的细菌较幼龄的细菌抗热力较大。

(3) 菌体数量。菌数越多，抗热力越强。

(4) 基质的因素。微生物的抗热力随含水量减少而增大，同一种微生物在干热环境中比在湿热环境中抗热力大；基质中的脂肪、糖、蛋白质等物质对微生物有保护作用，微生物的抗热力随这类物质的增多而增大；微生物在 pH 值为 7 左右时，抗热力最强。

(5) 加热的温度和时间。加热的温度越高，微生物的抗热力越弱，越容易死亡；加热的时间越长，热致死作用越大。在一定高温范围内，温度越高杀死微生物所需时间越短。

2. 低温的影响

当温度在细胞结冻温度至最适温度下限范围内，微生物的代谢水平下降，可处于休眠状态。通常在 5℃时中温菌停止生长但不死亡，一旦获得适宜温度，即可恢复活性，以正常的速度生长繁殖，如实验室用冰箱在 4℃左右保存菌种就是利用的这个特性。－10℃以下仅有少数嗜冷性微生物还能活动，－18℃以下几乎所有的微生物不再发育。菌种的保藏方法中有使用－195℃的液氮保存、－70℃的干冰保存等。

6.4.2 pH 值

微生物的生命活动、物质代谢等与 pH 有密切关系。不同的微生物要求不同的 pH。大多数细菌、藻类和原生动物的最适 pH 为 6.5～7.5，它们的 pH 适应范围在 4～10 之间。细菌一般要求中性和偏碱性环境。某些细菌，例如氧化硫硫杆菌和极端嗜酸菌，需在酸性环境中生活。放线菌在中性和偏碱性环境中生长，pH 以 7.5～8.0 最适宜。酵母菌和霉菌要求在酸性或偏酸性的环境中生活，最适 pH 范围在 3～6，有的在 5～6。凡对 pH 变化适应性强的微生物，对 pH 要求不甚严格；而对 pH 变化适应性不强的微生物，则对 pH 要求严格。各种工业废水的 pH 不同，通常在 6～9 之间，个别的偏低或偏高，可用本厂的废酸或废碱性水加以调节，使曝气池 pH 维持在 7 左右。

6.4.3 氧化还原电位

氧化还原电位（*Eh*）的单位为 V 或 mV。氧化环境具有正电位，还原环境具有负电位。在自然界中，氧化还原电位的上限是＋820mV，此时，环境中存在高浓度氧（O_2），而且没有利用 O_2 的系统存在。其下限是－400mV，是充满氢（H_2）的环境。各种微生物要求的氧化还原电位不同。一般好氧微生物要求的 *Eh* 为＋300～＋400mV；*Eh* 在＋100mV 以上，好氧微生物生长。兼性厌氧微生物在为＋100mV 以上时进行好氧呼吸，在 *Eh* 为＋100mV 以下时进行无氧呼吸。专性厌氧细菌要求 *Eh* 为－200～－250mV，专性厌氧的产甲烷菌要求的 *Eh* 更低，为－300～－400mV，最适 *Eh* 为－330mV。好氧活性污泥法系统中 *Eh* 在＋200～＋600mV 是正常的。氧化还原电位受氧分压的影响：氧分压高，氧化还原电位高；氧分压低，氧化还原电位低。氧化还原电位还可用一些还原剂加以控制，使微生物体系中的氧化还原电位维持在低水平上，这类还原剂有抗坏血酸（维生素 C）、硫乙二醇钠、二硫苏糖醇、谷胱甘肽、硫化氢及金属铁。

6.4.4 水的活度

水的活度 a_w 表示在一定温度（如 25℃）下，某溶液或物质在密封容器内的水蒸汽压（P_w）与在相同温度下的纯水蒸汽压（P_w^0）的比值，用小数表示。水的活度既取决于水的含量，也取决于水被吸附的紧密程度和有机体把水移进体内的效力大小。溶质变成水合物的程度也影响水的可利用性。大多数微生物在 a_w 为 0.95～0.99 时生长最好。嗜盐细菌属的细菌很特殊，它们在 a_w 低于 0.80 的含 NaCl 的培养基中生长最好。少数霉菌和酵母菌在 a_w 为 0.00～0.70 时仍能生长。

6.4.5 溶解氧

根据微生物与分子氧的关系，将微生物分为好氧微生物（包括专性好氧微生物和微量好氧微生物）、兼性厌氧微生物及厌氧微生物。专性好氧微生物是指在氧分压为 0.2×101kPa 的条件下生长繁殖良好的微生物。微量好氧微生物是指在氧分压为（0.003～0.2）×101kPa 的条件下生长繁殖良好的微生物。专性厌氧微生物是指只能在氧分压小于 0.005×101kPa 的琼脂表面生长的微生物。而兼性厌氧微生物是指既可在有氧条件下，又可在无氧条件下生长的微生物。这三种类型微生物对氧的反应不同。

1. 好氧微生物与氧的关系

在有氧存在的条件下才能生长的微生物叫好氧微生物。大多数细菌（如芽孢杆菌、假单胞菌、动胶菌、黄杆菌、微球菌、无色杆菌、球衣菌、根瘤菌、固氮菌、硝化细菌、硫化细菌、无色硫磺细菌）、大多数放线菌、霉菌、原生动物、微型后生动物等都属于好氧微生物。

氧对好氧微生物有两个作用：作为微生物好氧呼吸的最终电子受体；参与甾醇类和不饱和脂肪酸的生物合成。

好氧微生物和微量好氧微生物在有氧条件下能正常生长繁殖，是因为它们需要氧作为呼吸的最终电子受体，并参与部分物质合成。同时又能抵抗在利用氧的过程中所产生的有毒物质，如过氧化氢（H_2O_2）、过氧化物和羟自由基（OH·）。好氧微生物和微量好氧微生物体内有相应的过氧化氢酶、过氧化物酶和超氧化物歧化酶分解上述物质，从而使自身不致中毒。

好氧微生物需要的是溶于水的氧，即溶解氧。氧在水中的溶解度与水温、大气压有关。低温时，氧的溶解度大；高温时，氧的溶解度小。含有机物的污水，其溶解氧浓度则很低。冬季水温低，污（废）水好氧生物处理中溶解氧量能保证供应。夏季水温高，氧不易溶于水，常造成供氧不足。因此，常因夏季缺氧，促使适合低溶解氧生长的丝状细菌（如微量好氧的发硫菌和贝日阿托氏菌等）的优势生长，从而造成活性污泥丝状膨胀。

好氧微生物需要供给充足的溶解氧。在污水生物处理中需要设置充氧设备充氧，例如，通过表面叶轮机械搅拌、鼓风曝气、压缩空气曝气、溶气释放器曝气、射流器曝气等方式充氧。

好氧微生物中有一些是微量好氧的，它们在溶解氧的质量浓度为 0.5mg/L 左右时生长最好。微量好氧微生物有贝日阿托氏菌、发硫菌、浮游球衣菌（在充足氧和缺氧条件均可生长良好）、游动性纤毛虫（如扭头虫、棘尾虫、草履虫）及微型后生动物（如线虫）等。

2. 兼性厌氧微生物与氧的关系

兼性厌氧微生物既具有脱氢酶也具有氧化酶，所以，既能在无氧条件下生存，又可在有氧条件下生存。然而，微生物在这两种不同条件下所表现出的生理状态是不同的。在好氧条件生长时，氧化酶活性强，细胞色素及电子传递体系的其他组分正常存在。在无氧条件下，细胞色素和电子传递体系的其他组分减少或全部丧失，氧化酶无活性，一旦通入氧气，这些组分的合成很快恢复。例如：酵母菌在有氧条件下迅速生长繁殖，进行好氧呼吸，将有机物彻底氧化成 CO_2 和 H_2O，并产生大量菌体；在无氧气条件下，发酵葡萄糖产生乙醇和 CO_2。如果将氧通入正在发酵的酵母菌悬液中，发酵速度迅速下降，葡萄糖的消耗速度也显著下降。可见，氧对葡萄糖的利用有抑制作用。**氧对葡萄糖耗量的抑制现象，称为巴斯德效应**。

兼性厌氧微生物除酵母菌外，还有肠道细菌、硝酸盐还原菌、人和动物的致病菌、某些原生动物、微型后生动物及个别真菌等。兼性厌氧微生物在许多方面起积极作用。在污（废）水好氧生物处理中，在正常供氧条件下，好氧微生物和兼性厌氧微生物两者共同起积极作用；在供氧不足时，好氧微生物不起作用，而兼性厌氧微生物仍起积极作用，只是分解有机物不如在有氧条件下彻底。兼性厌氧微生物在污水、污泥厌氧消化中也是起积极作用的，它们多数是起水解、发酵作用的细菌，能将大分子的蛋白质、脂肪、碳水化合物等水解为小分子的有机酸和醇等。

3. 厌氧微生物与氧的关系

在无氧条件下才能生存的微生物叫厌氧微生物。它们进行发酵或无氧呼吸。厌氧微生物又分为两种：一种是要在绝对无氧条件下才能生存，一遇氧就死亡的厌氧微生物，叫专性厌氧微生物，如梭菌属、拟杆菌属、梭杆菌属、脱硫弧菌属、甲烷球菌属、甲烷单胞菌科及甲烷八叠球菌属等，产甲烷菌必须在氧浓度低于 1.48×10^{-56} mol/L 时才能生存；另一种是氧的存在与否对它们均无影响，存在氧时它们进行产能代谢，不利用氧，也不中毒，例如，大多数的乳酸菌，不论在有氧或无氧条件下均进行典型的乳酸发酵。

6.5　微生物生长的控制

自然界中的微生物同其他生物一样，受周围环境中各种因素的影响。当环境条件改变过于剧烈时，微生物的生长减缓，甚至发生变异或死亡。如果是有益微生物受影响，会降低生产和生活水平，如果是有害微生物受影响，对生产和生活有利。下面重点讨论采取哪些措施能有效抑制或消灭有害微生物。

控制微生物的措施归纳如下：

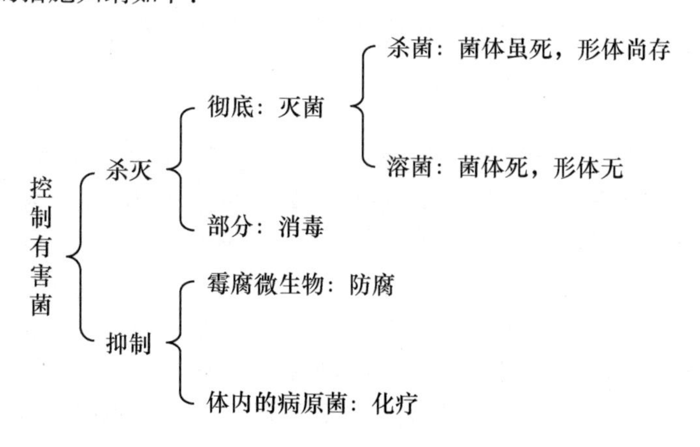

相关术语：

灭菌是用强烈的物理、化学因素杀死物体内外各种微生物的营养细胞、芽孢、孢子。在微生物教学实验、科研、发酵工业中，培养基和所用一切器皿都要先灭菌后才能使用。

消毒是用物理、化学因素杀死物体内外病原微生物的营养细胞。所用药物称为消毒剂，只对细菌的繁殖体有效，提高消毒剂的浓度和适当延长消毒时间也可能杀死芽孢。在日常生活中，人们常对皮肤、水果、饮用水、啤酒、牛奶、果汁和酱油等进行消毒。

防腐是利用某种物理、化学因素完全抑制微生物生长繁殖。所用的药物称为防腐剂，许多药物在低浓度时有抑菌作用，提高浓度和延长作用时间时有杀菌作用。

无菌是没有活菌的意思。无菌操作是防止微生物进入其他物品中的操作技术。微生物实验室的许多操作都是无菌操作，而食品包装和检验（奶粉、酸奶等）也要求在无菌条件下进行，以防止微生物污染。

6.5.1 物理方法

1. 温度

任何微生物只能在一定的温度范围内生存，低温或高温会抑制甚至杀死微生物。高温，指高于微生物最适温度的温度。当温度超过微生物的最高生长温度时，微生物就不能存活。因为高温可引起细胞中的大分子物质如蛋白质、核酸和其他细胞组分的结构发生不可逆改变而丧失参与生化反应的功能，同时，高温使细胞膜中的脂类溶化，使膜产生小孔，引起细胞内含物泄漏导致微生物死亡。微生物对高温的抵抗能力与其种类、数量、生理状态、有无芽孢以及环境的 pH 值等有关。如多数细菌和真菌的营养细胞在 60℃下处理 5～10min 后即可被杀死，酵母菌和真菌的孢子稍耐热些，要用 80℃以上的温度处理才能杀死，而细菌的芽孢最耐热，一般要在 121℃下处理 15min 才能杀死。一般幼龄菌比老龄菌抗温能力差；干细胞（如孢子）比湿细胞更抗热；在酸性条件下细菌易被杀死等。

利用高温来杀灭微生物的方法有干热法和湿热法两大类。

（1）干热法

① 干烤灭菌法

是在干燥箱中利用热空气进行灭菌。通常在 160～180℃下维持 1～2h 可达到灭菌的目的。这种高温条件，可使细胞膜破坏、蛋白质变性、原生质干燥，以及各种细胞成分发生氧化。适用于玻璃器皿、金属用具等耐热物品的灭菌。

② 灼烧和焚烧

该方法灭菌快速、彻底，灼烧常用于接种环、接种针等物品的灭菌，焚烧用于杀灭废弃物品上的微生物。

（2）湿热法

因为水蒸气含热量高于空气，传导热的能力也强于空气，所以，同一温度下，湿热更易破坏维持蛋白质稳定性的氢键等结构，从而加速其变性。因此，湿热法的杀菌效果优于干热法。

因温度、处理时间及方式的不同，湿热法可分为以下方式：

① 高压蒸汽灭菌法

高压蒸汽灭菌法是实验室等最常用的灭菌方法，适合于对培养基及多种器材、各种缓冲液、玻璃器皿及工作服等灭菌，是最有效、应用最广的灭菌方法。高压蒸汽灭菌是在高压蒸汽灭菌锅内进行的，如图 6-14 所示。锅有立式和卧式两种，原理相同，锅内蒸汽压力升高时，温度升高。一般采用 0.1MPa 的压力，121℃处理 15～30min，对于含糖的培养基，则在 115℃维持 20～30min。

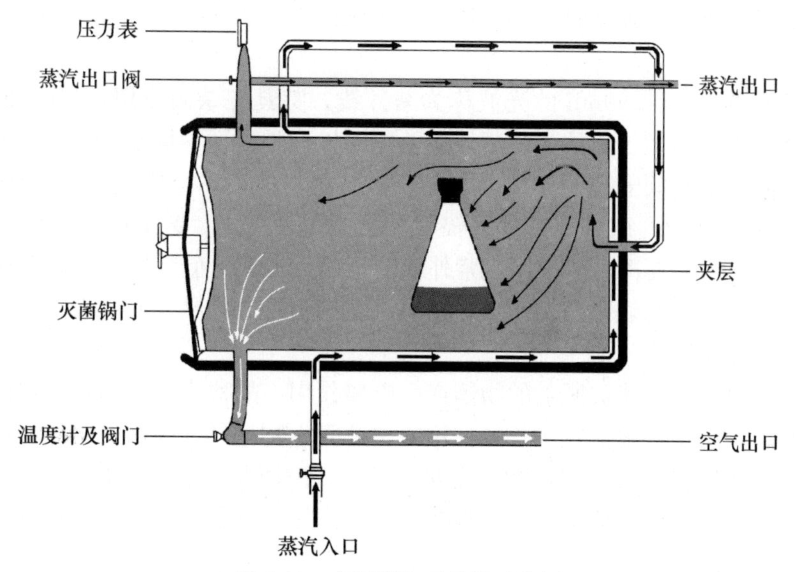

图 6-14　高压蒸汽灭菌锅示意图

② 间歇灭菌法

间歇灭菌法是用流通蒸汽反复灭菌的方法，将待处理样品置于 100℃蒸煮 15～60min，以杀死微生物的营养细胞，然后置于室温或 37℃培养 24h，第二天再用同样的方法蒸煮和保温过夜，如此反复三次。每次灭菌后，将灭菌的物品在室温或 37℃培养，主要是促使芽孢发育成为营养细胞，以便在连续灭菌中将其杀死，即可在 100℃以下达到彻底灭菌的效果。例如，培养硫细菌的含硫培养基就须用间歇灭菌法灭菌，因为其中的硫元素在高压灭菌时会发生熔化。间歇灭菌法适合于不耐高压的培养基灭菌。

③ 连续加压灭菌法

连续加压灭菌法是大规模发酵工厂中常用的培养基灭菌方法，俗称"连消法"。将培养基在发酵罐外连续进行加热、维持和冷却，然后再装入发酵罐。加热一般用高温蒸汽，要求达到 135～140℃，保持 5～15s（故又称高温瞬时灭菌）。该法的优点是：既可杀灭微生物，又可减少营养成分的破坏，从而提高原料的利用率；在发酵罐外灭菌，缩短了发酵罐的占用时间；蒸汽负荷均匀，提高了锅炉的利用率；自动化操作降低了工人的劳动强度。

④ 巴氏消毒法

巴氏消毒法是一类低温消毒法，有不同的处理温度和时间，一般在 60～85℃下处理 15s～30min。具体的方法有两种：一种在 63℃下保持 30min，称为低温维持消毒法（low temperature holding method，简称 LTH）；另一种在 75℃下维持 15s，称为高温瞬时消毒法（high temperature short time，简称 HTST）。巴氏消毒法主要用于牛奶、啤酒、果酒和酱油等对热异常敏感、不能进行高温灭菌的液体，其主要目的是杀死其中无芽孢的病原菌，而不损害其营养价值，也不影响它们的风味。

⑤ 煮沸消毒法

煮沸消毒法是将物品在水中煮沸，保持 15min 以上，杀死所有致病菌的营养细胞和一部分芽孢。若延长煮沸时间并在水中加入 1%碳酸钠或 2%～5%石炭酸，效果更好。如用于饮用水的消毒，在100℃下维持数分钟即可。

2. 辐射

许多辐射在达到一定强度时，都能致微生物死亡。

（1）紫外线

日光中波长为200～390nm的光波称为紫外线，其具有杀菌作用，其中260nm左右波长的紫外线杀菌力最强。目前认为，紫外线杀菌的机理是：诱导同链DNA的相邻嘧啶形成嘧啶二聚体，减弱双链间氢键的作用，引起双链结构扭曲变形，影响DNA的复制和转录，从而可引起突变或死亡。此外，紫外线辐射能使空气中的O_2变成O_3或使H_2O氧化生成H_2O_2，由O_3和H_2O_2发挥杀菌作用。紫外线的杀菌力虽强，但穿透性很差，甚至不能透过一层普通玻璃，因此只有表面杀菌能力，适用于空气消毒或物品表面消毒。

（2）X射线和γ射线

X射线和γ射线均能使被照射的物体产生电离作用，故称为电离辐射。它们的穿透力很强。低剂量照射，有促进微生物生长的作用或引起微生物变异。高剂量照射，对微生物有致死作用，原因是辐射引起水分解，产生游离的H^+，进而与溶解氧生成H_2O_2等强氧化剂，使酶蛋白的-SH氧化，导致细胞各种病理变化。

（3）微波和超声波

微波对微生物的杀灭作用是通过热效应进行的。微波产生热效应的特点是加热均匀，加热时间短。一般认为，微波杀菌的原理是：在微波作用下，微生物体内的极性分子发生振动，因摩擦产生高热，高热导致微生物死亡。此外，微波还可以加速分子运动，形成冲击性破坏而致微生物死亡。

超声波具有强烈的生物学作用，几乎所有的菌体都会被其破坏，只是敏感程度不一。超声波的杀菌效果与超声波的频率、作用时间以及微生物的大小、形状有关，频率高杀菌效果好。

3. 过滤作用

过滤除菌有三种类型。一种是在一个容器的两层滤板中间填充棉花、玻璃纤维或石棉，灭菌后空气通过这种滤器就可以达到除菌的目的。为了缩小这种滤器的体积，后来改进为在两层滤板之间放入多层滤纸，灭菌后使用也可以达到除菌的作用，这种除菌方式主要用于发酵工业。第二种是膜滤器，它是由醋酸纤维素或硝酸纤维素制成的比较坚韧的具有微孔（0.22～0.45μm）的膜，灭菌后使用，液体培养基通过这种滤器就可将细菌除去，这种滤器处理量比较少，主要用于科研。第三种是核孔（nuclear pore）滤器，它是由用核辐射处理的很薄的聚碳酸胶片（厚10μm）再经化学蚀刻而制成。辐射使胶片局部破坏，化学蚀刻使被破坏的部位成孔，而孔的大小则由蚀刻溶液的强度和蚀刻的时间来控制。溶液通过这种滤器就可将微生物除去，这种滤器也主要用于科学研究。

4. 干燥

微生物基本上是生活在水中的生物，干燥可引起代谢活动停止，影响微生物的活性以至生命力。在不受热和其他外界因素干扰下，干燥细胞将处于长期休眠状态，若供给潮气则很快复活。不同微生物对干燥的抵抗能力不同。一般没有荚膜、芽孢的细菌对干燥比较敏感，而具有芽孢的细菌、藻类和真菌的孢子、原生动物的胞囊都具有很强的抗干燥能力，如果没有高热和其他不利条件的影响，它们在干燥的环境中可以保持休眠状态达几十年，一旦环境变湿润，即可萌发复活。

由于在极度干燥的环境中微生物不生长，人们广泛应用干燥法来保藏食物，防止食物腐败（细菌滋生），如干果、肉干、葡萄干等；在科研与工业生产中，用干燥法来保存微生物，如将细菌放置在干燥的沙土中可以长期保存。

5. 渗透压

微生物细胞的细胞膜是一种半透膜，能满足细胞内外渗透压平衡调节需要，而水分在膜两侧的运动是渗透压变化的主要原因，对微生物在不同环境中的生存至关重要。

质量浓度为 8.5g/L 左右的 NaCl 溶液为等渗溶液。在等渗溶液中，微生物形态及大小均不变，且生长良好。低于上述浓度的溶液，称低渗溶液。在低渗溶液中，水分子渗入微生物细胞内使微生物细胞发生膨胀，严重的会导致细胞破裂而死亡。高于上述浓度的溶液，称高渗溶液。在高渗环境中，微生物体内的水分子向细胞外渗出，使细胞出现“生理干燥”，严重时细胞发生质壁分离，造成细胞活动呈抑制状态，甚至死亡。

6.5.2　化学因素对微生物的影响

化学物质对微生物的影响非常复杂，一种化学物质在极低浓度时，可能刺激微生物的生长发育；浓度略高时，可能抑菌；浓度极高时，可能有杀菌作用。而不同的微生物种类，对化学物质的敏感性也不同。

化学物质抑菌或杀菌，主要是造成微生物大分子结构变化，包括损伤细胞壁、使蛋白质变性失活、诱发核酸改变、破坏细胞膜结构等。

抑制或杀灭微生物的化学物质种类很多，主要有重金属盐类、卤素及其化合物、氧化剂、醇类、酚类、醛类、酸类、表面活性剂、染料等几类。常用的消毒剂和防腐剂见表 6-2。

表 6-2　常见的化学杀菌剂、抑菌剂种类与用途

类别	名称	用法	主要用途
重金属盐类	升汞（$HgCl_2$）	0.055%～0.1%	非金属器皿消毒
	红汞	2%	皮肤、小创伤消毒
	硫酸铜	1mg/L	杀菌、杀真菌
	硝酸银	1%	预防淋球菌感染
氧化剂	高锰酸钾	0.1%	皮肤、尿道、蔬菜及水果消毒
	过氧乙酸	0.2%～0.5%	塑料、玻璃器材、皮肤消毒
	过氧化氢	3%	外耳道、口腔黏膜消毒
酚类	石炭酸	3%～5%	地面、家具、器具表面消毒
	来苏尔	2%	体表消毒
醇类	乙醇	70%～75%	皮肤、体温计消毒
醛类	福尔马林	10%	浸泡器皿、熏蒸房间
	漂白粉	10%～20%	地面、厕所及排泄物消毒
卤素类	碘酒	2.5%	皮肤消毒
	氯气	0.2～0.5mg/L	饮水、游泳池水消毒
酸碱类	生石灰	1∶4 或 1∶8 糊状	地面、排泄物消毒
表面活性剂	新洁尔灭	0.05%～0.1%	皮肤、手术器械消毒
染料	龙胆紫	2%～4%	浅表创伤消毒
烷化剂	环氧乙烷	50mg/1000mL	手术器械、敷料等消毒

1. 无机化合物

（1）重金属及其化合物

大多数重金属盐类都是有效的杀菌剂或防腐剂。其中作用最强的是 Hg、Ag 和 Cu。它们是蛋白质的沉淀剂。其杀菌机理是与酶的-SH 基结合，使酶失去活性；或与菌体蛋白结合，使之变性或沉淀。汞的化合物如二氯化汞（$HgCl_2$），又名升汞，是强杀菌剂和消毒剂。0.1%的 $HgCl_2$ 溶液对大多数细菌有杀灭作用，用于非金属器皿的消毒。红汞（汞溴红）配成的红药水则用作创伤消毒剂。汞盐对金属有腐蚀作用，对人和动物亦有剧毒。自然界中有些细菌能耐汞，甚至能转化汞。银盐为较温和的消毒剂。医药上常有用 0.1%～1.0%的硝酸银消毒皮肤，1%硝酸银滴液可用以预防新生婴儿传染性眼炎。铜的化合物如硫酸铜对真菌和藻类的杀伤力较强。用硫酸铜与石灰配制成的波尔多液，在农业上可用以防治某些植物病毒。在废水生物处理过程中，用化学法测定曝气池混合液中的溶解氧时，可在 1L 混合液中加 10mL 质量浓度为 1g/L 的硫酸铜抑制微生物的呼吸。铅对微生物有毒害，将微生物浸在质量浓度为 1～5g/L 的铅盐溶液中，几分钟内微生物就会死亡。

（2）卤族元素及其化合物

按杀菌力的强弱顺序为：F＞Cl＞Br＞I，其中 Cl（如液氯、次氯酸钙）和 I（如碘酊）最常用。液氯、次氯酸钙与水结合产生次氯酸和新生态氧：$Cl_2+H_2O \longrightarrow HCl+HClO \longrightarrow HCl+[O]$，新生态氧［O］为强氧化剂，破坏细胞膜结构而杀死微生物。碘与菌体蛋白和酶中的酪氨酸不可逆结合而发挥杀菌作用。

（3）氧化剂

氧化剂通过氧化细胞成分使之失活而产生灭菌效果，常用的有 $KMnO_4$、H_2O_2 和 O_3。

2. 有机化合物

（1）醇

醇是脱水剂和脂溶剂，可使蛋白质脱水、变性，溶解细胞质膜的脂类物质，进而杀死微生物机体。一般化学杀菌剂的杀菌力与其浓度成正比，但乙醇例外，体积分数为 70%的乙醇杀菌力最强。乙醇浓度过低无杀菌力；纯乙醇因不含水很难渗入细胞，又因它可使细胞表面迅速失水，表面蛋白质沉淀变性形成一层薄膜，阻止乙醇分子进入菌体内，故不起杀菌作用。甲醇杀菌力差，对人有毒，不宜作杀菌剂。丙醇、丁醇及其他高级醇的杀菌力均比乙醇强，但由于不溶于水，不能作杀菌剂。

（2）甲醛

甲醛是很有效的杀菌剂，对细菌、真菌及其孢子和病毒均有效。甲醛是气体，质量浓度为 370～400g/L 的甲醛水溶液称为福尔马林，其蒸气有强烈的刺激性，有杀菌和抑菌作用。可用福尔马林蒸熏、消毒厂房及无菌室。甲醛溶液是动物组织和原生动物标本的固定剂。甲醛与蛋白质的氨基（$—NH_2$）结合而干扰细菌的代谢机能。

（3）酚

酚是表面活性剂，酚与其衍生物能引起蛋白质变性，并破坏细胞质膜。苯酚又名石炭酸，质量浓度为 1g/L 时能抑制微生物生长。10g/L 的石炭酸溶液在 20min 内可杀死细菌，30～50g/L 的石炭酸溶液几分钟即可杀死细菌，50g/L 的石炭酸溶液可作喷雾消毒空气，细菌芽孢和病毒在 50g/L 的石炭酸溶液中能存活几小时。甲酚的杀菌力比其他酚强几倍，但它难溶于水，易与皂液形成乳浊液，叫来苏尔。在废水生物处理中，酚可以是微生物的营养源。

（4）表面活性物质

新洁尔灭是季胺盐的一种，是一种表面活性强的杀菌剂。它对许多非芽孢型的致病菌、革兰阳性菌及革兰阴性菌等有着极强的致死作用。稀释度小时有杀菌作用及去污垢作用，对人无毒。但在高稀释度时只有抑菌作用，将质量浓度为50g/L的原液稀释为1g/L的水溶液可用于皮肤消毒，浸泡5min即可达到消毒效果。1g/L的新洁尔灭水溶液可用于冷却循环水的杀菌除垢，合成洗涤剂去污力强，在硬水中不形成沉淀，它除洗涤污物外，还有杀菌作用。阳离子型洗涤剂比阴离子型洗涤剂的杀菌力强。阳离子型洗涤剂不可生物降解。非离子型洗涤剂没有杀菌力。

（5）染料

孔雀绿、亮绿、结晶紫等三苯甲烷染料及吖淀黄都有抑菌作用。染料所带的阳离子基团可与蛋白质氨基酸的羧基和核酸上的磷酸基结合，阻断细胞正常的代谢过程。G^+菌对染料更为敏感。例如，结晶紫质量浓度为（3.3～5.0）$\times 10^{-4}$g/L时抑制革兰阳性菌，需浓缩10倍后才能抑制革兰阴性菌；10^{-5}g/L的孔雀绿可抑制金黄色葡萄球菌，3.3×10^{-3}g/L时可抑制大肠埃希菌；将10^{-6}g/L的亮绿加入培养基中可抑制革兰阳性菌生长，将大肠埃希菌鉴别出来。

3. 生物因素

许多微生物在代谢过程中产生能杀死其他微生物或抑制其他微生物生长的化学物质，即抗生素。抗生素有广谱和窄谱之分。氯霉素、金霉素、土霉素和四环素可抑制许多不同种类的微生物，叫广谱抗生素。多粘菌素只能杀死革兰阴性菌，叫窄谱抗生素。抗生素对微生物的影响有以下四方面。

（1）抑制微生物细胞壁合成

青霉素可抑制革兰阳性菌肽聚糖的合成，进而阻碍细胞壁合成。人和动物的细胞不具细胞壁，不含肽聚糖，所以不受青霉素的损害。

（2）破坏微生物的细胞质膜

多粘菌素中的游离氨基与革兰阴性菌细胞质膜中的磷酸根（PO_4^{3-}）结合，损伤其细胞质膜，破坏细胞质膜的正常渗透屏障功能，使菌体内的核酸等重要成分泄出，导致细菌死亡。制霉菌素和两性霉素B是抗真菌剂，它们与真菌细胞质膜中的麦角固醇结合，破坏细胞质膜通透性。

（3）抑制蛋白质合成

氯霉素、金霉素、土霉素、四环素、链霉素、卡那霉素、新霉素、庆大霉素及春日霉素等都能与核糖核蛋白结合，抑制微生物蛋白质合成。同时，上述广谱抗生素能与酶组分中的金属离子结合，可抑制酶的活性。因受上述两方面影响，许多微生物的生长受到抑制。

（4）干扰核酸的合成

博来霉素与DNA结合，干扰DNA复制。丝裂霉素（自力霉素）与DNA分子双链之间互补的碱基形成交联，影响DNA双键的分开，从而破坏DNA的复制。放线菌素D只与双链DNA结合，阻碍遗传信息的转录与RNA的合成，但不阻止单链DNA的合成，因此，放线菌素D不作用于单链DNA和单链RNA病毒。

各种抗生素发酵厂的废水分别含有一定浓度的、相应的抗生素，造成在废水生物处理初期的处理效果不好，经过相当长时间的驯化期后，活性污泥中的微生物逐渐适应了各种抗生素，进而降解抗生素，从而使废水得到净化。

重点小结

微生物的培养可采用分批培养和连续培养，其中连续培养有恒浊连续培养和恒化连续培养两种。

同步培养是使微生物群体中不同步生长的细胞转变成能同时进行生长或分裂的细胞。主要方法为机械法与环境条件控制法两类。

由一个细胞或一种细胞群繁殖得到的后代称为微生物的纯培养。纯培养分离技术包括平板分离法、富集培养、二元培养、共培养物、单细胞（孢子）分离法等。

微生物群体生长的测定方法包括细胞数目的测定与微生物生物量的测定。在细胞数目测定方法中，涂片染色法、计数器测定法、比例计数法、比浊计数法等方法是对细胞总数进行测定，而平板计数法、薄膜过滤计数法则是对活菌数进行测定；微生物生物量的测定法包括细胞干重法、细胞含N量法、DNA含量法以及其他生理指标测定法等。

描述细菌在液体培养基中生长规律的曲线为细菌的生长曲线。细菌的生长曲线分为迟缓期、对数期、稳定期及衰亡期四个阶段，在废水生物处理中具有指导意义。

影响微生物生长繁殖的环境因子有温度、pH值、氧气、渗透压、氧化还原电位、阳光等；能控制微生物生长繁殖的物理因素包括温度、辐射、过滤、干燥和渗透压等；抑制或杀灭微生物的化学物质有重金属盐类、卤素及其化合物、氧化剂、醇类、酚类、醛类、酸类、表面活性剂、染料等。

微生物在代谢过程中产生能杀死其他微生物或抑制其他微生物生长的化学物质被称为抗生素，抗生素可通过抑制微生物细胞壁合成、破坏微生物的细胞质膜、抑制蛋白质合成以及干扰核酸的合成等机制影响其他微生物的生长。

习题与思考

1. 何谓连续培养？连续培养主要包括哪两种方法？阐述各自的机理。
2. 请分析影响微生物生长的主要因素及它们影响微生物生长繁殖的机制。
3. 控制微生物生长繁殖的主要方法有哪些？说明各自的原理。
4. 微生物生长的测定方法有哪些？比较各种测定方法的优缺点。
5. 何谓细菌的生长曲线？生长曲线可分为哪几个时期？各时期有何特点？
6. 请说明生长曲线在废水生物处理中的指导意义。

（本章编者：蔡苏兰）

第7章　微生物的遗传与变异

学　习　提　示

重点与难点：

掌握：微生物的遗传性与变异性的概念及其物质基础；遗传物质在微生物中的存在方式；基因突变的概念与特点。

熟悉：基因诱变的分子机制；细菌的接合、转导与转化机制；DNA损伤的修复机制。

了解：微生物遗传物质的复制过程；真核微生物的有性杂交与准性杂交机制；基因工程的原理与基本过程；原生质体融合的原理与基本过程；诱变育种的原理与基本过程。

采取的学习方法：课堂讲授为主，部分内容学生自主学习

学时：4学时完成

微生物与其他任何生物一样也具有遗传性（inheritance）和变异性（variation）。**遗传是指生物体子代与亲代性状上相似的现象；变异则是指生物体子代与亲代之间或子代个体之间性状上的差异**。生物体所含有的全部遗传因子即基因组所携带的全部遗传信息的总和称为遗传型（genotype）。具有一定遗传型的个体，在外界环境中通过代谢和发育而得到的全部外表特征和内在特性的总和称为表型（phenotype）。相同遗传型的生物，在不同的外界环境条件下所呈现出的不同表型称为饰变（modification）。饰变是一种不涉及遗传物质结构改变而只发生在转录、转译水平上的表型改变。

7.1　微生物遗传变异的物质基础

7.1.1　证明核酸是遗传物质的经典实验

遗传必须有遗传物质，遗传的物质基础是蛋白质还是核酸，曾是生物学中激烈争论的重大问题之一。1944年美国Avery等人以微生物为实验对象进行了3个经典实验后，才无可辩驳地证实了遗传的物质基础是核酸。下面分别介绍证实核酸是遗传变异物质基础的经典实验。

1. 细菌转化实验

1928年，英国科学家Griffith把肺炎球菌（*Streptococcus pneumonia*）有致病力的S品系（光滑型）用高温杀死，然后与无致病力的R品系（粗糙型）混合培养，从混合培养的子代中分离出了可继续传代、有致病力的S品系肺炎球菌。该实验结果提示：加热杀死的S

品系肺炎球菌中存在某种活性因子能使 R 品系转变成 S 品系，Griffith 称之为“转化因子（transformation factor）”。虽然当时还不知道称之为转化因子的本质是什么，但他的工作为后人进一步揭示转化因子的实质奠定了基础。1944 年，Avery 等人在体外重复进行该实验，如图 7-1 所示，通过酶水解等生化处理方法确认了转化因子是细菌的 DNA，而不是其蛋白质、荚膜（多糖）或 RNA。

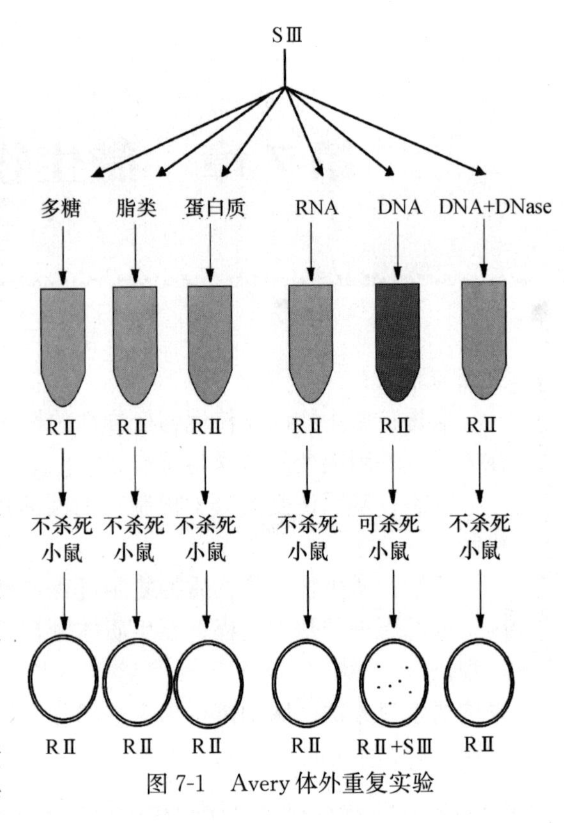

图 7-1　Avery 体外重复实验

2. 噬菌体感染实验

1952 年，美国学者 Alfred D. Hershey 和 Martha Chase 进行了用 ^{32}P 或 ^{35}S 标记的 T_2 噬菌体与大肠埃希菌混合培养感染的实验，如图 7-2 所示，实验中通过搅拌作用来中断控制培养时间，通过离心分离感染后的培养液与沉淀物并对培养液与沉淀物成分进行分析，最终证实了感染的大肠埃希菌细胞内只有 T_2 噬菌体的 DNA（^{32}P 标记）注入，而 T_2 的蛋白质（^{35}S 标记）外壳则不能进入。该实验结果证实了 T_2 噬菌体的遗传物质是 DNA。

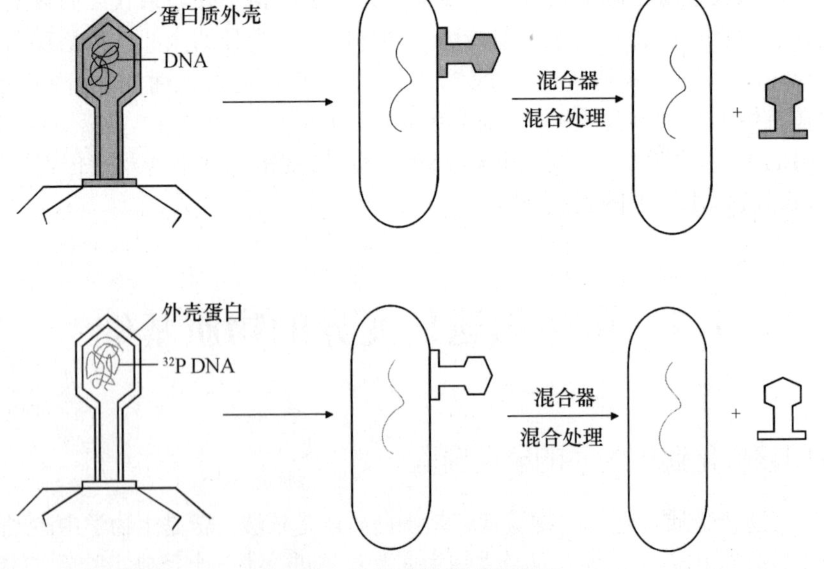

图 7-2　T_2 噬菌体的感染实验

3. 病毒重建实验

某些 RNA 病毒只是由 RNA 和蛋白质组成，其遗传变异的物质基础是 RNA 还是蛋白质？1956 年，Fraenkel Corat 用烟草花叶病毒（tobacco mosaic virus，简称 TMV）进行了重建实验，为核酸是遗传物质进一步补充了科学证据。杆状的烟草花叶病毒，其筒状蛋白质外壳内包含着一条单链 RNA 分子，当用去污剂、苯酚溶液或弱碱溶液等处理可使蛋白质与 RNA 分离，再用得到的 TMV 蛋白质及其 RNA 分别去感染烟草植株。发现只有含 RNA 的溶液会使烟草产生病毒斑，从受感染的烟草中能分离出有感染力的 TMV 粒子，而仅含 TMV 蛋白质的溶液则不能使烟草产生感染症状。当用不同株系 TMV 的蛋白质外壳及其 RNA，构建 RNA 来源不同的“杂种 TMV”并再去感染烟草，发现烟草产生的感染症状及抗原特性，均与该杂种 TMV 的 RNA 亲本所产生的感染特性相同。

4. 朊病毒（prion）的发现与思考

核酸是遗传变异的物质基础已是无可辩驳的，但朊病毒的发现对于目前关于“蛋白质不是遗传物质”的定论则带来一些疑惑。朊病毒是一个不含核酸仅含具侵染性的疏水蛋白质分子，能引起哺乳动物的亚急性海绵样脑病，如疯牛病、羊瘙痒症等都是由朊病毒引起的。该类病毒蛋白具两种构象：正常型（也称细胞型，以 PrP^{c} 表示）和致病型（瘙痒型，以 PrP^{sc} 表示），这两种构象的一级结构完全相同，说明蛋白质被同一基因所编码，但它们的立体构象却不同，PrP^{sc} 比 PrP^{c} 具有更多的 β 折叠结构。

对于朊病毒的增殖，有些人认为病毒不含核酸，打破了中心法则，是 PrP^{sc} 以自身为模板通过自我复制把 PrP^{c} 转化成 PrP^{sc}，即蛋白质本身可作为遗传信息。也有些人认为，朊病毒的增殖没有改变中心法则，PrP^{sc} 的合成过程仍以宿主基因为模板来合成朊病毒蛋白，即决定蛋白质一级结构的遗传信息来自于宿主基因，而不是 PrP^{sc}。

朊病毒的发现和研究，可以看到在理论上有可能向 DNA 作为唯一遗传变异的物质基础的理论提出了挑战，为分子生物学的发展带来了新的影响，而在实践方面为我们弄清蛋白质的折叠与生物功能之间的关系的研究，以至蛋白质的折叠与疾病的致病因子之间的关系的研究，甚至治疗和根除 PrP^{sc} 引起的相关疾病（有人称之为构象病）开辟了新的途径。

7.1.2　遗传物质在细胞中的存在方式

除 RNA 病毒外，DNA 是微生物的遗传物质。另外，微生物中还包括质粒、细胞器 DNA（存在于真核生物中）等核外遗传物质。核内 DNA 是主要的遗传物质。

1. 遗传物质在微生物中存在的主要形式——染色体（chromosome）

DNA 的主要存在形式是染色体。原核微生物染色体 DNA 是以裸露的形式存在，有时相对聚集在细胞质中，周围无核膜包被；真核微生物的染色体 DNA 存在于细胞核内，与组蛋白构成核小体，再经折叠压缩构成染色体。真核微生物染色体的数量因生物种类而异，少的几条，多的十几条甚至几十条。病毒（朊病毒除外）的基因组仅由一种核酸 DNA 或 RNA 组成。不同病毒的核酸差异很大，可以是线状、环状、双链、单链、分节段或不分节段等形式。

2. 微生物中染色体外 DNA 存在的一种形式——质粒

质粒（plasmid）通常是指独立于染色体外能自主复制的环状双链 DNA 分子。质粒可位于染色体外或附加于染色体上并携带有某种特异性遗传信息，质粒广泛存在于原核微生物和真核微生物的酵母、丝状真菌中。一般情况下，质粒对宿主细胞是非必需的，但在某些条件下，质粒 DNA 编码的特殊基因性状，可以使宿主细胞具有特殊的生长优势。如某些细菌携带的抗性质粒可以使宿主细胞在有相应的化学毒物或抗生素的环境中生存。

（1）质粒的主要特点

① 可转移性：质粒可通过细胞间的接合作用或通过其他途径从供体细胞向受体细胞

转移。

② 可整合性：在某种特定条件下，质粒 DNA 可以可逆性地整合到宿主细胞染色体 DNA 上，并可以重新与宿主染色体 DNA 脱离。

③ 可重组性：不同来源的质粒之间、质粒与宿主细胞染色体之间的基因均可以发生重组，而形成新的重组质粒，从而使宿主细胞具有新的表现性状。

④ 可消除性：当采用某些理化因素处理如加热、紫外线或加入吖啶类染料、丝裂霉素 c、溴化乙锭等，质粒可以从宿主细胞中消除，但不影响宿主细胞的生存与生命活动，只是宿主细胞会由于失去质粒而失去相应质粒所携带的遗传信息所控制的某些性状。当然质粒也可以自发的消失。

⑤ 能自主复制：质粒可独立于宿主染色体 DNA 外自主复制。质粒复制后在细胞分裂时能随染色体一起分配到子细胞，继续存在并保持固有的拷贝数。拷贝数较少如一个细胞中只含有 1～2 个拷贝数的为严谨型质粒（stringent plasmid），拷贝数多的为松弛型（relaxed plasmid）质粒。

⑥ 不相容性：质粒的不相容性（incompatibility）是指两种不同类型的质粒不能稳定地共存于一个宿主细胞内，反之则称为相容性。由于质粒的不相容性与质粒的亲缘关系有关，因此可以将质粒分成若干不相容群。

⑦ 非必需性：质粒所含的基因对宿主细胞一般是非必需的，但在某些特殊条件下，质粒能赋予宿主细胞以特殊的机能，从而使宿主得到生长优势，如致育性、抗药性、产毒素性等。

（2）细菌质粒的分子结构

质粒通常以共价闭合环状（covalently closed circular，简称 CCC）的超螺旋双链 DNA 分子存在于细胞中，但从细胞中分离的质粒大多是三种构型，即 CCC 型、OC 型（open circular form）和 L 型（linear form），如图 7-3 所示。近年来在疏螺旋体、链霉菌和酵母菌中也发现了线型双链 DNA 质粒和 RNA 质粒。质粒分子的大小范围从 1kb 左右到 1000kb。

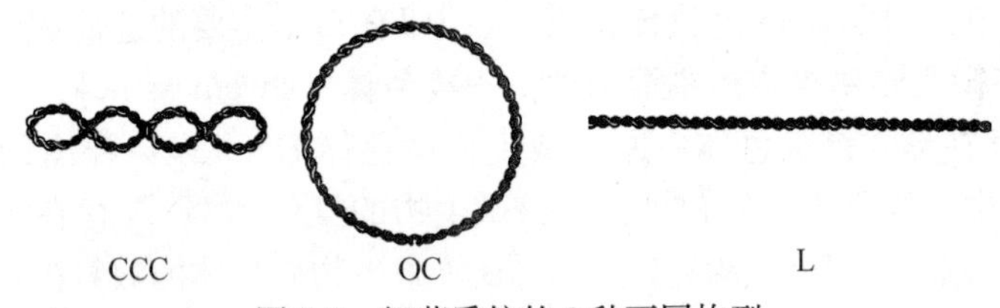

图 7-3　细菌质粒的 3 种不同构型

（3）质粒的主要类型

质粒携带的遗传信息表达后会赋予宿主细胞一些新的生物学功能，根据质粒所赋予宿主细胞的功能不同，可将质粒分为不同类型。下面介绍几种主要的质粒。

① 致育因子（fertility factor，F 因子）：又称 F 质粒，是最早被发现的一种与大肠埃希菌的有性生殖现象（接合作用）有关的质粒，携带 F 质粒的菌株称为 F^+ 菌株（相当于雄性），无 F 质粒的菌株称为 F 菌株（相当于雌性）。

② 抗性质粒（resistance factor，R 因子）：主要包括抗药性（对青霉素、链霉素、氯霉素等抗生素具有抗性）和抗重金属（对 Hg^{2+}、Cd^{2+}、Pb^{2+} 等重金属离子具有抗性）二大类，简称 R 质粒。其上携带有分解某种抗生素或药物酶系基因，赋予宿主细胞能够耐受或

分解某种抗生素或药物。因为 R 因子对多种抗生素具有抗性，因此往往作为筛选时的理想标记用作基因的载体。

③ 毒性质粒（virulence plasmid）：许多致病菌的致病性是由毒性质粒的 DNA 编码的。如根癌土壤杆菌（Agrobacterium tumefaciens）的 Ti 质粒可导致植物冠瘿病的形成。

④ 代谢质粒（metabolic plasmid）：亦称降解质粒，代谢质粒上携带有能降解某些基质，尤其是降解有毒化合物质如芳香族化合物（苯酚）、农药（2，4-D）的酶的基因。

⑤ Col 质粒（colicinogenic factor）：为产大肠杆菌素因子。其上携带有大肠杆菌素酶系基因，赋予大肠埃希菌产生大肠杆菌素。大肠杆菌素（colicin）是一种由大肠埃希菌的某些菌株所分泌的细菌蛋白，只杀死近缘但不含 Col 质粒的菌株，而自身不受伤害。许多细菌都能产生使其他细菌致死的蛋白质类细菌毒素（bacteriocin），如一种乳酸细菌产生的细菌素 Nisina 能强烈地抑制某些 G^+ 细菌，现用于食品保藏。

3. 真核微生物中染色体外的遗传物质——细胞器 DNA

细胞器 DNA 是真核微生物中除染色体外遗传物质存在的另一种重要形式。真核微生物具有的细胞器包括叶绿体（chloroplast）、线粒体（mitochondrion）、中心粒（central）、毛基体（kinetosome）等。这些细胞器都有自己独立于染色体外的 DNA。这些 DNA 与其他物质一起构成具有特定形态的细胞器结构，并且携带有编码相应酶的基因，如叶绿体 DNA 携带有编码光合作用酶系的基因，线粒体 DNA 携带有编码呼吸酶的基因。这些细胞器及其 DNA 具有某些共同特征。

（1）结构复杂多样。对于各种真核生物的染色体或者同一生物的各个染色体虽然在长短大小上常不相同，但是其结构都基本相同。而细胞器则具有复杂而多样化的结构，如叶绿体和线粒体具有复杂的膜结构，而中心粒和毛基体都具有微管或微纤丝结构。

（2）功能不一且对于生命活动是不可缺少的。叶绿体为依靠光合作用生活的生物所必需，线粒体为细菌呼吸所必需，中心粒为细胞分裂所必需。

（3）数目多少不一。每一个细胞中有两个中心粒；光合微生物细菌中叶绿体数目不等；同样，线粒体数目在各种微生物中也不相同。

（4）能自体复制。线粒体 DNA 和叶绿体 DNA 都能进行半保留复制。除此之外，许多实验和观察结果表明这些细胞器可通过分裂产生。

（5）一旦消失以后，后代细胞中不再出现。细胞器中的 DNA 常呈环状，数量只占染色体 DNA 的 1%以下。与细胞器中的 70s rRNA、tRNA 和其他功能蛋白形成必要组分，构成一整套蛋白质合成的完全机制。但是细胞器中的许多蛋白不是由细胞器 DNA 编码的，而是由染色体 DNA 编码的。

4. 可在染色体上不同位置之间转移的遗传物质——转座因子

转座因子（transposable element）是位于染色体或质粒上的一段能改变自身位置的 DNA 序列，包括插入序列（insertion sequences，简称 IS）、转座子（transposons，简称 TN）和某些病毒如 Mu 噬菌体等，在真核微生物和原核微生物中都有存在。

插入序列能在染色体上和质粒上的许多位点插入并改换位点，因此也称跳跃基因（jumping genes）。

转座子是能够插入到染色体或质粒上不同位点的一段 DNA 序列，大小为几个 kb，具有转座功能，即能够移动至染色体或质粒不同位点上去，本身可复制。转座后在原来位置保留 1 份拷贝。转座子两末端的 DNA 碱基序列为反向重复序列。转座子上携带有编码某些细菌表型特征的基因，如抗卡那霉素和新霉素的基因，且本身也可自我复制。

另外，侵染微生物的某些 DNA 病毒、RNA 病毒和噬菌体本身能自我复制，也能整合到染色体或质粒上，且可在微生物细胞之间进行转移而可看作是一类微生物染色体外的遗传物质。

7.1.3 细胞中 DNA 的复制

1. DNA 的结构

一个 DNA 分子由许多个单核苷酸组成。每个核苷酸由磷酸、脱氧核糖及碱基［腺嘌呤（A）、鸟嘌呤（G）、胞嘧啶（C）和胸腺嘧啶（T）］构成。根据沃森-克拉克（Watson-Crick）的理论，认为 DNA 分子是两个“多核苷酸链”，整齐地排列呈双螺旋结构；一个链上的碱基总是和另一链上的碱基相对应而存在，具体地说，即 A 必须与 T 配对、C 必须与 G 配对。

2. DNA 的复制

DNA 的复制是从 DNA 分子的特定部位即复制起点开始的，原核微生物的染色体 DNA 一般只有一个复制起点；而真核微生物染色体具有多个复制起点，如酿酒酵母基因组中约有 400 个复制起点。每一个复制起点及其复制区为一个复制单位，称为复制子（replicon）。实验证明双螺旋 DNA 用半保留复制的方式进行复制，即 DNA 的每一次复制所形成的两个分子中，每个分子都保留它的亲代 DNA 分子的一条单链，而另一条链则为与亲代 DNA 链相互补的新链，如图 7-4 所示。

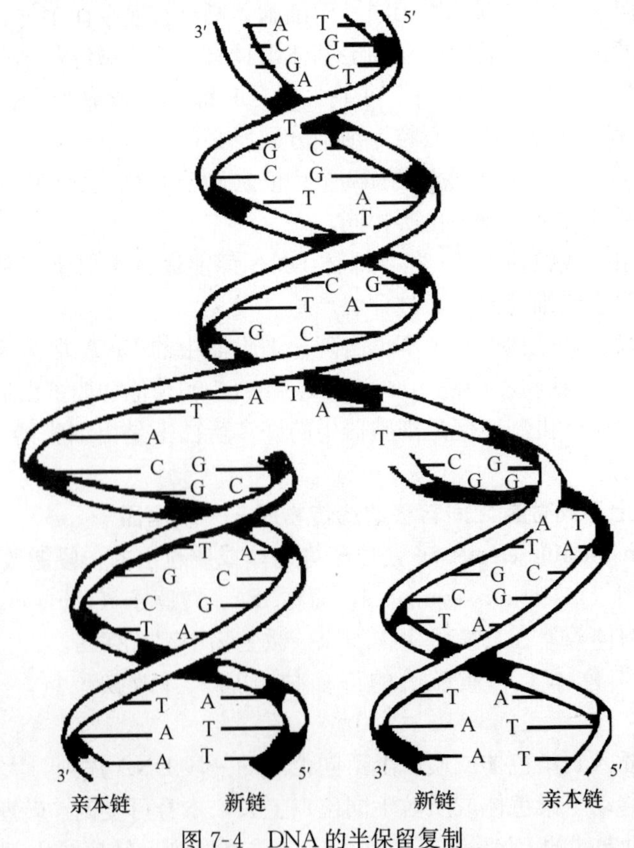

图 7-4 DNA 的半保留复制

复制时，DNA 分子从一端或某处的氢键断裂使双键松开，然后以每一条 DNA 单链为模板，沿着 $5'\rightarrow3'$ 方向，通过碱基配对各自合成完全与模板链互补的一条新链，最后新合成的链和原来的一条模板链形成新的双螺旋 DNA 分子。

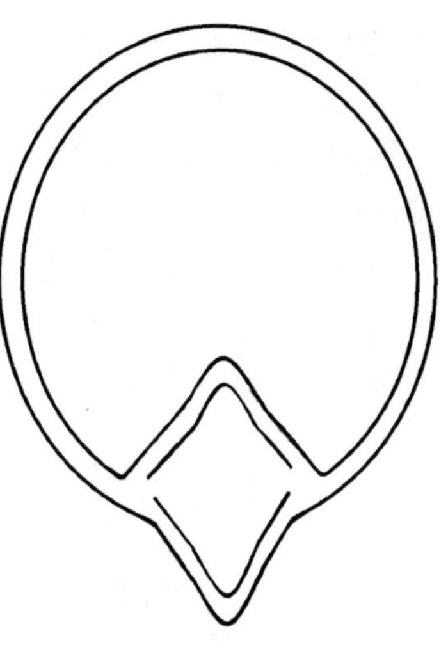

图 7-5　环状 DNA 的 θ 型复制

复制过程中，由于 DNA 分子的双链是反向平行的，其中一条新链的合成是由 DNA 聚合酶 polⅢ连续进行的，而另一条链则是先由 polⅢ合成不连续的许多小片段（即冈崎片段），然后由 DNA 聚合酶 polⅠ将这些冈崎片段连接成另一条新长链。用这两种不同的复制方式使 2 个新的 DNA 分子链迅速形成。

线性双链 DNA 一般为双向复制，根据复制起点的多少又可以分为双向单点复制和双向多点复制，环状双链 DNA 的复制分为 θ 型（图 7-5）、滚环型（图 7-6）和 D 型（图 7-7）等 3 种。

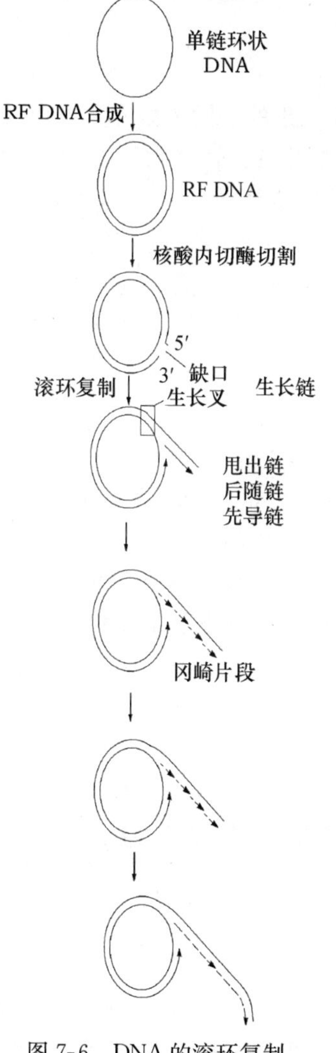

图 7-6　DNA 的滚环复制

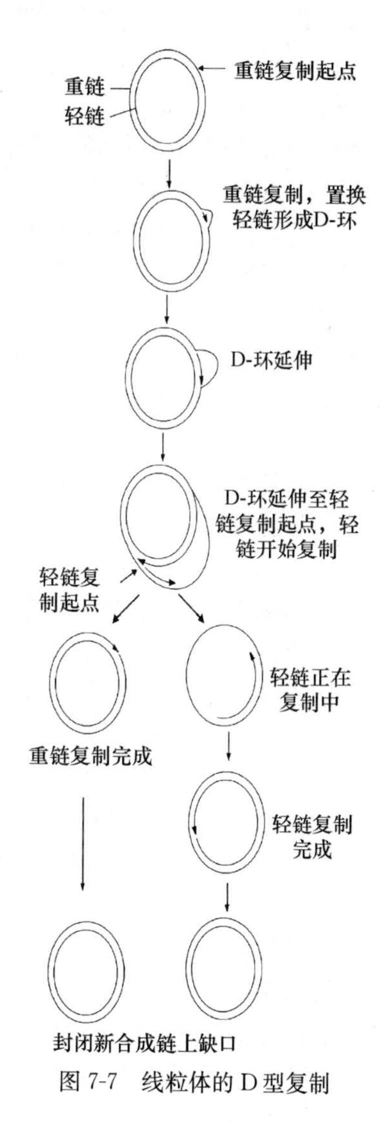

图 7-7　线粒体的 D 型复制

微生物细胞中存在有一类对于自身的DNA不起作用而对于外来DNA起限制作用的酶，称为限制性核酸内切酶（restriction endonuclease），也称限制酶，能识别特定的碱基序列，即具有高度专一性。这类酶可分为两类：一类为可结合在识别位点上，随后又可随机地在其他位点上切割DNA；另一类酶的识别与切割在同一位点上，限制性核酸内切酶在分子遗传学和基因工程研究中是重要的工具酶。

7.2　微生物的变异

7.2.1　微生物的变异与基因突变

微生物变异（variation）是指微生物子代的表型特征与其亲代的表型特征发生较大的差异。通过繁殖，子代生物从亲代获取全部遗传信息。而在这一过程中，同种遗传型的生物可能由于外界条件的差异会呈现出不同的表型，此种变异不具有遗传性。而遗传物质在子代中发生了改变，而引起子代表型特征的差异则具有遗传性。

1. 表型变异

相同遗传型的生物，在不同的外界环境条件下所呈现出的不同表型称为饰变（modification）。饰变是一种不涉及遗传物质结构改变而只发生在转录、转译水平上的表型改变。这种表型改变不会遗传给子代细胞，通常是由于环境条件改变所致，一旦环境条件恢复原状，变异现象也随之消失。例如，黏质沙雷氏菌（*Serretia marcescens*）在25℃下培养时，会产生深红色的灵杆菌素，菌落成血红色；若将培养温度提高至37℃后，则不产色素，此时将培养温度降至25℃，细胞又恢复产色素的能力。由于细胞群体所处环境条件的改变是同等的，表型改变常表现出群体性。

2. 遗传型变异

遗传型变异是指由于遗传物质的结构发生突变（mutation）而导致微生物某些性状改变的现象，即遗传物质的核苷酸序列发生了稳定的和可遗传的变化。突变包括染色体畸变（chromosomal aberration）和基因突变（gene mutation，又称点突变）。**基因突变是由于DNA（RNA病毒和噬菌体的RNA）链上的一对或少数几对碱基被另一个或少数几个碱基对取代发生改变的突变类型**。**染色体畸变则是DNA链上某些片段发生了变化或损伤所引起的突变类型**，包括染色体DNA链上的插入（insertion）、缺失（deletion）、重复（duplication）、易位（translocaion）、倒位（inversion）等。

微生物基因的突变可自发发生或诱导产生。其特点是：几率极低（10^{-6}～10^{-9}）；性状变化幅度大；变化后的新性状是稳定的、可遗传的。自发突变与诱发突变的差别在于前者的发生频率极低，后者可大大提高突变发生的频率，可定向筛选加速获得具有符合研究目标的遗传性状。

（1）突变株类型

① 根据突变株表现出的不同特征，突变型可分为如下几类：

形态突变型。即细胞的形态发生了变化或菌落形态发生了改变的突变型。如细菌鞭毛、芽孢或荚膜的有无，菌落的大小，外形的光滑（S型）、粗糙（R型）或颜色等的变异；放线菌或真菌产孢子的多少、外形或颜色的变异等。

生化突变型。是一类代谢途径发生变异但没有明显的形态变化的突变型。

营养缺陷型。营养缺陷型是一类重要的生化突变型。它**指由基因突变而引起代谢过程中某种酶的合成能力丧失，而必须在原有培养基中添加相应的营养成分才能正常生长的突变型**。营养缺陷型在科研和生产实践中有着重要的应用。

抗性突变型。抗性突变型是一类能抵抗有害理化因素的突变型。根据其抵抗的对象可分抗药性、抗紫外线或抗噬菌体等突变类型。它们十分常见且极易分离，一般只需在含抑制生长浓度的某药物、相应的物理因素或在相应噬菌体平板上涂上大量敏感细胞群体，经一定时间培养后即可获得。

抗原突变型。抗原突变型是指细胞成分尤其是细胞表面成分（细胞壁、荚膜、鞭毛）的细微变异而引起抗原性变化的突变型。

致死突变型。致死突变型是指造成个体死亡的突变型；造成个体生活力下降但不导致死亡的突变型，称为半致死突变型。

条件致死突变型。条件致死突变型是指在某一条件下具有致死效应而在另一条件下没有致死效应的突变型。温度敏感突变型（Ts mutant）是最典型的条件致死突变型。它们的一种重要酶蛋白（例如 DNA 聚合酶、氨基酸活化酶等）在某种温度下呈现活性，而在另一种温度下却是失活的。其原因是由于这些酶蛋白的肽链中更换了几个氨基酸，从而降低了原有的抗热性。例如，有些大肠埃希菌菌株可生长在 37℃下，但不能在 42℃生长；T4 噬菌体的几个突变株在 25℃下有感染力，而在 37℃下则失去感染力等。

上述突变类型之间的界限并非绝对。某些营养缺陷型菌株具有明显的性状改变，营养缺陷型也可以认为是一种条件致死突变型等。因此，突变类型的区分不是本质性的。

② 据遗传物质的结构改变，突变型可划分为如下几类：

碱基置换（substitution）。是指在核酸分子中，一个或一种碱基被另一个或另一种碱基所替换。碱基置换包括两种类型：**转换（transition）是由嘌呤置换嘌呤或嘧啶置换嘧啶；颠换（transversion）是指嘌呤置换嘧啶或嘧啶置换嘌呤**。如碱基置换发生于编码多肽的区域，则可因影响密码子而使转录、翻译遗传信息发生变化，出现一种氨基酸取代原有的某一种氨基酸，或出现终止密码而使多肽链合成中断，不能形成原有的蛋白质而完全失去某种生物学活性。

移码突变。是在正常的 DNA 分子中，碱基缺失或增加非 3 的倍数，从而使该处后面的全部遗传密码的阅读框架发生改变，并进一步引起转录和转译错误的一类突变。例如 mRNA 碱基序列为 GAA GAA GAA GAA……按密码子所合成的肽链是仅含谷氨酸的多肽，如果起始点增加一个 G，那么 mRNA 序列就变成了 GGA AGA AGA AGA……按照这些密码子合成的肽链就是一个以甘氨酸开头其余氨基酸均为精氨酸的多肽。移码突变的结果将引起该段肽链的改变，而肽链的改变将引起蛋白质性质的改变，最终引起性状的变异，严重者会导致生物个体的死亡。

DNA 片段的缺失和插入。是指原正常的 DNA 分子中的某一 DNA 片段的丢失或插入了新的 DNA 片段，结果导致该段肽链的改变。

③ 据突变所引起的遗传信息的意义改变，突变型可划分为如下几类：

同义突变（slientmutation）。突变位点位于密码子第三个碱基的置换，由于遗传密码具有简并性，经转录和翻译所对应的氨基酸不变。

错义突变（missensemutation）。碱基置换使密码子的意义改变，经转录和翻译所对应的氨基酸改变。

无义突变（nonsensemutation）。碱基置换使密码子成为终止密码，导致肽链延长提前结束。

终止密码突变（terminatorcodonmutation）。碱基置换使终止密码转变成某种氨基酸密码，指导合成的肽链将延长到出现第二个终止密码才结束。引起碱基置换的致突变物称为碱基置换型致突变物。

（2）基因突变的机理

基因突变可分为自发突变和诱发突变。

① 自发突变

不经诱变剂处理而自然发生的突变称为自发突变。引发自发突变的实质性原因是背景辐射、环境因素改变、微生物自身有害代谢产物积累等的长期综合诱变效应。

自发突变的分子基础是DNA分子某种程度的改变，如DNA聚合酶在DNA复制过程中产生了错误，DNA分子的损伤、重组、转座等。自发突变的产生最主要是碱基在细胞中能以不同形式的互变异构体（tautomer）存在，互变异构体能够引起不同的碱基配对。在DNA复制时，当腺嘌呤A以正常的氨基形式出现时，便与胸腺嘧啶进行正确配对（A-T）；如果以亚氨基（imino）形式（互变异构）出现时，则与胞嘧啶配对，即C代替T插入到DNA分子中，如果在下一轮复制之前未被修复，那么DNA分子中的A-T碱基对就变成了G-C，即碱基的互变异构效应。同样，胸腺嘧啶也可因为由酮式到烯醇式的异构作用而将碱基配对由原来的A-T变成G-T，鸟嘌呤取代腺嘌呤，经复制后便导致AT→GT的转换。此外，在DNA复制时，在短的重复核苷酸序列可能发生DNA链的滑动（slippag）而导致一小段DNA的插入或缺失而造成自发突变。碱基偶尔会从核苷酸移出而留下一个称之为脱嘌呤（apurinic）或脱嘧啶（apyrimidinic）的缺口，该缺口在下一轮复制时不能进行正常的碱基配对，其原因被认为是胞嘧啶的自然脱氨基（deamination）而形成了尿嘧啶所致，因为尿嘧啶不是DNA的正常碱基而将被DNA修复系统识别而被除去，结果留下一个脱嘧啶位点。

自发突变也可因转座因子随机插入而产生。另外DNA复制过程中由于偶然因素而使其中一条链上发生一个小环，则可在复制时跨越这一小环碱基而造成遗传缺失。

一般情况下，细胞内的修复系统可以将这些发生的错误和损伤加以修复，而不致发生突变，但这种修复只能将突变频率降低到最低限度，仍有极低频率的自发突变发生。

自发突变具有如下特性：

非对应性。即突变性状与引起突变的原因间无直接对应关系，如抗药性突变与药物的存在无关，药物只是起着选择作用。

自发性。各种性状的突变，可在没有人为诱变因素下自发发生。

稀有性。自发突变的频率（突变率）是较低和稳定的，一般在10^{-6}～10^{-9}之间。**突变率是指每一个细胞在一个世代中，或其他规定的单位时间内，在特定条件下，发生突变的概率**。

独立性。引起各种性状改变的基因突变彼此独立，即某种细菌均可以一定的突变率产生不同的突变，一般互不干扰。在一个包括亿万个细菌的群体中，可以得到抗链霉素的突变型，也可以得到抗其他药物的突变型。抗某一种药物的突变型细菌往往并不抗另一种药物，某一基因的突变既不提高也不降低其他基因的突变率。两个基因发生突变是各不相关的两个事件，也就是说突变的发生不仅对于细胞而言是随机的，对于基因而言同样也是随机的。

诱变性。通过诱变剂的作用，可提高自发突变的频率。不论是自发突变或诱变突变得到的突变型，它们间并无本质差别，诱变剂仅起到提高突变率的作用。

稳定性。由于突变的根源是遗传物质结构上发生了稳定变化，所产生的新性状也是稳定而可遗传的。例如菌体自发突变产生的抗药性与由于生理适应所造成的抗药性的本质区别在于生理适应而造成的抗药性是不稳定的。

可逆性。**由野生型基因变为突变型基因的过程称为正向突变**（forward mutation），相反的过程则称为回复突变（back mutation 或 reverse mutation）。回复突变率同样很低。

② 诱发突变

自发突变的频率是很低的，一般在 10^{-6}～10^{-10}之间。但许多化学、物理和生物因子能够提高其突变频率，**我们将这些能使突变率提高到自发突变水平以上的物理、化学和生物因子称为诱变剂（mutagen）**。下面介绍几种常用的诱变剂。

碱基类似物（base analog）。碱基类似物（如 5-溴尿嘧啶与胸腺嘧啶结构类似，2-氨基嘌呤与腺嘌呤结构类似）在 DNA 复制过程中能够整合入 DNA 分子中，但由于这些碱基类似物比正常碱基产生异构体的频率高，因此引起碱基错配的概率也高，从而可大大提高基因突变率。5-溴尿嘧啶诱发基因突变的机理如图 7-8 所示。

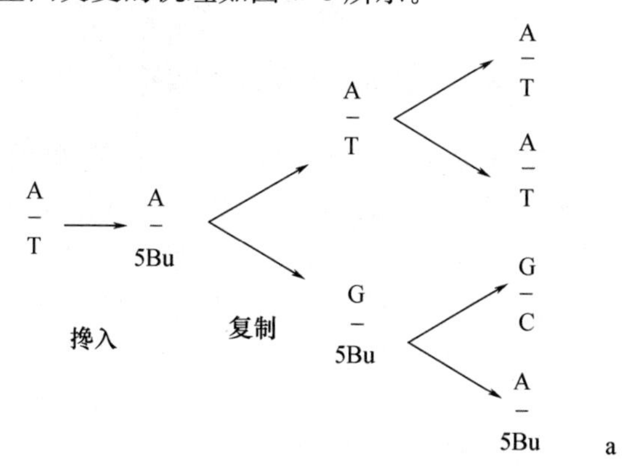

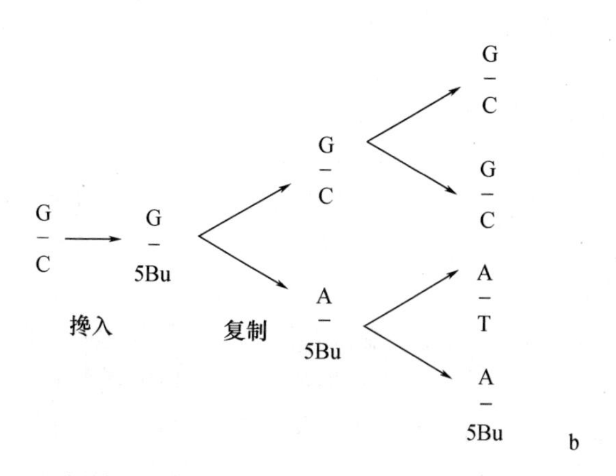

a: 5Bu（酮式结构）引起的碱基替换突变，产生AT→GC的转换

b: 5Bu（烯醇式结构）引起的碱基替换突变，产生GC→AT的转换

图 7-8　5-溴尿嘧啶引起的碱基替换突变

插入染料（intercalating dye）。这是一类扁平的具有三个苯环结构的化合物。在分子形态上类似于碱基对的扁平分子，所以它们通过插入到DNA分子的碱基对之间，从而导致DNA在复制过程中滑动，这种滑动会增加一小段DNA插入和缺失的概率，导致突变率的增加，常引起移码突变，如图7-9所示。

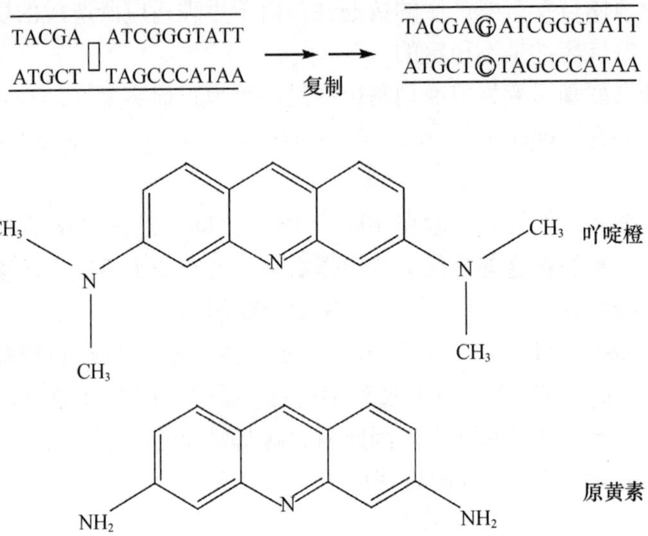

TACGA ATCGGGTATT → → TACGAⒼATCGGGTATT
ATGCT TAGCCCATAA 复制 ATGCTⒸTAGCCCATAA

吖啶橙

原黄素

图7-9　染料分子的嵌入引起插入突变

直接与DNA碱基起化学反应的诱变剂。最常见的此类诱变剂有亚硝酸、羟胺和烷化剂。亚硝酸主要引起含NH_2基的碱基如A、G、C产生氧化脱氨反应，使氨基变为酮基，从而改变其配对性质造成碱基置换突变，如图7-10所示。羟胺（NH_2OH）几乎只和胞嘧啶发生反应，因此只引起GC→AT的转换。甲基磺酸乙酯（ethyl methane sulfonate，简称EMS）和亚硝基胍（nitrosoguanidin，简称NTG）都属于烷基化试剂，其烷基化位点主要在鸟嘌呤的N-7位和腺嘌呤N-3位上。但这两个碱基的其他位置以及其他碱基的许多位置也能被烷化，烷化后的碱基与碱基结构类似物一样能引起碱基错配。亚硝基胍是一种诱变作用特别强的诱变剂，因而有超诱变剂之称。它可以使一个群体中任何一个基因的突变率高达1%，而且能引起多位点突变，主要集中在复制叉附近，随复制叉的移动其作用位置也移动。

辐射。紫外线（ultraviolet，简称UV）是实验室中常用的非电离辐射诱变因子，其作用机制主要是由UV引起的相邻碱基形成二聚体（dimer），阻碍碱基的正常配对而导致碱基置换突变。X-射线、λ-射线、快中子等属于电离辐射，作用机理尚不十分清楚，与UV不同的是电离辐射可通过玻璃和其他物质，穿透力强，能达到生殖细胞，因此常用于动物和植物的诱变育种。

热。短时间的热处理也可诱发突变，其作用可能是使胞嘧啶脱氨基而成为尿嘧啶，从而导致GC→AT的转换，另外，热能引起鸟嘌呤-脱氧核糖键的移动，从而在DNA复制过程中出现包括两个鸟嘌呤的碱基配对，而在再一次复制中这一对碱基错配就会造成GC→CG颠换。

生物诱变因子。转座因子是实验室中常用的一种诱变因子，它们可在基因组的任何部位插入，一旦插入某基因的编码序列，就引起该基因的失活而导致中断突变。

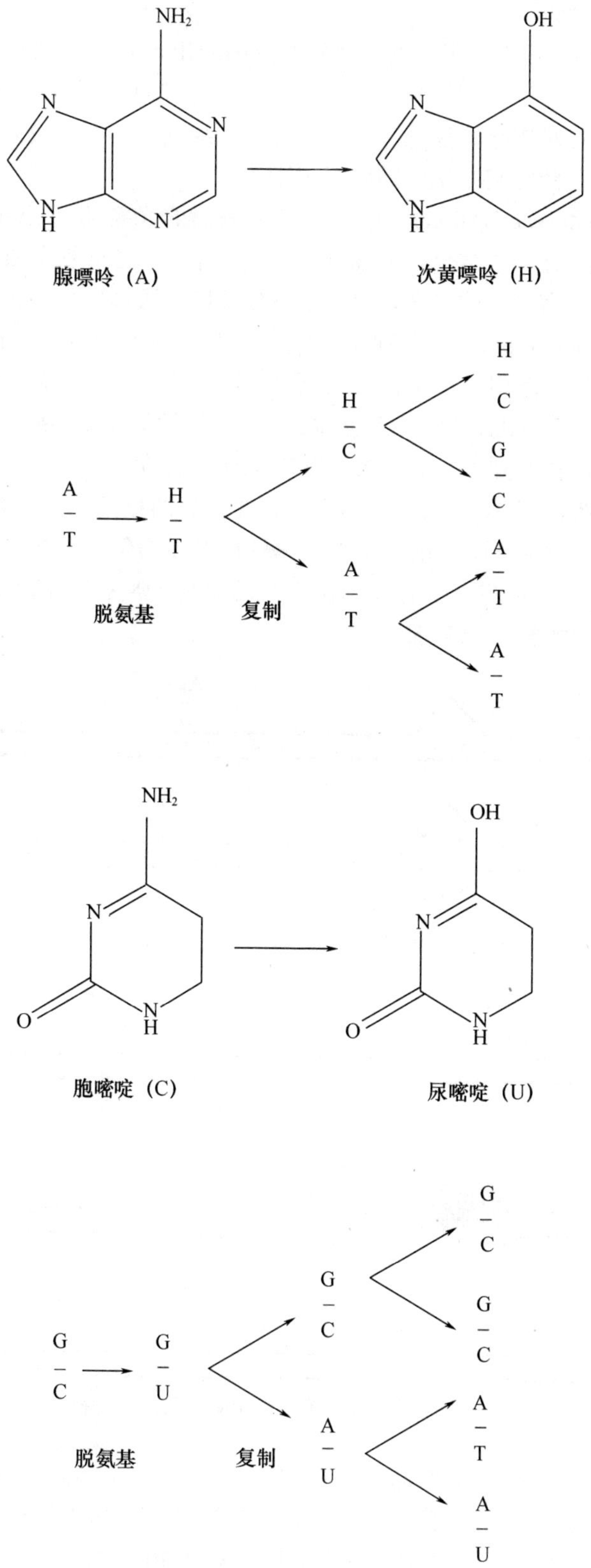

腺嘌呤（A）　→　次黄嘌呤（H）

A–T →(脱氨基) H–T →(复制) H–C → H–C, G–C；A–T → A–T, A–T

胞嘧啶（C）　→　尿嘧啶（U）

G–C →(脱氨基) G–U →(复制) G–C → G–C, G–C；A–U → A–T, A–U

图 7-10　亚硝酸脱氨基造成的转换

（3）DNA 损伤的修复

细胞 DNA 在复制过程中会因自发或诱发等原因而出现差错，细菌为了生存必须对其进行校正和修复。已知 DNA 聚合酶除了 5′→3′的 DNA 复制功能外，还有 3′→5′核酸外切酶活性的纠错功能，随时对错配碱基进行校正。此外，细胞中还有比较复杂的修复系统。下面介绍几种针对 UV 引起的嘧啶二聚体的修复类型。

光复活作用（photoreactivation）。由 phr 基因编码的光解酶（photolyase）在黑暗中专一地识别嘧啶二聚体，并与之结合，形成酶-DNA 复合物。当给予光照时，酶利用光能将二聚体拆开，恢复原状，酶再释放出来，寻找下一处嘧啶二聚体。

切除修复（excision repair）。又称暗修复。该修复系统涉及 UvrA、UvrB、UvrC 和 UvrD 四种蛋白质的联合作用，修复过程如图 7-11 所示。UvrA 以二聚体形式结合 DNA，并吸引 UvrB 结合成为 $UvrA_2B$-DNA 复合体；$UvrA_2B$ 凭借其解旋酶活性和 DNA 提供的能量沿 DNA 前进巡视，若遇到 DNA 损伤，解旋不能继续进行，把 UvrB 定位在损伤位点，释放出单体 UvrA；然后 UvrC 与 UvrB 结合，由 UvrB 的核酸内切酶活性在损伤位点 3′端 3～5个核苷酸处切断，再由 UvrC 的内切核酸酶活性在损伤位点 5′端 7～8 个核苷酸处切断；UvrD 把长约 11～13 个核苷酸（带有损伤位点）的单链 DNA 片段和 UvrBC 释出；最后由 DNA 聚合酶Ⅰ和连接酶修复单链切口。

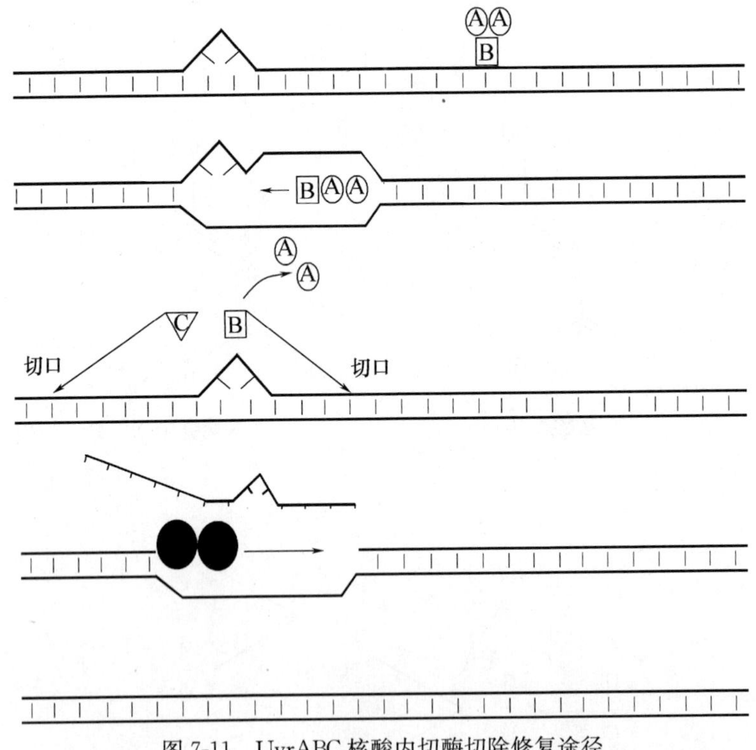

图 7-11　UvrABC 核酸内切酶切除修复途径

重组修复。这是一种越过损伤而进行的修复，如图 7-12 所示。DNA 分子复制越过损伤；染色体交换，使子链上的空隙完整；利用 DNA 聚合酶和连接酶使原母链空隙部分进行。留在亲链上的二聚体仍然要依靠再一次的切除修复加以除去，或经细胞分裂而稀释掉。

SOS 修复。这是在 DNA 分子受到较大范围的重大损伤时诱导产生的一种应急反应。涉

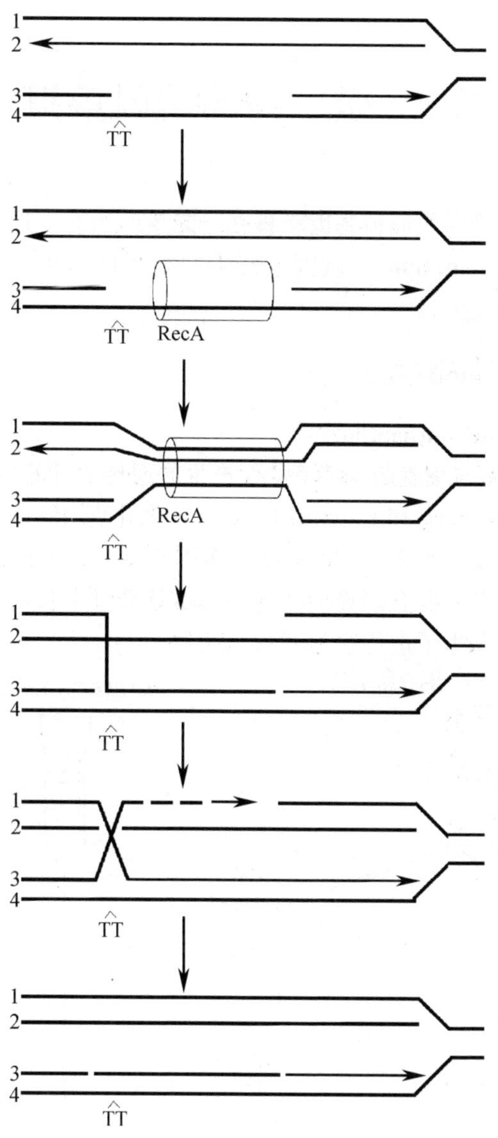

图 7-12　复制后重组修复模型

及一系列修复基因：*recA*、l*exA* 以及 *uvrA*、*uvrB*、*uvrC*。在未诱导的细胞中，受 *lexA* 阻遏蛋白抑制，使 mRNA 和蛋白质的合成保持低水平状态，少量的 *uvr* 修复蛋白修复自发突变产生的零星损伤。当细胞受到紫外线照射产生大量的二聚体，少量的修复酶处理不了这些二聚体，因而在复制后留下空隙和单链。当少量的 *recA* 蛋白与单链结合后被单链激活其修复活性，被激活的 *recA* 蛋白切开 *lexA* 阻遏蛋白，从而使 *recA* 和其他修复基因解脱受抑制状态，对形成的二聚体进行切除修复。

研究表明，大肠埃希菌经紫外线照射后还可能诱导产生一种新的 DNA 聚合酶，称之为错误倾向（error-prone）的 DNA 聚合酶，此酶能催化空缺部位的 DNA 修复合成，但其识别碱基的精确度较低，所以容易造成复制的差错，这是一种以提高突变率来换取生命存活的修复，又称错误倾向的 SOS 修复。在整个修复过程中，修复和纠正错误是普遍的，而错误倾向的修复是极少数的，因此修复复制产生的突变比未修复的要少得多。

7.3 微生物的基因重组

凡把两个不同性状个体内的遗传基因转移在一起重新组合，形成新的遗传个体方式，称之为基因重组（gene recombination）。基因重组在自然界的微生物细胞之间、微生物与其他高等动植物细胞之间均有发生。

7.3.1 原核微生物的基因重组

1. 细菌接合（bacterial conjugation）

接合作用是指通过细胞与细胞的直接接触而产生的遗传信息的转移和重组过程。1946 年，美国遗传学家 Joshua Lederberg 和 Edward L Tatum 通过使用细菌的多重营养缺陷型杂交实验使细菌接合重组得到证实，如图 7-13 所示。由图可知，2 株多重营养缺陷型菌株均不能在基本培养基上生长，只有在混合培养后才能在基本培养基上长出原养型菌落，说明长出的原养型菌落是两菌株之间发生了遗传交换和重组所致。

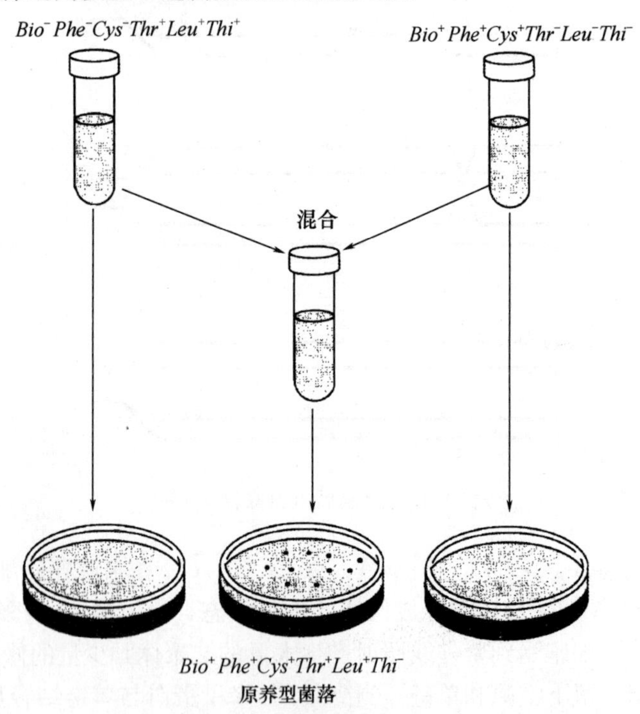

图 7-13 细菌接合重组的证据

Lederberg 等人的实验第一次证实了细菌之间可发生遗传交换和重组，但是否需要细胞间的直接接触呢？1950 年美国生物学家 Bernard Davis 的“U”型管实验，如图 7-14 所示，证实了接合作用需要两个细胞的直接接触。U 型管中间的滤板，只允许培养基通过而细菌不能通过。其二臂盛有基本培养基，当将两株互补的多重营养缺陷型菌株分别接种到 U 型管二臂进行“混合”培养，没有发现基因交换和重组，从而证明了 Lederberg 等观察到的重组现象是需要细胞的直接接触的。

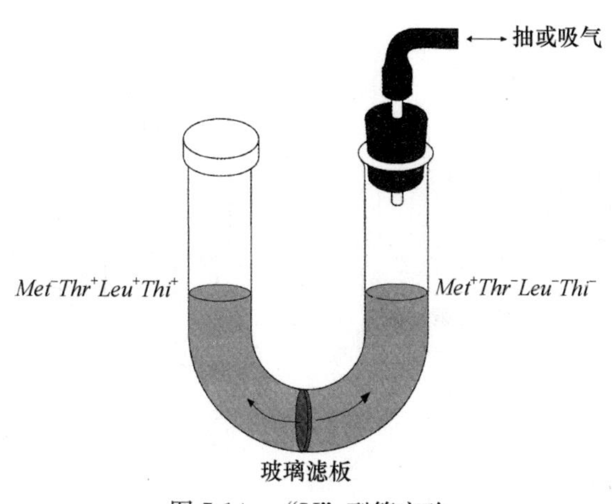

图 7-14 “U”型管实验

(1) $F^+ \times F^-$ 杂交

细菌的接合作用是由 F 因子介导的，如图 7-15 所示为大肠埃希菌 F 因子的遗传图谱，F 因子中与转移有关的基因（*tra*）占了整个图谱的 1/3，其上包括编码性菌毛、稳定接合配对、转移的起始（*oriT*）和调节等 20 多个基因。

在 $F^+ \times F^-$ 的接合作用中，F 因子向 F^- 细胞转移，而含 F 因子的宿主细胞的染色体 DNA 一般不被转移。杂交的结果是给体细胞和受体细胞均成为 F^+ 细胞，如图 7-16（a）所示。接合过程为：由 F 因子编码的性菌毛的游离端与受体细胞接触，使供体细胞和受体细胞借助性菌毛连在一起，性菌毛可能通过给体或受体细胞膜中的解聚作用（disaggregation）和再溶解作用（redissolution）进行收缩，从而使给体和受体细胞紧密相连；然后 F 因子上 *oriT* 位点被切口酶-螺旋酶（nickase-helicase）识别、切割，并结合被切断的 5′末端，通过由并列在一起的给体和受体细胞之间形成的小孔进行单向转移，此转移链到达受体细菌后，在宿主细胞编码的酶（包括 DNA 聚合酶Ⅲ）的作用下开始复制，留在供体细胞内单链也在 DNA 聚合酶Ⅲ的作用下进行复制，因此接合过程结束，给、受体各含有一个 F 因子。

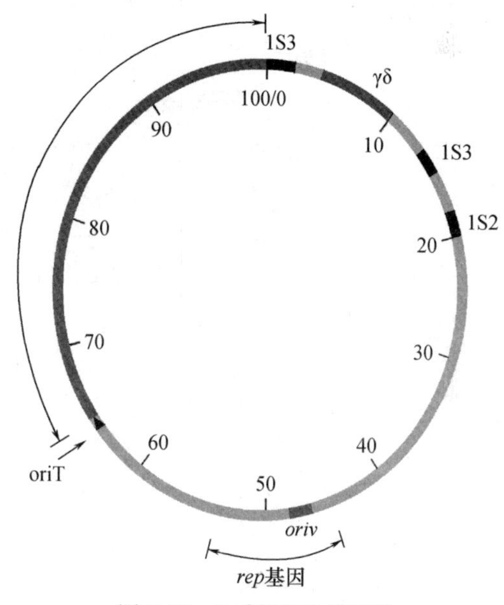

图 7-15 F 质粒的遗传图谱

(2) $Hfr \times F^-$ 杂交

Hfr 是由 F 因子插入到染色体 DNA 后形成的高频重组菌株，因为这类菌株在 F 因子转移过程中可以把部分甚至全部细菌染色体传递结 F^- 细胞并发生重组而得名。Hfr 菌株具有 F 性菌毛，能像 F^+ 一样与 F^- 细胞进行接合。不同的是，当 *oriT* 序列被酶识别而产生缺口后，F 因子的先导区（leading region）结合着染色体 DNA 向受体细胞转移，F 因子除先导区以外，其余绝大部分因处于转移染色体的末端，由于转移过程中常被中断，因此 F 因子并不容易转入受体细胞中，故 $Hfr \times F^-$ 杂交后的受体细胞（或接合子）仍然是 F^-，如图 7-16（b）所示。

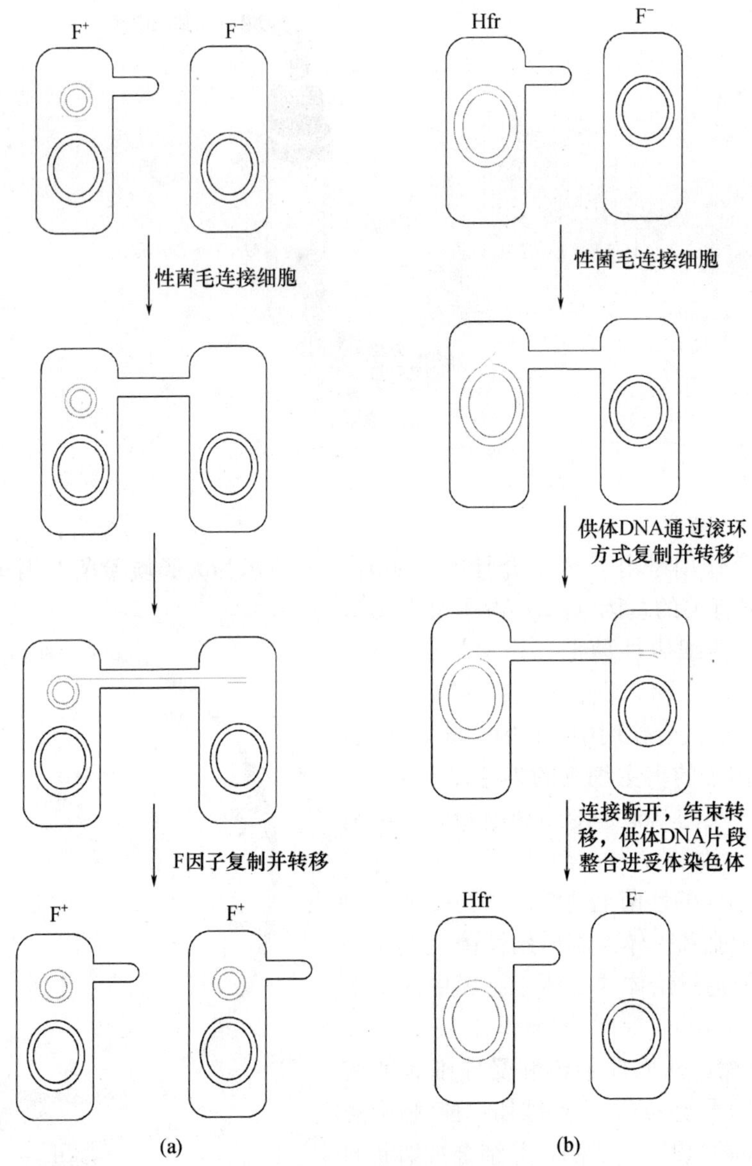

图 7-16　接合机制

(a) $F^{+} \times F^{-}$的接合作用；(b) Hfr$\times F^{-}$的接合作用

(3) F′转导（F′transduction）

F′是携带有宿主染色体基因的 F 因子，$F' \times F^{-}$的杂交与 $F^{+} \times F^{-}$的区别在于给体的部分染色体基因会随 F′一起转入受体细胞，并且不需要整合就可以表达，实际上是形成一种部分二倍体，此时的受体细胞也就变成了 F′。细胞基因的这种转移过程又常称为性导（sexduction）。

2. 转导

转导（transduction）是指一个细胞的 DNA 或 RNA 通过病毒载体的感染转移到另一个细胞中。能将一个细菌宿主的部分染色体或质粒 DNA 带到另一个细菌的噬菌体称为转导噬菌体。转导可分为普遍性转导和局限性转导两种类型。在普遍性转导中，噬菌体可以转导给体染色体的任何部分到受体细胞中；而在局限性转导中，噬菌体总是携带同样的片段到受体细胞中。

（1）普遍性转导（generalized transduction）

① 转导的发现

1951 年，Joshua Lederberg 和 Norton Zinder 将两株具不同的多重营养缺陷型的鼠伤寒沙门氏菌混合培养后产生了约 10^{-5} 的重组子，但当他们用“U“型管进行实验时发现：给体和受体细胞在不接触的情况下，同样出现了原养型细菌。因为他们的混合实验中，所用的沙门氏菌 LT22A 是携带 P22 噬菌体的溶源性细菌，另一株是非溶源性细菌，因此结果的解释必然集中到可透过“U”型管滤板的 P22 噬菌体，推测出是 P22 噬菌体进行着基因的传递。后来经过进一步的研究得以证实，从而发现了普遍性转导这一重要的基因转移途径。

② 转导模型

普遍性转导的基本过程如图 7-17 所示。从图中可以看出，在给体细胞中可产生两种类型的子代病毒，其中一种病毒颗粒内包含的不是病毒 DNA 而是给体细胞的染色体 DNA，这种病毒称转导颗粒或转导噬菌体，当它们感染受体细胞后，将给体的 DNA 导入受体细胞中再通过同源重组形成转导子。在普遍性转导中，形成转导颗粒的噬菌体可以是温和的也可以是烈性的，主要的要求是具有能偶尔识别宿主 DNA 的包装机制并在宿主基因组完全降解以前进行包装。

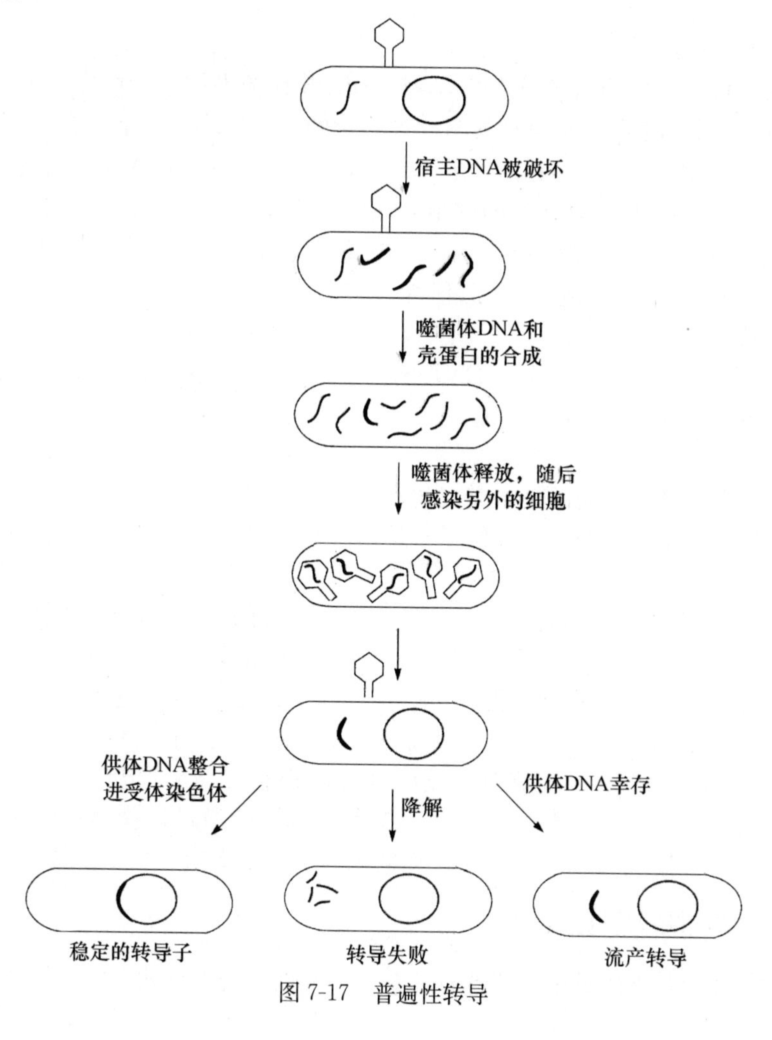

图 7-17　普遍性转导

(2) 局限性转导(specialized transduction)

局限性转导与普遍性转导的主要区别在于:第一,被转导的基因共价地与噬菌体DNA连接,与噬菌体DNA一起进行复制、包装以及被导入受体细胞中;第二,局限性转导颗粒携带特殊的染色体片段并将固定的个别基因导入受体,故称为局限性转导。λ噬菌体是介导局限性转导的典型代表。当整合的λ原噬菌体从细菌染色体上不准确地切除时,即位于原噬菌体左侧或右侧的细菌染色体部分基因也被切除可形成局限性转导颗粒。局限性转导颗粒DNA分子中携带了一段细菌染色体的片段,同时也失去了原噬菌体另一端相应长度的DNA片段。这样形成的杂合DNA分子能够像正常的λDNA分子一样进行复制、包装,提供所需要的裂解功能,形成转导颗粒。感染受体细胞后,通过DNA整合进宿主染色体而形成稳定的转导子,如图7-18所示。

3. 细菌的遗传转化

遗传转化(genetic transformation)是指同源或异源的游离DNA分子(质粒或染色体DNA)被自然或人工感受态细胞摄取,并得到表达的水平方向的基因转移过程。根据感受态建立方式不同,可将转化分为自然遗传转化(natural genetic transformation)和人工转化(artificial transformation),前者感受态的出现是细胞在一定生长阶段的生理特性;后者则是通过人为诱导的方法,使细胞具有摄取外源DNA的能力,或人为地将DNA导入到细胞内。

(1) 自然遗传转化

转化现象最初是1928年由英国细菌学家Griffith在肺炎链球菌中发现的。80多年来已经发现许多细菌属中的某些种或某些株有自然转化的能力。环境中是否能发生自然转化,主要取决于环境中是否存在具有转化活性的DNA分子及可吸收DNA的感受态细胞(**能从周围环境中吸取DNA的一种生理状态的细胞**)。研究表明,几乎所有的生活细菌都可向环境中主动分泌或细胞死亡裂解而释放DNA,这些DNA与土粒、沙粒等固型物结合而免受DNase的降解;另一方面,自然感受态作为许多细菌应付不利生活条件的一种调节机制,在自然环境中的存在具有普遍性。

自然感受态除了对线型染色体DNA分子的摄取外,也能摄取质粒DNA和噬菌体DNA,后者又称为转染(transfection)。

(2) 人工转化

是在实验室中用多种不同的技术完成的转化,包括用$CaCl_2$处理、电穿孔等。人工转化为许多不具有自然转化能力的细菌提供了一条获取外源DNA的途径,也是基因工程的基础技术之一。

1970年,美国的Mandel和Higa首先发现用高浓度的Ca^{2+}诱导细胞能使其成为能摄取外源DNA的感受态状态,40多年来已广泛用于以大肠埃希菌为受体的重组质粒的转化。实验表明,线状的细菌DNA片段难以转化,其原因可能是线状DNA在进入细胞溶质之前易被细胞周质内的DNA酶消化。电穿孔法(electroporation)对真核微生物和原核微生物均适用。对许多不能导入DNA的G^+和G^-细菌现均成功地实现了转化。所谓电穿孔法是用高压脉冲电流击破细胞膜或击成小孔,使各种大分子(包括DNA)能通过这些小孔进入细胞,所以又称电转化。由于Ca^{2+}诱导法简便、价廉,因此仍为实验室中大肠埃希菌转化的常用方法。

7.3.2 真核微生物的基因重组

在真核微生物中,基因重组主要有有性杂交、准性杂交等形式。

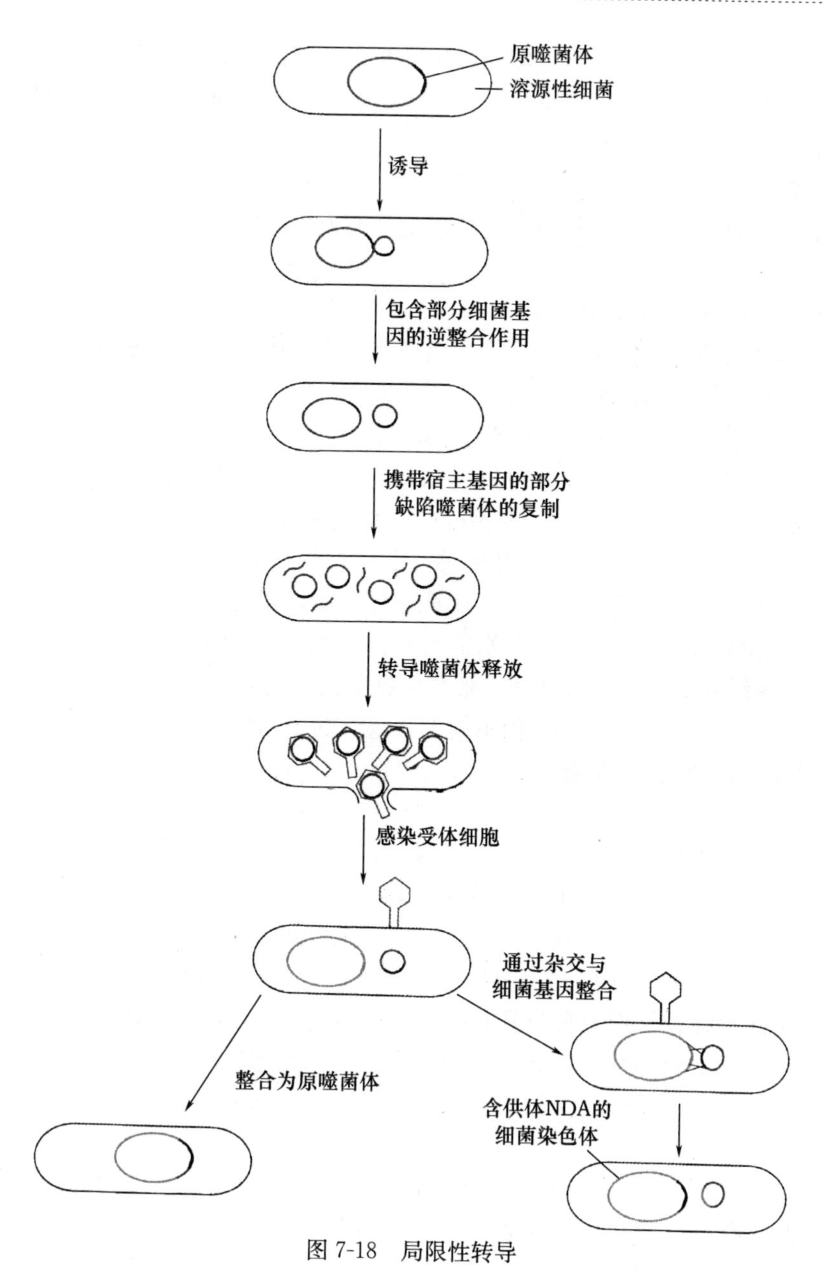

图 7-18　局限性转导

1. 有性杂交

有性杂交一般指性细胞间的接合和随之发生的染色体重组并产生新遗传型后代的一种育种技术。凡能产生有性孢子的酵母菌或霉菌，原则上都可应用有性杂交方法进行育种。例如将不同生产性状的 A、B 两个双倍体亲本啤酒酵母分别接种于含醋酸钠等产孢子培养基斜面上，使其产生子囊，再经过减数分裂后，在每个子囊内会形成 4 个单倍体子囊孢子。通过一定方式获得后将其涂布于平板上，可得到由单倍体细胞组成的菌落。把两个不同亲本、不同性别的单倍体细胞通过离心等形式密集接触，就有更多的机会出现双倍体的有性杂交后代，进而可从中筛选出优良性状的个体。

2. 丝状真菌的准性生殖

准性生殖（Parasexual reproduction 或 Parasexuality）是一种类似于有性生殖但比有性

生殖更为原始的一种生殖方式，它可使同种生物两个不同菌株的体细胞发生融合，且不经过减数分裂的方式而导致低频率基因重组并产生重组子。准性生殖常见于某些丝状真菌中。其大致过程如下。

（1）菌丝联结（amastomosis）

它发生于一些形态上没有区别但在遗传型上却有差别的同一菌种的两个菌株的单倍体体细胞间。发生联结的频率极低。

（2）形成异核体（heterocaryon）

两个体细胞经联结后，使原有的两个单倍体核分别集中到同一个细胞中，于是就形成了具有双核的异核体。异核体能独立生活。

（3）核融合（nuclear fusion）或核配（caryogamy）

在异核体中的双核，偶尔可以发生核融合，产生双倍体杂合子核。

（4）体细胞交换（somatic crossms-over）和单倍体化

体细胞交换即体细胞中染色体间的交换，也称有丝分裂交换（mitotic crossing-over）。上述双倍体杂合子的遗传性状极不稳定，在其进行有丝分裂过程中，其中极少数核的染色体会发生交换和单倍体化，从而形成极个别的具有新性状的单倍体杂合子，如果对双倍体杂合子用紫外线、γ射线或氮芥等进行处理，就会促进染色体断裂、畸变或导致染色体在两个子细胞中分配不均，因而有可能产生各种不同性状组合的单倍体杂合子。

3. 酵母菌染色体外的DNA重组

（1）2μm质粒

酵母菌细胞内有一种长约为2μm的DNA片段，现称为2μm质粒（2μm plasmid）。不同酵母菌中的2μm DNA的限制性图谱不同，但其共同特性为：均为闭合环状DNA分子，周长基本一致，约为2μm，拷贝数量高达60～100个，DNA量约占细胞总DNA量的1/3左右；含约为600bp长的一对反向重复序列；因反向重复序列间相互重组，使其在细胞中以两种异构体形式存在；仅携带有与复制和重组有关的4个蛋白质基因而不携带有编码其他表型性状的基因，属于隐秘性质粒。2μm质粒是酵母菌中进行分子克隆和基因工程的重要载体，

（2）线粒体DNA

线粒体（mitochoodrion）是真核生物的重要细胞器，是能量生成的场所。酵母菌所含的线粒体DNA携带有可以编码细胞色素b、细胞色素c、氧化酶、ATP酶和一种核糖体RNA等的基因，含多个复制原点，在复制起始区有大量的间插序列和内含子，而在其他区域基因之间无间隔区域或内含子，基因间有相互重叠。以上特征对于进行基因重组具有重要的潜在价值。

7.4 微生物育种

人们研究微生物遗传的目的，就是为了更好地利用、控制微生物的遗传特异性，使之更好地为生产、生活服务。微生物育种主要依靠诱变、杂交和基因工程等手段。

7.4.1　诱变育种

诱变育种是指利用各种诱变剂处理微生物细胞，以提高基因的随机突变频率，再通过一定的筛选方法获得优质菌株

1. 诱变育种的基本环节

诱变育种的具体操作环节很多。最基本的环节一般包括：出发菌株的选择，制备单孢子（细胞）菌悬液，诱变处理，筛选和菌种保藏。

（1）出发菌株的选择

诱变育种的原始菌株称为出发菌株。出发菌株选择的原则是：对诱变剂敏感的自然界分离的野生型菌株，易变异，正突变的可能性大；经历过生产条件考验的菌株，常是自发突变的菌株，酶系统和染色体的完整程度上类似野生型，能积累少量产品或前体，对生产环境有较好的适应性，其正突变的菌株易于生产推广；已经过多次诱变改造的菌株的染色体已有较大的损伤，某些酶系统和生理功能都有缺损，继续诱变时新的突变点与老的突变点间存在相互作用，或许可能有叠加的效果；出发菌株要采用单倍体（只有一套基因）和单核细胞（只含一个核），以排除异核体和异质体产生分离现象的影响；对丝状真菌等具有多个核的微生物，常使用其孢子作为处理对象。

（2）制备单孢子（细胞）菌悬液

为提高诱变处理的效果，需制备不同微生物的单孢子或单细胞悬液。细菌一般选用处于对数生长中期的菌。霉菌、放线菌宜选用孢子。其具体做法为：用玻璃珠振荡，使细胞均一分散；然后用灭菌脱脂棉过滤，得到分散菌体。菌悬液的细胞浓度不能过高，真菌或酵母菌细胞控制在 10^6～10^7个/mL，放线菌或细菌一般控制在约 10^8个/mL。菌悬液介质一般为生理盐水。化学诱变剂处理时可使用多种缓冲液以防止化学反应引起的 pH 变动，影响诱变效应。

（3）诱变处理

① 诱变剂的选择

诱变剂的选择主要应考虑方便和效果。目前应用较多的诱变剂为紫外线、硫酸二乙酯、亚硝酸和亚硝基胍等。轮换使用不同的诱变剂或物理和化学诱变剂复合处理，如紫外线和亚硝基胍交替使用等，可能会产生协同效应，使突变谱宽、诱变效果更好。

② 剂量的选择

剂量选择受处理条件、菌种的特性和诱变剂的种类等多种因素的影响，常以杀菌率表示相对剂量。一般，剂量大，死亡率大；剂量小，则死亡率小。凡能扩大变异幅度，又能提高正突变株频率的剂量，即为最适剂量。目前诱变剂的具体用量已从采用致死率 90％～99.9％时的高剂量降低到致死率为 30％～75％的相对低剂量。

（4）筛选（screening）和菌种保藏

诱变处理后微生物群体中出现的突变株，绝大多数是负变型，要在大量的变异菌株中把个别优良的正突变株挑选出来。一般将筛选工作分为初筛和复筛两大阶段。

初筛，即粗测，以大量、快速为主。初筛工作量大，常根据微生物个体形态上的变异或代谢产物的特性，在琼脂平板上设计一些简便、快速、特殊的筛选方法，以便对菌株和产物进行粗测。如通过菌落的大小、颜色、边缘状态、菌丝长短、有无孢子、孢子的大小、菌丝粗细等，快速地把变异菌株挑选出来；通过将生理性状或生产性状转化为易观察的可见性状，包括透明圈法、变色圈法、滤纸片培养显色法、生长圈法、抑制圈法等挑选出变异菌株等。

复筛，是精细的筛选，以准确性为主。复筛的目的是确认符合生产要求的菌株，1个菌株应做3个发酵摇瓶试验，测定方法也应精确，复筛往往也需反复多次。因大多数初筛得到的高单位菌株，并非稳定基因突变，复筛后得到的性状最优良的菌株，必须及时保藏，以免丢失。

2. 诱变育种应注意的问题

（1）选好出发菌株

对出发菌株的产量、形态、生理特性等必须有相当的了解，应挑选对诱变剂敏感的、产量高、遗传性单一、变异幅度广、对社会安全的菌株。

（2）复合诱变因素的使用

对野生型菌株采用单一诱变剂因素有时能取得良好的效果，但对老菌种使用复合诱变剂可能会使突变谱宽而提高诱变效果。

（3）诱变剂量选择

凡能扩大变异幅度，又能提高正突变株频率的剂量，即为最适剂量。需根据不同微生物选用不同的诱变剂量。

（4）变异菌株的筛选

通常以形态变异类型着手去发现其他与产量有关的特征，并根据这些特征挑选菌株进行发酵与鉴定。

7.4.2 其他微生物育种方法

1. 原生质体融合

原生质体融合（protoplast fusion）是通过人为方法将遗传性状不同的两个细胞的原生质体融合并产生重组子的过程。其过程主要包括原生质体的制备、原生质体的融合和再生及融合子的选择等步骤。

（1）原生质体的制备

将两亲株分别用酶处理，全部去除或部分去除细胞壁使原生质体从细胞内逸出。注意，在酶处理过程中要把原生质体释放到高渗缓冲液或培养基中以防止原生质体破裂。根据细菌与真菌细胞壁组成不同，在制备原生质体时细菌细胞主要用溶菌酶处理而酵母菌和霉菌细胞一般用蜗牛酶或纤维素酶处理。

（2）原生质体融合和再生

将制好的两亲本原生质体通过化学因子诱导如PEG（polyethylene glycol，聚乙二醇）作为融合剂或电场诱导进行融合。原生质体仅有一层厚约10nm的细胞膜包裹，它虽具有生物活性，但也不是正常的细胞，在普通培养基上不能生长。融合后的原生质体，必须涂布于再生培养基上才能生长。再生培养基多为高渗培养基，增加高渗培养基的渗透压或添加高于0.3mol/L的蔗糖溶液均可增加其再生率。

（3）融合子的选择

融合子的选择很繁琐，主要依靠在选择培养基上的遗传标记。若出现两个遗传标记互补，就可确定其为融合子。例如营养缺陷型标记是常规而准确的选择手段，因为只有营养缺陷型得到互补后才能在基本培养基上生长。

2. 基因工程育种

基因工程（gene engineering）**是指在基因水平上的遗传工程，是用人为方法将所需要的某一供体菌DNA的目的基因提取出来并加以改造，在体外与载体DNA重组成新的具有自**

我复制能力的DNA分子（重组体），重组体再被导入受体细胞后，通过对克隆子的筛选、鉴定和对外源基因表达产物分离提纯及功能验证，而最终获得新的菌株。基因工程既可实现近缘杂交，又能实现远缘杂交。

（1）基因工程育种主要操作步骤

基因工程育种主要操作步骤包括目的基因的取得，目的基因与载体DNA的体外重组，重组载体引入受体细胞以及重组子的检测鉴定等步骤。

① 目的基因的取得

获得目的基因的途径有：从适当的供体细胞中获得；在供体细胞中用限制性内切酶切割基因直接获得目的基因；利用反转录法把含有目的基因的mRNA的多聚核糖体提取出来，分离出mRNA，然后以mRNA为模板，用反转录酶合成一个互补的DNA，即cDNA单链，再以此单链为模板合成出互补链，就成为双链DNA分子；由化学合成法合成特定的基因；利用已知序列的功能基因，通过设计特异性引物扩增出目的基因；通过编码功能蛋白质的氨基酸序列来设计特异性引物扩增出所需DNA片段；通过人工合成一定长度的核苷酸序列。

② 目的基因与载体DNA的体外重组

即把获得的目的基因与制备好的载体用DNA连接酶连接组成重组体。基因工程中所选用载体往往具有如下特点：遗传背景清楚；能进行松弛型复制；具遗传学标记如对抗生素抗性等便于对“工程菌”的筛选；具有多种限制性内切酶的单一切点，便于目的基因整合到载体上；相对分子质量小、拷贝数多；能够携带不同大小的外源DNA片段；对其他生物及环境安全等。

目的基因与载体DNA的体外重组方法有：粘性末端DNA片段的连接，选用一种对载体DNA只具唯一限制点的限制酶，进行位点特异的切割，形成全长的具粘性末端的线性DNA分子，再将外源DNA大片段也用同种限制酶切割，产生同样的粘性末端，最后用T4噬菌体DNA连接酶能很容易地将载体与外源目的基因连接起来；平头末端DNA片段的连接，平头末端DNA片段的连接除了直接用T4连接酶连接外，还可以先用末端核苷酸转移酶给平头末端DNA分子加上同聚物尾巴之后，再用DNA连接酶进行连接。现在常用的平头末端DNA片段连接法有同聚物加尾法、衔接物连接法及人工接头连接法。

同聚物加尾是指在相互连接的两类DNA分子中，其中一类的3′末端加上一段聚脱氧腺苷（polyA），另一类的3′末端加上一段聚脱氧胸苷（polyT），然后二者混合，在T4 DNA连接酶作用下连接成环状分子。衔接物是指用化学方法合成的一段由10～12个核苷酸组成、具有一个或数个限制酶识别位点的平头末端的双链寡聚核苷酸片段。将衔接物的5′末段和待克隆的DNA片段的5′末端用多核苷酸激酶处理使之磷酸化，然后通过T4 DNA连接酶使两者连接起来。接着用适当的限制酶消化具有衔接物的DNA分子和克隆载体分子，结果使二者都产生出了彼此互补的粘性末端。随后按常规的粘性末端连接法，将待克隆的DNA片段同载体分子连接起来。人工接头是指人工合成的含有限制酶识别顺序的核苷酸片段。将具有平头末端的外源DNA片段与人工接头分子在T4 DNA连接酶的作用下连接起来，再用限制酶切割产生具有粘性末端的DNA片段，然后与具有同样粘性末端的载体DNA分子在T4 DNA连接酶作用下连接成重组体。

③ 重组载体引入受体细胞

此过程可通过噬菌体（病毒）颗粒感染宿主的途径将外源DNA分子转移到宿主内，也可以利用由感受态细胞捕获和表达质粒载体DNA分子。电穿孔法则是把宿主置于一个外加电场中，通过电场脉冲在细胞壁上打孔，DNA分子就能够穿过孔进入细胞。通过调节电场强度、电脉冲频率和用于转化的DNA浓度，可将外源DNA分别导入细菌或真核细胞。

④ 筛选、鉴定出含有外源目的基因的菌体

对重组体的筛选和鉴定主要从核酸水平和蛋白质水平进行。从核酸水平筛选重组体可以通过各种核酸杂交的方法；从蛋白质水平上筛选重组体的方法主要有：检测抗生素抗性及营养缺陷型，观测噬菌斑的形成，监测目标酶的活性、目标蛋白的免疫特性和生物活性等。

(2) 基因工程菌的应用

环境微生物尤其是细菌中的污染物降解基因、降解途径的阐明为构建具有高效降解性能的基因工程菌提供了可能。基因工程技术是将不同生物间的功能基因片段相互转移，使受体细胞具有新的功能特征，主要体现在以下几个方面。

① 构建新的微生物

原有的微生物转入新的基因后，成为了具有降解某种有毒物质能力的新菌株，甚至构建出具有降解多种污染物的新的超级菌株。

② 形成新的分解代谢途径

将供体生物的特殊功能基因片段转入受体菌后，受体菌具有了新的底物范围，加速了有毒物质的降解。

③ 增加特殊酶的数量和活性

应用基因工程将供体菌的特殊酶基因导入受体菌内，使受体菌分解污染物的酶的数量和种类增加，从而加快污染物的生物降解。

重点小结

证明核酸是遗传物质的三个经典实验为细菌转化实验、噬菌体感染实验和病毒重建实验。

染色体DNA是微生物的主要遗传物质；质粒是独立于染色体外能自主复制的环状双链DNA分子，其化学本质为CCC DNA，具可转移性、可整合性、可重组性、可消除性、能自主复制、不相容性、非必需性等特点，主要类型包括致育因子、抗性质粒、毒性质粒、代谢质粒和Col质粒等类型；细胞器DNA是真核微生物中染色体外的遗传物质；转座因子是位于染色体或质粒上的一段能改变自身位置的DNA序列，包括插入序列、转座子和某些病毒。

双螺旋DNA用半保留复制的方式进行复制，线性双链DNA一般为双向复制，环状双链DNA的复制分为θ型、滚环型和D型三种复制方式。

微生物的变异分为表型变异和遗传型变异。遗传型变异是指由于遗传物质的结构发生突变而导致微生物某些性状改变的现象，

突变包括染色体畸变和基因突变。基因突变可分为自发突变和诱发突变。自发突变主要是DNA分子某种程度的改变或因转座因子随机插入而产生，具非对应性、自发性、稀有性、独立性、诱变性、稳定性、可逆性等特点，诱发突变是利用诱变剂的特殊作用，如5溴尿嘧啶与胸腺嘧啶结构相似、插入染料的扁平结构致使其能插入到DNA分子的碱基对之间，亚硝酸对碱基具脱氨基作用，紫外线可引起相邻嘧啶形成二聚体等引起基因突变。

DNA 损伤的修复机制包括光复活作用、切除修复、重组修复和 SOS 修复等。

细菌基因转移和重组方式有接合、转导和转化等形式。

真核微生物基因重组主要为有性杂交、准性杂交等；酵母菌染色体外如线粒体 DNA、2μm 质粒也可发生重组。

诱变育种是指利用各种诱变剂处理微生物细胞，以提高基因的随机突变频率，再通过一定的筛选方法获得优质菌株，其最基本的环节包括：出发菌株的选择，制备单孢子（细胞）菌悬液，诱变处理，筛选和菌种保藏。

原生质体融合是通过人为方法将遗传性状不同的两个细胞的原生质体融合并产生重组子的过程。主要包括原生质体的制备、原生质体的融合和再生及融合子选择等步骤。

基因工程是用人为方法将所需要的某一供体菌 DNA 的目的基因提取出来并加以改造，在体外与载体 DNA 重组成新的具有自我复制能力的 DNA 分子（重组体），重组体再被导入受体细胞后，通过对克隆子的筛选、鉴定和对外源基因表达产物分离提纯及功能验证，而最终获得新的菌株。

基因工程主要操作步骤包括：目的基因的取得，目的基因与载体 DNA 的体外重组，重组载体引入受体细胞以及重组子的检测鉴定等。

习题与思考

1. 微生物遗传的物质基础是什么？阐述其在微生物细胞中的存在方式。
2. 常用的基因诱变方法有哪些？简述其诱变机制。
3. 常见的突变株有哪些类型？各有何特点？
4. 细菌水平基因转移与重组有哪些方式？阐述其重组机制。
5. 阐述真菌基因的自然重组方式及机制。
6. 阐述诱变育种的分子机理及过程。
7. 简述微生物 DNA 损伤的修复方式。
8. 何谓基因工程？简述基因工程的步骤。
9. 何谓原生质体融合？简述原生质体融合技术的大致过程。

（本章编者：蔡苏兰）

第 8 章　微生物生态

学　习　提　示

重点与难点：

掌握：互生、共生、寄生、拮抗等基本概念。

熟悉：微生物在土壤、水体、空气及极端条件中的分布。

了解：微生物在物质循环中的作用，微生物间的相互关系的实例。

采取的学习方法：课堂讲授为主，部分内容学生自主学习

学时：3 学时完成

微生物种类繁多，分布广泛，彼此之间关系复杂，是生态系统中的重要成员，参与自然界中碳素、氮素以及各种矿质元素的循环。本章主要介绍微生物在环境中的分布特点、微生物与微生物之间的相互关系及微生物在物质循环中的作用。

8.1　微生物在环境中的分布

微生物因为体积小、质量轻、适应性强等特点，在自然界中分布广泛，可以达到无孔不入的地步，只要环境条件合适，它们就可以大量繁殖。在动植物体内外、土壤、水体、大气、极端环境中都有大量的微生物存在。环境条件不同，生存着的微生物的种类与数量也不同。

8.1.1　土壤中的微生物

栖息在土壤中的微小生物统称为土壤微生物。主要种类包括：细菌、放线菌、真菌、原生动物等。通过对表层土壤分布的微生物进行多点取样发现，微生物在土壤中的分布是极不均匀的。

1. 土壤是微生物生活的良好环境

土壤具备了微生物生长所需要的各种条件：有机质、空气、水分、温度、酸碱度、渗透压等。土壤中还存在着微生物之间、微生物与动植物之间的相互作用，所以土壤是微生物生存的良好基地，也是人类最丰富的菌种资源库。

(1) 土壤有机质

土壤有机质是土壤固相中活跃的部分，其化合物种类繁多，性质各异，主要是非腐殖质和腐殖质两大类。非腐殖质主要是碳水化合物和含氮化合物。腐殖质是土壤有机质的主体，是异养微生物重要的碳源和能源。

（2）土壤温度

土壤保温性较强，一年四季温度变化相对较小，即使表面冻结，在一定深度土壤中仍保持一定的温度，这种环境有利于微生物的生长。

（3）土壤水分、酸碱度和空气

土壤水分和空气都处于土壤孔隙中，两者是互为消长的。土壤中都含有一定的水分，土壤中的水分是一种很稀的盐类溶液，其中含有各种有机和无机氮素及各种盐类、微量元素、维生素等，土壤的 pH 值多数大约在 5.5 到 8.5 之间，类似于常用的液体培养基。这对微生物的生长是十分有利的，土壤中氧气的含量比空气中要低，只有空气的 10%到 20%，通气良好的土壤，有利于好氧微生物的生长。

（4）渗透压

土壤渗透压通常为 0.3 到 0.6MPa，对土壤微生物来讲是等渗或低渗环境，有利于吸收营养。

2. 土壤中常见的微生物类群

土壤中各种微生物的含量差别很大，主要种类有：① 细菌，每克土壤中约含几百万到几千万个，占土壤微生物总数的 70%～90%，多数为腐生菌，少数是自养菌；② 放线菌，含量约为细菌的十分之一；③ 丝状菌，主要指霉菌，在通气良好的近地面土壤中，霉菌的生物总量往往大于细菌和放线菌；④ 酵母菌，普通耕作土中酵母菌含量很少，在含糖量较高的果园土、菜地土壤中含有一定量的酵母菌。此外，土壤中还分布有许多藻类及原生动物等，常见的藻类主要是蓝藻和硅藻，蓝藻是土壤中藻类数量最多的，能固定碳素，为土壤提供有机质。土壤中原生动物生活于土粒周围的水膜中，它们大多捕食细菌、真菌、藻类或其他有机体。

3. 土壤中微生物的数量与分布

不同类型的土壤中微生物的种类和数量是不相同的。我国主要土壤微生物调查结果表明，在有机质含量丰富的黑土、草甸土、磷质石灰土、某些森林土或其他植被茂盛的土壤中微生物数量多；而西北干旱地区的栗钙土、盐碱土及华中、华南地区的红壤土、砖红壤土中微生物数量较少。

不同深度和层位土壤中微生物的含量不同，从土壤的不同断面采样，用间接法进行分离、培养研究，发现微生物的数量按表层向里层的次序减少，种类也因土壤的深度和层位而异。对表层土壤中分布的微生物进行多点取样，就会发现微生物的分布是极不均匀的。在肥沃的土壤中细菌和丝状菌的含量高，在贫瘠的土壤中含量少。

4. 土壤微生物在土壤进化工程中的作用

土壤是生态环境的重要组成部分，是人类赖以生存的主要资源之一，也是物质、生物、地球化学循环的储存库，对环境变化具有高度的敏感性。

由于农业上不断增加化肥、农药的使用量，工业废水的农田排放、有毒有害固体废物的堆放与填埋所引起的有毒有害物质的泄漏等原因，造成土壤环境的日益恶化。特别是在油田地区，土壤油污染十分严重。被污染的土壤通过对地表水和地下水形成二次污染和经土壤-植物系统由食物链进入人体，直接危及人体健康。因此，土壤生态环境的保护与治理已引起人们的普遍关注，土壤污染治理技术研究与开发，已成为当前国内外环境保护领域的热点课题，如利用土壤微生物或筛选驯化的工程菌来进行污染土壤修复的生物修复技术研究就是其中之一。

8.1.2 水环境中的微生物

水体是微生物生存的良好基质。各种水体，特别是污染水体中存在大量的有机物质，适于各种微生物的生长，因此水体是仅次于土壤的第二种微生物天然培养基。水体中的微生物主要来源于土壤以及人类和动物的排泄物。水体中的微生物的数量和种类受各种环境条件的制约。自然界的江、河、湖、海及人工水体如水库、运河、下水道、污水处理系统等水体中都生存着相应的微生物类群。

1. 水体中微生物的营养来源

无论海洋还是淡水水体中，都存在着微生物生长所必需的营养。水体具备微生物生命活动适宜的温度、pH 值、氧气等。由于雨水冲刷，将土壤中各种有机物、无机物、动植物残体带入水体，加之工业废水和生活污水的不断排入和水生生物的死亡等都为水体中微生物的生长提供了丰富的有机营养。

2. 水中微生物的数量和分布

土壤中的大部分细菌、放线菌和真菌，在水体中都能找到，成为淡水中的固有种类。水体中的细菌种类很多，自然界中细菌共有 47 科，水体中就有 39 科。

处于城镇等人口聚集地区的湖泊、河流等淡水，由于不断地接纳各种污物，含菌量很高，每毫升水中可达几千万个甚至几亿个，主要是一些能够分解各种有机物的腐生菌，如芽孢杆菌（*Bacillus clostridium*）、生孢梭菌（*Clostridium sporogenes*）、变形杆菌（*Proteus-bacillus vulgaris*）、大肠杆菌（*Escherichia coli*）、粪链球菌（*Streptococcus faecalis*）等。有的甚至还有伤寒、痢疾、霍乱、肝炎等人类病原菌。

溪流及贫营养湖的表层缺乏营养物质，在每毫升水中一般只含几十个到几百个细菌，并以自养型种类为主。常见细菌有绿硫细菌、紫色细菌、蓝细菌、柄细菌、球衣菌和荧光假单胞菌等。此外还有许多藻类（如绿藻、硅藻等）、原生动物（如钟虫及其他固着型纤毛虫、变形虫、鞭毛虫等）和微型后生动物（轮虫、线虫等）。

地下水、自流井、山泉及温泉等经过厚土层过滤，有机物和微生物都很少。石油岩石地下水含分解烃的细菌，含铁泉水有铁细菌，含硫温泉有硫黄细菌。

影响微生物在淡水水体中分布的因素有：水体类型、污染程度、有机物的含量、溶解氧量、水温、pH 值及水深等。

由于海洋具有盐分较多、温度低、深海静水压力大的特点，所以生活在海水中的微生物，除了一些从河水、雨水及污水等带来的临时种类外，绝大多数是耐盐、嗜冷、耐高渗透压和耐高静水压力的种类。海水中常见的微生物有假单胞菌属、弧菌属、黄色杆菌属、无色杆菌属及芽孢杆菌属等。一般在港口，每毫升海水含菌量为 1×10^5 个，在外海每毫升含菌量为 10～250 个。

江、河、湖泊、池塘等水体中有机物含量比较多，微生物的种类、数量也比较多。微生物在水体中表现为水平分布和垂直分布的规律。此外，相同水域的不同时期微生物的含量及分布也不同。

8.1.3 空气中的微生物

空气中有较强的紫外线辐射，而且缺乏营养和水分，温度变化较大，所以空气不是微生物生存的良好场所，但空气中仍然存在着大量的病毒、细菌、真菌。

1. 空气中微生物的来源

空气中的微生物主要来自土壤飞起来的灰尘、水面吹起的水滴、生物体体表脱落的物质、人和动物的排泄物等。这些物体上的微生物不断以微粒、尘埃等形式逸散到空气中。

2. 空气中微生物的数量和分布

空气中的微生物大部分是腐生的种类，但是不同的空气环境中微生物的种类不同。有些种类是普遍存在的，如某些霉菌、酵母菌及对干燥、射线等有较强抵抗能力的真菌孢子到处都有。细菌是主要来自于土壤的腐生性种类，常见为各种球菌、芽孢杆菌、产色素细菌等。在医院附近和人群比较密集的区域，存在着多种寄生性病原菌（结核分枝杆菌、白喉杆菌、溶血链球菌、金黄色球菌等）、若干种病毒（如麻疹病毒、流感病毒等）以及各种真菌孢子。

空气中微生物的分布随环境条件及微生物的抵抗力不同而呈现不同的分布规律。空气中微生物的数目决定于尘埃的总量。空气中尘埃含量越高，微生物的种类含量越多。一般城市空气中微生物的含量比农村高，而在高山、大洋的上空，森林地带、终年积雪的山脉或极地上空的空气中，微生物的含量就极少，见表8-1。

表8-1 不同地点空气中的微生物数量

条件	数量（cfu/m^3）	条件	数量（cfu/m^3）
畜舍	$1\times10^6\sim2\times10^6$	市区公园	200
宿舍	20000	海洋上空	1～2
城市街道	5000	北极（北纬80°）	0

由于尘埃的自然下沉，所以距地面越近的空气中，含菌量就越高，但在85km的高空仍能找到微生物。微生物在空气中滞留的时间与风力，雨、雪、气流的速度，微生物附着的尘粒的大小等条件有关。在静止的空气中微生物随尘埃下落，而极缓慢的气流也可以使微生物悬浮于空中不下沉。

8.1.4 极端环境中的微生物

极端微生物是在极端自然环境中能生长繁殖的微生物的总称，极端微生物主要类群包括嗜热、嗜冷、嗜酸、嗜碱、嗜盐、嗜压、抗辐射、极端厌氧等微生物。这类微生物在极端自然条件下，逐步形成了独特的遗传因子、分子结构和生理机能，在生命起源、系统进化等方面具有重要的启示作用。极端微生物特殊的多样化适应机制将使某些微生物能够产生新的代谢产物。

1. 高温环境中的微生物

高温可以杀死大多数微生物，但在许多自然和人工的高温环境中却生活着对高温耐性极强的嗜热菌。如正在喷发的火山周围的土壤和水、深海地热区、温泉、受阳光直接辐射的物体表面、工业排出的冷却水、自然的煤堆和发酵的堆肥等高温情况下，嗜热菌能在其中生长或生存。按照嗜热菌对温度的不同要求，可分为兼性嗜热菌和专性嗜热菌两类。

（1）兼性嗜热菌

最高生长温度在40～50℃，但最适合生长温度仍在中温范围内的微生物称为兼性嗜热菌，又称耐热菌。

（2）专性嗜热菌

最适生长温度为60～70℃，40℃以下生长很差，甚至不能生长的微生物称为专性嗜热菌。其中最适生长温度在65℃以上、最低生长温度在40℃以上的嗜热菌被称为极端嗜热菌。

2. 低温环境中的微生物

一般情况下，低温可以抑制大多数微生物的生长，甚至可以造成某些微生物的死亡。但是，某些微生物能抵抗低温，并在很低温度下生长。这些低温环境包括长期低温的深海、地球两极的土壤、冰川和高空以及冬季等短期低温环境。这些能在低温下生长的微生物被称为嗜冷微生物。嗜冷菌对温度非常敏感，它们的分布范围较窄。按照它们与生活环境温度的关系可进一步区分为专性嗜冷菌和兼性嗜冷菌。

3. 高盐环境中的微生物

自然界中高盐环境主要是盐湖、死海、盐场和盐腌制品，盐湖、死海等环境水体的含盐量可达17～25g/L左右，盐场和盐腌制品的盐浓度更高。能在这些高盐环境中生存繁殖的微生物称为嗜盐微生物，其生长所需要的NaCl浓度在20g/L以上，最适盐浓度可高达150～200g/L。

4. 高酸环境中的微生物

自然界的强酸环境有酸性温泉及其周围的高温土壤、废水煤堆及其排水、废铜矿及其排水、含硫酸盐工业废水及其周围土壤等，其优势菌主要是无机化能营养的硫氧化菌和硫杆菌。

5. 高碱环境中的微生物

地球上高碱性的环境有石灰湖和沙漠，这些地方的pH值在10左右；某些碱性的泉水、沙漠土壤和含有正在腐烂蛋白质的土壤也是碱性环境；此外还有很多人工造成的碱性环境。造成高pH值的原因是富含碳酸盐，所以在某些环境中的嗜碱菌同时还是嗜盐菌。

6. 高压环境中的微生物

压力主要指液体静压力，在自然界中，高压环境存在于海洋、湖泊、深油井、地下矿煤和某些工业加压设备中。在这些环境中，压力随深度直线增加，大约每深10m即可增加101kPa。太平洋海底的压力可达1.18×10^{5}kPa，海底的平均压力约为3.38×10^{4}kPa，在海洋中高压还伴随着低温，温度仅在0℃左右。在地球陆地中，如深油井或硫泉内，除压力随深度增加外，温度也随着深度增加而提高，平均每深1m增加0.014℃。嗜压微生物（barophilic microorganisms）需要高压才能良好的生长，而耐压微生物（barotolerant microorganisms）的最适生长压力为正常压力，但能耐受高压条件。

7. 高辐射环境中的微生物

自然界中不同的微生物，其抗辐射能力差别非常大，即便同一种微生物，因其所处的生长时期和生长条件不同，抗辐射能力亦不相同。通常微生物抗辐射的能力，病毒高于细菌，细菌高于藻类，而原生动物往往有较高的抗性。抗辐射微生物对辐射这一不良环境因素仅有抗性或耐受性，而非“嗜好”。

8.2 微生物间的相互关系

在自然界，各种不同类群的微生物能在多种不同的环境中生长繁殖。微生物物种之间，微生物与高等动物、植物之间的关系都是非常复杂多样化的，它们彼此联系，相互制约，相互影响，共同促进了整个生物界的发展和进化。通常，这种彼此之间的相互关系可归纳为四大类，即互生、共生、寄生和拮抗。

8.2.1　互生

互生（metabiosis）是指两种既可以单独生活又可以共同生活的生物，当它们共同生活时，一方为另一方或双方互为对方提供有利条件的合作方式。即两种生物可分可合，但合比分好。

在环境工程中，微生物间的互生现象极其普遍。例如在土壤中，当分解纤维素的细菌与好氧的固氮菌生活在一起时，固氮菌可将固定的有机氮化合物供纤维素分解菌利用，而纤维素分解菌产生的有机酸也可作为固氮菌的碳源和能源物质，从而促进各自的增殖和扩展。又例如在人体肠道中，正常菌群可以完成多种代谢反应，对人体生长发育有重要意义，而人体的肠道则为微生物提供了良好的生存环境，两者之间的相互关系也是互生关系。

在污水生物处理过程中互生关系也很常见。例如，石油炼油厂的废水中含有硫、硫化氢、氨、酚等，硫化氢对一般微生物是有毒的。当采用生物法去处理酚时，分解酚的细菌却不会中毒，一方面是因为分解酚的细菌经过驯化能耐受一定限度的硫化氢，另一方面因为处理系统中的硫磺细菌能将硫化氢氧化分解成对一般细菌来说非但无毒而且是营养元素的硫。

随着对微生物间互生现象的观察和深入研究，微生物间的互生关系已得到很好的应用。如在辉铜矿生物冶金过程中，利用氧化亚铁硫杆菌和拜氏固氮菌互生关系，使铜的浸出率大为提高。又如，将自生固氮芽孢杆菌接种于食用菌的培养基（含碳量高，缺氧）中，大大提高了食用菌的产量和品质。

8.2.2　共生

两种不同种的生物共同生活在一起，互相依赖并彼此取得一定利益，有的时候，它们甚至相互依存，不能分开独自生活，形成了一定的分工。生物的这种关系称为共生（symbiosis）。

地衣就是微生物间共生的典型例子。它是真菌和蓝细菌或藻类的共生体。在地衣中，藻类和蓝细菌进行光合作用合成有机物，作为真菌生长繁殖所需的碳源，而真菌则起保护光合微生物的作用，在某些情况下，真菌还能向光合微生物提供生长因子和必须的矿质养料。蓝细菌和真菌的共生体是一种互惠共生的关系，对双方都有利。又比如原生动物草履虫和藻类（淡水中多为绿藻，海水中多为甲藻和金藻）的共生。每个草履虫中含有几十至百个以上藻细胞，能够为草履虫提供有机养料和氧气，使其能在缺氧环境中生活；草履虫则为藻细胞提供保护性场所、运动性、CO_2以及某些生长因子。

不仅微生物间存在着共生关系，微生物与动植物之间也存在着共生关系。根瘤菌与豆科植物形成共生体，是微生物与高等植物共生的典型例子。根瘤菌固定大气中的氮气，为植物提供氮素养料，而豆科植物根的分泌物能刺激根瘤菌的生长，同时，还为根瘤菌提供保护和稳定的生长条件。许多真菌能在一些植物根上发育，菌丝体包围在根外面或入侵根内，形成了两者的共生体，称为菌根。一些植物，例如兰科植物的种子若没有菌根菌的共生就无法发芽，杜鹃科植物的幼苗若没有菌根菌的共生就不能存活。微生物与动物互惠共生的例子也很多，例如，牛、羊、鹿、骆驼等反刍动物，吃的草料为它们胃中的微生物提供了丰富的营养物质，但这些动物本身却不能分解纤维素，食草动物瘤胃中的微生物能够将纤维素分解，为动物提供碳源。所以，反刍动物为瘤胃菌提供了纤维素形式的养料、水分、无机元素、合适的 pH 值、温度以及良好的搅拌条件和厌氧环境；而瘤胃中的微生物的生理活动则为动物提供了有机酸和必需的养料，这是一种典型的共生关系。

8.2.3 寄生

一种生物生活在另一种生物的体内或体表，前者从后者取得营养进行生长繁殖，同时使后者受害甚至死亡的现象称为寄生（parasitism）。将前者称为寄生物，后者称为宿主或寄主。根据寄生物在寄主中的寄生部位，可将寄生分为细胞内寄生和细胞外寄生。有些寄生生物一旦离开寄主就不能生活，这种寄生称为专性寄生，如病毒；有些寄生物能营腐生生活，当遇到合适的寄主和适合的环境条件时，也能侵入寄主营寄生生活，这种寄生称为兼性寄生，许多外寄生的微生物属于这一类。

在寄生关系中寄生物可以从宿主群体中获取营养物，而宿主则受害。例如，噬菌体寄生于细菌细胞内；蛭弧菌寄生于寄主细菌细胞内；动植物体表或体内寄生的病毒、细菌、真菌等。寄生于人和有益动物或者经济作物体表或体内的微生物危害寄主的生长繁殖，固然是有害的，但如果寄生于有害生物体内，对人类有利，则可加以利用，例如利用昆虫、病原微生物防治农业害虫等。

寄生物对于控制宿主群体的大小和节省自然界微生物所需的营养物质有重大作用。宿主群体密度增大，受到寄生物攻击的可能性也增大，寄生物在宿主群体中繁殖导致宿主群体密度下降，从而使自然界中许多营养物节省下来。宿主群体密度下降反过来也导致许多寄生物死亡或处于休眠状态。

8.2.3 拮抗

一种微生物在生命活动中，通过产生某些代谢产物或改变环境条件，抑制其他微生物的生长繁殖，或毒害杀死其他微生物的现象称为拮抗（antagonism）。两种微生物间的关系称为拮抗关系。拮抗作用的结果，有有利的一面，也有不利的一面。

在制造泡菜、青贮饲料时，乳酸杆菌产生大量乳酸，导致环境 pH 值下降，抑制了其他微生物的生长，这属于非特异性的拮抗作用。拮抗的另一种形式则是特异性的，即一种微生物在生活过程中，产生一种特殊的物质去抑制另一种微生物的生长，杀死它们，甚至使它们的细胞溶解。这种特殊物质叫抗生素。例如青霉菌产生的青霉素能抑制一些革兰阳性细菌，链霉菌产生的制霉菌素能够抑制酵母菌和霉菌等。

8.3 微生物在物质循环中的作用

自然界中，物质循环是指地球上存在的各种形式的化合物，通过生物的和非生物的作用不断地消耗和产生的过程。推动物质消耗、转化和产生过程不断进行的既有物理作用、化学作用，也有生物化学作用。生物圈内各种化合物的现存量是有限的，但是生命的延续和发展是无尽止的，在生物的发展过程中，它们必须不断地从环境中摄取其所需的物质（营养）。如果生物的营养物质只有消耗而无再生，生物生长繁殖所需物质的供用就会产生矛盾，生物的生存也就会产生严重问题。因此，各种化合物，尤其是组成生物体的碳、氮、硫、磷、氢、氧等主要元素就必须不断地改变它们的形态、价态和与元素的化合形式，使生物所需各种化合物不断地消耗和再生，以满足生物生命活动的需要。元素和化合物的这些变化过程，在多数情况下是依靠有生物参加的物质生物地球化学循环过程完成的。

微生物在自然界的物质循环中连续不断地进行分解作用，把复杂的有机物质逐步地分解成为无机物，最终以无机物的形式返还给自然界，供自养生物作为营养物质。每种天然存在的有机物质都能被已存在于自然界中的微生物所分解。由于微生物的生命活动，使自然界数量有限的植物营养元素成分能够周而复始地循环利用，在自然界的碳素、氮素以及各种矿质元素的循环中微生物起着重要的作用。

8.3.1 微生物与碳素循环

碳是构成生物体的重要元素，参与循环的碳元素主要是空气中的二氧化碳，碳素循环包括 CO_2 的固定和 CO_2 的再生。植物和微生物通过光合作用将自然界中的 CO_2 固定，合成有机碳化合物，进而转化为各种其他的有机物；植物和微生物进行呼吸作用获得能量，并释放 CO_2，动物以植物和微生物为食物，并在呼吸过程中释放 CO_2。当动物、植物和微生物残骸等有机碳被微生物分解时，又产生大量 CO_2。另有一小部分有机物由于地质学的原因保留下来，形成了石油、天然气、煤炭等宝贵的化石燃料，贮藏在地层中。当被开发利用后，经过燃烧，又复形成 CO_2 而回归到大气中。

1. 碳的有机化——CO_2 的固定

CO_2 的固定是将 CO_2 还原为碳水化合物的生化反应过程，对于微生物来讲，这个过程主要是通过光合作用和化能合成作用来实现的。

（1）光合微生物的种类和特性

光合微生物主要有藻类、蓝细菌和光合细菌。藻类的光合作用与高等植物相同，而细菌的光合作用与蓝细菌及绿色植物的光合作用有不同之处。光合细菌没有叶绿素，光合作用发生时没有水的光解，也无法释放氧气；光合细菌都是厌氧菌，光合作用要在厌氧的条件下进行。常见的光合细菌主要有紫色硫细菌、紫色非硫细菌、绿色硫细菌、绿色非硫细菌。

（2）化能合成微生物的种类和特性

这类微生物以 CO_2 为碳源，以 H_2、H_2S、$S_2O_3^{2-}$、Fe^{2+}、NH_4^+、NO_2^- 等作为能源，无机物作为氢供体同化 CO_2。常见的种类主要有氢细菌、硝化细菌、硫化细菌、铁细菌、硫磺细菌等。

2. 有机碳的矿化——CO_2 的再生

自养生物同化作用合成的有机碳化合物，经食物链传递到异养生物体内，被异养生物作为生长的基质。动植物残体及排泄物中的有机碳化合物被微生物降解利用。无论在食物链的哪一个营养级上的异养代谢过程消耗的有机物，最终都要以 CO_2 的形式返还大气。

有机物的分解过程和涉及的微生物种类与氧气的有无关系很大。在有氧条件下，有机物被好氧和兼性厌氧的异养微生物分解，有机碳的最终代谢产物为二氧化碳和部分难以分解的腐殖质。参与分解的微生物包括真菌、细菌和放线菌。在厌氧条件下，有机物的分解几乎完全是细菌的作用。微生物在厌氧条件下分解有机物释放能量少，这导致了有机物分解速率慢、基质降解不彻底，产物主要是有机酸、醇、二氧化碳、氢等。产甲烷菌可转移甲基，这是最重要的厌氧转化之一。厌氧条件下未彻底分解的有机物，经地质学过程变为煤、石油等深藏地下，被人类开采之后用作燃料、化工原料等，使它们重新加入碳循环。

8.3.2 微生物与氮素循环

氮是构成生命有机体的必需元素，是核酸及蛋白质的主要成分。大气中分子态氮所占比例较大，约占大气体积的78%。但所有植物、动物及大多数微生物都不能直接利用分子态氮，而初级生产者需要的铵盐、硝酸盐等无机盐在自然界数量有限。因此，只有将分子态氮进行转化和循环利用，才能满足植物对氮素营养的需要。因此，自然界中氮素物质的相互转化和不断地循环就显得十分重要。

1. 氮素循环及其特点

固氮作用是指气态氮转变成氨、硝酸盐和亚硝酸盐的过程。自然界中的固氮作用有高能固氮、生物固氮和工业固氮三条途径。高能固氮是指通过闪电、宇宙射线、陨星、火山活动等的固氮作用，其所形成的氨或硝酸盐随着降水到达地球表面。固氮的生物有自生固氮和共生固氮两大类。自生固氮生物能利用土壤中的有机物或通过光合作用来合成各种有机成分，并能将分子氮变成氨态氮。共生固氮生物在独立生活时，没有固氮能力，当它们侵入豆科等宿主植物并形成根瘤后，从宿主植物吸收碳源和能源即能进行固氮作用，并供给宿主以氮源。工业固氮是以气体、液体燃料为原料生产合成氨，氨经一系列氧化可生成多种多样的化肥。

进入植物体内的硝酸盐和铵盐与植物体中的碳结合，形成氨基酸，进而形成蛋白质和核酸，与其他化合物共同组成植物有机体。植食动物摄食后，氮随之转入并结合在机体中。动物和植物死亡后，机体中的蛋白质被微生物分解，进入土壤中重新被植物所利用，继续参与循环。也可经反硝化作用形成 N_2，返回到大气中。这样，氮又从生命系统中回到了无机环境里去。硝酸盐的另一循环途径是从土壤中淋溶，然后经过河流、湖泊，最后到达海洋，并在海洋中沉积。在向海洋的迁移过程中，氮素还会参与生物循环，或部分发生沉积，积累于贮存库中，这样就暂时离开了循环。这部分氮的损失由火山喷放到空气中的气体来补偿。

2. 微生物在氮素循环中的作用

(1) 固氮作用

分子态氮被还原成氨或其他氮化物的过程称为固氮作用。能够固氮的微生物均为原核生物，主要包括细菌、放线菌和蓝细菌。

(2) 氨化作用

将蛋白质、氨基酸、尿素以及其他有机含氮化合物转变成氨和氮化合物的过程称为氨化作用。由氨化细菌、真菌和放线菌完成。

(3) 硝化作用

微生物将氨氧化成硝酸盐的过程称为硝化作用。硝化作用分为两个阶段，第一个阶段是氨被氧化为亚硝酸盐，由亚硝化菌完成，亚硝化菌主要包括亚硝化单胞菌属、亚硝化叶菌属等。第二个阶段是亚硝酸盐被氧化为硝酸盐，由硝化细菌完成，硝化细菌主要包括硝化杆菌属、硝化刺菌属和硝化球菌属等。亚硝化细菌和硝化细菌在环境中总是同时存在的，因此，亚硝酸盐一般不会积累。

(4) 反硝化作用

在厌氧条件下，反硝化细菌将硝酸盐还原为氮气的过程称为反硝化作用。在水体和土壤积水的环境条件下，由于厌氧而发生反硝化作用，由于还原程度不同，反硝化作用的还原态产物也不同，如亚硝酸、次亚硝酸、一氧化氮以及分子态氮等。

8.3.3 微生物与硫元素循环

硫是生物的重要营养元素，它是一些必须氨基酸和某些维生素、辅酶等的成分。自然界中硫以单质硫、无机硫化物和有机态硫的形式存在。硫和硫化氢被微生物氧化成为硫酸盐，后者被植物和微生物同化成为有机硫化物，构成其自身组分；动物食用植物和微生物，将其转化成为动物有机硫化物，当动植物的尸体被微生物分解时，含硫的有机质主要是蛋白质被降解成为硫化氢，进入到环境中。环境中的硫酸盐在缺氧条件下，能被微生物还原成为硫化氢。微生物在自然界的硫循环中，参与了各个过程：有机硫化物的分解作用、无机硫的同化作用、硫化作用和反硫化作用（硫酸盐还原作用）。

1. 有机硫化物的分解作用

蛋白质和含硫氨基酸等有机硫化物在异养微生物的作用下，分解形成简单硫化物的过程，称为有机硫化物的分解作用，也称为硫素的矿化。分解有机硫化物的微生物主要有梭状芽孢杆菌、假单胞杆菌等。土壤中能分解含硫有机物质的微生物种类很多，一般能引起含氮有机化合物分解的氨化微生物，都能分解有机硫化物产生 H_2S，含硫氨基酸能将胱氨酸分解为氨及 H_2S。动物、植物和微生物尸体中的有机硫化物，被微生物降解成无机硫的过程，称为分解作用。异养微生物在降解有机碳化合物时往往同时放出其中含硫的组分，这一过程并不具有专一性。由于含硫有机物中大多含氮，所以脱硫氢基作用与脱氨基作用往往是同时进行的。

2. 无机硫的同化作用

生物利用 SO_4^{2-} 和 H_2S，组成自身细胞物质的过程称为同化作用。大多数的微生物都能像植物一样利用硫酸盐作为唯一硫原，把它转变为含硫氢基的蛋白质等有机物，即由正六价氧化态转变为负二价的还原态。只有少数微生物能同化 H_2S，大多数情况下元素硫和 H_2S 等都需先转变为硫酸盐，再固定为有机硫化合物。

（1）硫化作用

还原态无机硫化物如 H_2S、元素 S 或 FeS、硫代硫酸盐等在微生物作用下进行氧化，最后生成硫酸及其盐类的过程，称为硫化作用。凡能将还原态硫化物氧化为氧化态硫化合物的细菌称为硫化细菌。具有硫化作用的细菌种类很多，主要可分为化能自养型细菌类、厌氧光合自养细菌类和极端嗜酸嗜热的古细菌类。

（2）反硫化作用

在土壤淹水或黏重土壤的厌氧条件下，微生物将硫酸盐还原为 H_2S 的过程称为反硫化作用（异化硫酸盐的还原作用）。参与这一过程的微生物称为硫酸盐还原菌或反硫化细菌。

同化硫酸盐的还原微生物利用硫酸盐合成含硫细胞物质（R—SH），具有这种作用的生物并非特异菌群，所有菌类、藻类和高等植物都有此功能。

8.3.4 微生物与磷元素循环

磷是包括微生物在内的所有生命体中不可缺少的元素。在生物大分子核酸、高能量化合物 ATP 以及生物体内糖代谢的某些中间化合物中，都有磷的存在。可溶性无机磷化物被微生物吸收后合成有机磷化物，成为生命物质结构组分（同化作用）。在土壤中，许多的细菌、放线菌和霉菌等含有植酸酶和磷酸酶，能够将含磷的有机物分解（异化作用），产生的无机磷化物可被植物吸收利用。土壤中的磷酸或可溶性的磷酸盐与土壤中的一些盐基结合，形成不溶性的磷酸盐。在天然水体中，大部分的磷存在于水下的沉积物中。不过，生活在土壤和水体中的一些微生物，通过代谢产生的硝酸、硫酸和有机酸又可将不溶性的磷酸盐溶解，从而使自然界中的磷元素循环周而复始地不断进行下去。应当指出，如果人类活动将含磷物质大量排放到水环境中，可溶性磷酸盐浓度过高会造成蓝细菌及其他藻类大量增殖，即常说的水体富营养化作用，从而破坏环境的生态平衡。

在生物圈内，磷主要以三种状态存在，即以可溶解状态存在于水溶液中；在生物体内与大分子结合；不溶解的磷酸盐大部分存在于沉积物内。微生物对磷的转化起着重要作用。磷元素循环包括可溶性无机磷的同化、有机磷的矿化及不溶性磷的溶解等。

重 点 小 结

微生物在自然环境中分布广泛。

土壤因具备微生物生长所需要的营养、温度、气体、酸碱度等，是微生物生存的良好基地，也是人类最丰富的菌种资源库。

水体中微生物主要来源于土壤以及人类和动物的排泄物。

空气因缺乏营养和水分，温度变化较大且受紫外线辐射等，不是微生物生存的良好场所，空气中的微生物主要来自土壤飞起来的灰尘、水面吹起的水滴、生物体体表脱落的物质、人和动物的排泄物等。

极端微生物是在极端自然环境中能生长繁殖的微生物的总称，极端微生物主要类群包括嗜热、嗜冷、嗜酸、嗜碱、嗜盐、嗜压、抗辐射、极端厌氧等微生物。

微生物物种之间关系复杂，可归纳为互生、共生、寄生和拮抗等。

微生物在自然界的碳素、氮素、硫元素及磷元素等各种矿质元素的循环中起着重要的作用。

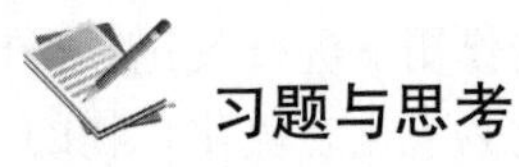

习题与思考

1. 为什么说土壤是微生物生存的良好基地？
2. 什么叫共生？举例说明微生物之间的共生关系。
3. 举例说明细菌间的寄生关系。
4. 微生物在自然界碳素循环中的作用是什么？
5. 什么叫氨化作用、硝化作用、反硝化作用？

（本章编者：田晓燕）

第二篇　微生物与环境污染治理

第 9 章　微生物对污染物的降解与转化

学　习　提　示

重点与难点：

掌握： 环境污染物、生物降解与转化、矿化作用、共代谢作用、协同作用等基本概念。

熟悉： 微生物降解有机污染物的影响因素。

了解： 典型有机污染物和无机污染物的微生物降解转化方式。

采取的学习方法： 课堂讲授为主，部分内容学生自主学习

学时： 4 学时完成

9.1　概　　述

由于人们对工业高度发达的负面影响预料不够、预防不力，导致了全球性的三大危机：资源短缺、环境污染、生态破坏。**环境污染指自然的或人为的向环境中添加某种物质而超过环境的自净能力而产生危害的行为**。其中**进入环境后使环境的正常组成和性质发生改变，直接或者间接有害于人类与其他生物的物质，被称为环境污染物**。环境污染物主要是人类生产和生活过程中产生的各种化学物质，也有自然界释放的物质，如火山爆发喷射出的气体、尘埃等。自然界中物质的降解方式有物理降解、化学降解和生物降解。在微生物对污染物的降解与转化作用下，人类的生活环境得以改善，生态环境得以修复。微生物是地球生态系统中最重要的分解者，在环境污染物的降解转化、资源的再生利用、生态环境保护等方面发挥着极其重要的作用。利用微生物的代谢作用提高污染物的降解速度，使污染物的浓度降低或使其完全无害化，是治理环境污染的重要方法。

由于微生物代谢类型多样，所以自然界所有的有机物几乎都能被微生物降解与转化。随

着工业发展，许多人工合成的新的化合物，掺入到自然环境中，引起新的环境污染。微生物以其个体小、繁殖快、适应性强、易变异等特点，可随环境变化，产生新的自发突变株，也可能通过形成诱导酶、或产生新的酶系，具备新的代谢功能以适应新的环境，从而降解和转化那些“陌生”的化合物。大量事实证明微生物有着降解、转化物质的巨大潜力。

9.1.1 生物转化与微生物降解

1. 生物转化与生物降解

生物转化（biotransformation 或 bioconversion）是通过微生物代谢导致有机或无机化合物的分子结构发生某种改变、生成新化合物的过程。微生物转化的本质是某种微生物将一种物质（底物）转化成为另一种物质（产物）的过程，这一过程是由于某种微生物产生的一种或几种特殊的胞外或胞内酶作为生物催化剂进行的一种或几种化学反应，这些具有生物催化剂作用的酶大多数对其微生物的生命过程也是必需的，由于微生物产生的这些催化剂不仅能够利用自身的底物及其类似物，且有时对外源添加的底物也具有同样的催化作用，即能催化非天然的反应，因此，自然界存在的有机物质，几乎都能被微生物转化。

生物降解（biodegradation）是复杂有机化合物在细菌或其他微生物的酶系活动作用下转变成结构较简单化合物或被完全分解的过程。它和传统的分解作用在本质上是一样的，但又有分解作用所没有的新的特征（如代谢、降解等），因此可视为分解作用的扩展和延伸。从环境的角度简单来说，生物降解是指由生物对污染物进行的分解或降解。生物降解过程有可能是微生物的有氧呼吸，也可能是微生物的无氧呼吸。有机物在微生物的催化作用下发生降解的反应也被称作有机物的生化降解反应。微生物在生物降解过程中占首要地位。土壤、水体等环境中，生物降解是主要机制。水体中的生物，特别是微生物能使许多物质进行生化反应，绝大多数有机物因而被降解成为更简单的化合物。如石油中烷烃，一般经过醇、醛、酮、脂肪酸等生化氧化阶段，最后降解为二氧化碳和水。

目前为止，已发现多种微生物对合成有机物的降解作用。例如，已发现降解酚类细菌有30个属，66种；降解卤素有机物细菌有27个属，40种；降解含氮有机物细菌有18个属，36种；降解合成表面活生剂细菌有18个属，43种；降解石油烃类细菌有100多个属，200多种。

用于微生物转化的菌株或者酶的筛选的范围应该尽可能地广，因为至目前为止已经发现了3000余种能够催化各种化学反应的酶，其中有些酶的催化效果比化学催化剂好；另外，微生物的多样性和其生理生化特性的多样性（它们能够修饰和降解许许多多有机化合物），使我们有可能找到某种微生物或酶来催化某种特定的和所期望的化学反应。

在自然生态系统中，来自于生物体的每一种天然的无毒有机物几乎都有相对应的降解微生物。只要具备合适的条件，微生物就可以沿着一定的途径降解这些有机物。微生物都有自己适宜的生长环境，需要不同条件下的温度、pH、水等。只有在环境条件满足微生物生长需求的条件下微生物才能生长和降解。当环境条件发生改变，微生物能够逐步改变自身条件以适应改变的环境。

不同的微生物的代谢方式有很大差异，所需代谢营养物质不同。多糖类有机物是异养微生物的主要能源，也是生物细胞重要的结构物质和贮藏物质。每一种微生物都有自己特定的酶系以催化相应物质的代谢，因此每种微生物只能降解特定的物质。微生物具有多种降解酶，有巨大的降解能力和共代谢作用。微生物能灵活地改变其代谢与调控途径，合成各种降解酶，以适应不同的环境，将环境中的污染物降解转化。同时微生物体内含有质粒，质粒能通过基因工程实现不同物种的细胞间转移，从而构建多质粒功能菌，在环境保护中发挥重要作用。此外微生物具有共代谢作用，有利于难降解污染物的彻底分解。某些污染物可以抑制微生物的特定的酶，甚至造成酶的失活，从而影响微生物的降解。

2. 影响生物降解的因素

生物降解有机化合物的难易程度首先决定于生物本身的特性，同时也与有机物结构特征有关。结构简单的有机物一般先降解，结构复杂的有机物一般后降解。具体情况如下：

(1) 有机物接触不到微生物。有机化合物分子量的大小对生物降解能力有重要的影响，聚合物和复合物的分子能够抵抗生物降解，主要因为微生物所必需的酶不能靠近并破坏化合物分子内部敏感的反应键。

(2) 不饱和脂肪族化合物（如丙烯基和羰基化合物）一般是可降解的，但有的不饱和脂肪族化合物（如苯代亚乙基化合物）有相对不溶性，会影响它的生物降解程度。有机化合物主要分子链上除了碳元素之外还有其他元素（如醚类、叔胺等），就会增强对生物降解作用的抵抗力。

(3) 脂肪族和环状化合物较芳香化合物容易被生物降解。

(4) 具有被取代基团的有机化合物，其异构体的多样性可能影响生物的降解能力，如伯醇、仲醇非常容易被生物降解，而叔醇则抵抗生物降解。

(5) 增加或去除某一功能团会影响有机化合物的生物降解程度。例如羟基或胺基团取代到苯环上，新形成的化合物比原来的化合物容易被生物降解，而卤代作用能够抵抗生物降解。很多种有机化合物在低浓度时完全能够被生物降解，而在高浓度时，生物的活动会受到毒性的抑制，酚便是一例。

9.1.2　微生物降解污染物的一般途径

微生物具有分布广泛、数量巨大、代谢类型多样和适应突变能力强等特点，任何存在污染物的地方都可能出现相应的降解微生物，并存在或强或弱的生物代谢降解作用。自然环境中的细菌、真菌、放线菌、藻类等均具备代谢降解农药等有机污染物的作用。

1. 矿化作用

矿化作用（mineralization）是指有机污染物在一种或者多种微生物的作用下彻底分解为CO_2、H_2O和简单的无机化合物如含氮化合物、含磷化合物、含硫化合物和含氯化合物等的过程。因无机态亦称矿质态，故名矿化作用。矿化作用是彻底的生物降解，即终极降解，可以从根本上清除有毒物质的环境污染。微生物在矿化作用降解污染物的同时可以从污染物中获得生长所需要的能源、碳架、氮源等。矿化作用主要包括氧化、还原、水解、脱水、脱氨基、脱羟基和裂解等生化反应，都是在微生物的代谢过程中表现出来的，实质是酶促反应。

矿化作用在自然界的碳、氮、磷和硫等元素的物质循环中十分重要。矿化作用的强度与土壤理化性质有关，还受被矿化的有机化合物中有关元素含量比例的影响。土壤中复杂含氮有机物质在土壤微生物的作用下，经氨基化作用逐步分解为简单有机态氨基化合物，再经氨化作用转化成氨和其他较简单的中间产物。氨化作用释出的氨大部分与有机或无机酸结合成铵盐，或被植物吸收，或在微生物作用下氧化成硝酸盐。土壤中部分有机态磷以核酸、植素和磷脂形式存在，在微生物的作用下分解为能被植物吸收的无机态磷化合物。再如湖泊中植物死亡经长期矿化作用而形成碳。

自然界多种生命体中常发生无机矿化现象，矿化作用普遍存在于从低等单细胞微生物到高等多细胞动植物生命活动中。正是生物的发育、生长与死亡过程中有矿化作用的参与，而矿物的发生、变化与消亡过程中也有生物作用的参与，使得自然界中原本两个截然不同的领域即有机界与无机界在一些更基本规律的支配下变得愈加渗透与融合。生命体中无机矿物理应是生物圈与岩石圈、水圈和大气圈交互作用的产物，对于生物活动生态系统具有潜在的环境属性响应性。生物体可以从分子水平到介观水平实现对晶体形状、大小、结构和排列精确调控和组装，往往形成复杂的分级结构。与此同时，矿化作用也影响着生物的生长发育和生理病理等行为，进而对生态环境产生影响。

微生物矿化作用主要体现在微生物与矿物相互作用方面，一般包括直接控制或间接控制诱导矿物的形成与分解作用，还包括微生物与矿物之间的协同作用。微生物能够富集环境中有毒的重金属，改变重金属的存在形式与分布状态，形成微细胞矿物胚体，以至于微生物细胞表面、细胞内部以及细胞与矿物晶芽界面，均能导致矿物的沉淀与生长。微生物主动或被动地从环境中摄取非营养物性甚至毒性的物质，易污染的重金属若在微生物作用下能以矿物的形式被固定下来，就减少了重金属对环境的危害。自然界中细菌等微生物及其代谢产物对环境中有害有毒物质具有治理功能，就是参与矿物的形成及转化的结果。

微生物的矿化作用对生命活动过程有着重要影响，矿物可以是微生物能量和营养的主要来源，也是微生物生存和作用的载体。有些微生物在摄取营养或能量过程中会导致含重金属矿物分解，形成多种次生矿物或离子，加速矿物的风化作用，甚至可改变矿物风化作用模式。矿物若被微生物加速分解，释放了其中的重金属元素，并将部分有害物质释放到水体和土壤中，则可导致对环境的污染。

2. 共代谢作用

一些难降解的有机化合物不能直接作为碳源或能源物质被微生物利用，当环境中存在其他可利用的碳源或能源时，难降解有机化合物才能被利用，这样的代谢过程称为共代谢作用(cometabolism)。微生物共代谢是一种独特的代谢方式，又称协同代谢。它在那些难降解的化合物代谢过程中起着重要作用，展示了通过几种微生物的一系列共代谢作用，可使某些特殊有机污染物彻底降解的可能性。微生物共代谢的动力学明显不同于生长代谢的动力学，共代谢没有滞后期，降解速度一般比完全驯化的生长代谢慢。共代谢并不提供微生物体任何能量，共代谢速率直接与微生物种群的多少成正比。纯培养中的一些共代谢基质及其产物见表 9-1。

表 9-1　纯培养中的一些共代谢基质及其产物

基　质	产　物
氟甲烷	甲醛
二甲醚	甲醇
二甲基硫醚	二甲基亚砜
四氯乙烯	三氯乙烯
苯并噻吩	苯并噻吩-2,3-双酮
3-羟基苯甲酸	2,3-羟基苯甲酸
环已烷	环乙醇
3-氯酚	4-氯儿茶酚
氯苯	3-氯儿茶酚

续表

基　质	产　物
3-硝基酚	硝基氢醌
三硝基甘油	1-和 2-硝基甘油
对硫磷	4-硝基酚
4-氯苯胺	4-氯乙酰替苯胺
丙烷	丙酸、丙酮
2-丁醇	2-丁酮
苯酚	顺，顺-粘康酸（已二烯二酸）
DDT	DDD、DDE、DBP
邻二甲苯	邻-甲苯甲酸
2,4,5-T	2,4,5-三氯酚
4-氟苯甲酸	4-氟儿苯酚
4,4-二氯二苯基甲烷	4-氯苯乙酸
2,3,6-三氯苯甲酸	3,5-二氯儿茶酚
3-氯苯甲酸	4-氯儿茶酚
开蓬（十氯酮）	一氢开蓬
4-三氟甲基苯甲酸	4-三氟甲基-2,3-二羟基甲酸

微生物的共代谢作用可能存在以下 3 种情况：① 靠降解其他有机物提供能源或碳源；② 由其他物质诱导产生相应的酶系，发生共代谢；③ 通过与其他微生物协同作用，发生共代谢，降解污染物。前 2 种情况构成基质共代谢，第 3 种情况称为微生物共代谢。在有其他碳源和能源存在的条件下，微生物酶活性增强，降解非生长基质的效率提高。当有生长底物和能量底物存在时，不论这些底物是否是共代谢酶或辅因子的诱发剂，都会增加共代谢反应的速率和作用范围，也会在生长基质和非生长基质间或在几种非生长基质间形成竞争抑制作用。因此，此类共代谢反应动力学可分有竞争和无竞争抑制作用两种情况。有的烃类单独存在时不能降解，但在石油混合物中则由于微生物利用其他烃类生长而使该难降解烃在酶作用下降解。相反，也有抑制效应存在，如醋酸盐存在可抑制对十六烷的降解，此种效应并不改变降解的生化过程，但影响该过程是否产生及其活性强度。

高分子量的多环芳烃的生物降解一般均以共代谢方式开始。共代谢作用可以提高微生物降解多环芳烃的效率，改变微生物碳源和能源的底物结构，增大微生物对碳源和能源的选择范围，从而达到难降解的多环芳烃最终被微生物利用并降解的目的。

大部分有机化合物难以被微生物直接作为生长碳源和能源使用而被降解，共代谢是此类化合物主要微生物降解机制。共代谢是一个非常综合性的过程，选择合适的营养物质、关键酶的诱导剂和目标污染物浓度是维持高效率共代谢过程的关键控制性因素。

选择诱导物（基质类似物）应该考虑：毒性相对较低，价格低廉，可以作为微生物生长所需的碳源和能源，可以提高微生物内加氧酶的含量和活性的物质，如水杨酸、邻苯二甲酸、联苯等。矿物油中含有很多有机物，其中有些成分可以起到共代谢的作用。共代谢是多环芳烃降解的一个重要特征，它普遍存在，扩展了微生物所能降解的有机物范围。研究表明把苯并芘和原油混合后投入清洁土壤，用土著微生物进行降解，降解苯并芘的菌在菲和荧蒽的存在下降解滞后期缩短，降解速度提高。

目前关于有机物共代谢的机制还没有完全研究清楚，但共代谢作为一种代谢机制广泛存在于共基质的生物降解过程中，并作为一种新技术在难降解有机废水治理中已取得了应用。

3. 去毒作用与激活作用

生物分解产物的毒性低于原化合物时的生物分解作用，称去毒作用。**生物分解产物的毒性大于原化合物时的生物分解作用，称激活作用**。常见的激活反应有：脱卤作用、亚硝胺的形成、环氧化作用、硫醚作用、甲基化等。

现代的环境污染迫切需要人们更充分地利用微生物的降解活性，不幸的是有些化合物含有高度抗酶分解的结构元素或取代基。尽管环境微生物具有逐渐进化、适应的功能，但酶催化途径的自然进化需要多种基因成分的改变，速度很慢，不能适应现代环境保护的要求。通过共代谢等各种生物技术的应用，在搞清微生物降解环境污染物的能力和途径的基础上，应用现代基因工程技术，扩展微生物酶对基质的专一性和代谢途径，能更有效地处理和降解各种污染物，更好地保护环境。

9.2 微生物对有机污染物的降解与影响因素

自然界中生命过程诞生的有机物，几乎都可以被相应的微生物按照一定的途经分解。而人工合成的有机物投放到自然界后很难降解，随着人类合成有机物种类和数量的增多，给自然界的物质循环带来了巨大的压力。依赖环境中的微生物自然进化降解这些有机物，显然不能满足生物圈物质循环的要求，所以及时降解和转化这些有机物，减少环境污染，是当务之急。

9.2.1 微生物对有机污染物的降解

有机污染物是指以碳水化合物、蛋白质、氨基酸以及脂肪等形式存在的天然有机物质及其他可生物降解的人工合成有机物质为组成的污染物，主要包括酚类化合物、芳香族化合物、氯代脂肪族化合物和腈类化合物等。有机污染物大多以石油烃、芳香族化合物、化学农药、合成洗涤剂、化学塑料等形式存在。

目前，由于大量工业废水和生活污水未达标排放，以及广大农村地区大量使用化肥和农药等农用化学物质，使我国水体和土壤受到不同程度的污染，严重的破坏了地球的生态平衡。我国七大水系的411个地表水监测断面中，水质为Ⅰ～Ⅲ类、Ⅳ～Ⅴ类和劣Ⅴ类的断面比例分别为41%、32%和27%。其中，珠江、长江水质较好，辽河、淮河、黄河、松花江水质较差，海河污染严重。而农业土壤中15种多环芳烃（PAHs）总量的平均值为4.3mg/kg，且主要以4环以上具有致癌作用的污染物为主，占总含量的约85%，仅有6%的采样点尚处于安全级。而工业区附近的土壤污染远远高于农业土壤：多氯联苯、多环芳烃、塑料增塑剂等高致癌的物质可以很容易在重工业区周围的土壤中被检测到，而且超过国家标准多倍。

1. 有机污染物的处理方法

有机污染物的处理方法一般包括物理方法、化学方法和生物方法等三大类。物理方法，主要有吸收法、洗脱法、萃取法、蒸馏法和汽提法等；化学方法，如光催化氧化法、超临界水氧化法、湿式氧化法以及声化学氧化法等，这一方法应用较多；生物方法，包括植物修复、动物修复和微生物降解三类技术。

与其他处理方法相比，微生物降解有机物具有无可比拟的优势：① 微生物可将有机物彻底分解成 CO_2 和 H_2O，永久地消除污染物，无二次污染；② 降解过程迅速，费用低，为传统物理、化学方法费用的 30%～50%；③ 降解过程低碳节能，符合现在节能减排的环保理念。

2. 各类有机污染物的降解

（1）石油烃的降解

随着社会的不断发展和进步，石油作为一种重要的能源，它的应用范围不断拓展，消耗量日趋增加，其所带来的问题也严重地影响了整个生态环境。石油烃污染物主要来源有：① 在石油勘探开发、储运及加工过程中均可能有大量石油烃类物质洒落于地表，如果未得到合理处理便可能对环境产生直接污染；② 泄油事故、工业废油排放、油挥发物沉降及利用含矿物油污水进行灌溉等也是造成石油烃直接污染的原因。大气中烃类污染物的污染源主要包括交通源（汽车尾气，轮胎、路面磨损产生的沥青颗粒及路面扬尘）、家庭烹调、香烟、垃圾焚烧、工业活动、燃煤和生物质燃烧以及高等植物或低等生物生物化学成因等。其中化石燃料及其他有机物不完全燃烧产物是大气中烃类污染物的主要来源。大气中的烃类污染物主要通过干、湿沉降直接进入沉积物或土壤，或进入水体后通过吸附等作用进入沉积物和土壤中。

石油烃类物质大多具有长期毒性，甚至致癌，并且这些石油烃类物质难以降解。它们如果长时间积累在土壤中，会给生态系统带来严重的危害。一般的传统降解方法不能有效地降解石油烃类污染物，国内外现在采用光催化、光化学以及微生物等方法来降解石油烃类污染物，这些方法具有高效、价格低廉且没有二次污染的优点。若能有效地将这些方法运用到土壤环境中石油烃类污染物的降解，将会给社会带来很大的效益。

石油烃类污染物主要是由烃类组成的复杂混合物，主要包括烃类、烯烃类、环烷烃类以及芳香烃类等，见表 9-2，其主要元素是 C、H、S、N、O，此外还含有微量的 Fe、Ni、V、Cu 等金属元素。C10～C18 范围的化合物易分解。烃最易分解，烷烃次之，芳烃难，多环芳烃最难，脂肪烃基本不分解，苯极难降解。1 个细菌细胞平均氧化油量为 5×10^{-12} mg/h，微生物降解油率为 35～350g/m^3 · a。原油接触天然水，大部直链烃 7d 内消失，链烃需数月，芳烃则不待降解已沉入底泥中。能降解石油的微生物有 100 属，200 多种，包括：细菌、放线菌、霉菌、酵母、藻类及蓝细菌。

表 9-2　石油烃类污染物的主要成分

烷烃	环烷烃	芳香烃	含硫化合物	含氮化合物	含氧化合物
直链烷烃	烷基环戊烷	烷基苯	硫醇	环烷酸	吡咯
支链烷烃	烷基环己烷	单环芳烃	硫醚	脂肪酸	吡啶
		多环芳烃	二硫化合物	酚	喹啉
		稠环芳烃	噻吩	噻吩	胺

（2）芳香族化合物的降解

用途广泛的芳香族化合物主要来自煤和石油，结构稳定，毒性很大，但在低浓度范围内它们可以不同程度的被微生物分解（表 9-3）。

表 9-3　已知降解不同芳香烃的细菌类别

	苯类、酚类	萘	菲	蒽
微生物名称	荧光假单细胞菌、铜绿色假单细胞菌以及苯酐菌	铜绿色假单细胞菌、溶条假单细胞菌、诺卡氏菌、球形小球菌、无色杆菌以及分支杆菌	菲杆菌、菲芽孢杆菌	荧光假单细胞菌和铜绿色假单细胞菌、小球菌以及大肠埃希氏菌

芳香烃在双加氧酶的作用下氧化为二羟基化的芳香醇，之后失去两个氧原子形成邻苯二酚。邻苯二酚在邻位或间位开环。邻位开环生成已二烯二酸，再氧化后的产物进入三羧酸循环。间位开环生成 2-羟已二烯半醛酸，进一步代谢生成甲酸、乙醛和丙酮酸。

① 多环芳烃的降解

多环芳烃具有毒性、生物蓄积性和半挥发性，并能在环境中持久存在。人为源是多环芳烃主要的来源，通过石油、煤炭、木材、垃圾焚烧和交通的直接排放等，特别是化石燃料的燃烧是环境中多环芳烃的主要来源。多环芳烃的天然来源主要是燃烧和生物的合成，如森林和草原火灾、火山爆发及微生物的内源合成等，在这些过程中均会产生多环芳烃，未开采的煤、石油中也含有大量的多环芳烃。多环芳烃最突出的特性是具有强致癌性、致畸性及致突变性。由于较高的亲脂性，多环芳烃可以通过食物链进入人体，对人类健康和生态环境造成很大的潜在危害。

自然界中存在的许多细菌、真菌及藻类都具有降解多环芳烃的能力，虽然多环芳烃是一种极为稳定的难降解物质，但因其分布广泛，一些环境中的微生物可以经过适应和诱导，对多环芳烃进行代谢分解，甚至矿化。微生物主要以两种方式代谢：一种是以 PAHs 为唯一碳源和能源；另一种是与其他有机质共代谢。其中，微生物的共代谢作用对于难降解污染物多环芳烃的彻底分解或矿化起主导作用。低分子量的多环芳烃在环境中能较快的被降解，在环境中存在的时间较短；高分子量的则难以被降解，在环境中存在时间长，较稳定。

原核微生物和真核微生物对多环芳烃的微生物降解都需要氧气的参与，多环芳烃苯环的降解取决于微生物产生加氧酶的能力，且由于酶对于多环芳烃降解的专一性和环境中多环芳烃的多样性，多环芳烃的降解需要多种微生物参与。

微生物加氧酶有两种，即单加氧酶和双加氧酶。丝状真菌一般产生单加氧酶，对多环烃降解的第一步是羟基化多环芳烃，即把一个氧原子加到底物中形成芳烃化合物，继而氧化为反式双氢乙醇和酚类；细菌主要产生双加氧酶，对多环芳烃降解的第一步是苯环的裂解，把两个氧原子加到底物中形成双氧乙烷，进一步氧化成顺式双氢乙醇，双氢乙醇可继续氧化为儿茶酸、原儿茶酸和龙胆酸等中间代谢物，接着苯环断开，产生琥珀酸、延胡索酸、乙酸、丙酮酸和乙醛。降解中的产物被微生物用来合成自身的生物量，同时产生 CO_2 和 H_2O。

② 苯二甲酸酯类化合物的降解

由于增塑剂苯二甲酸酯（PAES）的大量生产、广泛应用，PAES 已在全球各主要工业国的生态环境中达到了普遍检出的程度，且因有“三致”作用，被人们称为“第二个全球性 PCB 污染物”。

微生物降解 PAES 污染物的研究起步较晚。目前认为能对 PAES 降解的微生物种属主要有：棒状菌属、氮单胞菌属、假单胞菌属、黄单孢菌属、棒状杆菌属、芽孢杆菌属、节细菌属、诺卡氏菌属、产碱菌属、镰刀霉属、青霉属、木霉属等。棒状杆菌是断裂杂环化合物和碳氢化合物链的主要菌种。假单胞菌普遍存在，能够适应许多人工合成的有机物。

已发现可完全降解 400mg/L 邻苯二甲酸酯（DBP）的降解菌。假单胞菌 SH1 菌株能以苯甲酸、邻羟基苯甲酸、间羟基苯甲酸为碳源和能源生长，48h 内其降解率分别为 95%、93%和 87%。

③ 氯苯类化合物的降解

广泛用于农药、有机合成工业的氯苯类化合物是毒性很高的难降解化合物，已被美国环境保护局（EPA）列为优先污染物。白腐菌 2d 可降解约 40%的氯苯类化合物，60d 可降解 88%～90%的五氯酚。假单胞菌和诺卡氏菌的优势组合菌 4d 可降解氯代芳香族化合物；在厌氧条件下 1～7 周可完全降解酚类化合物，而白腐菌需 30d。对重点污染物中六种氯苯类化合物的生物降解研究发现，除六氯苯外，其他五种氯苯去除率可达 95%以上。

④ 苯胺的降解

苯胺主要来自农药、染料、塑料和医药工业，环境中硝基苯化合物和苯胺类农药的微生物转化也可形成苯胺，从而严重污染环境和危害人类健康。已发现人苍白杆菌、O-chrobactrum anthropi 等降解苯胺的高效菌，其中食酸丛毛胞菌 AN3 可在高达 5000mg/L 以上的苯胺中生长，3d 即可完全降解 2000mg/L 的苯胺；芽胞杆菌 C7 在 pH8.0、温度 30℃条件下可降解 4000mg/L 苯胺的 96.8%。

⑤ 硝基苯类化合物的降解

已分离出枯草芽孢杆菌、类产碱假单胞菌等多株硝基苯降解菌。恶臭假单胞菌 24h 使 705mg/L 的硝基苯类化合物降解 68.8%；48h 可使 1106mg/L 的硝基苯类化合物降解 67.4%。

⑥ 其他芳香烃类化合物的降解

黄杆菌 ND3 可降解萘最多 98%以上，并可降解水杨酸、对羟基苯甲酸和苯乙酸。青霉素组合菌、白腐菌等可降解 PAHs。根瘤菌、产甲烷菌可分别降解多氯联苯、甲苯及邻二甲苯。

（3）化学农药的降解

农药是除草剂、杀虫剂、杀菌剂等化学制剂的总称。我国每年使用 50 多万 t 农药，利用率只有 10%。绝大部分残留在土壤中，有的被土壤吸附，有的扩散进入大气，有的转移到水体如河流、湖泊、海洋，引起大范围污染。目前的农药多是有机氯、有机磷、有机氮、有机硫农药，其中有机氯农药危害性最大。这些有毒化合物在自然界存留时间长，对人畜危害严重。

能降解农药的微生物种属也很多。降解农药的微生物有细菌、真菌、放线菌、藻类等。降解农药的微生物在自然界中广泛存在，说明降解农药的微生物并非特殊种群。由于自然界中存在着这些大量可以降解农药的微生物，所以微生物就成为生物修复技术的主体，通过微生物的作用，环境中的有机污染物转化为 CO_2 和 H_2O 等无毒无害或毒性较小的其他物质。而上述几个微生物类群中，由于细菌在其生化上的多种适应能力和容易诱发突变菌株的特性，使其在农药降解过程中占有主要地位。

有许多化学农药是天然化合物的类似物，某些微生物具有降解它们的酶系。它们可以作为微生物的营养源而被微生物分解利用，生成无机物、二氧化碳和水。矿化作用是最理想的降解方式，因为农药被完全降解成无毒的无机物。有些微生物可以农药作为唯一碳源、能源，直接利用或通过产生诱导酶进行降解；许多微生物通过共代谢作用使农药降解，结构复杂的农药多靠此得以转化消失。有机磷农药较之有机氯农药容易降解得多。微生物降解这些杀虫剂的最常见反应机制是脂酶水解过程。

细菌降解农药的本质是酶促反应，即化合物通过一定的方式进入细菌体内，然后在各种酶作用下，经过一系列的生理生化反应，最终将农药完全降解或者分解成分子量较小的无毒或者毒性较小化合物的过程。如莠去津作为假单细胞菌 ADP 菌株的唯一碳源，有三种酶参与了降解莠去津的前几步，第一个酶是 A tzA，催化莠去津生物脱氯的反应，得到无毒的羟基莠去津，此酶是莠去津生物降解的关键酶。第二个酶是 A tzB，催化羟基莠去津脱氯氨基反应，产生 N-异丙基氰尿酰胺。第三个酶是 A tzC，催化 N-异丙基氰尿酰胺生成氰尿酸和异丙胺。最终莠去津被降解为 CO_2 和 NH_2。由于降解酶往往比产生该类酶的微生物菌体更能忍受异常环境条件，酶的降解效率远高于微生物本身，特别是对低浓度的农药，所以，人们想利用降解酶作为净化农药污染的有效手段。但是，降解酶在土壤中容易受非生物变性、土壤吸附等作用而失活，难以长时间保持降解活性，而且酶在土壤中的移动性差等，这限制了降解酶在实际中的应用。现在许多试验已经证明，编码合成这些酶系的基因多数在质粒上，如 2,4-D 的生物降解，即由质粒携带的基因所控制。通过质粒上的基因与染色体上的基因的共同作用，在微生物体内把农药降解。

对于各种杀虫剂的微生物降解途径已比较清楚，表 9-4 列举了几种主要的降解途径。

表 9-4　微生物降解农药的主要途径

降解途径	作用机理	适合对象
水解作用	在微生物作用下，酯键和酰胺键水解，使得农药脱毒	如马拉硫磷、毒死蜱
脱卤作用	卤代烃类杀虫剂，在脱卤酶的作用下，其取代基上的卤被氢、羧基等取代，从而失去毒性	如 DDT 降解变为 DDE；二氯苯
氧化作用	微生物通过合成氧化酶，使分子氧进入有机分子，尤其是带有芳香烃的有机分子中，插入 1 个烃基或者形成 1 个环氧化物	如多菌灵和 2,4-D
硝基还原	在微生物的作用下，农药中的 $-NO_2$ 转变为 NH_2	如 2,4-二硝基酚，其降解产物为 2-氨基-4-硝基酚和 4-氨基-2-硝基酚；对硫磷转为氨基对硫磷；2,4-二硝基苯酚
甲基化	有毒酚类加入甲基使其钝化	如四氯酚、五氯酚
去甲基化	含有甲基或其他烃基，与 N、O、S 相连，脱去这些基团转为无毒	如敌草隆的降解即脱去两个 N-甲基；苯脲
去氨基	脱氨无毒	如醚草通、莠去津

环境因子包括温度、酸碱度、含水量、溶氧量、盐度、有机质含量、黏度、表面活性剂等，环境因素的改变必然影响微生物对农药的降解过程。土壤 pH 值对降解影响相对较大，不仅影响微生物降解酶的活性，同时也影响农药的化学降解。土壤含水量较高条件下微生物对农药降解快，其原因可能是高含水量下土壤微生物的相对活性较高。另外，温度影响酶反应动力学和微生物生长速度等，有些营养元素，尤其是生长因子必须从环境有机质中摄取，这些环境因子对微生物的生命活动及降解特性起着至关重要的作用。

微生物降解农药的方式有两种，一种是以农药作为唯一碳源和能源，或作为唯一的氮源物质，此类农药能很快被微生物降解，如氟乐灵，这是一种新型除草剂，它可作为曲霉属的唯一碳源，所以很易被分解；另一种是通过共代谢作用，共代谢是指一些很难降解的有机物，虽不能作为微生物唯一碳源或能源被降解，但可通过微生物利用其他有机物作为碳源或能源的同时被降解的现象。微生物降解农药主要是通过脱卤作用、脱烃作用、对酰胺及脂的水解、氧化作用、还原作用及环裂解、缩合等方式把农药分子的一些化学基本结构改变而达到的。

微生物降解农药的研究基本方法包括以下几个方面：① 以适当浓度范围的被测试农药作为微生物生长代谢所需的唯一或主要碳源和能源；② 筛选出能分解农药的微生物；③ 创造适合微生物生长的环境和条件，包括好氧微生物降解试验中提供足够的氧量和厌氧微生物降解试验中保证隔绝氧；④ 选择适宜的温度条件；⑤ 微生物所需要的氮硫磷源和无机盐介质；⑥ 选择合适的农药测定方法。

（4）合成洗涤剂的降解

合成洗涤剂（Synthetic Detergent）主要成分为表面活性剂，根据表面活性剂在水溶液中显示出的离子特性，可分为阴离子表面活性剂、阳离子表面活性剂、非离子表面活性剂和两性表面活性剂。阴离子型表活剂包括：脂肪酸衍生物、烷基磺酸盐、烷基硫酸酯、烷基苯磺酸盐、烷基磷酸酯、烷基苯磷酸盐等；阳离子型表面活性剂主要含氮基或季铵盐的脂肪链缩合物，烷基苯与氨基的聚合物；非离子型表面活性剂是一类多烃基化合物与烃链的聚合物，脂肪烃与聚乙烯酚的缩合物；两性表面活性剂为脂肪酸与羧酸、磺酸的缩合物。合成洗涤剂除基本成分为表面活性剂外，尚含有多种辅助剂，如三聚磷酸钠、硫酸钠、碳酸钠、烃基甲基纤维素、荧光增白剂、香料等。从其分子结构来看，可分为亲水基和疏水基两部分，亲水基易溶于水等极性溶剂，疏水基则易溶于油类等极性小或非极性溶剂中，这两部分基团在适当条件下可构成表面活性剂分子，用于制造合成洗涤剂。

合成洗涤剂的生物降解过程主要是表面活性剂的降解。全世界合成表面活性剂年产量2000万t以上，虽对水体污染造成影响，但在水体中的含量未呈明显增加，说明这些表面活性剂能较快被微生物降解。在一定条件下，表面活性剂在微生物的新陈代谢作用下，组成与结构发生变化，由对环境具有危害作用的大分子化合物转化成 CO_2、H_2O、NH_3 等对环境无害的小分子化合物。阴离子表面活性剂中的高级脂肪酸盐类最易被微生物分解，代谢第一步都发生在烷基链末端的甲基上，使甲基氧化成为相对应的醇、醛、羧酸，然后进一步氧化成 CO_2、H_2O。苯甲酸、苯乙酸可进一步由单氧酶代谢为邻苯二酚，然后二氧酶作用使苯环破裂。苯环与末端甲基距离越远，其烷基之分解越快。

该降解过程发生氧化作用，可分为三步：① 初级降解：表面活性剂的母体结构消失，特性发生变化；② 次级降解：降解得到的产物不再导致环境污染，也叫做表面活性剂的环境可接受的生物降解；③ 最终降解：底物（表面活性剂）完全转化为 CO_2、NH_3、H_2O 等无机物。

能降解洗涤剂的微生物有诺卡氏菌、假单胞菌、邻单胞菌、黄单胞菌、产碱单胞菌、产碱杆菌、微球菌以及大多数固氮菌。由于这些微生物的作用，虽然每年排放入环境中的洗涤剂数量逐年递增，但环境中并没有发生洗涤剂的明显增多，因而洗涤剂一般不会引起环境的有机污染。洗涤剂目前存在的问题主要是洗涤剂中添加剂聚磷酸盐造成的水体富营养化问题。

随着洗涤产品逐渐向节水、节能、环保、安全、多功能等方向发展，这一趋势将作为绿色洗涤剂发展的动力，不断推动洗涤剂领域的技术进步。同时，资源短缺、环境污染等问题也将不断促使表面活性剂的革新和发展，这些都加快了合成洗涤剂绿色化趋势。

(5) 化学塑料的降解

所谓塑料，其实它是合成树脂中的一种，形状跟天然树脂中的松树脂相似，是以单体为原料，通过加聚或缩聚反应聚合而成的高分子化合物，而被称之为塑料。其可以自由改变成分及形体样式，由合成树脂及填料、增塑剂、稳定剂、润滑剂、色料等添加剂组成。

由于塑料的无法自然降解性，它已成为人类的第一号敌人，也已经导致许多动物死亡的悲剧。比如动物园的猴子、鹈鹕、海豚等动物，都会误吞游客随手丢的1号塑料瓶，最后由于不消化而痛苦地死去。

我们通常所用的塑料并不是一种纯物质，它是由许多材料配制而成的。其中高分子聚合物（或称合成树脂）是塑料的主要成分。人工合成的多聚物种类很多，其典型代表是聚乙烯，我们日常使用的塑料制品多用它们做原料。由于它们的化学稳定性、生物不可降解性、可塑性等优越的性能，被大量生产，广泛应用于工农业生产上，取得了非常显著的效果。但是如果不把它们进行回收利用而听任它们释放到环境中，就会在环境中造成生态系统功能的破坏，带来严重的环境污染问题。当前全社会正从多方面着手解决这一问题。一方面加强环境保护的宣传，提高人们的环保意识；另一方面采用适当的政策鼓励农民回收利用农用地膜，限制或禁止生产容易引起大量污染的塑料袋、一次性饭盒等。

利用特定的微生物降解合成多聚物也是解决此类污染，特别是土壤中已存在的塑料污染的有效方法。科学家已经发现，有些微生物（主要是真菌）可降解合成多聚物，如聚乙烯醇、乙烯薄膜、聚乳酸薄膜等。微生物一般是在用物理化学方法处理这些多聚物，将它们降解成聚合程度较小的物质之后，更易于降解它们。

生物降解塑料的机理主要由细菌或水解酶将高分子材料分解成CO_2，蜂巢状的多孔材料和盐类。一般地说，其降解是由微生物中的酶将高分子量的聚合物分解成分子量小的碎片，然后，进一步被自然界的细菌分解、消化、吸收，生成CO_2、H_2O等物质。

塑料可被微生物作用，但分解速度极慢，属于极难生物降解的顽固化合物。微生物主要是作用于塑料制品中所含的增塑剂，由于增塑剂代谢变化而使塑料物理性质发生变化，但组成塑料聚合物的组分本身的化学性质却无改变。

按降解机理的不同，生物降解塑料可分为不完全生物降解塑料和完全生物降解塑料。其中，不完全生物降解塑料是指在常规塑料（如PE、PP、PVC等）中通过共混或接枝混入一定量的（通常为10%～30%）具有生物降解特性的物质，这种塑料在大自然中不能完全降解。完全生物降解塑料是指在使用中能保证与常规塑料相近的物理力学性能，废弃后能被自然界中的细菌、真菌等微生物分解成低分子化合物，并最终分解成水和二氧化碳等无机物的高分子材料，因其起到了很好的保护环境的作用，所以又被称为“绿色塑料”。

化学合成法合成的降解塑料大多是在分子结构中引入能被微生物降解的含酯基结构的脂肪族聚酯，具有代表性的产品有PCL、PBS和PLA等。PBS具有良好的热稳定性和较高的分子量，将其与熔点较高的芳香族聚酯等共聚而制得比普通PBS熔点高又能保留其原来生物降解性的共聚降解塑料。另外，加入己二酸、乙二醇等共聚组分，还可改善PBS的生物降解性。以PBS为基体材料制造出的各种高分子量聚酯的产品主要是发泡材料，常用作电子电气等的包装材料。

生物降解塑料发生降解时需要具备以下四个基本条件：① 微生物存在，如霉菌、细菌、放线菌等；② 氧气、水分和矿物质存在；③ 根据有机体种类选择适当温度，一般为20～

60℃；④ pH 值 5～8。

生物降解塑料的降解过程主要有 3 种：① 生物的物理作用，由于生物细胞的生长而使得物质发生机械性破坏；② 生物的化学作用，在微生物作用下，聚合物分解而产生新的物质；③ 酶的直接作用，受到微生物侵蚀的部分，塑料发生分解或氧化崩裂。

(6) 其他有机污染物

① 酚类化合物的降解

酚类化合物为细胞原浆毒物，属高毒性物质。这类物质被广泛地用作炼焦、制药、颜料合成、木材防腐剂、防锈剂、塑料制造、杀菌剂和一般杀虫剂等，而且酚类化合物还是化工、钢铁等工业废水的主要有毒有害成分。含酚废水通常污染水源，毒死鱼虾，危害农作物，并严重威胁人类的健康。含酚有机物的毒性还在于其只能被少数的微生物分解，因此，在国内外都制定了严格的含酚废水的排放标准。

酚类化合物降解菌主要包括白僵菌、假单胞菌、黄杆菌、镰刀菌、产碱杆菌等，其中白僵菌降解率达 96%、假单胞菌降解率为 95%；用海藻酸钠包埋后的小球藻细胞、紫色非硫光合细菌混合菌株体系处理焦化厂工业废水 24h，去除率达 95%以上。

② 氯代脂肪族化合物的降解

氯代脂肪烃大部分是很毒的，并且有些是可疑的致癌物（如氯乙烯、三氯乙烯等），因而生物降解氯代脂肪烃具有重要意义。

分枝杆菌 TA5 和 TA27 能以乙烷、乙醇和其他含碳化合物为能源，可降解初始浓度为 75mg/L 的三氯乙烷。大肠杆菌、假单胞菌、Shewanella putrefaciens 200 可使四氯化碳降解脱氯。已发现多株三氯乙烯的高效降解菌，其中甲烷菌 5d 可降解 20mg/L 的三氯乙烯达 80%～95%；在连续循环膨化床生物反应器三氯乙烯降解率达 95%；放射菌可使 67%以上的氯乙烯矿化生成二氯化碳。如分枝杆菌 TA5 和 TA27 能以乙烷、乙醇和其他含碳化合物为能源，可降解初始浓度为 75mg/L 的三氯乙烷。大肠杆菌、假单胞菌、Shewanella putrefaciens 200 可使四氯化碳降解脱氯。

③ 腈类化合物的降解

霍夫曼棒杆菌、微黄色节杆菌、克雷作氏杆菌可将乙腈、丙腈、丁腈和丙烯腈等脂肪族腈降解生成相应的酰胺、羧酸和氨。季也蒙假丝酶母 UFMG-Y65 能以腈系列化合物为唯一碳源，腈浓度可高达 2mol/L。

④ 偶氮化合物的降解

偶氮化合物即 AZO，偶氮基—N＝N—与两个烃基相连接而生成的化合物，通式为 R—N＝N—R′。偶氮化合物具有顺、反几何异构体，反式比顺式稳定。两种异构体在光照或加热条件下可相互转换：

$$\mathrm{R{-}N{=}N{-}R'}\ \underset{\Delta}{\overset{h\nu}{\rightleftharpoons}}\ \mathrm{R{-}N{=}N{-}R'}$$

偶氮化合物

偶氮化合物主要通过重氮盐的偶联反应制得，例如：氢化偶氮化合物和芳香胺在氧化剂［如 NaOBr、$CuCl_2$、MnO_2 和 Pb（OAc)$_4$ 等］存在下，可被氧化为相应的偶氮化合物；氧化偶氮化合物和硝基化合物在还原剂［如（C_6H_5）P、$LiAlH_4$ 等］存在下，也可被还原为偶氮化合物。

偶氮基能吸收一定波长的可见光，是一个发色团。偶氮染料是品种最多、应用最广的一类合成染料，可用于纤维、纸张、墨水、皮革、塑料、彩色照相材料和食品着色。有些偶氮化合物可用作分析化学中的酸碱指示剂和金属指示剂。有些偶氮化合物加热时容易分解，释放出氮气，并产生自由基，如偶氮二异丁腈（AIBN）等，故可用作聚合反应的引发剂。

偶氮化合物是染色单体，主要有对氨基偶氮苯、对硝基苯胺、二甲基氨基偶氮苯、甲基橙等，不易分解。常见的能分解偶氮化合物的微生物有酵母菌、枯草芽孢杆菌、假单胞菌等。

$$C_6H_5-N{=}N-C_6H_4-NH_2 \xrightarrow[\text{缺氧}]{+H} C_6H_5-NH_2 + H_2N-C_6H_4-NH_2$$

对氨基苯胺　　　　苯胺　　　　对苯二胺

⑤ 氰和腈的降解

一般来说，石油工业和人造纤维工业有机腈比无机腈易被微生物降解。目前为止，有诺卡氏菌、腐皮镰孢霉、木霉、假单细胞等 14 个属计 49 种菌可降解氰和腈。微生物可以从氰和腈中取得碳源和氮源，有的微生物甚至以之作为唯一的碳源和氮源。

CN的分解：$HCN \xrightarrow{+H_2O} H\cdot CONH_2 \xrightarrow{+H_2O} HCOOH+NH_3$，$HCOOH \rightarrow CO_2$

腈的分解：$R-C\equiv N \xrightarrow{+H_2O} R-C(OH)=NH \longrightarrow R-C(=O)-NH_2 \xrightarrow{+H_2O} R\cdot COOH+NH_3$；羧酸 $\rightarrow CO_2+H_2O$

腈　　　　酰胺

⑥ 亚硝胺的降解

强烈致癌作用的食品或污泥、污水中均能形成亚硝胺，对人类健康造成危害。光合细菌（荚膜红假单细胞菌）是一种厌氧性细菌，对二甲基亚硝胺有分解作用。

9.2.2 微生物降解有机污染物的影响因素

主要是营养物质、电子受体、污染物的性质、环境条件以及微生物的协同作用等因素影响着微生物降解有机污染物。

1. 营养物质

微生物分解有机物一般利用有机污染物作为碳源，但同时需要其他的营养物质，如氮源、能源、无机盐和水。一般来说，为了达到完全降解，适当的添加营养物常常比接种特殊的微生物更为重要。但在添加营养盐之前，必须确定营养盐的形式、合适的浓度以及适当的比例。

氮、磷等营养元素会影响微生物的生长，进而影响生物的降解能力。微生物降解有机污染物时，要消耗氮、磷等营养元素。在氮缺乏的地区，投加氮肥可以明显提高生物降解速率。微生物中平均碳氮比为 5∶1～10∶1。烃类降解能够在盐环境中进行，淡水沉积物样品加盐后降解速率降低；港湾沉积物增加盐度后，对降解速率影响很小。

另外，一些微量元素也需考虑。例如，在对土壤中多氯联苯生物降解的研究中发现，作为亲核剂的维生素 B_{12} 可催化多氯联苯所有位置上的脱氯反应，30℃下 40d 内多氯联苯分子脱氯率达 40%；相比之下，若缺乏维生素 B_{12}，其脱氯率则小于 10%。

营养物对微生物的作用是：提供合成细胞物质时所需要的物质；作为产能反应的反应物，为细胞增长的生物合成反应提供能源；充当产能反应所释放电子的受氢体。所以微生物所需要的营养物质必须包括组成细胞的各种元素和产生能量的物质。微生物种类繁多，各种微生物要求的营养物质亦不尽相同，根据对营养要求的不同，可将微生物分为特定的种类。根据所需碳的化学形式，微生物可分为：自养型和异养型；根据所需的能源，微生物可分为：光营养型和化能营养型。

2. 电子受体

环境中的氧气对微生物而言是一个极为重要的限制因子，首先是氧气的含量决定微生物群落的结构。有机污染物氧化分解的最终电子受体的种类和浓度极大地影响着污染物降解的速率和程度。微生物氧化还原反应的最终电子受体包括溶解氧、有机物分解的中间产物和无机酸根（如硝酸根、碳酸根和硫酸根等）三大类，第一种为有氧过程，而后两种为无氧过程。因此，溶解氧的情况不仅影响污染物的降解速率，也决定着一些污染物的最终降解产物，如某些氯代脂肪族和化合物在厌氧降解时，产生有毒的分解产物，但在好氧条件下这种情况却很少见。在好氧环境中，O_2 可直接作为电子受体，而在厌氧环境中，以 NO_3^-、NO_2^-、SO_4^{2-} 等含氧酸根作为电子受体。

3. 污染物的性质

有机物的分子量、空间结构、取代基的种类及数量等都影响到微生物对其降解的难易程度。一般情况下，高分子化合物比低分子量化合物难降解，聚合物、复合物更能抗生物降解；空间结构简单的比结构复杂的容易降解；苯环上有—OH 或—NH_2 的化合物都比较容易被假单胞菌 WBC-3 所降解。例如农药的生物降解性由易到难依次为脂肪酸类、有机磷酸盐类、长链苯氧基脂肪酸类、短链苯氧基脂肪酸类、单基取代苯氧基脂肪酸类、三基取代苯氧基脂肪酸类、二硝基苯类、氯代烃类。

生物降解有机物的难易程度与有机物的结构特征有很大的关系。首先，有机物生物降解的机理是：

① 水中溶解的有机物能否扩散穿过细胞壁，是由分子的大小和溶解度决定的。目前认为低于 12 个碳原子的分子一般可以进入细胞。至于有机物分子的溶解度则是由亲水基和疏水基决定的，当亲水基比疏水基占优势时，其溶解度就大。

② 不溶于水的有机质，其疏水基比亲水基占优势，代谢反应只限于生物能接触的水和烃的界面处，尾端的疏水基溶进细胞的脂肪部分并进行 β-氧化。有机物以这种形式从水和烃的界面处被逐步拉入细胞中并被代谢。微生物和不溶的有机物之间的有限接触面，妨碍了不溶解化合物的代谢速度。

③ 有机物分子中碳支链对代谢作用有一定影响。一般情况下，碳支链能够阻碍微生物代谢的速度，如正碳化合物比仲碳化合物容易被微生物代谢，叔碳化合物则不易被微生物代谢。这是因为微生物自身的酶须适应链的结构，在其分子支链处裂解，其中最简单的分子先被代谢。叔碳化合物有一对支链，这就要把分子作多次的裂解。具体来说，结构简单的有机物一般先降解，结构复杂的一般后降解。

此外，污染物的性质还包括污染物的立体效应和静电效应。立体效应主要指分子取代基阻碍降解酶对分子活性部位的识别。静电效应主要指分子取代基静电作用影响分子与酶的相互作用，同时影响分子的键能。同时，污染物的毒性可能对生物降解产生抑制作用。

4. 环境条件

环境因素对有机污染物的降解起着重要作用。环境因素包括湿度、温度、酸碱度（pH值一般应在6.5～8.5的范围内）和氧浓度等条件。

水是微生物生长的基本条件，只有在一定湿度下微生物才能生长、繁殖，才能侵蚀材料，从而使微生物产生酶，与聚合物的键结点作用，分解有机物长链成为小的链段，达到降解的目的。对于好氧微生物来说，38%～81%的土壤饱和度是最适合的条件。在该范围内，水和氧气的可利用性达到最大化。

温度对微生物具有广泛的影响，不同的反应温度，就有不同的微生物和不同的生长规律。每一种微生物都有其适合生长的最佳温度，通常真菌的适宜温度为20～28℃，细菌则为28～37℃。从微生物总体来说，生长温度范围是0～80℃。根据各类微生物所适应的温度范围，微生物可分为高温性（嗜热菌）、中温性、常温性和低温性（嗜冷菌）四类。微生物的全部生长过程都取决于化学反应，而这些反应速率都受温度的影响。在最低生长温度和最适温度范围内，若反应温度升高，则反应速率增快，微生物增长速率也随之增加，处理效果相应提高。环境温度条件下，温度升高，降解速率增大。对某些有机污染物来说，夏季时的降解速率比冬季时高出数十倍。

一般认为pH值是影响酶的活性的最重要因素之一。微生物的生化反应是在酶的催化作用下进行的，酶的基本成分是蛋白质，是具有离解基团的两性电解质。pH值对微生物生长繁殖的影响体现在酶的离解过程中，电离形式不同，催化性质也就不同；此外，酶的催化作用还决定了基质的电离状况，pH值对基质电离状况的影响也进而影响到酶的催化作用。一般来说，真菌宜生长在酸性环境中，而细菌适合生长在微碱性条件下。在生物降解过程中，一般细菌、真菌、藻类和原生动物的pH值适应范围在4～10之间。在生物降解中，保持微生物的最适pH值范围是十分重要的。否则，将对微生物的生长繁殖产生不良影响，甚至会造成微生物死亡，破坏生物降解的正常进行。

根据微生物对氧的要求，可分为好氧微生物、厌氧微生物及兼性微生物。好氧微生物在降解有机物的代谢过程中以分子氧作为受氢体，如果分子氧不足，降解过程就会因为没有受氢体而不能进行，微生物的正常生长规律就会受到影响，甚至被破坏。而厌氧微生物对氧气很敏感，当有氧存在时，它们就无法生长。这是因为在有氧存在的环境中，厌氧微生物在代谢过程中由脱氢酶所活化的氢将与氧结合形成H_2O_2，而厌氧微生物缺乏分解H_2O_2的酸，从而形成H_2O_2积累，对微生物细胞产生毒害作用，所以使用厌氧微生物降解时要注意隔绝空气。真菌为好氧型的，而细菌则可在有氧或无氧条件下生长。因此，只有环境条件适宜时，微生物才能成活并寄居在污染有机物上，从而导致污染有机物的破坏。

5. 微生物的协同作用

自然界中，多数微生物的降解过程需要两种或更多种类微生物的协同作用才能完成。微生物之间的协同作用主要体现在：① 一种或多种微生物为其他微生物提供B族维生素、氨基酸及其他生长因素；② 一种微生物将目标污染物分解为中间产物，第二种微生物继续分解中间产物；③ 一种微生物通过共代谢将目标产物进行转化，只有在其他微生物存在条件下才能将其彻底分解；④ 一种微生物分解目标产物形成有毒中间物，使分解率下降，而其他微生物可能以这种有毒中间产物为碳源。

总之，影响生物降解的主要因素是有机化合物本身的化学结构和微生物的种类。此外，一些环境因素如温度、pH、反应体系的溶解氧等也能影响生物降解有机物的速率。有机物结构、共降解作用和影响微生物降解的环境因素，是影响污染物的生物降解的主要因素。

9.2.3　常见有机污染物生物可降解性测定

1. 测定生物氧化率

用活性污泥作为测定用微生物，单一的被测有机物作为底物，在瓦氏呼吸机上检测其耗氧量，与该底物完全氧化的理论需氧量去比，即可求得被测化合物的生物氧化率。

例如，经测试得到下列有机生物氧化率（%）分别为（表 9-5）：

表 9-5　某些有机生物氧化率

甲苯	53
醋酸乙烯酯	34
苯	24
乙二胺	24
二甘醇	5
二癸基苯二甲酸	1
乙基-己基丙烯盐	0

如果除底物不同外其余测定条件完全相同，则测定的生物氧化率的大小，在一定程度上可反映这些化合物的生物降解性的差异。

2. 测呼吸线

即测定基质的耗氧曲线，并把活性污泥微生物对基质的生化呼吸线与其内源呼吸线相比较而作为基质可生物降解性的评价。

当活性污泥微生物处于内源呼吸时，**利用的基质是微生物自身的细胞物质，其呼吸速度是恒定的，耗氧量与时间的变化呈直线关系，这称为内呼吸线**。**当供给活性污泥微生物外源基质时，耗氧量随时间的变化是一条特征曲线，称为生化呼吸线**。把各种有机物的生化呼吸线与内呼吸线加以比较时，可能出现如图 9-1 所示的三种情况：

(1) 生化呼吸线位于内呼吸线之上，说明该有机物或废水可被微生物氧化分解。两条呼吸线之间的距离越大，该有机物或废水的生物降解性越好，反之亦然。

(2) 生化呼吸线与内呼吸线基本重合，表明该有机物不能被活性污泥微生物氧化分解，但对微生物的生命活动无抑制作用。

(3) 生化呼吸线位于内呼吸线之下，说明该有机物对微生物产生了抑制作用，生化呼吸线越接近横坐标，则抑制作用越大。

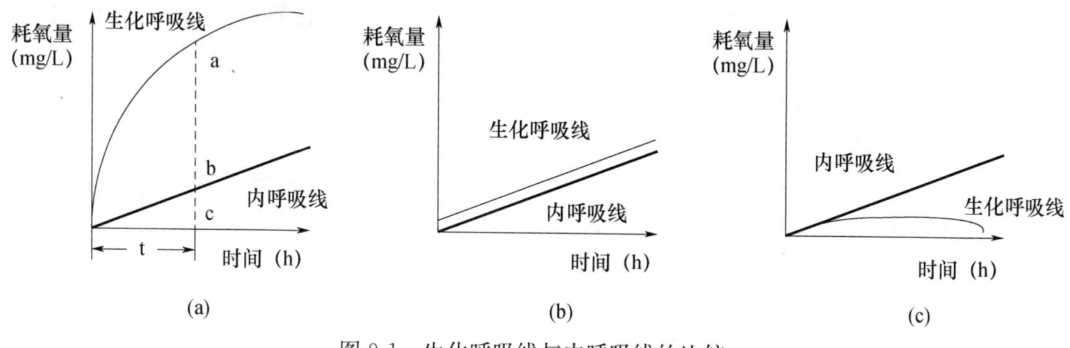

图 9-1　生化呼吸线与内呼吸线的比较

9.3 微生物对重金属的转化

近年来，在燃料燃烧、采矿、冶金、生产和施用农药等过程中，大量的重金属元素以各种各样的化学形态排入土壤及河流、湖泊和海洋等水体中，危害土壤、水生生态环境。重金属污染具有隐蔽性和难去除性。环境中的重金属不能被降解，主要通过空气、水、土壤等途径进入动植物体，并经由食物链放大富集进入人体，其极低浓度就能破坏人体正常的生理活动，损害人体健康。

环境污染中所说的重金属一般指汞、镉、铬、铅、砷、银、硒、锡等。在自然界中存在一些微生物，对有毒金属具有抗性，可使重金属发生转化，对微生物本身而言，这是一种解毒过程。微生物特别是细菌、真菌在重金属的生物转化中起重要作用。微生物可以改变重金属在环境中的存在状态，会使化学物毒性增强，引起严重环境问题，还可以浓缩重金属，并通过食物链积累。另一方面微生物直接和间接的作用也可以去除环境中的重金属，有助于改善环境。

9.3.1 重金属的危害

重金属是指相对密度4.0以上的约60种元素或密度在5.0以上的45种元素。其中砷、硒是非金属，但是它的毒性及某些性质与重金属相似，所以将砷、硒列入重金属污染物范围内。环境污染方面所指的重金属主要是指生物毒性显著的汞、镉、铅、铬以及类金属砷，还包括具有毒性的重金属锌、铜、钴、镍、锡、钒等污染物。

重金属的来源非常广泛，传统上可以分为工业来源和农业来源。随着我国城市化进程的加快，一些有别于以往的为城市所特有的污染来源也随之产生。另外，近几年来突发性环境事故频繁，重金属污染事件也层出不穷，环境事故也成为重金属污染的重要来源之一。

重金属的危害主要是指对土壤环境、水体环境及人体的危害。

1. 对土壤环境的危害

土壤重金属污染在一定时期内没有表现出对环境的危害性，当其含量超过土壤承受力或限度，或土壤环境条件发生变化时，重金属有可能突然活化，引起严重的生态危害，被称为“化学定时炸弹”（Chemical Time Bombs，简称CTBs）。通常情况下，重金属首先危害土壤微生物，不适应重金属环境的微生物数量会急剧降低，甚至灭绝，适应重金属环境的微生物存活下来，并逐渐成为土壤优势菌。重金属对农作物也有很强的毒害作用，其影响在于：一方面，重金属能破坏植物的一些组织和功能，从而降低植物的产量和品质，如土壤镉含量过高会破坏植物叶片的叶绿素结构并最终导致植物衰亡，土壤中铜、锌含量超过一定限度时，作物根部会受到严重损害，使植物对水分和养分的吸收受到影响，从而导致植物生长不良甚至死亡；另一方面，重金属经食物链在植物体内富集。据估计，人体中的重金属镉70%来自于食品中的蔬菜，而蔬菜作物及其可食用部分中积累的镉主要来源于菜园土壤，部分来自灌溉水。除此之外，土壤中的重金属还会经由雨水淋滤及地表径流作用转移进入地表水系统，进而通过地表水和地下水的交互作用污染地下水体，对饮用水安全构成威胁。

2. 对水体环境的危害

重金属污染已成为水环境面临的重要污染问题之一，著名的“公害病”——水俣病和骨痛病就分别是由重金属汞和镉污染引起的。重金属元素毒性大、难降解，进入水体之后可以直接通过饮用水或生活用水作用于人体，也能为水生动植物富集吸收，进入食物链而危害人畜安全。例如，镉质量浓度为 1.0mg/L 的溶液 24h 可使栅藻中毒，表现为细胞质萎缩、叶绿体被破坏。重金属对水生动物也有很强的毒害作用，短暂的暴露在高浓度的重金属溶液中的鱼类会产生应激反应，使鱼体的免疫能力降低。重金属铜、锌、锰的积累对鱼类的性别、体长都存在一定的影响。

随废水排出的重金属，即使浓度小，也可在藻类和底泥中积累，被鱼和贝类体表吸附，产生食物链浓缩，从而造成公害。水体中金属有利或有害不仅取决于金属的种类、理化性质，而且还取决于金属的浓度及存在的价态和形态，即使有益的金属元素浓度超过某一数值也会有剧烈的毒性，使动植物中毒，甚至死亡。金属有机化合物（如有机汞、有机铅、有机砷、有机锡等）比相应的金属无机化合物毒性要强得多；可溶态的金属又比颗粒态金属的毒性要大；六价铬比三价铬毒性要大等。

3. 对人类身体的危害

重金属不能被生物降解，相反却能在食物链的生物放大作用下，成千百倍地富集，最后进入人体。重金属在人体内能和蛋白质及各种酶发生强烈的相互作用，使它们失去活性，也可能在人体的某些器官中富集，如果超过人体所能耐受的限度，会造成人体急性中毒、亚急性中毒、慢性中毒等，对人体会造成很大的危害。例如，日本发生的水俣病（汞污染）和骨痛病（镉污染等公害病，都是由重金属污染引起的。

无论是空气、泥土，甚至食水都含有重金属，如引起衰老的自由基、对肌肤有伤害的微粒、空气中的尘埃、汽车排气等，甚至自来水都给肌肤带来重金属，甚至有些护肤品如润肤乳等中有一些重金属原料如镉等。以各种化学状态或化学形态存在的重金属，在进入环境或生态系统后就会存留、积累和迁移，造成危害。如日本的水俣病，就是因为烧碱制造工业排放的废水中含有汞，在经生物作用变成有机汞后造成的；又如痛痛病，是由炼锌工业和镉电镀工业所排放的镉所致。汽车尾气排放的铅经大气扩散等过程进入环境中，造成目前地表铅的浓度已有显著提高，致使近代人体内铅的吸收量比原始人增加了约 100 倍，损害了人体健康。重金属对人体的伤害极大。

重金属的污染主要来源于工业污染，其次是交通污染和生活垃圾污染。工业污染大多通过废渣、废水、废气排入环境，在人和动物、植物中富集，从而对环境和人的健康造成很大的危害，工业污染的治理可以通过一些技术方法、管理措施来降低它的污染，最终达到国家的污染物排放标准。交通污染主要是汽车尾气的排放，国家制定了一系列的管理办法，例如：使用乙醇汽油、安装汽车尾气净化器等。生活污染主要是一些生活垃圾的污染，废旧电池、破碎的照明灯、没有用完的化妆品、上彩釉的碗碟等。对于重金属的污染只要我们从其来源加以控制，就多多少少可以减少重金属污染。

9.3.2　微生物对重金属的转化

微生物对重金属进行生物转化的主要机理包括微生物对重金属的生物氧化和还原、甲基化与去甲基化以及重金属的溶解和有机络合配位降解转化重金属，改变其毒性，从而形成某些微生物对重金属的解毒机制。微生物转化作用与代谢和酶有关。

1. 对镉的转化

镉污染严重影响了土壤微生物生物量、土壤基础呼吸、土壤酶活性以及种群结构，破坏了土壤微生物的正常组成区系，抑制了土壤微生物代谢功能，降低了土壤微生物活性，造成土壤重金属污染，威胁到人类生活健康。

镉及其化合物均有一定的毒性。吸入氧化镉的烟雾可产生急性中毒。中毒早期表现咽痛、咳嗽、胸闷、气短、头晕、恶心、全身酸痛、无力、发热等症状，严重者可出现中毒性肺水肿或化学性肺炎，有明显的呼吸困难、胸闷、咳大量泡沫血色痰，可因急性呼吸衰竭而死亡。

在含有二价镉离子的环境中，大肠埃希菌、蜡样芽孢杆菌、黑曲霉等能生长繁殖，并能积累一定量的镉。一些微生物也能使镉甲基化，用一株能使镉甲基化的假单胞菌，在有维生素 B_{12} 存在时，把无机二价镉离子转化生成微量的挥发性镉化物。球形红细菌是好氧性微生物，在土壤中依靠好氧呼吸氧化有机物获得能量，硫酸盐作为硫供体经还原合成半胱氨酸等氨基酸，通过同化硫酸性还原作用及脱巯基酶作用生成硫化镉沉淀法去除镉离子。

2. 对汞的转化

汞是常温常压下唯一以液态存在的金属，俗称水银，呈银白色闪亮，熔点－38.87℃、沸点 356.6℃、密度 13.59g/cm^3。常温下蒸发出汞蒸气，汞蒸气有剧毒。汞微溶于水，在有空气存在时溶解度增大。汞可以在生物体内积累，很容易被皮肤以及呼吸道和消化道吸收。水俣病是汞中毒的一种。汞破坏中枢神经系统，对口、黏膜和牙齿有不良影响。长时间暴露在高汞环境中可以导致脑损伤和死亡。尽管汞沸点很高，但在室内温度下饱和的汞蒸气已经达到了中毒剂量的数倍。

汞在自然界中分布极广，几乎所有矿物中都含有汞。朱砂（HgS）、氯硫汞矿、硫锑汞矿和其他一些与朱砂相连的矿物是汞最常见的矿藏。这些汞经过一系列的自然过程如地壳物质的风化、火山活动、地热活动以及土壤的自然释放进入大气。另外，水体、植物表面的自然释放以及森林火灾也是大气汞的一个重要来源。

微生物对汞的转化作用最常见且研究得最清楚，它主要有两种作用方式：汞的甲基化和将 Hg^{2+} 还原为 HgO。甲基汞的脂溶性高，易和蛋白质中的巯基结合，其毒性是无机汞的 100 倍，但甲基汞易于挥发，因此推测微生物合成甲基汞是一种解毒机制。甲基钴胺素是能转移负碳离子的甲基基团，被公认为在汞甲基化时提供甲基供体，但目前还不清楚甲基化是酶促过程还是非酶促过程。

汞的甲基化：在自然环境中，有些微生物可把元素汞和离子汞转化为甲基汞和二甲基汞。

$$Hg \longrightarrow Hg^{2+} \longrightarrow CH_3Hg^+ \text{或} Hg \longrightarrow Hg^{2+} \longrightarrow CH_3-Hg \longrightarrow (CH_3)_2Hg$$

甲基汞的还原作用：在被污染的河泥中存在一些抗汞细菌，能把甲基汞和离子汞还原成单质汞，亦可把甲基汞、乙基汞转化为单质汞和甲烷。

微生物通过有机汞裂解酶催化有机汞的碳汞键断裂，再由依赖 NADPH 和 FAD 为辅酶的二聚体酶——汞还原酶把无机 Hg^{2+} 还原为 HgO，使之挥发离开菌体细胞，这一过程是可诱导的，有机汞裂解酶和汞还原酶的底物都是其酶的诱导剂。研究表明与运输汞有关的基因有：merA、merB、merC、merD、merP、merR 和 merT，它们位于同一个操纵子上。其中 merA 编码汞还原酶，该酶常以二聚体形式在细胞质内与内膜呈松疏的结合；merB 编码有机汞裂解酶，但它的定位尚未确定；merT 和 merC 编码有关 Hg^{2+} 吸收的内膜蛋白；merR

编码调节蛋白；merP 编码位于周质空间结合 Hg^{2+} 的蛋白；merD 是革兰氏阴性菌中除 merR 之外的第二个调节基因，它们均编码调节蛋白，结合于操纵子的 OP 处，来调节 mer 操纵子上的结构基因。当无 Hg^{2+} 存在时，调节蛋白结合于操纵子的 OP 处，阻止 RNA 聚合酶与 DNA 结合。当 Hg^{2+} 存在时，Hg^{2+} 与 merR 蛋白结合，但 Hg^{2+} 和 merR 蛋白的复合物并不离开 DNA，而是在 OP 处使 DNA 发生扭曲、折叠，使 RNA 聚合酶与 DNA 结合，激活 merT、merP、merC、merA、merB 转录，前三个蛋白组成 Hg^{2+} 吸收、转运系统，将 Hg^{2+} 运至 merA 作用部位，从而高效、快速地将 Hg^{2+} 还原成 HgO，降低 Hg^{2+} 对细胞的毒性。

3. 对砷的转化

砷是一种非金属元素，无臭无味。在自然环境中，这种元素天然存在，全球每年从岩石风化的砷为 6000～9000t；从河流输往海洋的砷为 19000t；砷开采量为 47000t，因燃烧进入大气的为 1500t。在金属冶炼等很多工业以及农业活动中，砷也是一种副产品。砷通过多种途径进入水体，造成污染，一旦人体摄入砷过量，会造成长期和短期的健康损害。砷的存在形式复杂，不同形式的含砷化合物转化机制不清，现存的砷污染治理困难而且成本太高。因此，砷的水体污染是全世界面临的公共卫生重大问题，中国更是砷水体污染的重灾区。

微生物在自然界中广泛参与各种元素的物理、化学和生物化学反应，进而影响诸多元素的迁移和转化。微生物在长期与砷共存过程中，进化出了多种不同的砷转化机制，主要包括无机砷的氧化还原以及砷的甲基化。

在自然水系中，水砷含量自然可高达 1～2μg/L，被砷污染的水体含量要高的多。砷主要以无机五价砷酸盐（AsO_4^{3-}）和三价亚砷酸盐（AsO_3^{3-}）两种无机形式，一甲基胂酸和二甲基胂酸及其盐、三甲基胂氧化物、三甲基胂、砷胆碱、砷甜菜碱和砷糖等有机形式存在，而砷的有机化合物的含量一般都很低。各类砷的毒性大小依次递减的顺序是：砷化三氢>有机砷化三氢衍生物>无机亚砷酸盐>有机砷化合物>氧化砷>无机砷酸盐>有机砷化合物>金属砷。这些不同形态的砷化合物通过化学和生物的氧化和还原及生物的甲基化、去甲基化反应发生相互转化。As（Ⅲ）和 As（Ⅴ）两种价态砷之间的相互转化既包括化学过程，也包括微生物的作用。近年来的研究表明，自然界中砷代谢微生物广泛参与了砷的地球化学循环，在砷的迁移与转化过程中起到关键作用。单纯测定系统的氧化还原电位并不能确定氧化还原对中氧化态与还原态的比例。经常能观察到 As（Ⅲ）存在于富氧环境中，而 As（Ⅴ）存在于缺氧环境中，这就表明 As（Ⅲ）/As（Ⅴ）处于非平衡态，这种非平衡态与氧化还原电位的其他指标有关（如溶解氧等）。

甲基化是一种重要的解毒机制，许多真菌、酵母和细菌能够通过甲基化将无机砷转化为毒性较低的甲基砷酸（Monomethylarsonic Acid，简称 MMAA）、二甲基砷酸（Dimethylarsenic Acid，简称 DMAA）和三甲基砷氧化物（Trimethylarsenic Oxides，简称 TMAO），有的甚至可以将无机砷转化为具有挥发性的甲基化产物。砷的微生物甲基化是通过相应转移酶的辅酶 S-腺苷甲硫氨酸提供甲基阳离子，将砷酸盐还原得到亚砷酸盐，甲基阴离子与之结合，形成五价的一甲基砷酸盐，并可以依次形成一、二甲基砷酸盐和三甲基砷氧化物，后者可进一步还原成三甲基砷，二甲基砷酸盐也可以还原成二甲基砷。微生物通过甲基化，一方面将 As（Ⅲ）转化为毒性很低的 DMAA 和 TMAO，从而起到解毒抗砷的作用；另一方面，微生物还可以产生具有更高的毒性的 MMA、DMA 和 TMA 等，但是它们由于具有很强的挥发性而被释放到大气中，从而既可以起到解毒的作用又可以大大影响砷的地球化学循环。环境中砷的微生物甲基化在厌氧或好氧条件下都可发生，主要场所是水体和土壤。有不少微生物能使砷甲基化，如帚霉属中的一些将砷酸盐转化为三甲基砷，甲烷杆菌把砷酸盐变成二甲基砷。

4. 对铅的转化

铅是一种危害人体健康的重金属污染物，其污染源较多，如汽车尾气、含铅废液等，且具有不可降解性，可以在环境中长期存在。人们多通过食物、摄取自来水饮用等方式把铅带入人体，进入人体的铅 90%储存在骨骼，10%随血液循环流动而分布到全身各组织和器官，影响血红细胞和脑、肾、神经系统功能，特别是婴幼儿吸收铅后，将有超过 30%保留在体内，影响婴幼儿的生长和智力发育，并损伤其认知功能、神经行为和学习记忆等脑功能，严重者造成痴呆。人体中过量摄入铅可增高龋齿的发生率，引起贫血、高血压、生殖机能和智能下降等症状。

铅在土壤中的迁移转化可以归纳为沉淀、溶解、离子交换和吸附、络合作用和氧化还原作用等。其中络合作用对土壤中重金属的环境化学行为的影响主要在于影响溶解度，从而影响其生物的可给性，而且这种作用是双向的，影响的方向与土壤的理化性质、配体类型及金属离子的种类都有密切关系。铅在土壤中主要以二价态的无机化合物形式存在，极少数为四价态。多以 $Pb(OH)_2$、$PbCO_3$ 或 $Pb_3(PO_4)_2$ 等难溶态形式存在，故铅的移动性和被作物吸收的作用都大大降低。在酸性土壤中可溶性铅含量一般较高，因为酸性土壤中的 H^+ 可将铅从不溶的铅化合物中溶解出来。从土壤-植物系统来看，根系分泌的大量有机酸能络合溶解含铅的固体成分，当植物根系周围元素因植物吸收而浓度降低时，金属有机络合物可以离解，在溶液中形成浓度梯度，促进难溶元素的移动，增强它们对植物的有效性。

微生物可使铅甲基化，产生四甲基铅 $(CH_3)_4Pb$，四甲基铅具有挥发性。纯培养的假单胞菌属、产碱杆菌属、黄杆菌属及气单胞菌属中的某些种，能将乙酸三甲基铅转化生成四甲基铅，但不能转化为无机铅。

5. 对铬的转化

铬是一种银白色，质脆而硬的金属。铬盐是重要的无机化工产品之一，其系列产品是我国重点发展的一类化工原料，广泛应用于高级合金材料、电镀、皮革、颜料、香料、印染、陶瓷、防腐、催化、医药等多种部门。但同时，其产生的铬渣又是目前世界上最主要的重金属工业污染源之一，其中的六价铬化合物具有很强的氧化性，可以通过消化道和皮肤进入人体，分布在肝和肾中，或经呼吸道积存于肺部，可导致多种疾病，并且铬渣中水溶性六价铬，经雨水冲淋，深入地下，污染地下水。铬的毒性主要来自六价铬，其被列为是对人体危害最大的八种化学物质之一，是国际公认的三种致癌金属物之一，同时也是美国 EPA 公认的 129 种重点污染物之一。因此，铬渣的严重污染引起国际社会的高度重视。

六价铬多溶于水中，主要以 $HCrO_4^-$ 和 CrO_4^{2-} 两种形态存在，其化学活性大，毒性强，是造成地下水污染的主要污染物。在工业废水中，主要以六价铬的形态存在。动物排泄物和动植物遗骸常年累积形成的泥炭、腐殖土，既含有大量活的细菌，也含有为细菌生存繁衍所必需的营养物，又含有大量强还原性的其他有机物，通过生物还原反应，将六价铬还原为三价铬。六价铬只有在厌氧的情况下，才还原为三价铬，而且三价铬毒性很低。因此六价铬还原为三价铬后被吸附或生成氢氧化铬沉淀是水溶液中去除六价铬的重要途径。

六价铬是强氧化剂，特别是在酸性溶液中，可与还原性物质强烈反应，生成三价铬。电极反应为：

$$Cr_2O_7^{2-}+14H^++6e^-=\!=\!=2Cr^{3+}+7H_2O \quad E^0=1.33V$$

在弱酸性和碱性条件下，三价铬可转化为六价铬。在 pH=6.5～8.5 之间，三价铬转化为六价铬的反应式为：

$$2Cr(OH)_2^++\frac{3}{2}O_2+H_2O=\!=\!=2CrO_4^{2-}+6H^+$$

铬污染的微生物治理是利用原土壤中的土著微生物或加入经驯化的高效微生物，通过生物还原反应，将六价铬还原为三价铬，达到修复铬污染的目的。从污染土壤中筛选出的土著真菌对六价铬具有较强的生物还原作用，通过选择合适的载体制成菌剂，不仅可用于低浓度的六价铬污染土壤修复，还可用于高浓度含铬废物的生物解毒。应用土著微生物进行有毒废物解毒与污染土壤修复在环境安全性、环境适应性与种群协调性，以及应用成本方面具有其他异地菌种不可比拟的优越性。

微生物对其他重金属也具有转化能力，硒、铅、锡、镉、铝、镁、钯、金、铊也可以甲基化转化。微生物虽然不能降解重金属，但通过对重金属的转化作用，控制其转化途径，可以达到减轻毒性的作用。

重　点　小　结

生物降解是指微生物将复杂的污染物分解为简单的小分子物质的过程。生物转化是指微生物将污染物质从一种形式转变为另一种形式的过程。

微生物降解污染物的一般途径是矿化作用和共代谢。

有机污染物生物可降解性测定可采用生物氧化率测定和呼吸线测定方法。

在微生物降解过程中会受到营养物质、电子受体、污染物的性质、环境条件以及微生物的协同作用的影响。

环境污染中所说的重金属一般指汞、镉、铬、铅、砷、银、硒、锡等，重金属污染具有隐蔽性和难去除性，环境中的重金属不能被降解。微生物特别是细菌、真菌在重金属的生物转化中起重要作用。微生物可以改变重金属在环境中的存在状态。

习题与思考

1. 什么是生物降解和生物转化？
2. 微生物降解污染物的一般途径有哪些？并对其进行简单的阐述。
3. 何谓共代谢？共代谢在有机物的生物降解中有何意义？
4. 影响微生物降解的因素主要有哪些？
5. 重金属有哪些危害？
6. 列举两种重金属元素的生物转化过程。

（本章编者：王占华）

第 10 章　污水处理的微生物学原理

学　习　提　示

重点与难点：

　　掌握： 活性污泥法、生物膜法、厌氧生物处理法原理。

　　熟悉： 各种废水生物处理构筑物或反应器。

　　了解： 厌氧生物处理发展历程。

采取的学习方法： 课堂讲授为主，部分内容学生自主学习

学时： 7 学时完成

10.1　概　　述

污水生物处理是利用微生物的生命活动，对废水中呈溶解态或胶体状态的有机污染物起到降解作用，从而使废水得到净化的一种处理方法。 污水生物处理的主要目的有以下 3 点：① 絮凝和去除废水中不可自然沉淀的胶体状固体物；② 稳定和去除废水中的有机物；③ 去除营养元素氮和磷。废水生物处理技术以其消耗少、效率高、成本低、工艺操作管理方便可靠和无二次污染等显著优点而备受人们的青睐，目前世界上已建成的城市污水处理厂有 90%以上采用生物处理法，大多数工业废水处理厂也是以生物法为主体的。

10.2　有机污水的好氧生物处理

所谓“好氧”，是指这类生物必须在有分子态氧气（O_2）的存在下，才能进行正常的生理生化反应，主要包括大部分微生物、动物以及我们人类；所谓“厌氧”，是指这类生物在无分子态氧存在的条件下，能进行正常的生理生化反应，如厌氧细菌、酵母菌等。好氧生物处理采用机械曝气或自然曝气（如藻类光合作用产氧等）为污水中好氧微生物提供活动能源，促进好氧微生物的分解活动，使污水得到净化，如活性污泥、生物滤池、生物转盘、污水灌溉、氧化塘等。

10.2.1　活性污泥法

活性污泥法可追溯到 1880 年安古斯·史密斯（Angus Smith）博士所做的研究，他是

向污水中进行曝气试验的第一人。现代应用最为广泛的活性污泥法（activated-sludge process）是在 1912～1913 年开始试验研究的，1916 年，美国正式建立了第一座活性污泥法污水处理厂。

活性污泥法处理废水的实质是在充分曝气供氧的条件下，以废水中有机污染物质作为底物，对活性污泥进行连续或间歇培养，并将有机物质无机化的过程。活性污泥法对水质水量具有广泛适应性、运行方式灵活多样、控制简易，运行经济，因此被广泛使用，并成为处理废水的主要方法或唯一方法。

1. 活性污泥

（1）活性污泥的组成与结构

活性污泥是活性污泥法处理系统中的主体，它不是一般的污泥，而是栖息着种类繁多、具有强大生命力的微生物群体的生物絮凝体。在微生物群体新陈代谢功能的作用下，它具有将有机污染物转化为稳定的无机物的能力，故称之为“活性污泥”。正常的处理城市污水的活性污泥在外观上呈黄褐色的絮绒颗粒状，其颗粒尺寸取决于微生物的组成、数量、污染物质的特征及某些外界环境因素。活性污泥中的固体物质仅占 1%以下，由有机与无机两部分组成，其组成比例因原污水性质的不同而不同。

概括地说，活性污泥由以下四部分物质组成：① 具有代谢功能活性的微生物群体；② 由污水挟入的并被微生物所吸附的有机物质（含难为细菌降解的惰性有机物）；③ 微生物自身氧化的残留物；④ 由污水挟入的无机物质。

（2）活性污泥絮体的形成机理

活性污泥系统的成功运行需要污泥形成絮体结构，使污泥沉降加快且在沉淀池内能够适当浓缩。尽管已经进行了大量试验研究，但是生物絮凝现象十分复杂，关于活性污泥絮体形成的机理至今还没有达成统一的认识。比较有说服力的观点有黏液说、电动势-含能说、聚β-羟基丁酸说、原生动物说、纤维素说、细菌胞外多聚物说、丝状菌网架结构说，其中能很好解释污泥絮体的形成和污泥膨胀现象，并且广为研究者接受的是 Sezgin 等提出的丝状菌网架结构说。

① 黏液说

该学说认为活性污泥絮体是由菌胶团所分泌的黏液形成的。Butterfigld 从活性污泥中分离出一种动胶杆菌，并认定活性污泥絮体是由该细菌分泌的一种明胶状物质粘结而成。处于游离态的动胶杆菌能用鞭毛运动，凝聚时菌体外有夹膜类物质，菌体包埋其中。若用水洗去夹膜类物质，菌体便能游离出来。也有研究者发现，分泌胞外聚合物的菌株并不一定形成絮体，而形成絮体的菌株也不一定产生胞外聚合物。因此，产生胞外聚合物并非是细菌形成絮体的唯一原因。

② 电动势-含能说

Mckinny 认为细菌细胞膜由脂蛋白等组成，且易于离子化，因而带有较多的负电荷，同时菌体间存在排斥力和范德华引力。该学说认为，在活性污泥处理系统中，有机物浓度高时，细菌繁殖快，能量水平高，排斥力大于范德华引力，絮体难以形成；有机物浓度降低后，细菌的繁殖速度减慢，排斥力小于范德华引力，菌体一旦碰撞便易于形成污泥絮体。

③ 聚 β-羟基丁酸说

Crabtrae 认为，活性污泥絮体是由聚 β-羟基丁酸（PHB）形成的，微生物的絮凝作用，直接与细胞中 PHB 的浓度有关。聚 β-羟基丁酸是一种聚酯物质，当其在细菌体内大量积累时，能使细菌的细胞分裂不彻底，不能完全分离而彼此连接。当其异常增加时，还可能导致细菌死亡并将其释放于混合液中。释放出来的聚β-羟基丁酸与细菌能够相互凝聚而形成絮体。但是也有研究证实，虽然一些细菌细胞在生物凝聚时存在PHB，但细菌的凝聚并不与PHB的浓度直接相关。

④ 原生动物说

该学说认为原生动物能分泌黏性物质以捕食细菌，而这种物质能促进生物絮凝，形成活性污泥絮体。但是也有学者提出，在某些情况下，活性污泥中几乎不存在原生动物，但是依然能形成良好的活性污泥絮体。

⑤ 纤维素说

Mulder认为生物絮凝体是在两种细菌作用下形成的，一种能分泌具有纤维素性质的纤维；另一种能分泌黏液，使细菌聚合成团。在两种细菌协同作用下，细菌聚合形成絮体。

⑥ 细菌胞外聚合物说

该学说认为细菌之所以产生凝聚作用，是与细菌本身分泌的胞外多聚物相关，该胞外多聚物以架桥方式使生物产生凝聚，形成活性污泥絮体。胞外多聚物的产生与细菌增殖的过程相对应。在细菌的对数增殖期，胞外多聚物少，因此高负荷处理系统中，出水中通常含有较多的游离细菌，透明度差，说明此时的生物絮凝作用差。在减速增殖期，胞外多聚物多，因此在延时曝气系统中，出水清澈，说明具有良好的生物絮凝作用。

⑦ 丝状菌网架结构说

丝状菌网架结构说认为活性污泥絮体中菌胶团与丝状菌的相对比例确定了其宏观结构。丝状菌作为活性污泥絮体的骨架，菌胶团菌等微生物产生的多聚糖附着在其上面，形成凝胶基质架，胶体物质和其他微生物附着在其上。

（3）活性污泥微生物的生长规律

活性污泥中微生物的增殖是活性污泥在曝气池内发生反应、有机物被降解的必然结果。微生物的增殖即活性污泥的增长结果，一般可用活性污泥的增殖曲线来表征，如图10-1所示。

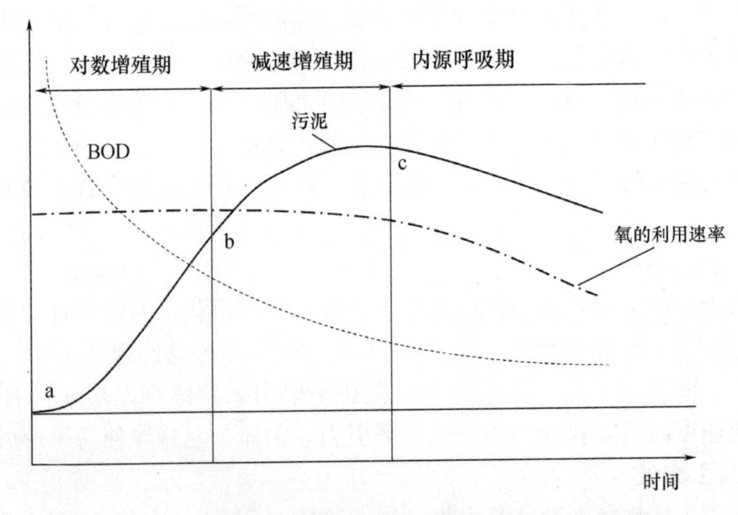

图10-1　活性污泥的增殖曲线

在温度适宜，溶解氧充足，且不存在抑制物质的条件下，活性污泥微生物的增殖速率主要取决于微生物与有机基质的相对数量，即有机基质与微生物的比值（F/M值）。由图10-1可见，活性污泥的增长主要可以分为三个阶段，即对数增殖期、减速增殖期和内源呼吸期。此外，在这三个阶段之前，还有一段时间的适应期。

① 适应期

适应期是活性污泥微生物对新的环境的一个短暂的适应过程。在适应期，菌体体积有所增大，酶系统做出相应调整产生适应新环境的变异。但微生物在数量上可能并没有增殖，各项污染指标也可能无较大变化。

② 对数增殖期

在对数增殖期，F/M值大于2.2kgBOD_5/（kgVSS·d），有机底物丰富，因此微生物的增长仅受自身的生理机能限制。在此阶段，微生物以最高速率摄取有机物、增殖、合成新细胞。此时污泥具有很高的能量，微生物活动能力强，易致污泥松散，无法形成良好的絮凝体，沉淀效果不佳。另外，此阶段活性污泥的代谢速率极高，需氧量大。因此一般不采用此阶段作为运行工况。

③ 减速增殖期

随着有机物的降解，有机底物的浓度成为微生物增殖的控制因素，微生物的增殖速率与残存的有机底物呈正比，直至微生物的增长速率和有机物的降解速率都降为零。在此时期，活性污泥能量水平下降，絮凝体开始形成，活性污泥凝聚、吸附以及沉淀性能较好。一般来说，大多数活性污泥处理厂将曝气池的运行工况控制在这一范围内。

④ 内源呼吸期

在此阶段，微生物内源呼吸的速率大于合成速率。从整体上来说，活性污泥的量在减少，最终所有的细胞将消亡，仅残留内源呼吸的残留物。

（4）活性污泥性能指标

活性污泥法处理的关键在于具有足够数量和良好性能的活性污泥。活性污泥的数量通常用污泥浓度表示，活性污泥的性能主要表现在絮凝性和沉降性上。通常可以说，沉淀性好的污泥，絮凝性也一定好，因为，只有絮凝性良好，才能将分散和细小有机颗粒凝聚成大颗粒，加快沉降速度。衡量活性污泥数量和性能的指标主要有以下几项：

① 混合液悬浮固体浓度、混合液挥发性悬浮固体浓度

混合液悬浮固体浓度（mixed liquor suspended solids，简称MLSS）指曝气池中单位体积混合液中活性污泥悬浮固体的质量，也称之为污泥浓度。

混合液挥发性悬浮固体浓度（mixed liquor volatile suspended solids，简称MLVSS）是指混合液悬浮固体中有机物的质量。

理论上，采用具有活性的微生物的浓度作为活性污泥浓度更加准确，但测定活性微生物的浓度在实际中非常困难。在正常的运行状况下，一定的废水和废水处理系统，MLSS与MLVSS之间以及MLSS与活性微生物量之间具有相对稳定的关系，因此可用MLVSS表示污泥浓度，一般生活污水处理厂曝气池混合液MLVSS/MLSS在0.6～0.7。

② 污泥沉降比

污泥沉降比又称30min沉降率（settling velocity，简称SV），是取1L曝气池的混合液在量筒内静置30min后所形成沉淀污泥的容积占原混合液容积的百分率。正常的活性污泥在静沉30min后，一般可接近它的最大密度，可反映出二沉池中污泥浓缩的情况。正常活

性污泥浓度为1500～3000mg/L时，SV一般为15%～30%。

③ 污泥容积指数

污泥容积指数（SVI）是指曝气池混合液经30min沉淀后，1g干污泥占有沉淀污泥容积的毫升数，单位为mL/g，但一般不标注。在一定的污泥量下，SVI反映了活性污泥的凝聚沉淀性。通常，当SVI<100时，沉淀性良好；当SVI在100～200之间时，沉淀性一般；而当SVI>200时，沉淀性较差，污泥易膨胀。一般控制SVI在50～150之间为宜，但根据废水性质不同，这个指标也有差异。如废水溶解性有机物含量高时，正常的SVI值可能较高；相反，废水中含无机性悬浮物较多时，正常的SVI值可能较低。

④ 生物相指示

利用光学显微镜或电子显微镜，观察活性污泥中的细菌、真菌、原生动物及后生动物等微生物的种类、数量、优势度及其代谢活动等情况，在一定程度上可以反映整个系统的运行情况。

实验表明，当环境条件适宜时，微生物代谢活力旺盛，繁殖活跃，可观察到钟虫的纤毛环摆动较快，食物泡数量多，个体大。在环境条件恶劣时，原生动物活力减弱，钟虫口缘纤毛停止摆动，伸缩泡停止收缩，还会脱去尾柄，虫体变成圆柱体，甚至越变越长，直至死亡。当系统有机物负荷增高，曝气量不足时，活性污泥恶化，此时出现的原生动物主要有滴虫、屋滴虫、侧滴虫及波豆虫、肾形虫、豆形虫、草履虫等；当曝气过度时，出现的原生动物主要是变形虫。

（5）活性污泥的培养和驯化

活性污泥系统在验收后，正式投产前的首要工作是活性污泥的培养和驯化。活性污泥的培养，即为活性污泥的微生物提供一定的生长繁殖条件，经过一段时间，活性污泥会形成并在数量上逐渐增长，最后达到处理废水所需的污泥浓度。

对于生活污水的培菌较为容易，可在温暖的季节，对生活污水进行闷曝，闷曝数小时后即可连续进水，进水量从小到大逐渐增加，连续运行数天后即可见活性污泥出现并逐渐增多。由于生活污水营养合适，因此活性污泥很快就会增长至所需浓度。

鉴于工业废水的水质及营养等原因，工业废水处理系统中的活性污泥培养较为困难。

所谓驯化是在工业废水处理系统培菌阶段后期，将生活污水和外加营养量逐渐减少、工业废水比例逐渐增加，最后全部受纳工业废水的过程。在污泥驯化的过程中，利用该废水中有机污染物的微生物逐渐增长，不能利用的则逐渐死亡、淘汰。同时能适应该废水的微生物在废水有机物的诱导下，产生能分解利用该物质的诱导酶。

2. 活性污泥法基本原理

活性污泥对有机物的降解作用与微生物的活动密切相关，微生物通过自身新陈代谢实现废水中有机物的转化。活性污泥法净化废水包括下述三个主要过程。

（1）吸附

废水与活性污泥充分接触，形成悬浊混合液，废水中的污染物被比表面积巨大且表面上含有多糖类黏性物质的微生物吸附。呈胶态的大分子有机物被吸附后，首先被水解酶作用，分解成小分子，然后这些小分子与溶解性有机物一起在透膜酶的作用下或在浓差推动下选择性渗入细胞体内。初期吸附过程进行得十分迅速，在这一过程中，对于含悬浮状态和胶态有机物较多的废水，有机物的去除率相当高，往往在10～40min内，BOD可下降80%～90%。此后，下降速度迅速减缓。

（2）微生物的代谢

吸收进入细胞体内的污染物通过微生物的代谢反应而被降解，一部分经过一系列中间状态氧化为最终产物 CO_2 和 H_2O 等。另一部分则转化为新的有机体，使细胞增殖。不同的微生物对不同的有机物其代谢途径各不相同，对同一种有机物也可能有几条代谢途径。活性污泥法是多底物多菌种的混合培养系统，其中存在错综复杂的代谢方式和途径，它们相互联系、相互影响。因此，代谢过程速度只能宏观地描述。

（3）凝聚与沉淀

絮凝体能够防止微型动物对游离细菌的吞噬，并承受曝气等外界不利因素的影响，更有利于与处理水分离。沉淀是混合液中固相活性污泥颗粒同废水分离的过程。固液分离的好坏，直接影响出水水质。

3. 活性污泥法基本流程

活性污泥法的发展与应用已有近百年的历史，发展了许多行之有效的运行方式和工艺流程，但其基本流程是一样的，系统是以活性污泥反应器——曝气池作为核心处理设备，此外还有二沉池、污水回流系统和曝气与空气扩散系统，如图 10-2 所示。

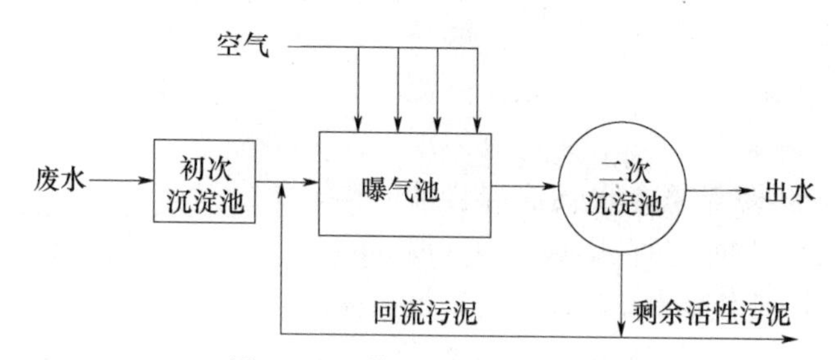

图 10-2　活性污泥法基本流程

（1）初次沉淀池（简称沉淀池）

废水先进入初次沉淀池，有机的和无机的悬浮固体沉入池底，浮油上浮经隔油回收。经过初次沉淀后的废水水质可达到一级处理排放标准，因此，这一过程又称作一级处理。

（2）曝气池

曝气池是废水处理的核心部分。活性污泥来源于二沉池，通过曝气使曝气池处于好氧状态，并使有机污染物与活性污泥充分接触，完成吸附和氧化分解过程。

此时由于微生物的大量繁殖，会产生过量的活性污泥，称作剩余污泥。一般的，将生物处理过程称为二级处理。

（3）二次沉淀池（简称二沉池）

废水在曝气池中经过活性污泥吸附、氧化降解处理后，与活性污泥一起进入二沉池。在二沉池中，活性污泥与水分离，沉至池底，澄清水排放。

（4）回流污泥

二次池分离出来的活性污泥经过污泥泵回流至曝气池，从而循环利用。这部分活性污泥称作回流污泥。回流污泥的主要目的是作为接种菌，使曝气池中始终保持活性污泥的浓度在3～4g/L。回流到曝气池的活性污泥体积和进入曝气池的废水体积之比，称为回流比。通常，回流比采用30%～100%。

（5）剩余污泥

对剩余污泥进行排放不但可保持曝气池内污泥浓度恒定，且可将老化污泥及内源呼吸残余物排除，从而提高活性污泥的活性。剩余污泥的处理常采用厌氧消化法，如若处理不当，易造成二次污染。

以上流程在废水处理运行中是一个相互联系、相互影响的整体，而曝气池作为这个整体的核心，决定了废水处理的程度和效果。

4. 活性污泥法的发展及演变

活性污泥法自发明以来，根据反应时间、进水方式、曝气设备、氧的来源、反应池类型等的不同，发展出各有特点的多种变型。

(1) 传统推流式

传统推流式活性污泥法是活性污泥法中最典型的方法，也是最早使用的一种形式。在此工艺中，污水和回流污泥在曝气池的前端进入，在池内呈推流形式流动至池末端，由鼓风机通过扩散设备或机械曝气机曝气并搅拌，一般采用3～5条廊道。有机污染物在曝气池中通过活性污泥连续的吸附、氧化作用、絮凝等得以降解，后进入二沉池进行泥水分离，部分污泥回流至曝气池。

这种流程形式的特点是：曝气池前端有机物浓度高，沿池长有机物浓度逐渐降低，最终处理效果好，BOD_5去除率达95%。传统推流式运行中存在的主要问题是：污水和回流污泥进入曝气池后，不能立即与整个曝气池混合液充分混合，易受水质水量冲击负荷影响；由于混合液的需氧量在长度方向上逐步下降，而充氧设备通常沿池长均匀分布，往往造成前端供氧不足，后端供氧有余的后果，如图10-3所示。

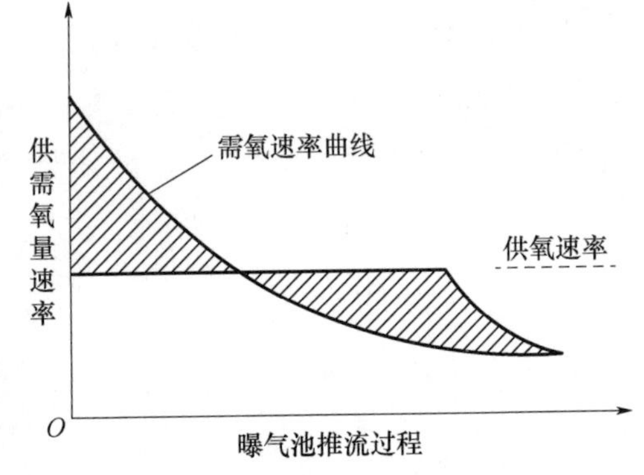

图10-3　传统活性污泥法曝气池中供氧速率和需氧速率曲线

本工艺流程适用于处理水质变化不太大的城市废水。

(2) 渐减曝气法

克服普通活性污泥法曝气池中供氧、需氧不平衡的一个改进方法是将曝气池的供氧沿活性污泥推进方向逐渐减少，即为渐减曝气法。该工艺曝气池中有机物浓度随着向前推进不断降低，污泥需氧量也不断下降，曝气量相应减少，如图10-4所示。

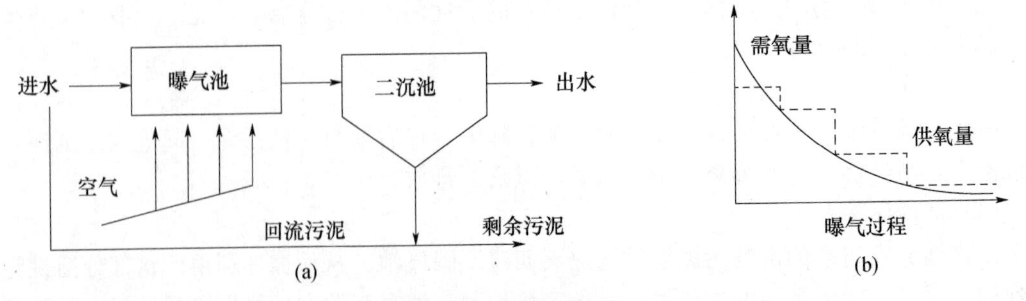

图10-4　渐减曝气法

(a) 工艺流程；(b) 曝气池中供氧量和需氧量曲线

(3) 阶段曝气法

阶段曝气法又称为多点进水活性污泥法，1939年开始在美国纽约市使用。它是克服普通活性污泥法供氧同需氧不平衡的另一简单改进方式，图10-5表示了阶段曝气法曝气池中供氧量和需氧量之间的关系。

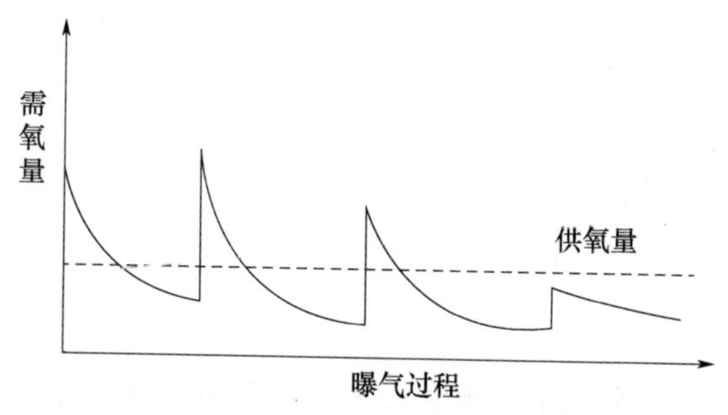

图10-5 阶段曝气法曝气池中供氧量和需氧量曲线

阶段曝气法的工艺流程如图10-6所示，废水沿曝气池池长方向分段多点进入曝气池，沿池长方向均衡等量曝气，使有机物在曝气池内分布得比较均衡，从而避免了前段供氧不足，后端供氧过剩的弊病，提高了空气的利用效率和曝气池的工作能力。在此条件下，活性污泥处于营养较为均一的环境，微生物能充分利用分解有机物。实践证明，曝气池容积同普通活性污泥法比较可以缩小30%左右，但其处理效果差于普通活性污泥法。

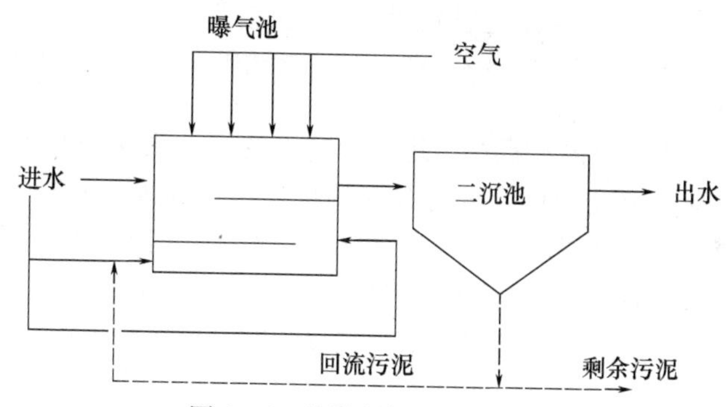

图10-6 阶段曝气法工艺流程

(4) 延时曝气法

延时曝气法又称完全氧化法，其与传统推流式类似，不同之处在于该工艺的活性污泥处于生长曲线的内源呼吸期，有机负荷非常低，曝气反应时间长，一般多在24h以上。活性污泥在时间和空间上部分处于内呼吸状态，剩余污泥少而稳定，无需消化，可直接排放。该工艺具有出水水质稳定、耐冲击负荷能力强和不需设初沉池等优点。不足之处在于曝气时间长、池容大、建设费和运行费高、占地面积大等。一般适用于小型污水处理系统。

(5) 吸附再生法

吸附再生法又称接触稳定法，是对传统活性污泥法的一项重要改革，是由Westen于1930年提出，1952年在美国开始使用。它的主要特点是将活性污泥对有机污染物降解的两个过程分开，在各自的反应器内进行，工艺流程如图10-7所示。活性污泥在吸附池内的接触时间短，一般在30～60min，吸附池的容积小。因此，再生池与吸附池的容积之和仍小于传统活性污泥法曝气池的容积。该工艺对水质水量有较强的适应能力，且当吸附池内的污泥遭到破坏时，再生池内的污泥可以及时补救。

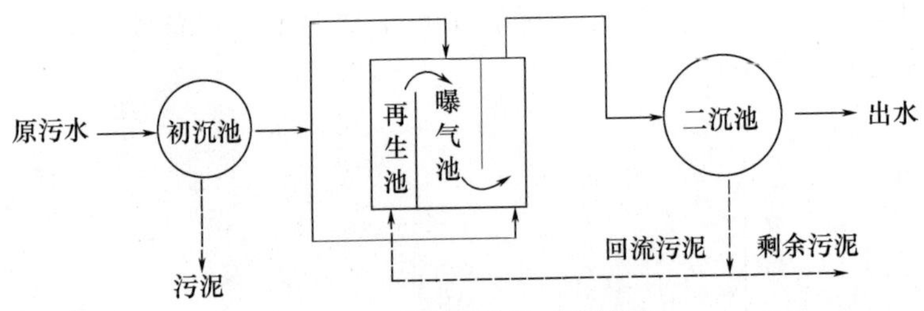

图 10-7　吸附再生法工艺流程

（6）完全混合法

完全混合法是 1921 年在英国伯里市率先使用的。鉴于该工艺的优越性，完全混合法得到了较快的发展，是目前采用较多的一种活性污泥法，其工艺流程如图 10-8 所示。它与传统活性污泥法的主要区别在于混合液在池内充分混合循环流动，池内各点有机物浓度均一。

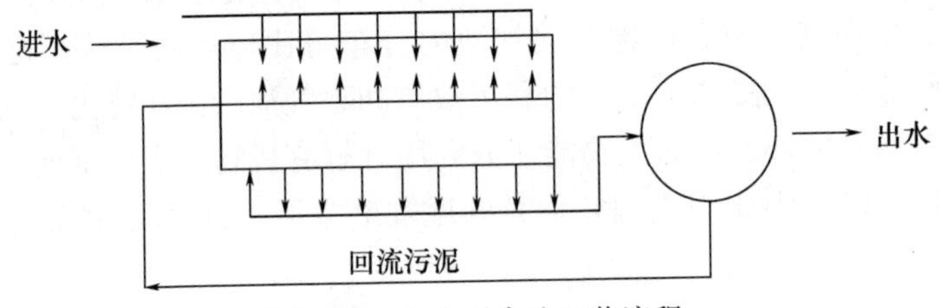

图 10-8　完全混合法工艺流程

完全混合活性污泥法具有的特点是：进入曝气池的污水很快便与池内混合液完全混合，进而稀释、扩散，使废水浓度降低，具有很强的抗冲击负荷能力；污水在曝气池内分布均匀，各部分水质相同，若将曝气池的工况控制在最佳条件，活性污泥的净化功能会得到良好发挥；废水中的 pH 值、毒性物质等的变化对活性污泥的影响降到最低限度，给活性污泥生长繁殖创造了一个稳定的良好环境；曝气池内混合液的需氧速率均衡，动力消耗低于推流式曝气池。

该工艺适用于处理较高浓度的有机废水，一般中小型废水处理厂采用的比较多。

（7）深层曝气法

曝气池的经济深度是按基建费和运行费用来决定的。根据长期经验，经济深度一般为 5～6m。随着城市的发展，为了节约用地，1960 年开始研究发展了深层曝气法。一般深层曝气池水深可达 10～20m，但深井曝气，水深则可达 150～300m，其工艺如图 10-9 所示。

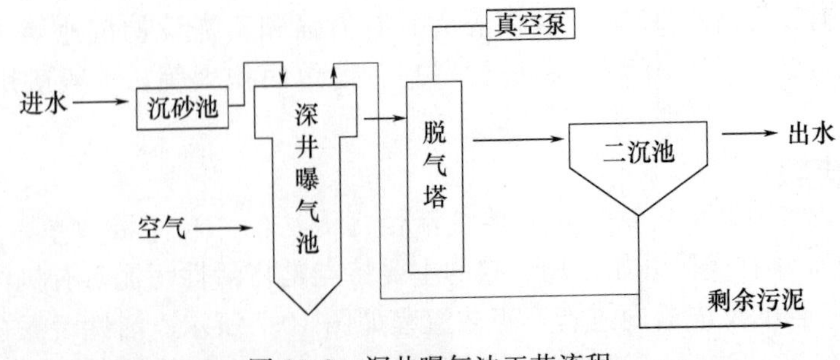

图 10-9　深井曝气法工艺流程

废水经过预处理后进入井体，井体结构可分为 U 型管与同心圆式两类，如图 10-10 所示。U型管式是一端进水另一端出水；同心圆式以内圆作为下降水管，外环管作为上升水管，废水可绕井循环。经过处理后的溢出水至二次沉淀池固液分离，清水排走。

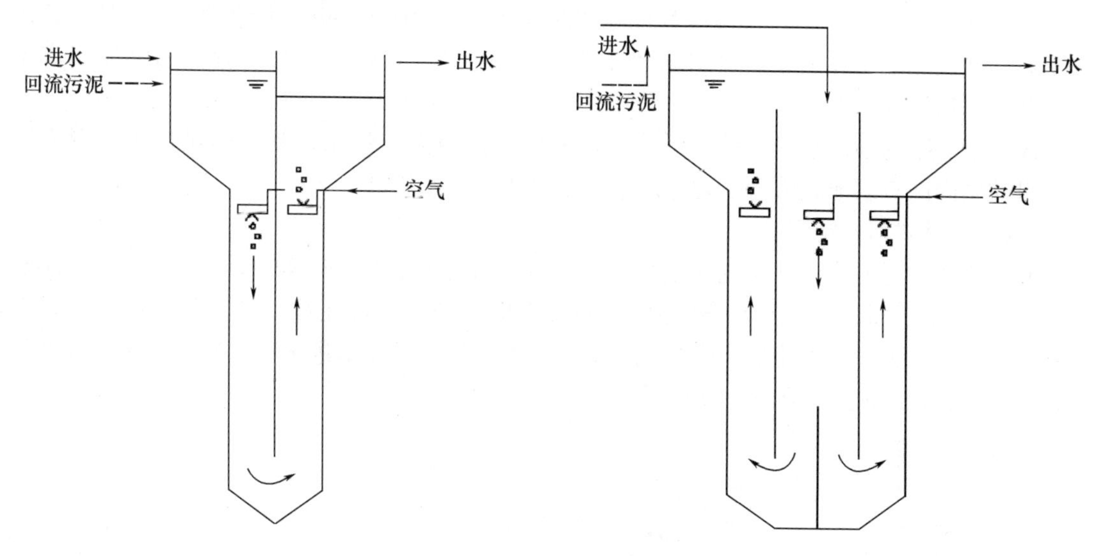

图10-10　深井曝气法井体结构

深层曝气法改变了传统生化法处理污水的氧的转移率，增大了氧气与液膜的接触面积，提高了氧的利用率，从而有很好的处理效果。而且该工艺具有耐冲击负荷、产泥量少、不受气温影响、不产生污泥膨胀等优点，因此广泛应用于处理现代化学合成工业的高浓度有机废水。

(8) 纯氧曝气法

在活性污泥处理系统中应用纯氧曝气，可改变活性污泥工艺中的许多重要技术参数，从而形成一种活性污泥工艺的变型，即纯氧曝气活性污泥法。该工艺的主要优点是氧的纯度高达90%以上，密闭容器中，溶解氧饱和浓度高，氧转移的推动力高，氧传递速率高，因而处理效果好，污泥的沉淀性能好，产生的剩余污泥量少。该工艺的主要缺点是纯氧发生器容易出现故障，装置复杂，运行管理较麻烦。

该工艺应用于敞开曝气池，可显著提高污泥浓度和改善污泥沉降性能，尤其适用于现有活性污泥处理厂的脱氮升级改造。

(9) 吸附—生物降解工艺

吸附—生物降解工艺是在传统的两段活性污泥法（初沉池＋活性污泥曝气池）和高负荷活性污泥法的基础上提出的一种新型的超高负荷活性污泥法，简称AB法，其工艺流程如图10-11所示。

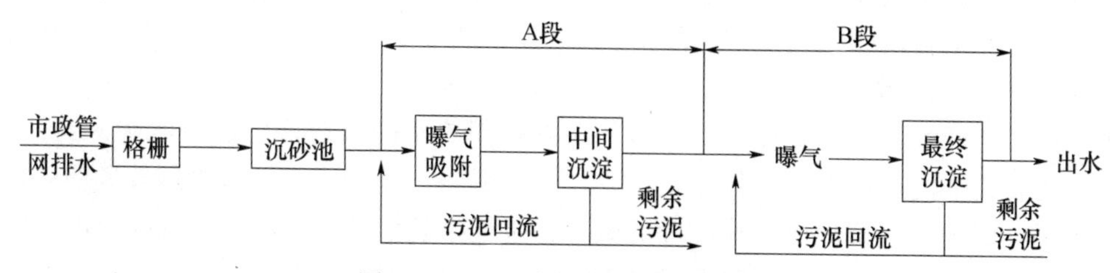

图10-11　AB法污水处理工艺流程

与传统的活性污泥法相比较，AB法处理工艺的主要特征在于A级以高负荷或超高负荷运行（污泥负荷＞2.0kgBOD_5/kgMLSS・d），B级以低负荷运行（污泥负荷一般为0.3kgBOD_5/kgMLSS・d），A级曝气池停留时间短，为30～60min，B级停留2～4h。该系统不设初次沉淀池，A级是一个开放性的生物系统。A、B两级各自有独立的污泥回流系统，两级的污泥互不相混。

AB法特别适用于处理浓度较高、水质水量变化较大的污水，其自问世以来，发展很快，目前国内已有多个城市污水处理厂采用了AB法处理工艺。

（10）序批式活性污泥法

间歇式活性污泥法或称序批式活性污泥法（Sequencing Batch Reacter Activated Sludge Process），简称SBR法，是国内外近年来新开发的一种活性污泥法，其工艺特点是将曝气池和沉淀池合二为一，生化反应呈批式反应，基本工作周期可由进水、反应、沉降、排水和闲置等五个过程组成，如图10-12所示.

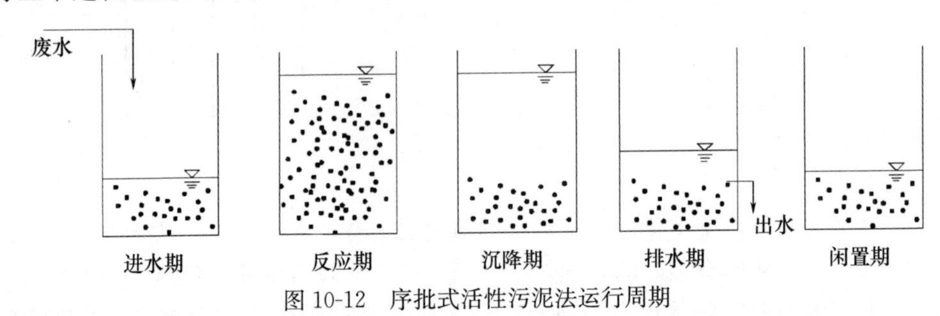

图10-12　序批式活性污泥法运行周期

进水期是指反应器从开始进水达到反应器最大体积的一段时间，这时正同时进行着生物降解反应。在反应期中，反应器不再进水，废水处理逐渐达到预期效果。进入沉降期时，活性污泥沉降，固液分离，上清液于排水期外排。这之后的一段时期直至下一批废水进入之前即为闲置期，活性污泥在此阶段进行内源呼吸，反硝化细菌亦可利用内源碳进行反硝化脱氮。

调查和实验结果表明，SBR法不易产生污泥膨胀，处理构筑物的构成简单，设备费、运行管理费低；多数情况下，不需设流量调节槽；如操作得当，出水水质也较连续式好，可脱除部分氮磷。

10.2.2　生物膜法

1. 生物膜法

生物膜法（Biomembrane Process）是一种固定膜法，是与活性污泥法并列的一类废水好氧生物处理技术，主要用于去除废水中溶解性的和胶体状的有机污染物。活性污泥法是依靠曝气池中悬浮流动着的活性污泥来分解有机物的，而生物膜法则主要依靠固着于载体表面的微生物膜来净化有机物。

生物膜法与活性污泥法相比，具有以下特点：固着于固体表面上的生物膜对废水水质、水量的变化有较强的适应性，操作稳定性好；不会发生污泥膨胀，运转管理较方便；由于微生物固着于固体表面，即使增殖速度慢的微生物也能生长繁殖。因此，生物膜中的生物相更为丰富，且沿水流方向，膜中生物种群具有一定分布；因高营养级的微生物存在，有机物代谢时较多的转移为能量，合成新细胞即剩余污泥量较少；采用自然通风供氧，节能；活性生物难以人为控制，因而在运行方面灵活性较差；由于载体材料的比表面积小，故设备容积负荷有限，空间效率较低。

生物膜法设备类型很多，按生物膜法与废水的接触方式不同，可分为填充式和浸渍式两类。在填充式生物膜法中，废水和空气沿固定的填料或转动的盘片表面流过，与其上生长的生物膜接触，典型设备有生物滤池和生物转盘。在浸渍式生物膜法中，生物膜载体完全浸没在水中，通过鼓风曝气供氧。如载体固定，称为接触氧化法；如载体流化则称为生物流化床。

(1) 生物膜的形成及其净化过程

生物膜法处理废水就是使废水与生物膜接触，进行固、液相的物质交换，利用膜内微生物将有机物氧化，使废水获得净化。同时，生物膜内微生物不断生长与繁殖。当有机废水或由活性污泥悬浮液培养而成的接种液流过载体时，水中的悬浮物及微生物吸附于固相表面上，其中的微生物利用有机底物而生长繁殖，逐渐在载体表面形成一层黏液状的生物膜。整层生物膜具有生物化学活性，又进一步吸附、分解废水中呈悬浮、胶体和溶解状态的污染物。

为了保持好气性生物膜的活性，除了提供废水营养物外，还应创造一个良好的好氧条件，亦即向生物膜供氧。在填充式生物膜法设备中常采用自然通风或强制自然通风供氧。氧透入生物膜的深度取决于它在膜中的扩散系数，固-液界面处氧的浓度和膜内微生物的氧利用率。对给定的废水流量和浓度，好气层的厚度是一定的。增大废水浓度将减少好气层的厚度，而增大废水流量则将增大好气层的厚度。

生物膜中物质传递过程如图 10-13 所示。由于生物膜的吸附作用，在膜的表面存在一个很薄的水层（附着水层）。废水流过生物膜时，有机物经附着水层向膜内扩散。膜内微生物在氧的参加下对有机物进行分解和机体新陈代谢。代谢产物沿底物扩散相反的方向从生物膜传递返回水相和空气中。

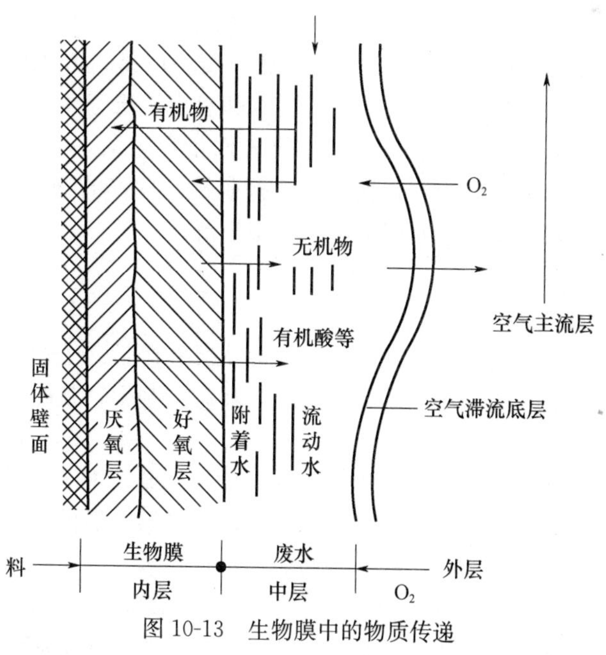

图 10-13　生物膜中的物质传递

随着废水处理过程的发展，微生物不断生长繁殖，生物膜厚度不断增大，废水底物及氧的传递阻力逐渐加大，在膜表层仍能保持足够的营养以及处于好氧状态，而在膜深处将会出现营养物或氧的不足，造成微生物内源代谢或出现厌氧层，此处的生物膜因与载体的附着力减小及水力冲刷作用而脱落。老化的生物膜脱落后，载体表面又可重新吸附、生长、增厚生物膜直至重新脱落，从吸附到脱落，完成一个生长周期。在正常运行情况下，整个反应器的生物膜各个部分总是交替脱落的，系统内活性生物膜数量相对稳定，膜厚2～3mm，净化效果良好。过厚的生物膜并不能增大底物利用速度，却可能造成堵塞，影响正常通风。因此，当废水浓度较大时，生物膜增长过快，水流的冲刷力也应加大，如依靠原废水不能保证其冲刷能力时，可以采用处理出水回流，以稀释进水和加大水力负荷，从而维持良好的生物膜活性和合适的膜厚度。

通常，生物膜成熟的标志是：生物膜沿水流方向分布，在其上的细菌及各种微生物组成的生态系统及其对有机物的降解功能都达到了平衡和稳定的状态。从开始形成到成熟，生物膜经历潜伏和生长两个阶段，一般的城市污水，在20℃左右的条件下大致需要20～30d左右的时间。

（2）生物膜的载体

为生物膜提供附着生长固定表面的材料称为填料（或载体），填料影响着生物膜的性能特征，甚至影响着生物膜法的发展。目前，在废水生物处理中所使用的载体材料有无机和有机两大类。

① 无机类载体：无机类载体主要有沙子、碳酸盐类、各种玻璃材料、沸石类、陶瓷类、碳纤维、矿渣、活性炭等。无机类载体普遍具有机械强度高、化学性质相对稳定的特点，可提供较大的比表面积。主要不足在于无机类载体密度较大，在悬浮生物膜反应器中的应用受到限制。

② 有机类载体：有机类载体是生物膜法中使用的主要载体材料，主要有PVC、PE、PS、PP、各类树脂、塑料、纤维以及明胶等。其中有机高分子类载体适用于悬浮状态完全混合工艺的微生物固定化，而塑料类载体多适用于固定床或混合型工艺。

③ 选择生物膜载体的基本原则：足够的机械强度，以抵抗强烈的水流剪切力的作用；优良的稳定性，主要包括生物稳定性、化学稳定性和热力学稳定性；亲疏水性及良好的表面带电特性，通常废水pH值在7左右时，微生物表面带负电荷，而载体为带正电荷的材料时，有利于生物体与载体之间的结合；无毒性或抑制性；良好的物理性状，如载体的形态、相对密度、孔隙率和比表面积等；价格低廉，来源广泛。

（3）生物膜的主要特征

① 微生物相方面的特征

生物相是生物膜上生物的种类、数量及其生活状态的概括。生物膜处理过程中微生物多样化显著，存在细菌、真菌、微型动物、滤池蝇，具有抑制生物膜的过快增长的功能；线虫具有促进生物膜脱落的功能。

食物链长，动物性营养比例较大，生物膜上的食物链要长于活性污泥，污泥量少于活性污泥系统。生长高层次营养水平的生物，污泥产量低。能够存活世代时间较长的微生物，主要是硝化菌。

生物膜法多分段进行，在正常运行的条件下，每段都繁衍与进入本段污水水质相适应的微生物，并形成优势菌属，这种现象非常有利于微生物新陈代谢功能的充分发挥和有机污染物的充分降解。

② 处理工艺方面的特征

耐冲击负荷，对水质、水量变动有较强的适应性；微生物量多，处理能力大、净化功能强；污泥沉降性能良好，易于沉降分离；能够处理低浓度污水；易于运行管理，节能，无污泥膨胀问题。

除上述生物膜法的优点外，它也存在着一些缺点，如：需要较多的填料和支撑结构，在不少情况下基建投资超过活性污泥法；出水常常携带较大的脱落的生物膜片，大量非活性细小悬浮物分散在水中使处理水的澄清度降低；活性生物量较难控制，在运行方面灵活性较差。

2. 生物滤池

生物滤池（Biological Filter）是以土壤自净原理为依据，在污水灌溉的实践基础上，经较原始的间歇砂滤池和接触滤池而发展起来的人工生物处理技术。

（1）生物滤池的工作原理

在生物滤池中，污水通过布水器均匀地分布在滤池表面，在重力作用下，以滴状喷洒下落，一部分被吸附于滤料表面，成为呈薄膜状的附着水层；另一部分则以薄膜的形式渗流过滤料，成为流动水层，最后到达排水系统，流出池外。污水流过滤床时，滤料截留了污水中的悬浮物，同时把污水中的胶体和溶解性物质吸附在自己的表面，其中的有机物被微生物利用以生长繁殖，这些微生物又进一步吸附了污水中呈悬浮、胶体和溶解状态的物质，逐渐形成了生物膜。生物膜成熟后，栖息在生物膜上的微生物即摄取污水中的有机物作为营养，对污水中的有机物进行吸附氧化作用，因而污水在通过生物滤池时能得到净化。

由于生物膜的吸附作用，在它的表面往往附着一层薄薄的水层，附着水层中的有机物被生物膜氧化。生物滤池中污水的净化过程是很复杂的，它包括污水中复杂的传质过程、氧的扩散和吸收、有机物的分解和微生物的新陈代谢等各种过程。在这些过程的综合作用下，污水中有机物的含量大大减少，水质得到了净化。

当生物膜较厚、污水中有机物浓度较大时，空气中的氧将很快被表层的生物膜所消耗，靠近滤料的一层生物膜因得不到充足的氧的供应而使厌氧生物发展起来，并且产生有机酸、氨和硫化氢等厌氧分解产物，这些中间产物有的很不稳定，有的还带有臭味，从而影响出水的水质。生物膜越厚，滤料间的孔隙越小，滤池的通风情况就越差，空气中的氧就越不容易进入生物膜。有时生物膜的增长甚至造成滤池的堵塞，使滤池的工作完全停顿下来。

（2）影响生物滤池性能的主要因素

① 负荷

负荷是影响生物滤池性能的主要参数，通常分有机负荷和水力负荷两种。

有机负荷是指每天供给单位体积滤料的有机物，用 N 表示，单位是 kg（BOD_5）/[m^3（滤料）·d]。由于一定的滤料具有一定的比表面积，滤料体积可以间接地表示生物膜面积和生物数量，所以，有机物负荷实质上表征了 F/M 值。普通生物滤池的有机负荷范围为 0.15～0.3kg(BOD_5)/(m^3·d)；高负荷生物滤池在 1.1kg(BOD_5)/(m^3·d) 左右。在此负荷下，BOD_5 去除率可达 80%～90%。为了达到处理目的，有机负荷不能超过生物膜的分解能力。

水力负荷是指单位面积滤池或单位体积滤料每天流过的废水量（包括回流量），前者用 q_F 表示，单位为 m^3/(m^2·d)。后者以 q_V 表示，单位为 m^3/(m^3·d)。水力负荷表征滤池的接触时间和水流的冲刷能力。水力负荷太大，接触时间短，净化效果差；水力负荷太小，滤料不能充分利用，冲刷作用小。一般生物滤池的水力负荷为 1～4m^3/(m^2·d)，高负荷生物滤池为 5～28m^3/(m^2·d)。

② 处理水回流

在高负荷生物滤池的运行中，多用处理水回流，其优点是：增大水力负荷，促进生物膜的脱落，防止滤池堵塞；稀释进水，降低有机负荷，防止浓度冲击；可向生物滤池连续接种，促进生物膜生长；增加进水的溶解氧，减少臭味；防止滤池滋生蚊蝇。但缺点是：缩短废水在滤池中的停留时间；降低进水浓度，将减慢生化反应速度；回流水中难降解的物质会产生积累；冬天使池子中的水温降低等。

可见，回流对生物滤池性能的影响是多方面的，采用时应做周密分析和试验研究。一般认为在下述三种情况下应考虑出水回流：进水有机物浓度高（如 COD＞400mg/L）；水量很小，无法维持水力负荷在最小经验值以上时；废水中某种污染物在高浓度时可能抑制微生物生长。

③ 供氧

向生物滤池供给充足的氧是保证生物膜正常工作的必要条件，也有利于排除代谢产物。影响滤池自然通风的主要因素是滤池内外的气温差以及滤池的高度。温差越大，滤池内的气流阻力越小、通风量也就越大。

供氧条件与有机负荷密切相关。当进水有机物浓度较低时，自然通风供氧是充足的。但当进水 COD＞400～500mg/L 时，则出现供氧不足，生物膜好氧层厚度较小。为此，有人建议限制生物滤池的 COD＜400mg/L。当入流浓度高于此值时，采用回流稀释或机械通风等措施，以保证滤池供氧充足。

（3）生物滤池的分类

生物滤池包括普通生物滤池、高负荷生物滤池、塔式生物滤池、曝气生物滤池等。

3. 生物转盘

生物转盘（Rotating Biological Disk）是生物膜法污水生物处理技术的一种，通过对污水灌溉和土地处理的人工强化使细菌和菌类的微生物、原生动物一类的微型动物在生物转盘填料载体上生长繁育，从而形成膜状生物性污泥，也就是生物膜。

（1）生物转盘的构造特征

生物转盘（转盘式生物滤池）也是一种常见的生物膜法处理设备。由于具有很多优点，因此，自 1954 年德国建立第一座生物转盘污水处理厂以来，发展迅速。我国已在印染、造纸、皮革及石油化工等行业的工业废水处理中广泛应用了生物转盘，效果较好。生物转盘的主要组成部分有传动轴、转盘、废水处理槽和驱动装置等。

（2）生物转盘的净化机理

生物转盘以较低的线速度在接触反应槽内转动。接触反应槽内充满污水，转盘交替地与空气和污水相接触。经过一段时间后，在转盘上附着一层栖息着大量微生物的生物膜。微生物的种属组成逐渐稳定，污水中的有机污染物为生物膜所吸附降解。转盘转动离开水面与空气接触，生物膜上的固着水层从空气中吸收氧并将其传递到生物膜和污水中，使槽内污水中的溶解氧含量达到一定的浓度。在转盘上附着的生物膜与污水以及空气之间，除有机物和氧气的传递外，还进行着其他物质，如二氧化碳、氨气的传递，如图 10-14 所示。

在处理过程中，盘片上的生物膜不断生长、增厚；过厚的生物膜靠盘片在废水中旋转时产生的剪切力剥落下来，剥落的破碎生物膜在二次沉淀池内被截留。

4. 生物接触氧化法

生物接触氧化法（Bio-Contact Oxidation）是一种介于活性污泥法与生物滤池之间的生

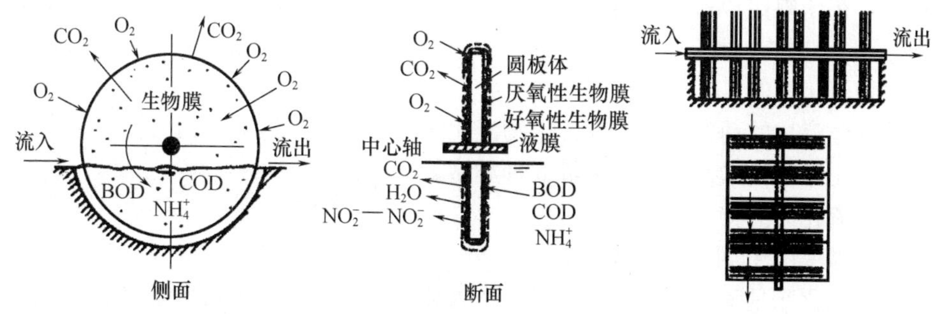

图 10-14　生物转盘工作原理示意图

物膜法工艺，由浸没在污水中的填料和人工曝气系统构成。接触氧化法是在池内充填一定密度的填料，从池下通入空气进行曝气，污水浸没全部填料并与填料上的生物膜广泛接触，在微生物新陈代谢功能的作用下，污水中的有机物得以去除，污水得到净化。该工艺是一种介于活性污泥法与生物滤池两者之间的生物处理技术，也可以说是具有活性污泥法特点的生物膜法，在一定意义上兼有两者的优点。

近几十年来，该技术在国内外都得到了深入的研究，并广泛地应用于处理生活污水、城市污水和食品加工等有机工业废水，而且还用于处理地表水源水的微污染源，取得了良好的处理效果。

生物接触氧化法具有如下特点：

① 由于填料的比表面积大，池内的充氧条件良好。生物接触氧化池内单位容积的生物固体量高于活性污泥法曝气池及生物滤池，因此，生物接触氧化法具有较高的容积负荷。

② 生物接触氧化法不需要污泥回流，因此，不存在污泥膨胀问题，运行管理简便。

③ 由于生物固体量多，水流又属于完全混合型，因此生物接触氧化池对水质水量变化的适应能力较强。

④ 生物接触氧化池有机容积负荷较高时，其 F/M 保持在较低水平，污泥产量较低。

5. 生物流化床

生物流化床（Biological Fluidized-Bed）处理技术是一种借助流体（液体或气体）使表面生长着微生物的固体颗粒（生物颗粒）呈流态化，同时去除和降解有机污染物的生物膜法处理技术。该工艺利用流态化的概念进行传质操作，是一种能够强化生物处理、提高微生物降解有机物能力的高效生物处理工艺，克服了固定床生物膜法中固定床操作存在的容易堵塞的弊端。

为了进一步强化生物处理效果，提高微生物降解的功能，关键的技术点是提高生物处理设备内的单位容积的生物量或是加强传质过程。生物流化床以砂、活性炭、焦炭等颗粒材料为载体，其上附着生物膜。充氧废水自下向上以一定速率流动，载体处于流化状态，强化了生物膜和废水的接触，生物膜与废水充分接触而降解有机物。滤床具有较大的比表面积，常选择小粒径固体颗粒为载体并达到流态化，载体颗粒的流态化是由上升水流（有时还有气流）经过颗粒层产生压力降造成的，使单位体积滤床通过的载体面积提高很多，因此具有很高的容积负荷率。

载体颗粒在生物流化床处于良好的状态，在床中不断运动，颗粒间相互碰撞、摩擦，生物膜较薄且均匀，活性较好，污水从膜的下、左、右侧流过，广泛而频繁地与生物膜接触，载体颗粒小，在床内比较密集。由于紊动性强，颗粒与液面间的界面不断更新，提高了氧的传递速率。

(1) 生物流化床的工艺类型

按照使载体流化的动力来源不同，生物流化床可分为液流为动力的两相流化床、气流为动力的三相流化床和机械搅动流化床等 3 种类型。

(2) 生物流化床的特点

① 容积负荷高，抗冲击负荷能力强

由于生物流化床是采用小粒径固体颗粒作为载体，且载体在床内呈流化状态，因此其单位体积表面积比其他生物膜法大很多。单位床体的生物量很高，达 10～14g/L，加上传质速度快，废水一进入床内，很快地被混合和稀释，因此生物流化床的抗冲击负荷能力较强，容积负荷也较其他生物处理法高。

② 微生物活性强

由于生物颗粒在床体内不断相互碰撞和摩擦，其生物膜厚度较薄，一般在 0.2μm 以下，且较均匀。据研究，对于同类废水，在相同处理条件下，其生物膜的呼吸率约为活性污泥的 2 倍，可见其反应速率快，微生物活性较强，这也正是生物流化床负荷率较高的原因。

③ 传质效果好

由于载体颗粒在床体内处于剧烈运动状态，气—固—液界面不断更新，因此传质效果好，这有利于微生物对污染物的吸附和降解，加快了生化反应速率。

生物流化床的缺点是设备的磨损较固定床严重，载体颗粒在湍流过程中会被磨损变小。此外，设计时还存在着规模放大方面的问题，如防堵塞、曝气方法、进水配水系统的选用和生物颗粒的流失等。因此，目前生物流化床在我国废水处理中应用还不多。

6. 其他新型膜处理反应器和联合处理工艺

(1) 其他新型生物膜反应器

① 移动床生物膜反应器

移动床生物膜反应器是近年来颇受研究者重视的一种新型生物膜反应器，它是为解决固定床反应器需定期反冲洗、流化床需使载体流态化、淹没式生物滤池堵塞需清洗滤料和更换曝气器的复杂操作而发展起来的。

② 微孔膜生物反应器

微孔膜生物反应器是近年来研究和开发的一种生物膜反应器，主要用来处理有毒或挥发性有机物工业废水，如酚、芳香族卤代物等，也用于处理人工合成污水、脱氮处理研究等。微孔膜生物反应器是利用高分子膜固定或回收微生物，防止微生物从反应器内流失，同时也使大分子物质与小分子物质分离，得到高浓度净化出水的一种反应器。

③ 复合式生物膜反应器

复合式生物膜反应器是近年来发展较快、引起研究者很大兴趣的复合处理工艺，这些反应器将各单一操作的优点结合在一起，使反应器的净化功能得到提高。目前研究或应用较多的复合式生物膜反应器主要有复合式活性污泥-生物膜反应器、序批式生物膜反应器、生物流化床处理技术。

(2) 生物膜/悬浮生长联合处理工艺

联合处理工艺的发展起源于 20 世纪 70 年代中期，新型滤料使普通生物滤池的有机负荷能够高于传统石质滤料滤池 10～15 倍，且没有臭味和堵塞问题。这就意味着生物处理工艺可以是高负荷普通生物滤池后续活性污泥工艺。通过这两类工艺的联合，可以使处理工艺具备普通生物滤池操作简单、抗冲击负荷与维护管理方便的特点和活性污泥工艺出水水质好、消化效果好的特点。这样，生物膜/悬浮生长联合处理工艺综合了两者各自的优点，同时又克服了各自的弱点，因而得到广泛的重视。

联合方式主要有两大类，其一是生物膜与悬浮生长系统同时在同一构筑物内联合发生作用的复合式工艺，典型工艺为投加悬浮载体的活性污泥工艺，如复合式生物膜反应器；其二为生物膜系统与悬浮生长系统按串联方式联合，如活性生物滤池、普通生物滤池/活性污泥工艺。

10.2.3　其他生物处理方法

1. 稳定塘

稳定塘，又称氧化塘，是一种利用天然池塘或洼地进行一定人工修整的废水处理结构物。稳定塘净化污水历史悠久，早在 3000 余年前，人们就使用塘净化污水，但其真正的研究却始于 20 世纪初。在美国，用于污水处理的稳定塘数目逐年增加，其中 90％用于处理人口在 5000 人以下的城镇污水。稳定塘的净化污水的原理与自然水域的自净机理十分相似，污水在塘内滞留的过程中，水中的有机物通过好氧微生物的代谢活动被氧化分解，或经过厌氧微生物的分解而达到稳定化的目的。

稳定塘是复杂的半人工生态系统，其中的生物相主要有细菌、藻类、原生动物、后生动物、水生植物以及高等水生动物；非生物因素主要包括光照、风力、温度、有机负荷、pH 值、溶解氧、二氧化碳、营养元素等，典型稳定塘如图 10-15 所示。

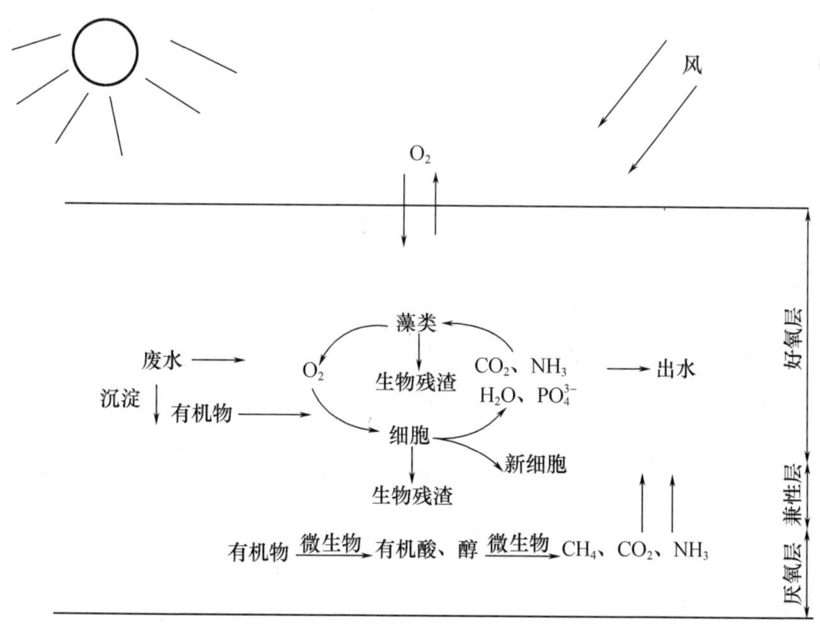

图 10-15　典型生物稳定塘生态系统

细菌与藻类的共生关系构成稳定塘的重要生态特征。在光照及温度适宜的条件下，藻类利用二氧化碳、无机营养和水，通过光合作用合成藻类细胞并放出氧气。异养菌利用溶解在水中的氧降解有机质，合成 CO_2、NH_3、H_2O 等，又成为藻类合成的原料，其结果是污水中溶解性有机物逐渐减少，藻类细胞和惰性生物残渣逐渐增加并随水排出。

在稳定塘中，细菌和藻类是浮游动物的食料，而浮游动物又作为鱼类的食物，高等水生动物也可以直接以大型藻类和水生植物为饲料，形成多条食物链，构成稳定塘中各种生物相互依存、相互制约的复杂生态系统。

稳定塘生态系统的非生物组成部分的作用也是非常重要的。光照影响藻类的生长及水中溶解氧的浓度，温度会影响微生物的代谢作用，有机负荷则对塘内细菌的繁殖及氧、二氧化碳含量产生影响，pH 值、营养元素等其他因子也可能成为制约因素。

稳定塘既可作为二级生物处理，相当于传统的生物处理，也可作为二级生物处理出水的深度处理。实践证明，设计合理、运行正常的稳定塘系统，其出水水质常常相当甚至优于二级生物处理的出水。

生物稳定塘的优点有：在条件合适时（如有可利用的旧河道、沼泽地、峡谷及无农业利用价值的荒地等），建设周期短、基建费用少；运行管理简单，能耗小；能够实现污水综合利用，如稳定塘出水可用于农业灌溉，在稳定塘内养殖水产动物和植物，组成多级食物网的复合生态系统。它的主要缺点是占地面积大，处理效果受环境条件影响大，处理效率相对较低，可能产生臭味和滋生蚊蝇，不宜建设在居住区附近。

稳定塘是各种污水处理塘的总称。按塘内充氧状况和微生物的优势群体不同，可将稳定塘分为好氧塘、兼性塘、厌氧塘和曝气塘 4 种类型。按照处理后达到的水质要求，污水稳定塘又可分为常规塘和深度处理塘。按照出水的连续性和出水量，可以把稳定塘分为连续塘和储存塘。

各种类型的稳定塘有各自的特点，将各种不同的稳定塘按适当的方式组合，往往比单独塘的处理效果好。在稳定塘处理系统中，每一个单塘设计的最优，不能代表塘系统整体的最优，如何使稳定塘系统整体上达到处理效果最佳、经济上最合理，是稳定塘系统设计的关键。

（1）好氧塘

好氧塘深度较浅，水深一般在 0.6～1.2m，阳光能投入到塘底，塘中藻类生长繁茂，光合作用旺盛，全部塘水都呈好氧状态，由好氧微生物对有机污染物进行降解与污水净化作用，BOD 去除率高，可达 80%以上。

好氧塘的一个主要特征是好氧微生物与植物性浮游生物-藻类共生。藻类利用透过的太阳光进行光合作用，合成新的藻类，并在水中放出游离氧。好氧微生物利用这部分氧对有机物进行降解，期间产生的 CO_2 又为藻类光合作用所利用。这样在 CO_2 和 O_2 的授受过程中，有机污染物得到降解。

根据有机物负荷率的高低，可以将好氧塘分为高负荷好氧塘、普通好氧塘和深度处理好氧塘三种。好氧稳定塘是各类稳定塘的基础，一般各种稳定塘的最终出水都要经过好氧塘，但其进水应进行比较彻底的预处理，去除可沉悬浮物，以防形成污泥沉积层。

（2）兼性塘

兼性塘是指在上层有氧、下层无氧的条件下净化污水的稳定塘，是目前世界上应用最广泛的污水处理塘，宜处理 BOD_5 在 100～300mg/L 之间的污水。由于厌氧、兼性和好氧反应功能同时存在，兼性塘既可与其他类型的塘串联构成组合塘系统，也可以自成系统来达到出水达标排放之目的。兼性塘的运行效果主要取决于藻类光合作用产氧量和塘表面的复氧情况。

兼性塘的好氧层对有机污染物的净化机理与好氧塘基本相同。在好氧层进行的各项反应与存活的生物相也基本与好氧塘相同。兼性层的塘水溶解氧较低，且时有时无。这里的微生物是异养型兼性细菌，它们既能利用水中的溶解氧氧化分解有机污染物，也能在无分子氧的条件下进行无氧代谢。

厌氧层没有溶解氧，厌氧微生物对有机质进行厌氧分解。与一般的厌氧发酵反应相同，其厌氧分解包括酸发酵和甲烷发酵两个过程。

由于兼性塘的净化机理比较复杂，因此兼性塘去除污染物的范围比好氧塘广泛，不仅可以有效地去除一般的有机污染物，还可以有效地去除磷、氮等营养物质和某些难降解的有机污染物。所以，兼性塘不仅适用于处理城市污水，对石油化工、有机化工、印染、造纸等工业废水也有很好的处理效果。

（3）厌氧塘

厌氧塘是一类在无氧状态下净化污水的稳定塘，其有机负荷高，主要以厌氧反应为主。厌氧塘一般在污水 $BOD_5>300mg/L$ 时设置，通常置于塘系统的首端，其功能是充分利用厌氧反应高效低耗的特点去除有机物负荷，改善原污水的可生化性，保障后续塘的有效运行。

（4）曝气塘

曝气塘是经过人工强化的稳定塘，适用于土地面积有限、不足以建成完全以自然净化为特征的塘系统的场合。根据曝气装置的数量、安装密度和曝气强度的不同，曝气塘分为好氧曝气塘和兼性曝气塘两类。好氧曝气塘的曝气装置的功率较大，可向塘水提供足够的溶解氧，使塘水中的生物污泥全部处于悬浮状态。兼性曝气塘曝气装置的功率仅能使部分固体物质处于悬浮状态，存留一部分固体物质沉积塘底进行厌氧分解。

曝气塘中有机物降解速度快，表面负荷率较高，易于调节控制，但曝气装置的搅动不利于藻类生长。

2. 污水土地处理

污水的土地处理技术是在人工控制下，利用土壤-微生物-植物组成的生态系统使污水中的污染物净化的处理方法。污水土地处理技术是在污水农灌的基础上发展起来的。公元前，雅典及我国人民就已采用污水灌溉的方法，在缺水地区种植庄稼。16 世纪德国出现了污灌农场，以后亦为英国及美国广泛地采用。我国农村中几千年以来一直用人粪尿等有机废物给农田施肥，粪尿中的有机物首先为土壤微生物分解、矿化，然后被吸收，这实际上也是借助土壤净化有机废物的一种方法。20 世纪 80 年代后作为二级处理设施的代用技术得到了迅猛发展，美国、澳大利亚、加拿大、墨西哥等国在代用技术在土地方面的研究和运用均取得良好的效果。

（1）污水土地处理原理

污水土地处理系统的净化机理十分复杂，它包含了物理过滤、物理吸附、物理沉积、物理化学吸附、化学反应和化学沉淀、微生物对有机物的降解等过程。污水进入土壤后，部分水分被蒸发，余下的成分不断扩散、下渗。土壤颗粒间的孔隙具有截留、滤除水中悬浮颗粒的性能。污水中的部分重金属离子在土壤胶体表面，通过离子交换作用而被置换吸附并生成难溶物质，金属离子还可与土壤中胶体颗粒螯合而生成复合物。土壤中存在种类繁多、数量巨大的微生物，它们可以对土壤颗粒中悬浮有机固体和溶解性有机物进行生物降解，同时生长在土壤上的植物能够吸收污水中的氮和磷。一套完整的土地处理系统一般包括五部分：污水调节、储存构筑物；污水输送、分配和控制装置；污水预处理装置；土地处理系统的核心环节——净化田；出水收集和利用装置。

（2）污水土地处理的工艺类型

① 慢速渗滤系统

慢速渗滤系统是将污水配投到种有作物的土壤表面，污水中的污染物在流经地表土壤—植物系统时得到充分净化的一种土地处理工艺系统。慢速渗滤系统的污水投配负荷一般较低，渗滤速度慢，污水净化效率较高，出水水质较好，适用于渗水性良好的土壤、砂质土壤及蒸发量小、气候湿润的地区。

② 快速渗滤系统

快速渗滤系统是将污水有控制的投配到具有良好渗滤性能的土壤，如沙土、沙壤土表面，进行污水净化处理的高效土地处理工艺。污水灌至快速渗滤田表面后很快下渗进入地下，最终进入地下水层。灌水与休罐反复循环进行，使滤田表层土壤处于厌氧—好氧交替运行状态，依靠土壤微生物将被土壤截留的溶解性和悬浮性有机物进行分解，使污水得以净化。进入快速渗滤系统的污水应当进行适当的预处理，以保证有较大的渗滤速度和消化速率。一般情况下，污水经过一级处理就可以满足要求。

③ 地表漫流系统

地表漫流系统是将污水有控制地投配到坡度和缓均匀、土壤渗透性低的坡面上，使污水在地表以薄层沿坡面缓慢流动过程中得到净化的土地处理工艺系统。坡面上种牧草或其他作物供微生物栖息并防止土壤流失，尾水收集后可回用或排放水体。

地表漫流系统适用于处理分散居住区的生活污水和季节性排放的有机工业废水。它对污水预处理程度要求低，处理出水可达到二级或高于二级处理的出水水质。

④ 地下渗滤处理系统

地下渗滤处理系统是将污水有控制地投配到距地表一定深度、具有一定结构和良好扩散性能的土层中，使污水在土壤的毛细管浸润和渗滤作用下，向周围运动且达到净化要求的土地处理工艺系统。地下渗滤系统适用于无法接入城市排水管网的小水量污水处理，如分散的居民点住宅、度假村、疗养院等。污水进入处理系统前需经化粪池或酸化（水解）池预处理。其主要优点在于该工艺运行管理简单、氮磷去除能力强、处理出水水质好，处理出水可用于回用。

⑤ 人工湿地处理

人工湿地是根据土地处理系统及水生植物处理污水的原理，由人工建立的具有湿地性质的污水处理生态系统。研究表明，人工湿地利用基质—微生物—植物这一复合生态系统的物理、化学和生物的三重协调作用，通过过滤、吸附、共沉、植物吸收和微生物分解等作用来实现对废水的高效净化，同时通过营养物质和水分的生物地球化学循环，促进绿色植物生长并使其增产，实现废水的资源化和无害化。

按照系统布水方式的不同或水在系统中流动方式不同，一般可将人工湿地分为三类：表面流湿地；水平潜流湿地；垂直流湿地。

表面流湿地类似于自然湿地，污水从湿地床表面流过，依靠植物根茎的拦截作用以及根茎上生成的生物膜的降解作用去除其中的污染物。这种湿地不需要砂砾等物质作为填料，因而造价较低，运行管理方便，但植物根系的作用往往不能充分发挥，在运行过程中容易产生异味，夏季易滋生蚊蝇，在实际中一般不采用。

在水平潜流湿地中，污水在湿地床中流过，系统充分利用了湿地中填料和植物根系的降解作用。研究表明，水平潜流湿地的卫生条件好于表面流湿地，但脱氮除磷的效果低于表面流人工湿地。

垂直流湿地综合了表面流湿地和水平潜流人工湿地的特点。水在填料床的垂直方向上自上而下的流过，流经床体后被铺设在出水端底部的集水管收集而排出系统。在湿地中，床体处于不同的溶解氧状态，氧通过大气扩散与植物根系传输进入湿地。在表层由于溶解氧足够而硝化能力强，下部因缺氧而适合反硝化，因此，该工艺适合处理含氮量较高的污水。

10.3　有机污水的厌氧生物处理

10.3.1　废水厌氧生物处理原理

厌氧生物处理又被称为厌氧消化、厌氧发酵，是指利用兼性厌氧菌和专性厌氧菌在无氧条件下降解有机物产生 CH_4 和 CO_2 的过程。与好氧过程的根本区别在于厌氧生物处理不以分子态氧作为受氢体，而以化合态氧、碳、硫、氮等为受氢体。厌氧生物处理法具有能耗少、运转费低、能产生沼气等特点。早期的厌氧消化主要用于处理 BOD 浓度 10000mg/L 以上的高浓度有机废水，随着厌氧微生物和厌氧工艺的不断发展，近 20 年中，各种低浓度污水，以及有机固体含量高达 40%的麦秆、作物残渣等，均可采用厌氧生物处理。

1. 厌氧生物处理的研究历程

有机物厌氧消化产甲烷过程是一个非常复杂的由多种微生物共同作用的生化过程，其研究历程可分为以下几个阶段。

（1）两阶段理论

20 世纪 30 年代开始，有机物的厌氧消化过程被认为是由不产甲烷的发酵细菌和产甲烷的产甲烷细菌共同作用的两阶段过程，两阶段学说可用图 10-16 表示。

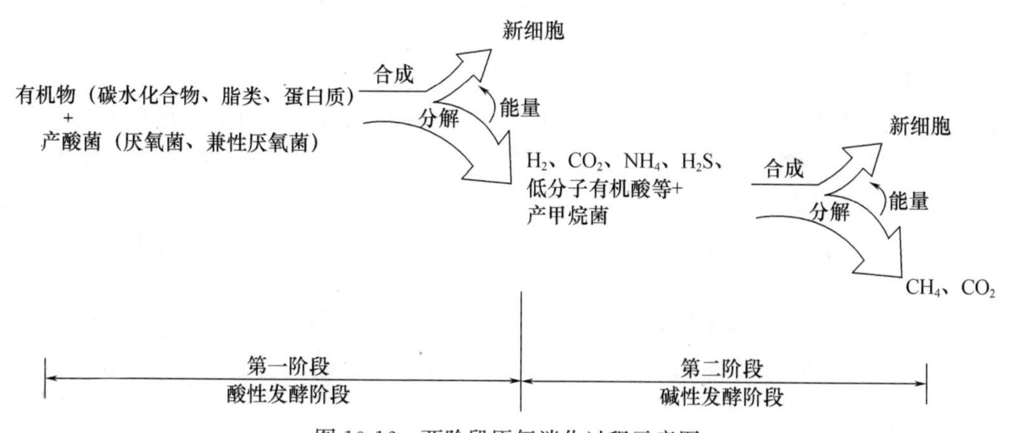

图 10-16　两阶段厌氧消化过程示意图

第一阶段中，复杂的有机物，如糖类、脂类和蛋白质等，在产酸菌的作用下被分解成为低分子的中间产物，如形成脂肪酸（挥发酸）、醇类、CO_2 和 H_2 等。因为该阶段有大量的脂肪酸产生，使发酵液的 pH 值降低，所以，此阶段被称为发酵阶段或产酸阶段。

在第二阶段，产甲烷细菌将第一阶段产生的中间产物继续分解成为 CH_4 和 CO_2 等。由于有机酸在第二阶段不被转化为 CH_4 和 CO_2，同时系统中有 NH_4^+ 的存在，使发酵液的 pH 值不断上升，所以此阶段被称为碱性发酵阶段或称产甲烷阶段。

两阶段理论扼要地描述了厌氧生物处理过程，但没有全面地阐释厌氧消化的本质。研究表明，产甲烷菌能利用甲酸、乙酸、甲醇、甲基胺类和 H_2/CO_2，但不能利用两碳以上的脂肪酸和除甲醇以外的醇类产生甲烷，因此两阶段理论难以确切地解释这些脂肪酸和醇类是如何转化为 CH_4 和 CO_2 的。

厌氧消化过程两阶段理论这一观点，几十年来一直占统治地位，在国内外有关厌氧消化的专著和教科书中一直被广泛应用。

（2）三阶段理论

随着厌氧微生物学研究的不断进展，人们对厌氧消化的生物学过程和生化过程的认识不断深化，厌氧消化理论得到发展。

M. P. Bryant 研究认为两阶段理论不够完善，于 1979 提出了三阶段理论，即根据复杂有机物在此过程中的物态及物性的变化，分为三个阶段，如图 10-17 所示。该理论认为产甲烷菌不能利用除乙酸、H_2/CO_2 和甲醇等以外的有机酸和醇类，长链脂肪酸和醇类必须经过产氢产乙酸菌转化为乙酸、H_2 和 CO_2 等后，才能被产甲烷菌利用。

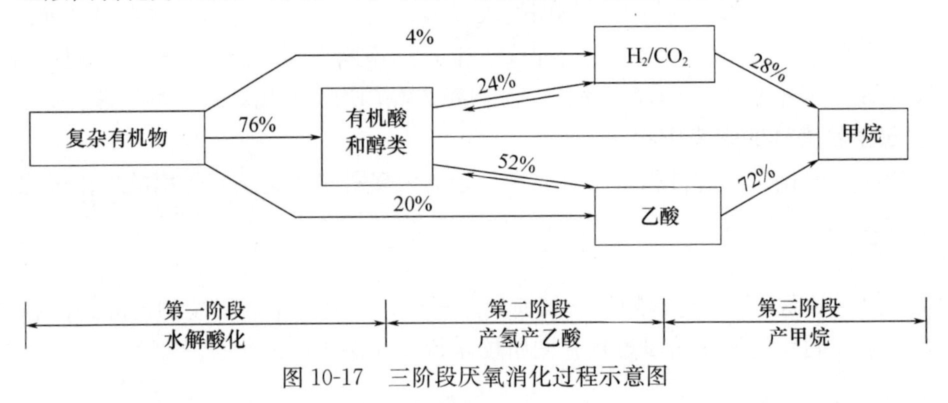

图 10-17　三阶段厌氧消化过程示意图

三阶段理论包括：

第一阶段为水解酸化阶段。复杂的大分子、不溶性有机物先在细胞外酶的作用下水解为小分子、溶解性有机物，然后渗入细胞体内，分解产生挥发性有机酸、醇类、醛类等。这个阶段主要产生较高级脂肪酸。

由于简单碳水化合物的分解产酸作用，比含氮有机物的分解产氨作用迅速，故蛋白质的分解在碳水化合物分解后。

含氮有机物分解产生的 NH_3 除了提供合成细胞物质的氮源外，在水中部分电离，形成 NH_4HCO_3，具有缓冲消化液 pH 值的作用，故有时也把蛋白质分解产氨过程称为酸性减退期。

第二阶段为产氢产乙酸阶段。在产氢产乙酸细菌的作用下，第一阶段产生的各种有机酸被分解转化成乙酸和 H_2，在降解奇数碳素有机酸时还形成 CO_2。

产氢产乙酸细菌将有机酸氧化形成的电子，使质子还原而形成氢气，因此该类细菌又称为质子还原的产乙酸细菌。

第三阶段为产甲烷阶段。产甲烷细菌利用第一阶段和第二阶段产生的乙酸和 H_2/CO_2转化为 CH_4。此过程由两组生理上不同的产甲烷菌完成，一组把氢和二氧化碳转化成甲烷，另一组从乙酸或乙酸盐脱羧产生甲烷，前者约占总量的 1/3，后者约占 2/3。

上述三个阶段的反应速度依废水性质而异，在含纤维素、半纤维素、果胶和酯类等污染物为主的废水中，水解易成为速度限制步骤；简单的糖类、淀粉、氨基酸和一般的蛋白质均能被微生物迅速分解，对含这类有机物为主的废水，产甲烷易成为限速阶段。

虽然厌氧消化过程可分为以上三个阶段，但是在厌氧反应器中，三个阶段是同时进行的，并保持某种程度的动态平衡，这种动态平衡一旦被 pH 值、温度、有机负荷等外加因素所破坏，则首先将使产甲烷阶段受到抑制，其结果会导致低级脂肪酸的积存和厌氧进程的异常变化，甚至会导致整个厌氧消化过程停滞。

从发酵原料的物性变化来看，水解的结果使悬浮的固态有机物溶解，称之为“液化”。发酵细菌和产氢产乙酸细菌依次将水解产物转化为有机酸，溶液显酸性，称之为“酸化”。甲烷细菌将乙酸等转化为甲烷和二氧化碳气体，称之为“气化”。

一般而言，在水解和酸化阶段，废水中的 BOD 和 COD 的有机碳多以 CO_2 和 CH_4 的形式逸出，才使废水中的 BOD 和 COD 值有明显的降低。

（3）四阶段理论

几乎与 Bryant（1979）提出三阶段理论的同时，Zeikus（1979）等人在第一届国际厌氧消化会议上提出了厌氧消化的四阶段理论，在三阶段理论的基础上增加了同型产乙酸过程，即由同型产乙酸细菌把 H_2/CO_2转化为乙酸。但这类细菌所产生的乙酸往往不到乙酸总产量的 5%。

从两阶段理论发展到三阶段理论和四阶段理论的过程，是人们对有机物厌氧消化不断深化认识的过程。这也从侧面反映出，有机物厌氧消化过程是一个由许多不同微生物菌群协同作用的结果，是一个极为复杂的生物化学过程。

2. 四种群说理论

参与有机物逐级厌氧降解的细菌主要有四大类群，依次为水解发酵菌群、产氢产乙酸菌群、同型产乙酸菌群、产甲烷菌群。

（1）水解发酵菌群

发酵细菌菌群是一个十分复杂的混合细菌群，该类细菌将各类复杂有机质在发酵分解前首先进行水解，因此该类细菌也称为水解细菌。在厌氧消化系统中，水解发酵细菌的功能表现在两个方面：

① 将大分子不溶性有机物在水解酶的催化作用下水解成小分子的水溶性有机物；

② 将水解产物吸收进细胞内，经过胞内复杂的酶系统催化转化，将一部分供能源使用的有机物转化为代谢产物，如脂肪酸和醇类等，排入细胞外的水溶液中，成为参与下一阶段生化反应的细菌菌群（主要是产氢产乙酸细菌）可利用的物质。

水解发酵细菌主要是专性厌氧菌和兼性厌氧菌，属于异养菌，其优势种属随环境条件和基质的不同而有所差异。在中温条件下，水解发酵细菌主要属专性厌氧菌，包括梭菌属（*Clostridium*）、拟杆菌属（*Bacteriodes*）、丁酸弧菌属（*Butyrivibrio*）、真菌菌属（*Eubacterium*）、双歧杆菌属（*Bifidbacterium*）等。按分解产物分类主要包括纤维素分解菌、半纤维素分解菌、淀粉分解菌、脂肪分解菌和蛋白质分解菌。高温条件下则有梭菌属和无芽孢的革兰氏阴性菌。酸化细菌对环境条件如温度、pH 值、氧化还原电位（ORP）等的变化有较强的适应性。

酸化细菌进行的生化反应主要有两方面的制约因素：

① 基质的组成及浓度；

② 代谢产物的种类及其后续生化反应的进行情况。

以产酸相的水解发酵（中温）而言，其适应性较强，具有较宽的生态幅度，如pH值的生态幅度为3.0～7.0，氧化还原电位为－400～＋100mV，温度为5～45℃。产酸相的微生物，在不同的运行条件下，有不同的微生物群在竞争中占据优势地位，从而表现出不同的发酵类型，形成不同的发酵末端产物，即不同的发酵微生物群落，对相同的生态因子，其耐性限度存在着差异。

（2）产氢产乙酸菌群

产氢产乙酸细菌能将产酸发酵第一阶段产生的丙酸、丁酸、戊酸、乳酸和醇类等进一步转化为乙酸，同时释放分子氢，产氢产乙酸反应主要在产甲烷相中进行。

在第一阶段的发酵产物中除可供产甲烷细菌直接利用的“三甲一乙”（甲酸、乙酸、甲醇、甲基胺类）外，还有许多其他重要的有机代谢产物，如三碳及三碳以上的直链脂肪酸、二碳及二碳以上的醇、酮和芳香族有机酸等。据实际测定和理论分析，这些有机物至少占发酵基质的50%以上（以COD计）。这些产物最终转化为甲烷，就是依靠产氢产乙酸菌群的作用。

从以上三种反应可以看出，三种ΔG^0均为正值，所以很难被产氢产乙酸菌降解，但氢气浓度的降低可以促进反应向正方向移动。由于各反应的自由能不同，进行反应的难易程度也不一样。以帕斯卡为单位时，当氢分压小于15.2kPa时，乙醇能自动进行产氢产乙酸反应，丁酸则必须在氢分压小于0.2kPa下进行，而丙酸则要求更低的氢分压（9.1×10^{-3} kPa）。在厌氧消化过程中，降低氢分压必须依靠产甲烷细菌来完成。因此一旦产甲烷细菌受到环境条件的影响而放慢了对分子态氢的利用速率，其结果必定是放慢产氢产乙酸细菌对丙酸的利用，接着依次是丁酸和乙醇，这也是厌氧消化系统中一旦发生故障易出现丙酸积累的原因。厌氧反应器中氢分压调节着反应器中脂肪酸等中间产物的降解，也影响代谢产物的比例。形成的乙酸和氢气的数量也影响着甲烷的生成，而产甲烷菌也是分子氢的清除者，对产乙酸细菌的生化反应起到重要的调控作用。

（3）同型产乙酸菌群

在厌氧条件下，能产生乙酸的细菌有两类：一类是异养型厌氧细菌，能利用有机基质产生乙酸，另一类是混合营养型厌氧细菌，既能利用有机基质产生乙酸，又能利用分子氢和二氧化碳产生乙酸。前者是酸化细菌，后者就是同型产乙酸细菌（home-acetogens，简称HOMA）。

常见的同型产乙酸菌多为中温性的，梭菌属和乙酸杆菌属被认为是氧化氢的同型产乙酸菌的代表属。后一属的种类不形成孢子。这些细菌表现为混合营养代谢型，既能代谢氢和二氧化碳，又能代谢如糖类的多碳化合物等。从厌氧消化器中分离梭菌属的一些种，它们能将H_2/CO_2或甲醇代谢为乙酸，或将甲醇和乙酸代谢为丁酸。在厌氧消化反应器中，分子氢的同型产乙酸细菌的确切作用还不十分清楚，但可以肯定的是，由于同型产乙酸菌能利用分子态氢，从而降低氢分压，有利于厌氧发酵过程的正常进行。

（4）产甲烷菌群

产甲烷细菌（methanogen）这一名词是1974年由Bryant提出，目的是为了避免这类细菌与另一类好氧性甲烷氧化细菌（aerobic methano-oxidizing bacteria）相混淆。产甲烷细菌利用有机或无机物作为底物，在厌氧条件下转化形成甲烷。而甲烷氧化细菌则以甲烷为碳源和能源，将甲烷氧化分解成 CO_2 和 H_2O。

产甲烷细菌是一个特殊的、专门的生物类群，属古细菌，具有特殊的产能代谢功能，即产甲烷细菌能够有效利用氧化氢时所形成的电子，亦可在没有光或游离氧和诸如硝酸盐、硫酸盐等外源电子受体的条件下，还原二氧化碳为甲烷。在沼气发酵中，产甲烷细菌是沼气发酵微生物的核心，其他发酵细菌为产甲烷细菌提供底物。产甲烷细菌也是自然界碳素物质循环中，厌氧生物链的最后一组成员，在自然界碳素循环的动态平衡中具有重要作用。

① 产甲烷细菌的生理特征

产甲烷细菌是严格专性厌氧菌。产甲烷细菌均生活在没有氧气的厌氧环境中，对氧非常敏感，遇氧后会立即受到抑制，不能生长繁殖，最终导致死亡。

产甲烷细菌生长特别缓慢，即使在人工培养条件下，也要经过18d乃至几十天才能长出菌落。产甲烷细菌一般都很小，形成的菌落也相当小，有的还不到1mm。产甲烷菌生长缓慢的主要原因是：能够利用的底物很少，仅有 CO_2、H_2、甲酸、乙酸、甲醇和甲胺这些简单的物质，而这些物质转化为甲烷所释放的能量很少，即为生物合成所提供的能量少，使微生物的生长繁殖速率很低，世代时间很长，有的种群十几天才能繁殖一代。

产甲烷细菌对环境影响非常敏感。产甲烷细菌对生态因子的要求非常苛刻，各种生态因子的生态幅均较窄。例如，对温度、pH值、氧化还原电位及有毒物质等均很敏感，适应范围十分有限。

② 产甲烷细菌的形态特征

产甲烷细菌的细胞壁中缺少肽聚糖，而含有多糖、多肽或多糖/多肽的囊状物。产甲烷细菌从分类学上讲属于古细菌。产甲烷细菌迄今为止已经分离得到40余种，它们形态各异，常见的有杆状菌、球状菌、八叠球菌和螺旋状菌四类。产甲烷细菌均不形成芽孢，革兰氏染色不定，有的具有鞭毛。

③ 产甲烷细菌的营养特征

不同产甲烷细菌生长过程中所需碳源是不一样的。一般常将产甲烷细菌分为三个种群：氧化氢产甲烷菌（HOM），氧化氢利用乙酸产甲烷菌（HOAM）和非氧化氢林永乙酸产甲烷菌（NHOAM）。尽管这一分类并不严格，但在厌氧反应器中，以上种群常分别出现在不用的生境中，构成优势种，对实际工程的运行具有重要意义。

所有产甲烷细菌都能利用 NH_4^+，有的产甲烷细菌需酪蛋白的胰消化物（trypticdigests），它可刺激产甲烷细菌的生长，因此，分类产甲烷细菌时，培养基中要加入胰酶解酪蛋白（tryptilase）。

产甲烷细菌在生活中需要某些维生素，尤其是B族维生素。同时，产甲烷细菌还需要某些微量元素，如镍、钴，钼等。

（5）产甲烷细菌和非产甲烷细菌之间的相互关系

上述的四大类细菌在厌氧消化过程中组成一个复杂的生态系统。由于前面三大类细菌都产生有机酸，故又将其统称为产酸细菌。表10-1总结了非产甲烷细菌与产甲烷细菌菌群在厌氧生物处理过程中的各自特性。

表 10-1 非产甲烷细菌与产甲烷细菌特征对比

项目	非产甲烷菌	产甲烷菌
种类	相对较少	相对较少
生长速度	慢	慢
氧化还原电位	兼性厌氧和专性厌氧	专性厌氧
对有毒物质的敏感性	一般性敏感	很敏感
对温度的敏感性	一般性敏感	很敏感
对 pH 值的敏感性	不太敏感	非常敏感
特殊辅酶	无	有

从表中可以看出，产甲烷细菌和非产甲烷细菌之间存在着相互依存、相互制约的关系，主要表现在：

① 非产甲烷细菌为产甲烷细菌提供生长繁殖的底物

非产甲烷细菌中的发酵细菌可把各种复杂的有机物，如高分子的碳水化合物、脂肪、蛋白质等进行发酵，生成 H_2、CO_2、NH_3、挥发性有机酸、丙酸、丁酸、乙醇等，又可被产氢产乙酸细菌转化生成 H_2、CO_2 和乙酸。这样，非产甲烷细菌通过生命活动，为产甲烷细菌提供了生长和代谢所需要的碳源和氮源。

② 非产甲烷细菌为产甲烷细菌创造了适宜的氧化还原电位

在厌氧消化反应器运转过程中，由于加料过程难免使空气进入装置，有时液体原料里也含有微量溶解氧，这显然有害于产甲烷细菌。氧的去除可依赖产酸细菌类群中的兼性厌氧或兼性好氧微生物的活动消耗掉氧，从而降低反应器中氧化还原电位。

③非产甲烷细菌为产甲烷细菌清除了有毒物质

非产甲烷细菌中的许多种类可以裂解苯环，解除了工业废水中酚、氰、苯甲酸、长链脂肪酸和重金属离子等的毒害。此外，非产甲烷细菌的代谢产物硫化氢，可以和一些重金属离子作用，生成不溶性金属硫化物沉淀，从而解除一些重金属的毒害作用。但反应系统中的 H_2S 浓度不能过高，否则亦会对产甲烷细菌造成伤害。

④ 产甲烷细菌为非产甲烷细菌的生化反应解除了反馈机制

非产甲烷细菌的发酵产物，可以抑制本身的生命活动。在运行正常的厌氧消化反应器中，产甲烷细菌能连续利用非产甲烷细菌生成的甲烷，不会因为氢和酸的累积而产生反馈抑制作用，从而使产酸细菌的代谢能够正常进行。

⑤ 非产甲烷细菌和产甲烷细菌共同维持环境中的 pH 值

一方面，在沼气发酵初期，非产甲烷细菌降解废水中的有机物质，产生大量的有机酸和碳酸盐，使发酵液中 pH 值明显下降。与此同时，非产甲烷细菌中的氨化细菌能迅速分解蛋白质产生氨。氨可中和部分酸，起到一定的缓冲作用。

另一方面，产甲烷细菌可利用乙酸、氢和 CO_2 形成甲烷，从而避免了酸的累积，使 pH 值稳定在一个适宜的范围内。

在有硫酸盐存在的条件下，硫酸盐还原菌也参与厌氧消化过程。在厌氧条件下，葡萄糖通过非产甲烷细菌被降解为中间产物，其中一部分中间产物在硫酸盐还原菌作用下被转化为乙酸，并伴有 H_2S 产生。硫酸盐还原菌也可以利用乙酸或氢还原 SO_4^- 产生 H_2S。

3. 厌氧生物处理的影响因素

由于产甲烷菌对环境因素的影响在厌氧生物处理阶段中最敏感，因此产甲烷阶段常是厌氧过程速率的限制步骤。故在讨论厌氧过程的影响因素时，多以产甲烷菌的特征来说明。

（1）氧化还原电位（ORP）

厌氧是最关键的条件，体系中主要以氧化还原电位来反映厌氧环境。

氧和其他一些氧化剂或氧化态物质的溶入会引起发酵系统的氧化还原电位的升高，当浓度达到一定程度时，会危害厌氧消化过程。不同厌氧消化系统要求的氧化还原电位值不尽相同；同一厌氧消化系统中，不同细菌群要求的氧化还原电位也不尽相同。就大多数生活污水的污泥及性质相近的高浓度有机废水而言，只要严密隔断与空气的接触，即可保证必要的氧化还原电位。

（2）发酵温度

沼气发酵产气量的高低与温度密切相关。根据产甲烷细菌的特性，沼气发酵的温度可分为高温、中温和常温三种。高温发酵为50～60℃，中温发酵为30～40℃，常温发酵往往采取自然温度。

在一定的温度范围内，温度越高，厌氧消化速度越快，产气量也越大。但由于产甲烷细菌对温度有一定的最适范围，产甲烷细菌适宜生长温度为30～40℃，高于40℃，甲烷产量相对降低；当温度高于50℃时，高温产甲烷菌群大量生长繁殖，甲烷产量迅速增加。厌氧消化对温度突变十分敏感，要求日变化小于±2℃。温度突变幅度太大，会导致系统停止产气。

（3）pH值

由于废水进入反应器内，生物化学过程和稀释作用会迅速改变进液的pH值，所以厌氧生物处理的这一pH值范围是指反应器内反应区的pH值，而非进液的pH值。产甲烷作用最适pH值是6.5～7.5，pH值大于8.2或pH值小于6，都将影响产气能力。

在沼气发酵过程中，pH值变化是有规律的。在发酵前期，大量有机酸的产生，导致系统pH值下降；之后产甲烷细菌消耗了有机酸，再者氨化作用生成氨，又使系统pH值上升。厌氧消化池内的pH值是自然平衡的，勿需调节。但当超负荷运行、进水中带入毒物或抑制剂、温度下降时，将出现挥发酸积累，pH值下降。这时可投加石灰、碳酸钠和碳酸氢钠等进行调节。其中石灰的价格最便宜，而碳酸氢钠的综合效应最佳。

（4）搅拌混合

没有混合搅拌的厌氧消化池，池内料液常呈现三层：浮渣层、液体层、污泥层。分层现象将导致原料发酵不均匀，出现死角，产生的甲烷气体难以释放。通过搅拌可以消除池内梯度，增加食料与微生物之间的接触，促进沼气分离。

搅拌的方法有机械搅拌器搅拌法、消化液循环搅拌法、沼气循环搅拌法等。其中沼气循环搅拌法，有利于沼气中的CO_2作为产甲烷的底物被细菌利用，提高甲烷的产量。

（5）营养

厌氧微生物的生长繁殖需按一定的比例摄取碳、氮、磷以及其他微量元素。一般认为，厌氧法中碳、氮、磷控制为（200～300）：5：1为宜。为了保证细菌的增殖，还需要补充某些专门的营养，如钾、钠、钙等金属盐类是形成细胞或非细胞的金属配合物所必须的，而镍、铝、钴、钼等微量元素，则可提高若干酶系统的活性，增加产气量。

（6）有毒物质

有毒物质会对厌氧微生物产生不同程度的抑制，使厌氧消化过程受到影响甚至遭到破坏。这些物质可能是进水中所含成分，或是厌氧细菌代谢的副产物，通常包括有毒有机物、重金属离子和一些阴离子等。

4. 厌氧生物处理的优缺点

在某些条件下，好氧生物处理仍然是水质处理的较好的方法，若是结合经济优越性和高浓度有机废水的情况，传统好氧方法因为工程费用高等，厌氧生物处理技术可成为一个重要的补充工艺。

厌氧生物处理的主要优点有：能耗低，还可回收生物能（沼气）；污泥产量低；可适用于从高浓度至低浓度的废水处理，工艺稳定，运行简单；容积负荷高；营养比低；处理含表面活性剂废水无泡沫问题等。

厌氧生物处理的主要缺点有：厌氧反应器初次启动过程缓慢；出水有机物浓度高；低温下反应速率低；无硝化作用；厌氧微生物对有毒物质较为敏感等。

10.3.2 废水厌氧生物处理工艺

有机废水厌氧生物处理工艺，可以分为厌氧活性污泥法和厌氧生物膜法两大类。长期以来，厌氧生物处理工艺一直以活性污泥法为主，特别是在处理污泥和含有大量悬浮物的废水时，这种方法经历了较长时间的发展历程，从普通消化池处理污泥发展到用多种工艺处理有机废水。

厌氧活性污泥法包括普通厌氧消化池、厌氧接触氧化池、升流式厌氧污泥床（UASB）反应器等，厌氧生物膜法包括厌氧生物滤池、厌氧流化床等。

1. 普通厌氧消化池

普通厌氧消化池又称传统消化池或常规消化池，借助于消化池内的厌氧消化污泥净化有机污染物，原理图如图 10-18 所示。废水或生污泥定期或连续加入消化池，经与池中原有的厌氧活性污泥混合和接触后，通过厌氧微生物的吸附、吸收和生物降解作用，使生污泥或废水中的有机物转化成以 CH_4 和 CO_2 为主的气体——沼气。处理后的污泥经搅拌均匀后从池底排出，经消化后的废水，经沉淀分层后从液面下排出。如果进行中温、高温发酵，必要时需对发酵液进行加热。

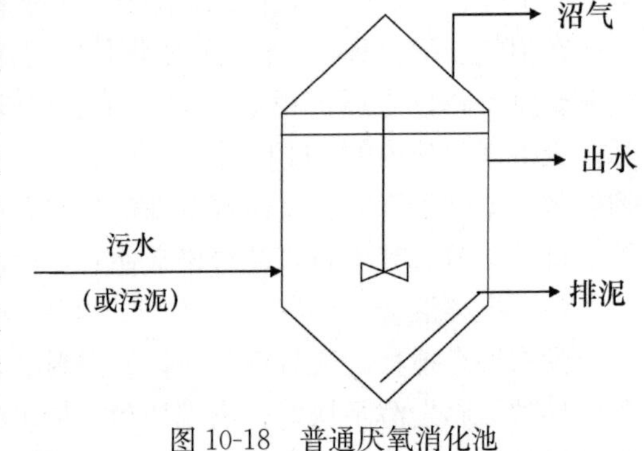

图 10-18　普通厌氧消化池

普通消化池的特点是在一个池内实现厌氧发酵反应和液体与污泥的分离，在消化池的上部留出一定的体积以收集所产生的沼气。进料大多是间断进行，也有连续进料，为了使进料和厌氧污泥密切接触，设有搅拌装置。一般情况下每隔 2～4h 搅拌一次。在排放消化液时，通常停止搅拌，经沉淀分离后从消化池上部排出上清液。

普通厌氧消化池是应用最早的污泥处理构筑物之一，主要应用于：① 城市污水处理厂污泥的稳定化处理；② 高浓度有机工业废水的处理；③ 高含量悬浮物的有机废水的处理；④ 含难降解有机物工业废水的处理。

为了保持一定的微生物生物量，污水在消化池内的水力停留时间（HRT）一般不得低于 3～4d。污水浓度也不宜过低，厌氧发酵合成的新细胞增长量必须不低于污水排放流失的污泥量。进水的有机物浓度 COD 一般不低于 5000mg/L。

普通厌氧消化池应采用水密性、气密性和耐腐蚀的材料建造，通常为钢筋混凝土结构。沼气中的 H_2S 及消化液中的 H_2S、NH_3、有机酸等均有一定的腐蚀性，故池内壁应涂一层环氧树脂或沥青，防止腐蚀性物质腐蚀池壁。为了保温池外均设有保温层。

普通厌氧消化池的有效容积可按负荷率 L 和水力停留时间 T 进行计算：

$$V=\frac{QC}{L}$$

$$V=Q \cdot T$$

式中　V——有效容积，m^3；

Q——每日需处理的污泥或废水体积，m^3/d；

C——污泥悬浮固体浓度，$kgSS/m^3$，或废水有机物浓度，$kgCOD/m^3$；

L——消化池的容积负荷，$kgSS/(m^3 \cdot d)$ 或 $kgCOD/(m^3 \cdot d)$；

T——污泥或废水的水力停留时间，d。

普通消化池厌氧处理废水工艺的优点有：可以处理含固体物较多的污水，构筑物较简单，操作方便，不产生堵塞现象。其缺点是处理负荷率较低，停留时间较长，设备体积较大。中温发酵处理 COD 浓度为 15000mg/L 的有机污水，停留时间约需 10d。由于停留时间较长，如果加热并进行搅拌所耗的能量也较多。在厌氧工艺中，保持系统内有尽可能高的微生物浓度始终是生物处理技术的核心，对于消化池而言，污泥停留时间和水力停留时间是相等的，所以厌氧消化池无法分离水力停留时间和污泥停留时间，这是消化池存在的主要问题，所以，这也成为在中温条件下，污泥的停留时间为 20～30d 的主要原因。

2. 厌氧接触工艺

普通厌氧消化池用于处理高浓度废水时，存在着容积负荷低及水力停留时间长等问题。1955 年 Schroepter 认识到厌氧处理设备内保持大量污泥的重要性，他仿照好氧活性污泥法，在消化池的基础上增设沉淀池，提出了采用污泥回流的方式，开发了厌氧接触工艺（Anaerobic Contact Process，简称 ACP）。该工艺减少了废水在消化池内的停留时间，提高了消化速率，其流程图如图 10-19 所示。

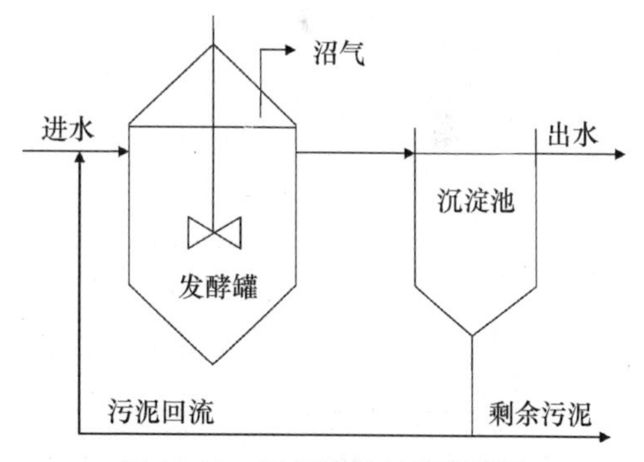

图 10-19　厌氧接触工艺流程图

(1) 厌氧接触工艺的结构及原理

厌氧接触工艺的主要构筑物有普通厌氧消化池、沉淀分离装置等。废水进入厌氧消化池后，依靠池内大量的微生物絮体降解废水中的有机物，池内设有搅拌设备以保证有机废水与厌氧生物的充分接触，并促使降解过程中产生的沼气从污泥中分离出来。由消化池排出的泥水混合液首先在沉淀池中进行固、液分离。污水由沉淀池上部排除，下沉的污泥按一定的比例返回厌氧消化池，保证消化池内有大量的微生物，池内存在着的大量的悬浮态的厌氧活性污泥，保证了厌氧接触工艺的高效稳定运行。

厌氧接触工艺设置了专门的污泥截流设施能够回流污泥，使得厌氧接触工艺有较长的固体停留时间，保持消化池内有足够的厌氧活性污泥，提高了厌氧消化池的容积负荷，不仅缩短了水力停留时间，也使占地面积减少。厌氧接触工艺不能形成颗粒污泥，只能形成絮状厌氧污泥，反应器中的正压使悬浮液体中的溶解气体过于饱和，当废水进入沉淀池中，这些气体将释放出并被絮状污泥吸附，同时絮状污泥在反应器中吸附的残余有机物在沉淀池中仍继续转化为少量气体，这些气体会吸附于污泥上，从而使原本难于沉降的絮状污泥，沉降更加困难。若不控制污泥的流失，污泥本身会给出水带来一定的 BOD 和 COD。另外，系统的污泥停留时间会降低，相对会提高消化池的 F/M 值，有可能进一步降低污泥的沉降性能。

(2) 厌氧接触工艺的特点及应用

与厌氧消化法相比，厌氧接触法具有以下特点：① 消化池污泥浓度高，其挥发性悬浮物的浓度一般为 5～10g/L，耐冲击负荷能力强；② COD 容积负荷一般为 1～5kg/(m^3·d)，COD 去除率为 70%～80%；BOD_5 容积负荷为 0.5～2.5kg/(m^3·d)，BOD_5 的去除率为 80%～90%；③ 适合处理悬浮物和 COD 浓度高的废水，生物量（SS）可达到 50g/L；④ 增设沉淀池和污泥回流系统，流程较复杂。

与其他高速厌氧反应器相比，厌氧接触工艺负荷率较低，其负荷率只相当于 UASB 工艺的 1/5～1/3。在较高的负荷下，ACP 工艺会产生污泥膨胀现象。一般情况下反应器中污泥的负荷超过 0.25kgCOD/(kgVSS·d)，污泥沉淀即可发生恶化，反应器内的污泥浓度超过 18gVSS/L 时，固液分离会更加困难。所以 ACP 工艺的负荷率很难提高。

厌氧接触工艺可以处理浓度较低的废水，以及含悬浮固体 10～20g/L、COD_{Cr} > 2000mg/L 的有机废水。近年来，厌氧接触工艺广泛应用于废水厌氧处理中。该工艺最初应用于处理肉类加工废水，现在生产上已将该工艺广泛用于处理高浓度有机废水。表 10-2 列出了部分生产性厌氧接触工艺的运行参数。

表 10-2 部分生产性厌氧接触工艺的运行参数

项目	温度（℃）	水力停留时间（d）	有机容积负荷 [kgCOD/(m^3·d)]	COD 去除率（%）
小麦淀粉废水	中温	3.6	2.5	81.2
柠檬酸废水	中温	18.8	2.5	78.5
乳品加工混合废水	中温	1.9	2.5	83
果胶生产厂废水	中温	5.6	1.56	90
制浆和造纸混合废水	中温	3.0	5.0	48.7
麦芽威士忌酒糟	中温	23.52	1.76	87
麦芽威士忌废水	中温	32.7	1.03	84

3. 厌氧生物滤池

厌氧生物滤池（AF）是 20 世纪 60 年代末美国斯坦福大学的 McCarty 和 Young 在总结过去厌氧法处理有机废水工作的基础上发展开发的第一个高速厌氧反应器。常温下对中等浓度有机废水的厌氧处理，在处理溶解性有机废水时容积负荷可以高达 5～10kgCOD/(m^3·d)。AF 技术采用固定化技术延长污泥停留时间（SRT），把污泥停留时间和水力停留时间（HRT）分别对待，是厌氧反应器发展的一个创新。

(1) 厌氧生物滤池的结构及工作原理

厌氧生物滤池（Anaerobic Filter，简称 AF），又称厌氧固定膜反应器、厌氧生物滤器等，是一种装有固定填料的反应器，在填料表面附着的和填料截留的大量厌氧微生物的作用下，进水的有机物转化为 CH_4 和 CO_2 等。根据进水的方向将厌氧生物滤池分为上（升）流式、下（降）流式和平流式。根据填料的填充程度，分为完全填充型和部分填充型。

厌氧生物滤池由池体、滤料、布水设备及排水设备等组成。按功能不同可将厌氧滤池分布为布水区、反应区、出水区、集气区 4 部分。厌氧生物滤池中最重要的构造是滤料，滤料的形态、性质及其装填方式对滤池的净化效果及其运行有着重要的影响。滤料要求较为严格，不但要求质量坚固，有大的空隙率和比表面积，而且要求滤料的化学性质稳定，不易腐蚀。滤料是生物膜形成固着的部位，因此要求滤料表面应当比较粗糙便于挂膜，又有一定的空隙率以便废水均匀流动。厌氧生物滤池的构造图，如图 10-20 所示。

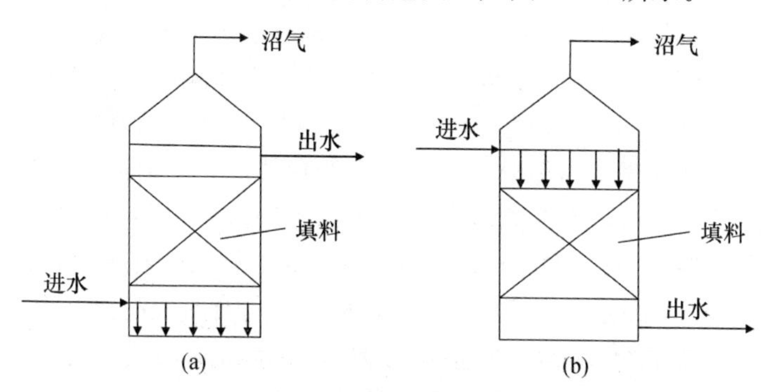

图 10-20　厌氧生物滤池示意图

（a）升流式厌氧生物滤池；（b）降流式厌氧生物滤池

图 10-20 也显示了厌氧生物滤池的工艺流程，污水由进水口进入滤池，废水中的填料都是固定的，当污水通过填料表面的生物膜时，微生物吸附、吸收水中的有机物，并逐渐被细菌水解酸化，转化为乙酸，最终降解为 CH_4 和 CO_2。生物膜不断新陈代谢，脱落的生物膜随水流出。产生的沼气从滤池上部引出。

池内的微生物群体附着在滤料表面，以生物膜方式生长，如图 10-21 所示，生物膜是由种类繁多的细菌组成，在菌胶团中除了细菌还有丝状菌，有时还能观察到一些原生动物。生物膜除附着在填料表面外，还分布在空隙中，特别在池底往往充满整个空间，有时导致堵塞。由于滤池上下各部分处于不同的代谢阶段，因此滤池各部分不仅污泥数量不同，而且菌胶团的形状、细菌的种类以及游离细菌的数量都有差别。在废水入口处，产酸菌和发酵性细菌占较大比例；随着水流方向，产乙酸菌和产甲烷菌逐渐增多并占主导地位。附着生长的生物膜不易流失，故在设备内可积累大量微生物，且微生物停留时间较长，这对繁殖缓慢的甲烷菌是很重要的，可提高单位设备的处理能力。

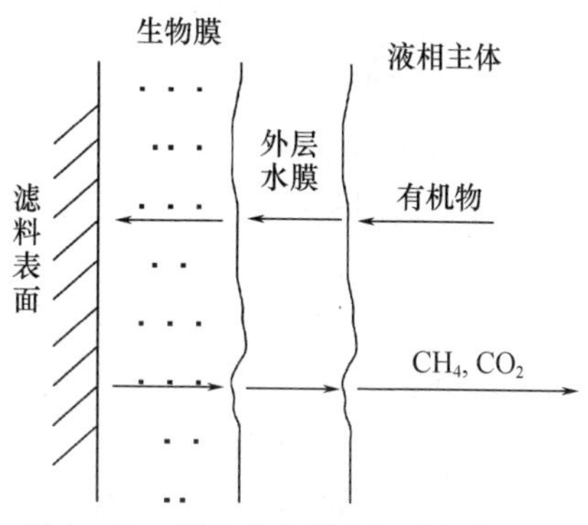

图 10-21　厌氧生物膜降解有机物过程

（2）厌氧生物滤池的特点

厌氧生物滤池具有以下优点：

① 有机容积负荷高。由于滤料为微生物附着生长提供了很大的表面积，滤池中可维持很高的微生物浓度，因此允许的有机容积负荷高，从而生物滤池的容积小。

② 耐冲击负荷能力强，稳定性较好。因厌氧生物滤池中污泥浓度高，生物固体停留时间长，并且池中污泥浓度和微生物分布都存在规律性，即使进水有机物浓度变化大，微生物也有相当的适应能力。

③ 水力停留时间短。AF工艺实现了污泥停留时间和水力停留时间的分离，在保证微生物固体停留时间的基础上，大大缩短了水力停留时间。

④ 启动时间短。厌氧生物滤池由于填料具有很大的表面积，生物膜生长快，反应器启动时间短，停止运行后再启动较容易。

⑤ 运行管理方便，不需要污泥回流。

但是，在处理含悬浮物浓度过高的废水和污泥浓度高的废水时，厌氧生物滤池容易发生堵塞和短流现象。为了克服这一缺点，可用回流大部分的出水来稀释进水。这样，由于进水和出水有机物浓度相差不大，故滤池内各部位微生物量大体相同，这样就基本上消除了滤池底部堵塞的可能性。在处理一些酸性污水时，回流出水可起到中和作用，从而减少了中和剂的用量。采用部分充填方式（亦称分段充填）可避免堵塞。中科院广州能源研究所研究发现，从滤池内撤出部分填料，仅在滤池底部和中部各保持一个卵石薄层，使滤池空隙率由50%提高到91.1%，经过300d的运行未发现堵塞现象，同时，在滤池内，特别是在底部保持很高的污泥浓度，使得部分充填滤料厌氧池的处理能力有所提高。

因为升流式厌氧生物滤池容易发生堵塞现象，所以要求进水悬浮物的浓度不超过200mg/L，而下流式的生物滤池可以接纳悬浮物浓度高的废水和高浓度废水，一般要求进入滤池内的废水的COD在300～24000mg/L之间。对于升流式厌氧生物滤池，一般认为废水的COD浓度大于8000mg/L时，必须采用回流的方式，加大上升流速，以减少厌氧生物滤池的堵塞现象。

(3) AF运行的影响因素

① 温度

温度是影响反应器处理效果的重要影响因素，一般在中温条件下，AF的运行效果良好，而在50～60℃之间也可以取得较好的处理效果。

② pH值

反应器内的pH值应尽量保持在6.5～7.8，尽量减少波动。

③ 有机负荷率

微生物量越多，可承受的COD负荷率越高，提高了对有机负荷变化的适应性。

④ 水力停留时间

确定水力停留时间是决定反应器处理效果的一个关键参数。水力停留时间过长会影响反应器的处理效果，水力停留时间过短，有机质的降解不够完全。

⑤ 有毒有害物质

反应器内的有毒有害物质将严重影响厌氧生物处理的正常运行，处理此类废水前必须进行毒性试验。

4. 升流式厌氧污泥床反应器

荷兰农业大学在1974～1978年成功研制了升流式厌氧污泥床（Upflow Anaerobic Sludge Blanket，简称UASB）反应器，该反应器能把厌氧活性污泥中的反应槽和沉淀槽合二为一，是一种简化处理方法。该方法具有运行费用低、投资省、效果好、耐冲击负荷、适应pH值和温度变化、结构简单及便于操作等优点，应用日益广泛。我国20世纪80年代开始引进了该技术，主要应用于啤酒、酒精、制药等高浓度有机废水的处理。

(1) UASB反应器的结构

UASB反应器的结构图如图10-22所示，其构成主要包括以下几部分：进水配水系统、反应区、三相分离器、气室、出水收集系统、排泥系统。布水区和三相分离器是UASB反应器最主要的两部分。

布水系统兼有配水和水力搅拌的功能，它能使污水沿底面均匀分布，在底部与污泥充分混合。布水系统要满足如下几个原则：① 进水装置分配到各点的流量相同，确保单位面积的进水量基本相同，防止发生断流等现象；② 进水管是否堵塞容易观察，当堵塞发生后，必须很容易被清除；③ 应尽可能地满足污泥床水力搅拌的需要，保证进水有机物与污泥迅速混合，防止局部发生酸化现象。布水区的布水方式主要有等阻力分布、大阻力分布、逐点脉冲式布水和堰式布水四种。

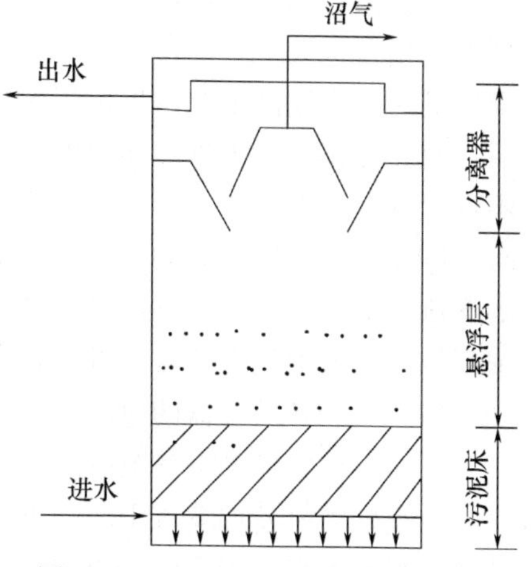

图10-22　UASB反应器结构示意图

三相分离器是UASB反应器的核心，是USAB反应器最有特点的装置，这一设备安装在反应器的顶部并将反应器分为下部的反应区和上部的沉淀区。三相分离器由沉淀区、回流缝和气封组成，其功能是将气体、污泥在沉淀区进行沉淀，并经回流缝回流到反应区，沉淀澄清后的处理水经排除系统，均匀地加以收集，并将其排出反应器，沼气分离后进入气室。三相分离器的分离效果将直接影响反应器的处理效果。

（2）UASB反应器的原理和特点

图10-22显示了UASB反应器的工作原理，污水从反应器的底部进入，在水力推动下，通过包含颗粒污泥和絮状污泥的污泥床。在污水和污泥颗粒接触的过程中发生厌氧反应，在反应的过程中会产生沼气，沼气在上升过程中将污泥颗粒托起，产生大量气泡，引起污泥床的膨胀。随着气泡的上升，气泡逐渐变大，将污泥颗粒带到反应器的上部，直至细胞破裂，大部分的污泥颗粒又回到污泥床。反应器中沉淀性能较差的絮状污泥子反应器上部形成污泥悬浮层，该层污泥浓度较低，SS一般在5～40g/L范围内。沉淀性能较好的颗粒状污泥下沉到反应器的底部，形成污泥床，该部分污泥浓度较高，SS可达50～100g/L甚至更高。反应器中产气量不断增加，气泡上升使得对污水的搅拌作用日益剧烈。气、液、固三相混合的气体被收集到反应器顶部的三相分离器，气体遇到挡板后折向集气室，由导管排出反应器，污泥和水进入上部的沉淀区，在重力的作用下泥水发生分离。沉降后的污泥返回反应区，使反应区积累足够的生物量。有时为增加生物量，可在反应器内投加软性填料，从而为生物提供附着生长的表面。

UASB反应器的基本特征是不用吸附载体，就能形成沉降性能良好的粒状污泥，保持反应器内高浓度的微生物，因而可以承受较高的COD负荷［可高达30～50kgCOD/(m^3·d)以上］，COD去除率可达90%以上。与其他厌氧生物反应器相比，UASB反应器具有以下特点：

① 整个设备集反应与沉淀于一体，且反应器内不需要机械搅拌，不装填料，能耗少，构造简单，运营管理方便；

② 反应器内厌氧颗粒污泥的密度较大，具有较好的沉淀性能，使反应器内维持很高的生物量；

③ 反应器内生物量高，污泥停留时间长，缩短了反应器内的水力停留时间；

④ 不能去除废水中的氮和磷。

混合液经三相分离器后，污泥得到分离回收，但出水还会夹带出部分悬浮物，所以反应器外应增设沉淀池，能使污泥回流，也可增加反应器内生物量，去除悬浮物，改善出水水质，缩短投产期。如果发生污泥大量上浮，也可通过回收污泥以稳定工艺。污泥经厌氧处理后，直接外排，设置外沉淀池更为必要。若污泥经厌氧处理后，还需进行好氧补充处理，可不设置外沉淀池。

USAB反应器工艺的设计进水水质一般COD_{Cr}应在1000mg/L以上，但进水中的悬浮物的含量一般不宜超过500mg/L，否则应设置混凝沉淀或混凝气浮进行处理，当进水悬浮物浓度较高或可生化性差时，可设置水解酸化池预酸化。

(3) UASB反应器的应用

UASB反应器是世界范围内应用最广泛的厌氧生物反应器，据统计UASB反应器在世界各地各种厌氧处理装置中所占的比例为67%。国内也于20世纪80年代研究并应用该技术处理有机废水。表10-3列出了部分国外的UASB反应器工程实例。

表10-3 国外部分UASB反应器的工程实例

废水类型	使用国家	装置数	设计负荷[kgCOD/(m³·d)]	反应器体积（m³）	温度（℃）
啤酒废水厂	荷兰	30	16	60600	20～35
	美国	1	14	4600	30～35
土豆加工	美国	1	6	2200	30～35
	瑞士	1	8.5	600	30～35
牛奶废水	荷兰	2	8～10	1000，740	24
	加拿大	1	8～10	1000	24
造纸废水	荷兰	1	8～10	1000	24
	荷兰	1	4	740	20
化工废水	荷兰	2	7	2600	20～35
屠宰厂	美国	1	5.7	1500	20
	荷兰	1	3～5	600	24
	荷兰	3	6～7	950	20～35

4. 膨胀颗粒污泥床反应器

膨胀颗粒污泥床（Expended Granular Sludge Bed，简称EGSB）反应器是在UASB反应器的基础上发展起来的第三代厌氧生物反应器，该反应器通过设计较大高径比，同时增加出水内循环部分，来提高反应器内液体的上升流速，使颗粒污泥床充分膨胀，这样就可以保证污泥与污水的充分混合，减少反应器内的死角，同时也可以减少颗粒污泥床中絮状剩余污泥的积累。该技术可以用于处理多种有机废水，并且获得较高的处理效果。

(1) EGSB反应器的结构特征与工作原理

EGSB反应器的基本构造与流化床类似，其特点是具有较大的高径比，一般可达3～5，生产性装置反应器的高可达15～20m。EGSB反应器是对UASB反应器的改进，与UASB反应器相比，它们最大的区别是反应器内上升的流速不同。在UASB反应器中水力上升流速一般小于1m/h，而EGSB反应器通过采用出水循环，其水力流速一般可达5～10m/h，所以整个颗粒污泥床呈膨胀状态。

EGSB 反应器的结构如图 10-23 所示，主要组成有进水分配系统、气—液—固分离器及出水循环三部分。进水分配系统的主要作用是将进水均匀地分配到整个反应器的底部，并产生一个均匀的上升流速。因为 EGSB 反应器的高径比更大，其所需的配水面积会较小；同时采用出水循环，其配水孔口的流速会更大，因此系统更容易保证配水均匀。三相分离器仍然是 EGSB 反应器最重要的结构，其主要作用是将出水、沼气、污泥三相进行有效分离，使污泥保留在反应器内。出水循环部分是 EGSB 反应器与 UASB 反应器的区别，其主要目的是提高反应器内液体上升流速，加强传质过程，使颗粒污泥床避免死角和短流的产生。

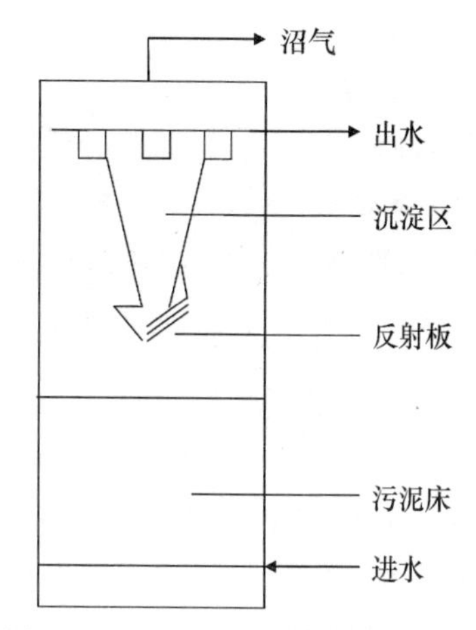

图 10-23　EGSB 反应器结构示意图

由于 EGSB 反应器的上升流速很高，为了防止污泥流失，对三相分离器的固液分离要求也特别高，可以通过以下几种方法对三相分离器进行改进：① 增加一个可以选装的叶片，在三相分离器底部产生一股向下水流，有利于污泥回流；② 用筛鼓或细格栅，可以截留细小污泥颗粒；③ 在反应器内设置搅拌装置，使气泡与污泥颗粒分离；④ 在出水堰处设置挡板以截留颗粒污泥。

（2）EGSB 反应器的特点

与 UASB 反应器相比，EGSB 反应器有以下 5 个显著特点：

① EGSB 反应器可在高负荷下取得较高的处理效率，在处理 COD 低于 1000mg/L 的废水时仍具有很高的负荷和去除率。尤其是在低温条件下，对低浓度有机废水的处理可以获得较好的去除效果。

② EGSB 反应器内维持高的上升流速。在 UASB 反应器内液流最大的上升速度仅为 1m/h，而 EGSB 反应器内的流速可达 3～10m/h，最高可达 15m/h，所以采用较大的高径比（15～40）的细高型反应器构型，有效地减少占地面积。

③ EGSB 的颗粒污泥床呈膨胀状态，颗粒污泥性能良好，在高水力负荷条件下，颗粒污泥的粒径为 3～4mm，凝聚和沉降性能好（颗粒沉速可达 60～80m/h），机械强度也较高（$3.2\times10^4 N/m^2$）。

④ EGSB 对布水系统要求较宽，但对三相分离器的要求较严格。EGSB 反应器使颗粒污泥与废水充分接触，有效解决了短流、死角和堵塞问题，但同时也容易发生污泥流失。因此三相分离器的设计是 EGSB 反应器的关键。

EGSB 采用处理水回流，对于低温和低负荷有机废水，回流可增加反应器搅拌强度，保证了良好的传质过程，从而保证了处理效果。对于高浓度或含有毒物质的有机废水，回流可稀释进入反应器内的基质浓度和有毒物质浓度，降低其对微生物的抑制和毒害。

（3）EGSB 反应器的应用

EGSB 反应器工艺已成为目前厌氧生物处理的主流工艺。该工艺可处理废水的范围较广，包括低温低浓度有机废水、中高浓度有机废水、含硫酸盐的有机废水及有毒性和难降解的有机废水。表 10-4 列出了有关 EGSB 反应器的应用。

表 10-4　EGSB 反应器的应用实例

废水种类	温度（℃）	进水 COD 浓度（mg/L）	水力停留时间（h）	COD 去除率（%）
酒精废水	30	500～700	0.5～2.1	56～94
城市污水	20	307	8	93
化工废水	30	40000	1.6	>98
人工合成废水	55	3000	4	88
低湿麦芽糖废水	13～20	282～1436	1.5～2.1	56～72
啤酒废水	15～20	660～880	1.6～2.4	70～94

5. 内循环厌氧反应器

厌氧内循环（Internal Circulation，简称 IC）反应器是 20 世纪 80 年代荷兰研究开发的一种高效厌氧生物反应器，它的有机负荷更高，被称为第三代反应器。1996 年我国引进了该项技术，并投产成功，每天处理浓度为 4300mgCOD/L 的啤酒废水 400m^3。IC 反应器的进水 COD 容积负荷率高达 20～30kgCOD/(m^3·d)，COD 去除率稳定在 80%以上，有机物去除能力远远超过目前已成功应用的厌氧反应器。

（1）IC 反应器的构造

IC 反应器具有很大的高径比，一般可达 4～8，反应器的高度可达 16～25m，从外形上看，IC 反应器更像是一个厌氧生化反应塔，基本构造图如图 10-24 所示。

IC 反应器由第一厌氧反应室和第二厌氧反应室叠加而成，每个厌氧室顶部都设有一个三相分离器。每一级三相分离器上部都有出气管通入气液分离器，气液分离器在塔体的上面。在气液分离器的上端设有出气管，下端设有回流管可直接通至反应器的底部。

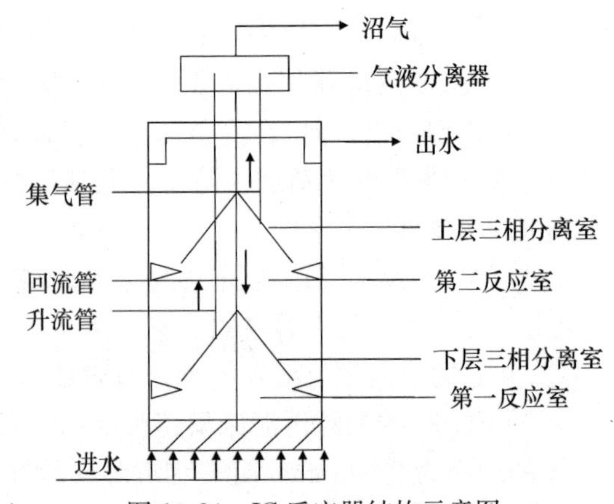

图 10-24　IC 反应器结构示意图

（2）IC 反应器的工作原理

进水从反应器底部泵入第一厌氧反应室，与室内的厌氧颗粒污泥混合均匀，大部分的有机物在这里被降解为沼气，所产生的沼气被第一厌氧反应室的三相分离器收集。沼气将沿上升管上升，由于夹带作用，沼气上升的同时把第一厌氧反应室的泥水混合液提升至反应器顶部的气液分离器，被分离出的沼气从气液分离器顶部的沼气出气管排出，分离出的泥水混合液将沿回流管返回到第一厌氧反应室的底部，并与反应室底部的颗粒污泥和进水充分混合，实现了混合液的内部循环。内循环的结果使第一厌氧反应室不仅有很高的生物量、很长的污泥龄，并且具有很高的升流速度，使该室颗粒污泥完全达到流化状态，有很高的传质速率，使生化反应速率提高，从而大大提高了第一反应室的去除有机物能力。

经过第一反应室处理过的废水，会自动进入第二厌氧反应室被继续降解，使废水得到进一步降解，提高出水水质，该室的液体上升流速小于第一室，一般为 2～10m/h。产生的沼气由第二厌氧反应室的三相分离器收集，通过集气管进入气液分离器，第二反应室的混合液在沉淀区进行固液分离，处理过的上清液经溢流堰流至排水管排走，沉淀下来的颗粒污泥将自动返回到第二反应室。

从以上可以看出，IC 反应器将四个重要的工艺过程集合到了同一个反应器中，这四个工艺分别是：① 布水系统；② 流化床反应室；③ 内循环系统；④ 深度净化反应室。实际上，IC 反应器是由两个上下重叠的 UASB 反应器串联而成，下面的第一个 UASB 反应器为高负荷部分，实现了下部分的内循环，使废水得到强化的预处理，上面的第二个 UASB 反应器为低负荷部分，对废水进行进一步处理，使出水达到预期的效果。

（3）IC 反应器的特点

IC 反应器既能防止污泥流失，又有较好的传质效果，它具有以下特点：

① 基建投资少，占地面积小。IC 反应器比普通 UASB 反应器高出 3 倍左右的容积负荷，但是它的体积却是 UASB 反应器的 1/3～1/4，并且它具有较大的高径比，非常适用于占地面积紧张的企业。

② 具有很高的容积负荷率。IC 反应器内存在内循环系统，传质效果好、生物量大、污泥龄长，其进水有机负荷率高出普通 UASB 反应器 3 倍左右。处理低浓度有机废水时，COD 去除率可达 80%以上。

③ 不必设置外加动力实现内循环，节省能耗。发酵液的循环是依靠所产生的沼气，而不是外加动力，当沼气进入沼气提升管后，管内的发酵液与管外的发酵液形成一定的密度差，从而实现了混合液的内循环。

④ 具有缓冲 pH 值的能力。内循环流量相当于第一级厌氧出水的回流，可利用 COD 转化的碱度对 pH 值起缓冲作用，使反应器内的 pH 值保持稳定。

⑤ 抗冲击负荷能力强，运行稳定性好。IC 反应器的内循环使其在处理低浓度废水时，循环流量可达进水流量的 2～3 倍，在处理高浓度废水时，循环流量可达进水流量的 10～20 倍，大大提高了进水口的水量。进水被循环水稀释，使得反应器的抗冲击能力和酸碱调节能力得到提高。再加上有第二反应室的精处理，使得出水水质较为稳定。

IC 反应器在国外的应用以欧洲较为普遍，运行经验也比国内成熟很多，不但已经在啤酒生产、造纸等生产领域的废水上有成功运用，而且规模也日益扩大。我国沈阳、上海率先引进该技术来处理啤酒废水，哈尔滨啤酒厂也引进了 IC 反应器处理生产废水。由于内循环厌氧反应器工艺的效率高、投资少等优点，该工艺有很大的推广价值。

6. 其他厌氧生物处理工艺

（1）厌氧流化床

厌氧流化床（AFB）是基于保持废水和微生物的充分接触而开发的一种反应器。反应器内含有比表面积较大的颗粒载体作为流化粒子，厌氧微生物在颗粒载体的表面形成生物膜保持系统内微生物的浓度，生物量一般可达 30～40g/L。当废水从底部以升流式通过流化床时由于水流压力很大，使粒子呈流化状态，在床体内不断上下运动，一部分出水回流并与进水混合。粒子上长满厌氧生物膜，可吸附废水中的有机物，并把有机物分解成 CH_4，气体和出水在反应器的上部分离并排出。如图 10-25 所示，为流化床的流程图。根据流速的大小和载体颗粒的膨胀程度，可分为膨胀床和流化床，流化床

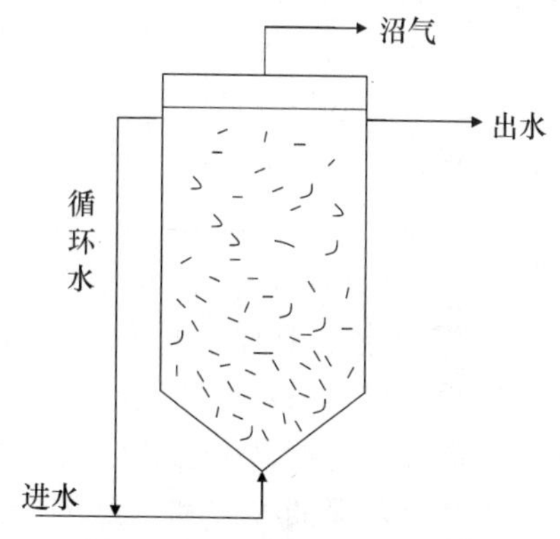

图 10-25　厌氧流化床反应器结构示意图

一般按 20%～100%的膨胀率运行。

厌氧流化床具有以下优点：① 流态化能最大限度地使厌氧污泥和被处理的污水接触；② 高的反应器容积负荷可减少反应器体积，同时由于其高度与直径的比例大于其他厌氧反应器，因此可减少占地面积；③ 由于形成的生物量大，并且生物膜较薄，传质好，因此反应过程快，反应器的水力停留时间短；启动迅速，抗负荷冲击能力强；④ 克服了厌氧生物滤池的堵塞和沟流问题。

但是，厌氧流化床还存在技术上的缺点。在该反应器中，较轻的颗粒或絮状污泥将会从反应器中连续冲出，为实现良好的流态化，生物膜颗粒必须保持均匀的形状、大小和密度。而实际上，生物膜的形成与脱落是很难控制的，反应器内部会有各种大小和密度不同的颗粒。为取得高的上升流速以保证流态化，流化床反应器出水需要部分回流，同时由于载体重量较大，为便于载体颗粒流化和膨胀，需要回流的水量很大，这增加了运行过程的能耗，导致成本增加。

(2) 厌氧折流板反应器

厌氧折流板反应器（Anaerobic Baffled Reactor，简称 ABR）是 20 世纪 80 年代初 McCarty 等人在总结了各种第二代厌氧反应器处理工艺的基础上开发的一种新型高效厌氧生物反应器。

如图 10-26 所示，ABR 是一种由多个隔室组成的结构，每个反应室都是一个相对独立的上流式污泥床（UASB）系统，其中污泥可以以颗粒化形式或絮状形式存在，废水进入反应器后，在反应器内上下交替进行，依次通过每个反应室的污泥床，废水与有机物在反应室中充分接触而被降解。借助废水流动和沼气的上升作用，反应室中污泥上下运动，由于污水在折流板的作用下，水流绕折流板流动而使水流在反应器内流经的总长度增加，再加上导流板的阻拦和污泥本身的沉降性能，使污泥在水平方向的运动缓慢，生物固体被有效地截留在反应器内。

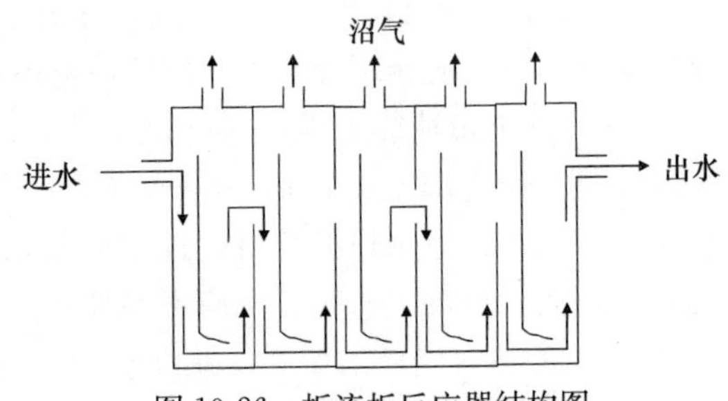

图 10-26 折流板反应器结构图

与 UASB 工艺一样，ABR 工艺中上向流室中的产气及上向流室中底部较高的水流上升速度，使隔室中的微生物群体与底物之间产生良好的接触效果，从而一方面有利于污泥的形成，另一方面大大提高了反应器的处理效率。但是 ABR 工艺又与 UASB 工艺有明显的不同，UASB 可近似看做是一种完全混合式反应器，ABR 更近似推流式工艺，从整个 ABR 反应器来看，反应器内的折流板阻挡了各隔室的返混作用，强化了各隔室混合作用，因而 ABR 反应器内的水流整体为推流式流态的复杂流态型。但是每个隔室内的水流因为上升水流及产气的搅拌作用而表现为完全混合型的水流形态。

ABR 工艺主要有以下几个性能特点：① 工艺构造设计简单，不需要结构复杂的三相分离器，投资成本低，不会造成污泥堵塞现象，运行费用低；② 反应器内水流多次上下折流作用，提高了污泥微生物体与被处理废水间的混合接触，稳定了处理效果；③ 反应器内的微生物相有明显的种群和良好的沿程分布；④ 污泥产率低，剩余污泥量少，可长期运行，不需要排泥；⑤ 耐水力和有机负荷冲击能力强，能在高负荷条件下有效地截留活性微生物固体，并且对水中的有毒有害物质有较好的承受能力。

Tilche和Yang等人提出了复合型厌氧折流板反应器（Hybrid Anaerobic Baffled Reactor，简称HABR），HABR能够提高细胞平均停留时间以有效地处理高浓度有机废水。HABR的改进主要表现在：① 最后一格反应室后增加了一个沉降室，流出反应器的污泥可以沉积下来，再被循环利用；② 在每格反应室顶部设置填料，防止污泥的流失，而且可以形成生物膜，增加生物量，对有机物具有降解作用；③ 气体被分格单独收集，便于分别研究每格反应室的工作情况，同时也保证产酸阶段所产生的 H_2 不会影响产甲烷菌的活性。

（3）两相厌氧生物处理工艺

两相厌氧消化采用两个反应器，分别培养不同的两类微生物，控制运行参数，使二者分别保持最适合这两类微生物群生长的条件。第一个厌氧反应器称为产酸相，所包含的微生物有产酸菌，第二个厌氧反应器被称为产甲烷相，所包含的微生物有产甲烷菌。在产酸相，主要由产酸菌将大分子有机物分解、酸化为小分子的有机酸、醇和氢等物质。在产甲烷相，由产甲烷菌将在产酸相产生的酸化产物进一步分解为 CH_4 和 CO_2。产酸菌种类繁多，生长快，对环境的条件不太敏感。而产甲烷菌则恰好相反，专一性很强，对条件要求苛刻，繁殖缓慢。基于此理论依据，将这一厌氧消化过程分为产酸相和产甲烷相。

与单相厌氧工艺相比，两相厌氧生物处理工艺有较广的适用范围，可适用于：① 处理富含碳水化合物而有机氮含量较低的高浓度废水，如制糖、淀粉、酿酒等工业废水；② 处理有毒的工业废水；③ 处理高浓度悬浮固体的有机废水；④ 处理难降解物质的有机废水。

两相厌氧生物处理工艺分成了两个阶段，具有以下特点：

① 该工艺提供产酸菌和产甲烷菌的最佳生长条件，与单相厌氧生物处理工艺相比，处理能力和效率有很大提高；

② 有一定的耐冲击负荷能力，运行稳定性好。对于不同浓度的有机废水有较强的适应性；

③ 产酸反应的预处理不仅为产甲烷阶段提供了适宜的基质，并且对有毒物质有一定的降解能力，减少了对产甲烷菌的毒害作用；

④ 该工艺应用范围广，且有较好的处理效果。

相分离可以归纳为化学、物理、动力学控制三种方法。化学法，即向反应池中投加选择性的抑制剂、控制微量氧、调节氧化还原电位和pH值等，抑制产甲烷菌在产酸相中的生长，实现两类微生物分开作用。物理法，即采用选择性半透膜使进入两个反应器的基质有显著的差异，实现产甲烷菌和产酸菌的分离。动力学控制法就是通过调控水力停留时间、有机负荷率等动力学参数来实现两相的分离。第一、二种方法由于对后续反应有影响或者不易实现而未得到广泛推广。动力学控制法由于易于实现，且不会对后续反应过程有不利影响，而被普遍采用。

重 点 小 结

污水生物处理是利用微生物的生命活动，对废水中呈溶解态或胶体状态的有机污染物起到降解作用，从而使废水得到净化的一种处理方法。

大多数工业废水处理厂也是以生物法为主体，如活性污泥、生物滤池、生物转盘、污水灌溉、氧化塘等，现代应用最为广泛的是活性污泥法。

活性污泥是活性污泥法处理系统中的主体，它不是一般的污泥，而是栖息着种类繁多、具有强大生命力的微生物群体的生物絮凝体。活性污泥法净化废水包括三个主要过程：吸附、微生物的代谢和凝聚与沉淀。

生物膜法是一种固定膜法，是与活性污泥法并列的一类废水好氧生物处理技术，主要用于去除废水中溶解性的和胶体状的有机污染物。

厌氧生物处理又被称为厌氧消化、厌氧发酵，是指利用兼性厌氧菌和专性厌氧菌在无氧条件下降解有机物产生 CH_4 和 CO_2 的过程。与好氧过程的根本区别在于不以分子态氧作为受氢体，而以化合态氧、碳、硫、氮等为受氢体。厌氧生物处理法具有能耗少、运转费低、能产生沼气等特点。

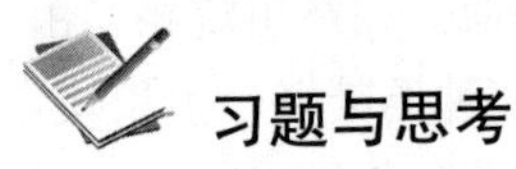

习题与思考

1. 简述活性污泥法基本原理。
2. 活性污泥法适用于处理哪些类型的污水？在运行过程中需要控制的因素有哪些？
3. 简述生物膜的构造及其进行生化反应时物质的传递过程。
4. 生物膜法与活性污泥法相比，有哪些优缺点？
5. 厌氧生物处理的原理是什么？影响其处理效果的因素有哪些？
6. 厌氧处理与好氧处理相比较，有哪些优缺点？

（本章编者：赵鑫）

第 11 章　水体富营养化与氮磷的去除

学　习　提　示

重点与难点：

掌握： 水体富营养化的危害及成因；水体脱氮除磷的原理及主要工艺。

熟悉： 水体富营养化的评价指标、脱氮除磷效果的影响因素。

了解： 水体富营养化的评价方法、脱氮除磷的新工艺。

采取的学习方法： 课堂讲授为主，部分内容学生自主学习

学时： 4 学时完成

11.1　水体富营养化概述

水体富营养化（eutrophication）是指大量生物所需的氮、磷等营养物质进入湖泊、河口、海湾等缓流水体，引起藻类及其他浮游生物迅速大量生长繁殖，而后引起异养微生物代谢活动旺盛，水体溶解氧量下降，水质恶化，导致其他水生生物大量死亡，破坏水生生态平衡的现象。

关于水体富营养化的成因，目前各家持不同见解，多数研究者认为，主要受排放的生活污水和含氮、磷较高的工业废水和农田冲刷水的污染。

影响藻类生长的物理、化学和生物因素极其复杂，藻类的发展趋势很难预测，导致富营养化的表征参数很难确定。目前，一般认为水体形成富营养化的指标是：水体含氮量大于 0.2～0.3mg/L，含磷量大于 0.01mg/L，生化需氧量（BOD_5）大于 10mg/L，细菌总数（淡水，pH7～9）达到 10^4cfu/mL，叶绿素 a（表征藻类生长量）大于 10μg/L。

20 世纪后期，我国水土富营养化加剧，导致水华（water bloom）和赤潮（red tide）频发，而富营养化发生在湖泊中称为水华，发生在海洋中引起赤潮。当水体形成富营养化时，水体中藻类的种类减少，而个别种类的个体数量猛增，由于占优势的浮游藻类所含色素不同，使水体呈现蓝、红、绿、棕、乳白等不同的颜色。

11.2　富营养化水体微生物的动态变化

水体富营养化会严重破坏水生生态系统的平衡，一般情况下，正常水体中水生生态系统中各种生物都处于相对平衡的状态，但是，水体一旦受到污染而呈现富营养状态时，正常的

生态平衡就会被扰乱，而使水生生态系统的结构和功能遭到破坏。随着水体富营养化程度的加剧，水体中的浮游藻类及水体维管植物的群落结构都会发生相应的变化。这种群落的结构演替，既是水体富营养化的一个结果，也可以作富营养化的一个指标。

外来污水的涌入触发了一系列的后续连锁反应，最初是在淡水生态系统中受磷所限制的初级生产者的生物量急剧增大。附着藻和沉水植物在富营养化起始阶段的生物量急剧增加，但是浮游植物特别是蓝细菌通过减少进入水下的光照强度导致附生藻和沉水植物的数量降低。在营养水平较高时，水体中产生大量表面积/体积比低的且浮游动物不能摄食的大型藻类，且会引起水体浑浊，不利于靠视觉定位的凶猛性鱼类对其的捕食，从而减轻了对摄食浮游动物和底栖生物的鱼类的捕食压力，导致滤食效率较高的大型浮游动物（如枝角类）的种群减小，减少了其对藻类的滤食。此外，大型植物消失后，为大型浮游动物、螺类和鱼类等提供附着基质、隐蔽所和产卵场所的功能随之消失，引起附植生物和着生动物的减少。

浮游植物在水体中占主导地位，水体透明度降低，藻类的高生产力导致大量死亡的生物残体进水沉积物中。而微生物再矿化这些生物有机物时需要消耗大量的氧气，又降低了水体的溶解氧浓度。在一些全年发生两次混合的分层湖泊中，这种情况表现得尤为突出，湖泊温跃层阻止含氧量丰富的表层水到达深水层。在高度富营养湖泊中，由于水体中的溶解氧浓度降低而导致鱼类死亡的情况并不罕见。

水体未受污染时，微生物种类丰富，但每个种群的个体数目较少，即种类多、个体少。水体受到污染后，微生物种类减少，每个种群的个体数目增加，即种类减、个数增加。水体受到严重污染后，微生物种类更少，甚至只能看到几个种群，而各个种群的个体数目则很大。日本概括了湖泊富营养化和浮游生物优势种的关系，提出了从贫营养化向富营养化过渡时出现的浮游生物优势种名录，如下：

贫营养性浮游硅藻（小环藻、平板藻）

↓

浮游黄鞭毛藻（锥囊藻）

↓

富营养性浮游硅藻（星杆藻、脆杆藻、冠盘藻、颗粒直链藻）

↓

富营养性浮游绿藻（盘星藻、栅藻）

↓

浮游蓝藻（向囊藻、囊丝藻、鱼腥藻）

↓

眼虫藻类浮游生物（裸藻）

↓

细菌类浮游生物

在贫营养湖中，硅藻类的小环藻等占优势，当过渡到富营养化初期，星杆藻等藻类成为优势种；再进一步富营养化，绿藻、蓝藻大量产生。因此，可根据植物种类组成来指示水环境的富营养化程度。

在淡水中，产生水华的藻类以蓝细菌为主，现已检出20多种，常见的藻类是：微囊藻（*Microcysis*）、鱼腥藻（*Anabaena*）、束丝藻（*Aphanizomenon*）和颤藻（*Oscillatoria*）。蓝细菌的过度繁殖会造成水体缺氧而降低繁殖速度。一种蓝细菌繁殖衰减可促使另一种蓝细菌繁殖加快，并由此引发蓝细菌种群演替。许多蓝细菌能够生物固氮，使磷成为水华的主要限制因素。

在海水中，产生赤潮的藻类很多，现已检出60多种，常见的藻类是：腰鞭毛虫（*Dinoflagellate*）、裸甲藻（*Gymnodinium aeruginosum*）、短裸甲藻（*Gymnodinium breve*）、梭角藻（*Ceratium fusus*）、卵形隐藻（*Cryptomonas ovata*）、无纹多沟藻（*Popykrikos schwartzi*）、夜光藻（*Noctiluca milialis*）等。其中，腰鞭毛虫又称甲藻，常见于北纬或南纬30°的海水中，单细胞，具有两根鞭毛，含有光合色素，细胞呈深褐、橙红、黄绿等颜色。赤潮发生时，甲藻数目可达50000个/mL，使海水呈现甲藻的颜色。甲藻可发荧光，在黑夜中也清晰可见。

上海交通大学生命科学技术学院叶文瑾在研究太湖水体发生富营养化时发现，*Synechococus*和*Microcystis*是占优势的蓝细菌，它们的大量生长很可能抑制了水体中其他蓝细菌的生长，并导致蓝细菌群落在水华爆发期的多样性下降。上海交通大学奚万艳等通过16SrRNA克隆文库研究了太湖梅梁湾2004年3月和9月表层水样中细菌组成的变化，发现在蓝藻水华前与水华末期的菌群结构存在差异，特别是最优势的细菌发生了很大变化。在水华末期的细菌组成更为多样性，有11个类群；而未发生水华时的细菌组成只有7个类群。所研究水域中发现的很多细菌的16SrRNA基因与出现在许多不同的淡水生境，包括国外贫营养湖、中营养湖和富营养湖中细菌的系统关系密切，还发现大量源于长江的克隆子，很少有与海洋中细菌相似的序列。

郑晓红（南京大学环境学院）等对玄武湖水华暴发及衰退期3个湖区内的水样，采用变性梯度凝胶电泳技术（DGGE）得到细菌群落特征DNA指纹图谱，并分析优势细菌的16SrDNA序列。分析结果为：玄武湖微囊藻水华期间细菌主要属于3大类群，包括*Proteobacteria*、*Firmicutes*和*Bacteroides*；水华暴发期，*Firmicutes*、*Bacteroides*、α、β、γ-*Proteobacteria*分别占总数的31.25%、25%、18.75%、12.5%、12.5%，优势菌为16种，生物多样性高；水华衰退期*N-Proteobacteria*菌群比例上升50%，其次为*Firmicutes*和α-*Proteobacteria*，分别占总数的33.3%和16.7%，水体内原有的*Hydrogenophaga*、*Vogesella*、*Sphingomonas*、*Exiguobacterium*等菌属消亡，优势菌种数减少至6种，但细菌数量增大；*Pseudomonas*与*Bacillus*在水华暴发和衰退期一直处于优势，但优势菌的种类发生改变；同一时期内，藻华相对密集的湖区优势菌种数相对较少，生物多样性相对较低。

11.3　水体富营养化的危害与成因分析

水体富营养化的危害很大，可破坏水体自然生态平衡，会导致一系列的恶果，主要表现在对水生生态系统的危害、对人体健康的危害、影响水产养殖业、旅游业和增加供水成本等。

11.3.1　水体富营养化的危害

1. 对水生生态系统的危害

水体是一种生物与环境、生物与生物之间相互依存和相互制约的复杂生态系统，系统中的物质循环、能量流动，是处于相对稳定和动态平衡状态的。当富营养化发生时，这种平衡遭到干扰和破坏。由于藻类的过量繁殖，水面被藻类遮盖着，阳光难以进入，严重抑制了深层水体的光合作用，降低了水中的溶解氧；而死亡藻类不断沉到底部，加快了底部氧的消耗，使表面以下的水体处于厌氧状态。这样就导致一些生物不能正常生长、发育、繁殖，一部分生物逃避甚至死亡，导致水生生物的稳定性和多样性降低，大型水生植物群落将随着富营养化程度的加剧逐渐消失，破坏了原有的生态平衡，造成可利用的水资源量愈加短缺，加剧水资源危机，严重影响工农业生产的可持续发展。

2. 对人体健康的危害

富营养化水体的水质下降，仅这一点就对人体健康产生很大的威胁，水质下降有时只表现为气味和口味的变化，有时可能却含有致病毒素。例如：在富营养化水体中容易生长的铜绿微藻，含有一种肝毒素，可以在鱼体内富集，人食用鱼后该毒素可转移至人体内，危害人体健康。赤潮水体使人不舒服，渔民称之为“辣椒水”，与皮肤接触后，可使皮肤出现瘙痒、刺痛、出红疹等现象；如果溅入眼睛，疼痛难忍；有赤潮毒素的雾气能引起呼吸道发炎。

3. 对水产养殖和捕捞业的危害

水体富营养化危害水产养殖和捕捞业。有些藻类的分泌液或死亡分解后产生的黏液，可以附着在鱼虾贝类的鳃上，使它们窒息死亡；鱼虾贝类吃了含有毒素的藻类后，直接或间接积累发生中毒死亡；藻类死亡后，其分解过程消耗水体中的溶解氧，鱼虾贝类由于缺少氧气而窒息死亡。

4. 对旅游业的影响

水体富营养化还影响旅游业的发展。洁净且宽阔的水域，一直是人们旅游所向往和青睐的地方，水体一旦富营养化，水味腥臭，透明度下降，水体浑浊，臭气冲天，引起景观变化，破坏了旅游区的秀丽风光，使原本的地产价值和旅游消费受到严重损失。我国一些有名的风景游览湖泊，如杭州西湖、武汉东湖、南京玄武湖、长春南湖、云南滇池等也都面临这样的问题，东湖已有几个天然游泳场为此而关闭。

5. 对供水安全及成本的影响

富营养化水体，使藻类特别是增殖能力强的藻类大量生长，如硅藻门的直链藻、舟形藻、小球藻、星杆藻、针杆藻、脆杆藻、等片藻、桥穹藻、平板藻，绿藻门的小球藻、水绵藻、胶群藻，蓝藻门的颤藻、项圈藻、蓝束藻等。富营养化水体中不仅含有大量的藻类，细菌的数量也较原水增多，它使水的气味加重，视觉和触觉质量降低，毒素增多，这就使水厂在过滤时效率降低，增加制水成本。而且遭受富营养化污染的水体在一定条件下因厌氧作用产生硫化氢、甲烷、氨气等有毒有害气体，给给水处理增加相当的技术难度。同时，由于大量的富营养化生物沉积水底，水的深度、面积和蓄水量也会遭受损失。2007 年吉林省新立城水库由于蓝藻大量生长，造成水体富营养化，严重影响城市供水，同时也加大了供水企业成本。

11.3.2 水体富营养化的成因分析

关于富营养化的形成机理，目前主要有两种理论，分别是食物链理论和生命周期理论。

1. 食物链理论

荷兰科学家马丁·肖顿于 1997 年 6 月在磷酸盐应用技术研讨会上提出食物链理论，认为自然水域中存在水生食物链，如果浮游生物的数量减少或捕食能力降低，将使水藻生长量超过消耗量，平衡被打破，造成水体富营养化。这说明氮、磷等营养负荷的增加不是导致富营养化的唯一原因，影响浮游生物捕食能力的农药、杀虫剂等有机污染物也可能导致水体富营养化。

此外，二氧化碳等温室气体排放导致全球气候变暖，气温升高，一方面加速了湖泊退化和土壤干旱的进程，另一方面显著提高了水生生物的初级生产率，被认为是浮游生物短时间内大量暴发而造成水体富营养化的机制之一。

2. 生命周期理论

生命周期理论是近年来普遍为人们所接受的一种理论。该理论认为含氮磷的化合物过多排入水体，破坏了原有的生态平衡，引起藻类大量繁殖，水中溶解氧急剧下降，导致鱼类等浮游生物缺氧死亡，其尸体腐烂又造成水质污染和恶化。根据这一理论，氮、磷的过量排放是造成富营养化的根本原因，藻类是富营养化的主体，其生长速度直接影响水质的状态。在适宜的光照、温度、pH 值及营养物质充分的条件下，天然水体中的藻类进行光合作用，合成本身的原生质，其总反应式为：

$$106CO_2 + 16NO_3^- + HPO_4^{2-} + 122H_2O + 18H^+ + \text{能量} + \text{微量元素} \longrightarrow C_{106}H_{263}O_{110}N_{16}P(\text{藻类原生质}) + 138O_2$$

反应式中微量元素是指镁、锌、钼、钒、硼等元素的化合物。由上式可见，生产 1kg 藻类原生质，需要消耗碳 358g，氢 74g，氧 496g，氮 63g，磷 9g。在藻类繁殖过程中，可利用水中溶解的二氧化碳及有机物分解产生的二氧化碳作为自身生长所需的碳源，因而氮和磷就成为限制性因子，所以藻类的生长繁殖主要取决于水体中这两种成分的含量。根据利比希最小因子定律，植物的生长取决于外界供给它们养分最少的一种或两种，显然氮、磷是限制因子，也是导致富营养化的决定因子，其含量通常被作为富营养化的标志。因此，要想控制水体富营养化，必须控制水体中氮磷等营养盐的含量及其比例。

氮、磷等营养物质来源较为复杂，既有内源又有外源，既有点源又有非点源。对国内外不同区域水体的考察表明：不论营养物质来源于何处，水体富营养化的形成是受多种因素影响的，这其中既有自然因素的作用，也有人为因素的作用。

（1）自然因素

营养物质是引起富营养化的决定性因素，数千年前或者更远年代，自然界的许多湖泊处于贫营养状态。然而，随着时间的推移和环境的变化，湖泊一方面从天然降水中吸收氮、磷等营养物质；一方面因地表土壤的侵蚀和淋溶，使大量的营养元素进入湖内，湖泊水体的肥力增加，大量的浮游植物和其他水生植物生长繁殖，为草食性的甲壳纲动物、昆虫和鱼类提供了丰富的食料。当这些动植物死亡后，它们的机体沉积在湖底，积累形成底泥沉积物。残存的动植物残体不断分解，由此释放出的营养物质又被新的生物体所吸收。

因此，富营养化是天然水体普遍存在的现象。但是在没有人为因素影响的水体中，富营养化的进程是非常缓慢的，即使生态系统不够完善，仍需至少几百年才能出现。一旦水体出现富营养化现象，要恢复往往是极其困难的。这一结果往往导致湖泊→沼泽→草原→森林的变迁过程。

（2）人为因素

人为因素主要表现在向水体中输入大量的氮、磷等营养物质，造成水体氮、磷含量超过引发富营养化的底限。过量的氮和磷主要来源于未处理或处理不完全的工业废水和生活废水、有机垃圾和家畜家禽的粪便及化肥等，其中化肥是最大的污染源。

① 未经处理的生活污水的排入

生活污水中含有大量的可溶性营养盐类，而且还有许多有机质，生活污水中的洗涤剂含有大量的磷，环境科学家认为洗涤剂中的磷成分是水体富营养化的四个主要原因（化肥、人畜粪便、水土流失、含磷洗涤剂）之一，洗涤剂中磷占磷总排入量的 20%左右。

② 工业废水的排放

工业中如化肥、制革、食品等行业排出的废水，富含大量的营养物质以及无机盐类。近年来，工业排放的废水逐年递增。但由于技术与资金的原因，大部分工业废水只经简单处理甚至未经任何处理就直接排入江河等水体中，许多废水中所含的氮、磷等物质也就不断地在水体中累积了下来。

③ 农业中农药、化肥的使用

现代农业生产中大量使用化肥、农药，在很大程度上污染了环境，农药、化肥在土壤中残留，不断地被淋溶到周围环境中。而且研究表明，目前化肥的施用量是农作物实际需要量的几倍，多余的化肥、农药随排水进入水体，其中所含的氮、磷就导致了水体富营养化。以太湖为例，农业面源入湖的氮占总氮的72%～75%。

④ 大气沉降

燃料的燃烧会产生大量的含氮气体，这些氮氧化合物随雨雪降落在土壤或水体表面，从而污染地表水源，导致含氮化合物浓度升高。随着大气污染日益严重，大气沉降也成为重要的水域富营养化原因之一。

11.4 水体富营养化的监测指标与评价

11.4.1 水体富营养化的监测指标

水体富营养化的监测指标，从测定的项目上分，大致可分为物理、化学和生物学三种指标，这些指标是衡量富营养化的一个尺度，但富营养化现象是复杂的，必须把这些因子的复杂性交织在一起才能表示富养化状态。一般来说，有5个指标为基准的基本变量，即总氮（TN）、总磷（TP）、叶绿素a（Chla）、透明度（SD）或藻类浊度、溶解氧。

对于湖泊营养水平的评价标准，至今尚未得出一致意见，但大致可分为两种，一种是美国国家环保局（EPA）湖泊富营养化阶段标准：水体总磷大于20～25mg/L，叶绿素a大于10mg/L，透明度小于2.0m，深水的饱合溶解氧量小于10%的湖泊可判断为富营养化水体。另外一种是经济合作与发展组织（OECD）湖泊营养分类系统。目前判断水体富营养化的一般标准是：氮含量超过0.2～0.3mg/L，磷含量大于0.01～0.02mg/L，BOD大于10mg/L，pH值7～9的淡水中细菌总数超过10万个/mL，叶绿素a含量大于10μg/L。具体的人为认定的参考数值见表11-1。

表11-1 湖泊水体的富营养化程度

营养化程度	贫营养	贫营养～中营养	中营养～富营养	富营养
无机氮（mg/L）	<0.2	0.2～0.4	0.5～1.5	>1.5
总磷（mg/L）	<0.005	0.005～0.01	0.03～0.1	>0.1
BOD（mg/L）	<1	1～3	3～10	>10
细菌（个/mL）	<100	$100\sim1\times10^4$	$1\times10^4\sim10\times10^4$	$>10\times10^4$
叶绿素a（μg/L）	<1	1～3	3～10	>10

目前，世界各国对水体富营养化指标的划分标准大致相似，一般地说，如果水体中的无机氮和总磷浓度大于 0.5mg/L 和 0.03mg/L 时，该水体即处于富营养化状态。

11.4.2　水体富营养化的评价

评价水体富营养化的方法是多种多样的，早期以综合评价法为主，以数理统计为基础的模糊评价、灰色预测、层次分析等系统分析方法近年来发展很快。

1. 综合评价法

综合评价法包括特征法、参数法、营养状态指数法、生物指标评价法和入湖磷浓度、湖泊富营养化状态相应关系评价法等。

（1）特征法

特征法是根据水体富营养化的生态环境因子特征来评价水体营养状态的方法。最早于 1937 年由日本的吉村提出，他把水体区分为贫营养和富营养，采用的指标主要分为湖盆形态、水质、生物和底质等四个大的方面。把每一个指标定性区分为两种类型，如把水色区分为蓝色或绿色—黄色两种类型。显然此方法还是建立在定性的基础之上，很少进行定量。同时，该方法把湖泊只区分为两种类型，因而显得过分简单，不能准确地描述湖泊的营养水平。

（2）参数法

参数法是根据水体富营养化主要代表性参数，来评价水体营养状态的方法。所选择的参数多为水体中总磷、总氮、叶绿素 a、透明度等，通过对这些参数的数量大小分级，把水体分为多个营养程度，如贫、中、中-富、富、极富等。

（3）营养状态指数法

营养状态指数法是综合多项富营养化代表性指标，将其表示成指数，而对水体营养状态进行连续分级的方法。由于以一套参数为基础的评价，指标简单、反应灵敏，但在使用时常因测试技术误差或水体季节变化等因素的影响，往往难以反映出水体营养化状态的真实情况。Carlson 力图将单变量的简易性与多变量综合判断的准确性相结合，于 1977 年提出 TSI 营养状态评价指数（Trophic state index）。他把透明度为基准的 TSI 指数，分为 0～100 的连续数值，作为评价湖泊营养状态的分级标准。当 TSI 指数为零时湖泊的营养状态最低，此时的透明度应最大。Carlson 提出的以透明度为基础的 TSI 指数，忽略了浮游植物以外的其他因子对透明度的影响。为了弥补以上不足之处，日本的相崎守弘等人，将以透明度为基础的 TSI 指数，改为以叶绿素浓度为基准的营养状态指数，称之为修正的营养状态指数。应当强调的是，在使用 TSI 指数或修正的 TSI 指数方法时，要满足该方法的提出前提：磷为藻类生长的限制因素，计算 TSI 所采用的总磷和叶绿素等参数值，取自湖泊的夏季值或是选择湖泊中各参数值中具有明显相关关系时期的值。

（4）生物指标评价法

生物指标评价法主要有优势种评价法和生物多样性指数评价法。水生生物调查结果表明，在一般情况下，贫营养型水体中的浮游植物是以金藻为主；中营养型湖泊是以硅藻为主；富营养型湖泊以绿藻、蓝藻为主。在评价工作中，根据水生生物调查的资料，确定水体富营养化状况。自然界的水体在一般情况下，各种水生生物的数量均维持相对稳定的关系，一旦发生富营养化，浮游植物中某些属类大量繁殖，生物多样性降低。因而，可以用藻类的多样性指数作为判定水体富营养化状况的依据。

各国学者针对具体湖泊或湖泊群的研究，所提出的评价标准不完全相同。瑞典的罗德河（Rodhe）提出用湖泊生物生产力，作为判定湖泊富营养化程度的标准。他从日平均生产量和年生产量两个指标来定量地评价湖泊富营养化程度。Seirgense 于 1980 年从湖泊生态学的观点出发，提出了湖泊富营养化程度的判断标准。

另外，加拿大湖泊学家 Vollenweider 根据湖泊富营养化特性研究，建立了湖泊平均深度、单位面积水量负荷与入湖磷浓度和湖中磷浓度的定量关系式，利用该关系式可根据入湖磷浓度预测湖中磷浓度（即湖泊的营养状态响应）。

2. 系统分析法

进入 20 世纪 80 年代后，随着计算机技术的快速发展，使现代数学理论应用于湖泊富营养化评价中，复杂的数理统计方法能得以实现。模糊数学、随机模型、灰色系统和人工智能等理论方法与计算机技术相结合应用于湖泊富营养化评价中相当活跃。应用较多的方法有以下几种：

（1）模糊评价法

由于湖泊水体环境本身存在大量不确定性因素，各个营养级别的划分、标准的确定都具有模糊性，因此模糊数学在湖泊富营养化评价中得到较为广泛的应用。模糊评价的方法原理是设环境质量要素集合为 U，环境质量评价标准集合为邱卫国确定模糊关系矩阵 v，计算权重并归一化及模糊矩阵复合运算并得出相应结果。劳期团利用模糊数学评价法对四川的邛海进行了富营养化评价，收到了较好的效果。

（2）灰色系统理论方法

灰色系统理论是我国邓聚龙教授于 1982 年创立的一门理论，该理论用颜色深浅表示信息的完备程度，将内部特征已知的信息系统称为白色系统，把完全未知和未确知的信息系统称为黑色系统，部分已知的信息系统称为灰色系统。在环境评价中，有限时空的监测数据所能提供的信息是不完全的，因此环境系统是一个灰色系统。灰色关联度分析法的方法原理是：构建样本矩阵和水质标准浓度矩阵，将二者归一化，计算关联系数，关联度大者表示关联度高，表示该水样应评为对应的级别。河海大学张松滨等以灰色系统理论提出了共原点灰色聚类分析方法，并将其应用于湖泊富营养化程度的判别过程中。通过对全国 16 个湖泊富营养化程度的评价，表明该方法可用于湖泊富营养化程度的判别过程是合理可行的。

（3）其他评价方法

数学分析法中的物元分析法、集对分析法、欧几里德（Euclid）贴近度评价法、状态矩阵评价方法等也常应用于湖泊富营养化评价中，有时也收到较好的效果。

近年来地理信息系统（GIS）和遥感（RS）技术开始逐渐应用于湖泊富营养化监测和评价中。例如，中国科学院张海林等利用武汉东湖各子湖多年可靠的地面监测资料和 1999 年 9BLandsat-7 的 TM 各波段的卫星遥感数据，建立了各子湖泊的营养状态指数与 TMb5 图像上的灰度值之间的线性关系模型，并运用该模型对武汉各湖泊进行富营养化评价。遥感作为一种新型的湖泊水体富营养化监测手段是非常经济可行的，并且适合于大范围的湖泊水体的富营养化监测。

11.5 水体氮磷的去除

11.5.1 生物脱氮

1. 生物脱氮理论

生活污水和工业废水中含有大量的氮素污染物质，采用适当的技术措施对自然界中广泛存在的氮素循环现象进行模拟和强化，形成活性污泥法脱氮工艺。氮在污水中以有机氮和无机氮形式存在，有机氮可以被细菌氧化分解，转化为 NH_4^+-N，俗称氨化作用；然后通过硝化作用，水体中氨氮被氨氧化细菌转化为 NO_2^--N，接着被亚硝酸氧化菌氧化为 NO_3^--N；最后是反硝化细菌通过反硝化作用将 NO_3^--N 还原为 N_2，从而达到生物脱氮的目的。

氨化作用在污水的生物处理过程中非常容易实现，所以一般的生物脱氮过程主要是通过硝化和反硝化两个过程来完成，即有机氮分解为氨氮后，氨氮由自养的硝化细菌在好氧条件下转化为硝态氮，然后再在缺氧条件下通过异养的反硝化菌将硝态氮还原为氮气，这一观点已受到广泛的接受。传统脱氮的主要酶如下：

AMO（Ammonia Monooxygenase，氨单加氧酶）、HAO（Hydroxylamine Oxidase，羟胺氧化酶）、NOR（Nitrite Oxido Reductase，亚硝酸盐氧化酶）、Nar（或 Nr，Nitrate Reductase，硝酸盐还原酶）、Nir（Nitrite Reductase，亚硝酸盐还原酶）、Nor（Nitric Oxide Reductase，一氧化氮还原酶）、Nos（Nitrous Oxide Reductase，氧化亚氮还原酶）。

（1）氨化作用

氨化反应就是指在氨化菌的作用下，有机氮化合物主要是指蛋白质转化为氨态氮的过程。氨化作用在污水的生物处理过程中非常容易实现。氨化细菌种类繁多，好氧、厌氧或中性、碱性、酸性条件下都有氨化反应的存在，但是微生物种类不同，其氨化强弱也不一样。

（2）硝化作用

硝化作用（nitrification）是指氨氮在微生物作用下被氧化为亚硝态氮和硝态氮的过程。

第一阶段为亚硝化，即铵根（NH_4^+）氧化为亚硝酸根（NO_2^-）的阶段：

$$NH_4^+ + 3O_2 \longrightarrow NO_2^- + 2H_2O$$

第二阶段为硝化，即亚硝酸根（NO_2^-）氧化为硝酸根（NO_3^-）的阶段：

$$NO_2^- + \frac{1}{2}O_2 \longrightarrow NO_3^-, \quad \Delta G = -78.5\text{kJ/mol}$$

硝化细菌是化能自养菌，生长率低，对环境条件变化较为敏感。温度、溶解氧、污泥龄、pH、有机负荷等都会对它产生影响。硝化过程受到以下因素的影响：

① 硝化菌世代周期长（约 3d），污泥龄应大于 2 倍的世代周期长；

② 硝化菌生长率低，受环境条件影响大，适宜温度为 20～30℃，低于 15℃，反应速率下降，低于 5℃几乎完全停止；

③ 硝化菌是自养菌，当 BOD_5 值过高时，异养菌快速生长，抑制了硝化菌的生长；

④ 硝化过程需氧，在硝化反应的曝气池内，溶解氧含量不得低于 1mg/L，建议溶解氧应保持在 1.2～2.0mg/L；

⑤ 硝化产生 H^+，为促进反应，pH 值应保持在 7～8。

(3) 反硝化作用

反硝化作用（denitrification）也称脱氮作用。反硝化细菌在缺氧条件下，利用有机物作为碳源以及电子供体，还原硝酸盐，释放出分子态氮（N_2）或一氧化二氮（N_2O）的过程。

$$NO_3^- + 5H^+ \text{（电子供体）} \longrightarrow \frac{1}{2}N_2 + 2H_2O + OH^-$$

反硝化菌属异养兼性厌氧菌，在有氧存在时，它会以 O_2 为电子受体进行呼吸；在无氧而有 NO_3^- 或 NO_2^- 存在时，则以 NO_3^- 或 NO_2^- 为电子受体，以有机碳为电子供体和营养源进行反硝化反应。反硝化过程受到以下因素的影响：

① 反硝化需要碳源，当废水中 $BOD_5/TN > 3 \sim 5$ 时，认为碳源充足，勿需另加碳源，当废水中 $BOD_5/TN < 3 \sim 5$ 时，需另加碳源，一般加甲醇；

② pH 适宜值为 6.5～7.5；

③ 温度：最适宜温度是 20～40℃，低于 15℃反硝化反应速率降低；

④ 溶解氧：反硝化菌是兼性菌，反硝化过程在无氧条件下，利用 NO_3^- 或 NO_2^- 中的氧进行呼吸，另外，反硝化菌体内某些酶系统合成又需要氧分子，所以反硝化反应在缺氧状态下进行，溶解氧不能大，又不能为零，DO<0.5mg/L。

2. 传统生物脱氮工艺

生物脱氮技术的开发始于 20 世纪 30 年代发现了生物滤床中的硝化、反硝化反应，经过几十年的发展，出现了一些不同种类的脱氮工艺。现对几种典型的生物脱氮工艺进行讨论。

(1) 传统三段生物脱氮工艺

该工艺将含碳有机物的去除、硝化及反硝化在三个池中独立进行，每一部分都有其自己的沉淀池和各自独立的污泥回流系统，并分别控制在适宜的条件下运行，处理效率较好，其流程如图 11-1 所示。

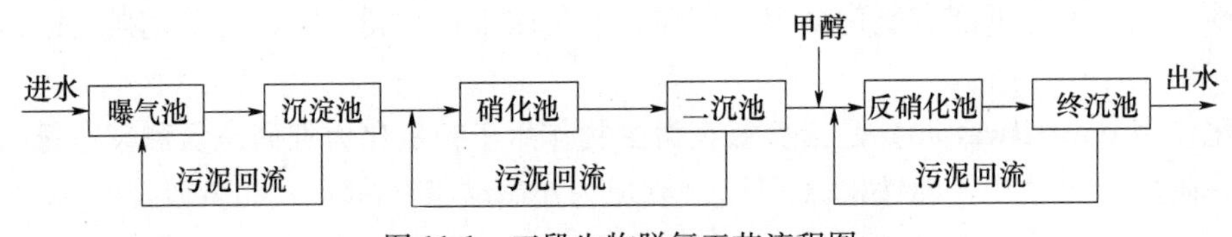

图 11-1　三段生物脱氮工艺流程图

由于反硝化段设置在有机物氧化和硝化段之后，主要靠内源呼吸碳源进行反硝化，效率极低，所以必须在反硝化段投加碳源来保证高效稳定的反硝化反应，其中甲醇是最常用的外加碳源。

三段生物脱氮工艺具有以下特点：氨化细菌、硝化细菌、反硝化细菌分别生长在各自适宜的环境中，反应速度快；不同性质的污泥分别在不同的沉淀池中沉淀分离和回流，灵活性和适应性大，运行效果好；但是处理构筑物多，设备较多，管理比较复杂。

(2) 缺氧/好氧（A/O）工艺（图 11-2）

该工艺为解决反硝化过程中需投加碳源的问题，将缺氧段位于系统前面，从曝气池末端回流含有大量硝酸盐的混合液，在缺氧池中进行反硝化脱氮，反硝化反应以原污水中的有机物为碳源。

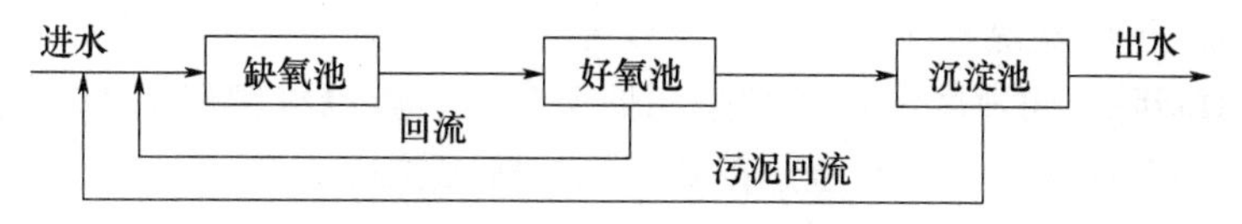

图 11-2　A/O 工艺流程图

厌氧/缺氧/好氧（A^2/O）工艺，如图 11-3 所示，是在 A/O 工艺的基础上改进而发展起来的工艺。A^2/O 在 A/O 工艺中增加一个厌氧段，具有以下的优点：可减轻后续反硝化-硝化系统中的 NO_3^--N 的积累；将厌氧区放在前边，可以让聚磷菌在碳源充足的情况下有效释磷，这样可以有效地提高系统除磷能力；由于厌氧（酸化）作用将一部分难降解的有机物转化成为易降解的有机物，提高了可生化性，为缺氧段提供了较好脱氮环境。

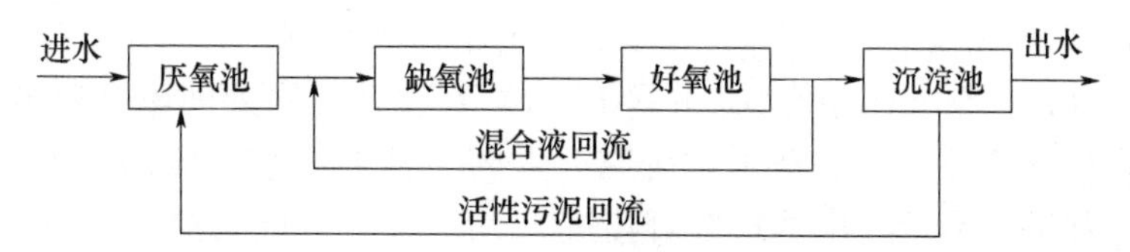

图 11-3　A^2/O 工艺流程图

常规 A^2/O 工艺生物反应器由三段功能明确的厌氧、缺氧以及好氧区域构成，可以根据进出水要求，对三段的运行和时空比例进行人为的控制，只要能提供充足的碳源（BOD/TKN$\geqslant$4 或 TKN/COD$\leqslant$0.08）便可以得到较高的脱氮效率。A^2/O 工艺是简单的同步脱氮除磷工艺，厌氧好氧交替运行抑制丝状菌生长，不易出现污泥膨胀现象；总水力停留时间也较同类工艺小，无需投加药物，运行费用低，是目前在国内外使用最为广泛的生物脱氮除磷工艺。

（3）序批式活性污泥法（SBR）

SBR 是序列间歇式活性污泥法（Sequencing Batch Reactor Activated Sludge Process）的简称，是一种按间歇曝气方式来运行的活性污泥污水处理技术，又称序批式活性污泥法。 SBR 是 20 世纪 70 年代以来开发的一种集生物降解和脱氮除磷于一体的技术，它的主要特征是在运行上的有序和间歇操作。SBR 技术的核心是 SBR 反应池，该池集均化、初沉、生物降解、二沉等功能于一体，不需二沉池和污泥回流系统，如图 11-4 所示。

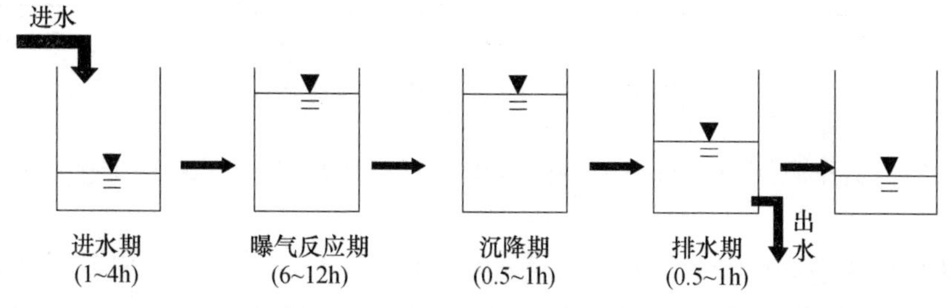

图 11-4　SBR 反应器运行流程图

SBR 工艺反应及去除污水中杂质的机制与传统的活性污泥法并没有本质上的区别，最大的区别在于其运行方式的不同。SBR 反应器在时间上依次排列运行，典型流程包括进水、反应、沉淀、排水、闲置等 5 个阶段，通过自动控制装置完成工艺操作，可以方便灵活地进行缺氧—厌氧—好氧的交替处理过程。

总的来说，由于传统脱氮理论的限制导致传统生物脱氮工艺存在以下局限性：

① 厌氧细菌新陈代谢速度慢，特别是在低温冬季，难以维持较高的生物浓度，因此造成系统总水力停留时间较长，导致基建投资和运行费用较高；

② 自养菌易受到高氨氮负荷和有机物的影响；

③ 需要硝化反应和反硝化反应进行时间或者空间上的分离，成本较高；

④ 自养硝化菌在有大量有机物存在的条件下，对氧气和营养物的竞争不如好氧异养菌，从而导致其难以在系统中成为优势菌。

3. 生物脱氮新工艺

近年来，随着厌氧氨氧化菌、异养硝化菌等脱氮机理不相同的菌的发现，生物脱氮研究的领域也不断拓宽。目前，已报道的生物脱氮新方法主要有以下几方面。

(1) MSBR 工艺

MSBR（Modified Sequencing Batch Reactor）是改良式序列间歇反应器，是根据 SBR 技术特点，结合传统活性污泥法技术，研究开发的一种更为理想的污水处理系统。MSBR 系统的运行原理如下：污水经预处理后直接进入 MSBR 池的厌氧池，与预缺氧池的回流污泥混合，富含磷的污泥在厌氧池进行释磷反应后进入缺氧池，缺氧池主要用于强化整个系统的反硝化效果，由主曝气池至缺氧池的回流系统提供硝态氮。缺氧池出水进入主曝气池经有机物降解、硝化、磷吸收反应后再进入 SBR 池Ⅰ或 SBR 池Ⅱ。如果 SBR 池Ⅰ作为沉淀池出水，则 SBR 池Ⅱ首先进行缺氧反应，再进行好氧反应，或交替进行缺氧、好氧反应。在缺氧、好氧反应阶段，序批池的混合液通过回流泵回流到泥水分离池，分离池上清液进入主曝气池，沉淀污泥进入预缺氧池，经内源缺氧反硝化脱氮后提升进入厌氧池与进厂污水混合释磷，依次循环，如图 11-5 所示。

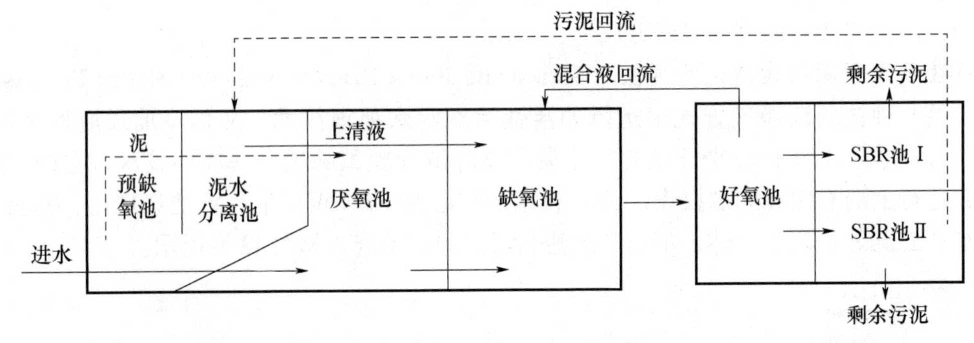

图 11-5 MSBR 反应器工艺示意图

由 MSBR 的工作原理及运行方式可以看出，MSBR 与一般的 SBR 工艺比较具有如下的特点：

① MSBR 系统是从连续运行的单元（如厌氧池）进水，而不是从 SBR 单元进水，这样就将大部分好氧量从 SBR 池转移到连续运行的主曝气池中，从而将需氧量也移到主曝气池中，改善了设备的利用率；

② 由于所有的生化反应都与反应物的浓度有关，从连续运行的厌氧池进水也就加速了厌氧反应速率，厌氧后的污水进入缺氧池，然后再进入曝气池，提高了缺氧区的反应速率及曝气区的 B 降解和硝化反应速率，从而改善了系统的整体处理效应，提高了出水水质，同时也使系统的体积效率大大提高；

③ 从连续运行单元进水极大地改善了系统承受水力冲击负荷和有机物冲击负荷的能力；

④ MSBR 增加了低水头、低能耗的回流设施，从而极大地改善了系统中各个单元内 MLSS 的均匀性，即增加了连续运行单元的 MLSS 浓度（特别是提高了硝化反应的反应速率）和减少了 SBR 池的 MLSS 浓度；

⑤ MSBR 系统 SBR 池的水力条件经过了专门处理，在 SBR 池中间设置的底部挡板避免了水力射流的影响，这样 SBR 池在出水时起到的是悬浮污泥床的过滤作用而非一般的沉淀作用，这与其他 SBR 工艺的工作原理有着本质的区别；

⑥ MSBR 系统采用空气堰控制出水，而不是采用出水初期放空的形式排除已经进入集水槽内的悬浮固体，防止了曝气期间的任何悬浮物进入出水堰，从而有效地控制了出水悬浮物；

⑦ 最新的 MSBR 附带了一项最新的除磷工艺专利，在回流污泥进入厌氧池前增加了一个污泥浓缩区，这样就减少了硝酸盐进入厌氧区的机会，减少了挥发性脂肪酸（VFA）因回流而造成稀释，增加了厌氧区的实际停留时间，从而大大提高了除磷效率。

由其工作原理可以看出，MSBR 是同时进行生物除磷及生物脱氮的污水处理工艺。MSBR既不需要初沉池和二沉池，又能连续进水运行。采用单池多格方式，结合了传统活性污泥法和 SBR 技术的优点，不但无需间断流量，还省去了多池工艺所需要的更多的连接管、泵和阀门，出水水质稳定、高效，并有极大的净化潜力。通过研究及生产性应用，证明 MSBR 法是一种经济有效、运行可靠、易于实现计算机控制的污水处理工艺。

（2）同步硝化反硝化（SND）

SND（Simultaneous Nitrification and Denitrification）过程可以在没有明显独立设置缺氧区的活性污泥系统内大量去除总氮。

对于 SND 生物脱氮技术反应机理的认识主要有两种。

① 酶促学说：异养硝化菌可利用 AMO 将氨氮氧化为羟胺，羟胺可以在一类异养硝化菌特有的不含血红素的 HAO 的作用下转化为亚硝酸盐或氧化二氮。在好氧情况下，异养硝化的 HAO 可将羟胺转化为亚硝酸盐氮及少量氧化二氮，在厌氧或微好氧情况下可将羟胺转化为氧化二氮。

$$2NH_2OH+O_2 \longrightarrow 2NO_2^- +6H^+ +4e \text{（好氧）}$$

$$2NH_2OH \longrightarrow N_2O+H_2O+4H^+ +4e \text{（厌氧）}$$

② 微环境理论：由于微生物种群结构、基质分布代谢活动和生物化学反应的不均匀性，以及物质传递的变化等因素的相互作用，在活性污泥菌胶团和生物膜内部会存在多种多样的微环境类型。而每一种微环境往往只适合于某一类微生物的活动，而不适合其他微生物的活动。在活性污泥中，决定各类微环境状况的因素包括有机物和电子受体，如：DO、硝态氮的浓度及物质传递特性、菌胶团的结构特征、各类微生物的分布和活动状况等。在好氧性微环境中，由于好氧菌的剧烈活动，当耗氧速率高于氧传递速率时，可变成厌氧性微环境；同样，厌氧性微环境在某些条件下，也能转化成好氧性微环境。

近年来研究发现，SND 是一种非常经济的脱氮手段，通过以下方法可得到 SND：① 调整工艺设计同时实现硝化和反硝化需要的条件，例如，序批式生物膜反应器（SBBR）是在传统 SBR 反应器中挂膜，是活性污泥法和生物膜法的结合，生物膜提供的微观缺氧环境实现了在同一反应器中好氧和缺氧环境的同时存在，达到 SND；② 筛选具有异养硝化或好氧反硝化能力的功能微生物。

同步硝化反硝化（SND）生物脱氮技术的出现为在同一个反应器内同时实现硝化、反硝化和除碳提供了可能，这一方法不仅可以克服传统生物脱氮存在的问题，而且还具有下列优点：

① 可在同一反应系统中实现硝化和反硝化过程，且硝化反应和反硝化反应可在相同的条件下进行，可简化操作的难度，大大降低投资费用和运行成本；

② 硝化反应的产物可直接成为反硝化反应的底物，避免了培养过程 NO^{3-} 的积累对硝化反应的抑制，加速了硝化反应的过程；

③ 反硝化反应释放出的 OH^- 可部分补偿硝化反应所消耗的碱，能使系统中的 pH 值相对稳定。

（3）厌氧氨氧化工艺（ANAMMOX）

ANAMMOX（Anaerobic Ammonium Oxidation）是由荷兰 Delft 大学在 20 世纪 90 年代开发的一种新型脱氮工艺，完全突破了传统生物脱氮技术中的基本概念。其特点是以 NH_3 作为电子供体，以 NO^{2-} 作为电子受体，将氨氮、亚硝氮和硝氮直接转变为氮气。Van de Graaf 等人于 1995 年经过大量试验研究提出其可能的反应途径，如图 11-6 所示。NH_3 被 NH_2OH 氧化形成 N_2H_4（步骤①）；N_2H_4 进一步氧化成 N_2，产生的氢用于还原更多的 NO_2^-，形成 NH_2OH 和 N_2（步骤②、③和④）；形成的 NO_3^- 可能产生等量的还原物用于生物量增长（步骤⑤），ANAMMOX 工艺反应过程如下：

$$NH_4^+ + 1.32NO_2^- + 0.066HCO_3^- + 0.13H^+ \longrightarrow 1.02N_2 + 0.26NO_3^- + 0.066CH_2O_{0.5}N_{0.15} + 2.03H_2O$$

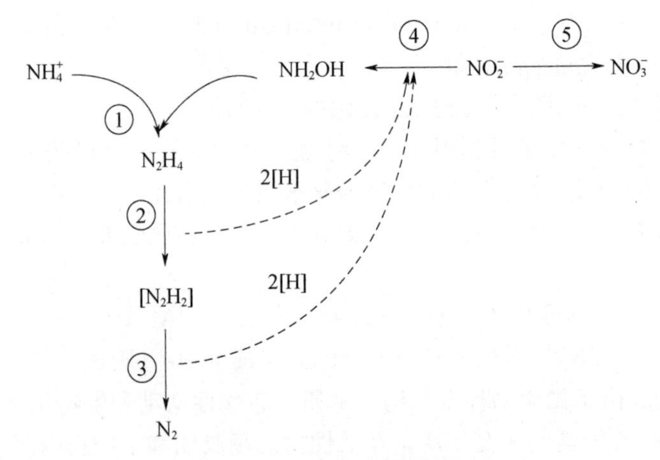

图 11-6　厌氧氨氧化的代谢途径

与传统的硝化反硝化工艺或同时硝化反硝化工艺相比，其主要特点表现在：

① 无需外加有机物作电子供体，既可以节省费用，又可以防止二次污染；

② 硝化反应每氧化 1molNH^{4+} 耗氧 2mol，而在厌氧氨氧化反应中，氧化 1molNH^{4+} 仅需 0.75mol 氧，耗氧剧减；

③ 同传统硝化反硝化相比，该工艺产酸量大为下降，产碱量为零，可节省可观的中和试剂；

④ 该工艺的进水 NH_3^+-N 浓度高（>500mg/L），但是出水氨氮浓度也高（>40mg/L），这对处理高浓度氨氮废水具有重要意义，但工艺的稳定性尚在研究与实验阶段。

(4) 短程硝化-反硝化 (SHARON)

SHARON (Single Reactor System for High Ammonia Removal Over Nitrite) 是由荷兰的 Delft 大学开发的一种新型生物脱氮工艺。

短程硝化-反硝化技术的理论基础是生物脱氮原理，生物脱氮主要有硝化和反硝化 2 个过程。硝化过程可以分为 2 个阶段，即：氨氮氧化菌 (AOB) 将氨氮转化为亚硝酸盐 (NO_2^--N)，亚硝酸盐氧化菌 (NOB) 将 NO_2^- 氧化为 NO_3^-。短程硝化-反硝化工艺，是通过抑制硝化菌的活性，使硝化的第二阶段被抑制，从而使硝化的产物停留在亚硝氮阶段，然后在反硝化阶段将亚硝氮还原为氮气，又可以根据硝化产物不同称其为亚硝酸型硝化，将传统的硝化过程称为硝酸型硝化，其脱氮反应步骤如下：

$$NH_4^+ + 1.5O_2 \longrightarrow NO_2^- + 2H^+ + H_2O \text{（限制氧亚硝化）}$$

$$NO_2^- + 3[H] + H^+ \longrightarrow 0.5N_2 + 2H_2O \text{（缺氧反硝化）}$$

短程硝化-反硝化技术把硝化反应控制在 NO_2^- 阶段，直接以 NO_2^- 作为氢受体进行反硝化，实现短程硝化与反硝化技术的关键是抑制硝酸菌的活性，其标志是获得稳定高效的 NO_2^- 的积累，即亚硝化率>50%。如何将硝化反应稳定地控制在亚硝化阶段，抑制硝酸菌的活性，已成为废水生物脱氮的一个重要研究方向。

SHARON 是实现短程硝化-反硝化的典型工艺，该工艺利用高温 (35℃) 条件下 AOB 的比生长速率大于 NOB 的特点，采用较短的污泥龄 (1d)，实现 AOB 的优势积累。这种在碱性条件下发生的生化反应，适合处理负荷大于 0.5gN/L 的高氨氮污水。

短程硝化-反硝化技术具有以下优点：

① 相对于活性污泥法，硝化阶段可节省 25%的好氧量，降低能耗；

② 反硝化阶段所需碳源减少 40%，反硝化率提高，这对处理高浓度氨氮焦化废水具有特别意义；

③ 厌氧反硝化阶段剩余污泥量减少；

④ HRT 较短，反应器的容积减少；

⑤ 减少了投碱量，可以节约外加酸碱中和试剂用量。

值得注意的是，由于 SHARON 工艺在反硝化过程中需要消耗有机碳源，并且出水亚硝酸盐浓度相对较高，因此以该工艺作为硝化反应器、ANAMMOX 工艺作为反硝化反应器进行组合，可以有效提高脱氮效率，如图 11-7 所示，将 SHARON 工艺的出水作为 ANAMMOX 工艺的进水，将氨氮和亚硝酸盐在厌氧条件下转化为 N_2 和 H_2O。

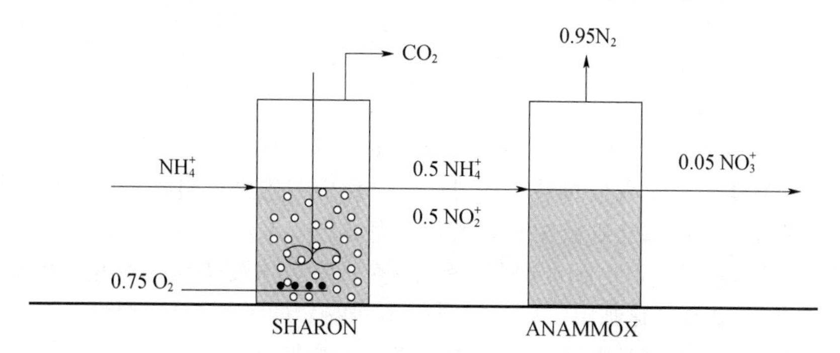

图 11-7　SHARON-ANAMMOX 联合工艺示意图

在反应系统中，进水总 NH_4^+ 的 50%在 SHARON 反应器内发生如下反应：

$$NH_4^+ + HCO_3^+ + 0.75O_2 \longrightarrow 0.5NH_4^+ + 0.5NO_2^- + CO_2 + 1.5H_2O$$

SHARON 反应器的出水（含有 NH_4^+ 和 NO_2^-）作为厌氧氨氧化反应器的进水。在厌氧氨氧化反应器内发生厌氧反应，有 95%的氮转变成 N_2，另外，还有少量的 NO_3^- 随出水排出。

SHARON-ANAMMOX 联合工艺适合处理高浓度氨氮废水而不需外加碳源，与传统工艺相比，耗氧量节约 50%，同时减少 CO_2 的排放，污泥产量少，与其他工艺相比对环境造成的污染小，具有良好的应用前景。

（5）氧限制自养硝化菌-反硝化工艺（OLAND）

OLAND（Oxygen Limited Autotrophic Nitrification Denitrification）工艺是部分硝化与厌氧氨氧化相偶联的生物脱氮反应系统。它的机理是：在低溶解氧的条件下，亚硝化细菌相对于硝化细菌对氧气有更强的亲和力，使得硝化细菌的生物反应受到抑制，出现亚硝酸氮的积累。OLAND 工艺的生物学解释为：利用 *Nitrosomonas* 菌系的亚硝酸盐歧化作用，控制溶解氧，可使硝化过程只进行到亚硝酸盐阶段，并且通过生成的亚硝酸盐来氧化等当量的氨氮，系统中占主导地位的仍然是氨氧化细菌。OLAND 工艺反应过程如下：

$$0.5NH_4^+ + 0.75O_2 \longrightarrow 0.5NO_2^- + 0.5H_2O + H^+ \text{（部分硝化）}$$

$$0.5NH_4^+ + 0.5NO_2^- \longrightarrow 0.5N_2 + H_2O \text{（厌氧氨氧化）}$$

该过程的主要控制因素是溶解氧和 pH 值，但应用过程中对溶解氧控制的要求较高，实现难度相对较大。研究表明，在连续混合反应器中，很难将溶解氧控制在 0.1～0.3mg/L，因此，更多的是通过控制 pH 值来实现 OLAND。

OLAND 工艺吸取了 SHARON、ANAMMOX 等先进生物脱氮工艺的优点，实现了生物脱氮在较低温度（22～30℃）下的稳定运行，并通过限氧调控实现了硝化阶段亚硝酸盐的稳定积累，反硝化阶段采用厌氧氨氧化反应过程实现氮的去除。与传统的除氮过程相比，OLAND 过程只需要将一半的氨氮转换为亚硝态氮，由氨氮作为亚硝氮还原的电子供体，可节省 100%的电子供体投加量。

（6）全程自养脱氮工艺（CANON 工艺）

CANON（Completely Autotrophic Nitrogen Removal Over Nitrite）工艺是在限氧的条件下，利用完全自养性微生物将氨氮和亚硝酸盐同时去除的一种方法。在限氧条件下，好氧硝化细菌将 NH_4^+ 氧化成 NO_2^-。反应如下：

$$NH_4^+ + 1.5O_2 \longrightarrow NO_2^- + H_2O + 2H^+$$

然后，厌氧氨氧化细菌将 NH_4^+ 和 NO_2^- 转变成 N_2 和少量的 NO_3^-。反应如下：

$$NH_4^+ + 1.3NO_2^- \longrightarrow 1.02N_2 + 0.26NO_3^- + 2H_2O$$

总的脱氮反应式为：

$$NH_4^+ + 0.85O_2 \longrightarrow 0.435N_2 + 0.13NO_3^- + 1.3H_2O + 1.4H^+$$

该工艺利用絮体污泥的分层特性，通过在同一反应器内创造出好氧和缺氧的环境，同时供给亚硝化细菌和厌氧氨氧化细菌生长，实现了氨氮在一个反应器中的去除。

因为 CANON 包括短程硝化和厌氧氨氧化两个过程，主要依靠好氧氨氧化细菌（Nitrosomonas-like）和厌氧氨氧化细菌（Planctomycete-like）两种微生物的稳定相互作用，在单一的反应器内或者限制曝气的生物膜系统中完成，适合处理负荷大于 0.1kg/(m^3·d) 且进水碳源不足的富含氨氮的污水。如果进水氨氮浓度低于临界值，总氮去除效果会变差，显示第三方微生物——亚硝酸氧化菌 *Nitrobacter* 和 *Nitrospira* 属出现了，反应器稳定性被破坏。但如果条件适合（比如：进水氨氮浓度提高，亚硝酸氧化菌被抑制等），系统很快可以恢复原样。

该工艺相对于传统工艺，具有以下特点：空间上，硝化和反硝化可在同一反应器内进行，节省了建设成本；时间上，属于短程硝化反硝化，节省了污水处理的时间成本；另外，减少了硝化时所需曝气和反硝化时所需碳源；硝化产生的氢正好参与反硝化，节省了中和费用。但 CANON 工艺采取的是絮状污泥，生长缓慢并且极难启动，这是个棘手的问题。该工艺是一种新型脱氮工艺，也是迄今为止最简捷的生物脱氮工艺，正受到国内外广泛研究。

11.5.2　生物除磷

随着我国化工行业的发展，磷化工行业也得到了较快发展，磷化工行业在为社会创造财富的同时，也伴随着日益严重的磷污染的产生。因此，研究除磷技术、工艺具有极大的现实意义。

我国最新颁布的中华人民共和国《污水综合排放标准》（GB 8978—1996）规定，水体磷酸盐含磷量的一级、二级排放标准分别为 0.5mg/L 和 1.0mg/L，但是通过同化合成微生物细胞，并以剩余污泥形式排放的常规的好氧活性污泥法处理废水，仅能除去一部分氮、磷，出水中的磷含量往往难以达到 0.5～1.0mg/L 的标准，造成水体的富营养化。因此，控制水体中的磷的含量是至关重要的。

水体中磷的去除方法分为传统的化学除磷和新兴的生物除磷两大类。化学除磷是通过向废水中投加石灰、明矾、氯化铁等化学沉淀剂，使其与废水中的磷酸盐生成难溶沉淀物，从而把磷分离出去，同时，形成的絮凝体对磷也有吸附去除作用。但是，经过较长时间的实验与运行发现，该法会引起废水 pH 值上升，在池子及水管中形成坚硬的垢片，沉淀污泥量大且难以处理，处理成本也较高。

20 世纪 70 年代美国的 Spector 发现，微生物在好氧状态下能摄取磷，而在有机物存在的厌氧状态下放出磷。根据这一发现，含磷废水的生物处理方法逐步形成并完善。相对于化学除磷，生物除磷具有去除效率高、污泥量少、可改善污泥的沉淀、脱水等性能，处理成本低、便于重复利用等优点。

1. 生物除磷机制的假说

1959 年，Srinath 在文章中提到其在印度一家污水处理厂发现了磷被大量吸收的现象，他认为这是由生物吸收作用引起的。此后，在多个推流式污水处理厂也发现了这种现象，但是限于当时科学发展的局限，人们未能对此做出合理的解释。之后，Levin 和 Shapiro 两位科学家进行了大量的实验和研究，发现活性污泥在曝气时吸收水体中的磷，当不曝气时释放磷，并在显微镜下看到了细菌体内以黑色颗粒状存在的磷酸盐。随后，许多人对此进行了研究。并形成了诸多相关的假说，其中获得了大多数认可的是生物诱导化学沉淀作用和生物积磷作用这两种假说。

（1）生物诱导化学沉淀作用

生物诱导化学沉淀作用假说认为，微生物的新陈代谢能够引起微环境发生变化，从而使废水中溶解性的磷酸盐由于化学沉淀作用而下沉至底泥，最后随着剩余污泥的排放而除去。后来这一假说没有得到实验证实，便渐渐淡出了人们的视野。

（2）生物积磷作用

生物积磷作用假说指出，污泥中存在某些特殊的微生物能够在一定环境下，超其生理需要量地积聚水体中磷酸盐，最后将水体中的磷随着剩余污泥的排放而除去。由于微生物处于对数生长期时，需要大量消耗磷合成磷酸。因此，当这种微生物在适宜的环境条件繁殖一段时间后，在其即将进入对数期时，会从环境中吸收过量的磷，并以聚合磷的形式积累起来。

在19世纪六七十年代，人们对微生物、污水的生化处理知之甚少，但是研究者们在实践中发现：采用推流式运行，并在活性污泥工艺的前端维持厌氧或缺氧状态时，才能更好地实现生物除磷的效果。

20世纪70年代，微生物学发展取得了长足进步。有研究者从活性污泥中分离出了纯生物除磷细菌，并发现这种细菌能够在好氧状态下吸收水体中的磷，并以聚β-羟基丁酸盐的形式存储在体内。这为后来生物除磷的进一步研究提供了重要条件。

在生物除磷技术处于萌芽阶段时，人们对其机理尚不清楚，但机理认识上的不足并没有影响其在实际生产中的应用与发展。经过长时间的实验与研究，生物除磷已经发展为一种成熟而可靠的除磷技术，形成了多种不同的工艺，并广泛应用于多种规模的污水处理厂。

2. 生物除磷的微生物学基础

生物除磷过程的作用细菌不止一种，它们的生理特性比较复杂。通过不断的研究，有学者将除磷生物分为两大类。

（1）聚磷微生物

聚磷微生物能够吸收环境中的磷，以聚磷酸盐的形式贮存在体内，以满足自身的生长需要，放线菌、不动杆菌属于此类。

（2）聚磷菌

聚磷菌在厌氧时吸收并贮存环境中的有机物，在好氧条件下吸收水体中的磷，合成聚磷酸盐贮存在体内，这种菌才是在除磷过程中实际起作用的菌。

以上两种除磷生物都贮存了环境中的磷，以聚磷酸盐的形式贮存在体内，这为其在厌氧条件下生存提供了基础条件。其中聚磷菌如果在营养丰富的环境中，即将进入对数生长期，为对数生长期的大量分裂增殖作准备时，细胞能从废水中大量摄取溶解态的正磷酸盐，在细胞内合成多聚磷酸盐，如三偏磷酸盐、四偏磷酸盐、焦磷酸盐、不溶结晶聚磷酸盐和过磷酸盐等，并加以积累，供对数生长时期合成核酸耗磷素之需。另外，当细菌经过对数生长期而进入静止期时，大部分细胞已停止繁殖，核酸的合成虽已停止，对磷的需要量也已很低，但若环境中的磷源仍有剩余，细胞又有一定的能量时，仍能从外界吸收磷元素，这种对磷的积累作用大大超过微生物正常生长所需的磷量，可达细胞重量的6%～8%，有报道甚至可达10%，以多聚磷酸盐的形式积累于细胞内作为贮存物质。但当细菌细胞处于极为不利的生活条件时，例如使好氧细菌处于厌氧条件下，聚磷菌能吸收污水中的乙酸、甲酸、丙酸及乙醇等极易生物降解的有机物质，贮存在体内作为营养源，同时将体内存贮的聚磷酸盐分解，以PO_4^{3-}-P的形式释放到环境中，以便获得能量，供细菌在不利环境中维持其生存所需，此时菌体内多聚磷酸盐就逐渐消失，而以可溶性单磷酸盐的形式排到体外环境中，如果该类细菌再次进入营养丰富的好氧环境时，它将重复上述的体内积磷。

以聚磷菌为主要作用微生物的生物除磷，主要是利用其生活周期中同时存在厌氧和好氧两个阶段，并且这两种阶段此消彼长相互交替，生物除磷就是在这样的交替轮换中完成的。除磷菌的这种特殊的生理特性为除磷提供了良好的生物学基础。通常情况下，聚磷菌可以分为以下几类，见表11-2。

表 11-2　常见的聚磷菌

细菌名称	菌属	细菌特性
不动杆菌	革兰氏阳性菌	既能积累聚磷酸盐，又能积累聚羟基丁酸
气单胞菌	革兰氏阴性杆菌	发酵木糖和棉子糖，不发酵乳糖
假单胞菌	革兰氏阴性细菌	好氧状态下超量吸收水体中的磷存于体内
聚磷小月菌	革兰氏阳性化异养菌	严格以氧气为电子受体
俊片菌	革兰氏阴性菌	只存贮少量的多聚物，且速度很慢
红环菌属	革兰氏阴性菌	不能以还原性硫化物为电子供体
产碱杆菌	革兰氏阴性菌	专性好氧
酵母菌型	B 变形菌纲	体内存贮多磷酸盐和聚烃链烷酸

3. 生物除磷的机理

（1）传统生物除磷的机理

好氧处理的活性污泥在厌氧-好氧过程中，原生动物等生物相中的小型革兰阴性短杆菌会大量繁殖，它能在细胞内贮存聚 β-羟基丁酸和聚磷酸。在厌氧条件下，又能将贮存的聚磷酸水解，产生的能量和基质醋酸等合成聚 β-羟基丁酸，这就同化了低分子有机物。

概括来说，传统生物除磷就是利用聚磷菌在好氧条件下能够超其生理需要地从外部摄取磷，并以聚合磷的形式贮存在体内，形成富磷污泥，最后通过沉淀法以剩余污泥的形式排出。生物除磷过程可分为以下三个步骤：

① 除磷菌超其生理需要地摄取水体中的磷

在好氧条件下，除磷菌利用废水中的 BOD_5 或体内贮存的聚 β-羟基丁酸氧化分解所释放的能量来摄取废水中的磷。吸收的磷一部分用来合成 ATP，剩余的大部分以聚磷酸盐的形式贮存在生物体内。

② 除磷菌释放磷

在厌氧条件下，除磷菌分解体内贮存的聚磷酸盐排出磷酸，同时产生 ATP，为细菌摄取水体中的有机物提供能量，形成聚 β-羟基丁酸等有机颗粒贮存于体内。

③ 富磷污泥的排放

除磷菌在好氧条件下从环境中摄取的磷比厌氧条件下利用的磷多，生物除磷便是利用除磷菌的这一生理特点，最后将富磷污泥中的一部分以剩余污泥的形式排出系统而达到除磷的目的。

上述过程如图 11-8 所示。

（2）反硝化除磷的机理

近年来，随着除磷研究在微生物学领域的深入，研究者发现了一种特殊的生物，这种生物不仅能够利用氧为电子受体，也可以利用硝态氮或亚硝态氮为电子受体。在厌氧条件下，这种微生物与好氧聚磷菌一样，贮存聚 β-羟基丁酸，释放磷；在缺氧（无氧但存在硝态氮或亚硝态氮）条件下能够利用硝态氮或亚硝态氮作为电子受体，过量吸收磷。在吸收磷的同时，硝态氮被还原为氮气，实现同步完成反硝化和除磷，因此这种细菌被称为反硝化聚磷菌。反硝化聚磷菌在缺氧环境下吸收磷这一过程，使得摄磷和反硝化（脱氮）这两种不同的生物过程借助同一种细菌在同一过程完成。摄磷和脱氮的结合不仅节省了反硝化脱氮对碳源的需要，而且可以减少曝气所需要的能源以及减少产生的富磷污泥，被视为一种可持续的污

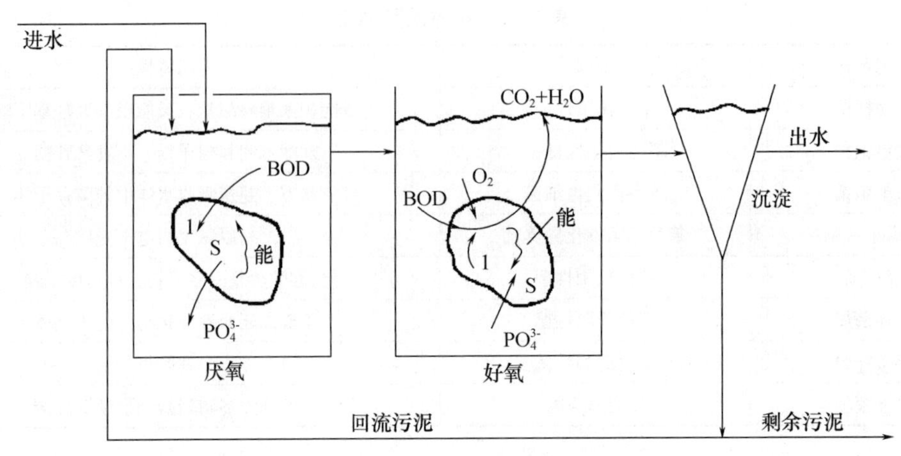

图 11-8 厌氧-好氧系统生物除磷过程示意图

1—贮存的碳；S—贮存的磷

水处理方法。

4. 生物除磷的影响因素

（1）碳源

在生物除磷系统中，进水碳源是一个很重要的问题，它为微生物的生存和繁殖提供营养物质和能量来源，如果污水处理系统中碳源不足会影响整个系统的除磷效果。影响生物除磷效果最明显的碳源是污水中易生物降解的溶解性小分子有机物含量和生物除磷工艺的化学需氧量（COD）负荷率。

① 污水中易生物降解的溶解性小分子有机物含量

生物除磷主要靠聚磷菌来实现。聚磷菌交替处于厌氧和好氧条件下与其他细菌竞争基质。聚磷菌本身是好氧菌，在厌氧池中，其运动能力很弱，只能利用溶解性的小分子有机物，是竞争力差的弱势细菌。只有当厌氧池内有足够浓度的挥发性脂肪酸等小分子有机物时，聚磷菌才能充分吸收这些物质，并将其运输到细胞内，同化成胞内碳源存储物，同时将细胞原生质中聚合磷酸盐的磷释放出来，提供能量且成为工艺系统中的优势菌群。有研究表明，聚磷菌每释放 1mg 磷需吸收 7.5mg 挥发性脂肪酸。虽然城市污水中溶解性小分子有机物含量是有限的，但是一些大分子有机物经一定时间的厌氧发酵可转化成溶解性小分子有机物。因此，适当延长厌氧时间，创造可生物降解的大分子有机物厌氧发酵和同化吸收的良好条件，提高厌氧池内挥发性脂肪酸浓度，是促使磷充分释放、实现生物除磷的前提，且进水中的挥发性脂肪酸含量越高，释磷速度越快，整体效果也越好。

② 生物除磷工艺中 COD 负荷率

随着快速降解 COD 理论的发展，人们发现在生物除磷工艺中 COD 负荷率对除磷效果也有很大的影响。当进水 COD 负荷率较低时，一方面聚磷菌不能产生足够多的胞内碳源存储物用作磷的吸收，去除率较低；另一方面在保证产生足够的 PHB 用作磷的吸收的同时，由于 COD 负荷率低，聚磷菌不能实现自身生物的净增长，吸收的磷无法通过剩余污泥排除，除磷效率低。当进水 COD 负荷率较高时，非聚磷菌的好氧异养微生物将与聚磷菌产生竞争，而聚磷菌与其他好氧异养菌相比是生长缓慢的微生物，最终导致活性污泥中的聚磷菌因非聚磷菌的好氧异养微生物的增殖而减少，反过来使得磷的去除率降低。因此为了稳定的生物除磷效率，必须控制好运行系统 COD 负荷率，以保证能够生产足够的胞内碳源存储物，同时实现活性污泥的净增长。而且厌氧时间的长短应该根据进水 COD 负荷率和厌氧释放磷量的情况而定，防止厌氧出水 COD 浓度较高，在好氧段内引起聚磷菌和非聚磷性好氧异养微生物的竞争。

（2）硝酸盐

硝酸盐在生物除磷脱氮中具有特殊的意义，在除磷过程中影响磷的释放和吸收。若在释磷的厌氧段存在硝态氮，会对生物除磷效率造成负面的影响，而且硝态氮浓度越高，聚磷菌厌氧释磷所受的影响越大。因为反硝化速度快于释磷速度，反硝化先消耗易降解的 COD，聚磷菌难以获得充足的有机物，释磷处于缓慢状态。所以，当厌氧段存在硝态氮时对于生物除磷是不利的，应该尽量避免。

但最近的研究表明，聚磷菌中有一部分可以在缺氧的条件下利用硝酸盐作为电子受体进行吸磷，这一类微生物称为反硝化聚磷菌。反硝化聚磷菌被证实具有和好氧聚磷菌极其相似的代谢特征。Kuba 等从动力学性质上对这两类聚磷菌进行了比较，认为以硝酸盐作为电子受体的反硝化聚磷菌有着和好氧聚磷菌同样高的强化生物除磷性能。因为反硝化聚磷菌可以在缺氧环境摄磷，这就使得摄磷和反硝化脱氮这两个生物过程借助同一微生物在同一环境下一并完成。可见在厌氧段若存在少量的硝酸盐对提高除磷效率是有帮助的，有关的研究结果如图 11-9 所示。

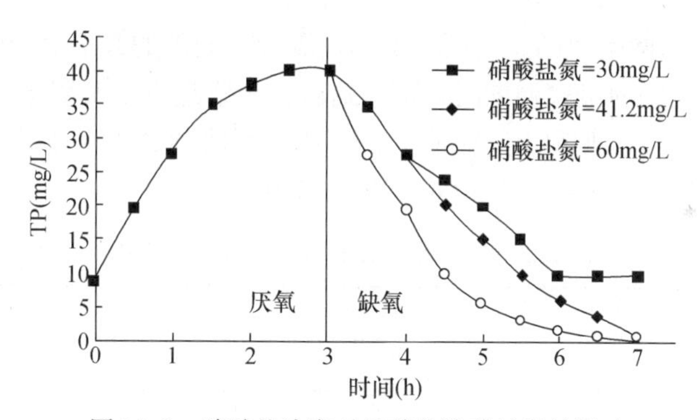

图 11-9　硝酸盐浓度对反硝化除磷过程的影响

（3）溶解氧

聚磷菌是一种运动性能差、增殖迟缓、只能利用低分子有机物的好氧菌。与其他好氧菌或者兼氧异养菌相比，聚磷菌竞争力弱，要求在好氧区有一定浓度的溶解氧，使聚磷菌能通过好氧代谢氧化磷酸化释放出足够的能量来充分吸收污水中的磷。但是溶解氧的浓度也不宜过高，否则，多余的溶解氧会随污泥回流进入厌氧段，从而影响厌氧过程磷的释放。根据工程实践经验，当好氧池出水的溶解氧控制在 1.5～2.0mg/L 时，除磷效果最佳。

在厌氧环境下，其他好氧异养菌群由于没有外部电子受体，而失去活性。厌氧微生物对有机物进行酸化发酵，提高了污水中易降解有机物的浓度。这些小分子有机物在缺氧或厌氧条件下，能诱导聚磷菌释放体内的磷，除磷菌分解体内贮存的聚磷酸盐排出磷酸，同时不断产生 ATP，为聚磷菌在厌氧条件下的生存提供能量基础，使得能够贮存聚 β-羟基丁酸、能聚磷的聚磷菌在与其他微生物的竞争中取得优势。这一机理使得聚磷菌在厌氧区释磷成为可能。

（4）pH 值

有实验者发现，不管在什么情况下，酸碱度都会影响聚磷菌的作用效能。一般情况下，磷的释放与pH值的高低息息相关，特别是在厌氧释磷阶段。当pH值下降时，磷就会大量的释放。随着pH值的不断下降，磷就会加快释放速度，加强磷的释放强度。pH值过低，细胞的释磷速率和醋酸盐吸收速率就会降低。相反，随着pH值的不断上升，磷的吸收速度和吸收强度就会加强。因此，酸碱度是影响聚磷菌作用效能的一个重要因素。此外，pH值对活性污泥法中的物理-化学固磷作用也有重要影响。

（5）温度

自然界中的每一种生物都有适宜其生存的温度范围。温度过高或过低都会影响生物的正常代谢和生存。因此，当环境温度适于聚磷菌的生存和生长时，聚磷菌的活性会大大提高，其除磷效能也会得到提高。相反，当环境温度高于或低于聚磷菌的适宜生存温度时，其活性就会降低甚至丧失。其次，温度的高低还会影响生化处理的效率。

（6）污泥龄

生物除磷系统的污泥龄影响系统中污泥的含磷量以及剩余污泥的排放量，从而影响除磷效果，是除磷效率至关重要的影响因素。

污泥龄反应了微生物在曝气池中的平均停留时间，污泥龄的大小与处理效果的关系表现在以下两个方面。

① 污泥龄越长，微生物在曝气池中的停留时间越长，有机物降解也越彻底，即处理效果越好；

② 由于不同种群的微生物的世代周期不同，因而污泥龄的大小对微生物种群有选择性。当污泥龄小于某种微生物的世代周期时，那么这种微生物还来不及繁殖就会被排出池外，因而无法在池内生存。所以，要利用某种微生物，那么污泥龄必须大于该微生物的世代周期。表11-3是Lawrence-McCarty模式同化除磷效率与污泥龄的关系。

表11-3　同化除磷效率与污泥龄的关系表

污泥龄（d）	水中磷的浓度（mg/L）	效率（%）
20	1.10	15.7
15	1.32	18.9
10	1.64	23.4
5	2.15	30.7

磷的最终去除途径大体上分为以下两种：一种是通过排放过量吸收磷的贮磷菌的富磷污泥而除去；另一种是通过微生物机体同化除磷。第二种途径所占的比例很小，除磷主要是通过第一种途径完成的。因而一般对生物除磷系统有以下几点建议：

① 除磷系统内维持较高的污泥量；

② 污泥中聚磷菌的比例要保持在较高水平；

③ 聚磷菌体内有较高的含磷量；

④ 排放的污泥数量要多。

有研究表明，聚磷菌为小污泥龄微生物，污泥龄越小，反硝化反应速度越快，除磷效果也越好。此外，污泥龄小的活性污泥具有很高的活性，其含磷量也较高，因此，这是减小污泥龄能提高除磷效果的原因之一。相反，如果系统的污泥龄过大，会降低污泥的活性，污泥的含磷量也会减少，从而使得去除相同量的磷，需要消耗更多的BOD。

（7）污泥处理过程中的厌氧污泥停留时间

在生物除磷工艺的运行控制中，厌氧污泥停留时间是一个非常重要的影响因素。污泥在厌氧区的停留时间长短虽然不会影响环境因子相当敏感的硝化细菌的活性以及随后污泥回流至好氧区的硝化作用，但是如果厌氧污泥停留到达一定时间时，污泥中已经吸收的磷便会释放出来，造成污泥浓缩池上清液和污泥脱水液中磷浓度升高，这部分水经回流至污水处理的前端就会增加污水处理系统的磷负荷，给之后的除磷带来更大压力。因此，应该对厌氧污泥停留时间的控制给予足够重视，避免已吸收的磷从污泥中再次释放出来。

5. 常用的生物除磷工艺

（1）Phostrip 工艺

Phostrip 工艺是最早的生物除磷工艺，其工艺流程如图 11-10 所示。有实验发现，二沉池污泥浓缩过程中，处于厌氧状态的污泥会释放磷，从而导致浓缩上清液中磷的含量很高，向上清液中加入石灰形成羟基磷灰石沉淀而达到除磷的目的，再将释放出磷后的污泥回流到好氧区，使聚磷菌在好氧状态下吸收磷。

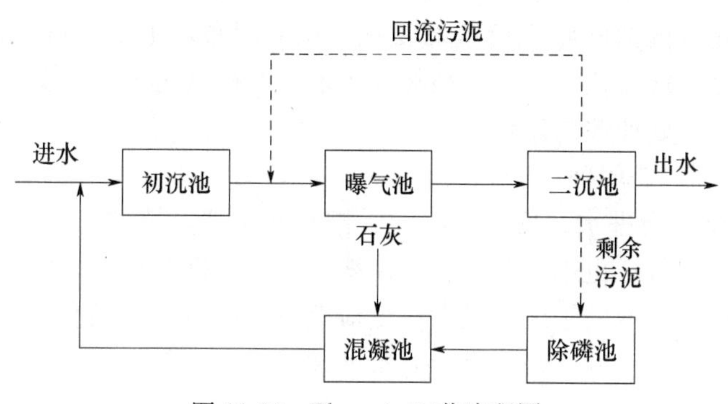

图 11-10 Phostrip 工艺流程图

（2）A/O 工艺

A/O 除磷工艺流程图如图 11-11 所示。该工艺是最直接地利用传统的厌氧释磷、好氧吸磷原理建立起来的。在厌氧条件下，除磷菌分解体内贮存的聚磷酸盐排出磷酸，同时产生 ATP，为细菌摄取水体中的有机物提供能量，形成聚 β-羟基丁酸等有机颗粒贮存于体内。好氧条件下，聚磷微生物以游离氧为电子受体，过量吸收水体中的磷。该法具有过程简单、无需额外投加药剂、费用低等优点。缺点是二沉池中可能会存在磷的释放。

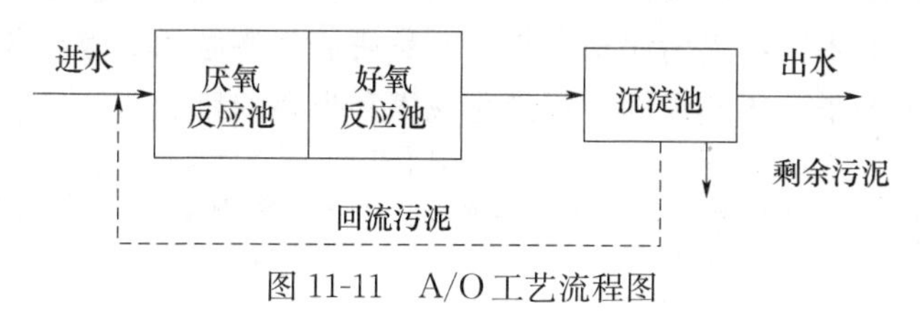

图 11-11 A/O 工艺流程图

（3）A^2/O 工艺

A^2/O 工艺是 A/O 工艺的改进，中间添加了缺氧过程。A^2/O 工艺不仅能有效去除污水中的 BOD 和磷，还可以进行硝化、反硝化以除去水中的氮，其工艺流程图如图 11-12 所示。首先，污水和回流污泥进入厌氧池。在厌氧池中，回流污泥中少量的硝态氮一部分通过反硝化作用转化为 N_2，有机物也得以降解。同时，聚磷菌利用有机物合成聚 β-羟基丁酸，并释放磷，通过释磷为生化反应提供 ATP。

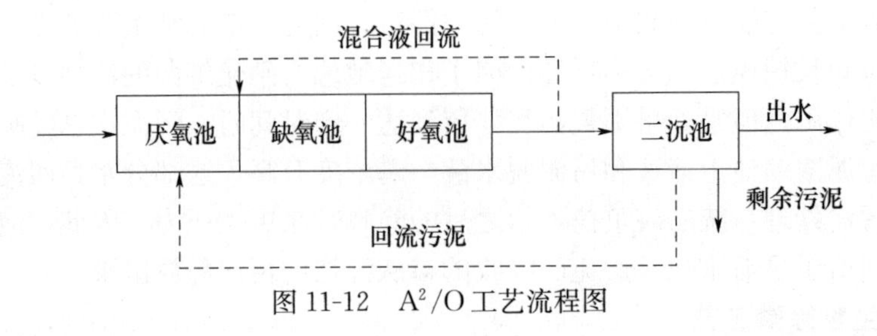

图 11-12　A^2/O 工艺流程图

进入缺氧池后，反硝化细菌以混合液回流带入硝态氮以及进水中的有机物发生反硝化脱氮反应，聚磷菌同时以游离氧为电子受体大量吸收水体中的磷，最后由沉淀池沉淀以富磷污泥的形式排出。此工艺可克服污泥膨胀，但除磷效果不甚稳定。

(4) 氧化沟工艺

氧化沟的种类很多，如 Carrousel 氧化沟、Orbal 氧化沟、DE 型氧化沟和三沟式氧化沟等。其特点是在氧化沟内部随曝气位置的变化，在空间布局上形成好氧区、缺氧区和厌氧区，从而达到脱氮除磷的目的。为了提高除磷效果，可在氧化沟前增设厌氧区。其工艺设备简单，可不设二沉池，处理效果良好。

(5) 序批式反应器（SBR）工艺

SBR 系统运行模式为进水、反应、沉淀、排水和闲置，这些都是在同一个反应器中进行的。在进水期既不混合，也不曝气，为了使微生物与底物有充分的接触，进水时也可以只搅拌而不曝气，保证混合液处于厌氧状态；反应期进行曝气，该阶段反应池内进行碳氧化、硝化和磷的吸收，好氧阶段的长短一般由要求处理的程度决定；停止曝气后，反应器处于缺氧状态，此时进行反硝化，达到脱氮的目的，缺氧期不宜过长，以防止聚磷菌过量吸收的磷发生释放；沉淀时反应器处于完全静止状态，所以其沉淀效率高于一般沉淀池的沉淀效率；沉淀完后进行排水，排水期的长短由一个周期的处理水量和排水设备来确定；当系统为多池运行时，反应器会有一个闲置期，在此阶段从反应器中排出废弃富含磷的活性污泥。

(6) A^2N 工艺

A^2N 工艺是一种连续流反硝化除磷脱氮的双污泥系统，其流程图如图 11-13 所示。厌氧条件下，反硝化聚磷菌将进水中的有机物转化为聚 β-羟基丁酸，并释放磷。厌氧出水经沉淀池泥水分离后，富含氨氮的上清液进入生物膜反应器，被转化为硝态氮或亚硝态氮，污泥进入缺氧池中。在缺氧池中，释磷污泥与富含硝态氮或亚硝态氮的溶液混合，反硝化聚磷菌以硝态氮或亚硝态氮为电子受体实现同时反硝化脱氮和吸磷的目的。

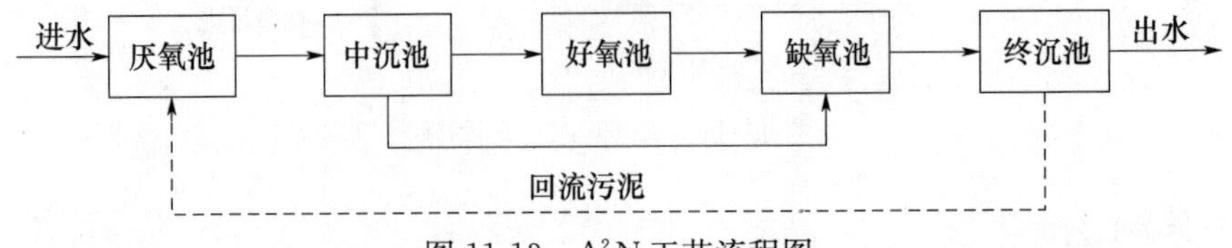

图 11-13　A^2N 工艺流程图

(7) HITNP 同步除磷脱氮工艺

该工艺由厌氧池、缺氧池、生物膜活性污泥复合式好氧池和沉淀池组成，采用的是双泥系统。利用的是 DPB 同步反硝化除磷的原理，该工艺的主要特点是好氧硝化池采用复合式活性污泥与生物膜反应器，从而分别为硝化菌和反硝化除磷菌创造了最佳的生长环境，使系统更稳定、高效。其工艺流程图如图 11-14 所示。

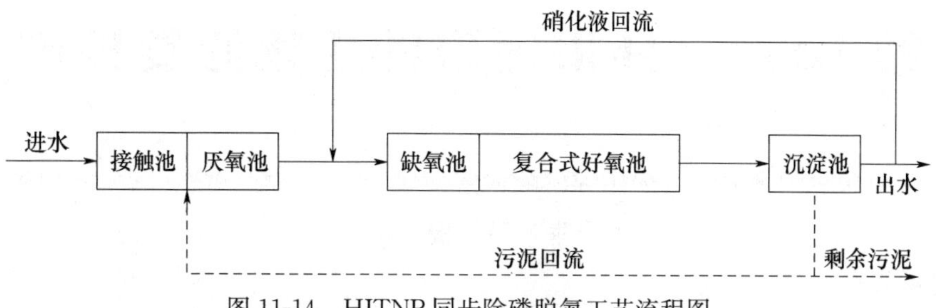

图 11-14　HITNP 同步除磷脱氮工艺流程图

重　点　小　结

水体富营养化是指大量氮、磷等营养物质进入湖泊、河口、海湾等缓流水体，引起藻类及其他浮游生物迅速大量生长繁殖，而后引起异养微生物代谢活动旺盛，水体溶解氧量下降，水质恶化，导致其他水生生物大量死亡，破坏水生生态平衡的现象。

富营养化水体微生物呈现动态变化，水体富营养化的危害多种多样。

富营养化的形成机理，目前主要有两种理论，分别是：食物链理论和生命周期理论。

水体富营养化的监测指标：即总氮（TN）、总磷（TP）、叶绿素 a（Chla）、透明度（SD）或藻类浊度、溶解氧。

水体氮磷的去除方法主要有：生物脱氮、生物除磷。

习题与思考

1. 简述水体富营养化的定义及怎样判断水体是否富营养化。
2. 简述水体富营养化产生的原因及危害。
3. 简述生物脱氮的基本原理和主要工艺。
4. 简述生物除磷的基本原理和主要工艺。

（本章编者：赵鑫）

第12章　环境污染的生物修复技术

学　习　提　示

重点与难点：

掌握：生物修复、土著微生物、基因工程菌、原位修复技术、异位修复技术等基本概念。

熟悉：影响微生物生物修复的因素。

了解：生物修复的方法与途径。

采取的学习方法：课堂讲授为主，部分内容学生自主学习

学时：4学时完成

12.1　概　　述

生物修复技术兴起于20世纪70年代，发展于20世纪90年代，以美国最为领先，被广泛应用于海面溢油、河流和湖泊的富营养化、土壤有机污染、地下水系污染等环境修复工程中，在大面积污染治理领域，生物修复技术被普遍认为是最有效、最经济、最具有生态性的高新环境技术。从1998年起，国内陆续见有引用生物修复技术概念。现在国家在滇池、苏州河、太湖、北京等地才开始进行这方面的课题研究，并列入各级科技管理部门的科技指南项目。

生物修复（Bioremediation）指利用生物将土壤、地表及地下水或海洋中的危险性污染物现场去除或降解的工程技术系统。它是一类低消耗、高效和环境安全的环境生物技术。广义的生物修复通常是指利用各种生物（包括微生物、动物和植物）的特性，吸收、降解、转化环境中的污染物，使受污染的环境得到改善的治理技术，一般分为植物修复、动物修复和微生物修复三种类型。

微生物修复主要是利用微生物能够催化降解有机污染物的能力，从而修复被污染环境或消除环境中的污染物的一个受控或自发进行的过程，这是微生物修复的狭义的定义。也可以表述为：微生物修复是利用土著的、外来的微生物和微生物制剂及其代谢过程，或其产物进行的消除或富集有毒物的生物学过程。生物修复技术手段主要包括生物刺激和生物强化等。

微生物修复的目的是除去环境中的污染物，使其浓度降至环境标准规定的安全浓度之下，从而消除或降解环境污染物的毒性，减少污染物对人类健康和生态系统的风险。这项技术的创新之处在于，一是在精心选择、合理设计的环境条件中促进或强化在天然条件下发生很慢或不能发生的降解和转化过程，二是能治理更大面积的污染。生物修复是生物修复理论

在实际中的应用，注重从工程学的角度解决和控制污染问题。

环境微生物修复技术主要由三方面的内容组成：

① 利用土著微生物代谢能力的技术；

② 活化土著微生物分解能力的方法；

③ 添加具有高速分解难降解化合物能力的特定微生物（群）的方法。

微生物修复技术是在人为强化的条件下，用自然环境中的土著微生物或人为投入外援微生物的代谢活动，对环境中的污染物进行转化、降解和去除的方法。微生物有其容易发生变异的特点，随着新污染物的产生和数量的增多，微生物的种类可随之相应增多，显现出更加多样性。这使其有别于其他生物，在环境污染治理中，微生物的作用更独树一帜。

生物修复技术是在生物降解的基础上发展起来的一种新兴的清洁技术，它是传统的生物处理方法的发展。与物理、化学修复土壤技术相比，它具有成本低、不破坏植物生长所需的土壤环境、污染物氧化安全、无二次污染、处理效果好、操作简单等特点。生物修复可通过环境因素的最优化而加速自然生物降解速率，是一种高效、经济和生态可承受的清洁技术。另外这种处理技术不向水体投放化学药剂，不会形成二次污染。所以这种廉价实用技术适用于我国江河湖库大范围的污水治理。在治理的同时还可以与绿化环境及景观改善结合起来，在治理区建设休闲和娱乐设施，创造人与自然相融合的优美环境。

本技术是按照自然界自身规律来恢复自然界的本来面貌，是对自然界自净能力的一种强化，通过强化自然界自身的自净能力去治理被污染环境，这是人与自然和谐相处的治污思路，也是一条创新的技术路线，是人们遵循生态系统自身规律达到治污目的的一种尝试。

12.2　生物修复的原理

受污染的环境中有机物除了少部分是通过物理、化学作用被稀释、扩散、挥发及氧化、还原、中和而迁移转化外，主要是通过微生物的代谢活动将其降解转化。因此，在微生物修复中首先需考虑适宜微生物的来源及应用技术。其次，微生物的代谢活动需要在适宜的环境条件下才能进行，而天然污染的环境中条件往往较为恶劣，因此我们必须人为提供适于微生物起作用的条件，以强化微生物对污染环境的修复作用。

12.2.1　在生物修复中应用的微生物

1. 土著微生物

土著微生物是以土壤为自己的栖息地，是千百年来生长在当地土壤里的微生物群体，坚守着自己生活领域的微生物。土著微生物是由固定碳素的光合细菌、抑制病害的放线菌、分解糖类的酵母菌、在嫌气状态下有效分解的乳酸菌等几十种微生物组成的群落。生物修复中不使用外地引进的微生物，同时也不使用机械化方式人工培养出来的微生物或加以提取分离出来的微生物。

土著微生物能够对污染土壤中污染物进行降解与转化是污染土壤土著微生物修复的基础。土著微生物具有个体小、种类多、生长繁殖快、代谢途径多样、适应性强、易变异以及具有共代谢作用等特点，为多种污染土壤微生物修复提供了巨大潜力。土著微生物修复污染土壤的原理是采用一定的微生物工程技术，筛选出能高效降解转化污染物的优良土著微生物菌种，研究其生理特性，经扩大培养，应用于污染土壤，降解转化污染物，使污染土壤得以修复或人为创造有利于降解转化污染物的土著微生物生长的环境条件，采用一些措施强化或激活土著微生物对污染物的降解转化活性，实现土著微生物对污染物的降解与转化，使污染物无机化或无毒化，土壤得以恢复。

利用土著微生物修复污染土壤，一般有两种途径：一是从污染土壤中富集、浓缩、分离能够降解或转化该污染物的土著耐受菌，探讨耐受菌的生长特性，通过室内模拟，探讨降解该污染物的影响因素，采用一些微生物技术，如固定化技术等，为土著耐受菌用于实际污染土壤工程修复提供依据；二是通过对污染物土壤的分析，包括土壤的物理、化学性质以及土著微生物生理活性分析，采用一些强化措施，激活土著微生物的降解或转化活性，实现土著微生物对污染土壤的强化修复。

2. 外来微生物

在天然受污染的环境中，当适合的土著微生物生长过慢，代谢活性不高，或者由于污染物毒性过高造成微生物数量反而下降时，可人为引入一些适宜该污染物降解的与土著微生物有很好相容性的高效菌。当采用外来微生物接种时，会受到土著微生物的竞争，需要用大量的接种微生物形成优势，以便迅速开始生物降解过程。目前用于生物修复的高效降解菌大多是多种微生物混合而成的复合菌群，如光合细菌（*Phodosynthetic bacteria*，缩写为 PSB），这是一大类在厌氧光照下进行不产氧光合作用的原核生物的总称。目前广泛应用的 PSB 菌剂多为红螺菌科（*Rhodos pirllaceae*）光合细菌的复合菌群，它们在厌氧光照以及好氧黑暗的条件下都能以小分子有机物为基质进行代谢和生长，因此对有机物有很强的降解转化能力，同时对硫、氮素的转化也起了很大的作用。在废水生物处理和有机垃圾堆肥中，可以引入外来微生物以提高有机物降解转化速度和处理效果，如应用珊瑚色诺卡菌来处理含腈废水，用热带假丝酵母来处理油脂废水等。

目前对外来微生物的研究，一方面在寻找天然存在的，有较好污染物降解动力学特性，并能攻击广谱化合物的微生物；另一方面，也在积极研究在极端环境下生长的微生物。

3. 基因工程菌（GEM）

自然界中的土著微生物，通过以污染物作为唯一的碳源和能源或以共代谢等方式，对环境中的污染物具有一定的净化能力，有的甚至达到了最高水平，但是对于不断增多的人工化合物，就显得有些不足。采用基因工程技术，将降解性质粒转移到一些能在污水和受污染土壤中生存的菌体内，定向地构建降解难降解污染物的工程菌的研究具有重要的实际意义。

20 世纪 70 年代以来，发现了许多具有特殊降解能力的细菌，这些细菌的降解能力由质粒控制。到目前为止，已发现自然界所含的降解性质粒多达 30 余种，主要有 4 种类型：假单细胞菌属中的石油降解质粒，能编码降解石油组分及其衍生物，如樟脑、辛烷、萘、水杨酸盐、甲苯和二甲苯等的酶类；农药降解质粒，如除草剂“2,4-D”、杀虫剂“666”和烟碱等农药（这些农药大部分都被严禁使用）降解质粒；工业污染物降解质粒，如对氯联苯、尼龙寡聚物降解质粒和洗涤剂降解质粒等；抗金属粒子的降解质粒，如抗汞、砷、镍、钴、铬、铅和铜等的质粒。

通过天然质粒的转移实现微生物育种的一个例子是，组建了一个能同时降解石油中大多数烃类物质的“超级细菌”。组建的过程是：首先，通过接合作用使菌株 1 的樟脑质粒（CAM）转移到含辛烷质粒（OCT）的菌株 2 中，形成杂种质粒，同时使菌株 3 的萘质粒

(NAH) 转移到二甲苯质粒 (XYL) 的菌株 4 中；然后，再使新产生的两个菌株进行接合转移，产生含 4 种质粒的菌株。多质粒细菌降解石油的速度快、效率高，是第一个获得专利的经过遗传操作的微生物。

在上述降解质粒中，对石油降解质粒研究较为深入。人们研究这些质粒的分子特性、遗传结构、降解途径和进化关系等理论问题，同时，试图通过质粒转移和重组 DNA 技术，把不同的降解基因转移到同一菌株中，创造出具有非凡降解能力的“超级微生物”，以用于环境污染物的降解。

在生物修复技术中，除了可以利用上述三种微生物对污染物进行降解转化外，还可以利用植物及超积累植物对重金属污染土壤进行修复。其修复不会破坏景观生态，反而能起到绿化和美化环境的作用。但美中不足的是，植物修复技术受到植物种类的限制，一种植物一般只对一到两种重金属有修复作用，并且受到土壤基本性质的影响较大，对自然条件和人工条件有一定的要求，修复过程周期较长，用于修复的植物器官往往会通过腐烂、落叶等途径使重金属元素返回土壤。

超积累植物 (Hyperaeeumulator) 是指那些能够超量积累重金属并将其运移到地上部的植物，也可称为超累积植物或超富集植物。即使在污染物浓度较高时也具有较高的积累速率，能在体内积累高浓度的污染物，生长快，生物量大，能同时积累多种污染物，具有抗虫抗病能力。

一般认为超积累植物地上部分或叶片内某种重金属质量分数（干重）超过该重金属在一般植物体内的 100 倍，即铬、钴、镍、铜、铅的质量分数应在 1000mg/kg 以上，镁、锌质量分数应在 10000mg/kg 以上。随着研究的不断深入，对超积累植物的概念也在不断完善，目前判断超积累植物的标准主要有以下 3 项：一是，植物的地上部分对重金属的富集量要达到一定临界值的标准，一般是正常植物体内重金属量的 100 倍左右，并且对于不同的重金属元素富集的临界值也不同；二是，植物的运转系数，都大于 1；三是，能够旺盛地在污染场地生长，植物生物量较大，并且能够完成生长周期。

12.2.2　影响生物修复的因素

成功的生物修复需具备的前提条件有：一是必须存在具代谢活性的微生物，这些微生物在降解或转化化合物时必须达到一定的速率，且不会产生有毒物质；二是目标化合物必须能够被微生物利用，污染场地不含对降解菌种有抑制作用的物质，否则需先行稀释或将该抑制剂无害化；三是污染场地或生物反应器的环境条件必须有利于微生物生长或保持活性；四是技术费用必须尽可能低。实际应用中常采用投加具有高代谢活性微生物（生物扩张法）和投加营养物、电子受体或共代谢物以及改变生物生活的条件（生物刺激法）等方法。

1. 生物因素

在自然状态下环境中存在大量可降解污染物质的微生物，但其浓度一般很低。当环境被污染时由于微生物受驯化，降解该种污染物的微生物数量会逐渐增多。如在自然状态下可降解烃类的微生物只占微生物总数的 1%，但在石油污染的环境中这一比例可上升至 10%。添加可降解污染物质的外源微生物可强化对污染物质的降解，有助于达到理想的处理效果。采用质粒转移、基因工程技术和原生质体融合技术等构建工程菌在环境生物修复中具有比较好的应用前景，但由于生物工程菌在自然环境中缺乏竞争优势，及其可能潜在的对生态安全的威胁，目前环境治理中应用很少。

植物在水体和土壤生物修复中也可起一定的作用。植物可直接吸收污染物质，通过转化和输送，以非植物性毒素的形式进行积累。另一方面，植物通过向土壤中分泌营养物质（单糖、氨基酸、脂肪族化合物、芳香烃等）和酶以及传递 O_2 到根部来刺激根系周围微生物生长，并改变土壤的生化活性，从而加速土壤的生物修复作用。近年来研究表明植物根系的分泌物不但可为微生物提供营养物，同时可诱导微生物降解某些难降解的有毒物质如多氯联苯。水生植物可向沉积物、根围、茎叶围释放营养物质和 O_2，使沉积物中的微生物通过好氧的方式矿化污染物，提高微生物活性及对污染物的矿化能力。目前有人研究表明，细菌可稳固地吸附在大型海藻表面，使其表面单位体积细菌的数量大大增加，海藻光合作用产生的 O_2 加速了细菌对有机物的降解。

2. 营养元素

微生物细胞是由相对固定的元素组成。典型的细菌细胞组成为50％碳、14％氮、3％磷、2％钾、1％硫、0.2％铁、0.5％钙、镁和氯。如果这些细胞基本构建的任何一种元素出现短缺的话，那么微生物群落中的营养竞争就可能限制整个微生物群落的生长，进而减缓污染物去除的速率。微生物是环境中普遍存在的生物类群，即使在温泉和极地等极端条件下也可以发现它的存在。生活环境的差异使它们具有各自不同的生活特点，但不论是何种微生物都需要从环境中取得物质和能量以维持其生长和繁殖。因此，生物修复系统必须要有很好的营养供需设计，以保证在自然环境不能提供足够营养条件下，及时为微生物提供适当浓度、适当营养比的营养物质，使微生物保持足够的降解活性。在有机物生物降解的同时，微生物获得了物质和能量。虽然对生物个体来说这一过程引起的有机物消耗非常微小，但微生物数量极大，因此可以迅速使有机物降解。微生物所需的营养可以分为两大类：一是大量营养元素，如氮、磷、钾等；二是微量营养元素，如微量金属（铁、镁、锌、铜、钴、镍和硼）以及维生素等。

在一般情况下，有机碳都比较丰富，特别是大部分有机物本身可作为碳源，因而不需要添加碳源。只有在那些需要用共代谢方式进行难降解污染物处理时，才考虑投加碳源。投加的碳源一般是那些能促进共代谢的化合物，如 2,4-二甲基对硫磷和甲基对硫磷的降解中投加葡萄糖，PCBs 的降解中投加联苯。对土壤污染处理的营养比，研究结果不尽相同，但最为常见的投加比例为（碳：氮：磷）100：10：1 或 120：10：1。由于土壤性质的差别，土壤组成的复杂性及其他影响因素，如氮的固定、储存以及可能的吸附等，也会导致施加肥料的降解促进作用不明显。

其中 N、P 等营养元素是微生物生长不可缺少的，尤其是海水中 N 和 P 是限制微生物降解烃类的最重要因素。众多研究表明在石油污染的修复中投加 N 和 P 可明显提高碳氢化合物的降解速率。而对海水中的石油类污染物的修复来说，使用以尿素作为 N 源的亲油肥料 Inipol EAP22 有利于石油表面的微生物生长。出于经济考虑，也可用动物饲料和动物粪便做营养盐，如在被石油污染的阿拉伯沙滩上投加动物饲料（含 60％蛋白质）使石油的降解率提高了 15％。

铁是微生物细胞内过氧化氢酶、过氧化物酶、细胞色素与细胞色素氧化酶的组成元素，是微生物生长所必需的组分，微生物生长过程中，铁的缺失将会使机体内的某些代谢活性降低，严重时会使其完全丧失。此外，微生物的生长也需要微量元素。没有这些微量元素微生物生长不但不健康，而且其活性也会受到一定的抑制。因为，微量元素是多种酶的成分。酶的成分中缺少某些微量元素时，其活性就会下降。例如，缺铜时，含铜的酶——多酚氧化酶和抗坏血酸氧化酶活性明显降低。酶的活化是非专一性的和多样化的，同一种微量元素能活化不同的酶。在酶促过程中，微量元素有多种作用，某一种微量元素起结构作用或起功能作用，某些微量元素能定向地增加对分子氮的固定。70多年前，钼对细菌固定分子氮的重要作用被科学家所证实；兼气性固氮菌需要铝也被后来的研究所证实。研究还发现，固氮菌在纯营养时发育很差，在不补充铂的情况下不能吸收大气中的氮，成土母质是进入土壤中微量元素的主要来源。虽然土壤形成的漫长过程中，原始岩石化学元素进行了一定的再分配，但是，岩石的微量元素的特殊性质和化学特性都会在土壤中长久保持。成土母质中微量元素越多，土壤中的微量元素也越多。地下水作用活跃地区的成土母质，受潜育层形成的沼泽化过程影响，与具有正常湿度的母质相比，在微量元素含量上具有某些差异。沙土潜育化可导致活性态锰和钴的积累，壤土潜育化可引起活性态锰、铜的积累。在一个地区范围内，微量元素含量大体上保持由沙土向黏土母质增长的规律。此外，微量元素含量也随土壤中有机物质的增加而增加。施用有机肥不但可以丰富土壤中大量元素的含量，也可以丰富土壤中微量元素的含量。因此，有人建议在生物修复过程中应根据情况适当考虑微量元素的配给问题。

3. O_2和其他电子受体

污染物分解的最终电子受体包括O_2、有机物分解的中间产物、无机酸根（如硝酸根和硫酸根）和铁离子等。O_2是好氧性微生物的电子受体，石油类化合物和饱和芳香烃的降解均需要O_2。土壤、地下水环境中往往是缺氧的，故供O_2可提高污染物的降解速度。为了增加土壤中的溶解氧，可以对土壤鼓气或添加产氧剂。当环境中的O_2耗尽后，硝酸根、硫酸根和铁离子等也可以作为有机物降解的电子受体。向被石油污染的含水土层投加硝酸盐和硫酸盐可以促进原位降解石油类烃，投加硫酸盐也可促进苯的降解。根据这些结果形成了向地下含水层投加硫酸盐进行生物修复的方法，在苯含量高达100mmol/L的地下水中投加硫酸盐84d后苯被充分降解。另外，沉积物可在Fe^{3+}存在的还原性条件下矿化苯和芳香烃。近年研究发现有些微生物代谢过程中可产生氧分子，在厌氧条件下促进苯的降解。厌氧生物可以将氯酸盐或高氯酸盐甚至亚氯酸盐还原为氯化物同时产生氧分子。氯酸盐还原菌对芳香烃的降解没有直接的作用，但可为好氧微生物（如假单胞菌）提供分子氧。研究表明只要向土壤中投加67μg/L的亚氯酸盐就可以促进苯的降解，该方法可在污染环境的生物修复中广泛应用。

4. 水分含量和地质特征

水分含量，尤其是水的供应能力，影响着生物修复速率。土壤或沉积物中的水分是不能被微生物利用的，因为水会被固体物质吸收或者被溶质结合成结合水。除此之外，水分是微生物进行生长的必要条件。芽孢、孢子萌发，首先需要水分。微生物是不能脱离水而生存的。但是微生物只能在水溶液中生长，而不能生活在纯水中。各种微生物在不能生长发育的水分活性范围内，均具有狭小的适当的水分活性区域。

地质特征，一般情况下，当土壤为颗粒状或者具有相对较高的渗透性和均一多孔结构时，原位降解速率会有所提高。多岩石的、低渗透、复杂的矿物质和多水分或干旱的情况是不利于生物修复的。

5. 表面活性剂

使用表面活性剂有助于对亲水性差的污染物质的降解。烷烃、芳香烃、多环芳烃是石油的重要组分，这类物质的水溶性较低且难被微生物降解。一些降解石油的微生物能产生表面活性物质，使这些烃类乳化从而促进细胞吸收。一种南极洲假丝酵母在植物油或十一烷上培养时可产生胞外表面活性物质来加速对碳氢化合物的降解。目前在实际中应用较多的是非离子表面活性剂吐温80。

6. 共代谢物

共代谢是一种生物降解作用过程。为了降解污染物，微生物需要与其他支持它们生长的化合物或基本基质共存来完成降解过程。在共代谢过程中，污染物的转化是一个附带反应，它是由正常细胞代谢或特殊脱毒反应中被酶催化的反应。

微生物可通过共代谢加速降解一些难降解有机物。甲烷氧化菌可通过共代谢降解多种污染物，包括对人体健康有严重威胁的三氯乙烯和多氯联苯等。研究表明在甲烷和溶解氧存在条件下三氯乙烯的降解率可达到10%～20%。南京师范大学张逸飞等发现用邻二氯苯作为初级营养共代谢物，可增强菌株对较高氯代二噁英的降解能力。经研究发现混合培养微生物在含有柴油的基质中可将苯并［α］芘矿化为CO_2，在存在10.7%～12%柴油条件下可使10mol/L苯并［α］芘的矿化率在两周内达到33%～65%。

12.3 生物修复的类型与应用

按生物类群可把生物修复分为微生物修复、植物修复、动物修复，而微生物修复是通常所称的狭义上的生物修复。根据污染物所处的治理位置不同，生物修复的实施方法可分为原位生物修复和异位生物修复两种。原位生物修复（in-situ bioremediation）顾名思义是原地进行生物修复处理而对受污染的土壤或水体介质不做搬迁，修复过程主要依赖于土著微生物或外源微生物的降解能力及合适的降解条件。异位生物修复（ex-situ bioremediation）是将被污染的介质搬动或输送到它处进行的生物修复处理，一般受污染土壤较浅，而且易于挖掘，或污染场地化学特性阻碍原位生物修复就采用异位生物修复。异位生物修复中的反应器类型大都采用传统意义上“生物处理”的反应器形式。生物修复技术利用的生物包括微生物（细菌、真菌）、原生动物和高等动、植物等多种生物，其中微生物对水体中污染物的降解起主要作用。污染环境的生物修复主要采用的是原位生物修复，在一些特殊的情况下，也可采用异位生物修复和原位——异位联合修复技术。

12.3.1 原位生物修复

原位生物修复是指对受污染的介质（土壤、水体）不作搬运或输送，而在原污染地进行的生物修复处理。修复过程主要依赖于被污染地微生物的自然降解能力和人为创造的合适降解条件。原位修复的技术过程由污染源的彻底调查、处理能力研究、铲除污染源、生态修复技术的设计与实施、通过监测手段对该技术执行情况进行评估等五个基本环节组成。

1. 原位生物修复的主要技术手段

① 添加营养物质，满足微生物生存的必需；

② 增加溶解氧，以提高微生物的活性；

③ 添加微生物或（和）酶，以强化污染物分解速率；

④ 添加表面活性，以促进污染物质与微生物的充分接触；

⑤ 补充碳源及能源，以保证微生物共代谢的进化，分解共代谢化合物。根据被处理对

象（如土壤、地下水、污泥等）的性质、污染物种类、环境条件等的区别，营养物质的添加方式也不同。

2. 影响原位微生物生态修复的因素

主要取决于是否存在激发污染物降解的合适的微生物种类以及是否对污染现场的环境条件进行改善或加以有效的管理。

（1）生物通气法

美国于 20 世纪 90 年代投入大量资金以鼓励一些新兴的革命性土壤原位修复技术，土壤气相抽提法应用而生，随后其衍生技术——生物通风，结合了土壤通风的物理过程和增强的生物降解过程，而成为一种应用广泛的革新性原位修复技术。

土壤气相抽提法技术是一种通过强制新鲜空气流经污染区域，将挥发性有机污染物从土壤中解吸至空气流并引至地面上处理的原位土壤修复技术，该技术被认为是一个“革命性”的修复技术。

生物通风法是在土壤气相抽提法基础上发展起来的，实际上是一种生物增强式土壤气相抽提法技术。因利用外界驱动力向地下输送气流，使得受污染土壤中的有机物挥发速率和生物降解速率都有可能增加，注射井和抽提井可去除气相污染物，也可以向污染区提供氧源增加微生物活性，当其首要目标是增强氧气的传送和使用效率来促进生物降解时，通常称之为生物通风。这是一种强迫氧化的生物降解法，用于修复地下水上部受挥发性有机物污染的透气层土壤。它是在污染的土壤上打至少两口井，安装鼓风机和抽风机，将空气强制排入土壤中，然后抽出，土壤中的挥发性有机物也随之去除。在通入空气时，加入适量的氨气，可以为土壤中的降解菌提供氮素营养，促进微生物降解活力的提高。此法常用于地下水层上部透气性较好而被挥发性有机物污染土壤的修复，但也适用于结构疏松多孔的土壤，以利于微生物的生长繁殖。

生物通风技术的出现直接源于土壤气相抽提法的发展，使用了与土壤气相抽提法相同的基本设施：鼓风机、真空泵、抽提井、注入井和供营养渗透至地下的管道等。其中井所在位置的结构依现场而定，并与空气是被注入还是从土壤中抽出有关。

生物通风技术还可与修复地下水的空气搅拌或生物曝气技术相结合，将空气注入含水层来提供氧支持生物降解，并且将污染物从地下水传送到渗流区，在渗流区污染物便可用生物通风或土壤气相抽提法处理。

土壤气相抽提法和生物通风虽然系统组分相同，但系统的适用情况、结构和设计目的有很大不同。土壤气相抽提法将注射井和抽提井放在被污染区域的中心，而在生物通风系统中，注射井和抽提井放在被污染区域的边缘往往更有效。

土壤气相抽提法的目的是在修复污染物时使空气抽提速率达到最大，利用挥发性去除污染物。而生物通风的目的是优化氧气的传送和氧的使用效率，创造好氧条件来促进原位生物降解。因此，通风使用相对较低的空气速率，以使气体在土壤中的停留时间增长，促进微生物生物降解有机污染物。

生物通风应用范围较宽，目前已经有人通过实验研究证明了，生物通风不仅能成功用于轻组分有机物，如汽油和柴油，还能用于重组分有机物，如燃料油等，另外也可用于其他的挥发或半挥发组分。生物通风的另一个显著优点是，与土壤气相抽提法比较它的操作费用更低。在土壤气相抽提法操作中抽出的废气不能直接排放入空气中，需要后续处理工艺（一般是活性碳吸附和催化燃烧），这有时甚至要占整个费用的 50％左右，生物通风省去了此步骤，因此操作成本下降。

生物通风法与其他土壤修复技术比较，其主要缺点是操作时间长，受到土著微生物种类的限制。

（2）空气注射法

空气注射法是一种原位修复受污染地下水的新型技术，具有原理简单、操作方便、修复效果好和运行费用低廉的优点。空气注射法是将加压后的气体注射到地下水中，以降低吸附在土壤以及溶解在地下水中的可挥发性物质的浓度，达到修复目的。目前，空气注射法在世界各地得到广泛应用，是一项很有发展前景的环境污染修复技术。

这是一种类似生物通气法的系统处理方法，即将空气加压后注射到污染地下水的下部，气流加速地下水和土壤中有机物的挥发和降解。它是在传统气提技术的基础上加以改进后形成的新技术，抽提和通气并用，为微生物的降解作用补充溶解氧，并通过增加及延长停留时间促进生物降解，提高修复效率。

除了可以向注射井通空气降低吸附在土壤以及溶解在地下水中的可挥发性物质的浓度外，我们还可以通过注射井或监测井通入其他物质，使得那些对注射空气没有明显修复效果的污染物也能够降低浓度。

众所周知，营养物质能够促进生物降解。因此，当向原本就低营养及低溶解氧的地下水中注入营养物质时，地下水微生物活动性大大增强，消耗、吸收水中的污染物，或者将有机化合物转化为低级有机物和简单无机物，或者将难挥发的转化为易挥发的，有效地提高修复效率。但是，如果注射营养物，我们需要解决这么一个问题，即营养物怎样才能充分地分散在受污水体及土壤中。这就要求我们对地下水的运动规律要有正确的认识，对注射井的分布和设置有科学的安排。

（3）曝气法

曝气法是有重要应用前景的石油污染土壤的修复方法之一。其基本原理是通过较高压力把空气注入到地下水面以下，让空气暂时取代原水层中水，注入的新鲜空气直接与介质中呈吸附态和残余态的石油烃类相接触，通过挥发和好氧微生物降解去除污染物。去除有机污染物的机理主要是挥发、吸附和解吸、好氧生物降解和增加污染物的溶解。为了提高曝气效率，缩短曝气时间，还采用脉冲曝气代替连续曝气，或增设空气抽取井。经过曝气处理后，为微生物的氧化烃类化合物提供了充足的电子受体 O_2，微生物可将石油污染土壤中的烃类物质完全氧化为 CO_2 和 H_2O。

（4）生物培养法

该法定期向受污染土壤中加入营养和氧或过氧化氢作为微生物氧化的电子受体，以满足污染环境中已经存在的降解菌的需要，提高土壤微生物的代谢活性，将污染物彻底地矿化为二氧化碳和水。

（5）投菌法

该法直接向遭受污染的土壤投入外源的污染物降解菌，同时提供这些微生物生长所需的营养，包括常量营养元素和微量营养元素。常量营养元素包括氮、磷、硫、钾、钙、镁、铁、锰等，其中氮和磷是土壤生物治理系统中最主要的营养元素，微生物生长所需的碳、氮、磷质量比大约为 120：10：1。

近几十年来，大量人工合成化合物进入环境，由于本身结构的复杂性和生物陌生性，很难在短时间内被微生物利用而进入物质循环，难降解有机物是这类化合物的主要组成部分，如多环芳烃、多氯联苯、三氯代酚等环境优先控制污染物。它们对环境微生物有一定的毒害作用，而且，对此类有机物具有专项降解能力的微生物在环境中的种类、数量较少，同时在竞争中处于劣势，因此采用一般的生物方法治理，降解速率较慢，降解菌需要一段较长时间来适应。而通过投加对目标污染物具有特效降解能力的微生物，这种特效微生物经过筛选、培养、驯化之后，投加到污染环境中，以目标污染物为营养物质进行降解，可以附着在载体上，形成高效生物膜，也可以以游离的状态存在。利用该方法可以迅速有效地降解目标污染物，改善污泥性能，加快系统启动，增强系统稳定性，有较强耐负荷冲击能力，从而改善整个污水处理体系的处理效果。因此，投菌法已经广泛应用于治理含有难降解有毒物质的废水。

投加的微生物菌剂不会破坏水体的生态平衡，而且投加的是有益菌，不会污染环境，还可以作为水中鱼、虾等水生生物的饵料，预防水生禽类疾病，促进其他生物生长。当水体的有机物被微生物降解到一定程度时，水体中的营养物质得以控制，富营养化得到治理，此时微生物的生长由于缺乏营养物质而受到抑制，因此应用投菌法修复受污染河流，不会造成微生物的大量繁殖，不会对水体造成二次污染。

对比于传统的处理工艺，采用投菌法对天然水体进行生物修复，具有处理费用低、操作简便、无二次污染、生态综合效益明显、处理效果显著等优点。鉴于以上优点，投菌法被广泛应用到河流、湖泊以及城市景观水体的治理中。

（6）土地耕作法

土地耕作法也称农耕法，是在表层污染土壤进行的生物修复过程，可以用于原位生物修复，也可以用于异位生物修复。一般的，土地耕种修复法只能适用于 30cm 的耕层土壤，使用的农用机械设备，通过耕翻，促进微生物对有害化合物的降解。土地耕作修复是以土壤作为接种物和供生物生长的基质的好氧生物过程。

对污染土壤进行耕犁处理，在处理过程中结合施肥、灌溉等农业措施，尽可能地为微生物提供一个良好的生存环境，使其有充分的营养、适宜的水分和酸碱度，从而使微生物的代谢活性增强，保证污染物的降解在土壤的各个层次上都能发生。

此方法简单经济，因此在土壤渗透性较差、土壤污染层次较浅、污染物又易降解时可以选用，但此法依旧存在着污染物可能从污染地迁移的缺陷。

（7）植物修复法

在污染环境中栽种对污染物吸收力高、耐受性强的植物，应用植物的生物吸收和根区修复机理，从污染环境中去除污染物或将污染物予以固定。植物修复可以在污染土壤上进行原位修复，具有工程量小、费用低、易操作、有一定经济与生态效益及美学效果等优点。植物修复适用于大面积、低浓度的污染。

植物修复法就是利用植物吸收土壤中积累的重金属，将重金属从土壤中萃取出来，富集并转移到植物收获的部位和地上枝条部位。或利用植物根系特有的酶系统和微生物系统来络合土壤中重金属，从而降低重金属的活性和生物毒性，以减轻重金属被淋滤进入地下水或通过空气进一步扩散而污染环境。该方法主要用于重金属污染土壤的修复。除此之外，该方法也用于有机物污染土壤的修复。但关于这方面的应用发展相对较迟，其主要原理还是利用植物根系的微生物群落对有机质的降解作用来达到修复目的。通常选择适当的植物和调控土壤条件等手段可以实现污染土壤的快速修复。

作为一种生物处理技术，原位生物修复能否取得成功，由多种相关因素共同决定。因此要达到好的污染去除效果，必须因地制宜、设计有针对性的原位生物修复方案。决定原位生物修复效果的技术参数较多，包括具有活性的专性微生物及形成生物膜的载体、适宜生物生长并发挥作用的处理场地、持水容量和酸碱度适中的水环境、充足并投放合理的营养供应、充分的氧气与电子受体、发达并往往具有特殊效应的植物根圈以及有机质含量、颗粒含量、养分保有力、pH 值、温度、可利用肥料含量等土壤物化因素。

具体原位生物修复方案的制订，应立足于上述的各种环境因素。以微生物修复为例，首先应根据水环境现状的实际情况，通过一个重要环节——微生物接种，引入与土著微生物群落有关、具有独特或专性代谢功能的微生物。如果种引入是科学高效的，则能优化微生物群落结构、增加区域内的微生物生物量、改善其生物可降解程度、催化良好的降解作用过程、增加土著微生物活性，特别是显著地影响污染物的生态化学行为及归宿。

12.3.2 异位生物修复技术

异位生物修复是指将被污染介质（土壤、水体）搬动和输送到他处进行生物修复处理。异位生物修复强调人为调控和创造更加优化的降解环境。一般受污染土壤较浅，而且易于挖掘，或污染场地化学特性阻碍原位生物修复就采用异位生物修复。异位生物修复中的反应器类型大都采用传统意义上“生物处理”的反应器形式，主要包括以下几种。

1. 堆肥化处理

堆肥化是利用自然界广泛存在的微生物，有控制地促进固体废物中可降解有机物转化为稳定的腐殖质的生物化学过程。

在挖掘出的污染土壤中直接掺入能提高通气保水能力的支撑材料，如树枝、稻草、粪肥、泥炭等易堆腐物质，以提供微生物丰富的营养物质，并使用机械翻动或压力系统充氧，同时加石灰来调节最适酸碱度，使微生物的降解活性大大提高。经过一段时间的发酵处理，可以使大部分污染物被降解。经堆肥处理消除污染后的土壤又可返回原地或用于农业生产。

根据微生物生长的环境可以将堆肥化分为好氧堆肥化和厌氧堆肥化两种。好氧堆肥化是指有氧存在的状态下，好氧微生物对废物中的有机物进行分解转化的过程，最终的产物主要是 CO_2、H_2O、热量和腐殖质。厌氧堆肥化是在无氧存在的状态下，厌氧微生物对废物中的有机物进行分解转化的过程，最终产物是 CH_4、CO_2、热量和腐殖质。

通常所说的堆肥化一般是指好氧堆肥化，因为厌氧微生物对有机物分解速度缓慢，处理效率低，容易产生恶臭，其工艺条件也比较难控制。最近，在欧洲一些国家已经对堆肥化的概念进行了统一，定义堆肥化就是“在有控制的条件下，微生物对固体和半固体有机废物进行好氧的中温或高温分解，并产生稳定腐殖质的过程”。

在现代堆肥化技术的发展过程中也曾出现过低谷。例如，20 世纪 70 年代初期，日本采用堆肥化处理的城市生活垃圾量大幅度减少，许多堆肥厂陆续停产倒闭。其原因是工业化的高速发展将大量的有毒化学物质和高分子塑料带入城市垃圾中，严重影响了堆肥化产品的质量。美国的堆肥化产品也在相当长一段时期由于销路不广而发展缓慢。

进入 20 世纪 90 年代后，垃圾的堆肥化处理技术的应用又重新出现回升趋势，垃圾堆肥技术的应用，注意了从源头分拣，避免垃圾中的有害成分进入堆肥中。欧美各国目前采用的堆肥技术强调只能用于庭院修剪物、果品蔬菜加工的废弃物以及养殖场的动物粪便和酿造行业的废弃物。在发酵中又采用生物发酵技术提高了肥料中的 N、P 成分，从而保证了堆肥的质量，最终制作成便于运输和使用的颗粒形状。

我国堆肥化技术应用的历史也较长。早期主要是在农村利用人畜粪便和农业废物生产农家肥，逐步发展到处理城市生活垃圾。初期的垃圾堆肥化处理技术是将垃圾露天堆积，表面用土壤覆盖，在厌氧或者自然通风的条件下进行发酵，得到的产品简单筛选后用于农肥。这种堆肥化方法尽管设施简陋，也存在发酵周期长、产品腐熟度和均匀性较差等缺点，但由于投资省、操作简单、可以有效地处理垃圾而被广泛应用。随着城市垃圾的成分日趋复杂，要得到理想的堆肥化产品，除需要传统的发酵过程外，必须设置复杂的分选、破碎过程从而大大增加了堆肥化处理的费用。同时，城市垃圾中大量的杂质和有毒有害化学物质的混入，使得堆肥化产品作为肥料或土壤改良剂的价值大大降低，不妥当的处理还可能带来对土壤的污染和对农作物的危害。

2. 预制床法

预制床法属于异位生物修复技术，这一技术将污染土壤集中在生物修复预制床上，可保证理想的工艺条件与处理效果，还可防止处理过程中污染物向环境的转移，被视为一项具有广阔应用前景的处理技术。

预制床法操作如下：在不泄漏的平台上，铺上石子和砂子，再将挖掘的受污染的土壤以15～30cm 的厚度平铺其上，并加入营养液和水，必要时加入表面活化剂，定期翻动充氧，以满足土壤中微生物生长的需要，处理过程中流出的滤液回灌于该土层上，以便彻底清除污染物。

在对受污染土壤的众多生物修复方法中，预制床法由于能够将受污染物污染的土壤彻底移出，在较大程度上削减了污染土壤对附近没被污染的土壤以及植被的损害率，减少了污染的扩散，处理效果能够达到更理想的状态，在生产和实践中得到了广泛应用。

预制床法实质上是土地耕作法的延续。在现场处理石油污染土壤的过程中，土地耕作法处理的最大缺陷是污染物可能从处理区迁移，预制床的设计可以使污染物的迁移量减至最小，因为它具有滤液收集和控制排放系统。预制床的底面为渗透性低的物质，如高密度的聚乙烯或黏土。与同一区域的其他处理技术相比，预制床处理对 3 环和 3 环以上的多环芳烃的降解率明显提高。

预制床法修复石油污染土壤的优点是可以在土壤受污染之初限制污染物的扩散和迁移，减少污染范围。但是用在挖土和运输方面的费用显著高于原位处理方法，另外在运输过程中可能会造成进一步的污染物暴露，还会由于挖掘而破坏原地点的土壤生态结构。所以在今后的研究中，还应重视以下几个方面的深入研究。

① 对于被挖地点的土壤生态的善后处理。由于污染土壤的挖掘，使原有的生态结构遭到了破坏，有可能对当地的土壤生态系统中污染物质在不同地理条件下土壤—植物—微生物循环体中循环、转化、传输过程造成了破坏，所以对挖掘土壤的善后处理技术的研究应该重视。

② 影响微生物降解的因素。由于石油类污染物质的降解存在差异性，不同条件下微生物的生物活性、降解效率及对污染物的特异性，决定了降解污染物的影响因素的不确定。目前已经研究发现的影响因素还不全面，从石油类物质降解原理方向出发，中间产物、起催化作用的调节剂等对污染物降解影响的研究也是未来研究的主要方向。

③ 其他修复技术与预制床法的结合利用。当前土壤中石油烃类污染去除研究的主流是单一处理技术的研究，在各自的方向都取得了丰硕的研究成果，然而石油处理是综合复杂的过程，涉及众多因素（如地理、气候、土壤特性、污染强度等），单一的、不分地域的处理

方法必然影响处理效果。建立不同典型地域特点的处理方法，考虑微生物与动物、植物修复在预制床中的结合，可以发挥各自的优势，克服存在的弊端，寻找技术上、经济上可行的最佳处理方案。

3. 生物反应器法

反应器修复是最灵活的方法，是将污染土壤置于一专门的反应器中处理，可以提供最大程度的控制，产生最理想的条件。生物反应器是一种特殊的反应器。生物反应器在结构上与常规的生物处理单元类似，既可是活性污泥类反应器，也可是生物膜反应器。这些反应器可以是一些可移动的单元，能被运到处理现场，与污染物的原位修复处理相结合；也可以是建在处理区的构筑物，通常是卧鼓型和升降型，有间歇式和持续式两种，但多为间歇式。常见的生物反应器有泥浆生物反应器、生物过滤反应器、固定化膜与固定化细胞反应器、厌氧—好氧反应器、转鼓式反应器等。

反应器修复实际是土壤耕作法和堆肥法的重新构造，它们在微生物之间的作用和污染物降解途径方面是相同的，只是该方法增强了营养物、电子受体及其他添加物的效力，因而往往能达到最高的降解率和降解速率。其处理的过程为：处理时将污染的土壤转移到生物反应器中，加入3～9倍的水混合使其呈泥浆状，同时加入必要的营养物和表面活性剂，鼓入空气充氧，剧烈搅拌使微生物与底物充分接触，完成代谢过程，然后在快速过滤池中脱水，完成处理过程。处理后的土壤又可通过渗灌系统回灌到土壤中，在回灌过程中加入营养和已经驯化的微生物，并通入氧气，使土壤中的生物降解过程加快。

反应器修复适用于含油污泥，也适用于油污土壤，还可用于石油工业废弃物的预备处理以减少烃类含量，是处理高浓度重油污染土壤的有效方法。其主要特征有：① 以水相为处理介质，因此，原油、微生物、溶解氧和营养物的传质速度比较快，而且避免了复杂又经常不利的自然环境变化，各种环境条件如pH值、温度、氧化还原电位、氧气量、营养物浓度、盐度等便于控制在最佳状态，因此处理污染物的速度快；② 可以设计不同构造以满足不同目标处理物的需要，提供最大程度的控制；③ 避免有害气体排入环境。其缺点是处理过程工艺复杂，要求严格的前、后处理工序，处理成本高，而且，在对难生物降解物质进行处理时必须慎重，以防止污染物从土壤转移到水中。

通过小型泥浆反应器的运行，确定了生物泥浆法修复多环芳烃污染土壤的温度、水土比和通气量参数。不同水土比对菲和芘的降解影响差别不大，因此利用生物泥浆反应器进行多环芳烃污染土壤的修复可以采用2∶1的水土比，这样既可节约用水，又能保证运行期内土壤不至于结块，也可以充分地利用泥浆反应器的空间，增加单位体积反应器处理土壤的量。

反应装置不仅包括各种可拖动的小型反应器，也有类似稳定塘和污水处理厂的大型设施。反应器可以使土壤及其添加物如营养盐、表面活性剂等彻底混合，能很好地控制降解条件，如通气、控制湿度、控制温度及提供微生物生长所需的各种营养物质，因而处理速度快，效果好。

基于环保要求和我国人多地少，以及物理化学修复费用高，低费用的生物修复具有很强的工业可行性。

生物修复虽已取得一些成果，但仍不完善，主要是处理后污染物的残留不能符合环境指标要求，还需要在以下几个方面进行深入研究：共存物质（如重金属）对微生物降解的抑制效应及外源物质（如表面活性剂）对微生物的促进效应；高分子有机污染物降解过程中的共代谢机理；通过遗传基因工程构建高效降解菌；生物降解潜力的指标与生物修复水平的评价；异位生物修复技术的环境风险水平及其评价。我国是经济飞速发展的国家，伴随的污染也正在不断扩大，而生物修复作为一种高效、低费用的治理技术，适应我国的国情，应大力推广此技术。

12.3.3　生物修复的应用实例

对一面积为 200m^2，深度为 8m 的受石油烃类化合物污染的地区进行原位生物修复处理，采用的是地下水抽取和过滤系统。具体方法是从一个 8m 深的中心井和 10 个分布在处理地区周围的井中抽取地下水，然后用泵以 30m^3/h 的流速输入一个 50m^3/h 的曝气反应器中，反应一段时间后再输进颗粒滤糟中，经过滤后重新渗入地下。在此过程中，采用了注入表面活性剂和营养物，以及曝气和接种优势微生物等强化措施以促进污染物的降解。经过 15 周处理，土样中石油烃类化合物的浓度从 123～136mg/L 降低到 20～32mg/L。测定注入地下的水和抽出的地下水中溶解氧的浓度，结果表明进水中的溶解氧为 8.4mg/L，而出水中的溶解氧为 2.4mg/L，说明在土壤中也在进行着较强的好氧生物修复过程。

1984 年美国密苏里州西部发生地下石油运输管道泄漏事件，为此实施了土壤生物修复系统，这个系统由抽水井、油水分离器、曝气塔、营养物添加装置、双氧水添加装置、注水井等组成，使受石油烃类化合物污染的地区进行原位生物修复处理。其中曝气塔可借助人工曝气以增加溶解氧，添加的 N、P 营养则有助于石油降解微生物的生长繁殖，以提高石油降解菌的浓度，加快石油降解的速度。结果经过 32 个月的运行，获得了良好的处理效果。该地的苯、甲苯和二甲苯总浓度从 20～30mg/L 降低到 0.05～0.10mg/L，整个运行期间汽油去除速度为每月 1.2～1.4t，生物技术去除的汽油约占总去除量（38t）的 88%。

中科院微生物研究所林力、杨惠芳等对某化工厂受石油污染土壤的生物修复研究中调查了该受污染土层的微生物生态分布特性，结果表明，该土层中土著微生物比较活跃。好氧异养菌达 8～12 亿/克，厌氧异养菌达 2 亿/克，烃降解菌达 200 万个/克。从中分离出 159 株烃降解细菌和真菌，其中 17 株可不同程度地分别利用烷烃（nC9～nC18）和芳烃（酚、萘、苯、甲苯和二甲苯）作为唯一碳源生长。在最适氮源和磷源的条件下，假单胞菌 52 菌株可在 7d 内利用石蜡作碳源，生物量连续增加，3d 内可将初始浓度为 500mg/L 的机油降解 99%。在投加经筛选的混合菌株治理土壤油污的模拟试验中，25d 内，可将油污的矿化作用提高 1 倍。在投加解烃菌株，补充 N、P 营养，处理初始浓度为 1500mg/kg 的被原油污染的土壤时，8d 内土壤中油污去除达 98.8%，CO_2 产生量提高 2.8 倍。实验研究表明，该受污土层适于使用生物整治方法来去除油污。

经实践检验，生物修复技术尚存一定的局限性：

① 微生物不能降解所有进入环境的污染物，污染物的难生物降解性、不溶性以及与土壤腐殖质或泥土结合在一起常常使生物修复不能进行；

② 生物修复需要对污染地区的状况和存在的污染物进行详细而昂贵的现场考察，如在一些低渗透性的土壤中可能不宜使用生物修复技术，因为这类土壤或在这类土壤中的注水井会由于细菌生长过多而阻塞；

③ 特定的微生物只降解特定类型的化学物质，结构稍有变化的化合物就可能不会被同一微生物酶破坏；

④ 微生物活性受温度和其他环境条件影响；

⑤ 有些情况下，生物修复不能将污染物全部去除，因为当污染物浓度太低不足以维持

降解细菌一定数量时，残余的污染物就会留在土壤中。

重 点 小 结

生物修复是指生物（特别是微生物）降解有机污染物，从而消除污染和净化环境的一个受控或自发进行的过程。

生物修复一般分为植物修复、动物修复和微生物修复三种类型。

在生物修复中应用的微生物是土著微生物、外来微生物和基因工程菌。

为了保证修复的正常进行，必须考虑到生物修复会受到生物因素和非生物因素的影响。

根据污染物所处的治理位置不同，生物修复的实施方法可分为原位生物修复和异位生物修复两种。

习题与思考

1. 什么是生物修复？如何分类？指出生物修复的特点。
2. 用于环境微生物修复的微生物类型有哪些？
3. 影响生物修复的因素主要有哪些？
4. 原位生物修复的主要技术手段有哪些？
5. 列举两种异位生物修复技术的方法，并陈述其方法的主要原理及过程。

（本章编者：王占华）

第 13 章　固体废物和废气的微生物处理

学　习　提　示

重点与难点：

掌握： 固体废物、堆肥法、厌氧发酵、生物滤池、生物洗涤等概念。

熟悉： 固体废物的微生物处理方法；废气的微生物处理技术。

了解： 固体废物和废气的来源、分类和性质等。

采取的学习方法： 课堂讲授为主，部分内容学生自主学习

学时： 2 学时完成

13.1　固体废物的微生物处理

固体废物是指在生产、生活和其他活动过程中产生的丧失原有的利用价值或者虽未丧失利用价值但被抛弃或者放弃的固体、半固体和置于容器中的气态物品、物质以及法律、行政法规规定纳入废物管理的物品、物质，不能排入水体的液态废物和不能排入大气的置于容器中的气态物质。 固体废物按其性状可分为有机废物和无机废物或固体废物和泥状废物；按其来源可分为矿业废物、工业废物、城市垃圾、污水处理厂污泥、农业废弃物和放射性废物等。

13.1.1　固体废物的危害

1. 对土壤的污染

固体废物及其滤出或滤涸液中所含的有害物质会改变土壤结构和土质，影响土壤中微生物的活动，妨碍植物生长；有时还会在植物体内积蓄，在人畜食用时危及人畜健康。城市生活垃圾和其他固体废物长期露天堆放，其有害成分在地表径流和雨水的淋溶、渗透作用下通过土壤孔隙向四周和纵深的土壤迁移。在迁移过程中，有害成分要经受土壤的吸附和其他作用。由于土壤的吸附能力和吸附容量很大，随着渗滤水的迁移，使有害成分在土壤固相中呈现不同程度的积累，导致土壤成分和结构的改变，进而对土壤中生长的植物产生污染，污染严重的土地甚至无法耕种。

2. 对大气的污染

城市生活垃圾和其他固体废物在运输、处理过程中如缺乏相应的防护和净化措施，将会造成细末和粉尘随风扬散；堆放和填埋的废物以及渗入土壤的废物，经过挥发和化学反应释放出有害气体，都会严重污染大气并使大气质量下降。例如：生活垃圾填埋后，其中的有机

成分在地下厌氧的环境下，将会分解产生二氧化碳、甲烷等气体进入大气中，如果任其聚集会引发火灾和爆炸的危险；垃圾焚烧炉运行时会排放出颗粒物、酸性气体、未燃尽的废物、重金属与微量有机化合物等。

3. 对水体的污染

如果将城市生活垃圾和其他固体废物直接排入河流、湖泊等地，或是露天堆放的废物经雨水冲刷被地表径流携带进入水体，或是飘入空中的细小颗粒通过降雨及重力沉降落入地表水体，水体都可溶解出有害成分，污染水质、毒害生物。有些简易垃圾填埋场，经雨水的淋滤作用，或废物的生化降解产生的渗沥液，含有高浓度悬浮固态物和各种有机与无机成分，如果这种渗沥液进入地下水或浅蓄水层，将导致严重的水源污染，而且很难得到治理。

4. 对人体的危害

生活在环境中的人，以大气、水、土壤为媒介，可以将环境中的有害废物直接或间接由呼吸道、消化道或皮肤摄入人体，使人致病。

13.1.2 固体废物的微生物处理方法

固体废物虽然具有污染特性，但其同时也蕴含着大量资源。将固体废物资源化是目前世界上唯一不断增长的潜在资源和财富，若加以充分利用，可以有效地缓解资源和能源的短缺，同时又是治理环境污染最有效且对环境负效应最小的途径之一。特别是有机固体废物蕴含着强大的生物质能，通过微生物的活动，可以使之稳定化、无害化、减量化和资源化，其主要的处理方法有卫生填埋、堆肥、沼气发酵和纤维素废物的糖化、蛋白质化、产乙醇等。固体废物的微生物处理过程也是将固体废物资源化的重要途径。

1. 堆肥法

堆肥法就是依靠自然界广泛分布的细菌、放线菌、真菌等微生物，有控制地促进可被生物降解的有机物向稳定的腐殖质转化的生物化学过程。堆肥化的产物称为堆肥。堆肥是深褐色、质地松散、有泥土味的物质。这种物质的养料价值不高，但却是一种极好的土壤调节剂和改良剂，其主要成分是腐殖质。根据处理过程中起作用的微生物对氧气要求的不同，通常多用好氧堆肥法。

好氧堆肥法是在有氧的条件下，通过好氧微生物的作用使有机废弃物达到稳定化，转变为有利于作物吸收生长的有机物的方法。好氧堆肥工艺程序通常由预处理、发酵（一次发酵和二次发酵）、后处理、脱臭和贮藏五个工序组成。

（1）预处理：包括破碎、分选以及添加水分、调节碳氮比等；

（2）发酵：分为一次发酵和二次发酵；

一次发酵：好氧堆肥的中温和高温两个阶段的微生物代谢过程称为一次发酵或主发酵，一般需要10～20d。二次发酵：物料经过一次发酵，还有一部分易分解和大量难分解的有机物存在，将其进行二次发酵，使之腐熟，一般需要20～30d。

（3）后处理：指除去杂质物质和进行必要的破碎处理等；

（4）脱臭：部分堆肥工艺和堆肥在堆制过程中和结束后，会产生臭味，必须进行脱臭处理；

（5）贮藏：堆肥一般在春秋两季使用，在夏冬就必须积存，方式有直接堆放在发酵池中或袋装，在干燥通风的环境下保存。

好氧法堆肥过程中，参与有机物生化降解的微生物包括两类：嗜温菌和嗜热菌。固体废物好氧微生物降解过程，依据温度变化，大致分为三个阶段，每一阶段各有其独特的微生物类群。堆肥的微生物学过程如下：

（1）发热阶段

堆肥堆制初期，主要由中温好氧的细菌和真菌，利用堆肥中容易分解的有机物，如淀粉、糖类等迅速增殖，释放出热量，使堆肥温度不断升高。

（2）高温阶段

堆肥温度上升到 45℃以上，即进入了高温阶段。由于温度上升和易分解的物质的减少，好热性的纤维素分解菌逐渐代替了中温微生物，这时堆肥中除残留的或新形成的可溶性有机物继续被分解转化外，一些复杂的有机物如纤维素、半纤维素等也开始迅速分解。由于各种好热性微生物的最适温度互不相同，因此随着堆温的变化，好热性微生物的种类、数量也逐渐发生着变化。在 50℃左右，主要是嗜热性真菌和放线菌，如嗜热真菌属（*thermomyces*）、嗜热褐色放线菌（*actinomycesthermofuscus*）、普通小单胞菌（*micromonospora vulgaris*）等。温度升至 60℃时，真菌几乎完全停止活动，仅有嗜热性放线菌与细菌在继续活动，分解着有机物。温度升至 70℃时，大多数嗜热性微生物已不适应，相继大量死亡，或进入休眠状态。高温对于堆肥的快速腐熟起到重要作用，在此阶段中堆肥内开始了腐殖质的形成过程，并开始出现能溶解于弱碱的黑色物质。同时，高温对于杀死病原性生物也是极其重要的，一般认为，堆温在 50～60℃，持续 6～7d，可达到较好的杀死虫卵和病原菌的效果。

（3）降温和腐熟保肥阶段

当高温持续一段时间以后，易于分解或较易分解的有机物（包括纤维素等）已大部分分解，剩下的是木质素等较难分解的有机物以及新形成的腐殖质。此时，好热性微生物活动减弱，产热量减少，温度逐渐下降，中温性微生物又渐渐成为优势菌群，残余物质进一步分解，腐殖质继续不断地积累，堆肥进入了腐熟阶段。为了保存腐殖质和氮素等植物养料，可采取压实肥堆的措施，造成其厌氧状态，使有机质矿化作用减弱，以免损失肥效。

堆肥中微生物的种类和数量，往往因堆肥的原料来源不同而有很大不同。对于农业废弃物，以一年生植物残体为主要原料的堆肥中，常见到以下微生物相变化特征：细菌、真菌→纤维分解菌→放线菌→能分解木质素的菌类。堆肥堆制前的脱水污泥中占优势的微生物为细菌，而真菌和放线菌较少。在细菌的组成中，一个显著特征是厌氧菌和脱氮菌相当多，这与污泥含水量多、含易分解有机物多、呈厌氧状态有关。经 30d 堆制后（期间经过 65℃高温，后又维持在 50℃左右），细菌数有了减少，但好氧性细菌比原料污泥只是略有减少，仍保持着每克干物质 107 个的数量级，厌氧性细菌比原料污泥减少了大约 100 倍，真菌数量并没有明显增长，氨化细菌和脱氮菌却有明显的增加，说明堆肥中发生着硝化和反硝化过程，这与堆肥污泥中既存在着适于硝化细菌活动的有氧微环境，也存在着适于脱氮菌活动的无氧微环境有关。堆制到 60d，可见各类微生物的数量都下降了，但此时，好氧性细菌仍然占优势，真菌和放线菌较少。从以上分析中可知，剩余污泥堆肥中一般都是细菌占优势。城市垃圾的堆肥中，与污泥堆肥一样是细菌占优势，但与污泥堆肥相比放线菌更少。另外还出现在腐熟初期丝状菌增加，随后又减少的现象。由于对植物有害的微生物不少是丝状菌，因此堆肥中丝状菌的减少是很重要的。

2. 厌氧消化法

在隔绝与空气接触的条件下，借助兼性菌、厌氧菌和专性厌氧菌的生物化学作用，对有机物进行生化降解的过程，称为厌氧生化处理法或厌氧消化法。与好氧过程的根本区别在于，厌氧消化法不以分子态的氧作为受氢体，而以化合态的氧、碳、硫、氢等为受氢体。

厌氧生物处理是一个复杂的生物化学过程，它是依靠三大主要种群的细菌：水解产酸细菌、产氢产乙酸细菌和产甲烷细菌的联合作用来完成的，可以粗略地将厌氧消化过程划分为三个连续阶段。

（1）水解酸化阶段。复杂的大分子、不溶性有机物先在细胞外酶的作用下水解为小分子、溶解性有机物，然后渗入细胞体内，分解产生挥发性有机酸和醇类等。

（2）产氢产乙酸阶段。在产氢产乙酸细菌的作用下，第一阶段产生的各种有机酸被分解转化成乙酸和 H_2。在降解奇数碳原子的有机酸时，除了产氢产乙酸外还产生 CO_2。

（3）产甲烷阶段。产甲烷细菌将乙酸、乙酸盐、CO_2 和 H_2 等转化为甲烷。此过程由两种生理上不同的产甲烷菌完成，一组把 H_2 和 CO_2 转化为甲烷，另一组从乙酸和乙酸盐脱羧产生甲烷和 CO_2。

虽然厌氧消化过程可分为以上三个阶段，但是在厌氧反应器中，这三个阶段是同时进行的，并保持某种程度的动态平衡，这种动态平衡一旦被 pH、温度、有机负荷等外加因素所破坏，则首先将使产甲烷阶段受到抑制，其结果会导致低级脂肪酸的积存和厌氧进程的异常变化，甚至会导致整个厌氧消化过程停滞。

固体废弃物的厌氧发酵（消化）过程影响因素如下：

① 有机物投入量。在厌氧发酵罐（或称为消化罐）中，从搅拌时液体的流动性、搅拌动力的关系考虑，发酵原料液的固形物浓度的极限约为是 10%～12%，污水处理厂污泥是 2%～5%，家畜粪尿是 2%～8%，其他有机废水中的固形物浓度极限是 8%。适宜的有机物投入量根据菌体的性质、发酵温度等决定。如对于单槽方式的发酵法，猪粪作为基质时，中温发酵的有机负荷是 2～3kg(VS)/m^3 · d，高温发酵的有机负荷是 5～6kg(VS)/m^3 · d，固形物中有机物含量通常是 60%～80%，甲烷发酵后是 35%～45%。

② 营养。为了使甲烷发酵顺利进行，碳氮比和碳磷比是重要因素，产生甲烷的最佳碳氮比是（12～16）：1。

③ 粒度。希望粒度小，因为发酵过程是在可溶性有机物中进行的。

④ 发酵温度。厌氧发酵分为中温发酵和高温发酵，中温发酵控制在 30～39℃，高温发酵控制在 50～58℃。

⑤ 发酵槽的搅拌。为了使发酵槽内充分混合并使浮渣充分破碎，在发酵罐内必须进行适当的搅拌。搅拌方式有泵循环、机械搅拌、浮渣破碎机、气体搅拌等。

3. 卫生填埋法

卫生填埋法始于 20 世纪 60 年代，它是在传统的堆放基础上，从环境免受二次污染的角度出发而发展起来的一种较好的固体废弃物处理法，其优点是投资少、容量大，因此广为各国采用。其基本原理同好氧堆肥和厌氧发酵。

从填埋场中垃圾处理降解的机理可将卫生填埋法分为好氧、准好氧和厌氧三种类型。

（1）好氧填埋

好养填埋是在垃圾体内布设通风管网，用鼓风机向垃圾体内送入空气。垃圾有充足的氧气，使好氧分解加快，垃圾性质较快稳定，堆体迅速沉降，反应过程中产生较高温度（60℃左右），使垃圾中大肠杆菌等得以消灭。由于通风加大了垃圾体的蒸发量，可部分甚至完全消除垃圾渗滤液。因此，填埋场底部只需做简单的防渗处理，不需布设收集渗滤液的管网系统。

好氧填埋场结构较复杂，施工要求较高，单位造价高，有一定的局限性，故其应用不是很普遍。我国包头市有一填埋场属于该类型。

(2) 准好氧填埋

准好氧填埋类似好氧填埋，仅相对供氧量较少，其机理、结构、特点等与好氧填埋类似。

(3) 厌氧填埋

垃圾填埋体内无需供氧，基本上处于厌氧分解状态。由于无须强制鼓风供氧，简化了结构，降低了电耗，使投资和运营费大为减少，管理变得简单，同时，不受气候条件、垃圾成分和填埋高度限制，适应性广。

该法在实际应用中，不断完善发展成改良型厌氧卫生填埋，是目前世界上应用最广泛的类型。我国杭州天子岭、广州大田山、北京阿苏卫、上海老港、深圳下坪等填埋场属于该类型。

13.2　废气的生物处理

废气主要来源有燃料燃烧、工业生产活动（例如化工、冶金、生物制品、屠宰、污水处理及垃圾处理等工厂所产生的废气）、农业生产活动和交通污染源。废气处理是环境污染控制的一个重要方面。

13.2.1　废气生物处理原理

废气的生物处理是利用微生物的生命过程把废气中的气态污染物分解转化成少或甚至无害物质。自然界中存在各种各样的微生物，几乎所有无机的和有机的污染物都能转化。生物处理不需要再生和其他高级处理过程，与其他净化法相比，具有设备简单、能耗低、安全可靠、无二次污染等优点，但不能回收利用污染物质。

废气的生物处理是在适宜的环境条件下，微生物不断吸收营养物质，并按照自己的代谢方式进行新陈代谢活动。废气生物处理正是利用微生物新陈代谢过程，把废气中的有害物质转化成简单的无机物，如二氧化碳、水以及细胞物质等。

1. 废气生物处理的特点

(1) 适应范围广

废气生物处理可用于处理：挥发性有机化合物（volatile organic compounds，简称 VOCs）以及其他有毒或有臭味的气体，如 NH_3 和 H_2S 等；化工、制药、电镀、喷漆、印刷等行业产生的有害污染物（hazardous air pollutants，简称 HAPs）以及废水处理厂、堆肥厂、垃圾填埋厂产生恶臭（odor）等。

(2) 去除效率高

一般的空气污染物去除效率超过 90%。

(3) 投资少，运行费用低

不需要投入额外的化学品；化学法则需加催化剂和氧化剂等，如次氯酸盐、过氧化氢、二氧化氯等。

(4) 污染少

生物处理的产物是生物量，很容易处理。

(5) 耗能低

生物反应在常温常压下进行，能量来自微生物利用 VOCs 成分本身产生的能量。

适宜处理的污染气体应具有的特点是：①水溶性强，主要有无机物 H_2S 和 NH_3 等、醇类、醛类、酮类以及简单芳烃（如 BTEX）等有机物；②易降解，分子被吸附在生物膜上必须被降解，否则将导致污染物浓度增高，毒害生物膜或影响传质，降低生物滤器效率，或使处理完全失败。

2. 生物法处理废气的机理

废气生物处理是利用微生物以废气中的有机组分作为其生命活动的能源或其他养分，经代谢降解，转化为简单的无机物（CO_2、水等）及细胞组成物质。与废水生物处理过程最大区别在于：废气中的有机物质首先要经历由气相转移到液相（或固体表面液膜）中的传质过程，然后由液相（或固体表面液膜）被微生物吸附降解。

3. 生物反应器处理废气过程

生物反应器处理废气一般经历以下三个阶段：

(1) 溶解过程

废气与水或固相表面的水膜接触，污染物溶于水中成为液相中的分子或离子，完成由气膜扩散进入液膜的过程。

(2) 吸着过程

有机污染物组分溶解于液膜后，在浓度差的推动下进一步扩散到生物膜，被微生物吸附、吸收，污染物从水中转入微生物体内。作为吸收剂的水被再生复原，继而再用以溶解新的废气成分。

(3) 生物降解过程

进入微生物细胞的污染物作为微生物生命活动的能源或养分被分解和利用，从而使污染物得以去除。

13.2.2 废气生物处理微生物

废气的处理方法主要有理化法和生物处理方法。

(1) 理化法：是目前主要采用的方法，如掩蔽、吸附、燃烧、氧化等，工艺或设备较复杂，运行费用较高；用于处理某些恶臭废气时，效果不甚理想。

(2) 生物法：具有处理效率较高、适应性较广、工艺较简单以及费用较省等优点。

废气的生物降解过程是进入微生物细胞的气态污染物作为微生物生命活动的能源或养分被分解和利用，从而使污染物得以去除。烃类和其他有机物成分被氧化分解为 CO_2 和 H_2O，含硫还原性成分被氧化为 S、SO_4^{2-}，含氮成分被氧化分解成 NH_3、NO_2^- 和 NO_3^- 等。

按照获取营养的方式不同，用于污染物生物降解的微生物有两大类：自养菌和异养菌。自养菌可以在无有机碳和氧的条件下，以光和氨、硫化氢、硫和铁离子等的氧化获得必要的能量，而生长所需的碳则由二氧化碳通过卡尔文循环供给，因此它特别适合于无机物的转化。由于自养菌的能量转换过程缓慢，导致其生长速率也非常慢，其生物负荷不可能很大，因此对无机气态污染物采用生物处理方法比较困难，仅有少数工艺找到了适当种类的细菌，如采用硝化、反硝化及硫酸菌等去除浓度不太高的臭味气体如硫化氢、氨等。异养菌则是通过有机化合物的氧化来获取营养物和能量，适合进行有机物的转化，在适当的温度、酸碱度和有氧的条件下，该类微生物能较快地完成污染物的降解。事实上，国内外广泛应用的也是异养菌降解有机物如乙醇、硫醇、酚、甲酚、吲哚、脂肪酸、乙醛、胺等。特定的微生物群落具有特定的污染物处理对象。在某些情况下，起净化作用的多种微生物在相同条件下均可正常繁殖。因此，在一个装置内可同时处理含多种污染物的气体。在废气生物处理的系统中，微生物是工作的主体，只有了解和掌握微生物的基本生理特性，筛选、培育出优势高效菌种，才能获得较好的净化效果。以一种物质作为目标污染物的微生物菌种一般是通过污泥驯化或培养的方法来进行。

处理废气的微生物多为混合微生物，因为有些是含有多种成分的混合废气，需要多种微生物分别降解；有的成分需要几种微生物的相继作用才能分解转化为无害物质，比如，氨先经硝化细菌再经反硝化作用细菌才能转化为分子态氮；一些难降解的成分要由几种微生物联合作用才能被完全降解，像卤代有机化合物，先经厌氧微生物还原脱卤，再被好氧微生物彻底分解；工艺需要，尽管废气成分能够被单一微生物分解，但还需利用其他微生物，在硫化氢氧化中，为了使自养型脱氮硫杆菌（*Thiobacillus denitrificans*）凝絮并持留于反应器内，需与活性污泥中的异养型微生物一起共培养。

13.2.3　废气生物处理方法

废气的微生物处理于 1957 年在美国获得专利，但到 1970 年代才开始引起重视，直到 1980 年代才在德国、日本、荷兰等国家有相当数量工业规模的各类生物净化装置投入运行。废气生物反应器处理对许多一般性的空气污染物的去除率可达到 90%以上。

根据介质性质不同，废气生物处理的基本形式可分为：① 生物洗涤（bioscrubbing），生物洗涤器（bioscrubber）内是液态介质；② 生物过滤（biofiltration），生物过滤采用的是固态介质，其方法有生物滤池（biofilters）和生物滴滤池（biotrickling filters）。

1. 微生物吸收工艺（微生物洗涤）

生物洗涤装置一般由洗涤器和生物反应器两部分组成，如图 13-1 所示，吸收器和生物反应器分开设置。吸收主要是物理溶解过程，采用的吸收设备有喷淋塔、筛板塔、鼓泡塔等，吸收过程进行很快，水在吸收设备中的停留时间仅约几秒钟。生物反应的净化过程较慢，吸收了挥发性气体的废水在反应器中一般需要停留十几小时。生物反应器中可进行好氧处理，可采用活性污泥法和生物膜法。

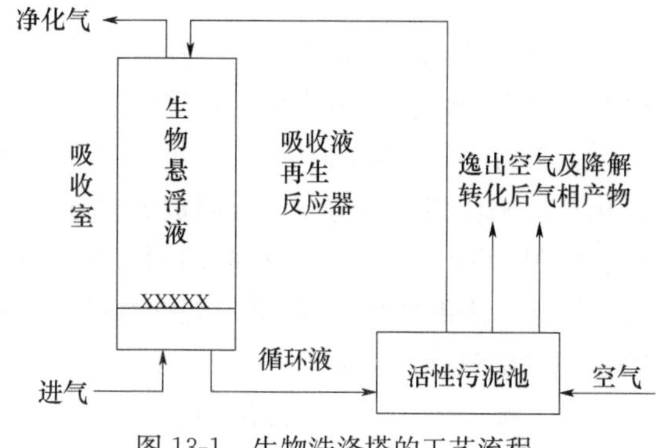

图 13-1　生物洗涤塔的工艺流程

生物悬浮液（循环液）自吸收塔顶部喷淋而下，使废气中的污染物和氧转入液相（水相）。吸收了废气中有机组分的生物悬浮液进入再生反应器（活性污泥池）中，通入空气充氧再生。被吸收的有机物通过微生物的氧化作用，最终被再生池中活性污泥悬液除去。一般，当活性污泥浓度控制在 5000～10000mg/L，气速小于 200m/h 时，去除较理想。

2. 生物滤池（微生物过滤工艺）

生物滤池是最早被研究和使用的废气生物处理技术，早在 1923 年，国外就利用土壤过滤床去除污水处理厂散发的含硫化氢等恶臭物质的废气，到了 20 世纪 80 年代以后，其应用范围已扩展到去除废气中许多易被生物降解的挥发性有机污染物。

生物滤池的填料是具有吸附性的滤料，多为土壤、堆肥、木屑、活性炭或由几种滤料混合而成，滤料要具有良好的透气性和适度的通水和持水性。

(1) 生物滤池的工艺流程

含污染物的废气经加压预湿（有的还需要温度调节、去除颗粒物等）预处理过程后，从反应器的底部经气体分布器进入生物处理装置，生物处理装置的填料表面生长着各种微生物，利用附着在填料上微生物的新陈代谢作用，废气中有害成分氧化分解为 CO_2、H_2O、NO_3^- 和 SO_4^{2-}，处理过的气体从生物滤池的顶部排出，如图 13-2 所示。生物滤池处理技术的工艺特点是生物相和液相都不是流动的，而且只有一个反应器，气液接触面积大、运行和启动容易。生物滤池由于投资少，运行费用低，适于处理挥发性有机污染物，因而在处理工业挥发性有机污染物方面应用最广泛。生物滤池法适于处理化肥厂、污水处理厂以及工、农业产生的污染物浓度为 0.5～1.0g/m³ 的废气，如浙江工业大学沙昊雷等采用接种生物滤池处理硫化氢和氨气，达到较好的效果；利用混合填料生物滤池处理挥发性有机物，可将有机物质量浓度为 50g/m³ 的废气中的甲乙酮和甲苯完全去除，效果明显。

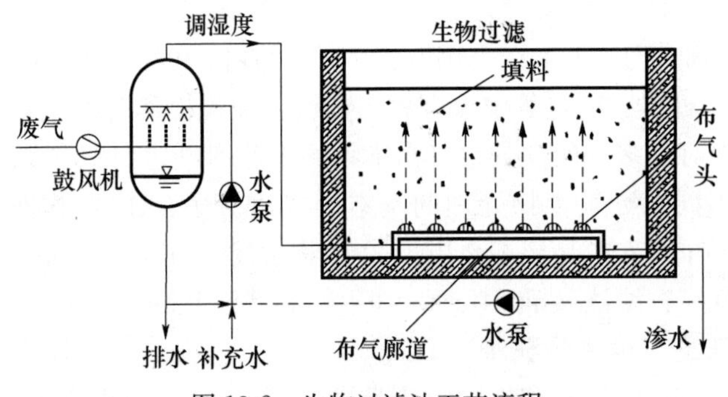

图 13-2　生物过滤池工艺流程

生物滤池内的固态介质是一些有生物活性的天然材料，常用的固体颗粒有土壤和堆肥，这些材料为微生物的附着和生长提供表面，微生物可以吸收废气中的污染物将其转化为无害物质，具有一定温度的有机废气进入生物滤池，通过约 0.5～1m 厚的生物活性填料层，有机物从气相转移到生物层，进而被氧化分解。生物滤池的填料层是具有吸附性的滤料（如土壤、堆肥、活性炭等）。生物滤池因其较好的通气性和适度的通水和持水性，以及丰富的微生物群落，能有效地去除烷烃类化合物，如丙烷、异丁烷、酯类及乙醇等。生物易降解物质的去除效果更佳。

(2) 影响生物滤池性能的因素

① 填料选择

a. 堆肥

原料常用污水处理厂污泥、有机垃圾和畜粪以及植物凋落物，须筛选，滤层要均匀、疏松，孔隙率＞40%，滤料须保持湿润，滤层含水量不低于 40%，但不能有积水。滤层应保持适当的温度。

b. 土壤

腐殖土为好，其他土质需要改良，有效厚度不应小于 50cm，土壤水分 40%～70%。

c. 草炭

其通气性能良好，适于微生物生长，除臭效果比用土壤好。

② 填料湿度

在生物过滤处理废气中，湿度是一个重要的环境因素。首先，它控制氧的水平，决定是好氧还是厌氧条件。如果滤料的微孔中80%～90%充满水，则可能是厌氧条件。其次，大多数微生物的生命活动都需要水，而且只有溶解于水相中的污染物才可能被微生物所降解。如果填料的湿度太低，将使微生物失活，填料也会收缩破裂而产生气流短流；如填料湿度太高，不仅会使气体通过滤床的压降增高、停留时间降低，而且由于空气—水界面的减少引起氧供应不足，形成厌氧区域从而产生臭味并使降解速率降低。许多实验表明，填料的湿度在40%～60%（湿重）范围内时，生物滤膜的性能较为稳定。对于致密的、排水困难的填料和憎水性挥发性有机物（VOCs），最佳含水量在40%左右；对于密度较小、多孔性的填料和亲水性的VOCs，则最佳含水量应在60%以上。

③ 温度

温度是影响微生物生长的重要因素。任何微生物只能在一定温度范围内生存，在此温度范围内微生物能大量生长繁殖。根据微生物对温度的依赖，可以将它们分为低温性（<25℃）、中温性（25～40℃）和高温性（>40℃）微生物。在适宜的温度范围内，随着温度的升高，微生物的代谢速率和生长速率均可相应提高，但高于最高生长温度后，微生物将停止生长，甚至最终死亡。因此，需根据微生物种类选择最适宜的温度。通常，用于有机物和无机物降解的微生物均是中温、高温菌占优势。一般情况下，生物处理可在25～35℃进行，很多研究表明：35℃是很多好氧微生物的最佳温度。温度除了改变微生物的代谢速率外，还能影响污染物的物理状态，使得一部分污染物发生固—液、气—液相转换，从而影响生物净化效果。如：温度的提高，会降低污染物特别是有机污染物在水中的溶解以及在填料上的吸附，从而影响气相中污染物的去除。

④ 溶解氧

根据微生物的呼吸与氧的关系，微生物可分为好氧微生物、兼性厌氧（或兼性好氧）微生物和厌氧微生物。好氧微生物需要供给充足的氧。氧对好氧微生物具有两个作用：一是在呼吸中氧作为最终电子受体；二是在甾醇类和不饱和脂肪酸的生物合成中需要氧。充氧的效果与好氧微生物的生长量呈正相关性，氧供应量的多少根据微生物的数量、生理特性、基质性质及浓度综合考虑。兼性微生物既具有脱氢酶也具有氧化酶，既可在无氧条件也可在有氧条件下存在。在好氧生长时氧化酶活性强，细胞色素及电子传递体系的其他组分正常存在；而在无氧条件下，细胞色素及电子传递体系的其他组分减少或全部丧失，氧化酶不活动，一旦通入氧气，这些组分的合成很快恢复。厌氧微生物只有在无氧条件下才能生存，它们进行发酵或无氧呼吸，因此在其进行生物处理过程中要尽可能保持无氧状态。

⑤ 酸碱度

以中性或微碱性（pH值7～8）为宜。废气生物处理中的细菌多数适应于中性至微碱性环境，只有少数种类对酸碱度要求比较特殊，如氧化硫硫杆菌最适pH值为2.6～2.8，最低为pH=1.0，最高为pH=6.0。

3. 生物滴滤池

生物滴滤池处理技术，主要适用于生物滤池和洗涤塔相间的处理。滴滤池内的填料主要是表面积大的惰性填料，为生物生长提供载体是填料的唯一作用，其孔隙率要高于生物滤池，具有更长的使用寿命且阻力相对较小。处理含卤化物、硫化物和氨等产生酸/碱代谢物的污染，生物滴滤池更容易调节 pH 值，因此，在处理卤代烃、含硫、含氮等通过微生物降解会产生酸性代谢产物及产能较大的污染物时，生物滴滤池显得更有效益。

生物滴滤池具有以下特点：① 内装有惰性填料，它只起生物载体作用，其孔隙率高、阻力小、使用寿命长，不需频繁更换；② 设有循环液装置，可调节湿度和 pH 值，供给营养和微量元素，生物相静止而液相流动，因而填料上可生存世代周期长、降解特殊气体的菌群，可承受比生物过滤器更大的处理负荷，且抗冲击负荷能力强，填料不易堵塞、压降小；③ 污染物的吸收和生物降解在同一反应器内进行，设备简单，操作条件可灵活控制；④ 安装有温度控制装置，当内部气体温度显示下降至微生物的正常生长温度时，控制系统发信号给热风机，使其工作以提高池内的温度，当气体低于 20℃时，热风机开始运转，直至温度达到微生物适宜温度为止，一般为 25℃左右。

4. 新型废气生物处理技术开发

实际污染废气中，物质种类繁多，气体的溶解性及可生物降解性差异比较大，而且，某种气体的降解可能会受到其他气体降解的影响，造成某类或某种气体去除效率不佳。为了解决这个问题，一些学者研究开发了一些特殊的生物处理反应器如复合式生物反应器、真菌生物滤池、低 pH 值生物滤池、二段式生物反应器等，并加以应用，取得了较好的效果。中国科学院生态环境研究中心利用复合式反应器中的细菌与真菌微生物的协同作用，去除混合废气中亲水性和疏水性污染物质，得到了较好的处理效果。普通细菌生物滤池湿度控制不当容易造成填料干燥、开裂，引起气流短路，当处理产酸气体时，会形成酸性积累而使反应器 pH 值降低，从而降低气体的处理效果。而真菌生物滤池的出现可以解决这个问题，真菌在较低湿度、低 pH 值下生存的能力明显高于细菌，特别是对于疏水性或水溶性差的有机物，真菌菌丝生长形成丝网状结构，与气相污染物在三维空间内接触，传质过程加快，降解效率提高。许多研究表明，真菌降解许多挥发性有机物的速率和去除能力要高于或至少与细菌相当。低 pH 值生物滤池的出现就是为了解决 H_2S 等产酸气体的处理。低 pH 值生物滤池在较低的 pH 值下运行，通过对适宜低 pH 条件下生长的硫杆菌等微生物的培养，氧化去除 H_2S。当 pH 呈酸性时，生物滤池中嗜酸性硫细菌和真菌可能占主要地位。而且，在产酸的生物滤池中，较少的水淋洗就可以实现对低 pH 的调控。二段式生物滤池，第一段为酸性气体生物滤池，采用惰性填料，用来处理产酸气体，第二段是传统的开放式生物滤池，采用碎木块作填料，用以处理其他的一些挥发性有机物。还有一些学者提出了两段式生物处理工艺，第一段硫化氢被氧化，pH 保持在酸性，不含硫化氢的气体进入第二段，第二段保持 pH 中性。

13.2.4 废气生物处理技术存在的问题及发展趋势

废气生物处理技术的研究热点主要集中在以下几个方面。

1. 反应动力学模型研究

通过反应机理的研究，提出决定反应速度的内在依据，以便有效地控制和调节反应速度，最终提高污染物的净化效率。尽管 oMe “8raf 等提出了较著名的生物膜理论，但该理论的提出是建立在以生物滤池为研究基础上的，对生物吸收法和生物滴滤池净化处理有机废气过程机理的描述不合适。在实际研究中发现，许多实验数据不能与 Ottengraf 理论模型相吻合。一些现象也难以用上述理论作出解释。这主要是由于生物滤池中存在相对较稳定的液膜，而生物吸收法和生物滴滤池由于循环液的流动性，无法产生类似的稳定液膜。

2. 填料特性研究

对于生物滤池和生物滴滤池来说，深入研究填料的一些特性是非常必要的。填料的比表面积、孔隙率与单位体积填充量不仅与生物量有关，还直接影响着整个填充床的压降及填充床是否易堵塞等。更重要的一点是，气态污染物降解要经历一个气相到液相的传质过程，污染物在两相中的分配系数是整个装置可行性的一个决定因素。有资料表明，填料对分配系数有较大的影响，Hodge 等用生物滤池处理乙醇蒸气时发现，颗粒活性炭作填料时乙醇的分配系数是以堆肥作填料时的 2～3 倍。

3. 动态负荷研究

目前，绝大多数研究报道中采用的是单一组分（或几个简单组分组合）气体作为实验对象，气体负荷的变化也是非常有顺序的、平稳的，气速也是很“温柔”的。而对于非常态负荷气流、多组分复杂混合气流的研究较少，事实上，这种动态负荷的研究是非常有实际意义的，特别是可以解决一系列实际运用中遇到的问题。

实际生产过程中排放的废气往往为复杂的多组分混合气，物质类型多样，水溶性、生物降解性之间都有差别，浓度波动也比较大，多组分物质之间常存在相互影响作用。因此，研究动态负荷、多组分混合气体的降解操作条件、组分间的相互作用关系和降解规律，具有非常重要的实际意义和应用价值。

废气生物处理涉及气、液、固相传质及生化降解过程，影响因素多而复杂，有关的理论研究及实际应用还不够深入、广泛，需要进一步探讨和研究。

重 点 小 结

固体废弃物按其性状可分为有机废物和无机废物或固体废物和泥状废物。

固体废弃物主要的处理方法有卫生填埋法，堆肥法，厌氧消化法。要明晰其中差别，对三种方法都有所了解。

废气的主要来源是燃料燃烧、工业生产活动（例如化工、冶金、生物制品、屠宰、污水处理及垃圾处理等工厂所产生的废气）、农业生产活动和交通污染源。

废气的生物处理技术主要有生物滴滤池，生物滤池，生物洗涤塔。

影响生物滤池性能的因素有填料选择、填料湿度、温度、溶解氧、酸碱度。

习题与思考

1. 固体废弃物按其性状可分为哪几种？
2. 厌氧消化法共分几个阶段？分别是哪几个阶段？
3. 好氧堆肥的微生物学过程如何？
4. 废气的生物处理技术存在哪些问题？
5. 生物滴滤池具有哪些特点？
6. 生物洗涤塔一般由哪两大部分组成？

（本章编者：王占华）

第三篇　微生物学技术在环境中的应用

第14章　环境微生物检测

学　习　提　示

重点与难点：

掌握：多聚酶链式反应（PCR）、微生物传感器的概念与原理。

熟悉：空气中微生物检测的方法；水体中微生物检测的方法。

了解：PCR、生物传感器及微生物传感器等技术在环境检测中的作用。

采取的学习方法：课堂讲授为主，部分内容学生自主学习

学时：3学时完成

14.1　环境微生物检测方法与控制

环境微生物的存在是微生物与自然环境长期适应的结果，环境微生物的存在不仅能反映出多种环境污染的综合情况，更能反映出环境污染的历史状况。因此进行环境微生物检测对于评价环境情况或判断环境污染状况具有重要意义。

14.1.1　空气中微生物的检测与控制

空气中存在一定数量的微生物，它们主要来自于人类的生产与生活。被微生物污染的空气往往是传播呼吸道传染病的媒介，造成某些呼吸道传染病的流行。由于直接检测空气中的病原菌难度较大，因此在空气环境质量评价上常以细菌总数作为指标。

1. 空气中细菌总数的检测方法

空气中细菌总数的检测方法主要包括撞击法和平皿沉降法。

（1）撞击法（impacting method）

又称裂隙式撞击法，是采用撞击式空气微生物采样器采样，通过抽气动力作用，使空气

通过狭缝或小孔而产生高速气流，使悬浮在空气中的带菌粒子撞击到营养琼脂平板上，经37℃、48h 培养后，计算出每立方米空气中所含的细菌菌落数的采样测定方法。撞击法结果以"cfu/m^3"表示。

撞击法其采样不受气流的影响，采样量准确，已成为世界各国首选的空气细菌采样方法。另外在采集的空气中，含有许多携带微生物的悬浮颗粒，这些悬浮颗粒可随着呼吸作用进入呼吸道，危害人体健康。因此，撞击法的检测结果具有重要的卫生学意义。

（2）平皿沉降法

该方法是依靠地心引力将空气中携带有微生物的悬浮颗粒沉降到营养琼脂培养基平皿中，然后在 37℃条件下培养 24h 后进行菌落计数。结果以"cfu/皿（皿面积为 $9cm^2$）"表示。

平皿沉降法简单易行，曾被各国广泛应用，但该方法因误差较大已逐渐被淘汰，但我国还在沿用该方法。

需要指出的是，上述两种细菌总数检测方法所得的结果不同，数据之间不能换算。

2. 空气中细菌总数的检测指标及空气微生物污染的控制

我国室内空气中细菌总数的卫生标准《室内空气质量标准》（GB/T 18883—2002）为：细菌总数≤2.5×10^3 cfu/m^3（撞击法），其他不同公共场所空气细菌总数的微生物标准见表14-1。

表 14-1　我国公共场所空气细菌总数标准

撞击法（cfu/m^3）	平皿沉降法（cfu/皿）	适用范围
≤2500	≤10	3～5 星级饭店、宾馆
≤1500	≤10	1～2 星级饭店、宾馆和非星级带空调的饭店、宾馆
≤2500	≤30	普通旅店，招待所，飞机客舱，酒吧，茶座，咖啡厅，图书馆，博物馆，美术馆，展览馆
≤4000	≤40	旅客列车车厢，轮船客舱，饭馆（餐厅），理发店，游泳馆，影剧院，游艺厅，体育馆，医院候诊室，公共交通等候室等
≤7000	≤75	商场（店），书店

控制空气微生物污染，主要通过减少空气中的微生物来源来加以控制。对微生物污染严重的地方如医院、肉类加工厂等的废水废物进行有效的处理消毒可减少空气中的微生物来源；通过搞好室内外环境卫生，减少微生物滋生环境亦可减少空气中的微生物；绿化造林也是净化空气、除尘的重要途径；适当的空气消毒或使用空气净化器也可起到控制空气微生物污染的作用。

14.1.2　水体中微生物的检测与控制

各种水体如江、河、湖、海等尤其是污水中含有大量的有机物，适合微生物的生长。水体微生物主要来源于土壤或人类与动物的排泄污染等。因此对水体微生物的检测可用于水质评价情况和预报水质污染的趋势，以保证水质的卫生安全。下面主要介绍生活饮用水的微生物学检测。

1. 水中细菌菌落总数的测定

水中的细菌菌落总数是指水样在营养琼脂上有氧条件下 37℃培养 48h 后，所得 1mL 水

样所含菌落的总数。细菌菌落数越高，表示水体受有机物或粪便的污染越严重，进而被病原菌污染的可能性也就越大。

生活饮用水细菌菌落总数的检验步骤为：取1mL水样注入无菌平皿中；将45℃左右已融化的营养琼脂培养基注入含菌平皿中并旋摇平皿，使水样与培养基混匀；凝固后，于(36±1)℃倒置培养48h，进行菌落计数，即为1mL水样中的菌落总数。对于水源水需先将水样稀释成1∶10、1∶100、1∶1000、1∶10000等稀释液，然后取未灭菌的水样和2～3个适宜稀释度的水样1mL按上述操作步骤进行菌落计数。细菌总数的测定结果常用“cfu/mL”或“个/mL”表示。

细菌总数只是一个相对指标。一方面是由于细菌总数的测定只采用一种培养基和一种培养条件，不能满足所有细菌的需要；另一方面是由于在测定条件下某些不能生长或生长缓慢的细菌有可能被遗漏；另外，人工培养基与培养条件和自然水体的差异也不能保证水样中所有的细菌都能生长。因此细菌总数的测定值与实际细菌总数也会有所差别。我国国家标准《生活饮用水卫生标准》（GB 5749—2006）规定，生活饮用水中的细菌总数不得超过100cfu/mL。

2. 总大肠菌群的测定

总大肠菌群是指一群在37℃培养24h能发酵乳糖、产酸产气、需氧或兼性厌氧的革兰阴性无芽孢的杆菌。总大肠菌群以埃希菌属为主，另有肠杆菌属（*Enterobacter*）、柠檬酸杆菌属（*Citrobacter*）、克雷伯菌属（*Klebsiella*）等。在外界环境中，大肠菌群的存在与人类活动有关。在人迹罕至的高山土中，几乎不存在大肠菌群。越靠近人类居住和生产的地方，大肠菌群的数量也越多。在经常施用粪肥的菜园土中，大肠菌群非常丰富。

我国《生活饮用水标准检验方法　微生物指标》（GB/T 5750.12—2006）规定总大肠菌群的检测方法包括多管发酵法、滤膜法和酶底物法三种。

（1）总大肠菌群多管发酵法

此方法是采用乳糖发酵试验、分离培养和证实试验三步完成，其操作步骤如图14-1所示，结果根据阳性反应的试管数，查专用统计表求出每100mL水样中总大肠菌群的最可能数（MPN）。

（2）总大肠菌群滤膜法

此方法是选用孔径为0.45μm的微孔滤膜过滤100mL的水样（如水样含菌量较多可适度稀释），细菌被截留在滤膜上。然后，将滤膜贴在品红亚硫酸钠固体培养基上，培养后通过菌落特征及镜检菌体形态等初步确定大肠菌群细菌；将革兰阴性无芽孢的杆菌再接入乳糖发酵培养基中以确证为大肠菌群细菌；最后计算出每升水样中含有的总大肠菌群数。计算公式为：

$$\text{总大肠菌群菌落数（cfu/mL）}=\frac{\text{数出的总大肠菌群菌落数}\times 100}{\text{过滤的水样体积（mL）}}$$

（3）总大肠菌群酶底物法

该方法是指在选择性培养基上产生β-半乳糖苷酶（β-D-galactosidase）的细菌群组，该细菌群组能分解色原底物，释放出色原体，使培养基呈现颜色变化，以此技术检测水中大肠菌群的方法。检验方法包括定性反应、10管法和51孔定量盘法。

定性反应是将100mL水样（若水源污染严重需适当稀释）与（2.7±0.5）gMMO-MUG培养基粉末加入100mL无菌稀释瓶混摇溶解后于（36±1）℃条件下培养24h。若培养液呈

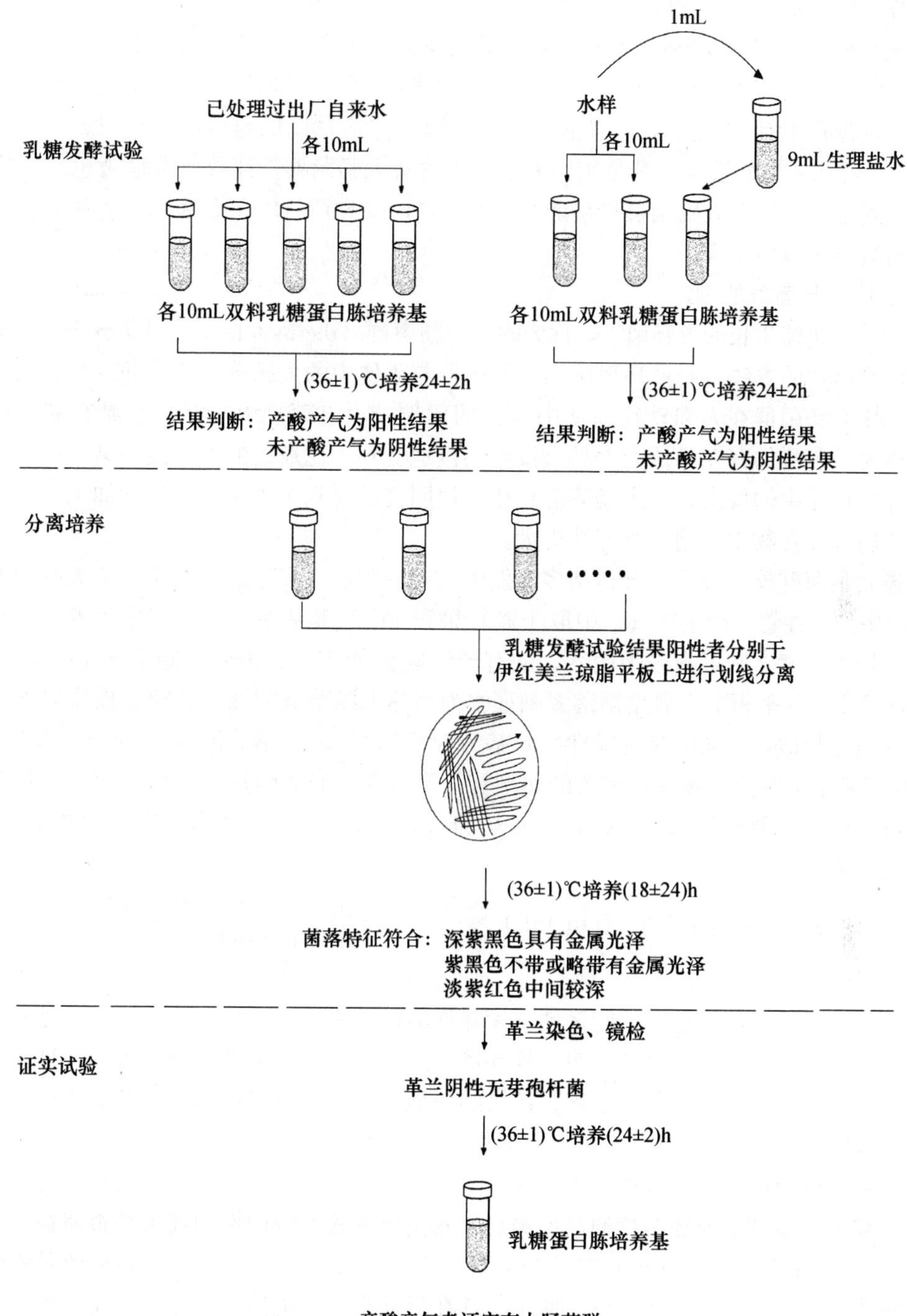

图 14-1　总大肠菌群多管发酵法操作流程

现黄色则判断水中含有大肠菌群，若颜色未发生变化则给出未检出报告。

10 管法是将 100mL 水样（若水源污染严重需适当稀释）与（2.7±0.5）gMMO-MUG 培养基粉末加入 100mL 无菌稀释瓶混摇溶解后，分别取 10mL 转入 10 支无菌试管中，于(36±1)℃条件下培养 24h。若管内培养液呈现黄色则判断该试管水中含有大肠菌群，计数所有呈黄色反应的试管数，参照附录，给出总大肠菌群最可能数（MPN），以 MPN/100mL

表示，若所有试管均未呈黄色则给出未检出报告。

51 孔定量盘法是将 100mL 水样（若水源污染严重需适当稀释）与（2.7±0.5)gMMO-MUG 培养 9 基粉末加入 100mL 无菌稀释瓶混摇溶解后，全部倒入 51 孔无菌定量盘中，用手抚平定量盘背 10 面以赶除孔内气泡，然后用程控定量封口机封口，于（36±1)℃条件下培养 24h。若孔内培养液呈现黄色则判断该孔中含有大肠菌群，计数所有呈黄色反应的孔穴数，参照附录，给出总大肠菌群最可能数（MPN），以 MPN/100mL 表示，若所有孔穴均未呈黄色则给出未检出报告。

3. 耐热大肠菌群的测定

在 44.5℃仍能生长的大肠菌群，称为耐热大肠菌群（thermotolerant coliform bacteria)，即用提高培养温度的方法将自然环境中的大肠菌群与粪便中的大肠菌群区分开。与总大肠菌群相比，耐热大肠菌群在人和动物粪便中所占的比例较大，而且由于在自然界容易死亡等原因，耐热大肠菌群的存在可认为食品直接或间接地受到了比较近期的粪便污染。因而，耐热大肠菌群在食品中的检出，与大肠菌群相比，说明食品受到了更为不清洁的加工，食品中存在肠道致病菌和食物中毒菌的可能性更大。

耐热大肠菌群检验方法主要包括多管发酵法和滤膜法。多管发酵法是从总大肠菌群乳糖发酵试验中的阳性管（产酸产气）中取 1 滴转种于 EC 培养基中，置 44.5℃培养（24±2)h，若所有管均不产气，则可报告为阴性，如有产气则转种于伊红美蓝琼脂平板上，置 44.5℃培养 18～24h，凡平板上有典型菌落者则证实为耐热大肠菌群阳性。滤膜法操作步骤与总大肠菌群滤膜法相似，不同的是选择性培养基为 MFC 培养基，培养温度由 44.5℃取代 37℃。在 MFC 培养基上耐热大肠菌群菌落的典型特征是蓝色，而非耐热大肠菌群则为灰色至奶油色。对可疑菌落转种至 EC 培养基 44.5℃培养（24±2)h，如产气则证实为耐热大肠菌群。其计算公式为：

$$\text{耐热大肠菌群菌落数（cfu/mL）}=\frac{\text{所计得的耐热大肠菌群菌落数}\times 100}{\text{过滤的水样体积（mL）}}$$

4. 大肠埃希菌的测定

大肠埃希菌是具周身鞭毛、能运动、无芽孢的革兰阴性短杆状兼性厌氧菌，是人和动物肠道中的正常栖居菌。它的存在表明，外环境、水和食物为人或动物粪便污染，且污染程度与其数量相关，间接提示有肠道致病菌污染的可能。其检验方法包括多管发酵法、滤膜法和酶底物法。

（1）大肠埃希菌多管发酵法

大肠埃希菌多管发酵法是指通过检测总大肠菌群多管发酵阳性的细菌是否能在含有荧光底物 MUG（4-甲基伞形酮葡糖苷酸）的培养基上 44.5℃培养 24h 产生 β-葡萄糖醛酸酶，分解荧光底物 MUG 并释放荧光产物，使培养基在紫外光下产生特性荧光，来检测水中大肠埃希菌的方法。该方法大致如下：将总大肠菌群多管发酵法初发酵产酸或产气的试管内培养液转接入 EC-MUG 管中于（44.5±0.5)℃培养（24±2)h。培养后的 EC-MUG 管在暗处用波长 366nm、功率为 6W 的紫外灯照射，如果有蓝色荧光产生则表示水样中含有大肠埃希菌。计算 EC-MUG 阳性管数，查对应的最可能数（MPN）表得出大肠埃希菌的最可能数，结果以 MPN/100mL 报告。

(2）大肠埃希菌滤膜法

大肠埃希菌滤膜法是用滤膜法检测水样后将总大肠菌群阳性的滤膜贴在含有荧光底物的

培养基上培养，能产生 β-葡萄糖醛酸酶分解荧光底物使菌落能在紫外光下产生特异性荧光，以此来检测水中大肠埃希菌的方法。即将总大肠菌群滤膜法有典型菌落特征的滤膜无菌操作转移到 NA-MUG 平板上，细菌截留面朝上（36±1)℃培养 4h 后，在暗处用波长 366nm、功率为 6W 的紫外灯照射，如果菌落边缘或菌落背面有蓝色荧光产生则表示水样中含有大肠埃希菌。计数有蓝色荧光产生的菌落数并报告（同大肠菌群滤膜法）。

（3）大肠埃希菌酶底物法

大肠埃希菌酶底物法是指通过检测菌体是否在选择培养基上产生 β-半乳糖苷酶分解色原底物释放出色原体使培养基呈现颜色变化，并能产生 β-葡萄糖醛酸酶分解荧光底物 MUG 释放出荧光产物，使菌落能够在紫外光下产生特征性荧光，来检测大肠埃希菌的方法，方法同总大肠菌群酶底物法。其方法包括定性反应、10 管法和 51 孔定量盘法。结果判断需在暗处用波长 366nm 的紫外灯照射培养液，通过观察有无蓝色荧光，并依据相应参照表给出检测报告。

5. 隐孢子虫与甲第鞭毛虫的测定

隐孢子虫（*Cryptosporidium*）和甲第鞭毛虫（*Giardia*）是两种致病性原生动物，可引起人感染患病，分别称为隐孢子虫病（*Cryptosporidiosis*）和甲第鞭毛虫病（*Giardiasis*），其临床主要表现为急性腹泻或霍乱样腹泻，可能伴随腹痛、恶心和呕吐等。该病目前尚无安全有效的治疗措施，免疫能力正常的患者一般能在 1 周至 1 个月内自行痊愈；但免疫能力缺陷者和儿童感染该病可能因长期腹泻而导致营养不良、脱水，甚至危及生命。水和食物污染是隐孢子虫和甲第鞭毛虫的重要传播途径。近二十年来，隐孢子虫和甲第鞭毛虫的危害引起了国际社会的广泛关注。我国《生活饮用水卫生标准》(GB 5749—2006）给出了免疫磁分离荧光抗体法检测隐孢子虫与甲第鞭毛虫的检验方法，其流程大致如下：首先对 20L 原水或 100L 处理水水样利用 Envirochek 方法或 Filta-Max 法或 Filta-Max Xpress 法进行淘洗和浓缩，然后用免疫磁珠捕获卵囊，再将磁珠与卵囊复合物进行分离，之后用 FITC 单克隆抗体荧光标记并用 DAPI 染色，最后镜检给出报告。隐孢子虫卵囊和甲第鞭毛虫孢囊的特征见表 14-2。

表 14-2　隐孢子虫卵囊和甲第鞭毛虫孢囊的特征

标准	重要性	备注
染了绿色的膜	－＋＋	染色的强度是容易变的
大小	＋＋＋	
膜与细胞质的对照	＋－	膜的荧光强些
形状	＋＋	甲第鞭毛虫：卵圆形；隐孢子虫：球形
孢囊壁的完整性	＋	孢囊会失去形状

6. 我国不同水体的卫生标准及水中微生物污染的控制

我国《生活饮用水卫生标准》(GB 5749—2006）规定，无论采用多管发酵法还是滤膜过滤法，100mL 水样中均不得检测出总大肠菌群、耐热大肠菌群和大肠埃希菌，每毫升水样中菌落总数要小于 100cfu。《地理标志产品　吉林长白山饮用天然矿泉水》(GB 20349—2006）规定：100mL 的水源水与灌装水均不得检出总大肠菌群（多管发酵法）；250mL 水源水与灌装水均不得检出粪（耐热）大肠菌群（多管发酵法）；每毫升的水源水中细菌总数不超过 5 个 cfu，每毫升灌装水中细菌总数不能超过 50 个 cfu。《饮用天然矿泉水》(GB 8537—2008）的卫生标准规定：100mL 水样中不得检出总大肠菌群（多管发酵法），250mL 水样中不得检测出耐热大肠菌群（多管发酵法）。

控制水体微生物的污染首先必须从源头做起，即控制排放废水尤其是医院废水等微生物的含量，避免大量有害微生物进入水体；其次，消除微生物滋生的环境，净化水体，对地表水、游泳池水要进行定期检测，必要时加入消毒剂以杀灭微生物。

14.1.3 污染物致突变检测

关于人类癌症的起因众说纷纭，但普遍认为，人类癌症多由环境因素中的化学物质引起。下面介绍几种常用的微生物致突变检测试验。

1. 鼠伤寒沙门氏菌/哺乳动物微粒体酶试验（Ames 试验）

此试验是美国加利福尼亚大学 Ames 教授等于 1975 年正式系统发表的一种致突变测试法。

（1）Ames 试验法的原理

该试验设计中，利用了组氨酸营养缺陷型鼠伤寒沙门氏菌（*Salmonella typhimurium*）可发生回复突变的性能。缺陷菌株在没有受到致突变物作用时，不能在不含组氨酸的培养基上生长。受到致突变物作用后，菌株 DNA 被损伤，它们可通过基因突变而回复为野生型菌株，从而在不含组氨酸的培养基上正常生长。其优点是：准确性很高、被检样品量很少（能检出微克至毫微克水平的污染物的致突变性），而且能检出多种复杂混合物的致突变性，能较好地反映多种环境污染物的联合效应。

（2）试验菌株

Ames 等构建的组氨酸营养缺陷型菌株有几十种，曾被推荐应用的有 5 株，分别为 TA1535、TA1537、TA1538、TA98 和 TA100。近年来一套 6 株组氨酸营养缺陷型菌株（TA7001、TA7002、TA7003、TA7004、TA7005、TA7006）被构建，每株在组氨酸生物素操纵子上带有独特的错义突变（missense mutation），能方便地鉴别 DNA 分子中碱基的变异，被用于确定致突变剂引起的致突变谱。TA7001、TA7002、TA7003 用于检测 A：T 碱基对的转换与颠换，TA7004、TA7005、TA7006 用于检测 G：C 碱基对的转换与颠换。

（3）哺乳动物微粒体酶

哺乳动物肝、肺细胞微粒体中含有混合功能氧化酶系，能氧化进入肝、肺的外源性化学物。经其氧化代谢可产生两种反应：一是降解作用，使化学物变为低毒或无毒物排出；二是激活作用，使化学物转化为具有亲电子性质，导致毒性增强，成为致突变物或致癌物。在体外加入哺乳动物微粒系统（简称 S9 混合液）可使体外测试条件更接近于人体内代谢条件。

（4）Ames 试验的常规方法

① 斑点试验：将一定量扩增培养后的测试菌液，注入 45℃左右的琼脂培养基中，再加一定量 S9 混合液，立即混匀，制备平板。取灭菌圆滤纸片浸湿受试物溶液，或直接取固态受试物，贴放于团体培养基表面，于 37℃倒置培养 48h。同时做溶剂对照和阳性对照，分别贴放于平板上相应位置。在纸片外围长出密集菌落圈，为阳性；菌落散布，密度与自发回复突变相似，为阴性，如图 14-2 所示。

该方法敏感性较差，是一种定性试验，适用快速筛选大量能在琼脂培养基中扩散的化学物质受试化合物，对于大多数多环芳烃和难溶于水的化学物质均不适用。

② 平板掺入试验：将定量样液和测试菌液均加入 45℃左右的琼脂培养基中，再加一定量 S9 混合液，混匀后注入平板。同时做阴性和阳性对照。同一剂量各皿回变菌落均数与各阴性对照皿自发回变菌落均数之比为致变比（MR）。MR 值≥2，且有剂量—反应关系，背景正常，则判为致突变阳性，如图 14-3 所示。

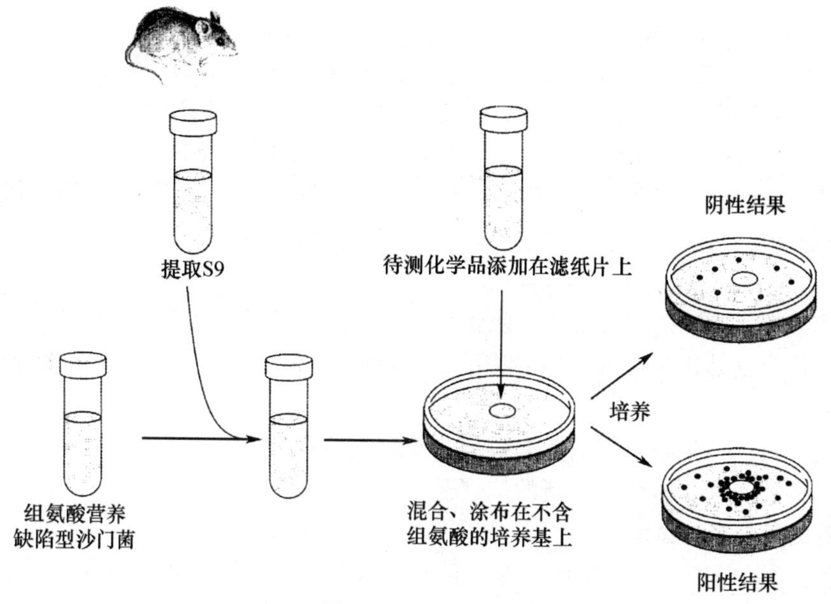

图 14-2　斑点试验

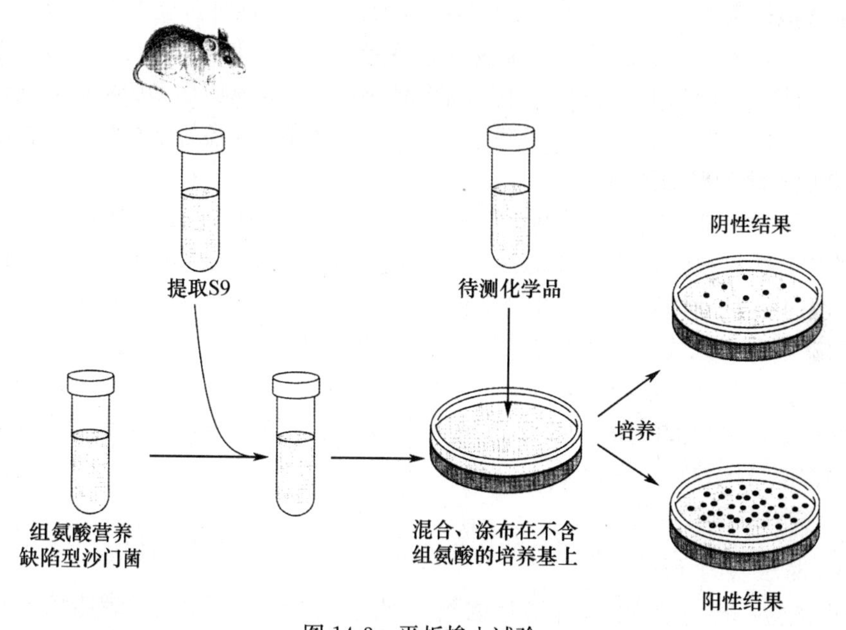

图 14-3　平板掺入试验

平板掺入试验敏感，获阳性结果所需的剂量较低，可定量测试样品致突变性的强弱。致突变作用迟缓或有抑菌作用的试样，培养时间延长至 72h；挥发性的液体和气体试样，可用干燥器内试验法进行测试。

除上述两种传统方法外，为提高检测灵敏度又提出了多种改良方法，如：预培养法（preincubation assay），是将受检物、菌液和必要时加上 S9 混匀后，先在 37℃水浴中温育 20～30min，然后作平板掺入法；延后加入法（delayed plating test），是在菌液接种于表层培养基 6～8h 后再加入受检物，混匀作平板掺入法，此法可提高检测的灵敏性；波动法（fluctuation assay）则是在液体培养基中进行的。

(5) Ames 试验的应用

作为检测环境诱变剂的首选试验，Ames 试验已被各研究领域广为采用。

① 检测食品添加剂、化妆品等的致突变性，由此推测具致癌性；

② 检测水源水及饮用水的致突变性，探索更加安全的消毒措施；

③ 检测城市污水和工业废水的致突变性，为追踪污染源，研究防治对策提供依据；

④ 检测土壤、污泥、工业废渣堆肥、废物灰烬的致突变性，以防止致突变污染物通过农作物危害人类；

⑤ 检测气态污染物的致突变性，防止污染物经由大气对人体造成潜在危害；

⑥ 研究化合物结构与致突变性的关系，为合成对环境无潜在危害的新化合物提供理论依据；

⑦ 检测农药在微生物降解前后的致突变性对人类有无隐患；

⑧ 筛选抗突变物，研究开发新的抗癌药等。

2. 细菌的正向突变试验

从理论上看，与回复突变相比，由于正向突变其 DNA 上有更多的位点可以发生突变，因此正向突变检测的化合物可能更为广泛，甚至包括某些回复突变所检测不出的致突变物。例如，枯草芽孢杆菌的芽孢形成试验，正常的野生型枯草芽孢杆菌能产生芽孢，但因某种因素的影响使其发生突变，而成为不能形成芽孢的变异株。该菌染色体中有二十多个操纵子控制着芽孢形成，只要其中任何一个发生变化，芽孢便不产生。正常野生型的枯草芽孢杆菌菌落产棕黄色色素，而突变型菌株不产棕黄色色素，因而通过肉眼即可鉴别出待测物是否为突变物。

3. 聚合酶缺陷型菌株试验

聚合酶缺陷型菌株试验是一种利用微生物 DNA 修复能力检测致癌物的方法。聚合酶缺陷型菌株的聚合酶有缺陷，其 DNA 受损后不能进行修复，以致细菌无法生存。具有致癌性化学物质作用于这种菌株后，由于细菌生长受到抑制，会出现明显的抑菌带。

聚合酶缺陷型菌株试验多采用点试法：将浸有该受试物的滤纸片放入分别含有聚合酶缺陷型菌株和野生型菌株的培养基平板上，适当培养后观察结果，主要检查抑菌圈宽度。如果聚合酶缺陷型菌株出现抑菌圈，而野生型菌株无此现象出现，则说明该受试物为致突变物或致癌物，抑菌圈越大致突变性越强。

4. 重组缺陷型菌株试验

该方法利用某些失去重组修复机能的菌株进行试验，其 DNA 受损后，由于不能重组修复而不能生长，因此产生抑菌带。其试验法亦采用点试法：将受试物沾在滤纸片上，放置培养基中央，然后将重组缺陷型菌液与对照菌液分别划线接种于培养基平板上，适当培养后观察结果。若重组缺陷型菌株划线处出现抑菌现象，而非重组缺陷型菌株划线全生长，二者相差 2mm 以上者定为阳性结果。

5. 噬菌体试验（溶原性细菌试验）

溶原性细菌（lysogenic bacteria）在寄主内菌体通常不进入生长状态，而以前噬菌体（prophage）状态存在，对寄主细胞无明显作用与影响。但当细菌细胞受到某些诱变剂作用时，产生了诱导作用，使前噬菌体活跃起来，在菌体内进入裂解周期，最后使菌体解体。这种裂解作用，在固体培养基上以噬菌斑的形式表现出来，噬菌斑越多，说明诱变剂诱变力越强。因物质的致癌性与诱变性间存在正相关，因此，这种溶源性细菌产生噬菌体诱导现象，可以作为致癌物的鉴定试验。此类试验亦称诱导试验。

6. 粗糙脉孢菌（*Neurospora crassa*）的正向突变试验

粗糙脉孢菌生长条件简单，易于繁殖，只需要糖、无机盐、少量生长素与水等，即可代谢合成菌体物质。它所合成的每一种氨基酸均有相应的基因予以控制，若基因受损产生突变，则其所控制的相应氨基酸之合成便受到阻碍。例如：

$$\xrightarrow{\text{基因 G}} \text{鸟氨酸} \xrightarrow{\text{基因 C}} \text{瓜氨酸} \xrightarrow{\text{基因 A}} \text{精氨酸} \rightarrow \text{蛋白质}$$

若基因 G 发生突变，此霉菌不能合成鸟氨酸；若基因 C 发生突变，则不能合成瓜氨酸，依此类推。化学致突变物具有诱导上述基因发生突变的能力，因此，可使此酶正向突变而产生某些氨基酸营养缺陷型。当培养基中不含有该种氨基酸时，这种突变株便不能生长，从而检出该化学物是否为致突变物。

7. 构巢曲霉（*Aspergillus nidulans*）的回复突变试验

试验应用一株甲硫氨酸生物素缺陷型菌株，其 DNA 上有六个位点控制甲硫氨酸和生物素的合成，在缺乏甲硫氨酸和生物素的培养基上不能生长。但当化学致突变物作用于这六个不同位点中的任意一点时，基因发生突变，试验菌株回变为野生型，即可以自行合成甲硫氨酸和生物素。其试验主要步骤是将构巢曲霉暴露于待测物一段时间，再接种于选择培养基上以确定菌落形态或营养要求的变化，培养一定的时间后计数突变的菌落，并与阴性对照的自发突变菌落进行比较，同时确定存活数量以计算突变频率。

8. 生物发光试验

20 世纪 70 年代以来，人们从海洋中，特别是从海鱼体表分离发光细菌，筛选对环境敏感而对人体无害的菌株，用以快速监测环境毒物。发光细菌的发光强度是菌体健康状况的一种反映。在正常情况下，这类细菌在对数生长期的发光能力很强。然而，在环境不良或存在有毒物质时，其发光能力减弱，衰减程度与毒物的毒性和浓度成一定的比例关系。通过灵敏的光电测定装置，检查发光细菌受毒物作用时的发光强度变化，可以评价待测物的毒性大小。这种采用发光细菌检测污染物毒性的方法，称为发光细菌检测法。

14.2　PCR 技术在环境检测中的应用

多聚酶链式反应（Polymerase Chain Reaction，简称 PCR）经过近 30 年的发展，技术已相当标准和成熟，已成为分子生物学领域中最基础、常见的分析手段之一。

14.2.1　基本原理

PCR 技术是模拟 DNA 的天然复制过程，利用耐热 DNA 聚合酶，加入适量的寡聚核苷酸引物，以 4 种脱氧核苷酸为材料，在实验室条件下实现特异性扩增 DNA（或 RNA）片段的一种新技术。其特异性依赖于两个人工合成的引物序列。当待扩增 DNA 模板加热变性后，两引物分别与两条 DNA 的两端序列特异复性。在合适条件下，由 DNA 聚合酶催化引物引导 DNA 合成，即引物的延伸。整个过程由温度控制。这种热变性-复性-延伸的过程就是一个 PCR 循环，如图 14-4 所示。延伸的产物再经变性后，作为新模板与引物复性，进而延伸。延伸的模板由第一循环的 4 条增为 8 条（包括原始模板在内），依此类推，以后每一循环后的模板均比前一循环增加 1 倍。从理论上讲，扩增 DNA 产量是呈指数上升的，即 n 个循环后，产量为 2^n 拷贝，如 30 个循环后，扩增量为 2^{30} 拷贝，约 10^9 个拷贝。

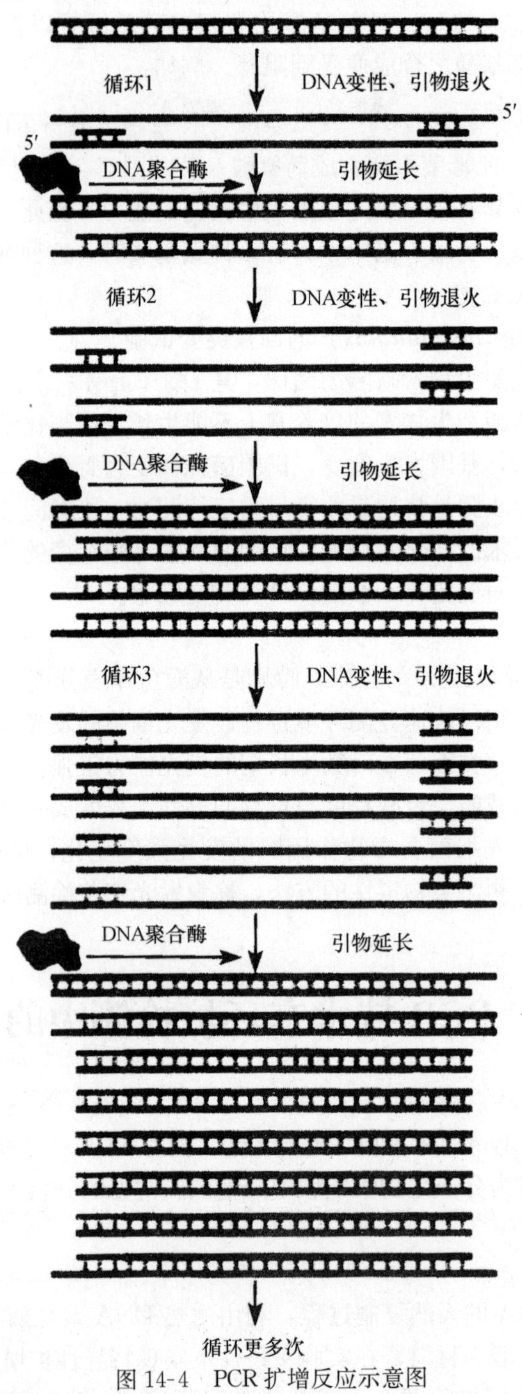

图 14-4　PCR 扩增反应示意图

PCR 的基本要素包括：

1. 引物

引物是 PCR 特异性反应的关键，PCR 产物的特异性取决于引物与模板 DNA 互补的程度。设计引物应遵循以下原则：① 引物长度为 15～30bp，常用为 20bp 左右；② 引物扩增跨度以 200～500bp 为宜，特定条件下可扩增长至 10kb 的片段；③ 引物碱基 G+C 含量以 40%～60%为宜，ATGC 随机分布，避免 5 个以上的嘌呤或嘧啶核苷酸的成串排列；④ 避免引物内部出现二级结构；⑤ 引物 3′端的碱基，特别是最末及倒数第二个碱基，应严格要求配对；⑥ 引物应与核酸序列数据库的其他序列无明显同源性；⑦ 每条引物的浓度为 0.1～1μmol或 10～100ρmol，以最低引物量产生所需要的结果为好，引物浓度偏高会引起错配和非特异性扩增，且可增加引物之间形成二聚体的机会。

2. 耐热 DNA 聚合酶

此酶是从耐热细菌中分离出来的，能耐受 93～100℃高温。目前以 Taq DNA 聚合酶应用较多。酶的需要量可根据不同的模板分子或引物而变化。酶浓度过高，会出现非特异扩增带；过低，则靶序列产量很低。

3. dNTP

dNTP 溶液呈酸性，使用时应配成高浓度后，以 NaOH 或 Tris-HCl 缓冲液将其 pH 值调节到 7.0～7.5，小量分装，－20℃冰冻保存。在 PCR 反应中，dNTP 应为 50～200μmol/L，4 种 dNTP 的浓度要相等（等摩尔配制），否则会引起错配。

4. 模板 DNA

模板 DNA 是从生物体提取出的 DNA 片段或从 RNA 反转录的 cDNA 片段。无论标本来源如何，待扩增核酸都需部分纯化，使核酸标本中不含 DNA 聚合酶抑制剂。

5. Mg^{2+} 浓度

Mg^{2+} 对 PCR 扩增的特异性和产量有显著的影响，Mg^{2+} 浓度过高，反应特异性降低，出现非特异扩增，浓度过低会降低 Taq DNA 聚合酶的活性，使反应产物减少。

14.2.2　操作程序

PCR 技术基本的操作是将 PCR 必需反应成分加入一微量离心管中，然后置于一定的循环参数条件下进行循环扩增，操作步骤包括变性、退火、延伸等，PCR 循环次数依扩增片段大小而异。

1. 变性

是将待扩增的 DNA 解链为单链 DNA，使两条单链 DNA 均可作为扩增的模板。典型的变性条件是 95℃30s 或 97℃15s，更高的温度可能更有效，尤其是对富含 G+C 的靶基因。变性温度太高会影响酶活性。最简单的方法是在加 Taq 聚合酶前先使模板在 97℃预变性 7～10min。

2. 退火

将反应体系的温度下降至一定温度，持续时间 1～2min，该过程中引物 DNA 与模板 DNA 一定区域互补配对，这一过程称为退火（annealing）。一般退火温度在 45～72℃之间，该温度与引物 GC 含量及扩增片段大小有关。

3. 延伸

当温度从退火温度升至延伸温度约 72℃时，在 Taq DNA 聚合酶的作用下，寡核苷酸引物和模板 DNA 结合延伸成双链 DNA，即为延伸过程。每个新合成的 DNA 片段都含有同样的引物结合位点，可用于进一步的扩增循环。

4. 循环数

每完成一次“变性—退火—延伸”的过程为一个 PCR 循环，经过 30～35 次循环，即可从微量的模板DNA获得足量的扩增片段。循环数决定着扩增程度。过多的循环会增加非特异扩增产物的数量和复杂性，而循环数太少，PCR产物量就会极低。

实验过程中，模板DNA浓度、引物浓度、离子浓度、缓冲体系和酶的活性常常会影响PCR结果。

14.2.3 PCR技术的发展

基于PCR的基本原理，近年来在方法上进行了大量的改进。下面简要介绍一些改进的PCR。

1. 不对称PCR

不对称PCR（asymmetric PCR）是用不等量的一对引物，PCR扩增后产生大量的单链DNA（SSDNA）。这对引物分别称为非限制性引物与限制性引物，其比例一般为（50～100）：1。在PCR反应的最初10～15个循环中，其扩增产物主要是双链DNA，但当限制性引物（低浓度引物）消耗完后，非限制性引物（高浓度引物）引导的PCR就会产生大量的单链DNA。不对称PCR的关键是控制限制性引物的绝对量，需多次摸索优化两条引物的比例。

2. 反向PCR

常规PCR扩增的是已知序列的两引物之间DNA片段，而位于这对引物以外的DNA序列却很少被扩增。反向PCR（reverse PCR）是用反向的互补引物来扩增两引物以外的未知序列的片段，实验时选择已知序列内部没有切点的限制性内切酶对该段DNA进行酶切，然后用连接酶使带有黏性末端的靶序列环化连接，再用一对反向的引物进行PCR，其扩增产物将含有两引物外未知序列，从而对未知序列进行分析研究。由于引物方向与正常PCR所用的正好相反，故称反向PCR。

3. 逆转录PCR

逆转录PCR（retro-transcription PCR，简称RT PCR），是指以RNA为模板由依赖RNA的DNA聚合酶（逆转录酶）逆转录成为互补DNA，再以此为模板通过PCR进行DNA复制。

4. 锚定PCR

锚定PCR（anchored PCR）特别适合于扩增那些只知道一端序列的目的DNA。例如，对于一端序列已知、一端序列未知的DNA片段，可以通过DNA末端转移酶给未知序列的那一端加上一段多聚dG的尾巴，然后分别用多聚dC和已知的序列作为引物进行PCR扩增。

5. 多重PCR

多重PCR（multiplex PCR），又称多重引物PCR或复合PCR，它是在同一PCR反应体系里加上两对以上引物，同时扩增出多个核酸片段的PCR反应，其反应原理、反应试剂和操作过程与一般PCR相同。多重PCR主要用于多种病原微生物的同时检测或鉴定，某些遗传病及癌基因的分型鉴定等。

14.2.4 PCR技术的应用

1. 应用PCR技术检测环境中微生物类群

环境中存在着各种微生物，采用适当的方法，可以从环境中提取微生物的DNA，选用合适的引物，利用 PCR 技术就可扩增出相应的 DNA 片段，由此检测、鉴定和监测土壤和水体等环境中的微生物类群。

2. 应用 PCR 技术检测致病菌

在土壤、水体和大气环境中都存在致病菌和病毒，它们与许多传染性疾病的传播和流行密切相关。因此，定期检测各环境中致病菌的动态（种类、数量、变化趋势等）并采取预防措施，对于保护人体健康具有实际意义。目前 PCR 技术应用的领域有：

（1）细菌检测：如脑膜炎奈瑟菌、结核分枝杆菌、军团菌、铜绿假单胞菌等。

（2）毒素检测：如霍乱毒素、金黄色葡萄球菌肠毒素、大肠埃希菌耐热毒素等。

（3）病毒基因检测：如乙型肝炎病毒、丙型肝炎病毒、轮状病毒、人类免疫缺陷病毒等。

（4）其他微生物检测：如螺旋体、立克次体、衣原体、支原体、弓形虫等。

3. 应用 PCR 技术检测基因工程菌

通过遗传工程，科技工作者改造或构建了许多基因工程菌。无论是考察基因工程菌的效能，还是考察基因工程菌对人类和生态的安全性，均需检测基因工程菌的动态。应用 PCR 技术检测已知基因组结构和功能的基因工程菌，简便而快捷。

14.3　微生物传感器在环境监测中的作用

微生物传感器是以活的微生物为敏感材料，利用其体内的酶系及代谢系统来分析相应底物的生物传感器。即当环境中的化学物质与微生物膜接触，进入微生物细胞，细胞对化学物质进行代谢、转化，而换能器则将这一过程转变为可读出并具有定量关系的信号（如电化学信号或光信号）而加以分析。

14.3.1　微生物传感器的结构与组成

微生物传感器主要由固定化微生物细胞、换能器与信号输出装置等组成，其原理是利用固定化微生物细胞代谢消耗溶液中的溶解氧或产生一些电活性物质并放出光或热来加以实现待测物质的检测。

1. 固定化微生物细胞

固定化微生物细胞是微生物传感器的信息捕捉功能元件，也是影响传感器性能的核心部件。微生物细胞的固定化不仅要求将微生物细胞限制在一定的空间，不流失，还要保持原有微生物细胞的活性和机械性能。目前，常用的固定化方法包括吸附法、夹层法、包埋法和交联法等（参见第 15 章）。

2. 换能器

早期应用的换能器是电化学电极，如氧电极、二氧化碳电极等，随后出现了光敏二极管、场效应晶体、管燃料电池等换能器。近年来，新型的光纤微生物传感器因不受外界电磁场的干扰而成为原位检测的方法之一。

14.3.2　微生物传感器的类型

微生物传感器种类繁多，可从不同角度进行分类。

微生物传感器的信号主要有电化学信号和光学信号两种，由此可将微生物传感器分为电化学型微生物传感器和生物发光型微生物传感器两大类。

（1）电化学型微生物传感器

根据测量信号不同，微生物电极分为：电流型微生物电极与电位型微生物电极。

① 电流型微生物传感器

其微生物敏感膜利用微生物体内的酶与待测物发生一系列反应后，通过检测某一物质量的变化，最终输出电流信号。电流型传感器常用的信号转换器件有氧电极、过氧化氢电极等，应用最多的是氧电极，即利用微生物体内的酶如各种氧化酶在催化底物反应时消耗溶解氧，其消耗量用氧电极测定。如甲烷微生物传感器是将甲烷氧化细菌用琼脂固定在乙酸纤维素膜上制备出固定化微生物反应器用于测定甲烷。该微生物传感器由固定化微生物、传感器、控制反应器和两个氧电极构成。当含甲烷的样品气体传输到固定化细菌池时，甲烷被微生物吸收，同时微生物消耗氧，使得反应器中溶解氧的浓度降低、电流开始下降，直到微生物消耗的氧量与从样品向固定化细菌扩散的氧量之间达到平衡时，电流下降会达到一个平衡状态，稳态电流的大小取决于甲烷的浓度。该传感器系统可用于大气中甲烷含量的快速、连续监测。

② 电位型微生物传感器

电位型微生物传感器工作时换能器输出的是电位信号，电位值的大小与被测物的活度呈能斯特响应。常用的转换器件有 pH 电极、NH_3 敏电极、CO_2 气敏电极等。例如用谷氨酸棒状杆菌为酶源，可以制备尿素传感器。将培养好的湿菌体放在玻璃片上，加海藻酸钠溶液，调制成浆状并铺成薄层，放入氯化钙溶液中固化成膜，并把它夹在两片透析膜之间，紧贴于氨电极表面，根据电极电位响应便可对尿素含量进行测定。

（2）发光型微生物传感器

发光型微生物传感器主要检测微生物的生物发光强度。自然界中有一部分发光细菌可以发出波长 600nm 左右的可见光，此外人们还可利用基因工程技术将发光基因导入某些微生物使其发光。人们将发光细菌固定于光纤的顶部，通过光电倍增管等器件记录发光强度。当细胞毒性物质进入发光细菌细胞时，发光强度即会下降，由此来分析待测物质的毒性。发光型微生物传感器的出现为传感器的发展开辟了新的途径。

根据工作原理上的不同，微生物传感器可分为呼吸机能型微生物传感器和代谢机能型微生物传感器两种类型。呼吸机能型微生物传感器是利用微生物与底物作用，同化样品中有机物时，微生物细胞的呼吸活性有所提高，依据反应中氧的消耗或二氧化碳的生成来检测被微生物同化的有机物的浓度。代谢机能型微生物传感器是利用微生物与底物作用后生成各种电极敏感代谢产物，利用对某种代谢产物敏感的电极即可检测原底物的浓度。

根据微生物的种类，微生物传感器可分为发光微生物（1uminous microbes）传感器、硝化细菌（nitrifying bacteria）传感器、假单胞菌属（Pseudomonas）传感器、蓝细菌（cyanobacteria）与藻类（algae）传感器和酵母传感器等。

14.3.3 微生物传感器在环境监测中的应用

环境监测领域是微生物传感器应用最为广泛的领域，其典型代表是 BOD 传感器，它可以测定水中可生物降解有机物的总量即生化需氧量。自 1977 年 Karube 使用活性污泥混合菌制出第一支 BOD 传感器至今，已报道针对不同水质的 BOD 传感器有数十种。另外，微生物遇到有害离子会产生中毒效应，可利用这一性质，实现对废水中有毒物质的评价。此外微生物传感器还可应用于测定多种污染物：NO_x 气体传感器用于监测大气中 NO 和 NO_2 的污染；硫化物微生物传感器用于测定煤气管道中含硫化合物；酚微生物传感器则能够快速并准确地测定焦化、炼油、化工等企业废水中的酚。微生物传感器不仅可以灵敏、动态地检测一些化学分析方法难以测定的参数，如急性毒性、致突变性，而且赋予检测结果一定的生物学意义。

一些已研制成功的环境监测用微生物传感器见表 14-3。微生物传感器的一个典型应用是测定生化需氧量（BOD）。传统的 BOD 分析需要 5d 时间，但微生物传感器能在 10～30min 检测出 BOD 的含量。氧水平由氧电极（即 Clark 电极）测量，通过固定化微生物传感单元，氧水平与污染物中有机材料水平关联。

表 14-3　一些用于环境监测的微生物传感器

测定对象	微生物	测定电极（装置）
BOD	假单孢菌	氧电极
	地衣芽孢杆菌	氧电极
	丝孢酵母	氧电极
甲烷	鞭毛甲基单胞菌	氧电极
氨	硝化细菌	氧电极
亚硝酸盐	硝化杆菌	氧电极
硝酸盐	棕色固氮菌	氨气敏电极
磷酸盐	Chlorella vulgaris	氧电极
急性毒性	亚硝化单胞菌	氧电极
致突变性	明亮发光杆菌	光电检测装置
	枯草芽孢杆菌	氧电极
	鼠伤寒沙门菌	氧电极

BOD 传感器的基本原理是当生物传感器置于恒温缓冲溶液中，在不断搅拌下，溶液被氧饱和，生物膜中的生物处于内源呼吸状态，溶液中的氧通过微生物的扩散作用与内源呼吸耗氧达到一个平衡，传感器输出一个恒定电流。当加入样品时，微生物由内源呼吸转入外源呼吸，呼吸活性增强，导致扩散到传感器的氧减少，使输出的电流减少，几分钟后又达到一个新的平衡状态。在一定条件下，传感器输出电流值与 BOD 呈线性关系。传统 BOD 分析与微生物传感器分析测定的 BOD 值并不总是一致的，其原因在于：常规方法使用微生物群，而微生物传感器使用一种微生物；微生物传感器检测的仅是微生物可降解有机物的一部分。为克服这一问题，可以使用两种微生物或微生物和酶（如蛋白水解酶、淀粉酶、β 半乳糖苷酶）的混合物。用于制备微生物传感器的工作菌株有丝孢酵母、酿酒酵母、单胞菌、红硫球菌、丁酸梭菌和混合菌株等。这些细胞通过不同的技术固定在藻酸盐或琼脂糖凝胶中，或通过乙酸纤维素膜、硝酸纤维素膜或聚四氟乙烯膜固定在常规氧电极表面，所制备的传感器重复性±3％，常用于检测 0～500mg/L 水平的 BOD。

微生物传感器具有高度特异性，可作为一种报警传感器用于水体中污染物的在线监控。尽管在微生物固定化、传感器使用寿命等方面还有许多有待改进的地方，但微生物传感器技术由于快速、灵敏、在线动态监测的特点，在环境领域已显出诱人的前景。

重点小结

空气中细菌总数的检测方法主要包括撞击法和平皿沉降法。

生活饮用水的微生物学检测包括细菌菌落总数的测定、总大肠菌群的测定、耐热大肠菌群的测定、大肠埃希菌的测定和隐孢子虫与甲第鞭毛虫的测定。

污染物致突变检测的方法很多，主要有Ames试验、细菌的正向突变试验、聚合酶缺陷型菌株试验、重组缺陷型菌株试验、噬菌体试验、粗糙脉孢菌（*Neurospora crassa*）的正向突变试验、构巢曲霉（*Aspergillus nidulans*）的回复突变试验及生物发光试验等。

PCR技术是在实验室条件下实现特异性扩增DNA（或RNA）片段的一种新技术。

微生物传感器是以活的微生物为敏感材料，利用其体内的酶系及代谢系统来分析相应底物的生物传感器。

习题与思考

1. 阐述空气中细菌总数的检查方法。
2. 何谓大肠菌群？阐述饮用水中大肠菌群的检测方法。
3. 阐述大肠埃希菌的检测方法。
4. 阐述饮用水的卫生学指标及水中微生物的控制方法。
5. 何谓PCR？其反应原理是什么？PCR反应中需要哪些因素？
6. 何谓微生物传感器？谈谈微生物传感器在环境监测中的应用。

（本章编者：蔡苏兰）

第15章 微生物学新技术在环境治理中的应用

学 习 提 示

重点与难点：

掌握： 酶与细胞固定化的特点与常用方法。

熟悉： 可降解性塑料、单细胞蛋白、微生物絮凝剂与吸附剂等在生产、生活中的应用。

了解： 环境处理中基因工程菌的构建方法与生物安全性。

采取的学习方法： 课堂讲授为主，部分内容学生自主学习

学时： 2学时完成

微生物学新技术是以生命科学为基础，利用微生物有机体或其组成部分以及工程技术原理发展新产品或新工艺的一种综合性科学技术体系。它在环境治理领域的应用包括污染物的降解与转化、资源的再生利用、无公害产品的生产开发、环境生态保护等多个方面。本章就环境处理中基因工程菌的构建与生物安全性、固定化技术、生物可降解塑料、单细胞蛋白、微生物絮凝剂和微生物吸附剂等微生物新技术做简要的介绍。

15.1 环境处理中基因工程菌的构建与生物安全性

传统生物处理污染物的方法大多是对自然生长的微生物群体加以驯化，繁殖利用，即微生物的混合培养。微生物混合培养在处理污染物的过程中，因代谢过程复杂，能量利用不经济，因此，对污染物的降解效率不高。面对当前环境污染的严重形势，特别是高残留、难降解的有机物质在环境中的积累，必须寻求能降解这些物质的高效降解菌。因而，人们开始引入一些新兴的生物工程技术，从一般的筛选工作转入到定向构建具有高效生物降解能力的基因工程菌。

15.1.1 用于环境保护的基因工程菌的构建

1. 原生质体融合技术

原生质体融合技术是通过人为方法，使遗传性状不同的细胞原生质体发生细胞间融合，并产生重组子的过程。自20世纪80年代起，原生质体融合技术就被广泛应用于污染物处理基因工程菌构建的研究之中，并取得了十分喜人的成果。如中国学者降解含氯有机化合物工程菌的构建就利用了原生质体融合技术。

2. 多质粒新菌株的构建

现代微生物学研究发现许多有毒化合物，尤其是复杂难降解有机物的生物降解都有质粒参与，这些质粒被称为降解性质粒。已知的降解性质粒按降解底物的不同，分为农药降解性质粒、石油降解性质粒、工业化污染物降解性质粒以及抗重金属离子质粒四种类型。

利用质粒可以在菌体间转移的特性，将来自各种供体菌的不同降解性质粒转移到同一受体细胞中，构建出多质粒菌株。最经典的例子就是美国生物学家Chakrabarty采用连续融合法，将降解芳烃、降解萜烃和降解多环芳烃的质粒分别克隆到同一株降解脂烃细菌细胞内构建新的基因工程菌。该菌株只需几小时就可以降解原油中60%的烃，而天然菌种则需要一年以上的时间。

3. 降解性质粒DNA和染色体DNA的体外重组

降解性质粒DNA和染色体DNA都具有能编码降解酶的基因，将这些基因在体外进行重组，转移到受体细胞中，使受体细胞获得新的降解能力。目前多以大肠埃希菌作为基因工程受体菌进行研究，将具有高效降解能力但不适合在污水中繁殖的菌株的降解性基因转移到大肠埃希菌细胞内，使高效降解基因可以在适合于污水繁殖的大肠埃希菌中进行表达。用DNA重组技术构建的基因工程菌底物范围广、降解效率高、表达稳定，比自然环境中的降解性微生物更具有市场竞争力。

15.1.2 基因工程菌存在的问题

基因工程技术虽然在构建新菌株方面有着巨大的潜力和广阔的应用前景，但人们也极为关注基因工程是否会给人类带来基因污染的危险性，具体表现如下。

1. 降解功能的稳定性问题

构建的基因工程菌能否遗传，它的降解功能是否稳定是关系到基因工程菌应用的关键问题。研究发现，有些外源降解基因在受体细胞表达时降解功能下降或丧失；有些菌株在繁殖过程中降解性质粒很容易丢失或降解能力下降，并且降解性质粒除了编码已知的降解性基因外，还可能编码一些与降解能力无关或不利降解功能的基因，这些基因的存在不利于菌株高效降解污染物。

2. 基因工程菌应用的安全性问题

目前，转基因生物的研究与开发已经从实验室水平逐步发展到大规模的野外试验和生产阶段，一些转基因生物产品已经进入市场销售，因此转基因生物的安全性问题受到了全世界的普遍关注。自20世纪70年代初提出生物安全问题以来，转基因生物的风险评估和管理已成为研究和管理领域的一项重要内容。

对转基因生物的环境安全问题需进行长期的系统研究，因风险的出现有长期的滞后性。关于被引入遗传物质的稳定性和新的遗传物质是否转移到其他微生物中，是否会对人类自身的生存和环境生态的平衡造成不利的影响，是人类最普遍关注的问题。另外，基因工程菌释放到环境中是否会破坏自然生态环境，打破原有生物种群的动态平衡，也是人类关心的问题。目前对污染物治理基因工程菌的安全性研究主要采用微宇宙法，即模拟理论的实验条件，对基因工程菌一系列生理生化规律进行考察。在这方面可以采用PCR技术与DNA杂交技术来检测目的基因的归宿和基因工程菌遗传背景的变化，还可以采用生物体内编码荧光蛋白的基因进行检测。

虽然基因工程菌的构建和应用存在一些问题，但是只要我们进一步深入研究，解决构建过程中存在的问题和困难，将不会影响应用基因工程菌治理环境污染物目标的实现。

15.2　固定化技术

酶（enzyme）是一类由生物细胞产生并具有催化活性的特殊蛋白质。作为一种生物催化剂，酶参与生物体内的各种代谢反应，并在反应之后，其性质和数量不发生改变。酶促反应专一性强、催化效率高、能在常温常压等温和条件下进行操作，酶的这些优点大大促进了人们对酶技术的研究和开发。但由于酶是生物体根据自身需要而产生的，它们在实际应用中还有很大的限制，如有些酶的提取纯化繁琐，价格十分昂贵；反应之后，要从反应混合物中回收有活性的酶以便重复使用，这在技术上有一定的困难；酶的稳定性一般较差，不能在有机溶剂、强酸、强碱或者高温下使用，有些酶即使在较合适的条件下使用，也会很快失去活性。为了克服这些酶固有的缺点，人们尝试将来自生物体的酶进行“改性”、“修饰”，以适应实际使用的条件。酶和细胞的固定化正是其中一个重要方面。

15.2.1　固定化酶和固定化微生物

最早的固定化可以追溯到古代，人们在酿造工业中添加各种固形物，使微生物附着在其表面，以提高微生物的酿造效果。1916 年，Nelson 和 Griffin 发现蔗糖酶吸附在骨炭微粒上仍保持与游离酶同样的活性。20 世纪 60 年代以后，固定化技术得以迅速发展。

固定化技术是通过采用化学或物理手段将游离细胞或酶定位于限定的空间区域内以提高微生物细胞或酶的浓度，使其保持活性并可反复利用的一种技术。随着环境污染的日益严重，研究高效生物处理污染系统的要求日益迫切，国内外开始应用固定化技术来处理工业废水，目前已经取得了许多重要成果，发挥了巨大作用，展示出美好的发展前景。

1. 固定化酶与固定化细胞的特点

（1）固定化酶的特点

固定化酶是通过物理或化学的处理方法，使原来水溶性的酶与固态的水不溶性支持物相结合或被载体包埋的一种技术。经过固定化，酶具有比原来水溶性酶更多的优点，具体包括：酶经过固定化，在连续反应过程中不会流失，可用简单的方法回收再利用；酶经过固定化，稳定性有较大提高，对温度、pH 值等的稳定性显著提高，对抑制剂的敏感性下降，有的酶还具有抗蛋白酶分解的特性；酶经过固定化，可以在较长时间内进行分批反应或连续装柱反应，催化过程易于控制，有利于实现连续化、自动化生产；酶经过固定化，有利于底物、产物和酶的分离，产品中不会带进酶蛋白或细胞，改善了后续处理过程，提高了酶的利用效率，降低了生产成本；酶经过固定化，较水溶性酶更适合于多酶反应，可以提高产物的效率。

（2）固定化细胞的特点

固定化细胞是通过物理或化学的手段，将游离细胞定位于限定的空间区域，使之不悬浮于水但仍保持其生物活性，能被反复利用的一种技术。近年来固定化细胞技术得到了越来越多的研究与开发。固定化细胞技术是在固定化酶的基础上发展起来的，与固定化酶相比较，具有以下优点：不需要将酶从细胞中提取出来，省去了复杂的精制程序，节省了酶的分离成本；酶处于细胞天然环境中，更加稳定；对于多酶系列的催化过程和需辅酶催化的反应具有明显的优越性，降低了加工成本；具有耐环境冲击、耐毒、抗杂菌等优点。

固定化细胞也有其缺点，如必须保持菌体的完整，防止自溶，否则影响产物的纯度；必须抑制细胞内蛋白酶对所需酶的分解；胞内许多酶存在，会形成副产物，所以必须抑制其他酶的活力，防止形成副产物；细胞壁或细胞膜还会造成底物渗透或扩散障碍。

2. 酶与细胞的固定化方法

酶的固定化是通过载体等将酶限制或固定于特定的空间位置，使酶变成不易随水流失，即运动受到限制，而又能发挥催化作用的酶制剂。自20世纪60年代以来，科学家们一直就对酶和细胞的固定化技术进行研究，虽然具体的固定化方法达百种以上，但迄今为止，几乎没有一种固定化技术能普遍适用于每一种酶，所以要根据酶的应用目的和特性来选择其固定化方法。目前已建立的各种各样的固定化方法，按所用的载体和操作方法的差异，一般可分为载体结合法、包埋法和交联法三类。

（1）载体结合法

载体结合法是将酶结合于不溶性载体上的一种固定化方法，如图15-1所示。根据结合形式的不同，可分为物理吸附法、离子结合法和共价结合法三种。

① 物理吸附法

物理吸附法是用物理方法将酶吸附于不溶性载体上的一种固定化方法。此类载体很多，无机载体有活性炭、多孔玻璃、酸性白土、漂白土、高岭土、氧化铝、硅胶、膨润土、羟基磷灰石、磷酸钙等；天然高分子载体有淀粉、谷蛋白等；大孔型合成树脂、陶瓷等载体近年来也已被利用。此外还有具有疏水基的载体（丁基或已基-葡聚糖凝胶），它可以疏水性地吸附酶，以及以单宁作为配基的纤维素衍生物等载体。

图15-1　载体结合法

物理吸附法的优点有：操作简单，可选用不同电荷和不同形状的载体，固定化的同时可能与纯化过程同时实现，酶失活后载体仍可再生，若能找到合适的载体，这是很好的方法。物理吸附法的缺点是最适吸附酶量无规律可循，不同载体和不同酶其吸附条件也不同，吸附量与酶活力不一定呈平行关系。同时，酶与载体之间的结合力不强，酶易于脱落，导致酶与酶活力不一定呈平行关系，也导致酶活力下降并污染产物。物理吸附法也能固定细胞，并有可能在研究此法中开发出固定化细胞的优良载体。

② 离子结合法

离子结合法是酶通过离子键结合于具有离子交换基的水不溶性载体上的固定化方法。此法的载体有多糖类离子交换剂和合成高分子离子交换树脂，如DEAE-纤维素、Amberlite CG-50、XE-97、IR-45和Dowex-50等。

离子结合法的优点是：操作简单，处理条件温和，酶的高级结构和活性中心的氨基酸残基不易被破坏，能得到酶活回收率较高的固定化酶。但是载体和酶的结合力比较弱，容易受缓冲液种类或pH的影响，在离子强度高的条件下进行反应时，往往会发生酶从载体上脱落的现象。离子结合法也能用于微生物细胞的固定化，但是由于微生物在使用中会发生自溶，故用此法要得到稳定的固定化微生物较为困难。

③ 共价结合法

共价结合法是酶以共价键结合于载体上的固定化方法，也就是将酶分子上非活性部位功能团与载体表面反应基团进行共价结合的方法。它是研究最广泛、内容最丰富的固定化方法。

共价结合法的原理是酶分子上的功能基团，如氨基、羧基、羟基、咪唑基、巯基等和载体表面的反应基团之间形成共价键，因而将酶固定在载体上。共价结合法有数十种，如重氮化法、迭氮化法、酸酐活化法、酰氯法、异硫氰酸酯法、缩合剂法、溴化氰活化法、烷基化及硅烷化等。在共价结合法中，必须首先使载体活化，即使载体获得能与酶分子某一特定基团发生特异反应的活泼基团，另外还要考虑到酶蛋白上提供共价结合的功能团不能影响酶的催化活性。

共价结合法与物理吸附法、离子结合法相比较，反应条件苛刻，操作复杂，而且由于采用了比较强烈的反应条件，会引起酶蛋白高级结构的变化，破坏部分活性中心，因此往往不能得到比活高的固定化酶，甚至酶的底物专一性等性质也会发生变化，但是酶与载体结合牢固，一般不会因底物浓度高或存在盐类等原因而轻易脱落。

(2) 包埋法

包埋法可分为网格型和微囊型两种，如图 15-2 所示。将酶或细胞包埋在高分子凝胶细微网格中的称为网格型。将酶或细胞包埋在高分子半透膜中的称为微囊型。包埋法一般不需要酶蛋白的氨基酸残基参与反应，很少改变酶的高级结构，因此可以应用于很多酶、微生物细胞的固定化。但是在发生化学聚合反应时包埋酶容易失活，因此必须合理设计反应条件。

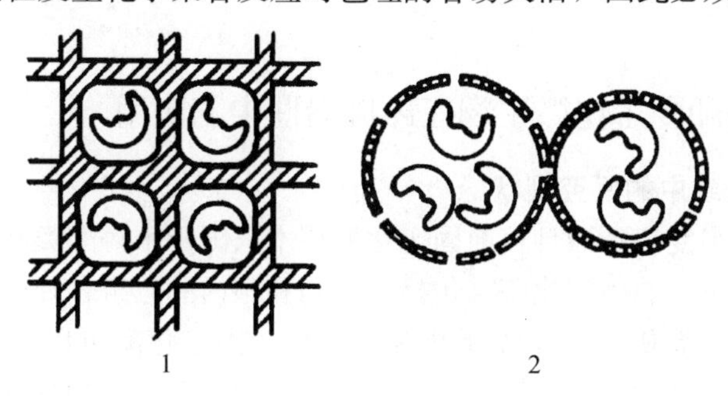

图 15-2　网格型和微囊型示意图

1—网格型；2—微囊型

包埋法只适合作用于小分子底物和产物的酶，对于那些作用于大分子底物和产物的酶是不适合的。因为只有小分子才能通过高分子凝胶的网格进行扩散，另外这种扩散阻力会导致固定化酶动力学行为的改变，降低酶活力。

① 网格型

将酶或细胞包埋在高分子凝胶细微网格中的称为网格型。用于此法的高分子化合物有聚丙烯酰胺、聚乙烯醇和光敏树脂等合成高分子化合物，以及淀粉、明胶、胶原、海藻胶和角叉莱胶等天然高分子化合物。应用合成高分子化合物时采用合成高分子的单体或预聚物在酶或微生物细胞存在下聚合的方法。而应用天然高分子化合物时常采用溶胶状天然高分子物质在酶或微生物细胞存在下凝胶化的方法。网格型包埋法是固定化细胞中用得最多、最有效的方法。

② 微囊型

将酶或细胞包埋在高分子半透膜中的称为微囊型。由包埋法制得的微囊型固定化酶通常为直径几微米到几百微米的球状体，颗粒比网格型要小得多，比较有利于底物与产物的扩散，但是反应条件要求高，制备成本也高。

(3) 交联法

交联法是用双功能或多功能试剂使酶与酶或微生物的细胞与细胞之间交联的固定化方

法。交联法又可分为交联酶法、酶与辅助蛋白交联法、吸附交联法及载体交联法四种。常用的交联剂有戊二醛、双重氮联苯胺-2,2-二磺酸、1,5-二氟-2,4-二硝基苯及己二酰亚胺二甲酯等。参与交联反应的酶蛋白的功能团有N-末端的α-氨基、赖氨酸的ε-氨基、酪氨酸的酚基、半胱氨酸的巯基及组氨酸的咪唑基等。以戊二醛为交联剂的酶结合模式，如图15-3所示。交联法与共价结合法一样，也是利用共价键固定酶的，所不同的是它不使用载体。

图15-3 交联法

一般用交联法所得到的固定化酶颗粒小、结构性能差、酶活力低，故常与吸附法或包埋法联合使用。如先使用明胶包埋，再用戊二醛交联；或先用尼龙膜或活性炭、三氧化二铁等吸附后，再交联。由于酶的功能团，如氨基、酚基、羧基、巯基等参与了反应，会引起酶活性中心结构的改变，导致酶活性下降。为了避免和减少这种影响，常在被交联的酶溶液中添加一定量的辅助蛋白（如牛血清白蛋白），以提高固定化酶的稳定性。

15.2.2 固定化酶和固定化微生物在环境治理中的应用

1. 在废水生物处理中的研究现状

由于废水的组分很复杂，而且目前固定化酶技术只限于水解酶类和少数胞内酶的研制和应用，因此要用多种单一的固定化酶（包括胞外酶和胞内酶）组合处理，才能完成某一物质的多步骤反应，才能使有机物完全无机化和稳定化。固定化酶可以制成酶膜、酶布、酶管（柱）、酶粒、酶片。处理动态废水用酶管为好。废水中若含有多种毒物，可按分解毒物成分的次序，沿着废水流动方向，依次按顺序将与各种毒物相对应的酶固定在塑料管内壁不同位置上，制成塑料酶管。废水流经酶管，毒物依次被清除，废水得到净化。德国将九种降解对硫磷农药的酶共价结合固定在多孔玻璃珠、硅胶珠上，制成酶柱处理对硫磷废水，获得95%以上的去除效果。连续工作70d，酶的活性没有变化，说明多种酶的作用大于单一酶的作用。

就目前的水平，如果完全用固定化酶处理废水成本昂贵，并且固定化酶的机械强度较一般的硬质载体差，在酶布或酶柱上容易长杂菌，有杂菌污染的问题，这些都是目前急需解决的问题。鉴于上述原因，在环境工程领域中固定化酶的应用研究很少，而固定化微生物技术的应用研究较多。自20世纪80年代，我国就开始在废水生物处理方面进行固定化微生物处理废水的研究，从好氧活性污泥和厌氧活性污泥中分离、筛选对某一种废水成分分解能力强的微生物，将其制成固定化微生物用于废水处理试验，如含氰废水、含酚废水、印染废水的脱色、洗涤剂废水、淀粉废水及造纸废水等的固定化酶处理的小型试验研究。

2. 在废气生物处理中的应用前景

因废气的组分没有废水复杂，而且将废气由气相转化为液相所产生的废水量不大，与量大的废水处理相比，其难度相对较小。如恶臭含硫污染物和挥发性有机污染物均有固定化酶和固定化微生物处理的可行性试验，有望在生产中应用。

废气处理中的生物膜实质是在各种材料的填料上被固定化了的混生微生物群体。这种固定化不是被包埋在载体内部，而是固定在载体的表面。所选用的生物膜载体有鹅卵石、陶粒、煤渣、活性炭、纸质蜂窝、塑料波纹板、塑料空心球等。固定化方法有自然挂膜、优势菌种挂膜、生物工程菌挂膜和遗传工程菌挂膜。在大量生产中，目前仍然主要采用自然挂膜和优势菌种挂膜。

生物膜法是废气生物处理的重要方法之一。与活性污泥法相比，在耐毒和耐冲击负荷方面优于活性污泥法，没有活性污泥丝状膨胀问题。与经纯化而制成的固定化酶和固定化微生物相比，其培养、固定化的方法简单、成本低、实用性强。

15.3　废物资源化技术

当今人类社会面临人口、粮食、能源、环境污染等危机挑战，粮食生产不足、能源供应短缺是制约人类可持续发展的重要因素。废物是目前唯一不断增长的物质资源，而对废物的资源化开发利用已受到世界各国的普遍关注，采用现代微生物技术对废物资源化开发利用是我们值得努力的研究方向。

15.3.1　可降解性材料的开发

近年来，以石油为原料制造的塑料产量与日俱增，用途不断扩大，但其废品难以降解，严重威胁破坏着人类的生存空间，已引起社会极大关注。因此，在研究废旧塑料回收利用的同时，可降解塑料作为最可能解决塑料废物问题的途径而成为国内外研究的热点，种种可降解塑料不断问世。目前，可降解塑料大致分为三类，即光降解塑料、生物可降解塑料、光/生物双降解塑料。从中长期发展来看，可从源头解决“白色污染”问题的生物可降解塑料，将会越来越受到重视。

生物可降解塑料是指在细菌、霉菌、放线菌、藻类等自然界的微生物或生物体产生的酶的作用下可被降解的塑料，其中完全可降解塑料在微生物的作用下，能完全分解成二氧化碳及水等物质。在众多可降解塑料中，聚-β-羟基烷酸（poly-β-hydroxyalkanoates，简称 PHAs）因其在微生物体系中较为普遍的存在，同时具有极佳的环保特性而成为应用环境生物学方面研究的热点。其中，聚-β-羟基丁酸（poly-β-hydroxybutyrate，简称 PHB）和 3-羟基丁酸与 3-羟基戊酸的共聚物（poly hydroxybutyrate-valerate，简称 PHBV）是 PHAs 族中研究和应用最为广泛的两种多聚体。

1. PHAs 结构及理化性质

PHAs 是许多原核微生物在不平衡生长条件下（如缺乏氮、氧等）合成胞内能量和碳源的储藏性聚合物。由于其具有低溶解性和高相对分子质量，在胞内积累不会引起渗透压的增加。因此，PHAs 比糖原、多聚磷酸或脂肪等更加普遍地存在于微生物细胞中，PHAs 的化学通式可表示为：

$$\left[-O-\underset{\substack{| \\ R}}{\overset{\substack{H \\ |}}{C}}-\underset{\substack{| \\ H}}{\overset{\substack{H \\ |}}{C}}-\overset{\substack{O \\ \|}}{C}- \right]_n$$

式中，R 为不同链长的正烷基，也可以是支链的、不饱和的或带取代基的烷基；n 为聚合的单体数目。当 R 为甲基时，称为 PHB。当 R 为乙基时，称为 PHV。在一定条件下，两种或两种以上的单体还能形成聚合物，如PHBV就是PHB和PHV的共聚物。

迄今为止发现的所有PHAs几乎都是线状的β-羟基烷酸的聚酯。采用溶剂法从不同菌体细胞中提取的PHAs多聚物颗粒，都是由数千条单体组成的多聚体链。单体的组成和数量，影响多聚物的脆性、韧度、熔点、玻璃态温度和抗溶剂性等物理化学性质。

2. PHAs的生物合成

（1）合成PHAs的主要微生物

合成PHAs的微生物分布广泛，这些细菌包括光能自养菌、化能自养菌、异养菌及古细菌等。目前研究较多的用于合成PHAs的微生物有：产碱杆菌属（*Alcaligenes*），如真养产碱杆菌（*Ralstonia eutropha*）、肥大产碱杆菌（*A. latus*）等；假单胞菌属（*Pseudonomas*），如食油假单胞菌（*P. olevorans*）、铜绿假单胞菌（*P. aeruginosa*）、恶臭假单胞菌（*P. putida*）等；甲基营养菌属（*Methylotrophs*），如小甲基孢囊菌（*M. parvas*）、嗜有机甲基杆菌（*M. organophilum*）、扭脱甲基杆菌K（*M. extorquensk*）等；固氮菌属（*Azotobacter*），如拜氏固氮菌（*A. beijerinckii*）、棕色固氮菌（*A. vinelandii*）等；红螺菌属（*Rhodospirillum*），如深红红螺菌（*R. rubrum*）。

尽管能产生PHAs的菌株比较多，但只有具备下列优点的菌株才适用于工业生产PHAs：利用廉价碳源的能力强；生长繁殖的速率高；合成多聚物的速率快；细胞内积累多聚物的浓度高。目前发现真养产碱杆菌（*Ralstonia eutropha*）是较能符合上述要求的菌种。

（2）PHAs的合成及调控

当碳源过量，氮、磷、镁或氧等其他营养条件不足时，多种微生物能在胞内积累大量的PHAs。PHAs主要作为碳源和能源的储藏物，或是作为胞内还原性物质及还原能力的一种贮备，当营养条件改善后，被酶解利用。

由于PHAs只在细胞内积累，要实现其最大生产，必须做到：尽可能提高细胞密度；保证高的细胞内积累量；缩短发酵周期以提高生产强度。目前在PHAs发酵中应用最多的是流加培养方法。

在自然条件下，产PHB的细菌中PHB含量为1%～3%，在碳过量、氮限量的控制发酵条件下，PHB含量可达细胞干重的70%～80%。改变发酵底物或应用基因工程菌改造菌株，可以获得性状、物化特性更优良的聚合物。

15.3.2 单细胞蛋白

单细胞蛋白（single cell protein，简称SCP），是指在各种基质上通过大规模培养细菌、酵母菌、霉菌、藻类和担子菌获得的微生物蛋白。为了与动植物蛋白相区别，将微生物蛋白称为单细胞蛋白。单细胞蛋白按产生菌和功用的不同，分为细菌蛋白、真菌蛋白、食用酵母、饲料酵母、药用酵母等；按生产原料不同，分为石油蛋白、甲醇蛋白、甲烷蛋白等。

早在第一次世界大战期间，德国因粮食困难，曾开展了对小球藻、酵母用作粮食资源的研究。其后各国均相继开展此类工作，如俄罗斯的单细胞蛋白产量每年已达150万t，主要以木材水解糖液、制浆废液、酒精废液等作为原料，其全国酒精废液的70%已用于生产单细胞蛋白。

我国单细胞蛋白生产始于1922年，但前期发展缓慢。20世纪80年代以来发展迅速，主要产品为酵母、饲料酵母，2000年产量约为15万t。由于我国地少人多，农牧业比重亦不合理，全凭传统的农牧业生产迅速解决我国人民的蛋白质缺乏状况是比较困难的，研究并开发单细胞蛋白工作是一项艰巨的战略任务。

1. 单细胞蛋白的经济生物学特性

（1）单细胞蛋白营养极为丰富

① 蛋白质含量高，氮可利用率高。

单细胞蛋白含蛋白质可达 40%～80%，比大豆高 10%～20%以上，比鱼、肉、奶酪高 20%以上，并且可利用氮比大豆高 20%。

② 氨基酸组成齐全

单细胞蛋白不仅蛋白质含量高于传统的蛋白质食品，而且人畜生长代谢必须的八种氨基酸组分齐全，尤其是含有谷物中含量较少的氨基酸，其含量相当于鱼粉而高于大豆粉。

③ 含有多种营养成分

单细胞蛋白含有多种 B 族维生素、维生素 D_2 原、脂肪、糖类、无机盐，并且具有丰富的酶系及多种生理活性物质，如辅酶 A、辅酶 Q、细胞色素 C、谷胱甘肽和麦角固醇等。

（2）微生物世代周期短，生产效率高

微生物质量倍增时间快，生产蛋白质的速率较动植物高千倍、万倍。一头 250kg 重的母牛和 250g 微生物生产蛋白质的能力相当。母牛增重按蛋白质计每天约 200g，而微生物在适宜条件下，在相同时间内，理论上可生产 25t 蛋白质，也就是生产能力比母牛大 12.5 万倍。无可非议，单细胞蛋白是解决世界蛋白质危机的重要途径之一。

（3）生产原料广，有利于消除环境污染

可用于生产单细胞蛋白的原料包括城市生活废物废水（如大量城市污水和城市垃圾）、农业废物废水（如作物秸秆、蔗渣、甜菜渣、木屑等含纤维素废料，牲畜粪便，农林产品加工废水）、工业废物废水（食品和发酵工业排出的含淀粉、其他多糖和单糖等营养物的有机废水，含纤维素的废渣，发酵工业菌体）、废气类（如二氧化碳、氢气）、石油等相关产品。

（4）可以工业化生产，不与传统农牧业争地

单细胞蛋白可以在有限的空间，采用发酵工业的立体生产方式，从而摆脱传统农牧业平面的生产方式。根据有关资料，生产 1t 蛋白质，若用酵母单细胞蛋白，仅需土地面积 $3m^2$，而大豆等其他蛋白的生产占地要多出近百倍至万倍。由于工业化生产，其过程不受自然气候条件的制约，可以实现自动化。对于地少人多或可耕地已充分利用的国家或地区，发展单细胞蛋白确实具有诱人而广阔的前景。

2. 生产单细胞蛋白的微生物

生产单细胞蛋白的微生物类群极为广泛，包括细菌、酵母菌、真菌、藻类及某些原生动物。现将可供选择的单细胞蛋白生产微生物的属及种归类如下。

（1）细菌和放线菌

甲基单胞菌（*Methylomonas*）、氢单胞菌（*Hydrogenomonas*）、短杆菌（*Brevibacterium*）、黄杆菌（*Flavobacterium*）、假单胞菌（*Pseudomonadaceae*）、无色杆菌（*Achromobacter*）、不动杆菌（*Acinetobacter*）、红螺菌（*Rhodospirillaceae*）、纤维单胞菌（*Cellulomonas*）、甲基球菌（*Methylococcus*）、红假单胞菌（*Rhodopseudanonas*）、高温单胞菌（*Thermomonospora*）、高温放线菌（*Thermoactinomyces*）、诺卡氏菌（*Nocardia*）等。

（2）酵母菌

汉逊酵母（*Hansenula*）、假丝酵母（*Candida*）、毕赤酵母（*Pichia*）、酿酒酵母（*Cer-*

evisiae)、克勒克酵母（*Kloeckera*）、红酵母（*Rhodotorula*）、球拟酵母（*Torulopsis*）、克鲁弗酵母（*Kluveromyces*）、德巴利酵母（*Debaryomyces*）等。

（3）霉菌及其他真菌

青霉（*Penicillium*）、曲霉（*Aspergillus*）、毛霉（*Mucor*）、根霉（*Rhizopus*）、拟内孢霉（*Endomycopsis*）、镰孢霉（*Fusarium*）、毛壳霉（*Chaetomium*）、草菇（*Volvaria volvacea*）、香菇（*Lentinus edodes*）、木耳（*Aurivularia aurivula*）等。

（4）藻类

小球藻（*Chlorella*）、衣藻（*Chlamydomonas*）、栅藻（*Scenedesmus*）、卵囊藻（*Oocystis*）和螺旋蓝藻（*Spirulina*）等。

生产单细胞蛋白的微生物应从食品安全性、加工难易、生产率和培养条件等多方面进行选择，其中食品安全性是重要的条件。多年以来，酵母菌一直就用在烤制面包、酿酒等领域，所以酵母菌是容易被接受生产单细胞蛋白的微生物。同时，酵母菌在偏酸性环境下（pH 值为 4.5～5.5）能够生长，故其发酵条件不利于其他腐生细菌生长。常用的酵母菌有啤酒酵母和产朊假丝酵母（*Candida utilis*）。啤酒酵母只能利用己糖，而产朊假丝酵母能利用戊糖和己糖，在营养贫瘠的培养基中生长得快。另外解脂假丝酵母（*Candida lipolytica*）可以利用烷烃和汽油。

在单细胞蛋白生产的微生物中，需要特别提及的是真菌中的蕈类，即食用菌如草菇（*Volvaria volvacea*）、香菇（*Lentinus edodes*）、平菇（*Pleurotus ostreatus*）等。它们早就成为人类的食品，是餐桌上的美味佳肴。它们主要是在木质纤维素等废物上生长，其作用不仅限于提供蛋白质，还有调味、补身、抗病等功效。

15.3.3 微生物絮凝剂和吸附剂

1. 微生物絮凝剂

微生物絮凝剂（microbial flocculant，简称 MBF）又称生物絮凝剂（bioflocculant），是由微生物直接制取或通过提炼其有活性的代谢产物而得到一类天然生物高分子化合物。微生物絮凝剂是利用现代生物技术得到的具有生物安全性和分解性的新颖、成本低、无毒、高效、无二次污染的水处理剂。它不仅能快速絮凝各种颗粒物质，而且在废水脱色、高浓度有机物去除等领域有独特的效果。由于能产生絮凝作用的微生物种类多、生长快、易于采取生物工程手段实现产业化，因此，微生物絮凝剂是一类极具发展前途的水处理药剂，广泛应用于给水、工业废水、城市污水等水处理领域。

（1）产生絮凝剂的微生物类群

产生絮凝剂的微生物种类很多，细菌、放线菌、真菌及藻类都可以产生絮凝剂，如金黄色葡萄球菌（*Staphylococcus aureus*）、红平红球菌（*Rhodococcus erythropolis*）、椿象虫诺卡菌（*Nocardia restrica*）、红色诺卡菌（*N. rhodnii*）、铜绿假单胞菌（*P. Aeruginosa*）、荧光假单胞菌（*P. luorescens*）、产碱假单胞菌（*P. alcaligenes*）、施氏假单胞菌（*P. stutzeri*）、白地霉（*Geotrichum candidum*）、粟酒裂殖酵母（*Schizosaccharomyces pombe*）、白腐真菌（*Phanerochaete chrysosporium*）、酱油曲霉（*Aspergillus sojae*）、寄生曲霉（*A. parasiticus*）、赤红曲霉（*Monascus anka*）。它们大量存在于土壤、水体、活性污泥和沉积物中，从这些微生物中分离出的絮凝剂不仅可以处理废水和改进活性污泥的沉淀性能，还可以在微生物发酵工业中进行微生物细胞和产物的分离。

（2）微生物絮凝剂的絮凝机理

关于微生物絮凝剂的作用机理先后提出过很多学说，如 Butterfield 黏质假说、Grabtree 的 poly-β-hydroxybutyric acid 酯合学说、Friedman 菌体外纤维素纤丝学说等。目前被学术界较为接受的是桥联作用机理，该机理认为絮凝剂大分子借助离子键、氢键和范德华力，同时吸附多个颗粒分子，因而在颗粒间起中间桥梁的作用，把这些颗粒连接在一起，从而形成一种网状三维结构而沉淀下来。该学说可以解释大多数微生物絮凝剂引起的絮凝现象以及一些因素对絮凝的影响并为一些实验所证实。

2. 微生物吸附剂

工农业废水、城市生活污水以及各种采矿废水均含有大量的污染金属，它们的排出严重污染了自然水体，从而对动植物以及环境造成有害影响。因此，对这些废水中有毒金属、放射性金属的去除及对稀有金属、贵重金属的回收变得十分重要。目前已开发应用的传统的处理方法有沉淀/结晶、凝结/絮凝、吸附、离子交换和电化学处理等，这些方法对金属去除往往不彻底，易形成二次污染。生物吸附（biosorption）是指利用微生物分离水体中金属离子的过程。生物吸附法是目前处理含金属废水的一种较有效的方法，具有无毒害、无污染、运行成本低等优点，特别是对于低浓度废水的处理优势明显，而且用生物吸附法处理废水亦可达到以废治废的目的。

（1）用作吸附剂的微生物类群

可以用作吸附剂的微生物种类很多，细菌、放线菌、真菌、藻类以及一些细胞提取物均具有吸附金属离子的功能，如动胶菌（*Zoogloea ramigeral*）、链霉菌（*Streptomyces* sp.）、柠檬酸细菌（*Citrobacter* sp.）、微球菌（*Micrococcus lutaus*）、蜡状芽孢杆菌（*Bacillus cereus*）、枯草芽孢杆菌（*Bacillus subtilis*）、大肠埃希菌（*Bscherichia coli*）、铜绿假单胞菌（*Pseudomonas aeruginosa*）、根霉（*Rhizopus arrhizus*）、黑曲霉（*Asperigglus niger*）、产黄青霉（*Penicillium chrysogenum*）、酿酒酵母（*Saccharomyces cerevisiae*）、马尾藻属（*Sargassum natans*）、墨角藻属（*Fucus vesiculosus*）、小球藻属（*Chlorella vulgaris*）等。

（2）微生物吸附机理

微生物吸收金属离子的过程主要分为两个阶段。第一阶段是金属离子在细胞表面的吸附，即细胞外多聚物、细胞壁上的官能基团与金属离子结合的被动吸附。第二阶段是活体细胞主动吸附，即细胞表面吸附的金属离子与细胞表面的某些酶相结合而转移至细胞内，具体包括传输和沉积。其中细胞表面的吸附和配合对死活微生物都存在，而胞外和胞内的大量富集则往往要求微生物具有活性。

重 点 小 结

用于环境保护的基因工程菌的构建方法包括原生质体融合技术、多质粒新菌株的构建、降解性质粒 DNA 和染色体 DNA 的体外重组三种。基因工程技术虽然在构建新菌株方面有着巨大的潜力和广阔的应用前景，但人们也极为关注基因工程是否会给人类带来基因污染的危险性，具体表现在降解功能的稳定性和基因工程菌应用的安全性问题。

固定化酶是通过物理或化学的处理方法，使原来水溶性的酶与固态的水不溶性支持物相结合或被载体包埋的一种技术。固定化细胞技术是通过物理或化学的手段，将游离细胞定位于限定的空间区域，使之不悬浮于水但仍保持其生物活性，能被反复利用的一种技术。目前已建立的各种各样的固定化方法，按所用载体和操作方法的差异，一般可分为载体结合法、包埋法和交联法三类。

生物可降解塑料是指在细菌、霉菌、放线菌、藻类等自然界的微生物或生物体产生的酶的作用下可被降解的塑料，其中完全可降解塑料在微生物的作用下，能完全分解成二氧化碳及水等物质。聚-β-羟基烷酸因其在微生物体系中较为普遍的存在，同时具有极佳的环保特性而成为应用环境生物学方面研究的热点。

单细胞蛋白是指在各种基质上通过大规模培养细菌、酵母菌、霉菌、藻类和担子菌获得的微生物蛋白。

微生物絮凝剂是由微生物直接制取或通过提炼其有活性的代谢产物而得到一类天然生物高分子化合物。生物吸附是指利用微生物分离水体中金属离子的过程。

习题与思考

1. 用于环境保护的基因工程菌存在哪些安全性问题？
2. 什么是固定化技术？酶或细胞的固定化方法有哪些？
3. 固定化酶和固定化细胞在环境工程中的应用有哪些？
4. 什么是生物可降解塑料？
5. 什么是单细胞蛋白？生产单细胞蛋白的微生物有哪些？
6. 什么是微生物吸附剂？
7. 什么是微生物絮凝剂？生产微生物絮凝剂的微生物有哪些？

（本章编者：陈羽）

附　　录

10 管法不同阳性结果的最可能数（MPN）及 95%可信范围

阳性试管数	总大肠菌群数（MPN/100mL）	95%可信范围	
		下限	上限
0	＜1.1	0	3.0
1	1.1	0.03	5.9
2	2.2	0.26	8.1
3	3.6	0.69	10.6
4	5.1	1.3	13.4
5	6.9	2.1	16.8
6	9.2	3.1	21.1
7	12.0	4.3	27.1
8	16.1	5.9	36.8
9	23.0	8.1	59.5
10	＞23.0	13.5	—

51 孔定量盘法不同阳性结果的最可能数（MPN）及 95%可信范围

阳性数	总大肠菌群数（MPN/100mL）	95%可信范围	
		下限	上限
0	＜1	0.0	3.7
1	1.0	0.3	5.6
2	2.0	0.6	7.3
3	3.1	1.1	9.0
4	4.2	1.7	10.7
5	5.3	2.3	12.3
6	6.4	3.0	13.9
7	7.5	3.7	15.5
8	8.7	4.5	17.1
9	9.9	5.3	18.8
10	11.1	6.1	20.5
11	12.4	7.0	22.1
12	13.7	7.9	23.9
13	15.0	8.8	25.7
14	16.4	9.8	27.5
15	17.8	10.8	29.4

续表

阳性数	总大肠菌群数（MPN/100mL）	95%可信范围	
		下限	上限
16	19.2	11.9	31.3
17	20.7	13.0	33.3
18	22.2	14.1	35.2
19	23.8	15.3	37.3
20	25.4	16.5	39.4
21	27.1	17.7	41.6
22	28.8	19.0	43.9
23	30.6	20.4	46.3
24	32.4	21.8	48.7
25	34.4	23.3	51.2
26	36.4	24.7	53.9
27	38.4	26.4	56.6
28	40.6	28.0	59.5
29	42.9	29.7	62.5
30	45.3	31.5	69.0
31	47.8	33.4	72.5
32	50.4	35.4	76.2
33	53.1	37.5	80.1
34	56.0	39.4	84.4
35	59.1	42.0	88.8
36	62.4	44.6	93.7
37	65.9	47.2	99.0
38	69.7	50.0	104.8
39	73.8	53.1	111.2
40	78.2	56.4	118.3
41	83.1	59.9	126.2
42	88.5	63.9	135.4
43	94.5	68.2	146.0
44	101.3	73.1	158.7
45	109.1	78.6	174.5
46	118.4	85.0	195.0
47	129.8	92.7	224.1
48	144.5	102.3	272.2
49	165.2	115.2	387.6
50	200.5	135.8	—
51	>200.5	146.1	—

参考文献

[1] 王国惠．环境工程微生物学——原理与应用(第三版)[M]．北京：化学工业出版社，2015.
[2] 王文东．废水生物处理技术[M]．北京：化学工业出版社，2014.
[3] 林海龙．厌氧环境微生物学[M]．哈尔滨：哈尔滨工业大学出版社，2014.
[4] 万松，李永峰，殷天名等．废水厌氧生物处理工程[M]．哈尔滨：哈尔滨工业大学出版社，2013.
[5] 张小凡．环境微生物学[M]．上海：上海交通大学出版社，2013.
[6] 周长林．微生物学与免疫学[M]．北京：中国医药科技出版社，2013.
[7] 赵远，张崇淼．水处理微生物学[M]．北京：化学工业出版社，2013.
[8] 周群英．环境工程微生物学[M]．北京：高等教育出版社，2011.
[9] 陈三凤，刘德虎．现代微生物遗传学(第二版)[M]．北京：化学工业出版社，2011.
[10] 黄留玉．PCR 技术原理、方法及应用(第二版)[M]．北京：化学工业出版社，2011.
[11] 王国惠．环境工程微生物学[M]．北京：科学出版社，2011.
[12] 潘涛，田刚．废水处理工程技术手册[M]．北京：化学工业出版社，2010.
[13] 任南琪．污染控制微生物学(第 3 版)[M]．哈尔滨：哈尔滨工业大学出版社，2010.
[14] 李凡．医学微生物学(第 7 版)[M]．北京：人民卫生出版社，2010.
[15] 李明远．微生物学与免疫学(第 5 版)[M]．北京：高等教育出版社，2010.
[16] 陈剑虹．环境工程微生物学(第二版)[M]．武汉：武汉理工大学出版社，2009.
[17] 王晓莲，彭永臻．A^2/O 法污水生物脱氮除磷处理技术与应用[M]．第 5 版．北京：科学出版社，2009.
[18] 刘智恒．现代微生物学(第二版)[M]．北京：科学出版社，2008.
[19] 岑沛霖，蔡谨．工业微生物学(第二版)[M]．北京：化学工业出版社，2008.
[20] 韦革宏，王卫卫．微生物学[M]．北京：科学出版社，2008.
[21] 周群英，王士芬．环境工程微生物学[M]．北京：高等教育出版社，2008.
[22] 周凤霞，白京生．环境微生物(第二版)[M]．北京：化学工业出版社，2008.
[23] 韩剑宏．水工艺处理技术与设计[M]．北京：化学工业出版社，2007.
[24] 赵景联．环境生物化学[M]．北京：化学工业出版社．2007.
[25] 周世宁．现代微生物生物技术[M]．北京：高等教育出版社，2007.
[26] 沈萍，陈向东．微生物学(第二版)[M]．北京：高等教育出版社，2006.
[27] 童敏明，戴新联．现代传感器技术[M]．徐州：中国矿业大学出版社，2006.
[28] 戴树桂．环境化学[M]．北京：高等教育出版社，2006.
[29] 买文宁．生物化工废水处理技术及工程实例[M]．北京：化学工业出版社，2006.
[30] 赵景联．环境修复原理与技术[M]．北京：化学工业出版社，2006.
[31] Kathleen Park Talaro. Foundations in Microbiology. (Fifth edition)[M]. High education press，2005.
[32] 李建政，任南琪．污染控制微生物生态学[M]．哈尔滨：哈尔滨工业大学出版社，2005.
[33] 张兰英，刘娜，孙立波等．现代环境微生物技术[M]．北京：清华大学出版社，2005.
[34] 吕炳楠．污水生物处理新技术[M]．哈尔滨：哈尔滨工业大学出版社，2005.

[35] 马溪平．厌氧微生物学与污水处理[M]．北京：化学工业出版社，2005.
[36] Janssen P. M. J 等著．祝贵宾等译．生物除磷的设计与运行手册[M]．北京：化学工业出版社，2005.
[37] 李圭白等．水质工程学[M]．北京：中国建筑工业出版社，2005.
[38] 唐受印．废水处理工程[M]．北京：化学工业出版社，2004.
[39] 周启星，宋玉芳等．污染土壤修复原理与方法[M]北京：科学出版社，2004.
[40] 李建政．环境工程微生物学[M]．北京：化学工业出版社，2004.
[41] 陈玉成．污染环境生物修复工程[M]．北京：化学工业出版社，2003.
[42] 吴婉娥．废水生物处理技术[M]．北京：化学工业出版社，2003.
[43] 吴婉，葛红光等．废水生物处理技术[M]．北京：化学工业出版社，2003.
[44] 陈怀满．环境土壤学[M]．北京：科学出版社，2003.
[45] 王家玲．环境微生物学(第二版)[M]．北京．高等教育出版社，2003.
[46] 孙锦宜．含氮废水处理技术与应用[M]．北京：化学工业出版社，2003.
[47] 戈峰．现代生态学[M]．北京：科学出版社，2002.
[48] 张锡辉．水环境修复工程学原理与运用[M]．北京：化学工业出版社，2002.
[49] 孔繁翔．环境生物学[M]．北京：高等教育出版社，2000.
[50] 熊志廷．环境生物学[M]．武汉：武汉大学出版社，2000.
[51] 贺延龄．废水的厌氧生物处理[M]．北京：中国轻工业出版社，1998.
[52] 孙艳，钱世钧．芳香族化合物生物降解的研究进展[J]．生物工程进展，2012，1：42-45.
[53] 刘士荣．微生物在多环芳烃降解应用中的机制及其研究趋势[J]．现代商贸工业，2008，8：379-380.
[54] 杨庆娟，王淑莹，彭永臻．生活污水生物除磷研究及工艺发展进程[J]．WATER & WASTEWATER ENGINEERING，2008，34(2)：20-23.
[55] 卢英方、田金信、孙向军．部分国家城市垃圾管理综述[J]．建筑经济，2002(5).
[56] 李红梅、陈立权、陈贵．浅谈城市垃圾的危害及污染控制[J]．中国高新技术企业，2008(16).
[57] 鲁安怀．生命活动中矿化作用的环境响应机制研究．[J]．高校地质学报．2007，4：613-620.
[58] 尹军，王建辉，王雪峰等．污水生物除磷若干影响因素分析[J]．环境工程学报，2007，1(4)：6-11.
[59] Than Khin，Ajit P Annachhatre. Novel microbial nitrogen removal processes[J]. Biotechnology Advances，2004，22(7)：519-532.
[60] 逄磊，倪桂才，闫光绪．城市生活垃圾的危害及污染综合防治对策[J]．环境科学动态，2004(02).
[61] Scholten E，Lukow T，Auling G，et al. Thaueramechernichensis sp. nov.，an aerobic denitrifier from a leachate treatment plant[J]. International journal of systematic bacteriology，1999，49(3)：1045-1051.
[62] Kuai L P，Versraete W. Ammonium removal by the Oxygen-limited autorophic nitrification-denitrification system[J]. ApplEnv Tech，1999，39(7)：13-21.
[63] 吴晟志．试析城市垃圾分类回收处理[J]．广西民族学院学报(自然科学版)，1999(01).
[64] 张新．城市生活垃圾资源化处理与可持续发展[J]．苏州城建环保学院学报，1999(03).
[65] 朱永安．城市生活垃圾处理方法评述及综合处理方法的设想[J]．环境工程，1997(2).

（本部分编者：徐威）